中国旅游院校五星联盟教材编写出版项目
中国骨干旅游高职院校教材编写出版项目

中国饮食文化

（第二版）

主编 ◎ 邵万宽

中国旅游出版社

编委会

主　编　邵万宽

副主编　刘　畅　韩琳琳　卢荻菲尔

参　编　王广宇　李春林　薛大磊

第二版前言

我国饮食文化源远流长，博大精深，是中华民族绚丽的瑰宝，也是人类文明史上重要的文化遗产。中国饮食文化是中华民族在长期的饮食生产与消费实践过程中所创造并积累的物质财富和精神财富。其内容丰富多彩，既有丰富的知识性、技术性，更有较高的科学性和艺术性，既涉及自然科学，又涉及技术科学与社会科学，融会了科学与美学的综合性学科。

饮食文化，是随着人类社会的出现而产生，又随着人类物质文化和精神文化的发展而不断形成自己丰富的内涵。进入21世纪，我国人民的饮食需求正在经历由简单简易到丰富多样、由充饥果腹到健康营养的巨大转变。正是这样，中华饮食正在受到人们越来越多的关注，其承载的中华饮食文化意义也逐渐受到大家的重视。在这样的情形下，作为旅游、酒店、烹饪、食品专业的学生来说，这是一门必不可少的专业知识课程。大学教育在重视技术教育的同时，也应重视基础知识的深植和人文素质的培养。通过本教材的学习，可为广大的专业学生增加文化知识，提高文化修养，培育文化品位，打下必要的文化理论基础。

本教材较为详尽地阐述了中国饮食文化的不同方面特色，主要内容有：绪论、饮食文化概述、饮食文化史略、饮食原料文化、菜点烹制文化、饮食层面文化、地域饮食文化、民族饮食文化、饮食民俗文化、筵宴文化、饮食器具文化、茶文化、酒文化共12章。本书既可作为旅游、酒店、烹饪、食品类专业学生使用的教材，又可作为其他专业学生了解饮食文化的公选课教材，也可作为饮食文化的普及读物。

本教材由南京旅游职业学院邵万宽担任主编，郑州旅游职业学院刘畅、南京旅游职业学院韩琳琳、南京信息职业技术学院卢荻菲尔任副主编。编写的具体分工是：南京旅游职业学院邵万宽编写第一、二、三、四章，郑州旅游职业学院刘畅编写第五、六章，南京旅游职业学院韩琳琳编写第七、八章，南京旅游职业学院邵万宽、南京商业学校王广宇、连云港市中等专业学校李春林编写第九章、第十章，南京信息职业技术学院卢荻菲尔编写第十一、十二章，南京梦都餐饮集团行政总厨薛大磊参与编写了部分内容，并提出一些建设性意见。全书由邵万宽编写大纲和体例，对初稿进行了修改、统稿，编配案例和相关链接，最后总纂全稿。

本教材在编写过程中，参考了国内相关的饮食文化书籍，以及有关专家、学者对中国饮食文化研究的部分成果，在此向相关作者表示诚挚的感谢！限于编写者的学识水平，书中难免有疏漏和不足之处，衷心期待各位专家学者、广大同人和读者提出宝贵意见！

编者

2023 年 3 月

前　言

“中国旅游院校五星联盟教材编写出版项目”系列教材自问世以来，在国内旅游专业院校中产生了很大的反响。中国旅游五星联盟院校以专门培养旅游人才为己任，最早走入旅游教育的行列，专业基础扎实，在行业中有着很好的口碑。

“中国饮食文化”课程是旅游大类各专业中的一门必修课。“食”始终排在住、行、游、购、娱之前，由此可见饮食在旅游中的重要地位。在我国的历史上，饮食文化是中国文化领域中至关重要的内容，古代的饮食史告诉我们：历代从帝王到老百姓都把饮食放在最高的位置，这就是人们通常所讲的“民以食为天”。作为旅游、酒店、烹饪专业的学生来说，这是一门必不可少的专业知识课程。

我国饮食文化博大精深，源远流长，是中华民族绚丽的瑰宝，也是人类文明史上重要的文化遗产。中国饮食文化内容丰富多彩，其内容既有丰富的知识性、技术性，更有较高的科学性和艺术性，既涉及自然科学又涉及社会科学。通过本教材的学习，可为广大的专业学生增加文化知识，提高文化修养，培育文化品位，打下必要的文化理论基础。

本教材较为详尽地阐述了中国饮食文化的不同方面特色，主要内容有：绪论、饮食文化史略、饮食原料文化、菜点烹制文化、饮食层面文化、地域饮食文化、民族饮食文化、饮食民俗文化、筵宴文化、饮食器具文化、茶文化、酒文化共12章。本书既可作为旅游、酒店、烹饪类专业学生使用的教材，又可作为其他专业学生了解饮食文化的公选课教材，也可作为饮食文化的普及读物。

本教材由南京旅游职业学院邵万宽担任主编，郑州旅游职业学院刘畅及南京旅游职业学院韩琳琳、卢荻菲尔任副主编。编写的具体分工是：南京旅游职业学院邵万宽编写第一、二、三、四章，郑州旅游职业学院刘畅编写第五、六章，南京旅游职业学院韩琳琳编写第七、八章，南京旅游职业学院卢荻菲尔编写第十一、十二章，南京商业学校王广宇编写第九章，连云港市中等专业学校李春林编写第十章，南京万达希尔顿酒店中餐厨师长薛大磊参与编写了部分内容，并提出一些建设性意见。全书由邵万宽编写大纲和体例，对初稿进行了修改、统稿，编配案例和相关链接，并对第九章、第十章进行了加工、整理与补充，最后总纂全稿。

本教材在编写过程中，参考了国内相关的饮食文化书籍，以及有关专家、学者对中国饮食文化研究的部分成果，在此向相关作者表示诚挚的感谢！限于编写者的学识水平，书中难免有疏漏和不足之处，衷心期待各位专家学者、广大同人和读者提出宝贵意见！

编　者

2016 年 5 月

目录
CONTENTS

绪　论……………………………………………………………………1

第一章　中国饮食文化概述……………………………………………16
第一节　中国饮食文化概念及主要内容……………………………17
第二节　中国饮食文化的传统特色……………………………………21
第三节　中国饮食文化的交流与发展…………………………………31
复习与思考…………………………………………………………………36

第二章　中国饮食文化史略……………………………………………37
第一节　中国饮食的萌芽时期…………………………………………38
第二节　中国饮食的形成时期…………………………………………41
第三节　中国饮食的发展时期…………………………………………47
第四节　中国饮食的高度发展时期……………………………………52
第五节　中国饮食的创新开拓时期……………………………………59
复习与思考…………………………………………………………………67

第三章　中国饮食原料文化……………………………………………69
第一节　我国早期的食物原料…………………………………………70
第二节　主食的演变与杂粮的引进……………………………………74
第三节　中国蔬菜的生长与引进………………………………………81
第四节　食物原料的培植与发展………………………………………86
复习与思考…………………………………………………………………91

第四章　中国菜点烹制文化 …… 93
第一节　中国传统烹饪技术特色 …… 94
第二节　中国菜点工艺经典技法 …… 104
第三节　中国调味技艺基础理论 …… 112
复习与思考 …… 121

第五章　中国饮食层面文化 …… 122
第一节　平民饮食文化 …… 124
第二节　富家饮食文化 …… 126
第三节　官府饮食文化 …… 130
第四节　宫廷饮食文化 …… 135
复习与思考 …… 139

第六章　中国地域饮食文化 …… 141
第一节　中国饮食文化的区域性 …… 143
第二节　中国各地区饮食文化 …… 147
复习与思考 …… 168

第七章　中国民族饮食文化 …… 170
第一节　华北、东北少数民族食俗 …… 171
第二节　西北少数民族食俗 …… 177
第三节　西南少数民族食俗 …… 182
第四节　中南、东南少数民族食俗 …… 188
复习与思考 …… 193

第八章　中国饮食民俗文化 …… 195
第一节　中国日常食俗 …… 196
第二节　岁时节日食俗 …… 201
第三节　人生礼仪食俗 …… 210
第四节　宗教饮食风俗 …… 215
复习与思考 …… 219

第九章 中国筵宴文化 220
第一节 中国筵宴的历史发展 221
第二节 中国历史上的筵宴名品 226
第三节 中国筵宴艺术与技术 231
复习与思考 241

第十章 中国饮食器具文化 243
第一节 饮食器具的历史发展 244
第二节 中国的饮食器具 249
第三节 美器与美食的搭配 257
复习与思考 260

第十一章 中国茶文化 261
第一节 中国茶文化的历史发展 262
第二节 中国茶具与茶艺 269
第三节 中国名茶 276
第四节 茶与文学艺术 287
复习与思考 291

第十二章 中国酒文化 293
第一节 中国酒文化的起源与发展 294
第二节 中国酒具与酒礼 300
第三节 中国名酒 306
第四节 酒与文学艺术 314
复习与思考 318

参考文献 320

绪 论

党的二十大是在全党全国各族人民迈上全面建设社会主义现代化国家新征程、向第二个百年奋斗目标进军的关键时刻召开的一次十分重要的大会，是一次高举旗帜、凝聚力量、团结奋进的大会。党的二十大在政治上、理论上、实践上取得了一系列重大成果，就新时代新征程党和国家事业发展制定了大政方针和战略部署，是我们党团结带领人民全面建设社会主义现代化国家、全面推进中华民族伟大复兴的政治宣言和行动纲领，对于全党全国各族人民更加紧密团结在以习近平同志为核心的党中央周围，万众一心、接续奋斗，在新时代新征程夺取中国特色社会主义新的伟大胜利，具有极其重大而深远的意义。学习贯彻党的二十大精神，习近平总书记强调的“五个牢牢把握”是最精准的解读、最权威的辅导。要从战略和全局高度完整、准确、全面理解把握党的二十大精神，增强学习贯彻的政治自觉、思想自觉、行动自觉，为实现党的二十大确定的目标任务不懈奋斗。

一、深刻认识党的二十大胜利召开的伟大意义，提升新时代大学生政治站位

党的二十大担负起全党的重托和人民的期待，从战略全局深刻阐述了新时代坚持和发展中国特色社会主义的一系列重大理论和实践问题，科学谋划了未来一个时期党和国家事业发展的目标任务和大政方针，在党和国家历史上具有重大而深远的意义。

（一）这是中国共产党在百年辉煌成就和十年伟大变革的高起点上创造新时代更大荣光的大会

中国共产党在百年历程中共召开了十九次全国代表大会。党的二十大是我们党在建党百年后召开的首次全国代表大会，也是在新时代十年伟大变革的时间坐标上召开的全国代表大会，具有特别的里程碑意义。

（二）这是推进实践基础上的理论创新、开辟马克思主义中国化时代化新境界的大会

马克思主义中国化时代化既是马克思主义的自身要求，又是中国共产党坚持和发展马克思主义的必然路径。中国共产党为什么能，中国特色社会主义为什么好，归根到底是马克思主义行，是中国化时代化的马克思主义行。党的二十大深刻阐述了习近平新时代中国特色社会主义思想的科学内涵和精神实质，深入阐释了开辟马克思主义中国化时代化新境界的重大命题并提出了明确要求，具有重大理论意义。

（三）这是谋划全面建设社会主义现代化国家、以中国式现代化全面推进中华民族伟大复兴的大会

现代化是各国人民的共同期待和目标。百年来，我们党团结带领人民进行的一切奋斗、一切牺牲、一切创造，就是为了把我国建设成为现代化强国，实现中华民族伟大复兴。在新中国成立特别是改革开放以来的长期探索和实践基础上，经过党的十八大以来在理论和实践上的创新突破，我们党成功推进和拓展了中国式现代化，创造了人类文明新形态。党的二十大明确提出以中国式现代化全面推进中华民族伟大复兴的使命任务，精辟论述了中国式现代化的中国特色、本质要求和重大原则，深刻阐释了中国式现代化的历史渊源、理论逻辑、实践特征和战略部署，大大深化了我们党关于中国式现代化的理论和实践。

（四）这是致力于推动构建人类命运共同体、携手开创人类更加美好未来的大会

当前，世界之变、时代之变、历史之变正以前所未有的方式展开，人类社会面临前所未有的挑战。世界又一次站在历史的十字路口，何去何从取决于各国人民的抉择。党的二十大深刻把握世界大势和时代潮流，宣示中国在变局、乱局中促进世界和平与发展、推动构建人类命运共同体的政策主张和坚定决心，为共创人类更加美好的未来注入强大信心和力量。

（五）这是推动解决大党独有难题、以党的自我革命引领社会革命的大会

全面建设社会主义现代化国家、全面推进中华民族伟大复兴，关键在党。党的二十大明确提出：我们党作为世界上最大的马克思主义执政党，要始终赢得人民拥护、巩固长期执政地位，必须时刻保持解决大党独有难题的清醒和坚定。

二、深刻把握党的二十大主题，激发新时代大学生爱国热情

党的二十大的主题，正是我们党对这些事关党和国家事业继往开来、事关中国特色社会主义前途命运、事关中华民族伟大复兴战略性问题的明确宣示，是大会的灵魂。习近平总书记在党的二十大报告中，开宗明义指出大会的主题："高举中国特色社会主义伟大旗帜，全面贯彻新时代中国特色社会主义思想，弘扬伟大建党精神，自信自强、守正创新，踔厉奋发、勇毅前行，为全面建设社会主义现代化国家、全面推进中华民族伟大复兴而团结奋斗。"这一主题明确宣示了我们党在新征程上带领人民举什么旗、走什么路、以什么样的精神状态、朝着什么样的目标继续前进等重大问题。《中国共产党第二十次全国代表大会关于十九届中央委员会报告的决议》指出："报告阐明的大会主题是大会的灵魂，是党和国家事业发展的总纲。"学习理解党的二十大精神，必须把握这一"灵魂"，抓住这一"总纲"。大会主题中的六个关键词语值得我们高度重视。

（一）旗帜

新时代新征程党高举的旗帜就是"中国特色社会主义伟大旗帜"。大会主题写入这一根本要求，既体现了中国特色社会主义历史演进的连续性、继承性，又体现了新时代党坚持和发展中国特色社会主义的坚定性、恒久性。

（二）思想

大会主题所指示的"全面贯彻新时代中国特色社会主义思想"，就是要求在新时代新征程必须全面贯彻习近平新时代中国特色社会主义思想。党的二十大报告对此作出全面部署。

（三）精神

继在庆祝中国共产党成立100周年大会上习近平总书记提出并号召继承发扬伟大建党精神后，党的二十大主题写入了"弘扬伟大建党精神"的要求，新修改的党章载入了伟大建党精神"坚持真理、坚守理想，践行初心、担当使命，不怕牺牲、英勇斗争，对党忠诚、不负人民"的内涵，这是党在自己最高权力机关及最高章程上的庄严宣示，明确回答了党以什么样的精神状态走好新的赶考之路的重大问题，不仅是贯穿大会报告的重要红线，也是今后党的全部理论和实践的重要遵循。

（四）现代化

"现代化"即"全面建设社会主义现代化国家"。这一重要主题彰显了当前和今后一个时期党的中心任务。党的二十大庄严宣告："从现在起，中国共产党的中心任务就是团

结带领全国各族人民全面建成社会主义现代化强国、实现第二个百年奋斗目标，以中国式现代化全面推进中华民族伟大复兴。”“中国式现代化”成为这次大会的重要标识。

（五）复兴

在党的二十大主题中，前后用了三个“全面”，即“全面贯彻新时代中国特色社会主义思想”“全面建设社会主义现代化国家”“全面推进中华民族伟大复兴”。第一个“全面”规定了新时代党的创新科学理论的指导地位，第二个“全面”规定了新时代新征程的中心任务，第三个“全面”规定了党在新时代新征程的奋斗目标。大会主题中的前两个“全面”，以及报告全文使用的其他一百多个“全面”，都是为了实现“全面推进中华民族伟大复兴”这一根本目标。

（六）团结奋斗

“团结奋斗”是党的二十大主题的鲜明特色。除了在主题中要求“为全面建设社会主义现代化国家、全面推进中华民族伟大复兴而团结奋斗”外，“团结奋斗”一词还体现在党的二十大报告的标题、导语、正文、结束语各个部分。报告全文共使用 7 次“团结奋斗”、27 次“团结”，突出表达了这次大会的主基调。

三、深入学习领悟过去五年工作和新时代十年伟大变革的重大意义，增强新时代大学生民族自豪感

过去五年和新时代以来的十年，在党和国家发展进程中极不寻常、极不平凡。习近平总书记在党的二十大报告中全面回顾总结了过去五年的工作和新时代十年的伟大变革，深刻指出新时代十年的伟大变革，在党史、新中国史、改革开放史、社会主义发展史、中华民族发展史上具有里程碑意义。学习宣传、贯彻落实党的二十大精神，必须深入学习领悟过去五年工作和新时代十年伟大变革的重大意义，坚定历史自信、增强历史主动，自觉在思想上政治上行动上同以习近平同志为核心的党中央保持高度一致。

党的二十大报告在总结党的十九大以来五年工作基础上，用“三件大事”、三个“历史性胜利”高度概括新时代十年走过的极不寻常、极不平凡的奋斗历程，从 16 个方面全面回顾党和国家事业发展取得的举世瞩目的重大成就，从 4 个方面总结提炼新时代十年伟大变革的里程碑意义。新时代十年的伟大变革，充分证明中国特色社会主义道路不仅走得对、走得通，而且走得稳、走得好。

四、深刻领会“两个结合”是推进马克思主义中国化时代化的根本途径，加强新时代大学生弘扬中华优秀传统文化教育

党的二十大报告提出，中国共产党为什么能，中国特色社会主义为什么好，归根到底是马克思主义行，是中国化时代化的马克思主义行。100多年来，我们党洞察时代大势，把握历史主动，进行艰辛探索，坚持解放思想和实事求是相统一、培元固本和守正创新相统一，把马克思主义基本原理同中国具体实际相结合、同中华优秀传统文化相结合，不断推进理论创新、进行理论创造，不断推进马克思主义中国化时代化，带领中国人民不懈奋斗，中华民族迎来了从站起来、富起来到强起来的伟大飞跃，实现中华民族伟大复兴进入了不可逆转的历史进程。

马克思主义理论不是教条，而是行动指南。习近平总书记在党的二十大报告中指出：“我们坚持以马克思主义为指导，是要运用其科学的世界观和方法论解决中国的问题，而不是要背诵和重复其具体结论和词句，更不能把马克思主义当成一成不变的教条。”坚持和发展马克思主义，必须同中国具体实际相结合。100多年来，我们党把坚持马克思主义和发展马克思主义统一起来，既始终坚持马克思主义基本原理不动摇，又根据中国革命、建设、改革实际，创造性地解决自己的问题，不断开辟马克思主义中国化时代化新境界。坚持和发展马克思主义，必须同中华优秀传统文化相结合。只有植根本国、本民族历史文化沃土，马克思主义真理之树才能根深叶茂。中华优秀传统文化源远流长、博大精深，是中华文明的智慧结晶，其中蕴含的天下为公、民为邦本、为政以德、革故鼎新、任人唯贤、天人合一、自强不息、厚德载物、讲信修睦、亲仁善邻等，是中国人民在长期生产生活中积累的宇宙观、天下观、社会观、道德观的重要体现，同科学社会主义核心价值观主张具有高度契合性。中国共产党之所以能够领导人民成功走出中国式现代化道路、创造人类文明新形态，很重要的一个原因就在于植根中华文化沃土，不断推进马克思主义中国化时代化，推动中华优秀传统文化创造性转化、创新性发展。

五、牢牢把握全面建设社会主义现代化国家开局起步的战略部署，指引新时代大学生守正创新促发展

党的二十大站在党和国家事业发展的制高点，科学谋划了未来五年乃至更长时期党和国家事业发展的目标任务和大政方针，发出了全面建设社会主义现代化国家、全面推进中华民族伟大复兴的动员令。

“全面建成社会主义现代化强国，总的战略安排是分两步走：从二〇二〇年到

二〇三五年基本实现社会主义现代化；从二〇三五年到本世纪中叶把我国建成富强民主文明和谐美丽的社会主义现代化强国。”党的二十大对全面建成社会主义现代化强国两步走战略安排进行了宏观展望，又围绕统筹推进“五位一体”总体布局、协调推进“四个全面”战略布局，从11个方面对未来五年工作作出全面部署，全面构建了推进社会主义现代化建设的实践体系。特别是把教育科技人才、全面依法治国、维护国家安全和社会稳定单列部分进行具体安排，充分体现了抓关键、补短板、防风险的战略考量，是党中央基于新的战略机遇、新的战略任务、新的战略阶段、新的战略要求、新的战略环境做出的科学判断和战略安排，必将引领全党全国各族人民有效应对世界之变、时代之变、历史之变，推动全面建设社会主义现代化国家开好局、起好步。

六、深入把握党的二十大关于文化和旅游工作的部署要求，推动文旅融合高质量发展

党的二十大作出推进文化自信自强、铸就社会主义文化新辉煌的重大战略部署，要准确把握社会主义文化建设的指导思想和原则目标、战略重点和主要任务以及中国立场和时代要求。

（一）要准确把握社会主义文化建设的指导思想和原则目标

报告指出：“全面建设社会主义现代化国家，必须坚持中国特色社会主义文化发展道路，增强文化自信，围绕举旗帜、聚民心、育新人、兴文化、展形象建设社会主义文化强国，发展面向现代化、面向世界、面向未来的，民族的科学的大众的社会主义文化，激发全民族文化创新创造活力，增强实现中华民族伟大复兴的精神力量。”报告明确提出了社会主义文化建设的根本指导思想、基本原则和奋斗目标，坚持为人民服务、为社会主义服务，以社会主义核心价值观为引领，发展社会主义先进文化，弘扬革命文化，传承中华优秀传统文化，满足人民日益增长的精神文化需求，巩固全党全国各族人民团结奋斗的共同思想基础，不断提升国家文化软实力和中华文化影响力。

（二）要准确把握社会主义文化建设的战略重点和主要任务

党的二十大报告提出了建设具有强大凝聚力和引领力的社会主义意识形态、广泛践行社会主义核心价值观、提高全社会文明程度、繁荣发展文化事业和文化产业、增强中华文明传播力影响力五个方面的战略任务，准确把握、全面落实好这些战略重点和主要任务，对于推进文化自信自强，铸就社会主义文化新辉煌具有重要基础支撑作用。

（三）要准确把握社会主义文化建设的中国立场和时代要求

党的二十大报告指出："中华优秀传统文化源远流长、博大精深，是中华文明的智慧结晶。"要把马克思主义基本原理与中华优秀传统文化相结合，不断推进马克思主义中国化，增强中华文明的传播力和影响力。

（四）以文塑旅、以旅彰文、推进文化和旅游深度融合发展

党的二十大报告明确提出："加大文物和文化遗产保护力度，加强城乡建设中历史文化保护传承，建好用好国家文化公园。坚持以文塑旅、以旅彰文，推进文化和旅游深度融合发展。"这些重要论述，为文旅行业把握新发展阶段，贯彻新发展理念，构建新发展格局，推动高质量发展点明了方向，指明了路径，是未来5年乃至更长一段时间内文旅行业融合发展实践的根本遵循和行动指南，对文旅行业实现理念重构和实践创新具有非常重要的现实指导意义。

七、深刻把握团结奋斗的新时代要求，为文旅行业培养高素质人才

在党的二十大上，习近平总书记宣示新时代新征程党的使命任务，发出了全面建设社会主义现代化国家、全面推进中华民族伟大复兴的动员令。从现在起，中国共产党的中心任务就是团结带领全国各族人民全面建成社会主义现代化强国、实现第二个百年奋斗目标，以中国式现代化全面推进中华民族伟大复兴。

美好的蓝图需要埋头苦干、团结奋斗才能变为现实。习近平总书记的铿锵宣示充满信心和力量——"党用伟大奋斗创造了百年伟业，也一定能用新的伟大奋斗创造新的伟业"。让我们更加紧密地团结在以习近平同志为核心的党中央周围，全面贯彻习近平新时代中国特色社会主义思想，坚定信心、同心同德，埋头苦干、奋勇前进，深入贯彻落实党的二十大精神和党中央决策部署，为全面建设社会主义现代化国家、全面推进中华民族伟大复兴而团结奋斗，在新的赶考之路上向历史和人民交出新的优异答卷！

相关链接1

关于党的二十大报告，必须知道的"关键词"

2022年10月16日，中国共产党第二十次全国代表大会开幕，习近平代表第十九届中央委员会向大会作报告。一起学习报告里的这些"关键词"。

【大会的主题】

大会的主题是：高举中国特色社会主义伟大旗帜，全面贯彻新时代中国特色社会主义思想，弘扬伟大建党精神，自信自强、守正创新，踔厉奋发、勇毅前行，为全面建设社会主义现代化国家、全面推进中华民族伟大复兴而团结奋斗。

【三个“务必”】

中国共产党已走过百年奋斗历程。我们党立志于中华民族千秋伟业，致力于人类和平与发展崇高事业，责任无比重大，使命无上光荣。全党同志务必不忘初心、牢记使命，务必谦虚谨慎、艰苦奋斗，务必敢于斗争、善于斗争，坚定历史自信，增强历史主动，谱写新时代中国特色社会主义更加绚丽的华章。

【极不寻常、极不平凡的五年】

党的十九大以来的五年，是极不寻常、极不平凡的五年。党中央统筹中华民族伟大复兴战略全局和世界百年未有之大变局，就党和国家事业发展作出重大战略部署，团结带领全党全军全国各族人民有效应对严峻复杂的国际形势和接踵而至的巨大风险挑战，以奋发有为的精神把新时代中国特色社会主义不断推向前进。

【三件大事】

十年来，我们经历了对党和人民事业具有重大现实意义和深远历史意义的三件大事：一是迎来中国共产党成立一百周年，二是中国特色社会主义进入新时代，三是完成脱贫攻坚、全面建成小康社会的历史任务，实现第一个百年奋斗目标。

【新时代十年的伟大变革】

新时代十年的伟大变革，在党史、新中国史、改革开放史、社会主义发展史、中华民族发展史上具有里程碑意义。

【归根到底是两个“行”】

实践告诉我们，中国共产党为什么能，中国特色社会主义为什么好，归根到底是马克思主义行，是中国化时代化的马克思主义行。拥有马克思主义科学理论指导是我们党坚定信仰信念、把握历史主动的根本所在。

【中国共产党的中心任务】

从现在起，中国共产党的中心任务就是团结带领全国各族人民全面建成社会主义现代化强国、实现第二个百年奋斗目标，以中国式现代化全面推进中华民族伟大复兴。

【中国式现代化】

中国式现代化，是中国共产党领导的社会主义现代化，既有各国现代化的共同特征，更有基于自己国情的中国特色。

——中国式现代化是人口规模巨大的现代化。

——中国式现代化是全体人民共同富裕的现代化。

——中国式现代化是物质文明和精神文明相协调的现代化。

——中国式现代化是人与自然和谐共生的现代化。

——中国式现代化是走和平发展道路的现代化。

中国式现代化的本质要求是：坚持中国共产党领导，坚持中国特色社会主义，实现高质量发展，发展全过程人民民主，丰富人民精神世界，实现全体人民共同富裕，促进人与自然和谐共生，推动构建人类命运共同体，创造人类文明新形态。

【全面建设社会主义现代化国家开局起步的关键时期】

未来五年是全面建设社会主义现代化国家开局起步的关键时期。

【五个“坚持”】

我国发展进入战略机遇和风险挑战并存、不确定难预料因素增多的时期，各种“黑天鹅”“灰犀牛”事件随时可能发生。我们必须增强忧患意识，坚持底线思维，做到居安思危、未雨绸缪，准备经受风高浪急甚至惊涛骇浪的重大考验。前进道路上，必须牢牢把握以下重大原则。

——坚持和加强党的全面领导。

——坚持中国特色社会主义道路。

——坚持以人民为中心的发展思想。

——坚持深化改革开放。

——坚持发扬斗争精神。

【加快构建新发展格局】

必须完整、准确、全面贯彻新发展理念，坚持社会主义市场经济改革方向，坚持高水平对外开放，加快构建以国内大循环为主体、国内国际双循环相互促进的新发展格局。

【发展经济着力点】

坚持把发展经济的着力点放在实体经济上，推进新型工业化，加快建设制造强国、质量强国、航天强国、交通强国、网络强国、数字中国。

【实施科教兴国战略】

必须坚持科技是第一生产力、人才是第一资源、创新是第一动力，深入实施科教兴国战略、人才强国战略、创新驱动发展战略，开辟发展新领域新赛道，不断塑造发展新动能新优势。

坚持创新在我国现代化建设全局中的核心地位。完善党中央对科技工作统一领导的体制，健全新型举国体制，强化国家战略科技力量，优化配置创新资源，提升国家创新体系整体效能。

【全过程人民民主】

全过程人民民主是社会主义民主政治的本质属性，是最广泛、最真实、最管用的民主。必须坚定不移走中国特色社会主义政治发展道路，坚持党的领导、人民当家作主、依法治国有机统一。

【全面依法治国】

全面依法治国是国家治理的一场深刻革命，关系党执政兴国，关系人民幸福安康，关系党和国家长治久安。必须更好发挥法治固根本、稳预期、利长远的保障作用，在法治轨道上全面建设社会主义现代化国家。

【文化自信自强】

全面建设社会主义现代化国家，必须坚持中国特色社会主义文化发展道路，增强文化自信，围绕举旗帜、聚民心、育新人、兴文化、展形象建设社会主义文化强国，发展面向现代化、面向世界、面向未来的，民族的科学的大众的社会主义文化，激发全民族文化创新创造活力，增强实现中华民族伟大复兴的精神力量。

【为民造福】

治国有常，利民为本。为民造福是立党为公、执政为民的本质要求。必须坚持在发展中保障和改善民生，鼓励共同奋斗创造美好生活，不断实现人民对美好生活的向往。

【完善分配制度】

坚持按劳分配为主体、多种分配方式并存，构建初次分配、再分配、第三次分配协调配套的制度体系。努力提高居民收入在国民收入分配中的比重，提高劳动报酬在初次分配中的比重。坚持多劳多得，鼓励勤劳致富，促进机会公平，增加低收入者收入，扩大中等收入群体。规范收入分配秩序，规范财富积累机制，保护合法收入，调节过高收入，取缔非法收入。

【推动绿色发展】

大自然是人类赖以生存发展的基本条件。尊重自然、顺应自然、保护自然，是全面建设社会主义现代化国家的内在要求。必须牢固树立和践行绿水青山就是金山银山的理念，站在人与自然和谐共生的高度谋划发展。

【总体国家安全观】

国家安全是民族复兴的根基，社会稳定是国家强盛的前提。必须坚定不移贯彻总体国家安全观，把维护国家安全贯穿党和国家工作各方面全过程，确保国家安全和社会稳定。

【新安全格局】

我们要坚持以人民安全为宗旨、以政治安全为根本、以经济安全为基础、以军事科技文化社会安全为保障、以促进国际安全为依托，统筹外部安全和内部安全、国土安全和国民安全、传统安全和非传统安全、自身安全和共同安全，统筹维护和塑造国家安全，夯实国家安全和社会稳定基层基础，完善参与全球安全治理机制，建设更高水平的平安中国，以新安全格局保障新发展格局。

【开创国防和军队现代化新局面】

实现建军一百年奋斗目标，开创国防和军队现代化新局面。

如期实现建军一百年奋斗目标，加快把人民军队建成世界一流军队，是全面建设社会主义现代化国家的战略要求。必须贯彻新时代党的强军思想，贯彻新时代军事战略方针，坚持党对人民军队的绝对领导，坚持政治建军、改革强军、科技强军、人才强军、依法治军，坚持边斗争、边备战、边建设，坚持机械化信息化智能化融合发展，加快军事理论现代化、军队组织形态现代化、军事人员现代化、武器装备现代化，提高捍卫国家主权、安全、发展利益战略能力，有效履行新时代人民军队使命任务。

【坚持和完善“一国两制”，推进祖国统一】

“一国两制”是中国特色社会主义的伟大创举，是香港、澳门回归后保持长期繁荣稳定的最佳制度安排，必须长期坚持。

坚持贯彻新时代党解决台湾问题的总体方略，牢牢把握两岸关系主导权和主动权，坚定不移推进祖国统一大业。

解决台湾问题是中国人自己的事，要由中国人来决定。我们坚持以最大诚意、尽最大努力争取和平统一的前景，但决不承诺放弃使用武力，保留采取一切必要措施的选项，这针对的是外部势力干涉和极少数“台独”分裂分子及其分裂活动，绝非针对广大台湾同胞。国家统一、民族复兴的历史车轮滚滚向前，祖国完全统一一定要实现，也一定能够实现！

【人类命运共同体】

中国提出了全球发展倡议、全球安全倡议，愿同国际社会一道努力落实。我们真诚呼吁，世界各国弘扬和平、发展、公平、正义、民主、自由的全人类共同价值，促进各国人民相知相亲，尊重世界文明多样性，以文明交流超越文明隔阂、文明互鉴超越文明冲突、文明共存超越文明优越，共同应对各种全球性挑战。中国人民愿同世界人民携手开创人类更加美好的未来。

【新时代党的建设新的伟大工程】

全面建设社会主义现代化国家、全面推进中华民族伟大复兴，关键在党。我们党作为世界上最大的马克思主义执政党，要始终赢得人民拥护、巩固长期执政地位，必须时刻保持解决大党独有难题的清醒和坚定。全党必须牢记，全面从严治党永远在路上，党的自我革命永远在路上，决不能有松劲歇脚、疲劳厌战的情绪，必须持之以恒推进全面从严治党，深入推进新时代党的建设新的伟大工程，以党的自我革命引领社会革命。

【五个“必由之路”】

全党必须牢记，坚持党的全面领导是坚持和发展中国特色社会主义的必由之路，中国特色社会主义是实现中华民族伟大复兴的必由之路，团结奋斗是中国人民创造历史伟业的必由之路，贯彻新发展理念是新时代我国发展壮大的必由之路，全面从严治党是党永葆生机活力、走好新的赶考之路的必由之路。

【战略性工作】

青年强，则国家强。当代中国青年生逢其时，施展才干的舞台无比广阔，实现梦想的前景无比光明。全党要把青年工作作为战略性工作来抓，用党的科学理论武装青年，用党的初心使命感召青年，做青年朋友的知心人、青年工作的热心人、青年群众的引路人。

资料来源：人民网·中国共产党新闻网.

相关链接2

9个重要表述，带你理解高质量

习近平在党的二十大报告中提出，必须完整、准确、全面贯彻新发展理念，坚持社会主义市场经济改革方向，坚持高水平对外开放，加快构建以国内大循环为主体、国内国际双循环相互促进的新发展格局。

中国式现代化

报告原文

在新中国成立特别是改革开放以来长期探索和实践基础上，经过十八大以来在理论和实践上的创新突破，我们党成功推进和拓展了中国式现代化。

中国式现代化，是中国共产党领导的社会主义现代化，既有各国现代化的共同特征，更有基于自己国情的中国特色。

高水平社会主义市场经济体制

报告原文

构建高水平社会主义市场经济体制。坚持和完善社会主义基本经济制度，毫不动摇巩固和发展公有制经济，毫不动摇鼓励、支持、引导非公有制经济发展，充分发挥市场在资源配置中的决定性作用，更好发挥政府作用。

现代化产业体系

报告原文

建设现代化产业体系。坚持把发展经济的着力点放在实体经济上，推进新型工业化，加快建设制造强国、质量强国、航天强国、交通强国、网络强国、数字中国。

乡村振兴

报告原文

全面推进乡村振兴。坚持农业农村优先发展，坚持城乡融合发展，畅通城乡要素流动。扎实推动乡村产业、人才、文化、生态、组织振兴。全方位夯实粮食安全根基，牢牢守住十八亿亩耕地红线。深化农村土地制度改革，赋予农民更加充分的财产权益。保障进城落户农民合法土地权益，鼓励依法自愿有偿转让。

区域协调发展

报告原文

促进区域协调发展。深入实施区域协调发展战略、区域重大战略、主体功能区战略、新型城镇化战略，优化重大生产力布局，构建优势互补、高质量发展的区域经济布局和国土空间体系。

新领域新赛道

报告原文

必须坚持科技是第一生产力、人才是第一资源、创新是第一动力，深入实施科教兴国战略、人才强国战略、创新驱动发展战略，开辟发展新领域新赛道，不断塑造发展新动能新优势。

高水平对外开放

报告原文

推进高水平对外开放。稳步扩大规则、规制、管理、标准等制度型开放。加快建设贸易强国。营造市场化、法治化、国际化一流营商环境。推动共建"一带一路"高质量发展。有序推进人民币国际化。深度参与全球产业分工和合作，维护多元稳定的国际经济格局和经贸关系。

共同富裕

报告原文

我们要实现好、维护好、发展好最广大人民根本利益，紧紧抓住人民最关心最直接最现实的利益问题，坚持尽力而为、量力而行，深入群众、深入基层，采取更多惠民生、暖民心举措，着力解决好人民群众急难愁盼问题，健全基本公共服务体系，提高公共服务水平，增强均衡性和可及性，扎实推进共同富裕。

和谐共生

报告原文

大自然是人类赖以生存发展的基本条件。尊重自然、顺应自然、保护自然，是全面建设社会主义现代化国家的内在要求。必须牢固树立和践行绿水青山就是金山银山的理念，站在人与自然和谐共生的高度谋划发展。

资料来源：http://finance.people.com.cn/n1/2022/1018/c1004–32547280.html.

相关链接3

高举中国特色社会主义伟大旗帜
为全面建设社会主义现代化国家而团结奋斗
——在中国共产党第二十次全国代表大会上的报告（节选）

八、推进文化自信自强，铸就社会主义文化新辉煌

全面建设社会主义现代化国家，必须坚持中国特色社会主义文化发展道路，增强文化自信，围绕举旗帜、聚民心、育新人、兴文化、展形象建设社会主义文化强国，发展面向现代化、面向世界、面向未来的，民族的科学的大众的社会主义文化，激发全民族文化创新创造活力，增强实现中华民族伟大复兴的精神力量。

我们要坚持马克思主义在意识形态领域指导地位的根本制度，坚持为人民服务、为社会主义服务，坚持百花齐放、百家争鸣，坚持创造性转化、创新性发展，以社会主义核心价值观为引领，发展社会主义先进文化，弘扬革命文化，传承中华优秀传统文化，满足人民日益增长的精神文化需求，巩固全党全国各族人民团结奋斗的共同思想基础，不断提升国家文化软实力和中华文化影响力。

（一）建设具有强大凝聚力和引领力的社会主义意识形态

意识形态工作是为国家立心、为民族立魂的工作。牢牢掌握党对意识形态工作领导权，全面落实意识形态工作责任制，巩固壮大奋进新时代的主流思想舆论。健全用党的创新理论武装全党、教育人民、指导实践工作体系。加强全媒体传播体系建设，塑造主流舆论新格局。健全网络综合治理体系，推动形成良好网络生态。

（二）广泛践行社会主义核心价值观

社会主义核心价值观是凝聚人心、汇聚民力的强大力量。弘扬以伟大建党精神为源头的中国共产党人精神谱系，用好红色资源，深入开展社会主义核心价值观宣传教育，深化爱国主义、集体主义、社会主义教育，着力培养担当民族复兴大任的时代新人。推动理想信念教育常态化制度化，持续抓好党史、新中国史、改革开放史、社会主义发展史宣传教育，引导人民知史爱党、知史爱国，不断坚定中国特色社会主义共同理想。用社会主义核心价值观铸魂育人，完善思想政治工作体系，推进大中小学思想政治教育一体化建设。坚持依法治国和以德治国相结合，把社会主义核心价值观融入法治建设、融入社会发展、融入日常生活。

（三）提高全社会文明程度

实施公民道德建设工程，弘扬中华传统美德，加强家庭家教家风建设，加强和改进未成年人思想道德建设，推动明大德、守公德、严私德，提高人民道德水准和文明素养。统筹推动文明培育、文明实践、文明创建，推进城乡精神文明建设融合发展，在全

社会弘扬劳动精神、奋斗精神、奉献精神、创造精神、勤俭节约精神，培育时代新风新貌。加强国家科普能力建设，深化全民阅读活动。完善志愿服务制度和工作体系。弘扬诚信文化，健全诚信建设长效机制。发挥党和国家功勋荣誉表彰的精神引领、典型示范作用，推动全社会见贤思齐、崇尚英雄、争做先锋。

（四）繁荣发展文化事业和文化产业

坚持以人民为中心的创作导向，推出更多增强人民精神力量的优秀作品，培育造就大批德艺双馨的文学艺术家和规模宏大的文化文艺人才队伍。坚持把社会效益放在首位、社会效益和经济效益相统一，深化文化体制改革，完善文化经济政策。实施国家文化数字化战略，健全现代公共文化服务体系，创新实施文化惠民工程。健全现代文化产业体系和市场体系，实施重大文化产业项目带动战略。加大文物和文化遗产保护力度，加强城乡建设中历史文化保护传承，建好用好国家文化公园。坚持以文塑旅、以旅彰文，推进文化和旅游深度融合发展。广泛开展全民健身活动，加强青少年体育工作，促进群众体育和竞技体育全面发展，加快建设体育强国。

（五）增强中华文明传播力影响力

坚守中华文化立场，提炼展示中华文明的精神标识和文化精髓，加快构建中国话语和中国叙事体系，讲好中国故事、传播好中国声音，展现可信、可爱、可敬的中国形象。加强国际传播能力建设，全面提升国际传播效能，形成同我国综合国力和国际地位相匹配的国际话语权。深化文明交流互鉴，推动中华文化更好走向世界。

资料来源：http://www.gov.cn/xinwen/2022-10/25/content_5721685.htm.

第一章 中国饮食文化概述

中国饮食文化是华夏民族在长期的饮食生产与消费实践过程中所创造并积累的物质财富和精神财富。它包含着广博丰厚的内容。在不同的地理环境和气候条件下，我国饮食自古就形成了南北两大不同的风格特色。千百年的饮食史说明，中国人就是这样一代代繁衍生息并相互交流着。

中国饮食文化概述主要介绍中国饮食文化的基本概念和研究内容；重点阐述中国饮食文化的地域特征；中国饮食文化的基本特性；中国饮食文化的交流与发展。

学习目标

知识目标

1. 了解文化与饮食文化的定义
2. 了解饮食文化主要研究的内容
3. 了解中国饮食文化的地域特征

能力目标

1. 掌握中国饮食史上的三个里程碑的价值
2. 掌握中国饮食文化的基本特性
3. 掌握中外饮食文化交流的主要内容

案例

文人与饮食文化之间的关系

林语堂先生曾经在一篇文章里写过这样一段话："没有一个英国诗人或作家肯屈尊俯就，去写一本有关烹调的书，他们认为这种书不属于文学之列，只配让苏珊姨妈去尝试一下。然而，伟大的戏曲家和诗人李笠翁却并不以为写一本有关蘑菇或者其他荤素食物烹调方法的书，会有损自己的尊严。另外一位伟大的诗人和学者袁枚写了厚厚的一本书，来论述烹调方法。"诚如上文所说，中国的文人不光喜欢写有关烹调、饮食文化方面的书，还对动手烧制菜肴情有独钟。在中国，有诸如"东坡肉""云林鹅""祖庵菜""大千菜"等一大批"文人菜"，脍炙人口，广为流传。

一生精于绘画、书法、篆刻、诗词的张大千，"能调蜀味，兴酣高谈，往往入厨作美餐待客"（徐悲鸿《张大千画集》序语）。他不仅善于烹饪，而且富于艺术性的创造，制作出不少色、香、味、形别具一格的美味佳肴。他做菜刀工讲究，火候恰当，造型别致，其色彩依天然色而成。还往往以拼切镶嵌等手法构成优美的图案，真是匠心独具、妙趣横生，能让人无论味觉还是视觉都得到一种美的享受。诚如国画大师邱关秋在《大千风味菜》一书上题词所云："吃的艺术，艺术的吃。"张大千确实把艺术与佳肴巧妙地结合起来了。而张大千自己甚至说："以艺术而论，我善烹饪，更在画艺之上。"

案例分析

1. 如何理解中国文人对饮食的喜爱和关注？

2. 请列举文化名人对中国饮食文化的主要贡献。

中国是一个美食的国度，也是饮食活动丰富和比较受重视的国家。它曾以高度发达和繁荣的物质文明、精神文明，对人类历史的发展进程，产生过举世瞩目的深远影响。古语云：民以食为天。在中国，从古之帝王到平民百姓都把饮食看成头等大事。在这样一个饮食文化历史悠久、美食名馔遍布天下的国度里，中国的饮食文化确实大有乾坤、博大精深。

第一节　中国饮食文化概念及主要内容

中国饮食文化是中国传统文化的一个重要组成部分，无论是悠久的历史文化积淀，还是博大精深的烹饪技术体系，以及在国际传播中的深远影响，都堪称中国传统文化的代表。中国饮食制作技艺出神入化，菜品的烹制与调味无与伦比，尤其以特有的风味、独具的文化内涵和韵味，吸引着世界八方人士，丰富美化着各地人民的生活内容。而今，中国饮食文化已成为世界文化中独具魅力的体系。

一、文化的基本定义

“文化”是一个被广泛运用的词语。它的含义深远而复杂，全世界各学科的学者给它下了百余种定义。“文化”一词源于拉丁文 Cultura，意即“耕种出来的东西”“人造自然物”。自古罗马哲学家西塞罗提出“哲学是心灵耕种的产物”以来，人类的精神产品就被纳入了文化范畴。德文、法文、俄文的“文化”皆从英文 Culture 中演变而来，基本含义均包括教养、陶冶、栽培、养育、耕作等。在西方的原始文化概念中，既包括人的物质活动，也包括人的精神活动。

20 世纪，“文化”这一概念由最初的学术领域进入社会思想领域，以至整个人类的社会生活。各国各学科的研究者都在自己的范围内确定“文化”概念的内涵与外延，因而使“文化”这一概念更加仁者见仁、智者见智。据《大百科全书》统计，世界上仅在正式出版物中给文化所下的定义就至少有 160 种。真可谓众说纷纭、莫衷一是。

据考证，汉语中“文化”一词的源头可以追溯到《周易》。《易传》云：“观乎人文，以化成天下。”但这里的“文”与“化”是分而述之的。孔颖达在《周易正义》中释为：“言圣人观察人文，则诗书礼乐之谓，当法此教而化成天下也。”这是指诗文礼乐、政治制度、道德礼俗等的综合体。到了西汉刘向所著的《说苑》中，“文”与“化”已合二为一，其文云：“凡武之兴，为不服也，文化不改，然后加诛。”这里的“文化”意指文治教化，是封建王朝所实施的文治和教化的总称。

但是，无论如何定义，“文化”概念中总包括有思维方式、价值观念、审美意识、政治意识、道德观念、科学观念等众多因素。将“文化”的各种解释归纳起来，则可分为广义和狭义两种。广义的“文化”，指人类在社会实践过程中所获得的物质、精神的生产能力和创造的物质、精神财富的总和；狭义的“文化”，指精神生产能力和精神产品，包括一切社会意识形式：自然科学、技术科学、社会意识形态。有时又专指教育、科学、文学、艺术、卫生、体育等方面的知识与设施……（《辞海》2010 年版缩印本）

二、饮食文化及其研究内容

饮食文化是随着人类社会的出现而产生，又随着人类物质文明和精神文明的发展而不断丰富自身内涵的。它是一个涉及社会科学、自然科学及哲学的普泛的概念。所谓饮食文化，就是人们在长期的饮食实践活动中创造和积累的物质财富和精神财富的总和。

它包括饮食资源的开发利用、生产加工和消费；食品的创制、演进和进食方式；饮食礼仪、习俗的形成和演变；不同地区、民族的饮食风情特色和相互间的交流融汇；饮食器具的发明和沿革；食品艺术以及饮食理论的产生和发展；等等。

中国饮食文化有着特定而又丰富的内涵。它既是文化，又是科学，更是一种艺术。中国历史表明，中国饮食文化的发展与繁荣，是与整个中国历史的发展相和谐统一的。

中国饮食文化不仅成为中国传统文化的重要组成部分，而且使传统文化发展的结构与模式更趋多元化，内容也更为丰富多彩。具体而论，它包括食物原料、饮食制作、饮食消费、饮食器具、饮食礼仪、饮食养生、饮食交流和饮食文献等内容。

（1）食物原料是人们在进行饮食生产过程中所凭借的物质要素。通过从远古时期先民们对饮食资源的采集、驯化、开发到后来的扩展、培植与利用以及未来的发展方向进行探讨。

（2）饮食制作是生产制作的技术体系。是对中国历史上各种食物原料进行加工、烹饪所使用的技术方法等发展过程的考察与研究。

（3）饮食消费是以饮食市场为对象，通过对饮食中的商品与市场消费关系的研究，来认识和探究历代人们的饮食消费心理、价值取向及饮食市场的发展规律。

（4）饮食器具是人们饮食活动中重要的工具载体。通过对中国历史上各种饮食器具的用途、质地、形制等演变过程的研究，进一步加深对中华文明的认识。

（5）饮食礼俗是饮食生活中的礼仪规范，更是社会文明进步的标志。其内容包括饮食礼仪和饮食习俗两个方面。礼是社会的规范、原则；俗是社会的习惯。

（6）饮食养生是我国自古以来饮食保健的优良传统。它是中国饮食史中重要的组成部分，也是祖国传统医学宝库中一笔珍贵的文化遗产。

（7）饮食交流是我国饮食文化中生生不息的重要内容。在中国饮食史上有着光辉的历程和优美的篇章，民族之间、中外之间的相互交流，为中国饮食文化建立了一座座丰碑。

（8）饮食文献是中国文化遗产中的重要组成部分。收集、整理和研究饮食文化典籍可为中国饮食文化史提供可靠的、确凿的科学依据。

（9）饮食思想是中国饮食文化的精华与哲理。先秦诸子百家从各自的角度深悟饮食与自然、饮食与社会、饮食与健康、饮食与烹调、饮食与艺术等多个方面。

总之，中国饮食文化研究内容的构成是以其自身历史发展和演化为基础的，丰富厚重的历史文化积淀、博大精深的饮食制作技艺与日渐完善的现代科研成果共同汇成了中国饮食文化的内涵。随着社会与文化的发展，中国饮食文化的研究将跟随时代的步伐，吸纳不断变化的新的内容。

三、中国饮食文化的创造者

自古及今，创造和谱写中国饮食文化的都是广大劳动者，《诗经》中许多对饮食的描写就是明证。我国食品生产的制作者们为人类提供了丰富的、美味的佳肴点心、酒水茶饮，他们是饮食文化创造者的主体。在我国饮食史上留下辉煌篇章的如：商代为商汤烹饪“鹄羹”佳肴的伊尹、周代八珍的制作者们、汉代“全牛席”菜品的制作者、唐代走遍产茶地采茶制茶研茶的陆羽、五代创制的“辋川小样”大型风景拼盘的制作者梵正、宋代开封“花糕员外”家各式花糕的制作者、明清时江南的船宴船点的制作者、清代美食家袁枚的家厨王小余以及清代的满汉席的制作者们，等等。如果没有这些食品制作者们的劳动创造，就没有今天辉煌的饮食文化可言。但能够把这些饮食制作记录下来的主要还是依赖于历代的文士们，没有他们的归纳、提炼、总结和创造，就没有今天的成果。

在中国饮食文化史上，有三个重要的里程碑。一是战国后期杂家巨子吕不韦《吕氏春秋》中的《本味》，保存了古代烹调学的精髓和各地土特产的简要记录，成为我国第一本研究饮食烹调的书籍，也是世界最早研究饮食的著作。二是北魏时期贾思勰撰写的《齐民要术》，保存了公元6世纪前期大农业生产和烹调业、食品制造业的基本成果。许多逸失的古代农产记录和烹调技艺都可以在该书中找到，对烹调和食品的记载较为详细，并记录下许多食品制作的数据。三是清代前期袁枚的《随园食单》，这是我国古代一部系统论述烹饪技术和南北菜点的重要著作，提出了既全且严的20个操作要求和14个注意事项以及326种南北菜肴饭点。这三部书大体叙述了古代不同时期中国饮食文化的主要脉络，起到了里程碑的作用。此外，较有分量的关于烹调与饮食的著述，有南宋林洪的《山家清供》、元代忽思慧的《饮膳正要》和明代高濂的《遵生八笺》等。而为中国饮食文化倾注活水的是文人对饮食文化的关注。有不少文史笔记记述了当时的饮食文化，积累了宝贵的资料。如孟元老的《东京梦华录》、吴自牧的《梦粱录》、范成大的《桂海虞衡志》，等等。这些典籍都用浓墨重彩描绘了唐宋期间江南和岭南农业生产的饮食文化与地方风情，把这两个地区的饮食文化写得活灵活现。而以饮食文化为题材的文艺作品更为饮食文化的流播发挥着重要的作用。这类作品历代都很多，其中贡献最大的应属杜甫、苏东坡。他们反映饮食文化的诗文都超过300篇。杜甫着重通过饮食题材去反映社会生活和针砭时弊。苏东坡则侧重于品位，讴歌各地土特产和咏赞烹调技艺。

诗人黄庭坚写的《士大夫食时五观》，指出士大夫对于饮食生活应有所规范，并进行系统化的理解和认识，他从道德和卫生的角度告诉人们饮食简朴，应有所节制，这对后世士大夫的影响很大。

陆游不仅是南宋著名的爱国诗人，还是一位业余烹饪高手，在它的诗词中，咏叹烹饪方面的有上百首，有对风物、饮食、烹饪赞美备至的，有对名酒、食蔬、菜肴、粥品、水果如醉如痴的，也有提倡蔬食养生的，对后世的烹饪技术和饮食倾向都颇有影响。

清代李渔撰写的《闲情偶寄·饮馔部》，主张以素食为主，以肉食为辅，他的饮食思想可概括为：崇节俭，主清淡，忌肥腻，尚本味，讲洁美，慎杀生，求食益，既考虑到满足口腹之欲，又注重饮食给人们带来的快乐和慰藉。

实际上，不少文人不仅热衷于写饮食方面的心得文字，传播着饮食文化，还特别热衷于动手烹饪，创制出独具一格的“文人菜”。孙中山先生力举中国卓越的饮食文化传统来振奋民族精神。他在《建国方略》中，多次提到中国饮食文化，是20世纪把饮食文化提到国家战略地位的第一人，这对那些鄙视饮食文化的陈腐观念，也是一剂良药。

在我国饮食文化史上，涌现了一大批为饮食文化奉献的文士。斗酒诗百篇的李白："天子呼来不上船"，深得饮中真趣，竟致后人有为文作诗必饮酒的"遗风"。梁实秋先生是一位大美食家，他离开祖国大陆后，乡愁不断，怀念美食，著有《雅舍谈吃》以排解乡愁。当代作家中，像陆文夫、汪曾祺等平生嗜吃，得其真味，亦是有口皆碑的。

相关链接　搜索

中华饮食国粹——"筷子"

筷子，这看似简单的食具，在世界上却产生了广泛的影响，被看作中国的国粹之一。考古发现，中国人用筷子的历史至少可追溯至距今六千余年的新石器时代。早在六千年前，在江淮大地和广阔的黄河流域，筷子已被中国人广泛使用。人们巧妙地利用筷子的杠杆原理，通过夹、分、折、挑等十多个动作，将其助食的物理功能发挥到极致，也明显地促进了中国烹饪工艺的不断提升。例如，筷子的使用与中国食物料型长于条、块、片、丝、丁、粒等多种精细形态相辅相成，从而形成了与之相适应的"旺火速成"的特色。明代著名中西文化交流者利玛窦就证实了筷子的这些特点：人们用它很容易地把任何种类的食物放入口内，而不必借助手指。食物送到桌上时已切成小块，除非是很软的东西，例如煮鸡蛋或鱼等，那是用筷子很容易夹开的。筷子确实推动了中国烹饪精细刀工、精美调和和精湛技艺的不断进步。

第二节　中国饮食文化的传统特色

一、中国饮食文化的地域特征

古语云："凡民禀五常之性，而有刚柔缓急音声不同，系水土之风气。"不同的地理环境与气候，提供不同的饮食资料，形成不同的饮食习惯与文化。地理环境是与人类活动有着密切关系的自然界诸要素有规律的结合体，是指在空间上客观存在着的有地域差异的和相对性的空间客体。我国错综复杂的地理环境，造就和孕育了丰富多样的动植物资源。辽阔的疆土上，由于地理、环境的差异，各民族的生活习惯不同，自古就形成了饮食风味的差异和区别。

人类的食物取决于生物资源，生物资源是构成生态环境的主体。生物资源的丰富又取决于地理位置，尤其是气候条件和地理条件。"近山者采，近水者渔"是饮食区域性的物质条件。中国南、北方饮食文化显著的区域差异，不仅使食物原料品种有一定的不同，而且使不同地区形成了相应的区域意识，即本区域文化的认同感。这种认同感与其他因素一起，使得中国各地的饮食文化具有较强的稳定性和继承性。不同区域的自然条件和文化传承逐渐地形成了这一区域内人民的饮食风俗和习惯，而这种饮食习惯又具有相对的排他性，人们对食物的选择和加工的方法就是这样代复一代地延续着。

（一）饮食的自然环境烙印——南米北面

自古以来，由于水土、气候等自然环境的不同，长江流域与黄河流域在远古时所播种的五谷便有区别。北方盛产小麦，南方盛产稻米。据考古专家发掘证明：先秦时期，我国北方人民的主粮是黍、稷；南方人民的主粮是稻谷。食的文明分成两大系统，早在公元前5000年就已确立。秦汉以后，北方黍、稷的主食地位逐步让位给麦；在南方，稻始终是广大人民的主食，而北方却列为珍品。产小麦者，面是主食。千百年来，北方人民善于烹制面食，有“一面百样吃”之说。在面食制作方面，蒸、炸、煎、烤、烙、焖、烩、浇卤、凉拌等，每一种制作，都别具风味。

从远古开始，北方的劳动人民就在源远流长的农事活动中，经过长期的定向培育，发展起一大批适应北方水土的农作物品种：小麦、高粱、莜麦、荞麦等，为北方面食制作提供了丰富的主食原料。以面食为主的黄河地区，其面食的主要烹制方法是煮、蒸、烘、烤、炸，如刀削面、饸饹面、荞剁面、窝窝头、摊饼、烙葱饼、馒头、花卷、馍馍、锅盔等。所以，北方人民以面粉、杂粮为主要原料的各种食品，丰富多彩。北方人的日常食品是花卷、面条、糖包和大饼。其面食不但制作技术精湛，而且口味爽滑、筋道，被称为北方四大面食的抻面、刀削面、小刀面和拨鱼面，受到北方各族人民的喜爱。人们不仅天天要吃面食，而且几乎家家会做。

长江、淮河以南，襟江临湖，盛产稻米和水产。明清时期就有许多苏式糕团点心的名称记载，著名品种有麻饼、月饼、松花饼、盘香饼、棋子饼、薄脆饼、油酥角、马蹄糕、雪糕、花糕、蜂糕、百果蜜糕、脂油糕、云片糕、火炙糕、定胜（定榫）糕、年糕、乌米糕、三色玉带糕等。明末清初屈大均《广东新语》中所记广州人所食的点心就有炒米饼、糖环、薄脆、煎堆、粉果、粽子、荷叶饭等，达数十种之多。

长期以来，南方劳动人民多以大米为主食，米粉、糕团、汤圆、煎堆等风味食品都用米制成。南方人认为面食只能当点心。他们制作的食品随季节的变化和群众的习俗应时更换品种。如各式汤圆、方糕、拉糕、松糕、年糕、萝卜糕、糯米糕、油炸糖环等。如“甑儿糕”用白糖、糖油与米粉和制，讲究黏、松、散，在南方的大街小巷都能见到边制作边销售的场面。

在民俗节令方面，除夕守岁吃团圆饭也有很大的差异。北方不可以没有面食的饺子。饺子，形如元宝，音同“交子”，除夕子时进食，有招财进宝和更岁交子的双重含义。而南方守岁必备年糕和鱼。年糕是粳米和糯米混合磨制成粉后而成，寓意“年年高”；鱼含有“连年有余”和辟邪消灾的双重含义。

（二）饮食的社会环境烙印——南细北粗

一方水土养一方人。南北自然气候的不同特点使得南北方的社会环境形成了一定的差别，也造成南北地带生物品种发生较大的变化。早在2500年前的《黄帝内经》中就对南北不同区域的地理、气候、食物的不同特点进行了深入的阐述。因环境的差异造成北方干旱少雨多产粗杂粮，南方水网密布多产大米等细粮。北方温度低，生物品种少。南方温度高，生物品种多。生物品种丰富的地方，食物种类也比较丰富。

在一日三餐的生活习惯上，南、北方人民在菜肴、点心的制作上也形成了不同风格，如南方的较细薄、北方的较粗厚的外形特征。中国南北方的地理、气候孕育着不同的人文、物产与饮食特色。南方菜肴讲究精工细作，刀工整齐划一，肉切得薄薄的、细细的，摆放得齐齐的。在南方，厨房里切的“生姜丝”能穿绣花针，是江苏人吃的“水晶肴蹄”“鸡汁烫干丝”不可或缺的；扬州的名菜“大煮干丝”，一块豆干要批16片以上，切出的干丝，细如发丝。在江苏，鳝鱼可以做100多道不同的菜肴；几尾刀鱼就可以制成刀鱼全席。而在北方，菜肴风格截然不同。酱爆、葱爆、扒制菜肴比较多，颜色深、味道重、块形大、刀工粗。东北最常见的烹调方法是炖，如白菜炖粉条、小鸡炖蘑菇、土豆炖茄子，没有烦琐工序，不讲究色与形，比较省心省力。因东北气温低，人们多喜热食、口感酥软的菜肴，因而炖菜居多，连汤带肉一起吃下，痛快淋漓。

南北食品的差别是固然存在的，这与气候、物产、风俗习惯、地域经济、性格差异等都有很大的关系。我国北方冬季漫长，食物品种受气候的影响，人们主要靠越冬储存的大白菜、萝卜度日。东北十大怪之一是“大缸小缸腌酸菜”。腌酸菜是储存白菜的好方法。南方四季常青，终年温暖。丰富的食物原材料是精工细作的基础。虽然北方也有些小点心、小茶食，但不具有普遍性。周作人先生在《再谈南北的点心》中就认为“南北点心粗细不同”，并具体地叙述道：“中国南北两路的点心，根本性质上有一个很大的区别……我们只看北京人家做饺子馄饨面总是十分茁实，馅决不考究；面用芝麻酱拌，最好也只是炸酱；馒头全是实心。本来是代饭用的，只要吃饱就好，所以并不求精。若是回过来走到东安市场，往五芳斋去叫了来吃，尽管是同样名称，做法便大不一样，别说蟹黄包子、鸡肉馄饨，就是一碗三鲜汤面，也是精细鲜美的。”

（三）饮食的人文环境烙印——南甜北咸

我国各地自古以来就有不同口味特色的差异。长江以南的人们大都喜欢吃甜食，烧什么菜都放糖，就连咸菜都带甜味。北方人多“口重”，即爱吃咸，总缺不了咸菜、咸酱和酱油之类。从中国饮食史上看，最早的地方菜只有两大派，即南方菜和北方菜。《诗经》中反映出来的食品原料，主要是猪、牛、羊，水产仅有鲤鱼、鲟鱼等几种，代表着西起秦晋、东至齐鲁，以黄河流域为主的北方风味。而《楚辞·招魂》中反映出来的食品原料，则以水产和禽类居多，具有长江流域特色的南方风味。这就是明显的分野。南北的差异，不仅仅局限于原材料上，人们在饮食口味上也有相当大的差别。清人钱泳在《履园丛话》中说："北方嗜浓厚，南方嗜清淡。"徐珂《清稗类钞》说："食品之有专嗜者焉，食性不同，由于习尚也。兹举北人嗜葱蒜，滇、黔、湘、蜀人嗜辛辣品。粤人嗜淡食，苏人嗜糖。"

南甜北咸已是我国人民饮食的自然特色，这主要反映了环境对人们饮食口味的影响。南方湿度大，人体蒸发量相对较小，不需要补充过多盐分，又盛产甘蔗，所以南人爱吃甜食。北方干燥，人体蒸发量大，需要补充较多盐分，性喜咸味。另外，北方气候寒冷，人们习惯吃味咸油重色深的菜；南方气候炎热，人们就偏向吃得清淡些；川湘云贵多雨潮湿，人们唯有吃辣才能散风祛湿。这些都是自然条件影响促使人们在生理上的要求，只有这样，才能达到身体平衡，保障健康。

饮食口味，积习难改。不同地域的气候特点和物质条件是形成各地口味特色的最主要原因。当人们的饮食习惯形成之后，基本的口味改变甚难。这就是不同地域菜系之间的差异所在。

（四）饮食的民族环境烙印——南糯北奶

从我国众多少数民族的饮食来看，各民族所处的地域环境和气候条件的影响以及在特定环境内的生活方式的差别，使我国各民族在饮食上形成了不同的风格特色。地处不同环境的自然特点是决定各民族生活原料、饮食、烹制特色的最主要方面。南方众多少数民族中很少有畜牧经济占较大比重的。而北方民族因为身处气候寒冷、无霜期短的自然环境中，单纯从事农业生产无法保证食物的来源，因此畜牧所占的经济成分比重较大。

尽管各个民族之间的饮食千差万别，但从总体上看，各民族之间的分布还是有一个共同的分野的，这就是以奶食品为主的民族与以稻米为主食的民族的分布。在北方省、区，如内蒙古、青海、新疆、宁夏等地，不同的民族带给人们的食品多以牛肉、羊肉、奶制品为主，喝的是奶茶、奶酒，吃的是奶饼、奶粥，尝的是奶片、奶糖，用奶制作的食品随处可见。南方民族诸地，如云南、贵州、广西、海南等地，各民族一日三餐的主食都是以稻米（古代主要是糯米）为主，过年过节和日常生活常以糯米饭和糯米舂粉制作年糕、糍粑、黏米糕为其生活特色。据农学史专家游修龄考证，春秋时吴越人就是以糯米为主食的，自秦汉后东南及岭南地区的居民陆续向西南贵州、广西、云南等地迁徙，他们仍保留以糯稻为主食的习惯。云南等南部少数民族（如彝族、侗族等）都可称为"糯米饮食文化圈"。因此，"南糯"和"北奶"可以概括出中国少数民族饮食的特点。李炳泽在《多味的餐桌》中指出，从东北到西南，似乎有条斜线把他们分开，而从东北的朝鲜族地区到云南西藏南部，恰好形成一个上弦新月形。这正是民族饮食文化的基本现象。

在历史上，南方少数民族对于糯米食品的消费是与其稻作农耕的生产方式紧密联系的。通过长时间的生产实践和经验积累，形成了特定的糯米生产和消费习俗，进而造就了独具风格的南方民族糯食文化。在中国南方以稻米为主食的民族有：壮、畲、毛南、仫佬、苗、瑶、黎、彝、哈尼、拉祜、基诺、景颇、阿昌、白、羌、佤、德昂、傣、布朗、布依、侗、水、仡佬、土家、京、高山等族。在这些民族中，壮侗语民族和苗瑶语民族的"糯食"最有代表性。这些民族地区是我国野生稻发现的地区，也是栽培稻起源的地区。南方农耕民族普遍种植稻谷，糯稻成了当地许多民族不可缺少的主食。

相关链接 搜索

五方饮食的差异

我国各地饮食风味的形成有着悠久的历史。在我国现存最早的医学专著《黄帝内经》中的《素问·异法方宜论》(卷四)中云："东方之域，天地所始生也，鱼盐之地，海滨傍水其民食鱼而嗜咸，皆安其处，美其食。……西方者，……其民陵居而多风，水土刚强，其民华食而脂肥，故邪不能伤其形体……北方者，天地所闭藏之域也，其民高陵居，寒风冰冽，其民乐野处而乳食……南方者，天地之所长养，阳之所盛也，……其民嗜酸而食胕……中央者，其地平以湿，天地所以生万物也众，其民食杂而不劳。"因地理环境差异而产生的饮食嗜好的不同自然地反映在人们的饮食生活中，而这样的饮食生活习惯又自然地受到不同地理环境中产生的文化风格的影响。晋朝张华在《博物志》中也说："东南之人食水产，西北之人食陆畜。""食水产者，龟蛤螺蚌以为珍味，不觉其腥也；食陆畜者，狸兔鼠雀以为珍味，不觉其膻也。"这些记载表明：五方之民的地理环境、气候、物产、饮食风俗是构成各地食品风味特色的物质基础。

（资料来源：作者收集整理）

二、中国饮食文化的基本特性

自古以来，不同时期的饮食制作与创造成果谱写了中国饮食的优美华章，也形成了独树一帜的中国饮食繁花似锦的风格特色。几千年来，中国饮食文化的创造与实践培育了中华民族博大精深的饮食文化体系，这些优良传统与世界各国相比，具有典型的民族文化特点。

（一）食物原料的广泛性

中华美食闻名遐迩，除了历代烹调师精湛的技艺外，丰富的物产资源也是一个重要条件，它为饮食提供了坚实的物质基础。我国背靠欧亚大陆，面临海洋，是一个海陆兼备的国家。辽阔的疆土，多样的地理环境，多种的气候条件，使烹饪原料的繁衍生息具备了雄厚的物质基础。

在这片辽阔的土地上，东、西、南、北各地盛产各种农副产品。绵长的海岸提供了珍贵海鲜，纵横的江河水产富饶，众多的湖泊盛产鱼虾和水生植物，无垠的草原牛羊遍布，巍巍的高山生长山珍野蔬，茂密的森林特产野味菌类，坦荡的平原五谷丰登。这种地形环境的不同，使中国烹饪具有了十分广阔的原料品种，加上复杂的气候差异，使烹饪原料品质各异。寒冽的北土有哈士蟆、猴头蘑等多种动植物的珍稀原料，为我国烹饪提供了许多特有的佳肴；酷热的南疆，虫、蛹、蛇、时鲜果品奇特，丰富了菜肴的品种；广阔的东海之滨，盛产贝、螺、鱼、虾、蟹，水产蔬菜联翩上市，增强了菜肴的时令性；风疾土刚的西域，牛马羊驼质优而盛名，使菜肴富有质朴浓烈的民族风味；雨量充沛的长江流域，粮油家畜皆得天时地利之优，使菜肴丰富而多变。由于优越的地理位置和得天独厚的自然条件，使我国烹饪特产原料特别富庶而广博。正如居留中国 29 年的明代意大利传教士利玛窦所言：“由于这个国家东西以及南北都有广阔的领域，所以可以放心地断言：世界上没有别的地方在单独一个国家的范围内可以发现这么多品种的动植物。中国气候条件的广大幅度，可以生长种类繁多的蔬菜，有些最宜于生长在热带国度，有些则生长在北极区，还有的则生长在温带……凡是人们为了维持生存和幸福所需的东西，无论是衣食用品还是奇巧物与奢侈品，在这个王国的境内都有丰富的生产，无须从外国进口。我甚至愿意冒昧地说，实际上凡在欧洲生长一切都同样可以在中国找到。否则的话，所缺的东西也有大量其他为欧洲人闻所未闻的各种多样的产品来代替。”（《利玛窦中国札记》）这位伟大的观察者客观真实地分析了我国物产的分布情况，正是由于生态环境的区域差异，决定了我国食物原料的丰富性和广泛性。

（二）饮食风味的多样性

与原料广泛互为因果，不同的区域环境生长着不同的食物原料，而不同的区域环境也形成了各地不同的食品风味。居住在不同区域的人们，由于气候、物产、风俗习惯的差异，自古以来，在饮食上就形成了各不相同的风味。南方地区炎热的气候与北方地区寒冷的气候，自然就形成了南方清淡北方浓厚的口味特色；西南地区雨水较多，潮湿闷热的气候特点，使人们为了达到身体的平衡，多食麻辣的菜品；不同民族所处的地理位置不同，所产的食物原料就有差别，人们的饮食习惯则有许多不同的特色。

我国一向以“南米北面”著称，在口味上又有“南甜北咸东辣西酸”之别。就地方风味而言，有黄河流域的齐鲁风味，长江中上游地区的川湘风味，长江下游地区的江浙风味，岭南珠江流域的粤闽风味，五方杂处的京华风味，各派齐集的上海风味，辽、吉、黑的东北奇品，桂、云、贵的西南佳肴，中南备美食，西北聚佳味。就民族风味而言，除汉族以外，还有蒙古、满、回、藏、苗、壮、傣、黎、维吾尔等少数民族的风味特色，各有佳味名馔，各有奇法妙品。

另外，珍馐罗列的宫廷风味、制作考究的官府风味、崇尚形式的商贾风味、清馨淡雅的寺院风味、可口实惠的民间风味等，等级不同、原料有别、色彩不一、技法多变、口味迥异、特色分明，构成了我国繁多的风味美食品种，各种美食风味流派汇成一体，铸成了中华民族共同的饮食文明。

（三）烹饪技艺的精湛性

中国菜品在烹饪制作时对原料的选择、刀工的变化、菜料的配制、调味的运用、火候的把握等方面都有特别的讲究。所选择的原料要求非常精细、考究，力求鲜活，不同的菜品要按不同的要求选用不同的原料；注意品种、季节、产地和不同部位的选择；善于根据原料的特点，采用不同的烹饪方法和巧妙的配制组合制成美味佳肴。中国烹饪精湛的刀工古今闻名，厨师们在加工原料时讲究大小、粗细、厚薄一致，以保持原料受热均匀、成熟度一样；我国历代厨师还创造了批、切、锲、斩等刀法，能够根据原料特点和菜肴制作的要求，把原料切成丝、片、条、块、粒、蓉、末和麦穗花、荔枝花、蓑衣花等各种形状。

中国菜肴的烹调方法变化多端，精细微妙，并有几十种各不相同的烹调方法，如炸、熘、爆、炒、烤、烹、烙、炖、焖、煨、焐、煎、腌、卤以及拔丝、挂霜、蜜汁等，折射出中国饮食的丰富绚丽。中国菜肴的口味之多，也是世界上首屈一指的。中国各地都有自己独特而可口的调味味型，如为人们所喜爱的咸鲜味、咸甜味、咸辣味、麻辣味、酸甜味、香辣味以及鱼香味、怪味等。另外，在火候上，根据原料的不同性质和菜肴的需要，灵活掌握火候，并运用不同的火力和加热时间的长短，使菜肴达到鲜、嫩、酥、脆等效果，并根据时令、环境、对象的外在变化，因人、因事、因物而异。高超的烹饪技艺为中国饮食的魅力与影响夯实了坚实的基础。

烹饪之法最重火候，火候不仅是形成不同风味、使烹肴方法多样化的重要因素，也是菜肴成败的关键因素。菜肴火候不足，不仅不熟、香美之味也不能充分发挥。反之，火候过度则菜肴枯老而乏味。要使菜肴达到嫩而不生、透而不老、烂而不化的质量要求，必须注重火候的恰到好处。

烹饪的原料形态各异，性质不一，要求风味也不同，所以火候的控制是制作菜肴成败的关键。就煎炒菜肴所使用的铁锅而言，炒制需火力集中就必须使用圆底炒锅，使火焰集中锅底上扬。煎制需火力平均铺陈，就必须选用平底锅，使原料受热均匀一致。用平底锅煎制，菜肴底层金黄而酥脆，里面鲜嫩。这里面有许多关键技术，只有通过多实践、多总结，才能制成美味可口、质量绝佳的菜品。不同的菜肴有的鲜嫩，有的酥脆，有的色泽红亮，有的清淡雅致，这些都需经过扎实的基本功训练才能实现菜品应有的风味特色。

（四）四季饮食的差异性

一年四季，按季节而饮食，这是华夏美食的主要特征，也是中华民族的饮食传统。我国春、夏、秋、冬四季分明，各种食物原料因时迭出。早在2000多年前，我国宫廷中即有“四季食单”了。由于季节的转移，连吃肉、用油也有“原则”：如《周礼·天官·庖人》就说，“凡用禽献，春行羔豚，膳膏香；夏行腒（jū）鱐（sù），膳膏臊；秋行犊麛（mí），膳膏腥；冬行鱻（即鲜）羽，膳膏膻。”这就是一张很好的节令菜单。我国早就注意季节的时令变化，并掌握了一整套的经验。如《周礼》中载有“春多酸，夏多苦，秋多辛，冬多咸，调以滑甘”的说法，这就是讲味道要应合季节时令。对调味品也要按时令调配，如“脍，春用葱，秋用芥。豚，春用韭，秋用蓼”。自古以来，我国一直遵循调味、烹制的季节性，冬则味醇浓厚，夏则清淡凉爽；冬多炖焖煨焐，夏多凉拌冷冻。

季节不同，原料质量也有明显的区别，因为原料有其自身的生长规律，即兴衰时期，旺盛期一过精华耗尽，质量就必然下降。如河蟹在不同的季节质量有明显的差别，正所谓“九月团脐十月尖”。到农历九月雌蟹已长得蟹黄丰满而鲜美，十月雄蟹蟹油丰腴而肥壮，在这季节之前，蟹壳松空，质量显然逊色。此外，如春天的菜花甲鱼、初夏的鲥鱼、六月的花香藕、秋天的桂花鸭、冬季的鲫鱼都是时令佳品，过时而味差。如萝卜过时则心空，山笋过时则味苦，刀鲚过时则骨硬，土豆过时则发芽，韭黄过时则成青韭，这都是季节的原因。虽然随着科学技术的发展，在蔬菜方面有了温室培植，但其质量与天然原料仍有差别。在动物性原料方面有了人工养殖，然其质量，尤其是其鲜美、本味与天然出产者无法媲美。

由于原料的季节性特点，中国人在饮食配菜中讲究它的季节性，即注意按节令排菜单，就水产原料说，春尝刀（鱼），夏尝鲥（鱼），秋尝蟹，冬尝鲫（鱼）。人们掌握原料的生长规律，不同季节运用不同的菜蔬，讲究适时而食。

中华民族还特别注重四时八节的传统饮食习俗。诸如春节包饺子（北方）、正月十五吃元宵、端午节裹粽子、中秋尝月饼、重阳品花糕等，这些节令性的食品，一直沿袭至今。

（五）菜品制作的艺术性

中华美食，不仅技术精湛，而且自古以来就讲究菜肴的美感。注意食物、菜肴色、香、味、形、器的协调一致。对菜肴的色彩、造型、盛器都有一定的要求，要遵循一定的美的规律。食品色、形的外观美与营养、味道等质地美的统一，也是客观的需要。人，首先通过眼睛对食品菜肴的色、形达到良好的表象感觉，再通过咀嚼对食物味的良好的内在感觉达到统一，从而对各种食物逐渐形成不同的印象。人们一旦感受到食物美的色、形，即使不去尝其味，也能起到强烈的赏心悦目、刺激食欲的作用。特色的中餐菜品，能给人视觉、嗅觉以美的享受，而不是追求单一的饱腹目的。

色彩不仅反映菜肴的质量，同时与菜肴的艺术性和人的食欲有着内在的联系，因此中国烹饪尤其注重菜肴的色彩和谐。在色彩的配合上，我国烹饪的基本原则是：辅料的色彩要衬托主料、突出主料、点缀主料、适应主料，形成菜肴色彩的均匀柔和、浓淡相宜、主次分明，相映成趣。我国许多名菜名点的形成，与色彩和谐的特色不无联系。如粤菜烤乳猪，就是以大红鲜艳的色彩而呈现其质量，吸引顾客的，故又称“大红片皮乳猪”。苏菜中的“清炒虾仁”，就是以其洁白无瑕的色彩表现菜肴的素雅美观，故又称“清炒大玉”。甜菜中的“樱桃银耳”就是以洁白的银耳点缀上鲜艳的樱桃而和谐悦目，引人食欲。许多中国名菜名点都以其“浓妆淡抹总相宜”的和谐色彩相映成趣。

我国菜品讲究美感，表现是多方面的。厨师们利用自己的聪明才智、艺术修养，通过丰富的想象，塑造出各种各样的形状和配制多种多样的色调。中国的象形菜独树一帜，“刀下生花”别具一格。食品雕刻栩栩如生，拼摆堆砌，镶酿卷模，各显其姿，可将各种瓜果蔬菜切雕成平面或立体的图案造型，用以衬托主料、点缀菜肴，如切雕成凤凰、鸽子、雄鹰等图案造型。雕刻成各种花卉，进行菜肴的盘边装饰，突出菜肴的造型美。雕刻成大型整体的飞鸟鱼虾和大型盆景，用于宴会的席面装摆，增加宴席的艺术气氛。将各种瓜果切雕装摆成大型的山水图案，用以大型冷餐酒会，增加了环境的艺术气氛。将瓜果雕刻成美丽的图案并制成盛器，不仅具有艺术性的美感，而且可增加菜肴的美味，如冬瓜盅、椰子盅、西瓜灯等。在装摆中运用点缀、围边、对镶、嵌酿、套叠等多种手法，融雕刻与菜肴为一体，装摆和谐而美观，这是我国烹饪的一大艺术特色。

（六）饮食品位的雅趣性

我国饮食自古以来就注重品位情趣，不仅对饭菜点心的色、香、味、形、器和质量、营养有严格的要求，而且在菜肴的命名、品味的方式、时空的选择、进餐时的节奏、娱乐的穿插等方面都有一定雅致的要求。

中国菜肴的命名十分讲究名称的美、雅、吉、尚，显示菜肴的意境和情趣。历代的文人墨客、尚食厨膳，对菜名都精于求工，其手法和格式也众多。有用词朴实而清晰的一般命名方法，此类菜名力求名副其实，使人从菜名可以看出菜肴的特色和全貌。这些大多利用菜肴的主料、辅料、烹调方法、调味方法、色香味形的特色以及人名、地名等而制定菜肴的名称，使人感到雅致切题、朴素大方，并能增加食欲。如：芹菜炒肉丝、煮干丝、盐水虾、清蒸鳜鱼、香酥鸭、芙蓉鸡片、东坡肉、西湖醋鱼、洋葱猪排、油爆双脆等。另外，有用文学赋、比、兴等手法，着意美化菜名的命名方法，或利用谐音转借命名，或利用象形命名，或借历史故事命名，或衬以吉祥如意，或借比喻并带有夸张，等等。这种寓意命名的方法从古到今一直沿用，并带有较高的艺术性。它利用顾客的猎奇心理，突出菜肴某一特色加以渲染，并赋以诗情画意、富丽典雅的美名，从而起到引人入胜的美的效果。如龙虎斗、狮子头、熊猫戏水、彩蝶迎春、孔雀开屏等，强调的是造型艺术的命名方法；全家福、鸳鸯鲤、母子会、万寿无疆、鲤鱼跳龙门等，表达了人们的良好祝愿；贵妃鸡翅、西施舌、油炸桧、裙带面、一品南乳肉等，则反映了人们的精神意趣；佛跳墙、推沙望月、掌上明珠、百鸟归巢等，借助隽永的诗文名句，富有诗情画意；叫花鸡、鸿门宴、鹊渡银河、哪吒童鸣、桃园三结义等，依据神话传说、历史掌故，赋予特殊含义的命名，等等。

我国是极早讲究饮食情趣的国家，讲究美食与美器的结合、美食与良辰美景的结合、宴饮与赏心乐事的结合。《兰亭集序》中饮宴的场面，文人雅集于兰亭，在清凉激湍之处，流觞曲水，列坐其次，一觞一咏，畅叙幽情，体现了一种清雅之美；《滕王阁序》中宴会的盛况，“睢园绿竹，气凌彭泽之樽；邺水朱华，光照临川之笔”；《前赤壁赋》中的泛舟小饮，风月肴核，诵诗作歌；明清时盛行的旅游船宴，人们身处船中，一边饱览沿途风光，谈笑风生，一边行令猜枚，品尝佳味；《红楼梦》中更有许多宴会场面，都可体现中华民族的饮食情趣。我国的饮食文化传统，把饮食与美术、音乐、舞蹈、戏剧、杂技等艺术欣赏相结合，既是一种美好的物质享受，也是一种高尚的精神享受。

（七）民族食俗的独特性

我国是一个多民族的国家，在中华民族这个大家庭中，各兄弟民族之间不断交流，共同发展，创造了包括饮食文明在内的光辉灿烂的中华文化。由于我国各民族所处的社会历史发展阶段不同，居住在不同的地区，形成了风格各异的饮食习俗。根据各民族的生产生活状况、食物来源及食物结构，从历史发展来看，可大致划分为采集、渔猎型饮食文化，游牧、畜牧型饮食文化，农耕型饮食文化等类型。

在这个民族大家庭里，一方面，由于各地的自然环境和人文环境的不同，人们的生活、消费、饮食、礼仪等都各具特有的风情。以牧业为主的民族，习惯于吃牛、羊肉，喝奶类和砖茶；以农业为主的民族，南方习惯于吃大米，北方习惯于吃面食及青稞、玉米、荞麦、洋芋等杂粮。气候寒冷地区的民族爱吃葱、蒜；气候潮湿、多雾气的四川、云南、贵州等地的民族，就偏爱酸辣。各民族所留下的宝贵的饮食文化遗产，有些完整地保留下来了，有些进行了改良，有些也已被全国各地引进和移植。另一方面，随着各民族人口不停地移动或迁徙，民族之间的饮食文化也相互影响与模仿着。事实上，人们的饮食生活是相互影响和借鉴的，但民族饮食的独特性确是永存的。

各民族均有独特的饮食风尚和知名食品。如蒙古族的奶豆腐、壮族的辣血旺、维吾尔族的沙木萨（烤包子）、藏族的糌粑、回族的油香、朝鲜族的冷面、苗族的荞酥等。我国的少数民族大都散居在边远的大漠、林原、水乡或山寨。他们千方百计开辟食源，食料选用各有特点，烹调技艺独擅其长，炊具食器奇特简便，民风食俗别具一格。民族菜风味浓郁，选料、调制自成一体，菜品奇异丰满，宴客质朴真诚。

（八）饮食保健的普及性

我国的饮食有同医疗保健紧密联系的传统。我国在几千年前就很重视“医食同源”“药膳同功”，利用食物原料的药用价值，烹制成各种美味的佳肴，达到预防和治疗某些疾病的目的。我国的食疗历史悠久，《黄帝内经·素问·藏气法时论》中明确指出了“五谷为养，五果为助，五畜为益，五菜为充，气味合而服之，以补精益气”配膳的原则。这里提到的主食、副食养、助、益、充于体者，功用不同，都有益于健康，但必须“气味合而服之”。它从医学角度高度概括了我国民族的饮食特色和饮食原则。以后不断发展，周代的宫廷中专门设立饮食养生治疗的“食医”，研究饮食与医疗的辩证关系，寻找滋补有益的食品，并提出了许多合乎科学的道理。隋唐以后，饮食保健在民间流传甚广。

由古及今，我国广大人民常利用现有的食物原料来防病治病，城镇、乡村到处都有药食兼用的动植物，它们的根、茎、叶、花、果和皮、肉、骨、脂、脏，按一定比例组合，在烹调中稍加利用，就既可满足食欲、滋补身体，又能疗疾强身、颐养天年。对于许多常见病和慢性病，民间常根据食物的寒、热、温、凉四性和辛、甘、酸、苦、咸五味的性味特点，采用饮食疗法予以疗治。唐代的名医孙思邈说过：“夫为医者，当须先晓病源，知其所犯，以食治之，食疗不愈，然后命药。”以后的历代名医对此都有论述。这说明我国古代很早就重视饮食的治疗，有关食疗结合的内容极其丰富，我国早有记载可以借鉴，到了近代又有了很大的发展。

第三节　中国饮食文化的交流与发展

中国几千年的饮食文化史表明，在不同的王朝更替中，南北各地的民族之间、地区之间以及中外之间的饮食文化交流一直没有停息过，为中国饮食文化的发展抒写了壮丽的篇章。

一、国内各地饮食文化交流

中国是一个统一的多民族国家。在数千年甚至更漫长的历史长河中，中华各民族（或部族、氏族）间以多种渠道和多种方式相互补益交融，逐渐形成了丰富多彩的饮食体系。饮食生活是动态的，饮食文化是流动的，中国南北东西各地民众的饮食生活都是处在内部和外部、本土和异地持续不断地传播、渗透、吸收、整合、流变之中。

（一）古代中华饮食的四次大融合

从轩辕黄帝开始就“教民烹谷煮饭”，引导人们探索不同的饮食工具，改善和推广人们的饮食生活。历史上，中华各族人民之间的饮食交流大大丰富了各民族的饮食生活，形成了相互依存的关系，起到了相互促进的作用。

秦汉封建帝国的建立，标志着农耕文明社会的全面形成，从此使中华农耕与游牧这两种东亚大陆基本的经济类型进入了相互恒定的交互融通定式，两大文明区绝非自我禁锢的系统，以迁徙、聚合、战争、和亲、互市等形态为中介，农耕饮食与游牧饮食彼此交往、相互融合，不断实行互摄互补。

在漫长的历史发展过程中，朝代更替，虽然经历过分裂、统一、再分裂、再统一的情形，各兄弟民族也曾建立过自己的政权或联合政权，但作为统一的中国，各民族之间的饮食文化与技术交流从未停止过。南北朝、唐、宋、元、明、清时期，饮食交融已很普遍。汉族的饮食影响了兄弟民族，兄弟民族的饮食也影响了汉族，促进共同发展。

魏晋南北朝，出现了我国封建史上第一次民族大融合的盛况。西晋末年所谓的“五胡乱华”，大量涌入黄河流域的匈奴、羯、鲜卑、氐、羌族五个北方民族带来他们各自民族的饮食文化。一方面，北方游牧民族的甜乳、酸乳、干酪、漉酪和酥等食品相继传入中原；另一方面，汉族的精美肴馔和烹调技术又为这些兄弟民族所喜食和引进，如汉族的寒具、环饼、粉饼等。

隋唐至五代十国，中华饮食又经历了一次民族大交流。唐初，高昌国的马、乳、葡萄及其酿酒法已引入长安，由此产生了许多歌咏葡萄酒的唐诗，而唐代使臣则带去了中原的食物原料、食品，唐代饮茶之风也传入吐蕃。这时期从西域引进了许多蔬菜和水果，如苜蓿、菠菜、芸薹、胡瓜、胡豆、胡蒜以及葡萄、扁桃、西瓜、安石榴等，调味品有胡椒、砂糖等。

宋、辽、西夏、金时期是我国第三次饮食大交融时期。北宋与契丹族的辽国、党项羌族的西夏，南宋与女真族的金国，都有饮食文化往来。这些民族在交往与杂居中相互接受不同民族的饮食习惯，定居的农业生活与游牧的流动生活在饮食上频繁的交流，特别是在汉族饮食文化的影响之下，使得各地民族的饮食生活更为丰富。在南宋杭州的餐馆里，有“饮食混淆，无南北之分”的肴馔多达130余种。

清王朝建立以后，满族、回族、蒙古族等兄弟民族与汉族饮食的结合是我国第四次饮食的大交融。满族的点心与其他民族饮食的结合成为当时饮食的主要特点。一方面，满族、蒙古族、维吾尔族和回族的菜点进入中原地区；另一方面，各民族不断吸收汉族食品的制作方法。最典型的代表是朝廷和官府的满汉席中汉族菜肴和满族点心的大交融。另外，满族食品萨其马、排叉；回族食品豌豆黄；清真菜塔斯密；壮族名食荷叶包饭等发展为清代许多城市酒楼、饽饽铺和饮食店的名菜、名点而广为流传。

（二）现代各地方饮食文化大交流

中国各地区各民族的饮食文化交流自古存在，新中国成立以后各地区的饮食文化交流更为广泛而深入。在历代繁华的都市和商埠等经济发达的地方，各地不同的烹饪文化与技术交流已较为频繁。都市饮食市场繁荣的一个方面就是汇集了多个地方的美食菜品。进入现代烹饪阶段，由于交通日益发达和便捷，各地人员流动增大，地区间的烹饪文化交流更加频繁。在许多大中城市林立的餐馆、酒楼中，既有本地的风味餐馆经营当地的风味菜点，也有不少异地的风味酒楼经营异地的风味菜点，还有一些餐馆、酒楼，其经营品种有本地的食品，也出现了相互交融与渗透的现象。

改革开放以后，随着各地经济的发展，市场的活跃，许多地方风味打破了传统的地区性隔阂，各地烹调师们在新形势下得到了广泛的交流。交通的便捷，又把各地区的距离不断拉近，烹饪交流活动也更加频繁。自20世纪80年代开始，利用其他地区的菜品为我所用成为各地菜品交流的主要方向，走出去、请进来的方式一度在饮食烹饪界十分流行，各地的外帮风味餐馆也不断地多了起来。

各地在保持地方特色的基础上，更是进一步向外地拓展。将南方的菜搬到北方去经营，将北方的菜搬到南方来经营，已成为各地餐饮企业的经验妙招，这也是近十多年来餐饮发展的一种异地经营思路。东北菜到南方经营，广东菜深入到北方拓展，四川菜打到全国各地，湖南菜打入北京、上海、南京等地。多种风味结合的菜品成为各地市场的主打菜而影响着四面八方的人们，如蛋黄狮子头、面兜牛肉松、水煮海螺片、鱼腩锅贴、香雪美人蛏、奶香窝窝头、雪菜煎包等在各地产生了强烈的反响。

全国各地区间的烹饪技术交流，是在各地文化特色的基础上的发展，特别是改革开放后全国范围内进行的七次全国烹饪技术大赛，对提高中国饮食制作的总体技艺水平，缩小地区之间的烹饪技术差别起到了巨大的作用。

二、中外饮食文化的交流

历史上，随着对外通商和对外开放，一方面中国传统饮食文化冲出了国门，另一方面外国的一些饮食文化也涌进了我国的餐饮市场。如汉代“胡食”的引进、元代的“四方夷食”、明代引进的“番食”、鸦片战争以后“西洋”饮食东传，等等。千百年来，我国食物来源随着国际交往而扩大和增多，肴馔品种渐次丰富。我国的饮食烹饪在不断吸收外来经验丰富自己的同时，也扩大了在外国的影响，在借鉴他山之石、“洋为中用”的过程中，始终以中国饮食的民族特色而屹立在世界东方。

（一）张骞出使西域的交流

经过汉初休养生息的发展进入汉代文景之治，大汉帝国国力日益强盛，与外国的文化交流活动逐渐多了起来。据《史记》《汉书》等记载，汉武帝时期朝廷曾派张骞多次出使西域，通过丝绸之路同中亚各国开展经济和文化的交流活动，中原文明迅速向外传播，西域文明也流向中原。张骞等人除了从西域引进了胡瓜、胡桃、胡荽、胡麻、胡萝卜、石榴等物产外，也把中原的桃、李、杏、梨、茶叶等物产以及饮食文化传播到西域。今天在西域地区的汉墓出土文物中，就有来自中原的木质筷子。后来班超再次出使西域，还有汉王室多次与匈奴和亲以及江都王刘建之女细君远嫁乌孙国王等友好活动，两汉文明北传和北胡饮食习惯的进一步传入中原等交流频繁。

（二）佛教与遣唐使的饮食交流

东汉时期佛教传入我国，其后自南北朝至唐宋发展兴盛。在这一漫长的历史进程中，印度等地弘法者来华，中国求法者的西去和传法者的东行，使中外饮食文化在不断地影响和扩散。东晋僧人法显为求取佛律自长安出发，西渡流沙，越过葱岭至天竺求法，历时13年，游历29国，历尽艰险。法显撰写的《佛国记》记录了他的行程和见闻，记述了中亚、印度及南海地理风俗，其中有许多关于饮食文化的珍贵资料。后有唐代玄奘“西天取经”以及鉴真东海传教。鉴真东渡时，携带了多种中国食品，其中有干胡饼、干薄饼、干蒸饼、落脂红绿米、甘蔗、蔗糖、石蜜等，豆腐也约在此时传入日本。至今日本人还奉鉴真为豆食始祖。许多外国王孙来朝受聘人员众多，波斯胡商云集长安、扬州、广州等地。仅日本一国就先后派出遣唐使32次，每次少则数十人，多则达五百余人。大批留学生来到中国，其中就有专门学习制造食物（包括造酱）的味僧。

（三）马可·波罗的饮食交流

元代，成吉思汗横征欧、亚两洲，并保持了各国之间的联系，互通使臣，长期往来不绝，欧亚各国的饮食文化都深受元朝的影响，欧亚大陆人口空前流动。元朝统治时期，中国是当时世界上最强大、最富庶的国家，它的声誉远及欧亚非各地。西方各国的使节、商人、旅行家、传教士来中国的络绎于途。元世祖时，威尼斯人马可·波罗旅居中国17年，足迹遍及长城内外、大江南北的重要城市，曾任扬州总管3年。在他所留下的游记中，对元朝的幅员广阔和工商、饮食业的繁盛做了生动、具体的描绘，激起了西欧人民对中国文明的向往。他把中国面条带到意大利，经勤劳聪明的意大利人民发展改造，演变为今天举世闻名的意大利面；与此同时，马可·波罗也给成吉思汗的子孙带来了意大利的美味佳馔。这时期由于中国同外国的交往频繁，中外饮食文化交流也更加深入和兴旺。中国的大量瓷制餐具通过海运、陆运，扩大了在世界上的影响，而中国菜谱中也加进了大量的“四方夷食”。

（四）郑和下西洋的饮食交流

明永乐三年（1405）至宣德八年（1433），中国杰出的航海家郑和曾率领船队7次下西洋，前后经过了亚、非30多个国家，达27年之久。据《明史》记载，郑和第一次下西洋时所率部众就有2.7万多人，船舶长44丈、宽18丈的就有62艘，规模之大，史所未有。这是一件闻名中外的大事，加深了中国和所到各地贸易及文化交流，而郑和远航对东南亚地区的开发贡献尤大，与邻国特别是越南、缅甸、柬埔寨、暹罗、印度以及南洋各国之间的饮食文化与政治接触比以前更加频繁了。他们把瓷器、丝绸、铁器和饮食文化带到了南洋，同时收买当地的胡椒、谷米和棉花，发展了中国和南洋的商业关系。明朝的中国是当时亚洲的一个强大的国家，它在政治、经济、饮食文化等各方面对亚洲各国都有较深远的影响。

另外，明代中国食品又引进了番食，如番瓜（南瓜）、番茄（西红柿，南美传入）、番薯（从吕宋传入），等等。

（五）传教士与西洋食品的东传

16 世纪中叶以后，西方文化以天主教传教士（随后又有基督教传教士）为媒体相继进入中国。传教士不仅给中国带来了饮食文化的时代文明、异域习尚及饮食文化理论和知识，而且把许多具体食品品种及其制作工艺都带到中国来。

鸦片战争开始，西方列强入侵中国，帝国主义势力所及的大城市和通商口岸，出现了西餐菜肴和点心，并且有了一定的规模。到了晚清，不仅市场上有西餐馆，甚至慈禧太后举行国宴招待外国使臣有时也用西餐。“土司”“沙司”“色拉”“面包”“奶油”“牛排”之类的异国烹饪术语也进入中国，同时我国大量居民外流，把中国饮食技艺带到了国外，并在国外起着深远的影响。

（六）海外华侨的饮食文化交流

第二次世界大战以后，大量的中国移民旅居国外，这些海外的华人华侨也先后加入居住国国籍，早期的“唐城”“唐人街”等华人生活集聚区以传统的中国文化的生活方式在异国他乡保留着、保持着，华人杂货店、中国餐馆的经营不仅满足了旅居海外的华人需求，也给所在国的当地居民带来了中国的食品原料、饮食菜品，把中国的饮食文化、茶酒菜品带到了五洲四海，在当地落地生根。

晚清时期不仅欧、亚、非、美四大洲，而且大洋洲也有了中国侨民，中外饮食交流遍及全球。中国的茶叶、瓷器、食品佐料等都大量出售国外。中外各国的饮食文化交流更是十分密切。我国的饮食著作在日本广泛流传，日本还出版了有关中国社会风貌、市场和宴会等场面的画册，介绍中国的文化和烹饪制作情况。

（七）开放以后的饮食文化交流

随着改革开放的深入，原材料的不断引进，中外交往的频繁，厨师们走出国门以及将外国厨师请进国内的机会越来越多。在中国餐馆开往世界各地的同时，中国菜肴也在世界各地顺应当地的市场开花结果。此时，许多外国餐馆也纷纷走进国门，带来了不同国家的菜肴制作方式。我国菜肴的制作呈现出多样化的势头，如西方的咖喱、黄油的运用；东南亚沙嗲、串烧的引进；日本的刺身、鲜酢的借鉴等，这些已经进入到我国的菜肴制作之中，并成为一种新的菜肴制作时尚，吸引着越来越多的年轻人。

近 20 多年来，随着西方菜肴风味进入国内，中国传统菜肴制作也不断拓展，无论在原料、器具和设备方面，还是在技艺、装盘方面都渗透进了新的内容。在中国餐馆、中国厨师不断走出国门之时，我们又源源不断地吸收外国的烹饪原料和调料，在厨房生产中，也善于借鉴外国烹饪技法，使中西烹调法有机结合而产生新意。如采用法国“酥皮焗制”之法而烹制的酥皮焗海鲜、酥皮焗什锦、酥皮焗鲍脯等，改用中式原料与调味法，并且保持了原有的风貌；以及许多“客前烹制”的菜肴风格，利用餐车在餐厅面对面地为宾客烹制服务的特色等。这些菜点及其烹制方法的涌现，也为中国传统菜点的发展开创了新的局面。

复习与思考

一、名词解释

饮食文化　饮食思想　南米北面　郑和下西洋

二、选择题

1. 中国饮食文化的直接创造者是（　　）。

A. 烹调师　　B. 士大夫　　C. 诗人　　D. 杂家

2. 下面的烹饪作品为汉代创造的是（　　）。

A. 鹄羹　　B. 全牛席　　C. 辋川小样　　D. 各式花糕

3. 由于社会环境差异，在南北地区形成的差别是（　　）。

A. 南米北面　　B. 南细北粗　　C. 南甜北咸　　D. 南糯北奶

4. 根据《周礼》中所言的四季差别，适宜夏季口味特点的是（　　）。

A. 夏多酸　　B. 夏多辛　　C. 夏多咸　　D. 夏多苦

5. 东晋僧人法显为求取佛律共游历的国家有（　　）。

A. 27 国　　B. 28 国　　C. 29 国　　D. 32 国

三、问答题

1. 饮食文化研究的主要内容包括哪些？

2. 请从民族环境差异谈谈“南糯北奶”的风格特色。

3. 中国饮食文化的基本特性是什么？

4. 请以某一时期为例谈谈中外饮食文化的交流情况。

推荐阅读

1. 彭兆荣 . 饮食人类学［M］. 北京：北京大学出版社，2013.

2. 蔡德贵 . 筷子、手指和刀叉：从饮食习惯看文化差异［M］. 北京：世界知识出版社，2009.

第二章 中国饮食文化史略

中国饮食文化有着悠久而辉煌的历史，千百年来不断演变发展，才形成如此博大精深的内容。不同的历史时期，中国饮食文化都产生了许多辉煌的成就，在饮食烹制技艺方面都做出了许多的突出贡献。这是至今令我们感到自豪和骄傲的。

本章从不同的历史时期系统阐述了中国饮食的发展脉络，从烹饪的基本要素火、器具、炉灶、调味品开始，依循历史变迁对饮食用料、器具、加工、烹调以及饮食市场、饮食名著等诸方面进行叙述，并对近现代的饮食市场和烹饪生产状况进行分析。

学习目标

知识目标

1 了解中国饮食不同时期的发展变化

2 了解我国古代主要烹饪理论的贡献

3 了解现代烹饪发展的新特点

能力目标

1 掌握不同时期饮食制作技术的突破

2 掌握中国古代饮食市场的变化

3 掌握创新开拓时期饮食的特点

案 例

我国历史上最早的一组名菜——周代八珍

在古文献《礼记》中，记载了2000多年前的一组名菜的珍贵资料，菜肴共八种，对八种食品的原料、调料、烹制工艺乃至炊器及注意事项都有具体的介绍。此书为西汉人戴圣所编定。系采辑先秦旧籍有关春秋前后君王贵族生活行事制度的记载，是研究先秦贵族社会生活制度和儒家思想的重要历史文献。

《礼记·内则》中详细记载的“名菜”是：“淳熬”，为稻米肉酱盖浇饭；“淳母”，为黍米肉酱盖浇饭；“炮豚”，为烧、烤、炖小乳猪；“炮牂”，为烧、烤、炖小羊；“捣珍”，为脍肉排，一说为早期肉松；“渍”，为香酒浸渍牛羊肉；“熬”，为五香牛羊肉干；“肝膋”，膋（辽），泛指脂肪，为烤网油包狗肝。

周代八珍，其烹饪技艺已达到较高的水平。淳熬、淳母中已懂得熬制肉酱；炮豚、炮牂都是整只烹烤，保持内外熟度一致；捣珍，已懂得选用动物脊侧的嫩肉；制作渍时，讲究肉要切薄；肝膋中强调用肠油来包肝烤制。周代八珍，多种烹饪工艺和方法的结合，在中国饮食史上抒写了辉煌的篇章。

（作者根据《礼记》整理）

案例分析

1. 分析我国最早的八大名菜的原料使用情况。
2. “周代八珍”的原料使用和工艺技能可以说明哪些问题？

人类的发展，饮食是生存本能的需要。《礼记·礼运》记曰：“夫礼之初，始诸饮食”“饮食男女，人之大欲存焉”。这些都道出了饮食在人类生存中的神圣作用。华夏民族种族的繁衍，从蒙昧时期寻觅一切可以充饥的动物、植物直接生食，到火化熟食进入陶烹、铁烹时期，早期的人们将大部分乃至全部精力倾注于对饮食的追求上，一是为了生存，即种族的延续；二是要温饱，即饮食。中国古代的饮食文化是中国古代文化史的重要组成部分，也是最具特色、最为华彩、最显文明的内容。

第一节　中国饮食的萌芽时期

我们古老的祖国，是原始人类的摇篮之一，也是世界上最早的文明发达国家之一。我们的祖先在距今170万年左右，已在这块土地上劳作、生息、繁衍。云南元谋、陕西蓝田、北京周口店等地古人类文化遗址的大量发现，充分证明了我国是一个历史悠久的国家。

一、从茹毛饮血到用火熟食

我们的祖先最初的饮食生活是相当简陋的，饿了，去捕捉飞禽走兽，捕捞鱼虫蚌蛤，采集根茎野菜，采摘果实种子。他们完全依靠获得的动植物充饥，使用一些粗笨的打击工具，依赖群体的力量，互相协作。吃的是生的，喝的是生的，过着原始的、粗陋的生吞活嚼、茹毛饮血的生活。《礼记·礼运》记载："古者未有火化，食草木之实，鸟兽之肉，饮其血，茹其毛。"说的是上古时代的生活。

火，虽然在人类出现之前就存在于地球上，然而人类祖先使用火不知经历了多少万年的漫长岁月的摸索。开始，也许是因森林遭雷击引起大火，火山爆发引起大火，或在石油或天然气渗出地方因高温而引起火，或在潮湿而闷热的区域因某些种类的煤与空气接触自燃起火等。原始人起先对火是恐惧的、不会利用的，也只是在很多次的偶然机会中才渐渐摸索认识的。居住在森林中的原始人，一旦自然火燃烧，便纷纷逃出森林，等大火基本熄灭以后，他们又回来探视，有时在很远处便闻到一股香味，发现了森林中很多被烧死的动物已经毛光肉焦且香气四溢。人们在饥饿之中偶然食用，却觉得这些熟肉比生肉滋味美得多，并且易嚼、易消化。这种现象重复了千万次，经过了若干万年，人们才懂得草木燃烧发火，才懂得火的高温能烤熟食物，才认识了火源和火的重要性。

人类知道了火的重要性，又经过若干万年的实践和总结，发现了摩擦能起火，打击石块时会迸出火星。后来用石片削制木头时，发现木头和石块摩擦也能发热，长时间摩擦能生火的道理。

我国先民用火熟食的传说，在2000多年前的《周礼·含文嘉》中就记载着发明用火的圣人——燧人氏。说："燧人氏钻木取火，炮生为熟，令人无腹疾，有异于禽兽。"这就是中国历史上传说的钻木取火以化腥臊的"燧人氏"时代。《古史考》说："燧人氏钻火，始裹肉而燔之，曰炮。"这是我国烹饪中用火烤烧技术的先河。

据考古学家考证，在"北京人"的洞穴中，也发现了用火的痕迹，木炭、灰烬、烧石、烧骨等堆在一定的地区，叠压很厚，显然这不是野火留下的痕迹。这种现象证明了"北京人"不仅在使用天然火，而且已能有意识地对火进行控制使用。据考古学界的推断，距今50余万年的北京周口店"北京人"遗址是迄今为止全世界已知的最早用火熟食者。

火的掌握和使用，是人类发展史上的一个里程碑，使人类进化发生了划时代的改变，人类从此结束了茹毛饮血的蒙昧时代生活。火，不仅可以为人类照明、取暖，还可成为人类与野兽斗争的武器。有了火，人类可以熟食，熟食易于消化，这对人体更好地吸收食物的养分，促进体质发展，特别是脑的发展，有重要作用。火化熟食，也使人类扩大了食物的来源，减少了疾病，使食物柔软，吃起来很香，并减少进食时间。但当时人类的饮食方法还是很简单的。因最初会用火烧煮食物的时候，还没有炊具，也不懂得

“煮”“蒸”等烹调方法，只知道把捕捉的动物放在火上烧烤，这种“炮生为熟”“火上燔肉”之法施行了相当长的一段时间。火的使用，是人类生产斗争经验积累的结果，是人类在征服自然的进程中所取得的伟大成果。所以，恩格斯指出：火的使用“第一次使人支配了一种自然力，从而最终把人同动物分开”。

人类开始学会用火。我国考古学家发现，云南元谋人遗址就有用火的证据。迄今为止，世界各国还没有像我国发现的如此古老的人类已开始用火的历史。可以说，我们的祖先是世界上最早学会用火的民族。

二、中国饮食的初始阶段

（1）陶器的产生与使用。自从人类学会用火熟食以后，“炮生为熟”的生活持续了相当长的历史阶段。在这漫长的烧烤食物过程中，有时烧焦了不好吃，聪明的祖先们想出了用泥土和水揉成一定的形状，把食物放在上面搁到火上焙烤，经火烧烤的泥土，变得坚固不漏水，并且可以长久地使用。在长期的实践中，人们从中得到启发，后来根据生活的需要，烧制成多种式样的器具，用于烹饪食物，保存食品和饮品。最初的器具，是饮、食、器共为一体的。由此，陶器也就产生了。《黄帝内经》曾记载：黄帝斩蚩尤，因作杵臼，断木为杵，掘地为臼，以火坚之，使民舂粟。掘地为臼，以火坚之，便是烧制陶器的原始工艺。陶器的发明也就是烹饪器具的诞生，它是人类同自然界斗争的一项划时代创造，标志着人类进入新石器时代。烹饪器具的诞生，使人类熟食的方法产生了新的变革。由“炮生为熟”到能够蒸煮食物，使烹饪技术获得了突破性的发展，产生了各种烧、煮、焖、煨等烹调方法，使人类饮食得到了根本的改变。

（2）炊具的初步发展。新石器时代尚未出现垒砌的炉灶。在西安半坡遗址中，有一种双连地灶，是在地上挖两个火坑，地面两坑相隔，地下两坑相连，两坑相通的洞口很似后来的灶门，虽然结构原始简陋，但比起平地上点火堆进步多了。因为两坑相通，在进柴和发火处之间没有通道，有吸风拨火的作用，使柴火燃烧比较充分，可以提高火温；火在坑中四面有壁，火热容易上扬，火力集中，利于在火边炙烤食物，而火势不逼人，比较安全；火在坑中聚气蓄热，不仅火焰可用，余烬亦可用，提高了火的利用率，这就是最初的炉灶雏形。当时人们仅在地上挖成一两个圆形或瓢形的灶坑来生火，并用它取暖、做饭兼带照明。

（3）原始调味的运用。远古时代，我们的祖先不知道制作调味品，饮食是单调的。自从陶器产生以后，才促进了调味品的产生与发展。《淮南子·修务训》记载着在伏羲氏和神农氏之间，诸侯中有宿沙氏（夙沙氏）始煮海作盐。《世本·作篇》说：“夙沙氏煮海水为盐。”可见早在新石器时代，我国东部海滨的夙沙氏族已发现煮海水为盐的方法，而没有陶器是煮不成海水盐的。有了盐，才有了所谓调味。熟食加上调味，人类食品便开始丰富多彩。盐的使用，在烹饪中是继火的使用后的第二次重大突破。从此，我国原始的烹饪技术开始出现。

陶器的产生，促使了调味品的不断增多。特别是酒的出现。据考古学家考证，酒的出现时间很早，在人类尚未诞生之前，它就早已存在于地球之上了。出现最早的是天然果酒。因为在自然界中，一些野果成熟后，只要遇上适当的条件，其中所含的果糖经过酵母菌的分解作用，就能生成酒精而变成天然的果酒。在我国新石器时代遗址中发现了许多尊、罍（léi）、盉（hé）、杯之类的陶土酒器，这也反映了我们的祖先早在那时就已学会了酿酒，并开始用陶土烧制各种酒具了。

除此之外，新石器时代出现了原始的农业和畜牧业，出现了一些切割用具，如石刀、蚌刀等，加之陶器的普遍使用，使烹饪的主要要素：火、炊具、调味品在新石器时代已经具备了。新石器时代晚期，我们祖先的生活已进入了畜牧兼农耕阶段，谋食的方法已脱离了采掘经济时代，进入了生产时代。换言之，当时的人们已不单靠天然现成食物为生，而能利用人工培养食物为生了。他们已知饲养动物，栽种植物。饲养的动物，有猪、牛、羊等，其中以猪占首位；栽种的植物，有粟、稻、白菜、芥菜、葫芦、酸枣等，以粟种植最早。至于居住，则有比较完整的村落。生产工具除石斧、石铲、石刀等外，还有专用作收割谷物的石镰和蚌镰，谷物加工的工具有石磨盘、石磨棒等，用来去谷皮。当时出现了彩绘的陶器，人们称之为彩陶。有些地方彩陶的造型和纹饰十分精致美观。从此，我们的祖先才开始告别简陋的野蛮生活，真正进入意义完备的烹饪时代。

第二节　中国饮食的形成时期

从夏到秦，我国的烹饪技术得到了迅速的发展。一方面，各种铜质的烹饪工具的兴起，切配工具、加热工具的改进，使菜肴制作趋于精细。另一方面，奴隶主贵族和封建统治者在生活上不断要求，也促进了烹调技术的发展。这时，不仅宫廷、官府中有专职庖厨，民间也有“沽酒市脯”的“庖人”专司饮食业。在饮食烹饪方面，复杂的烹饪技术产生了，烹饪已成为一项专门的技艺。

一、中国饮食形成时期的社会状况

约在公元前 21 世纪，是中国夏王朝的开始。从此原始社会解体，我国进入第一个阶级社会，即奴隶占有制社会。历时 400 多年的夏王朝，有文字记载很少。《史记·龟策传》有夏桀作瓦屋之说。1921 年，安特生在河南省渑池县仰韶村采掘得石器、骨器、单色陶器及彩色陶器甚多。陶瓦之器是当时夏代常用的物件，其间还发现了带耳的陶鬲。

在夏代，手工业有了很大的发展，最重要的是青铜工业，青铜是铜和锡的合金，当时已根据器具的不同用途，配合不同的铜锡比例制作。在夏代文化遗存的“二里头文化”遗址中，发现有用青铜铸造的爵、铃、刀、镞、锛、凿、锯等。《左传》记载，宣公三年有“昔夏之方有德也，远方图物，贡金九牧，铸鼎象物，百物而为之备”，这说明夏王朝兴盛的时候青铜的冶炼和铸造技术已经有了较大的发展。青铜铸造技术是一项极为重要的发明，它的出现，标志着中国的历史已经进入了文明时期。

在夏朝的国家组织中，有羲氏（掌政教）、和氏（掌农业生产），有牧正（管畜牧）、庖正（管膳食）、车正（管车服）、六卿（管军事）。在夏代，就已建立膳食机构，并派人专管。可见当时的饮食烹饪已有一定的规模了。

农业是古代生产的决定性部分。在商代，见于甲骨文的已有黍、禾、麦、米、麻、稻等文字。农具除木、石制成的以外，已开始使用较简单粗糙的金属工具，也开始用牲畜拉犁耕田。在卜辞中有囿、圃、果树、粟等字，开始有了菜园和果园。商代奴隶主贵族饮酒之风极盛，卜辞中除提到酒之外，还有醴和鬯（chàng，古代祭祀用的一种酒）。而黍是主要的酿酒原料，故而卜辞中有较多关于黍的记载。

商代的手工业由脱离农业生产的专业队伍组成，发展很快。青铜铸造业、制陶业、酿酒业等比夏代都有一个新的飞跃。仅在殷墟一地出土的青铜礼器就有数千件之多，其中妇好墓的随葬礼器有近200件。礼器以酒器为主，酒器的种类有爵、角、斝、盉、觥、卣、尊、壶、彝、罍、觚、觯等。妇好墓中的酒器占全部青铜礼器的70%。文献记载说商朝奴隶主贵族嗜酒成风之事是可信的。此外，还有鼎、甗（蒸煮用）、簋（盛食物用）、盘（盥洗用）等。

商代的商业也开始兴旺起来，随着商品交换的发展，饮食业开始萌芽。这是商代手工业和农业初步分工的产物。《尚书·酒诰》说到西周初年朝歌一带的商遗民“肇牵车牛远服贾”的情况，据谯周的《古史考》中记载，周武王的军师姜太公吕望曾“屠牛于朝歌，卖饮于孟津”。这些记载表明在商代城镇上商业的萌芽和发展，已有杀牛卖肉的“小贩”和出现了卖肉食酒饭之类的店肆。

西周的农业有了进一步的发展，当时的主要农具是木质的耒耜。刀、镰相继出现，方便了收割庄稼。此外，在考古发掘中还有少量铜铲、铜镐、铜锄出土，在当时可能还不是普遍使用之物。农作物的种类不断增多，主要的有黍、稷，此外，还有稻、粱、麦、菽、蔬菜、瓜果等。用于手工业的桑麻和染料作物，种植也较普遍。在文献中，有不少关于丰收的记载。例如《诗·周颂·良耜》中说：“获之挃挃，积之栗栗，其崇如墉，其比如栉，以开百室。”这是描写庄稼丰收，粮仓之高如墙，粮仓之多如栉。

在全国范围内，出现了更多较大的城邑。在这些城邑的市肆上，不仅有珠宝象牙之类的贵重货物，也有普通的饮食店和烹饪食品供应。

值得一提的是，在西周官名中，已有“膳夫”等名称，可见西周时期已有专门厨工了。在宫廷服务的厨师分工很细，各司其职，各管其行。如“膳夫”专管膳馐，“庖人”专管屠宰，“内饔”专管割烹，“外饔”专管祭祀割烹，“烹人”专管烹煮，等等。从许多菜肴糕点看，周代的烹饪水平已经是比较高了。

二、饮食制作技术的初步发展

先秦时代，烹饪风格初步奠定，从《周礼》《礼记》等古籍中可以发现其中还有不少科学精华。许多经验一直被后人所借鉴。这一时期烹饪技术的形成主要表现在以下几个方面：

（一）注意原料的选择与加工

按《礼记·曲礼》，凡是祭祀宗庙的典礼，牛要一头大蹄子的壮牛，猪要硬鬃的肥猪，羊要羊毛细密柔软的，鸡要叫声洪亮而长声的，狗要吃人家剩菜剩羹长大的，鲜鱼要鱼体挺直，用酒需清酒而不能是浊酒等。在加工原料方面也有记载，如《礼记·内则》中说，肉要剥皮脱骨，烹鱼要去鳞及去内脏，用枣要先去掉枣上的灰尘，桃子要将它外面的茸毛拭刷掉。这种去粗存精、去废留宝的经验产生于2000多年前，应该说是非常宝贵的。其中若干做法至今仍在采用。

（二）重视刀工切配与火候

我国烹饪中的刀工技艺由来已久，在殷墟出土的文物中，就发现有很薄的铜刀。当时已有技艺超群的大师，如《庄子》“庖丁解牛”中的庖丁“手之所触，肩之所倚，足之所履，膝之所踦，砉然向然，奏刀騞然，莫不中音”，刀过之处，“游刃有余”，真不愧是一代名师。在火候方面，当时也积累了不少经验，如《吕氏春秋·本味》中强调：“五味三材，九沸九变。火之为纪，时疾时徐，灭腥去臊除膻”，已懂得文火、武火的运用。把火候说成灭腥去臊除膻的“纲纪”，这无疑是正确的。这时期已经出现了蒸、煮、炮、烩、烤、炙等种种技法，烹调已真正形成一项专门的技艺，为以后的烹饪发展奠定了基础。

（三）讲究食物配伍与调味

我国先秦时期，食物的配伍已有一整套的经验，《周礼·食医》记载：“凡会膳食之宜，牛宜稌，羊宜黍，豕宜稷，犬宜粱，雁宜麦，鱼宜苽。”在调味品配合方面，如“脍，春用葱，秋用芥。豚，春用韭，秋用蓼。脂用葱，膏用薤，三牲用藙（茱萸），和用醯，兽用梅。”《国语》中指出：“以和五味以调口”“味一无果”。即是说先有五味和，然后才可以果腹，只有一种滋味，就不能满足。《荀子·礼论》中有“刍豢稻粱，五味调香”，这也是强调味性的调和。

（四）早期宴会的盛行

先秦时代，宫廷中宴会已开始盛行。春秋战国时期，宴会的规模已发展较大，式样也相当多，从《诗经》中可见一斑。“大雅”多是用于国家大典的宴会歌词，“小雅”则多是用于一般贵族和宫廷的宴会歌词。国家的礼节仪式，贵族的冠、婚、丧、祭、燕、飨，都是宴会的重要内容。据《天官冢宰·膳夫》记载："凡王之馈食用六谷，膳用六牲，饮用六清，馐用百有二十品，珍用八物，酱用百有二十瓮""王日一举，鼎十有二，物皆有俎。"春秋战国时期的宴会菜肴是非常丰盛的。"食前方丈，罗致珍馐，陈馈八簋，味列九鼎。"像这样的盛宴之风，一直影响着后世。

三、从古文献中看饮食与烹饪的成就

（一）《吕氏春秋》与烹饪贡献

《吕氏春秋》是战国末期秦相吕不韦集门客共同编写的杂家代表著作。原书分十二纪、六论、八览、序意一篇。《本味》选自《吕氏春秋》第十四卷。

《吕氏春秋·本味》记述了3500年前商代名臣伊尹与商汤的一次对话，其话题的主要内容就是烹饪。伊尹用谈论美味的方法来劝商汤听从自己的治国主张。文中提出了一份范围很广的食单，记述了商汤时天下之美食，还破天荒地提出了烹饪理论最重要的基本论点。《本味》成为我国历史上最早的一部烹饪理论著作，而后来成为商汤宰相的伊尹则被人们尊为"烹调之圣"，是我国古代一位了不起的厨师。他指出："三群之虫，水居者腥，肉攫者臊，草食者膻""凡味之本，水最为始。五味三材，九沸九变。火之为纪，时疾时除，灭腥去臊除膻，必以其胜，无失其理。调和之事，必以甘、酸、苦、辛、咸。先后多少，其齐甚微，皆有自起。鼎中之变，精妙微纤，口弗能言，志弗能喻。若射御之微，阴阳之化，四时之数。故久而不弊，熟而不烂，甘而不哝，酸而不酷，咸而不减，辛而不烈，淡而不薄，肥而不腻。"这是古人对烹饪调味经验的总结，也是相当精辟的烹饪理论。

《吕氏春秋·本味》不仅保存了世界上最古老的烹饪理论，提出了一份范围很广的食单，而且记述了商汤时期天下之美食，它所提出的烹调理论，所列举的各地名产是有一定依据的，部分反映了当时的社会生活，对了解我国饮食发展的历史有一定的帮助。

（二）《黄帝内经》与食疗养生

《黄帝内经》是我国迄今为止最古老的一部中医文献。《黄帝内经·素问》系统阐述了一套食补食疗理论，为中医营养医疗学奠定了基础。该书很早就认识到，饮食营养的合理搭配是决定人们能否健康长寿的重要因素，对后世影响深远的"医食同源"学说因此提出。

《黄帝内经·素问》明确提出"五谷为养，五果为助，五畜为益，五菜为充，气味和而服之，以补精益气"的配膳原则，三素一荤的食物结构模式已经受到2000多年的历史考验，证明这种选择是科学的、合理的、明智的、可行的。书中还提出了"饮食有节”“无使过之”的饮食方针。

《黄帝内经》中阐述了饮食五味与保健的关系。提出饮食之物，按照中医学的理论来看，都有温、热、平、凉、寒的性味和酸、苦、咸、辛、甘的气味。五味五气各有所主，或补或泻，为体所用。

《黄帝内经·五常政大论》说：“大毒治病，十去其六；常毒治病，十去其七；小毒治病，十去其八；无毒治病，十去其九。谷肉果菜，食养尽之”就是说药物去病之后，应以食疗调养收功。正如俗语说的疾病的治愈在于“三分治疗，七分调养”，这调养当中，主要是食疗。

《黄帝内经》中的这些论述，不仅是中医学上的经典思想，也给人们提供了饮食方面需要遵循的原则性指导。这些理论和思想不仅符合中国古代国情和食物资源的实际情况，更表现出了东方饮食结构的标志性特点。

相关链接 搜索

孔子饮食的有关论说

孔子，名丘，字仲尼，春秋时鲁国人，是古代的思想家、教育家和儒家学说的创始人。孔子的先祖曾是宋国的宗室，到公元前5世纪时，他的家庭已不在贵族之列，生活也颇清贫。他对饮食追求所形成的饮食观念，并非是他个人饮食生活的写照，而是士大夫阶层的一种追求。

孔子的饮食观点，集中记录在《论语·乡党》篇。他主张“食不厌精，脍不厌细”。以不厌精细为前提，对饮食提出了许多应当怎样办和不应当怎样办的要求。这既是对饮食和菜肴烹饪的总的概括，又是对烹饪、调味、营养、卫生、食礼诸内容的具体要求。从他下面一系列的主张可以得到证明：

“食饐而餲，鱼馁而肉败，不食；色恶，不食；臭恶，不食；失饪，不食；不时，不食；割不正，不食；不得其酱，不食；沽酒市脯，不食。”意思是说：饭因天气闷热放得过久而变味不要吃，鱼烂了、肉腐败了不要吃；不新鲜的食物颜色因变质而难看了不要吃；气味变得难闻了不要吃；夹生或烧焦煳的烹饪不当的食品不要吃；不到该吃饭的时候或食物未到能食用的时令不要吃；不按一定方法割解的肉不吃；没有合宜的调味品酱醋不吃；从市肆中买来的酒肉（菜肴）不吃。分别从食品卫生、火候、刀工、原料搭配等多个方面提出了主张，其中绝大多数至今也是正确的和被人们所遵循的。

对于饮食，孔子又提出了不要过分追求享受的主张，其实质是以食而喻德。孔子曰：“饭疏食，饮水，曲肱而枕之，乐亦在其中矣。”（《论语·述而》）孔子多次提出的“疏食”说，是对仁人志士提出的一种道德观念，是精神文化方面的哲学论述，不能仅作为一种饮食文化观念来认识和理解。

（资料来源：作者收集整理）

（三）其他著述中有关于饮食

1.《诗经》

我国先秦时期的饮食风貌在《诗经》中得到比较全面地反映，这说明饮食在远古时期就进入到诗歌领域，得到了歌颂。《诗经》这部古老的文学名著，收录了商朝到春秋时期的305篇诗歌，其中的《国风》多属民间歌谣，有些直接描写劳动人民的生活方式，提及稼穑、采集、狩猎、割烹之事，较多地涉及了当时人们的饮食原料。即使出自统治阶级的《雅》《颂》之类的诗篇，因多系宴会或祭祀中的乐歌，也常侧重于反映贵族们的饮食生活。

就饮食而言，据先秦书籍记载，周代的宫廷、食肆、民间，已掌握了蒸、煮、烹、燔、炙、烤、脍、炸等烹调技法。这些方法，在《诗经》中也多有反映。

《陈风·衡门》："岂其食鱼，必河之鲂""岂其食鱼，必河之鲤"。《桧风·匪风》："谁能烹鱼，溉之釜鬵。"《小雅·六月》："炰鳖脍鲤。"这些都是记载烹制鱼类的方法。《小雅·瓠叶》："有兔斯首，炮之燔之""有兔斯首，燔之炙之"，这是比较普遍的烧烤野味。

周代贵族筵席上钟鼓奏乐、仕女献舞十分普遍。《小雅·伐木》："坎坎鼓我，蹲蹲舞我"，说的是宾主一边饮宴，乐舞人一边打鼓舞蹈。《小雅·宾之初筵》中还记述了聚筵的欢乐场面：宾客们刚上筵席，互相问候，都很有礼貌。器具摆设得好看，菜肴陈列得整齐。酒味醇和甜美，饮酒的人无不欢喜。钟鼓奏乐，响彻厅堂，举杯祝酒，川流不息。再现了先秦宴会中"以乐侑食"的风尚和筵宴的豪华场面。

有关饮食、烹制、原料、筵席等的叙述在《诗经》中是很多的。《诗经》虽是一部诗歌总集，却为我们追寻和研究先秦饮食状况提供了最为系统翔实的资料，在一定程度上反映了2500年前黄河流域和江南部分地区民间的饮食生活，是值得我们从饮食文化的角度进一步探讨的。

2.《周礼》

《周礼》是一部研究先秦的政治、经济、文化、礼法制度以及审美习尚、工艺水平的古籍。它记载了我国上古最完整、最系统的饮食制度，记述了提供各种烹饪原料的职官及其职掌，并通过食官职责具体详细地阐述了"和"的饮食准则。

进入周代，人们开始注重饮食调理和养生，在社会上出现了专门的"食医"。《周礼·天官冢宰·食医》曰："掌和王之六食，六饮，六膳，百羞，百酱，八珍之齐。凡食齐眂春时，羹齐眂夏时，酱齐眂秋时，饮齐眂冬时。凡和，春多酸、夏多苦、秋多辛，冬多咸，调以滑甘。"这大意是：食医，就是掌管王室人员饮食、搭配主食和副食、确定食谱的人。掌管六种饭食、六种饮料、六种肉食、各种美味食品、各种酱食、八种珍贵的肉食。在调和食物的冷热温凉时，要看食物的性质来决定，如固体的食物应温食，羹类的食物宜热食，酱类食物宜凉食，饮料则应寒食。食品的调味，也要注意四时季节的变化而进行，春季多用酸味，夏季多用苦味，秋季多用辛辣，冬季则重咸味，但每种味都要留意配入滑润甘美的食物，以适合人的肠胃。

这时期的医学注意饮食疗法是很显著的，如《周礼·天官冢宰》记载："以五味、五谷、五药养其病。"还说："凡药，以酸养骨，以辛养筋，以咸养脉，以苦养气，以甘养肉，以滑利窍。"这不但说明药物中有普遍可食的"五谷""调味品"，而且也说明了在当时已掌握了朴素的生理营养辩证关系。

3.《楚辞·招魂》

战国时期，长江流域以南地区相对发展较快，特别是吴、越、楚诸国。这一大片相互关联的地区出现了《楚辞》一类璀璨的文学作品。仅从《楚辞·招魂》中就可以看到当时南方菜的特色。这里记录了吴楚贵族的南味名食："室家遂宗，食多方些，稻粢穱麦，挐黄粱些。大苦咸酸，辛甘行些。肥牛之腱，臑若芳些，和酸若苦，陈吴羹些。胹鳖炮羔，有柘浆些。鹄酸臇凫，煎鸿鸧些。露鸡臛蠵，厉而不爽些。粔籹蜜饵，有些。瑶浆蜜勺，实羽觞些。挫糟冻饮，酎清凉些。华酌既陈，有琼浆些。归返故室，敬而无妨些。"

辞中的大意是：家里的餐厅舒适堂皇，饭菜多种多样。大米，小米、新麦、黄粱随便你选用；酸、甜、苦、辣、浓香、鲜淡，尽会如意侍奉。牛腿筋闪着黄油，软滑又芳香。酸、苦两味调和好，献上吴地的羹汤。烧甲鱼，烤羊羔，蘸上清甜的蔗糖。炸烹天鹅，红焖野鸭，铁扒肥雁和大鹤，配着解腻的酸浆。卤汁鸡，炖大龟，味道浓烈不伤胃。蜜黏米粑，蜜馅的饼，又黏又酥香。玉色的果子浆，真够你陶醉。冰镇糯米酒，透着澄黄，味醇又清凉。归来吧！老家不会使你失望。

这些食单告诉我们当时南方楚国贵族的饮食情况：从食物类型看，有主食、菜肴、点心，还有饮料；从口味上看，酸、甘、苦、辛、咸五味俱全，从烹饪方法看，有胹、有羹、有炮、有渍、有煎、有露（卤）、有臛，运用了多种烹调技术。这都反映了当时吴楚一带的饮食风味和特色，表现了南方的文化风尚和烹饪艺术成就。

《诗经》《周礼》《楚辞》反映出当时烹饪技术和食谱方面的情况，从中可以看出当时食物原料和饮食生活的丰富多彩，以及当时的宴席盛况和饮食机构的庞大。据近人考证，《诗经》中提到的植物有130多种，动物约200种。这一方面反映了我国周代饮食的发展规模与食物原料的丰富，另一方面也反映了奴隶主贵族们的穷奢极侈。

第三节　中国饮食的发展时期

从秦汉到隋唐，是封建社会的发展时期，在近千年的历史进程中，盛衰强弱数经反复，烹饪技术也在起伏中不断向前发展。这一时期铁器取代了青铜器。铁器炊具更利于烹饪操作，为烹饪技术的提高奠定了基础。对外贸易的交流，丰富了烹饪的食物原料。我国多民族的统一，使烹饪技艺也得到了进一步交流。特别是许多饮食著作的出现，说明我国的烹饪技艺开始了从技术到学问研究的新阶段。唐代封建社会的昌盛，为饮食提供了丰富多彩的原料，制瓷业的发展，为烹饪展示了广阔的前景。

一、饮食用具的改进与扩展

春秋战国时期出现了铁器，经过秦汉，铁器逐步取代了铜器。从秦至西汉时期，铁釜、铁刀、铁叉、铁勺等炊具已普遍使用。我国的炊具从陶器时代、铜器时代发展到了铁器时代。铁质刀具比铜刀具更耐磨损，更锋利，这对于厨师改进刀工技艺，是十分有利的。铁的炊具（如釜之类），不但导热性能适中，用起来不烫手，而且铁锅一般很结实，经得起磕碰，放在灶上比较稳固，所以深受人们的欢迎。而陶釜传热慢，青铜制作的鼎其壁太厚。汉代锅釜之类，已逐步向轻薄小巧方面发展。由于铁质炊具的普遍使用，小釜取代大釜，这样，为我国饮食中的炒、爆、煎等烹调技术提供了有利条件。这是炊具的一大进步。

灶的改进由先秦时期的地灶、陶灶，到秦汉时期，已出现了铜灶和铁炭灶。铜灶的器形较大，灶面呈三角形，并有圆柱形的烟囱。铁炭灶的出现，又说明了“煤”在当时已用于生活和炉灶的烹制。这一时期的灶与以前相比，有两个明显的进步：一是多眼灶的出现；二是灶烟囱的改进。据专家们考证，秦汉以前，有的灶无烟囱，有些灶多用直烟囱，都不安全。到汉代，考古文物的画面上已有“曲突”灶的烟囱，有的还高出屋顶，比较安全，且抽风起火性能好，而旺火高温不仅可以提高烹调速度，也可以提高烹调质量。

到了魏晋南北朝时期，在烹饪器具和粮食加工器具方面都有很大的改进，出现了“平底釜”“铜爨”（音 cuàn）等。“铜爨”是一种类似锅子的少数民族使用的铜质炊具，薄且轻。铜易于导热，烹调食物极其方便，这就是我国最早的“铜火锅”。“平底釜”为煎、贴等烹调方法的运用带来了方便。此外又出现了“青瓷灶”和“甑釜”等。在粮食加工工具方面有了“水碓”“水碾磑（磨）”“绢筛”等。饮食器具中也出现了名贵的金银器、琉璃、玛瑙等制品。

进入隋唐时代，“伐薪烧炭南山中”的卖炭翁渐渐多了起来。《隋书》载，人们“温酒及炙肉用石炭”。比较讲究的人家便开始用炭火烹制食物了，并且有了专门从事烧炭的行业。五代时，引火技术也有了发展，出现了世界上最早的火柴。据《云仙杂记》载：“夜中有急，苦于作灯火之缓，有智者批杉条，染硫磺，置之待用。一与火遇，得燄穗然，既神之，呼引光奴。今遂有货者，易名火寸。”这表明：五代时，我国不仅发明了火柴，而且市场上已有此物出售。后来用磷制造的“洋火”，则是在我国火柴的基础上改进和发展的。

在炊事用具上，商用的青铜器，到秦汉逐渐走下坡路了，越铸越少，大鼎变小鼎，小鼎变小釜，铜釜变铁釜。许多青铜质的餐具从贵族的筵席上被取走，一度取而代之的是木质漆器食具。这是因为铜器本身存在的弱点：铜食具容易使人中毒，同时我国铜矿石蕴藏量比较稀少，冶炼成本亦较高，一般人家也使用不起，因此，汉代就产生了漆器食具。但两汉以后，人们在食用中发现漆器既不耐用又不卫生，成本高，价格贵，寻常人家也用不起，所以漆器又被淘汰。

秦汉之际，我国制陶技术已相当高明。从秦始皇兵马俑中可以看出，到了隋唐，出现了唐三彩、唐五彩的彩釉陶器，再进一步，出现了瓷器。瓷器取料方便，造价低廉，易于大批量生产。它耐酸、耐碱、耐高温和低寒，没有青铜器和漆器那样的弊病，非常卫生。由于制瓷业的发展，瓷器开始成为饮食盛器，并被普遍运用。瓷器器皿干净美观，作为炊食器可使菜肴大为增色，从此，中国烹饪中之“色、香、味、形、器”五大属性完全具备了。

二、烹饪技艺水平的提高

秦并六国之后，徙六国贵族富豪12万户于咸阳，使国内烹调技术得到交流，两汉时“丝绸之路”的开通，东汉时佛教的传入，民间的食物原料增多，也使饮食烹饪得到了新的发展。

从后汉到晋初画像石或画像砖的雕刻方面来看（这段历史有人称为画像石或画像砖的时代），山东省嘉祥县的武梁洞及肥城市的孝堂山的遗迹，以及四川成都一带、河北省望都及东北辽阳等地都有发现饮食烹饪中生活画面的画像石、画像砖。有厨师烧煮、烹割图，以及贵族的宴会图、收割脱谷图等，无不栩栩如生。山东诸城出土的汉墓画像石，上有宰牲、饮爨、酿造等组画。宰牲方法如宰羊用刀捅，宰牛、猪时，先用锤或棒将牛、猪砸昏后再杀。饮爨，则有人劈柴，有人烧火，有人汲水。另一组画面，大房中人数最多、最忙碌的就是烧烤羊肉串了。值得注意的是，在厨房中有一人帽歪发乱，跌坐于地，双手按地，身后一长衣女人拿勺乱捣，另一人举棒欲打。从这幅画图中不难看出秦汉时期烹饪技术的高度发展、纪律严明以及厨师的繁忙情景。

这时期烹饪技艺的发展还表现在厨膳劳动分工日趋周密精细上。统治阶级为了掌握天子的饮食生活以及宫廷的一般食饵，对厨师们进行了一定的分工。如从山东省博物馆陈列的两个厨夫俑可以看出，一个是做鱼的厨夫俑，一个是和面的厨夫俑，按当今厨师分工来说，即一个红案厨师，一个白案厨师。在四川德阳出土的东汉庖厨画像砖上看到，那时在大一些的厨膳中间，切配加工的与烹调食物的，即案板与炉子，两者也是有分工的。另外，从陶俑上看，此时的厨师已有了专门的工作服、围裙和护袖，这样从事烹饪操作既干净又利索，有利于提高工作效率。

由于烹饪的分工，促进了烹饪技术的进一步提高。《淮南子》有这么一段记载：“今屠牛而烹其肉，或以为酸，或以为甘，煎熬燎炙，齐味万方，其本一牛之体。”由此看出，就好似我们今天的“全牛席”，用一条牛体，能够以不同的烹调方法做出不同口味的菜肴，而且达到“齐味万方”的水平。在汉代，不但烹制菜肴的技艺相当精湛，而且面点技术也不断提高，有关面食的文字记载增多，并出现了“饼”的名称。另外，出现了面条（初称汤饼、煮饼）、饺子及发酵面制品（如馒头）。在粮食制品方面出现了雕胡饭、胡饭、粽子、胡麻一类的制品。

隋唐时代，菜点又呈现了新的样貌，厨师们创造出了许多精美的肴馔美点。最有代表性的是唐五代尼姑梵正制作的“辋川小样”大型风景拼盘。她仿唐代诗人王维晚年所居的“辋川别墅”。《柴桃轩杂缀》载：“唐有静尼，出奇思以盘停，簇成山水，每器占《辋川图》一景，人多爱玩，不忍食。”陶谷《清异录》载：“辋川小样：比丘尼梵正庖制精巧，用鲊、臛、脍、脯、醢、酱、瓜、蔬，黄赤杂色，斗成景物。若坐及二十人，则人装一景，合成辋川小样。”这样的风景拼盘匠心独运，堪称稀世之作，就是在今天看来，无论是其艺术构思，还是拼摆技艺，都是高水平的。

在面点制作方面，水平也是相当高的。《清异录》列举的“建康七妙”，就可以反映出当时南京厨师的烹饪水平。“齑可照面，馄饨汤可注砚，饼可映字，饭可打擦擦台，湿面可结带，饼可作劝盏，寒具嚼者惊动十里人”，这就是说：碎切捣烂的腌酸菜，平匀得像镜子一样可以照见人面；馄饨汤清如洁水，可以注入砚台磨墨写字，饼很薄，如蝉翼，下面的字可以映出来；饭粒光滑，擦台上不碎不黏；面韧如裙带，打成结也不断；面饼入水不化，可以做酒盏用不漏酒；馓子又脆又香，嚼起来，十里内的人们都可以闻到香味而惊动。这当然是有些夸饰之辞，但也从另一个角度反映了当时南京厨师烹饪水平之高。

这一时期饮食技艺的发展是很快的，仅就贾思勰撰写的《齐民要术》中提到的食谱与名菜、名点就相当可观，其间还有详细的制作方法和原料的具体数据，许多是珍奇罕见的，这是我国一份珍贵的文化遗产。谢讽的《食经》、段成式的《酉阳杂俎》、郑望之的《膳夫录》等都大量记载了食物、名产、名菜点及烹饪技艺知识。

另外，在南北朝时期的菜肴中，人们开始有意识地使用色素，使食品增加美感。唐代点心馅中出现了豆沙。凉菜也开始出现，唐人在盛夏时有吃“冷面”的风俗。

相关链接 搜索

《齐民要术》中的食文化成就

魏晋南北朝时期，是我国各族人民文化生产技术的大交流大融合时期。同时，也是各族人民烹饪技术的交流与融合时期，是我国食品发展的多样化和形成独特风格的重要时期。

南北朝时详细介绍当时烹饪技术的著作，当首推后魏高阳太守贾思勰所著《齐民要术》。此书约成书于公元532—544年。全书共十卷九十二篇，十余万字。虽然人们主要把它当做农书来看，但此书“起自耕农，终于醯醢，资生之业，靡不毕书”。全书撷取了《诗经》《礼记》《四民月令》《风云记》《杂五行书》《尔雅》《食经》《食次》等约一百多种古籍中的有关部分，有相当部分的内容记述了南北朝时的饮食、烹调。《齐民要术》不仅保留了不少已逸农书、食书的内容，而且总结了很多当时饮食方面的经验，把烹调与农林牧渔等有关国计民生的生产技术融于一部著作之中，作为齐民之大术。贾思勰有功于中国饮食文化的传播，隋唐以前，独此一书，独此一人。

《齐民要术》卷七集中记述了酒曲及酒的制法。卷八、卷九记录了古食谱，介绍了当时各种食品和菜肴的烹饪技法。从汉到隋，山东已形成独特的烹调方法和风格，处于全国领先地位。此时烹饪水平已大大超过了先秦时期的炙品、羹臛、脍品、脯腊、菹齑和醢这六大类。贾思勰对高度发达的山东烹饪从理论上、技术上做了精辟概括和总结。

《齐民要术》饮食部分记录了以山东为主的北方菜肴一百多种。从书中的介绍可以看出，当时这一地区的人们已将烧、烤、蒸、煮、炖、熬、煎、炒、烹、炸、糟、腊、苞、酿、泥烤等烹饪技术和盐、醋、酒、梅、葱、姜、蒜、豉汁、橘皮等调味品，广泛应用于各种食品中。可见，1400年前的山东地区饮食和烹饪已达到相当高的水平。其特点是，总结发展了历史上的烹调技术，同时融合了北方少数民族和南方的烹调技术，调味品的加工使用有了较高水平，选料严格，有了分档取料的经验，加工精细，讲究火候，注意色泽和形状。

（资料来源：萧克之，张合旺．从《齐民要术》看南北朝的食文化．中华食苑（第七集）[M]．北京：中国社会科学出版社，1996.）

三、饮食业的兴旺与发达

秦汉至隋唐时期，农业和手工业有了较大的进步和发展，都市扩大，商业繁荣，酒楼、饭店日益兴旺起来。

汉初刘邦迁徙“六国强族”十余万人口于关中，其中也包括了不少大商人。到文景之治之后，社会生产力得到了较大的发展，都市经济空前繁荣。西汉《盐铁论·散不足》中就有“熟食遍列，殽旅成市”的记载，即是说，店铺到处都是，菜肴多得排列成闹市一样。有关汉代饮食业的情况记载很多，如“殽旅重叠，燔炙满案”“众物杂味”等。司马相如就曾在临邛开酒店，自己“著犊鼻裈，与保庸杂作”“而令文君垆”。《汉书·食货志》载：“酒家开始肆待客设酒垆，故以垆名肆。”据考证，这时期已有卖冷食的冰室。张衡《东京赋》云：“于南则前殿灵台，龢驩安福，謻门（冰室门边）曲榭。”这可算是一个证据。可见当时的饮食业逐步发达起来了。

秦汉以后的魏晋南北朝时期，是中国各民族的文化、艺术、风尚大交流和大融合时期。在烹饪饮食上，各民族把自己的饮食习惯、特点都带到中原地区。如西部新疆的烤肉、涮肉；东南江浙的叉烤、腊味；南方闽粤的烤鹅、鱼生；西南滇蜀的红油鱼香等饮食珍品，大大丰富了中国的烹饪艺术，使中国饮食业出现了新的局面。如西北少数民族和西域的商人在中原都会经营饮食行业，他们将“胡食”及自己的风味特点传入内地。中原都会饮食店增多，并出现了各种不同风味饮食店。在异乡人较集中的地方设饮食市场，生意兴隆，在当时就是一条成功的生意经。

隋朝大运河的开凿，沟通了南北交通。唐朝社会生产力的发展，陆上海上交通发达，“丝绸之路”空前繁荣，社会安定，四邻友好，农业、手工业和商业的发展都达到了空前的水平，饮食业也出现了崭新的局面。饮食业的经营方式灵活多样，有行坊、店肆、摊贩，也有推车、肩挑叫卖的沿街兜售小贩等。唐玄宗执政后，以都城长安为中心，“东至宋汴，西至岐州……南诣荆襄，北至太原、范阳、西（南）至蜀川、凉府”“夹路列店肆，待客酒馔丰溢以供商旅……”（见《通典·食货典》）。可见唐代的饮食店肆在全国各地的普遍性。当时不仅在城市里和交通要道上设有摊贩、食宿，就是乡村也有酒店。“借问酒家何处有？牧童遥指杏花村”（杜牧《清明》）。

唐代不仅饮食店肆分布极广，而且大城市里还有“夜市”供应。“夜泊秦淮近酒家……隔江犹唱后庭花”（杜牧《泊秦淮》）。唐方德远《金陵记》载：“富人贾三折夜方囊盛金钱于腰间，微行夜市中买酒，呼秦声女，置宴。”可见那时在夜市可以办酒宴，足见当时饮食行业的兴旺。

饮食业的繁荣与兴旺，是与当时食物的多种生产方式和销售特点分不开的。从当时市肆饮食的销售特点来看，就有下列两种好方式：一是按照时节供应。《古今图书集成》载，开封阊阖门外交通要道口有一爿食店，人们称之为张手美家，水产陆饭，随需而供，每逢一节日，他家便专卖一味名食，门前车水马龙，使整个东京城都轰动。二是讲究饮食质量，不断创新，争奇斗胜。段成式《酉阳杂俎》载：“今衣冠家名食，有萧家馄饨，漉去，其汤不肥，可以瀹茗；庾家粽子，白莹如玉；韩约能作樱桃，其色不变。”为显示自家的特点，以招徕更多的食客。

饮食业的发展同社会生产力的发展是分不开的。从秦汉到隋唐，是我国封建社会的发展阶段，特别是唐代的昌盛，为烹饪饮食的繁盛奠定了基础，为以后的饮食业新面貌开辟了广阔的道路。

第四节　中国饮食的高度发展时期

在两宋至明清这段近千年的历史中，社会动荡不安，不断遭受民族战争和内部战争的影响。这时期虽历经战乱，但经济繁荣，生产发展是总的趋势，烹饪饮食也更加精美多样，进入了完全成熟的时期。山珍海味入馔，素食清供有专品，注重饮食疗法，饮食市场繁荣，各地方风味形成，华贵排场的宴会也涌现出来。厨事分工日益细致，原料加工及保藏方法更加精良，菜肴制作上更讲究色、香、味、形，食品卫生和有关烹饪著作的质量上都较前代大有进步，如此等等。显而易见，这时期我国烹饪技艺已更加成熟，它不仅超过前代，在中国烹饪发展史上大放异彩，还起到了承前启后的作用。

一、饮食制作技艺趋于高超

充足的食物原料是饮食发展的物质基础，而宋代的京都（汴京和临安），能集天下之丰足物产。因此，饮食制作技艺的发展，也就有了用武之地。充足的食物原料为当时饮食业和烹饪技艺的发展提供了有利条件。

在我国饮食技艺中，“器”的完美程度，为配合烹饪技术的应用发挥了作用。这时期的器具更加雅致精美。讲究古朴象形，布局精巧，形制优美。饮食制作技术的提高，就需要不断地改进炉灶设备。金代出现了“双耳铁锅”（近似于今天南方的铁锅）；宋代出现了镣炉，外镶木架，可以自由移动，不用人力吹火，炉门拔风，燃烧充分，火力很旺，清洁无烟，安全防火，且节省时间，易于控制火候，节柴、省时，用起来方便，为烹饪技艺的发展提供了良好的条件。在宋代还会使用多层蒸笼，并掌握了蒸的火功，这也反映了当时的烹饪技艺水平。

宋元时期，人们在饮食烹调中已掌握了许多“秘法”。如赵希鹄《调变类编》记载：“粥水忌增，饭水忌减”“红酒调羹，则味甜”“煮肉投盐太早则难烂，予以酒付之，则易烂而味美，将熟时，投酒一杯亦妙”。烧肉应“慢着火，少着水，火候足时味自美”。煮鱼“以肥者胜，火候不及者生，生则不松；太过者肉死，死则无味。水多一口，鱼淡一分”。这些烹调“秘法”，可以看出当时烹饪的技艺水平以及厨师们的烹饪经验。

宋元时代，“涮”的烹调方法出现，“烧烤”之法得到了进一步改进。南宋林洪《山家清供》一书记载了一道名为“拔霞供”的名菜。这种菜实为“涮兔肉”，是在餐桌上使用边煮边吃的暖锅，和后世的涮羊肉吃法大致相同。“烧烤”技术的发展，已不只是周代的“炮牂”“肝膋”了，出现了“爊鸭”“烤全羊”等烧烤技艺。

在素食方面，又有了新的发展。宋元时代，由于饮食制作技术的提高，素食之风盛行。一部分士大夫总结饮食经验，提倡以素食为主，主张蔬馔清供。南宋林洪的《山家清供》中大部分记载的是素食。这时期不仅素菜繁多，而且有素粥、素饭、素面供应的餐馆。糕点制作也更加精美，《武林旧事》记载南宋杭州的饼类有十几种之多，并在江南一带出现了苏式月饼。元代，航海和水运事业的发展，使我国的海味食源越来越丰富，如燕窝、海参等都已在元代和明代登上筵席。

辽金以来，特别是元代，是我国继南北朝、五代之后的第三次民族大交融。我国北方的蒙古、回、维吾尔等族南下东迁，西域各族有很多人到东南沿海来，而中原世族大家南迁边陲者也不少。明朝时，我国食谱中就已经加入了不少兄弟民族的新菜单。到了清代，满族入关，主政中原，发生了第四次民族文化大交融，我国食谱的内容也更加丰富多彩了。到了宋代，川食、虏食、南烹之名正式见于典籍，不仅散见于名家诗句，而且也见于笔记、小说，在汴梁、临安的饮食市场上已经出现了不同地方风味的专营酒楼。到元明清时期，特别是清代，我国的鲁、川、苏、粤四大风味流派都有明显的发展。

在明万历年间，厨家已有一百零几种烹饪术语。据明代宋诩记载，弘治年间上食谱的食物就有1300余种，仅香料一项就有28种，到清代更多。在食品雕刻方面，宋代雕刻食品，已成为席上时髦之作，并形成一种风尚。雕刻的对象由席上扩大到蜜饯食品，雕刻造型除了雕成各种植物花形叶形，而且有动物象形的菜肴。清代，食品雕刻在唐宋的基础上又进一步发展，乾隆时，扬州席上，出现了“西瓜灯”。北京中秋赏月，有的人家雕西瓜为莲瓣等。食品雕刻的新发展，不仅可以供食客观赏，而且可以为席面生色。

在调味品方面，这时期有了很大的发展。宋代出现的红曲，明代已在江南盛行起来。明代出现的糟油、腐乳、草果、砂仁、豆蔻、花椒、苏叶等也几乎成了当时宫廷中不可缺少的调味品。

在宫廷筵席上，明代人往往喜欢讨口彩，在菜盘上外加祝语，一般用竹签书写，而到了清代，喜庆祝语入馔之风盛行。清宫廷甚至变成了典礼规格，而不像明代用竹签。如记载的“大碗四品：燕窝膺字锅烧鸭子，燕窝寿字三鲜肥鸭，燕窝多字红白鸡丝，燕窝福字什锦鸡丝”就是用燕窝丝拼成的“膺寿多福”四个字，分装在四道菜肴上，合成一条祝语。这一方面是为博取宴者的欢心，另一方面也反映出贵族统治者的奢侈生活。

二、饮食市场的新面貌

两宋至明清时期的饮食行业随着大都市的繁荣和各项手工业与商业的兴盛，不论从经营的范围，还是从经营的方式上来看，比起前代都有很大的发展。与唐代相比，也有很大的不同。唐代都市是“市”“坊”分区，“坊”是住宅区，“市”是买卖行业聚集之地，交易营业有一定时间的限制。到了宋代，都市的情况已有很大的变化，一般都是“市”“坊”不分。各行各业遍布于都城内外的主要街道。“市”“坊”的营业时间也无限制。在宋代，饮食行业已出现了崭新面貌。

（一）宋代饮食市场的繁荣

（1）经营项目多样。宋代都市的餐馆业有了很大的发展。多种酒楼、餐馆、茶肆、食店星罗棋布。在经营项目上，有酒肆，兼卖酒食，有面食店，经营面食，荤素从食店，卖各种荤素点心小食；售某种食物的专卖店（如胡饼店、馄饨店、馒头店等）；还有茶坊（各种等级层次的）等。

（2）风味餐馆林立。宋代开封、临安（杭州）均有北食店、南食店、川饭店，还有山东、河北风味的“罗酒店”等。

（3）饮食质量不同。宋代饮食市场上出现了三种类型的营业单位：一类是高级的酒楼，服务对象是达官贵人、文士名流；另一类是普通的或低级的酒店，“兼卖血、脏、豆腐羹、爊螺蛳、煎豆腐、蛤蜊肉之属，及小辈去处”；还有一类是走街串巷的饮食担子，这种叫卖，大都会里有，中小城市里也有。

（4）营业时间延长。宋代餐馆业夜市已较盛行，从早到晚，营业不断，甚至通宵达旦。《都城纪胜》中载：“某夜市除大内前外，诸处亦然。惟中瓦前最胜，扑卖奇巧器皿百色物件，与日间无异。其余坊巷市井，买卖关扑，酒楼歌馆，直至四鼓方静；而五鼓朝易将动，其有趁卖早市者，复起开张。无论四时皆然，如遇元宵尤盛。”吴自牧《梦粱录·夜市》篇中载：“杭城大街，买卖昼夜不绝。夜交三四鼓，游人始稀。五鼓钟鸣，卖早市者，又开店矣。”

（5）服务方式灵活。饭店不但在街上、店内为顾客服务，而且走街串巷走出酒楼餐馆到顾客家里承办筵席。为了适应当时社会的需要，临安就出现了“筵席假赁”“四司六局”的新局面、新事物。各司各局分工精细，服务合作，各有所掌。有了有条有理的分工协作、工作程序，举办筵席忙而不乱，井井有条。

（6）花色品种繁多。如吴自牧《梦粱录·分茶酒店》篇中，记载了各式各样的食品。其中明显标明的“羹类”食品就有 30 多种。可见当时经营品种花样繁多，名肴美点齐全，真是应有尽有。

（7）门面装饰讲究。为了招徕顾客，让顾客吃得舒适，他们把餐馆内外装饰一新。南宋临安“中瓦子前武林园，向是三元楼康沈家在此开沽店，门首彩画欢门，设红绿杈子，绯绿帘幕，贴金红纱栀子灯，装饰庭院廊庑，花木森茂，酒座潇洒”。在雅座里面，“张挂名画，所以勾引观者，留连食客”。

（8）服务热情周到。客人进店后，先打招呼，安排座次，然后摆上筷子及擦筷子纸，问客人吃什么酒、菜。酒肴上桌，均有一定的次序。比如开封、临安“凡点索食饮，大要及时，如欲速饱，则前重后轻，如欲迟饱，则前轻后重”。这个上菜程序至今还在酒席上沿用。

宋代张择端的《清明上河图》生动而真实地描绘了北宋汴京沿汴河自“虹桥”到水东门内外的生活面貌和酒楼、餐馆繁荣的景象。

（二）不同特色的餐馆与酒楼

进入元明清以后，我国食谱的内容就更加丰富多彩了，讲究饮食的风尚及餐馆业的质量，促进了全国餐馆业和烹饪技术的发展。在北京饮食市场上的食品丰富，兄弟民族的饮食已大量在市场上出现。“回回饮食”“女真食馔”“畏兀儿（维吾尔）茶饭”“高丽糕点”与汉食一起出现在饮食市场。

明太祖朱元璋定鼎南京，仍取用南宋之法，官府兴建酒楼。皇帝宴请文武百官由朝廷出钱，不是在宫中，而是在酒楼上，以此来刺激都市饮食业的发展，这是唐宋所没有的。南宋时，出现了商业与文化生活自发结合的现象。而到了清代，演变成某些饮食业主的自觉“生意经”，在剧场、书场、商业区热闹的地方开设饮食店，“时值五月，看场颇宽，列坐千人，庖厨器用，亦复不恶。计一日内可收钱十万”。这种把娱乐活动与饮食买卖结合起来，把剧场与饭店放在一起的办法，兴旺了饮食业，以后在南北各地城市中都逐渐流行。

（三）饮食业与旅游业的结合

明清时代，饮食业与旅游业的结合也兴旺起来。最有代表性的是我国船宴的盛行。当时各地的旅游船宴名目繁多。有官宦人家自己定做的官船，船舱中有食有座有床，起居十分舒适，也有船家自己造的，包给官家做水路交通的，而比较多的则是在旅游风景之地的水道上经常出没的旅游客舟。由饮食行业承办旅游食馔，像扬州、苏州均有的“沙飞船”，特别是风景秀丽、河网较多的江浙一带，诸如南京的秦淮河、杭州西湖、扬州瘦西湖、苏州虎丘、无锡太湖等均有可以供馔的游船。《扬州画舫录》载朱竹垞《虹桥诗》云：“行到虹桥转深曲，绿杨如荠酒船来。”在这种游船上供应着美味的菜肴和细点，人们身处船中，不仅沿途风光一船览之，而且江南佳味一路尝之。这种朵颐之福，吸引了不少雅士和名流，由此，船宴渐渐得到发展，船菜、船点也便兴旺发达起来，成了一种专门的风味美食。

明清时供朝野人士设宴的旅游客舟，像“沙飞船”，船体华美宽敞，大的可容三席，小的亦可容两筵，船上以蠡壳嵌玻璃为窗寮，重檐走轳，有桌椅、香鼎和瓶花，极是精美典雅。船舱设灶，酒茗肴馔，住客所指，船主烹制香喷喷的水鲜野味，船上炊烟袅袅，船佣传餐有声，艄公橹篙相应。游人一边玩赏美景，谈笑风生，一边投壶劝吃，行令猜枚。清人沈朝初《忆江南》词说得好：“苏州好，载酒卷艄船。几上博山香篆细，筵前冰碗五侯鲜，稳坐到山前。”明清旅游船宴的流行，旅客游人的增多，饮食行业船菜船点的盛行，已成为许多文人雅士一种时髦的饮食方式。

清道光年间，苏州虎丘还出现过旅游餐馆，旅游旺季开业，淡季歇业。清代的饮食业中，由寺院经营的素菜馆和兄弟民族经营的风味菜馆也很兴旺。晚清的“小吃”在城市里盛行，在饮食行业中也占相当的比重。

鸦片战争以后，中国沦为半封建半殖民地社会。西方的饮食经营者，将“西餐”引入我国。在一些通商口岸、城市和一些有外事活动的大都会，出现了兼营中西大菜的餐馆。中国烹饪技术由此也传到世界各地。中国烹饪保持自己的特色，特别是通商口岸，像广州、上海、天津等地，中国饮食得到更大的发展，很多外国人把中国烹饪技术带回国内，华人办的中国餐馆更受到各国人民的欢迎。

三、饮食著作十分丰富

从两宋到明清，我国烹饪理论已达到相当高的水平，不仅数量多，而且质量上乘。《饮膳正要》与《随园食单》是这一时期较有影响的专著，表明了我国烹饪理论已越来越丰富、越来越成熟了。

（一）忽思慧的《饮膳正要》

《饮膳正要》是元代烹饪理论的代表，是延祐年间饮膳太医忽思慧所作。这本书集食疗理论之大成，在当时为元朝宫廷服务的饮食典章。该书把有益于补益身体、防治疾病、简便易行的食疗方剂搜集在一起，堪称我国第一部营养学专著。

《饮膳正要》全书共分三卷。第一卷主要阐述“养生避忌”“妊娠食忌”“乳母食忌”“饮酒避忌”和“聚珍异馔”等。第二卷为“汤品”“四时所宜”“五味偏走”，阐述食物的利弊、相克、中毒解毒法和“食疗诸病”等。第三卷叙述米、谷、兽、禽、鱼、果、菜、料物等八大品类，共200余种。

《饮膳正要》的成就还表现在从营养卫生的角度提出了不少关于健康的重要观点，重视日常食物的搭配以及如何保留这些食物的营养价值，这就使它具有广泛的人民性。所以宫廷里的养生食疗风气也逐渐影响着士庶民众，特别是明代宗把《饮膳正要》刊刻问世，更促使朝野人士重视食疗，这成为当时一种好的饮食风气。《饮膳正要》“序”中写道：“保养之法莫若守中，守中则无过与不及之病。调顺四时，节慎饮食，起居不妄，使以五味调和五脏，五脏和平，则气血资荣，精神健爽，心志安定，诸邪都不能入，寒暑不能袭，人乃怡安。……饮食百味，要其精粹，审其有补益助养之宜，新陈之异，温凉寒热之性，五味偏走之病。若滋味偏嗜，新陈不择，制造失度，俱皆致疾。”这种营养学观点是有现实意义的。另外，他还强调了严格的饮食卫生制度，这些都是值得我们今天借鉴的。

（二）袁枚的《随园食单》

《随园食单》是我国古代较优秀的谈及烹饪理论的专著，作者是清朝著名诗人和美食家袁枚。《随园食单》的优秀之处，在于把各种烹饪经验兼收并蓄，各地风味特点汇于一册，既有具体的操作过程，又有抽象的理论阐述，理论与操作结合，密切联系实际，把操作中的普遍性、规律性的东西抽象出来形成理论，而且深入浅出，道理说得深透，所以得到人们的广泛喜爱，并使我国的烹饪理论走向发展的高峰。

《随园食单》全书分“须知单、戒单、汤鲜单、江鲜单、特生单、杂性单、羽族单、水族有鳞单、水族无鳞单、杂素菜单、小菜单、点心单、饭粥单、茶酒单”共14篇。

“须知单”和“戒单”两篇集中阐述了烹饪的理论，这些理论大都是袁枚从实践中向厨师们学来的，“余……每食于某氏而饱，必使家厨往彼灶觚，执弟子之礼。四十年来，颇集众美”。后面12单主要是菜单。书中以很大篇幅记载了我国18世纪中叶（有些个别食品上溯到明、元时代）的326种菜肴、饭点和茶酒，从菜点的原料选择、初步加工、切配、调味烹制，到菜肴的上桌次序，从菜点的色、香、味、形，到器皿、佐料，都做了全面的论述。这里有寺院经验、满汉食馔、前人经验、当时名厨秘法、本人的创见，从各个角度按烹饪的全过程，全面、系统、深刻地阐述了烹饪法则，自成一家之说，论述很精辟。

相关链接　搜索

《金瓶梅》中的美食

诞生于16世纪末晚明社会的世情小说《金瓶梅》，生动地描绘了明代人的饮食之事和菜点制作状况，书中提到的主食、菜肴、糕点、糖食、干果、鲜果、酒类等品类名目食品不下200余种。兰陵笑笑生把视线集中于市井群体和官府之家，描摹了中下层人群的饮食百态以及当时的饮食市场。在小说中，西门庆是从一个地痞恶棍一跃而发迹成为官僚富商的，他的饮食有一个发展过程。他游荡于市井民间，那些市井细民、帮闲无赖、娼妓牙婆、道士和尚又是他主要的接触对象。所以，在他的餐桌上，既有市上所购之物和自家烧制的家常风味，也有一般市民、娼妓、地痞等献给他的各类地方小吃。作者用很多的笔墨，写了一个接一个的宴饮场面和名目繁多的饮食菜点。《金瓶梅》在叙事过程中写到的代表性菜肴有烧猪头、炖蹄子、水晶膀蹄、糟鹅胗掌、干蒸劈晒鸡、油炸烧骨、炮炒腰子、火熏肉、炒面筋、酸笋汤、水晶鹅、八宝攒汤、羊贯肠、一龙戏二珠汤、烧泥鳅、骑马肠、烧羊肉、春不老炒冬笋、木樨银鱼鲊、炖鸽子雏、鸡蛋头脑汤、鸡子肉圆子、山药肉圆子、鸡尖汤。仅用鸭制作的菜肴就有糟鸭、卤鸭、熏鸭、烧鸭、炉烤鸭、腌腊鸭、割烧鸭、炙鸭、炖鸭等。鸡、鹅、猪肉、羊肉亦然。这些菜肴所用到的烹调方法有炖、烧、烤、煠（炸）、蒸、炒、煎、燎、火川（氽）、摊、煮、烙、炮、卤、熬、腊、腌、糟、烹、拌、熏，以及酿、鲊、水晶等多种制法。在那些繁多的菜肴中，有不少是运用多种烹调法综合而制成的。如炒的豆芽菜拌海蜇、清蒸糟鲥鱼、羊角葱火川炒核桃肉、卤炖炙鸭、馄饨鸡，以及先蒸后酿再炸的“酿螃蟹”等。这些烹制方法，从冷菜、热菜，到点心、汤羹，比照明代的肴馔食谱，不仅是明代食谱的真实写照，而且可称得上是明代官府、市井中的“烹技大全”。

《金瓶梅》中所记载的“糕品”，有白糖万寿糕、雪花糕、定胜糕、黄米面枣儿糕、寿糕、花糕、果馅凉糕等；就其特色点心而言，有武大郎沿街卖的“炊饼”，奶子如意儿吃的“玉米饼”，书童教人买的“搽穰卷儿”，小玉安排的“薄脆”和“蒸酥”茶食，西门庆买的“酥烧”，应伯爵等人吃的“桃花烧卖”，李娇儿生日吃的“高装肉包子”，以及各式“果馅饼”“椒盐饼”“顶皮饼”等，许多风味食品如葱花羊肉扁食、艾窝窝、裹馅肉饺儿、黄芽韭烧卖等，这些面食点心在明代的食谱中都可以找到出处。《金瓶梅》中体现其风味特色的“香茶饼”“松花饼”等，在明初韩奕所撰写的《易牙遗意》和宋诩《宋氏养生部》中都记有具体的制作方法。

［资料来源：邵万宽．从明清食谱刊刻的流行看明清小说中的饮食描写［J］．农业考古，2014（4）］

（三）其他饮食类著作

从宋元到明清，这一时期有关饮食与烹饪的论著相当丰富。如宋代孟元老的《东京梦华录》、吴自牧的《梦粱录》、周密的《武林旧事》、耐得翁的《都城纪胜》、西湖老人的《西湖老人繁胜录》、沈括的《梦溪忘怀录》、林达叟的《本心斋蔬食谱》、林洪的《山家清供》、赵希鹄的《调变类编》等。元代倪瓒的《云林堂饮食制度集》、无名氏的《居家必用事类全集·饮食类》、贾铭的《饮食须知》、无名氏的《馔史》等。明代刘基的《多能鄙事》、宋诩的《宋氏养生部》、龙遵叙的《饮食绅言》、高濂的《遵生八笺·饮馔服食部》、韩奕的《易牙遗意》等。清代章杏云的《饮食辩录》、李渔的《闲情偶寄》（饮馔部）、蒲松龄的《日用俗字》、朱彝尊的《食宪鸿秘》、丁宜曾的《农圃便览》、李化楠的《醒园录》、曹廷栋的《粥谱说》、袁枚的《随园食单》、施鸿保的《乡味杂咏》、佚名的《调鼎集》、顾仲的《养小录》、顾禄的《清嘉录》、王士雄的《随息居饮食谱》、曾懿的《中馈录》、黄云鹄的《粥谱》等。这时期的烹饪论著如此之多，可以看出我国饮食与烹饪发展的情况，反映了我国的饮食制作技艺达到了空前的高超水平。

第五节　中国饮食的创新开拓时期

进入近现代时期的中国烹饪，在国际上的影响已显现出来。食物与医疗养生的结合，各民族食品的多彩多姿，烹饪食品著述繁多，等等，都堪称世界之冠。尤其是中国烹调技术，更是风味独特，绚丽多彩；中式菜点，香飘五洲，美不胜收，成为中国文化宝库中的一颗光辉璀璨的明珠。正如孙中山先生在《建国方略》中的评价：“惟饮食一道之进步，至今尚为文明各国所不及。”这时期，中国的政治、经济和文化都发生了翻天覆地的变化，使得中国饮食进入了创新开拓时期。

相关链接　搜索

孙中山先生论饮食

孙中山先生在所著的《建国方略》第一章“以饮食为证”中对当时中国饮食水平进行了高度的评价：“我中国近代文明进化，事事皆落人之后，惟饮食一道之进步，至今尚为文明各国所不及。中国所发明之食物，固大盛于欧美；而中国烹调法之精良，又非欧美所可并驾。”

在谈到中国饮食在国外的流传情况时，孙中山先生也说：“近年华侨所到之处，则中国饮食之风盛传。在美国纽约一城，中国菜馆多至数百家。凡美国城市，几无一无中国菜馆者。美人之嗜中国味者，举国若狂。”“中国烹调之术不独遍传于美洲，而欧洲各国之大都会亦渐有中国菜馆矣。日本自维新以后，习尚多采西风，而独于烹调一道犹嗜中国之味，故东京中国菜馆亦林立焉。是知口之于味，人所同也。”孙中山先生在赞颂中国饮食文化的前提下亦说：“中国不独食品发明之多，烹调方法之美，为各国所不及；而中国人之饮食习尚暗合于科学卫生，尤为各国一般人所望尘不及也。”他提出了中国饮食文化的发展进步还必须要加以“改良”，科学地“更新”，而借鉴和吸收西方饮食文明之精华，也是一条极好的途径。

（资料来源：孙中山．建国方略［M］．呼和浩特：内蒙古人民出版社，2005.）

一、烹饪文化教育与研究新成果

新中国成立之后，在中国共产党的领导下，从事烹饪工作的厨师们受到重视和尊敬。烹饪这个古老的文化遗产、悠久的中国饮食菜品与中国人“吃”的历史，开始被各界人士所重视，许多文化界的专家、学者也加入烹饪与饮食研究的行列。

在古代，由于历史的局限和科学技术的落后，许多烹饪著作中虽有很多烹调原理和制作方法，但却没有条件做进一步的探讨和科学性的说明，特别是古代从事烹调工作的厨师，地位低下，没有文化，尽管他们积累了丰富的实践经验，创造了丰富多彩的烹饪技艺，为人类文明做出巨大的贡献，但因缺乏系统的、全面的整理和表达能力，不能把实践经验升华为烹饪理论，使我国烹饪理论的完善受到了很大的限制。新中国成立后，党和国家对这一珍贵的文化遗产采取了继承和发扬的方针；在全国各地创办烹饪学校，一方面培养有文化的专业人才，另一方面通过教学编写烹饪教材；挖掘和整理大量烹饪史料和烹饪典籍；创办烹饪专业性杂志。所有这些，都为研究我国烹饪与饮食文化理论创造了有利条件。

（一）开设各类烹饪专业学校

中华人民共和国成立，教育事业也获得了新生。烹饪教育领域的教学同样受到党和国家的高度重视。为了更好地继承和较快地发展烹饪技术，培养大批有知识有文化的烹饪人员，从20世纪50年代起，在我国中等专业学校开设了烹饪新专业，培养烹饪专业队伍。经过几十年的发展，80年代烹饪院校开始培养烹饪大专学生，90年代培养烹饪本科学生。目前，各种类型的烹饪院校遍及全国各地，培养着各个层次的烹饪人才，有烹饪职业中学、技工学校、中专学校和高等院校，培养新一代的烹饪大学生，为烹饪事业的发展输送了一大批科技专业人才。许多在职的厨师，一批批地被送到学校进行专业技术培训，接受系统的文化知识、专业理论知识及基本技能的学习。各种类型的烹饪专业培训班，如技术等级培训、厨师长培训、职业经理培训等，不断武装着烹饪技术队伍，普遍提高了烹饪人员的科学文化水平和技艺水平。这些由学校培养出来的专业技术人员，因为受到较高的文化教育，有较好的烹饪理论和实践操作能力，对挖掘烹饪文化遗产、为新时代的烹饪科学现代化以及烹饪事业的著书立说是十分有益的。实践证明，学校培养出来的专业人员具有一个共同的特点：理论水平高，技术提高快，创新能力强，又有一定的组织能力，他们正在成为烹饪事业的骨干力量和生力军，成为我国烹饪理论研究和实践技能研究的得力助手和有生力量。

（二）出版饮食类刊物和专业书籍

20世纪80年代初期，国家和地方相继创办了烹饪专业杂志，《中国烹饪》《中国食品》《烹调知识》《中国食品报》《美食》《四川烹饪》《餐饮世界》《东方美食》《中国烹饪研究》《饮食文化研究》《美食天地》等杂志相继问世，成为行业技术交流和烹饪研究的园地，在国内外引起了很大的反响，取得了很好的成果。同时，出版各类的烹饪书籍，挖掘古代的有关烹饪专著，组织大量人力编写中等技术学校和高等学校的烹饪教材，20世纪80年代初出版的《烹饪原料知识》《烹饪加工技术》《烹调技术》《面点制作技术》《烹饪营养学》《成本核算》等，为各类学校烹饪专业学生提供了较为完备的专业教材；编写各地区菜系的菜谱，分别在20世纪70年代和90年代出版了一套《中国菜谱》和《中国名菜谱》，特别是后者，共出版了16种不同的风味，由商业部饮食服务局、中国烹饪协会组织全国各省、自治区、直辖市饮食服务部门的专业人员和名厨师共同编写，具有一定的权威性和指导性；编撰《中国烹饪史》和《烹饪辞典》，等等。国家有关领导人，以及著名专家、学者，都为烹饪这一园地献计献策，撰文论说，为中国烹饪的发展提出科学的依据，扩大了其影响。更有老厨师总结自己的事厨经验，年轻厨师探究烹饪原理。据不完全统计，如今，全国各地编写出版的烹饪书籍已有上万种，它们详细地论述了中国烹饪的各个方面，特别是对菜点的原料用量、初加工方式、切配、用火、调味、装盘等工艺环节都有一定的量化标准，尽管与现代科学的规范要求相距较远，但已经迈出了可喜的一步。中国饮食烹饪事业出现了一个崭新而喜人的景象。

（三）饮食文化研究体系的建立

新中国成立前，烹饪方面的科研几乎是空白。新中国成立后，在政府和中国烹饪协会等部门的关心下，在烹饪领域开展科学研究，各种烹饪学术研究著作成果丰硕，出现了百花齐放、百家争鸣、繁花似锦的大好景象。如相继编辑出版了《中国烹饪辞典》《中国烹饪百科全书》《中华饮食文库》《中国食经》《中国烹饪古籍丛刊》《中华食苑》（10集）、《中国饮食史》（6集）、《中国烹饪文化大典》《中国饮食文化史》（10集）、《中国饮食文化专题史》丛书等。还召开了中国饮食学术研讨会、中国快餐学术研讨会、亚太地区保健营养美食学术研讨会、中国饮食文化国际研讨会、亚洲食学论坛等重要学术会议，在海内外影响深远。

中国饮食文化的研究方兴未艾。近30年来，饮食文化研究方面出现了一大批有价值的著作和论文。较有代表性的著作有：《中国烹饪史略》（陶文台）、《中国烹饪古籍概述》（邱庞同）、《中国饮食史论》（赵荣光）、《中国饮食文化探源》（姚伟钧）、《中国饮食文化》（林乃燊）、《华夏饮食文化》（王学泰）、《中国人的饮食奥秘》（熊四智）、《汉唐饮食文化史》（黎虎）、《隋唐五代烹饪史纲》（王子辉）、《饮食与中国文化》（王仁湘）、《中国的宫廷饮食》（苑洪琪）、《中国烹饪史话》（陈光新）、《烹饪学基本原理》（季鸿崑）、《中国少数民族饮食文化荟萃》（颜其香）、《唐五代敦煌饮食文化研究》（高启安）、《饮德·食艺·宴道》（林永匡）、《中国千年饮食》（王赛时）、《中国酒文化》（何满子）、《中国茶文化》（王玲）等。

有关饮食文化的研究论文，更是大量见于一些学术期刊上，既有各地的社会科学杂志刊登，也有饮食专业类的杂志刊载。如《食品科技》《淡水渔业》《中国调味品》《食品与发酵工业》《食用菌》《中国蔬菜》《美食研究》《中国酿造》《水产科学》《中国食物与营养》等，此外，在《考古学报》《考古》《考古与文物》《农业考古》《农史研究》《中国农史》《历史研究》《中国文化》等期刊上，也经常看到许多高水平的饮食研究论文，丰富了饮食文化资源。

在烹饪产品的研究方面，各地名菜名宴的开发出现了许多新的成果。孔府菜、仿膳菜、仿唐菜、仿宋菜、东坡菜、随园菜、红楼菜、金瓶梅菜等和全国各地名宴席的研究与认定，都取得了很好的效果，并经专家鉴定得以推广，产生着一定的经济效益。全国各地创新菜的开发与研究已经走入正常的轨道，各地餐饮与烹饪协会、餐饮企业已将创新菜开发列入工作的一部分，定期举办创新菜比赛；各地的烹饪大赛也不断涌现出新的菜品，为全国餐饮市场注入了新活力。通过这些开发与研究，目前中国烹饪史、中国烹饪学、中国烹饪工艺学三大主干学科的初步框架已大体形成，预示着中国烹饪从“术”到“学”的质的飞跃。

二、工艺与设备的更新与发展

近现代饮食，特别是改革开放以后的40多年来，我国饮食制作技术在传统制作的基础上发生了翻天覆地的变化，涌现出许多新的风格，展现出新时代的风采。在烹饪食品的加工与设计中，更加重视菜品的造型与出品效果，食品雕刻、冷拼、菜品的围边和热菜的装饰技术发展很快，从立意、造型、配色等方面，都注意表现时代精神和民族风格。而且还利用美学原理，借鉴工艺美术的表现手法，赋予菜品新的情韵，提高艺术审美价值。同时在餐具上也有很大的革新，流行色调明快的新工艺瓷和异型风格餐具，使美食美器相得益彰。

新时期烹饪风格最明显的特点就是将菜品的制作用统一的数据和控制参数进行标准化、规范化的操作，以保持菜品生产规格的一致性；菜品的生产已逐步向简易化方向演进；营养意识已逐步被餐厅和寻常百姓所重视，这是新时代烹饪生产与技术进步的体现。

（一）菜点制作开始向标准化靠拢

我国传统的烹调生产以手工操作为主，多少年来都是在没有任何量化标准的环境中运行的，产品的配份、数量、烹制等凭借厨师的经验进行，有相当的盲目性、随意性和模糊性，影响了菜品质量的稳定性，也妨碍了厨房生产的有效管理。21世纪以来，我国的厨房生产中，开始对菜品质量的各项运行指标预先设计质量标准并根据标准进行工作，实现生产标准化和管理标准化，使厨房生产进入了标准化生产的运行轨道，在不同时间的同一菜品中，都会出现始终如一的质量稳定的同一标准。这不仅方便了生产管理，也是对消费者的高度负责。

厨房生产标准化的制定，是以标准食谱的形式表示出来，规定单位产品的标准配料、配伍量、标准的烹调方法和工艺流程、使用的工具和设备，这就保证了菜品质量的稳定性。在生产中由于对各项指标都进行了规定，使厨师的工作有了标准，即使重复运行的技术环节，也会因为标准统一而减少失误和差错，使厨房生产步入了质量稳定的轨道。

（二）调味方式逐渐向统一预制转变

在传统手工操作方式中，原料质量和人为因素互为影响，调味容易产生偏离，时好时坏，尤其是在营业高峰期间的出品，味道不稳定已成为一个通病。而“调味酱汁化”，是将常用味型的调味品按标准方法配兑成统一的调味汁、酱，在生产过程中，由专人按分量统一配制，以确保口味的一致性，并且方便成菜、快速烹调。

酱汁调制的定量化，使每一种酱汁根据不同的需要确定不同的配方，调制有相对固定的程序，由于每一种菜品都有固定的分量，每一种分量都有具体的形态，只要掌握使用分量，就能保证味道的稳定。这种酱汁定量化的调制方式，不仅保证了菜品味道的稳定，而且提高了工作效率，在烹制菜肴时方便快捷。

（三）烹饪工艺开始重视并趋向以操作简便为主

中国烹饪技术精细微妙，菜品丰富多彩，烹调方法之多、之精在世界上是首屈一指的，但在自豪的同时也有些忧虑，这就是许多菜品烹调环节繁杂，时间过长，与现代社会节奏和时代要求渐显矛盾。解决这一问题的最佳方法就是简化烹调工艺流程。

新中国成立以后，特别是近 10 多年来，中国菜的制作发生了一些变化。随着社会的进步，以及快节奏生活方式的需要、食品卫生与营养的苛求，使厨房的菜品烹调开始避开了那些费时的、繁复的加工过程和烹调方法，尤其对于需要 10 多道工序、要花几小时才能完成的菜肴逐渐予以摈弃，何况加热时间过长，营养损失又多；工序多、操作复杂，不仅很难保证菜品的质量，而且影响烹饪生产的工作效率，随之而来的是一些既方便、又可口，既美观、又保健的菜肴被广大顾客和经营者所钟爱。而那些体现烹饪绝技的菜品只有在特殊的场合才偶尔用之。

（四）菜品特色由重视口味转而更加重视营养

尽管我们讲究食疗、食补、食养，重视以饮食来养生强身，但传统烹饪更多地以追求美味为第一要求，在加工烹饪时常常忽视食品的安全、卫生，致使许多营养成分损失于加工过程中。如今，从餐饮业的配膳到家庭的饮食，都开始讲究食物的营养价值。比如不少餐厅有不同形式的营养套餐、营养菜品，以满足不同消费者的需求。烹饪比赛已把营养作为评判的重要内容。民众的口味习惯也由过去的香咸、甜香型渐趋清淡型，从过去的“油多不坏菜”观念开始向“油多也坏菜”意识转变。

在新时期，人们的饮食已从过去的大鱼大肉、重油重色的食风中走出来，随之而来的是新鲜的原料、合理的配膳、科学的烹调，利用不同的烹饪技法推出营养菜谱、食疗菜谱、健美菜谱、美容菜谱、长寿菜谱和优生菜谱等。人们对均衡合理营养的追求更加强烈，许多烹调师们已意识到根据不同客人的生理特点合理配膳；菜单除了在菜谱中标注食物名称和价格外，也开始标明食物中各种营养物质参数、所食热量及脂肪等方面信息，以便消费者在点菜时各取所需。科学设计菜单已成为现代烹饪工作者的重要任务。

（五）厨房设备更加科学实用和高效

新中国成立以后，中国烹饪在设备、工具和能源方面发生了翻天覆地的变化，打破了传统的纯手工作坊式的烹饪劳动。就能源而言，木柴、煤已退居次要地位，城市中主要使用的是煤气、天然气，另外还有液化石油气、柴油、太阳能、电能等，部分农村则使用沼气。新的能源用来加热制作食品，大多有省时、方便、卫生等优点。如以电为能源、利用微波加热、电磁炉烹制原料的新型加热炉具，不仅方便厨房操作，而且能够定时调控，其烹调速度比一般炉灶快 4~10 倍，还能保持食物原有的色、香、味和营养价值，受到人们的广泛喜爱。

烹饪设备工具的不断改良和更新是这一时期的一个显著特色。随着烹饪生产和食品机械工业的迅速发展，以及人们对饮食环境和卫生改善的不断追求，厨房、餐厅设备已步入科学化、现代化的行列。国内高档次的厨房、餐厅，设备先进，流程合理，排烟畅通，地漏无阻，窗明几净，一尘不染。

厨房设备新品不断涌现，方便了厨房生产，改善了厨房的卫生环境，提高了菜点的食品质量，提升了劳动生产率和经济效益。代表性的厨具机械有：蔬菜清洗机、切菜机、剁菜机、切片机、绞肉机、鱼鳞清洗机、和面机、馒头机、饺子机、搅拌机，以及电炒锅、电煎锅、多功能蒸烤箱、调温式油炸锅，等等。这些设备使用方便，效率高，且干净卫生，大大减轻了厨房工作人员的劳动强度。

三、饮食市场的空前繁荣

我国现代餐饮市场在 20 世纪 80 年代后良好发展的基础上出现了前所未有的辉煌，社会餐馆的迅猛发展，星级酒店的不断诞生与注重文化品位，饭店餐饮的风格特色也出现了多姿多彩的喜人景象。餐饮信息、广告、网站更是异彩纷呈，它昭示着新世纪国民饮食生活发展的水平和新的风貌。

（一）餐饮场所百花齐放，五彩缤纷

为了适应不同人群的饮食需要，不同档次、不同规格、不同特色的餐厅不断涌现，

如酒店、餐馆、自助餐厅、咖啡店、酒吧、面包坊、午餐室、熟食店、餐饮超市、大排档、美食广场、甜品店、粥面店、糕团店、早点店、夜宵铺等五花八门。餐饮的经营业态日益众多，不仅出现在街头和宾馆饭店，大商场、购物中心、居民社区乃至洗浴、度假等一些新型的休闲场所中，都能见到它的身影。

民族餐饮将随着市场大潮的发展越发突飞猛进，各具特色的民族风味菜品不断走进都市，服务于广大市民，傣族菜、苗族菜、土家族菜、布依族菜、维吾尔族菜、蒙古族菜、朝鲜族菜、壮族菜等，越来越受到人们的青睐。

饮食业放开经营后，国有、集体、私营、外资一齐上马，开办了独具特色的餐厅，形成了一个竞争的势态。随着旅游事业的发展，外国客人增多，世界各地的餐饮在国内都市市场上应运而生，以满足中外客人的饮食需求。

中国烹饪工业化生产越发盛行，特别是中低档的餐饮活动和易于机械化生产的菜点需求量日益增长。随着商品经济和现代科技的发展，社会需要更多的营养、卫生、方便、可口、价廉的食品，在生产和管理上应用现代科技连锁规模经营的现代餐厅将更加成熟。新世纪的餐饮业迎来了一个百花齐放、百舸争流的局面。

（二）快餐市场遍布城镇，不断壮大

我国现代快餐经过十余年的发展，已取得了丰硕的成果。快餐业作为直接为大众日常基本生活需求服务的一个行业，得到社会的广泛关注与大力支持，消费需求日趋增强，行业迅速发展。快餐业的大发展，成为餐饮业新的经济增长点。全国各大中城市的快餐市场，以快餐店、送餐、外卖和快餐食品等多种经营形式发展，直接进入家庭厨房、单位食堂、学校餐桌等，成为家庭与单位后勤服务社会化的重要途径，成为开拓服务消费市场的重要渠道。

我国快餐业的营业额正在以每年大约 20% 的速度增长。在我国，快餐业是一个朝阳产业，蕴藏着无限商机。中餐在国际上享有盛誉，深受世界各国人民喜爱，中式快餐也将凭借中餐的这些优势走向世界。

（三）连锁经营奋起直追，发展迅猛

自 20 世纪 90 年代开始，以我国传统商业的转制为背景，连锁经营方式逐渐深入到了食品店、快餐店、超级市场、便民店、百货店、名特商店、老字号、专卖店等众多的行业。从 1990 年年底创办第一家食品连锁店起，30 多年来，连锁经营已在全国大中小城市不断扩展开来，形成一股强大的市场优势。

餐饮连锁经营范围广泛，有大商店、品牌餐饮店，也有速食店、便餐店，也包括酒吧、咖啡屋、冰激凌店等种类。与独立的经营活动相比，餐饮连锁经营通过经营模式的统一性，经营产品的大众化及独特性，管理方式的规范性及管理手段的科学性，进行规模经营，实现了规模效益。

目前，我国的连锁经营拥有几十家、上百家和数百家连锁店的餐饮企业逐步涌现，规模经营和规模效益的优势日趋显现，连锁经营显示出强大的市场潜力，成为企业发展与壮大的重要途径。规模经营实行对客服务标准化，操作程序规范化，烹饪技艺专业化，商品购销（购进原料、销售食品）廉价化，资源配置优良化，资金周转快速化，可加速资金周转，提高效益。

（四）健康饮食的观念不断深入人心

饮食健康问题已成为现代人们饮食的头等重要的事情。20 世纪 80 年代以前，由于大部分中国居民脂肪、蛋白质摄入不足，造成儿童发育不良、抵抗力下降，成人体质虚弱。然而，经过几十年的发展，人们的消费观念发生了变化。因为，在人们面前，不仅出现了污染问题，而且由于营养不当、营养过度引起的疾病越来越多，其中最具代表性的就是所谓“富贵病”——诸如肥胖症、糖尿病、冠心病等。营养不足是个问题，营养过剩也是个问题。如今的餐饮业和广大的顾客更注重的是“三养哲学”——营养、保养、修养。餐饮业在极力推广健康食品，聪明的消费者希望选择一个保证他们身心健康的餐厅，吃到有别于以往的新食品。

我国人民的饮食消费经由初级阶段的饱腹消费、中级阶段的口福消费，已发展到高级阶段的保健消费。随着口福消费弊端的显现，科学技术水平的提高以及营养科学的进展和普及，人们开始进入保健消费阶段，消费观念发生了一系列根本的转变，即不再把口感作为对食品好恶取舍的唯一标准，而是持口福与健身、美食与养生兼容并包的态度；不再对营养素摄入采取多多益善的方针，而是根据人体生理需要和劳动消耗的具体情况，对各种营养素予以适量的调配和安排等。总之，当今人的食品消费行为，被进一步纳入科学规范，实现饮食为健康服务，美食与养生统一。

（五）文化经营与国际交流更加突出

随着市场经济的发展，文化正在更多地占据餐饮领域。餐饮文化，已成为人们寻求餐饮发展方略的一个巨大宝藏。在新世纪，餐饮市场与文化将紧紧地“拥抱”在一起，成为中国市场上一道美丽的风景线。

人们生活水平的提高，使餐饮活动已不单纯是为了满足生活的基本需求，更要获得精神上的享受，这表现在消费者对食品的需要已不仅停留在图实惠、味感丰富，更讲究消费的环境、档次和品位，要求食品能给人以美感和享受，即“文化味”要浓，集食用、欣赏、情感于一身，食品能满足人们的多种需求（物质方面和精神方面的），这就注定菜品中应有精神内涵和文化底蕴。

用文化创意开发产品，发挥独特的地方文化优势，增加餐饮和菜品的文化味，已成为当今餐饮经营者的经营思路。在市场竞争激烈的情况下，以文化创名牌已成为一些餐饮企业的经营策略。餐饮竞争也由低层次的价格竞争逐步走向高层次的质量竞争和企业文化竞争。现代餐饮美食文化展销活动将美食与文化紧密结合，有时还增加和穿插一些特殊的文化、娱乐、游艺活动，以渲染美食文化的气氛。如：外国菜美食文化食品节；地方菜美食文化展销月；民族菜美食文化大促销；节假日美食文化宣传周；仿古宴美食文化大行动；创新菜美食文化让利月等。

文化主题餐厅的发展为餐厅经营增添了浓浓的文化味。环境布置增强了文化氛围，满足了顾客的多种需求。如“红楼菜美食餐厅”，把我国古典名著《红楼梦》中的饮食再现在人们面前，每道菜都有一个典故、一段佳话，成为一种美的享受，餐厅也由此具备了文化功能。

随着对外开放的深入，我国餐饮市场出现了异彩纷呈的繁荣景象，来自国外的投资合作必将继续增多，中外厨师的技术交流也将更为频繁，这种中西交融、华洋共处的餐饮局面，定会展现国际化餐饮的喜人景象。

? 复习与思考

一、名词解释

《吕氏春秋·本味》　周代八珍　《饮膳正要》《随园食单》

二、选择题

1. 最早使用的调味品是（　　）。

A. 盐、糖　B. 果酒、醋　C. 野蜜、醋　D. 盐、果酒

2. 我国最早的一部营养卫生学的专著是（　　）。

A.《本草纲目》B.《黄帝内经》　C.《饮膳正要》　D.《食疗本草》

3. 国家组织中，管理膳食的官“庖正”出现的时代是（　　）。

A. 夏代　B. 商代　C. 周代　D. 秦代

4. 根据史料记载，“月饼”最早出现的时代是（　　）。

A. 唐代　B. 宋代　C. 元代　D. 明代

5. 宋元时期最早“涮”的菜肴原料是（　　）。

A. 羊肉　B. 兔肉　C. 猪肉　D. 牛肉

6. 在烹饪发展史上，红、白案的分工是在（　　）。

A. 汉魏时期　B. 唐代　C. 宋代　D. 元代

7. 清代《随园食单》的作者是（　　）。

A. 袁枚　B. 忽思慧　C. 贾思勰　D. 李时珍

8. 国内第一届烹饪大专班的建立时间是（　　）。

A. 1980 年　B. 1981 年　C. 1983 年　D. 1985 年

9. 改革开放后我国较早发行的烹饪专业杂志是（　　）。

A.《中国烹饪》 B.《烹调知识》 C.《餐饮世界》 D.《美食》

三、问答题

1. 中国饮食发展大致可以分为哪几个时期？
2. 秦汉时期烹饪用具的主要特点是什么？
3. 阐述宋代饮食市场的发展状况。
4. 中国古代重要的烹饪著作的主要贡献是什么？
5. 近现代烹饪文化技术交流有哪些特色？

推荐阅读

1. 赵荣光 . 中国饮食文化概论［M］. 北京：高等教育出版社，2003.
2. 王仁湘 . 民以食为天［M］. 济南：济南出版社，2004.
3. 王学泰 . 中国饮食文化史［M］. 桂林：广西师范大学出版社，2006.

第三章

中国饮食原料文化

中国食物原料是制作食品的重要物质条件，它的生长、繁育、培植是劳动人民汗水浇灌的结晶。通过对中国饮食原料历史演进的叙述和对主食、蔬菜等的介绍，让人们进一步认识到我们的食物原料来之不易，这里还有着更深层次的文化内涵。

本章主要以饮食原料文化为立足点，重点阐述我国早期的各类食物原料；我国主食的演变与杂粮的引进；中国蔬菜的生长以及从外域引进的品种；食物原料的培植与发展。

学习目标

知识目标

1 了解我国食物原料的采集、生长与种植
2 了解我国主食和杂粮原料的演变情况
3 了解我国蔬菜的种植和外域引进品种

能力目标

1 掌握我国主食的发展和谷物结构的变化
2 掌握我国蔬菜品种的开拓和多种引种方式
3 掌握我国食物原料的培植与发展情况

案例

经济学家于光远称中国最大的生产部门是烹饪

中国最大的生产部门是什么？著名经济学家于光远先生撰文回答：是烹饪。他为这样大的一个“生产部门”长期被忽视而鸣不平。

“我为这个生产部门鸣不平，是因为科学研究和包括学校教育、出版物在内的整个传媒对之重视太不够了。”于光远先生在南京《开卷》杂志发表的文章《中国最大的生产部门》中提出，家家都有一厨房，加上外面那么多酒店、饭馆、食堂，这些数字加起来就很大了。

于光远主张建立“十字形烹饪系统”，“十”字的一横，左边是指各地方菜系，如川、粤、淮扬菜等；右边是各种人吃的菜，如和尚吃的素菜，如《红楼梦》人物吃的红餐、百姓家常饭、病人吃的药膳等。“十”字一竖，上指各朝代的菜系，下指各样特殊品种与各式各样用面粉、米粉、杂粮做的食品。

《光明日报》报道说，这位著名的经济学家同时身兼中国烹饪学会、《中国烹饪》杂志等的顾问。他说：自己挺看重这些头衔的。

（资料来源：中国新闻网，2001 年 8 月 24 日）

案例分析

1. 试分析“烹饪是中国最大的生产部门”的主旨精髓。
2. 请阐述“十字形烹饪系统”的基本含义。

食物原料是指通过烹饪加工可以制作主食、菜肴、面点、小吃、饮料等各种可食性原材料，如粮食、蔬菜、果品、禽畜肉、水产、调料等。食物原料是饮食产品加工的物质基础，无论从采购、储存、运输，还是到原料的选择、加工、烹调等每一个环节，都是围绕食物原料展开的。从文化的角度来看，认识和了解不同食物原料的缘起、生长、培育和引进，对我们选择、加工、制作食品都有特别重要的意义。

第一节　我国早期的食物原料

史前时代，先民们的饮食方式和一般的动物无异，寻觅一切可以充饥的植物和动物以维持生命。在人类二三百万年的历史长河中，绝大部分时间是在采集、狩猎和捕鱼中度过的，其特点是利用最简单的打击石器，攫取自然界现成的食物，不进行任何人为的加工，完全靠自然界的生物来保全自己的生命，这是比较低级、简单也很无奈和省事的谋食方式。在有农耕的一万年左右的历史中，有了简单的农业和家畜饲养业，以及后起畜牧业，其特点是利用比较复杂的工具和技术，对植物、动物进行较多培植或驯养，利用生产的方式谋取所需要的生活资料，这是比较发达、相当费力的谋食手段。

一、原始耕作与动物驯化

（一）从采集、狩猎到原始农耕

早期的人类，以采集野生植物为主要食物，如树的嫩叶，植物的根茎、果实和种子等，同时也吃一些小型动物，如昆虫、小鸟、鱼虾等。对于捕猎比较大的野兽是从猛兽那里学来的，远古时代凶猛野兽捕食弱小动物的惊险场面，吸引着好奇的人类。他们目睹了狮虎怎样把野鹿等动物打翻在地、张开血盆大口撕裂和咀嚼动物的场面。当狮虎饱餐一顿扬长而去之后，剩下的食物也刺激着他们的食欲。于是，肉食便成了人类饮食中不可缺少的重要内容。

有关早期人类的生活，恩格斯曾有一段精辟的论述："从只吃植物转变到同时吃肉……是转变到人的重要的一步。肉类食物几乎是现成地包含着为身体新陈代谢所必需的最重要的材料；它缩短了消化过程以及身体内其他植物性的即与植物生活相适应的过程的时间，因此赢得了更多的时间、更多的材料和更多的精力来过真正动物的生活。"

狩猎主要是男人的谋食手段，狩猎的对象是很多的，在旧石器时代，有出没于森林的虎、狮、豹、熊、鹿、野猪、牛、羊、鼠类，当时猎取这些动物并不是轻而易举的事，所以经常猎取较小的动物，较大的动物还需要依靠群体的力量来完成。新石器时代以后，野生动物的种类开始减少，完全靠狩猎来解决饮食的问题也是比较困难的。

古人类单纯依赖渔猎和采集的食物，已不足维持人口的繁衍，满足不了人口增长的需要，我们的祖先不得不另辟蹊径，再"求可食之物"，想方设法寻找更多的食物来源，从农业上找出路。在旧石器时代向新石器时代过渡之时，人类分布更广了，人口也明显地增加。传说中的"人民众多，禽畜不足""行虫走兽，难以养民"正反映了当时的社会状况，这就是发明农业的动力。

关于农业的起源，古文献中记载较多，几乎都提到了神农。《史记・补三皇本纪》称神农"斲木为耜，揉木为耒。耒耨之用，以教万人，始教耕，故号神农氏"。《淮南子・修务训》："古者民茹草饮水，采树木之实，食蠃蛖之肉，时多疾病毒伤之害。于是神农乃始教民播植五谷，相土地宜，燥湿肥硗高下，尝百草之滋味，水泉之甘苦，令民知所辟（避）就。"他们无数次地品尝百草，正是这样，才逐渐认识和积累了有关谷物的耕作经验，并通过不断地观察，从直观上一步一步熟悉了许多谷物瓜果生长发育的规律，使谷物瓜果野菜转化为人工栽培，做好了物质准备和技术准备。

（二）原始农业与家畜的驯化

原始农业的耕作、种植是从采集、渔猎进化而来的，并伴随着采集、渔猎走过了一段漫长的道路。正如 A.H.Bunting 所说："尽管在某种特定的时序，某个特定的地点，会突然出现显然已被栽培的植物遗存。但有意识地栽培和照看某些有用的植物，在很多地方似乎与采集、狩猎和捕鱼并存了很长时间。"

人们在长期的采集实践中，经过反复观察、逐渐了解一些可食植物的生活习性和生长过程。如土地、水分、季节等条件适宜的情况下，有些可食植物的种子能够发芽、开花、结果。于是他们经过多次试种终于把可供食用的野生植物栽培成为农作物。在试种过程中，又制造了适于从事农业生产的各种工具，这样，原始农业产生了。

在长期探寻食物的过程中，人们首先发现的是可以直接食用的植物。如蔬菜的种子、水果果实、块根、块茎，以后才发现经过加工才可食用的粮食。根据考古的有关资料，在河北武安磁山发现了粟（距今约 8000 年），在浙江河姆渡发现了水稻（距今约 7000 年），都表明那时已不是发明农业的最初阶段。

新石器时代晚期，中国人民的生活已进入了畜牧兼农耕阶段。当时的人们已知饲养动物，栽种植物。栽种的植物，主要有谷物等。

20 世纪 70 年代以后，随着河姆渡等距今 7000 年左右的稻作遗存的发现，长江下游起源说又成了人们所注意的热点。可是 20 世纪 80 年代，考古工作者又在湖南澧县彭头山发现了比河姆渡还要早的稻作遗存；后又有学者声称他们在湖北枝城红花套发现了距今 9000 年前的一支稻作文化，因此，人们的眼光似乎又要从长江下游转移到长江中游。

从史料看，先秦时人们已大量栽培谷类作物了，生产技艺由新石器时代到夏商，由夏商到周代不断得到发展。概括说来，新石器时期，大概已由渔猎接近农耕畜牧了，商代确是畜牧而兼农业的时代，周代则是农业盛行之时了。

与农业经济起源相关的还有家畜的驯化和饲养。首先被人们加以驯化的动物是猪，也许还有狗，晚些时候又陆续驯化了黄牛、水牛、山羊、绵羊、鸡等动物。中国古代的所谓"六畜"（马、牛、羊、猪、狗、鸡），除了马的饲养晚到商代之外，其余动物的驯化早在新石器时代中期就已经基本完成了。其中猪是最重要的家畜。伴随着农业的发展，人们的定居程度越来越高，猪可以圈养的习性尤其适合定居生活方式，这也使得家猪饲养逐渐成为中国农业经济的一个重要特征。

二、先秦时期的食物原料

夏朝的土地实行国有制，据认为保留了夏朝一些史料的《夏小正》一书，就反映了这一情况。书中所谈到的农、牧、渔、猎生产及物候、天文、气象等知识，可说明夏代的一些情况。从《夏小正》中可以看出，夏代的烹饪原料较过去有很大的发展，蔬菜有了韭和芸（即芸薹、油菜），瓜果有了梅、杏、枣、桃，粮食作物有了黍、菽、糜（即粟）、荼（即稻）、麻。这些作物至今仍是我国栽培的重要农作物。

商代人除经营农业外，也饲养着牛、马、猪、羊、鸡、犬等家畜家禽。甲骨文中有记载，那时，已是马、羊、牛、鸡、犬、豕六畜俱全了。在商代遗址中还发现镞、网坠等渔猎工具和兽骨、鱼骨，表明了渔猎在民间仍有经济上的意义。卜辞中关于渔猎的记载很多，猎取的野兽以麋鹿、野猪为最多。

商代的烹饪原料进一步增多，许多商人，特别是统治阶级对食物已开始考究起来。《吕氏春秋·本味》记载："肉之美者：猩猩之唇，獾獾之炙，隽觾之翠，述荡之腕，旄象之约；流沙之西，丹山之南；有凤之丸，沃民所食。鱼之美者：洞庭之鱄，东海之鲕，醴水之鱼，名曰朱鳖，六足有珠百碧；藿水之鱼，名曰鳐，其状若鲤而有翼，常从西海夜飞，游于东海。菜之美者：昆仑之蘋，寿木之华，指姑之东，中容之国，有赤木、玄木之叶焉；余瞀之南，南极之崖，有菜，其名曰嘉树，其色若碧；阳华之芸，云梦之芹，具区之菁，浸渊之草，名曰土英。和之美者：阳朴之姜，招摇之桂，越骆之菌，鳣鲔之醢，大夏之盐，宰揭之露，其色如玉，长泽之卵。饭之美者：玄山之禾，不周之粟，阳山之穄，南海之秬。水之美者：三危之露，昆仑之井，沮江之丘，名曰摇水；日山之水，高泉之山，其上有涌泉焉，冀州之原。果之美者：沙棠之实，常山之北，投渊之上，有百果焉，群帝所食；箕山之东，青鸟之所，有甘栌焉；江浦之橘，云梦之柚，汉上石耳。"书中列举了这样丰富的原料，汇集了当时天下之美食。这可充分看出人们所认识的食物范围，也足以证明商代烹饪原料品种的丰富多彩。

周代的食物原料十分丰富，荤食有六畜——马、牛、羊、鸡、犬、豕；六兽——麋、鹿、麕、熊、兔、野豕；六禽——雁、鹑、宴鸟、雉、鸠、鸽；水产有鲂、鲤、鲲、鲔、鳟、鳍、鲨、鳢、嘉鱼、河蚌等；蔬菜有水芹、水藻、莼菜、瓠、韭、荠、野豌豆苗、芥菜、葵菜、萝卜、竹笋、蒲笋、藕、瓢菜、芋头、木耳等；果实有桃、李、杏、梨、樱桃、橘、柚、榛、栗、木瓜、杞子、枣、菱等。调味品有了盐，并且已懂得把酒应用到烹调中，如周代"八珍"之一的"渍"，就是用香酒浸渍牛羊肉。周代已知道了制醋，有了醯人，这是专管皇家制醋的官。在未发明醋时，商代贵族以梅作酸，用以解腻。周代已有了油（膏）、酱、蜜、饴、姜、桂、椒等调味品了，厨师们会把各种调味品和各种烹饪原料运用到不同的烹调方法之中，并做出许多色、香、味、形俱佳的菜肴来。

三、汉唐时期食物的丰富

秦汉以来，统一的中国生产力有了很大的发展，人们的饮食水平相应提高，出现了许多新的烹饪原料。据历史学家考证，当时与烹饪原料有关的作坊与店铺，就有酿酒坊、酱园坊、屠宰行、粮食店、薪炭店、油盐店、鱼店、干果店、蔬菜水果店等。

在汉代，蔬菜种植业也很发达，据《盐铁论》载：仅冬天就有葵菜和韭菜、香菜、姜、木耳等，还有温室培育的韭黄等多种蔬菜。汉代以前，烹制食物纯用动物脂肪，到了汉代，植物油（首先是豆油、芝麻油）登上了灶台。

两汉时期，中外经济文化交流出现了新局面，汉使通西域输出了丝绸等手工业品，同时也输入了胡瓜、胡豆、胡桃、胡麻、胡椒、胡葱、胡蒜、胡萝卜、安石榴、菠菜等多种蔬菜、油料及调料作物的种子，给中国饮食提供了新的物质条件。

相传汉代淮南王刘安发明了豆腐。1959 年发现、1960 年考古队进行挖掘的河南密县的一号汉墓中，有制豆腐作坊石刻，是一幅把豆类进行加工，制成副食品的生产图像。看来，豆腐的生产早在汉代就已出现了。

素菜的发展在汉代是一个大的飞跃，从此以后，素菜已正式登上筵席餐桌，成为很受人们欢迎的菜品了。素菜的兴起，还由于东汉初年佛教传入我国，开始有了“寺院菜”。佛教在我国的盛行和尊重佛教徒吃“斋”的饮食习惯，使素食在菜肴中逐渐占有一定的地位。豆腐的发明，可谓使素食的发展如虎添翼。它的营养价值不仅可和蛋、奶类食品相比，而且价格便宜，生产方便，后来又制成了豆腐干、千张以及腐竹、腐乳之类的豆制品，在素食中占有相当重要的地位。

秦汉时期，调味品又不断增加，出现了豉和蔗糖，这一时期人们还提出了许多调味理论。至魏晋南北朝，调味品已比较丰富了，如植物油（如麻油等）、糖（如饴饧、蜜、石蜜等），酱（如豆酱、麦酱、肉酱、鱼酱、虾酱等）、豉、齑、芥酱等的运用。此外，在烹调时，还临时把安石榴汁、橘皮、葱、姜、蒜、胡芹、紫苏、胡椒等物作为调味料放入菜肴中。可以看出，调味原料已选用优质调味品。

随着航海事业的发展，隋代已开始食用海味鱼肚。唐代捕获的海产鱼类也多了起来。唐代进入食谱的海产有：海蟹、比目鱼、海镜、海蜇、玳瑁、蚝肉、乌贼，鱼唇、石花菜等。一些珍奇异味也比前期增多，比如石发（发菜）、蝙蝠、驼峰、蜂房、象鼻、蚁子、蜜唧（老鼠）、江珧柱，也在一些地方进入筵席。

值得重视的是北魏时期的农业科学家贾思勰撰写的《齐民要术》一书，内容广泛丰富，从农、林、牧、渔到酿造加工，直至制作技术都做了专门介绍，这里面所叙述的原料更是丰富多彩，禽畜鱼肉、五谷果蔬等几乎面面俱到，反映了当时我国北方发达的烹调技术，并提供了内容十分丰富的烹饪论述，在我国烹饪史上具有继往开来的作用。

第二节　主食的演变与杂粮的引进

“五谷”一词，自古就频繁地见于先秦典籍，而且人们习用至今已有不下 3000 年的历史。谷的原意，是指有壳的粮食，现在泛指谷类作物。当人们还没有栽培作物的时候，依靠渔猎和采集野生植物的块根、嫩茎叶、种子、果实等生活。他们储藏一些食物，以备采集不到的时候吃。干燥的谷粒最容易保存，抛撒在住所附近的谷粒发出了幼芽，长出了他们需要的植物。人们逐渐地观察到这些植物怎样生长起来，久而久之，就自己动手来播种。

一、我国早期的谷物原料

（一）先秦时期的主食情况

在《诗经》这部现实主义的诗歌总集中，粮食作物已有黍、稷、粟、麦、稻、菽、麻等。与现代相比，除了原产美洲后经欧洲传入的玉米等少数作物外，现在的粮食作物那时多数都已生产。不过，最主要的粮食还不是现在的稻、麦。据统计，黍、稷、粟、麦、稻、菽、麻等粮食作物，至少出现在63首诗篇中，共95次。即《诗经》305首诗中，每五首中至少有一首要提及粮食作物。而且在诗篇中表述了当时粮食生产的规模。

在2000多年前的先秦典籍中，"五谷"一词已是泛指当时社会各阶层所食多种粮食的总称，大约是指黍、粟、稷、麦、稻、菽、粱等作物品种。例如：

《周礼·天官》载："以五味五谷五药养其病。"郑玄注："五谷，麻黍稷麦豆。"《孟子·滕文公》载："树艺五谷。"汉代赵岐注："五谷，稻黍稷麦菽。"《楚辞·大招》载："五谷。"汉刘向编集，王逸章句："五谷，稻稷麦豆麻。"《藏气法时论》载："五谷为养。"唐王冰注："五谷，稻谷、小豆、麦、大豆、黄黍。"

根据上面古籍记载表明，"五谷"包括多种物种，但其具体品种各地所指很不相同。后世的古文献中对"五谷"的阐述也不计其数。由此，很难说清楚全国有多少种粮食或油料作物被列为五谷。在我国古籍中，还有六谷、八谷、九谷、百谷等不同称谓。如上文《周礼》中有"食用六谷"和"一曰三农生九谷"的记载，《诗经·豳风·七月》有"其始播百谷"等。

先秦之前中国主要粮食作物的变化，从采集到播种，发展到原始农业，基本的生产情况如下：

（1）新石器时期：黍、稷、麻、豆、稻、麦。瓜、果为主粮。《逸周书》载："神农时，……五谷兴，以助果瓜之实。"

（2）商周时期：黍、稷、麻、豆、稻、麦、高粱。黍、稷为主粮。《诗经·鲁颂》："俾民稼穑，有稷有黍，有稻有秬。"

（3）春秋战国时期：粟、菽（豆）、稻、黍、稷、麻、高粱。菽、粟、稻为主粮。《墨子·尚贤中》："耕稼树艺，聚菽粟，是以菽粟多而民足乎食。"

（二）秦汉时期的谷物结构

从秦到汉，随着社会的发展，人们的饮食较之前代更为丰富，在粮食中麦的地位上升，成为北方人的主食，南方仍以稻为主，而边郡则以杂粮为主。

秦汉时期，国家采取了一系列稳定封建秩序的措施，使社会经济得到了恢复和巩固。这时期的食物来源与古代其他时期一样，主要由农业生产提供。汉代为了发展农业生产，维护农业人口的稳定和兴旺，确立了以农为本的基本国策，把农业作为国家稳固的根基。由此，农业生产发展显著，国民开始将农业当成了生产利润和获取利润的主要途径。这些都为劳动密集型农业的发展提供了强大的动力。

汉代的农作物生产，在黄河流域，粟占主导地位，麦作被进一步推广，而大豆则逐步向副食方向转化，南方仍以水稻为主体。魏晋南北朝时期，除了北方旱田作物开始推广之外，粮食布局没有太大的变化。

进入汉代，主食的基本构成是黍、稷、粟、麦、菽、稻。黍是黏性的，稷是非黏性的。粟，即小米，亦称谷子。粟是我国古代人民最早食用的谷物之一。麦是汉时五谷中最基本和食用最普遍的谷物。麦，分大麦、小麦、春麦等不同品种，此外青稞也可归入此类。菽，是豆类的总称。有大豆、小豆、胡豆等不同品种。汉人食用豆子比较普遍，不仅做主粮，也兼做副食和调味品。稻有籼稻、粳稻、糯稻之分，到汉代才在江南比较普遍地种植起来，而对中原地区来说，乃是比较珍贵的作物和食物。由于各地自然条件和作物种植状况不同，不同地区的粮食作物也各具特色。

从汉代大量出土的画像砖看，其上刻有不同的谷物；有些画面上有农夫头戴斗笠，赤裸上身，手持铁锄，弯腰弓背，在没膝深的田苗间除草松土。汉代画像砖上除了反映出“五谷”外，还有芋薯及藕等作物。如四川省成都市新都区收藏的池塘农作画像砖，画面上方左侧一农夫肩挑一对空竹筐，看似准备装盛收获的芋薯类作物。在四川省德阳市黄汗镇出土的汉代采莲画像砖上，塘面荷叶铺展，莲花、莲藕垂露，野鸭浮泳，一采莲者泛舟于水塘。以上这些作物一起构成了汉代人饮食生活的基本来源。

从魏晋到南北朝，南方粮食作物仍以水稻为主，而兼种菽麦。这时期中原人民移居江南后，把先进的农业生产技术和管理经验带到了江南，从而彻底改变了江南地区火耕水耨的面貌。如《晋书·隐逸传》载，河内人郭文在永嘉之乱洛阳沦陷后，“步担入吴兴余杭大辟山中，……区种菽麦”，就是将中原地区先进的区种法推广到江南的证据。江南地区水网密布、土地肥沃的自然条件，远比黄河流域条件优越，所以南方稻麦的发展非常迅速，并逐渐成为全国经济中心。

南北朝时期，南方的主食品种比北方更为丰富。长江流域优越的自然条件和丰富的植物资源，为日益增长的南方人口提供了天然的食粮，也为人们的餐桌提供了更多食物来源。

相关链接 搜索

豆 腐

豆腐作为家常便饭，真是雅俗共赏。据内行人说，浸泡黄豆，必需好水，磨豆腐，农村往往比城市的好，主要也是农村用山水、泉水、溪水，而城市只能用自来水，所以就差得远了。

豆腐是古代中国人的发明，传至东南亚各国和朝鲜、日本，成为亚洲人共同喜好的食品。由于豆类含植物蛋白甚丰，所以是较好的营养品。

豆腐的调制，荤素咸宜，并可衍生出各种干品，豆腐干、腐皮、腐乳，都是极好的助餐妙品。

《本草》“豆腐”下集解：“豆腐之法，始于汉淮南王刘安。”刘安是汉高祖的孙子，封在安徽淮南，好神仙术，召集方士，研究烧炼，豆腐是方士们在烧炼过程中发明的。至今安徽豆腐，质地绝佳，这和其发明地淮南的传统不无关系。元代学者、诗人虞集（道园），写过一篇《豆腐三德颂》，其实豆腐之美，何止三德。

陆放翁到过四川，那时四川人叫豆腐作“黎其”（或“来祁”），所以他有句诗：“洗釜煮黎祁”，也就是烹豆腐了。虞集是最早以文字歌颂豆腐之人。古书上称豆腐为“菽乳”，或称为“小宰羊”。

清宋牧仲（荦），70多岁任江苏巡抚，康熙南巡，命司膳太监把御厨的豆腐烹调秘法传之宋荦，“以为该巡抚后半辈受用”。可见豆腐已不完全是寻常百姓家的食品。

（资料来源：黄苗子．茶酒闲聊［M］．北京：生活·读书·新知三联书店，2006.）

二、隋唐宋元时期的粮食作物

中国古代物质文化的发展，在唐代达到了鼎盛阶段。隋代开筑的大运河，也刺激了沿河各地的农村副业和商业经济的发展，并成为南北水上交通的大动脉。由于唐代前期的社会安定，四邻友好，农业、手工业和商业都达到了超过前代的水平。在农业方面，农业生产工具较之汉代有了明显的进步，出现了踏犁、耕犁和车水效率较高的高转筒车。唐代冶铁业的进步对农具的影响，使得钢刃铁农具的使用变得普遍起来。这一重大进步对当时农业生产的影响和效率的提高是极其深远的。随着疆域的开拓和农田水利的兴修，全国耕地面积有了很大的增长，到唐玄宗开元年间，全国耕地面积已达850万顷。

唐宋耕地面积的增加，对耕地的利用也取得了新的进步。谷物复种技术逐渐在黄河流域流行起来。当时谷物复种制的具体内容主要有“粟—麦—豆”的两年三作制或三年四作制，均以麦为主要复种作物。谷物复种制的普及，促使麦的加工事业大大发展。而南方的双季稻和稻麦连作制的推广也更加频繁。

在黄河中下游的关中平原、汾水流域、黄淮流域以及川中平原的广大地区，由于普遍实行了精耕细作的耕作方法，粮食产量明显增加，主要农作物粟和麦的每亩产量可达一石左右（约合今市制103斤）。与此同时，江南地区的粮食生产量也成倍增长。南方则出现一年两熟的复种制。《新唐书·南蛮传》记载岭南地区“稻岁再熟”，说明已经有了单种水稻的一年两熟复种制，亦即双季稻。此时南方的粮食亩产量已经达到400斤左右。粮食产量的迅速增加，出现了大量的粮食剩余，各地为储蓄余粮，修建了许多大型粮仓。政府仓储的粮食在天宝八年（749年）约有一万万石。

到宋代，一年两熟的复种制在南方已经相当普及，时人形容说：“种无虚日，收无虚月，一岁所资，绵绵相继。”这时，也有利用其他粮食、蔬菜、油料作物、绿肥作物进行轮作复种的。在岭南，甚至已经开始出现一年三熟制。据周去非《岭外代答》记载：钦州地区正、二月种“早禾”，四五月收；三四月种“晚早禾”，六七月收；五六月种“晚禾”八九月收。这是一种间套复种的轮作办法，实现了水稻一年三熟。复种制的发展，大大提高了耕地的利用率，为以后的农业生产开辟了新的道路。

唐代，随着生产的不断进步，农业经济高度发达，谷物品种也有所变化，在人民饮食生活中，传统的主粮结构发生了历史性的变化，稻米逐渐取代了粟在粮食作物中占首席的地位，而麦类也在迅速追赶，至唐后期已与粟并驾齐驱。入唐以后，粟、麦、稻的相提并论，反映了主粮生产与消费已开始出现变化。最突出的是小麦与水稻在生产消费格局上的重大改观，这为人民饮食生活中面食的多样性发展提供了充足的原料。

唐宋时期的主粮，至南宋时已经基本完成了由粟麦向稻麦为主的饮食结构的转变。而且这一时期的主食消费形式多样，花样百出，面点制作更是前所未有。元朝时，继续保持着唐宋时期的北麦南稻为主的局面。然而在北方，由于元王朝国家机构和驻军的会聚，大量的南方稻米被输送到大都各地，北方人也把稻米当作不可缺少的主食。这种南北交融的主食结构从元朝开始就被确定下来，以后明清二朝立都北京，沿用的便是元人模式。

三、明清时期的粮食作物

明清时期，我国的农业生产在宋元的基础上继续有所发展，耕地面积明洪武二十六年（1393 年）为 849 万余顷，是元耕地面积的四倍，至清代，随着边疆的开拓，垦田面积也成倍增长。此时，在南方普遍推广了双季稻，广东、海南等地还出现了三季稻，从而使水稻的亩产量比原来增长了一倍以上。

明清时期，我国的谷物结构、食品烹饪方式都发生了一些明显的变化。谷物中稻米产量及食用量都居于首位，此时期某些杂粮也在增多，玉米和甘薯这两种高产农作物在这一时期传入我国，并在各地推广开来，传统的主食与各式粗杂粮的结合成为此时期的饮食特点，特别是清中叶以后，人口激增，这种状况更加突出。

（一）明清时期的谷物原料

明朝的谷物结构情况基本沿袭宋元时期模式，人们主食的谷物有稻、麦、黍、粟、豆、稷等品种，据宋应星《天工开物》记载：“今天下育民人者，稻居什七，而来（小麦）、牟（大麦）、黍、稷居什三。”当时人们 7/10 吃稻米，而其他谷物总和才占 3/10。在综述“麦”的分布时说：“四海之内，燕、秦、晋、豫、齐、鲁诸道，烝民粒食，小麦居半，而黍、稷、稻、粱仅居半。西极川、云，东至闽、浙、吴、楚腹焉，方圆六千里中，种小麦者二十分而一。磨面以为捻头、环饵、馒首、汤料之需，而饔飧不及焉。种余麦者五十分而一。”这反映了明代谷物的结构情况。

稻米在有大量水的江南普遍种植，并向华北地区扩展。与此相反，面粉在江南通常不做主食用，在做糕点时使用，它适于细巧食品，可做祝寿的寿面，或者作庙宇的供物等。利用稻米制成的粥与饭，在当时特别是南方人的主要食品。

在北方，贵绅开始吃白米。在明代著作《金瓶梅》中，在北方人的筵席上常常端上白米饭，平时的吃食也有许多米粥、米糕等。一般庶民和今天一样靠杂粮和面粉生活。面粉的吃法也和今天相同，有馒头、烧饼、蒸饼、炊饼、烙饼、各种汤面等。

清朝统治期间，疆域不断拓展，人口也在增多，尤其是清中叶以后，人口与日俱增，民众吃粮的压力越来越大。为此整个国家不得不调整谷物结构，很多前朝忽略的杂粮以及外域引进的谷类和薯类，都在这个时期得到开发和利用。因此，玉米、甘薯加入了主食行列，是这一时期饮食生活的一个重要标志。

清代人的主食品，取决于所在地区的自然环境及农业生产。在长江流域及其以南地区，主要食米，如果本地产米不够食用，便从别处购买。北方人吃小麦、高粱、小米。在丘陵和山区，玉米是人们的一种主食，甘薯在许多地方也成为人们重要的食粮。稻米的产量和食用量仍在谷物中高居榜首，而随着人口的增加，小麦、大麦的产量在相对减少，而燕麦、莜麦的种植在扩大，但都集中分布于西北、内蒙古和东北一带，成为北方高寒地区居民的主食。产量相对较低的黍米，种植面积呈下滑势头。

（二）玉米和甘薯的引进

在粮食方面，除米麦之外，吃玉米、甘薯可以说是清人饮食的一个特点。就在麦、粟、黍总量减少的同时，高粱、玉米和甘薯的产量却大幅上扬，成为清人重要的谷物。玉米和甘薯都是明代才从外域引入的粮食品种，但却很快代替麦、粟、黍的高产作物。甘薯的种植在明代从吕宋（菲律宾）传到福建，又向内地传播，但大量生产是在清代。福建人称甘薯为“番薯”，又叫地瓜。因为番薯生长不需要好土壤，对肥料、雨水都要求不高，所以广泛种植，充作食粮。尤其是那些人多地少或山丘荒凉的区域，玉米和甘薯解决了人们吃饭的大问题。在乾隆以前，漳州人“多种以救饥”，到嘉庆时，泉州、漳州的贫民，全靠吃地瓜维持生命。两广农民种植番薯，在青黄不接时作为主食。清代的甘薯种植，遍布珠江、长江、黄河流域，是人们主食的来源之一。

1. 玉米的引进

玉米原称玉蜀黍，又称玉麦、芦粟、苞谷等，原产中美或南美洲。16 世纪，河南、江苏、甘肃、云南、浙江、安徽、福建各省的地方县志或一些专著中已有关于玉米的记载。明代杭州人田艺衡在万历年间写就的《留青日札》中记载，玉米“干叶类稷，花类稻穗，其苞如拳而长，其须如红绒，其实如芡实，大而莹白。花开于顶，实结于节，真异谷也！吾乡传得此种，多有种之者”。另外，明代李时珍的《本草纲目》、徐光启的《农政全书》都对玉米有所记述。17 世纪后玉米已在全国普遍推广。

明清时期，玉米在我国传播、推广的速度很快，首先在山区广泛栽培，成为人们的主要粮食。清乾隆十二年（1747年）安徽巡抚潘思榘奏称："芦粟一种，宜于山地，不择肥瘠，六安州民种甚广，春煮为粮，无异谷米，土人称为六谷。"18世纪60年代，纂修的《河南嵩县志》说："玉米粒大如豆，粉似麦而青，盘根极深，西南山陡绝之地最宜。"万国鼎先生据各省通志和府县志记载认为，玉米在明末（1643年）已经传播到河北、山东、河南、陕西、甘肃、江苏、安徽、广东、广西、云南等十省。其发展推广原因，主要是由于玉米有多种特有的优点。玉米籽粒可做粮食，成熟晒干后可磨成面粉，做面食，还可碾成玉米碴，做饭或煮粥。玉米在没完全成熟时，可采收青玉米煮食。在夏秋之交，其他作物还未成熟的青黄不接时期，人们可采收玉米以解燃眉之急。玉米从播种至收获，田间管理比其他作物简单，产量也比其他旱地粮食作物高。在温饱问题不得解决的情况下，吃玉米比吃大米或面粉耐饥，这又是玉米深受贫苦百姓欢迎的原因之一。在20世纪前期北方秋收的粮食作物中，大致谷子种植最多，高粱次之，玉米居于第三位。

2. 甘薯的引入

甘薯又名番薯、金薯、山芋、地瓜等，尽管不是禾谷类植物，但在明清时期（特别是清代）已是主要粮食作物之一。甘薯原产美洲。据资料记载，最早把甘薯引入中国的是广东东莞人陈益。据《东莞县志》引《凤冈陈氏族谱》记载，明万历八年（1580年），陈益去安南（越南），"陈益皆往。比至。酋长延礼宾馆。每宴会。辄飨以土产薯。美甘。以觊其种。购于酋奴获之。未几伺间遁归。以薯非等闲。栽种花坞。久蕃滋。掘啖念来自酋。因名番薯云。嗣是播种天南。佐粒食。人无阻饥"。万历十年（1582年）夏，陈益带薯种在家乡东莞试种成功。

又据清代陈世元的《金薯传习录》记载，福建长乐人陈振龙"久在东夷吕宋（菲律宾），深知朱薯功同五谷，利益民生，是以捐资买种，并得夷岛传受法则，由舟而归，犹幸本年五月中开棹，七日抵厦门"。据考证，陈振龙引进甘薯的时间在万历二十一年（1593年），农历五月中下旬。陈将薯藤挟入小篮内，航海七日，私密输入中国。陈振龙的儿子陈经纶在家乡试种成功，并得到福建巡抚金学曾的重视与支持，指令各县学种推广。第二年遇荒年，栽种甘薯的地方减轻了灾荒的威胁。后来陈的子孙又将甘薯在浙江、胶州等地推广。因此，甘薯传播的途径不止一路。

17世纪，江南水患成灾，五谷绝收，百姓流离失所。其时徐光启就委托学生送来种薯，在上海郊区试种，结果收益颇丰。徐光启于是写成《甘薯疏》，归纳出种植甘薯的13项益处，"四季可种，到处可生，地尽其力，物尽其用，一岁成熟，终岁足食……"竭力倡导、推广种植甘薯。有些地方将甘薯发展为主粮，所以有"一季山芋半年粮，坏了山芋饿断肠"的谚语。

甘薯既能当主食制作面点，又可代替部分蔬菜。它的适应性很强，能耐旱、耐瘠、耐风雨，单位面积产量很高，亩产几千斤很普遍，病虫害也较少，适宜山地、坡地和新垦地的栽培，不与稻、麦争地。这些优点强烈地吸引人们去发展甘薯的种植。

相关链接 搜索

发掘新的食物资源

人口的膨胀，使不久的将来解决人类食物问题必然迫在眉睫。富有社会责任心的科学家，在不断寻找新的食物资源，因为人们目前习惯吃的各类食物已经不能满足需要。人类对于自然界的探索、工业的高度发展、技术上的重大进步，为人们发掘新的资源提供了条件和可能。科学家认为，有几条途径具有现实意义。首先是对于现有各类农业作物的充分综合利用。例如植物的叶子，它含有大量的蛋白质，完全可以成为提取食用蛋白的原料；其次是利用酵母、藻类和真菌，使用培养液培养，进行工业化生产。漫山遍野的野菜、野果，都可能被"驯化"成蔬菜、水果。放眼占地球表面 6/7 的汪洋大海，那里取之不尽的水产资源，还未被人类充分利用。解决未来的食物问题，人们可以抱着乐观的态度。

第三节　中国蔬菜的生长与引进

"蔬菜"一词的含义，据《尔雅》的注释："凡草菜可食者名曰蔬。"可见蔬菜原是野生的"草菜"。从古籍上可以看出，它演变成为今天生活中必不可少的食品，是经过了漫长的岁月。

一、我国原产蔬菜与人工栽培

新石器时代是中国农耕萌芽时期，此时，野菜和野谷是人们的主要食源，也有些野菜已开始转变为人工栽培，这大约是与新石器时代颇具规模的村落定居同时出现的。

《诗经》是最早记载蔬菜的古籍，书中涉及的蔬菜就有 38 种。据《诗经》记载，西周时期人们食用的野生蔬菜较多，很多诗歌中记载了妇女到山上、原隰或水中去采野菜。这些野菜有：荇、卷耳、蕨、薇、苹、葑、菲、荼、荠、绿、莫、芑、苓、苦、芹、茆等。被人工种植的蔬菜很少，有记载的是葵、瓜、瓠、韭、菽。至春秋战国时期，蔬菜种植业有所发展，有专门从事蔬菜种植的人。随着人类认识自然、改造自然的能力不断增强，采摘野生植物和狩猎的范围日渐缩小，这时农事生产就成为人类的主要活动。传说中的神农氏"求可食之物，尝百草之实，察酸苦之味，教民种五谷"，正是这一时期人类劳动活动的写照。

正如前文谷物的生长一样，从商周到春秋战国，这一时期的谷物已成为人们的主要粮食，蔬菜和野菜随之降到副食品的地位。在殷商时期，已出现了"囿"和"圃"的字样。"圃"是用篱笆围起来的小块菜地，"囿"是养殖野生动物的地方，供帝王游猎之用。

战国时期有关种菜的农书都已失传。《吕氏春秋》也只有蔬菜的点滴和片段记载。《管子·轻重甲篇》中，记载管子与齐桓公的一段对话，提到的“唐园”就是菜园，也说明战国时代，已出现了富家的和个体农民经营的场圃。

秦汉时期，商品经济有一定的发展，大都邑的近郊有大面积的菜圃，经营菜圃者的经济收益较高。蔬菜的种植已进入了一个新的阶段。秦朝的农民一般都有较小面积的私有土地，随着村落定居，人口不断集中，出现了更多的城镇，这就使蔬菜由自给性生产逐渐转变为半自给性的商品生产。汉代出现了更大更多的城镇，以长安为例，这里居民不下 10 万人，往来客商如云，这么多的人口，每天需要消费的蔬菜数以万计，生产这些蔬菜，需要千亩菜地，才能满足长安城市民的要求。《史记·货殖列传》中有“及名国万家之城，带郭千亩亩钟之田，若千亩卮茜，千畦姜韭，此其人皆与千户侯等”的说法，可见种植蔬菜已成为当时一些农民发财致富的重要门路。

中国自古就有素食的传统，以蔬菜瓜果作为主要副食品。在汉代，佛教由印度传入中国，信徒日众，发展至魏晋南北朝，特别是在梁武帝时，固有的素食习惯，更带上了宗教的色彩。这是因为佛教戒律不许吃荤，在这种戒律的影响下，中国的素食就逐渐演变成为一个独立的烹饪系统，素食的含义上也有了重大的发展。

西汉成帝时著名农学家氾胜之所著的《氾胜之书》在这个时期的影响很大，尽管原书已失传，但此书在《汉书·艺文志》和后代的其他书中都有记述。《氾胜之书》列有 12 种作物的栽培技术，也记有大豆、小豆、瓜、瓠、芋等蔬菜的具体栽培方法。在蔬菜栽培方面，第一次记载了瓠的靠接和瓜、薤、小豆之间间作套种的技术。他所推广的“区种法”，种出了 100 公斤重的特大冬瓜，堪称历史上的冬瓜大王。其他在蔬菜的选种上，特别是有机肥（包括绿肥）的使用上，氾胜之也开创了中国“有机农业”的先声。

北魏的贾思勰是中国历史上伟大的农学家，写出了中国第一部农业百科全书——《齐民要术》。他在书中总结了古代蔬菜栽培经验，详细介绍了 31 种蔬菜栽培方法，以及蔬菜的选种、加工、贮藏等方法。第二卷中介绍了大豆、小豆、瓜、瓠、芋 5 种大田作物的蔬菜；第三卷专讲蔬菜，以葵为首，反映了葵是当时最主要的蔬菜。在蔬菜的种类中，辛香类蔬菜占很大比重，是当时蔬菜构成中的重要特点之一。从此，中国蔬菜栽培有了理论和实践经验科学的记录，奠定了中国蔬菜传统栽培技术的基础。

蔬菜是人们的重要食物，在大型的综合性农书中一直占有较大的篇幅，宋代随着蔬菜种类的增加，还出现了一些关于蔬菜的专谱。如僧人赞宁的《笋谱》和陈仁玉的《菌谱》。

明清时期蔬菜的种类很多。明代宋诩撰著的《树畜部》所记栽培的蔬菜已多达 79 种。《农政全书》的树艺类下有蓏部和蔬部，叙述了瓜、葵等近 50 种菜蔬的性状及栽培方法。

从整体上讲，原产于中国的蔬菜是从野菜转化而来，而实际上转化涉及范围很广，人们不断地从粮食、药材、木本植物等方面，选种各种可食性植物来壮大蔬菜的队伍。据粗略的统计，由粮转菜或粮菜结合的有大豆、菱、茭白、芜菁、萝卜和瓜等；由药转菜或药菜结合的有慈姑、枸杞、金针菜、芡实、茴香、牛蒡、百合和山药等；林木转菜或林菜结合的有榆树、香椿等。

我国原产的蔬菜有：芥菜、甜瓜、菱角、葫芦、葵、芜菁、韭菜、芋、大豆、蒲菜、荞头、小蒜和山蒜、笋、莲藕、萝卜、茭白、芹菜、慈姑、冬瓜、白菜、山葱、莼菜、魔芋、蕹菜、牛蒡、山药、枸杞、食用菌、香椿芽、苋菜、茼蒿、芡实、茴香、螺丝菜、黄花菜、百合、荸荠、荠菜等。

二、多熟制种植与野蔬的利用

（一）蔬菜的多熟制种植

蔬菜多熟制就是在同一块土地上，一年之内种植两种以上的蔬菜，它是中国高超的栽培技术之一。据专家介绍，这种栽培技术是中国所独有的，是中国农民智慧的结晶和长期劳动经验的总结。具体栽培方式有：轮作、连作、间作、混作、套作。

轮作：是在同一块土地上，按一定的年限，轮换栽种几种不同类型的蔬菜。

连作：是连年栽培同一种蔬菜。

间作：是在同一块土地上，种植两种或两种以上的蔬菜，它们之间有隔行、隔畦或隔株，而且是有规则的搭配。

混作：是在一块土地上，不规则的混合播种，合理搭配两种蔬菜。

套作：是在同一块土地上，前作与后作的蔬菜套起来种，即在前作蔬菜的生长后期，在它的行间或株间种植后作的蔬菜，在后作的蔬菜未收获前，再套种新的蔬菜，如此连环套，一年可以间套七八次之多。

在世界蔬菜种植的方式上，套作是中国一枝独秀的栽培技术，已有2000多年的历史。它富有严密的科学性，是一种高度集约化的栽培。

明清时期，人口迅速增长，进一步提高耕地的利用率，提高土地复种指数，成为减缓人口压力的有力措施，多种种植在南北方均广泛推行。清代杨屾在《修齐直指·一岁数收之法》有这样的记载："俟立秋后种笨蒜，每相去三寸一苗，俟苗出之后，不时频锄，旱即浇灌，灌后即锄，俟天社前后，沟中生芽菠菜一料，年终即可挑卖，及起春时，种熟白萝卜一料，四月间即可卖……四月间可抽蒜薹，二、三千斤不等，及蒜薹抽后，五月即出蒜一料，起蒜毕，即栽小蓝一料，小蓝长至尺余，空中可布谷一料。俟谷收之后，九月可种小麦，次年收麦后，即种大蒜。如此周而复始，两年可收十三料，及人多地少，救贫济急之要法也。"两年之内多次收获，大大提高了土地利用率和经济效益。轮作复种是一种古老的生产技术。它通过连作、间作和套种来提高复种指数，是明清时期农业生产的重要特点之一。尤其在人口较为密集的地区，提高粮食、蔬菜的复种指数，是提高粮食和蔬菜产量的主要途径。

（二）救荒菜蔬的推广与利用

由于山泽的大量开发，原有的生态平衡遭到了严重的破坏，以致水、旱、虫（特别是蝗虫）灾害频发。因此，救荒、备荒就成了十分突出的问题，以至于野生植物的利用得到了空前发展。

在粮食紧缺的灾荒年代，一些志士仁人乃至清官廉吏，在多方救助灾民的同时，也开始探索新的食物资源，从而出现了“救荒”食书。这里更多的是关于各种野菜的利用，显示人们在灾荒的情况下，积极开辟食物资源的努力。最有代表性的是明代朱元璋的第五子周王朱橚在自己所管辖的河南等地，走访田夫民众，研读了许多前人的著作，甚至学神农而尝百草，寻找可食用的植物，以便帮助百姓充饥度荒。他精心选择了414种可食草类，制成图谱，注以文字，著成《救荒本草》，刊行于世，不仅救人无数，还为后人研究植物学提供了丰富而宝贵的资料。该书在描述的精确、术语的丰富，以及绘图的精细方面，都明显超过了历代的本草书。徐光启《农政全书》的荒政部分对此全文征引。此外，还有王磐的《野菜谱》、周履靖的《茹草编》、屠本畯的《野菜笺》等。李时珍的《本草纲目》里也专辟内容介绍救荒时期的主食和菜蔬品种。

（三）不同野蔬的利用与甄别

我国野蔬分布极广，且一年四季都有生长，储量之丰、品种之多是其他野生植被无法比拟的。我国约有野蔬600余种，常食的有200余种。由于野蔬在自然状态下生长，常年受大自然的恩赐，其精华往往要多于栽培蔬菜，除含有人体所需的各种营养成分外，许多野蔬的药理成分和食疗价值大大高于常见栽培蔬菜，如蕨菜、荠菜、马齿苋、野苋菜、车前草、曲曲菜、蒲公英、苦菜等。

与栽培蔬菜相比，野蔬有一股迥然不同的野趣和清香，俗语说的“家蔬没有野蔬香”。一般野蔬都带有苦涩或带有香辣味，无论是生食、凉拌、煮粥、做汤、作馅，其味道都别具一格。

当然，野菜亦不可乱吃，有些野生植物的口感、营养不如家种植物，有的还会给身体带来损害。比如，青青菜含有生物碱、皂苷，为凉血止血药物，常食可致人脾胃虚寒、血瘀。还有许多野菜，会对久食者产生危害，另外，现代城市空气污染严重，城市郊区土壤中铅的含量普遍增高，在自然环境中生长的野菜很容易吸收铅并贮存在体内，人们食用过多会造成中毒。

野蔬中，还有一类是野生菌类。在山野中，每年的春夏之际，小雨过后，就生长出了各种野菌，这些菌类味道鲜美，堪称上等食品，如松树菇等。野菌固然鲜美，但不会辨别食用野菌的人，尽量不要去尝试，以免发生意外。据报道，误食野生毒菌的死亡率约占中毒者的50%，所以对各式野菌要特别警惕。

三、从外域引进的蔬菜品种

远在秦汉时代，我国就开始从外域引种蔬菜了。2000多年来，从外域陆续引进有27个种类，占现在我国常食蔬菜的一半左右。能够如此多地从外域引进，与我国的蔬食传统和地域的多宜性是密不可分的。这些蔬菜对我国蔬食的更新和发展起到了重要的作用，已成为我国蔬菜的一个重要组成部分。

据章厚朴《中国的蔬菜》介绍，2000多年来，从外域引进的蔬菜中，主要以吃果实的瓜、果、豆为主，如瓜中的黄瓜、西瓜、南瓜、丝瓜、苦瓜；果中的番茄、辣椒、茄子；豆中的豇豆、菜豆、豌豆、扁豆等，占引进蔬菜的44%，在我国瓜、果、豆类蔬菜中占据了主要地位，已成为全国性的蔬菜。

自丝绸之路打通以后，汉朝不断派使者前往西域，彼此客商不断往来，这是从外域引种蔬菜最多的一个时期。从外域传入中国的蔬菜种子，大体上，在秦汉时是从中亚、西亚、近东、外高加索和印度北部地区经西域传入；唐宋元时从东南亚、印度、马来西亚传入；明清从地中海、中南美洲传入。

石声汉著《中国农学遗产要略》认为：从两汉两晋这一时期所引种的蔬菜，都冠以一个“胡”字，如胡瓜、胡荽、胡葱等；但也有不冠以“胡”字的，如茄子、豇豆、香芹和苜蓿等。隋唐时期海上丝绸之路畅通，引进了莴苣、菠菜、豌豆等；宋元引进的有丝瓜、南瓜、苦瓜等；明清时期，据石声汉说，从东南沿海一带引进的有冠以“番”和“洋”字的，如番茄、番椒、洋山芋、洋姜（菊芋）、洋白菜等，但也有不冠以此二字的，如菜豆、花椰菜、苤蓝等；近代引进的有洋葱、生菜、洋大头菜等。

从外域引进的蔬菜有：生姜、黄瓜、西瓜、茄子、豇豆、胡萝卜、大蒜、芫荽、苜蓿、葱、莴笋、菠菜、豌豆、丝瓜、南瓜、苦瓜、马铃薯、番茄、辣椒、菜豆、芥蓝、甘蓝、苤蓝、花椰菜等。

相关链接 搜索

温度对蔬菜的贮存有何影响

蔬菜采收以后，便失去了许多原有的生理过程，如光合作用、水分和矿物质的吸收等。但它仍然进行着呼吸作用和其他复杂的生物化学等活动，以维持生命的存在。

蔬菜在贮存期间，温度对它的呼吸强度影响十分明显。在通常情况下，呼吸随着温度的升高而增加，消耗蔬菜体内的养分也多，而接近0℃时，呼吸进行得缓慢，养分消耗得少，生命也就维持得长。

虽然呼吸随着温度的降低而下降，但对蔬菜的贮存来说，也不是越低越好，一般以不出现低温伤害为标准。要掌握好维持正常呼吸又不引起低温伤害的原则，不同蔬菜对贮存时温度的要求不同。要维持它们的最低呼吸量而又处于正常生理状态，需要根据不同情况，对不同的蔬菜给以不同的储存温度，不能一概而论。例如，贮存蒜薹、菜花、大白菜最合适的储存温度是0℃左右；黄瓜为10℃左右；番茄为12℃左右等。

（资料来源：毛羽扬.烹饪解疑［M］.北京：科学出版社，2006.）

第四节　食物原料的培植与发展

食物原料是饮食制作活动的必备之品，古语云：巧妇难为无米之炊。从古到今，不同时期人们食用的材料是有差别的，从早期的采集和渔猎，到后来的种植和养殖，再到引进外来的食物，今天丰富繁多的食物原材料是历代人们不断努力地探索、寻找、拓展、培育而来的。

一、我国古代食物原料的繁育

在食物原料的利用方面，我国古代很早就注意动物原料的良种繁育和植物原料的培植。春秋战国时期，人们已掌握了一定的家畜繁育技术。经过长期的养猪实践，劳动人民于秦汉时期培育出多种优良种猪，并对优良鸡种进行培育。魏晋南北朝时期，对禽畜的选种与繁育更加重视，《齐民要术》中有专章对养牛、养羊、养猪、养鸡、养鸭、养鹅等进行阐述。

如《齐民要术·养鸡第五十九》载："鸡种，取桑落时生者良。"这样的鸡"守窠，少声，善育雏子。"《齐民要术·养鹅、鸭第六十》载："鹅、鸭并一岁再伏者为种。"因为，"一伏者得子少；三伏者，冬寒，雏亦多死也"。这里的"再伏"指第二次孵化的。这次孵化一般在三四月间，这时天气转暖，青草初生，白昼放养时间长，苗鹅、苗鸭长得好，发育快，最适宜留作种。而第一次孵化与第三次孵化的，都在冷天，受精率、孵化率和成活率都不高。

隋唐、宋元时期，都对各个优良品种进行培育，并出现了特色品种。明清时期畜禽良种的培育及外传，优良牛种有秦川牛、南阳牛等；优良羊种有湖羊、洮羊、封羊等；优良猪种有华北猪、华南猪；优良鸡种有泰和鸡、九斤黄、狼山鸡、辽阳鸡、寿光鸡等；优良鸭种有北京鸭、高邮鸭、凤头鸭、建昌鸭等。

明清时代家禽人工孵化已发展成专业性的行业。《三农纪》载："孵化有炒糠孵伏者，有炒麦孵伏者，有马屎孵伏者。"以后出现用人工方法提高温度，大批量地孵化禽蛋。其主要方法有三种：炕孵法、缸孵法、桶孵法。

明清时期发明了填鸭法。填鸭法可以促使鸭速肥。包家吉的《滇游日记》记载，用白米做成饭，和盐花成团，做成枣核状，强喂之，每日喂一团，共喂二十一日，至期宰食，其味肥嫩无比。另《顺天府志》也有填鸭法的记载，当鸭子羽毛刚刚长成时，用麦面和硫黄拌之，张其口而填之，填满其嗉，即驱之走，不使停息。一日填三次，不数日，鸭即肥大矣。

二、近现代食物原料的发展

（一）民国时期主食原料的研发情况

这一时期，战争的频发、自然灾害的侵袭，导致许多百姓饥寒交迫，饮食难以为继。从当时的食物原料来看，五谷杂粮仍然是人们食品原料的主要来源。中国传统的谷物膳食与大豆、蔬菜相结合，适应了以农业为基础的饮食体系。

总体来看，民国时期的主食在承接清代的基础上，没有太大的变化。大多数人仍是一日三餐，吃饭时仍采取共餐制，传统的米面食品如米饭、米粥、面条、馒头、糕饼、粽子、饺子还是主要食物。粮食作物主要是水稻、小麦、大麦、玉米、高粱、豆类以及小米、荞麦、莜麦、燕麦、糜子等。

民国时期开始重视农业科研，把农作物改良试验作为工作中心，所产生的社会经济效益比较明显。主要集中于对稻、麦及其他作物的改良等研究。1919 年南京高等师范学校（中央大学前身）开办的成贤街农事试验场，进行水稻的改良试验，选育出“改良江宁洋籼”“改良东莞白”等良种。之后又先后培育出一批优良水稻品种，其产量高于普通品种的 10%~20%。1927 年在华南的中山大学农学院建立了专业性稻作研究机构——南路稻作试验场，开展水稻育种研究。1932 年中央农业实验所在南京成立，并于南京孝陵卫开设稻作试验场，进行稻作研究。在当时培育出一大批优质高产品种。各省的农业科研机构也取得了一定成绩，共培育出水稻良种达 300 余个，其中有 120 个得到一定程度的推广并带来生产效益。

麦作改良试验研究始于 1914 年。金陵大学在南京宝华山获得优良小麦单穗，经过该校农事试验场 7~8 年时间的试验，培育出了我国第一个采用新式育种方法育成的小麦良种——“金大 26 号”，并在长江中下游地区推广。国立中央大学的麦作试验也开始研究。其他国内多所高校都开展了小麦改良育种的研究，并取得了较好的成绩。

（二）农业的发展与谷物的培植

新中国成立后，政府大力发展农业生产，使其逐步实现农业现代化。其生产手段也不再像传统农业那样以牲畜、简陋的农具和世代相传的传统耕作方法为主。在农业生产中，农地实现了田园化和水利化，农具实现了半机械化、机械化甚至自动化，品种实现了良种化，耕作技术实现了创新式的变革。

从粮食需求来看，目前我国每日每人食物消耗2600~2700大卡的热量，消耗蛋白质60~80克，而人均每年需要100~200千克粮食，再加上副食品，大体上可以满足这一标准。然而，考虑到我国人口继续增长和人民改善生活的要求以及我国农业自然资源短缺状况，特别是以耕地、水资源为中心的资源紧缺现状，这对农业仍是一项艰巨的任务。只有在粮食生产上采取一系列重大措施，使粮食生产达到高投入方案，而在需求方面提倡节约型消费体系，保持粮食需求的低方案，我国粮食的供需才能保持平衡。

1. 现代农业的发展

第二次世界大战以后，以美国为首的西方发达国家，采用高耗能工业产品投入农业生产，农业生产逐渐实现了机械化、电气化，并且大量使用化肥和农药，促使农业生产开始了飞跃性发展，这是现代农业的初始阶段。此后，随着农业的技术装备、科学技术和管理水平的提高，农业生产实现了田园化、专业化、规模化、科学化，这是现代农业的成熟阶段。现代农业的成果是显著的，20世纪60年代初我国粮食年产量已迅速上升到4000多万吨，70年代末则突破了1万亿吨。现代化给我国农业生产带来了可喜的成绩，农业机械化的普及、农田水利工程的建设等，使传统的农业生产发生了根本性的变化，粮食产量激增，解决了人口不断增长的粮食短缺。但在增长的背后也带来了许多负面的影响，化肥、农药的使用，在粮食产量增加的同时，土壤结构、肥力却在不同程度地下降，农作物非常容易受到虫害和真菌的袭击。施用化肥后，野草生长迅速，除草剂得到广泛应用。这一切都无可避免地对环境造成破坏。为此，人们开始觉醒，重新审视发展和持续的问题。20世纪90年代后，我国的农业才真正走上可持续性发展的道路。

2. 生态农业的兴起

所谓“现代农业”，也称“石油农业”“化学农业”，其主要特点是通过资源、技术的大量投入和生产的集约化，获取更多产量和经济收入。由于现代农业片面强调农业生产效率而轻视生态环境保护，因此在实现大幅度增长的同时，也使环境污染加剧，土壤侵蚀、退化，农产品质量下降，大量的投入也使农业生产背上了沉重的包袱。而生态农业把现代科学技术的成就与传统农业技术的精华有机结合起来，把农业生产、农村经济发展和生态环境治理与保护、资源的培育与高效利用融为一体，具有生态合理性，能够进行良性循环，实现高产、优质、高效与持续发展目标，达到生态、经济、社会三大效益统一。从20世纪八九十年代开始，我国各地纷纷出现各种模式的生态农业建设，出现了很多高效的兼具经济效益和生态效益的生态农业系统。

相关链接 搜索

昆虫食品

昆虫食品，资源丰富，味道鲜美，富有营养。据研究，昆虫的肌肉与血液含有丰富的蛋白质和脂肪，许多昆虫的蛋白质含量超过畜禽肉的蛋白质含量。例如蟋蟀和水虱的蛋白质含量达75%，蝴蝶含71%，干蚂蚁含60%，蜜蜂含43%。此外，昆虫肉纤维很少，味道鲜美，其营养成分容易被人体吸收。世界上有500种昆虫可供食用，昆虫食品在许多国家十分流行。

以昆虫为食，我国古已有之。北魏《齐民要术》中就有"蝉脯菹"的记载，即以"知了"的脯肉做菜。宋陆游在他的《老学庵笔记》中也有"蚁子酱"（用蚂蚁的卵做肉酱）的记述，更往前溯，甚至早在2000年前成书的《周礼》中就有人食蚂蚁的记录。当时，在祭祀食品中有叫作"蚳"的菜，即是蚂蚁制的食品。

而今，天津人喜欢吃油炸蚂蚱，秋天蚂蚱腹内充满卵，捉来剪去翅膀和脚，活活放入油锅炸至微黄，加上佐料，以烙饼卷之，香脆可口。浙江一带人爱吃火烧或油炸的蚕蛹；广东人则喜欢吃"龙虱"，这是一种用水生甲虫或桂花蝉制作的美味昆虫食品；闽广地区居民常用蚯蚓做馅、做汤；云南大理地区，时兴油炸蝗虫卖，碧绿的身上一层淡黄的油光，是孩子们最喜爱的零食。我国很多地区少数民族已流行的昆虫食品更是多种多样，如红毛虫、冬瓜虫、芭蕉虫、扫地虫、柴火虫、竹虫、沙蚕、槟榔树虫等，都可以成为餐桌上的美味佳肴。

目前，法国、美国、日本等国家纷纷从墨西哥、巴西等拉美国家进口昆虫罐头。日本公司在墨西哥收购蚁卵，每公斤的收购价格高达10美元。

昆虫不仅营养价值高，而且药用价值亦高。我国把昆虫作为药用，早有文字记载。李时珍的《本草纲目》中就记述了106种之多，而且十分详尽。如仅"蜗牛"一项，就记载了18种蜗牛的不同药用功能，可治红白痢疾、脱肛、痔疮、皮炎、痱子、无名种毒、小儿遗尿、腮腺炎及暑热病等。蚂蚁被科学界公认为一座微型营养宝库和天然药物加工厂，目前对其免疫系统生物效应和抗衰老等方面的研究，已从分子细胞水平上证明了蚂蚁制剂是一种广谱免疫增强剂、性功能促进剂和免疫抗衰老药，而且还是一种高效、安全的免疫调节剂。蝎子药用功能更多，据《开宝本草》记载："疗诸风瘾疹及中风半身不遂、口眼歪斜、语涩、手足抽掣。"我国近年来从冬虫夏草中提取的药用虫草素，具有保肺、益胃、止血、化痰、催眠等多种特殊功效，且治补兼优。

昆虫具有繁殖快、饲养成本低、适合工厂化生产等特点，因而昆虫食品有着广阔的发展前景。科学家们预测：它们将很快成为全世界人们最喜欢的食物之一，出现在人们的餐桌上。然而，昆虫毕竟模样丑恶，令人作呕，难以下咽。为此，科学家们正在想方设法，从昆虫中提取蛋白质或脂肪，摒弃其中不良部分，然后加进各类食品之中去，让更多的人吃到风味佳美、营养丰富、模样喜人的昆虫食品。

（资料来源：邵万宽.现代烹饪与厨艺秘笈［M］.北京：中国轻工业出版社，2006.）

三、现代食物原料的引进与培植

在食物原料方面，这时期比以前更加丰富多彩，全国、世界有名的食物原料源源进入各地的饮食市场。广大的科技人员、食品原料的生产者和制造者也把保障人们的健康放在工作首位，同时，由于环保意识的增强和持续发展观念的树立，全国饮食原料的生产、制造和管理正朝着多样、天然方向发展，农、林、牧、副、渔各业纷纷利用生物工程技术、无公害栽培管理技术、天然及保健生产技术开发和生产了一批批田园美食、森林美食和海洋美食，建设并规范了无公害果蔬基地、禽鸟生产基地、放心肉定点屠宰加工场所和绿色食品研究及制造定点企业。

（一）优质原料的引进与利用

随着近现代的对外开放，特别是近20年提倡优质高效农业，我国从世界各国引进了许多食物原料，引种工作开始注重优质和多样化，并掀起了一个引种热潮，成功引进了长白猪、杜洛克、汉普夏皮特兰等瘦肉型猪，以及法国莱牛、西门达尔牛、摩拉水牛、利波尔华斯羊、罗姆尼羊、杜泊绵羊、澳大利亚和非洲的鸵鸟及火鸡、日本白鸡、星布罗肉鸡、罗曼肉鸡、英国的樱桃谷鸭、美国王鸽等一大批优质畜禽良品，极大地丰富了我国的食品供应市场。

水产的引进和驯养开始于新中国成立前后，先后引进了泰国的罗非鱼、野鲮鱼，朝鲜的虹鳟，日本的白鲫、罗氏沼虾、虾夷扇贝，加州鲈鱼，古巴的牛蛙，亚马孙河的淡水白鲳，埃及的罗非鱼和大种胡子鲇，澳大利亚的淡水黑鲷、淡水龙虾，欧洲的比目鱼、多宝鱼等，其中，大多数是改革开放以后引进和繁育成功的优质品种。

植物性原料有玉米笋、微型西红柿、夏威夷果、荷兰豆、西蓝花、洋葱、洋姜、朝鲜蓟、芦笋、抱子甘蓝、凤尾菇、奶油生菜、结球茴香等。这些动植物原料经过科研人员的驯化、培植与利用，已大量地用于烹饪生产中。每一种原料在烹调师的研究与开发中都制作出许多系列新品种、新风味。

（二）珍稀原料的种植与养殖

新中国成立以后，科研人员利用先进的科学技术对一些珍稀动植物原料进行人工培植和养殖，并获得了成功。如今，人工培植成功的珍稀植物原料有猴头菇、银耳、竹荪、虫草及多种食用菌；人工饲养成功的珍稀动物原料有鲍鱼、牡蛎、刺参、湖蟹、对虾、鳜鱼、中华鲟、河豚等。这些珍稀原料的培植，能够更好地满足众多食客的需求。如鲍鱼，常栖息于海藻丛中、岩礁的海底，但天然产的鲍鱼数量有限，因此价格十分昂贵，历代皆视为珍品。到20世纪70年代以来鲍鱼人工养殖成功，产量逐步增长，使更多的人得以品尝美味。

野生动物的规模化驯养和食用，是近现代兴起的一个新兴产业，我国目前形成规模驯养的，主要有安徽的扬子鳄，广东的鸵鸟和果子狸，四川、广东的鹌鹑和鹧鸪，广东、广西及湖南的龟和蛇，安徽、浙江、广东的野鸭和山鸡，辽宁的林蛙（雪蛤），广东、湖南和安徽的牛蛙，广东、湖南、江苏和河南的甲鱼、广东和山东的蝎子、广西的蛤蚧等。我国养殖技术水平的进一步提高，为全国各地输送了极好的食物资源。

（三）加工原料更加广泛而科学

当前医学和营养学的研究已经取得分子水平的突破。这一划时代的成就，指导着人们按照健康目标开发和生产各种食物，烹制和深加工各种健康食品，改变着人们的饮食观念。食物的烹调方法也在不断优选和革新，改进那些对人体不利的因素，使食品既保持原有的风味效果，满足人们的食欲需求，又可以保障食用的健康。方便食品、营养食品、功能保健食品、速冻食品等工业制成品已进入人们的一日三餐。

方便食品多指由工业化大规模加工制作而成、可直接食用或稍事烹调即可食用的食品，具有食用简便、携带方便、易于储藏等特点，是近现代食品加工的发展方向之一。原料几乎包括所有的食材，加工涉及烹煮、糊化、粉碎、膨化、干燥、冷冻、杀菌等技术。营养强化食品也是现代发展非常迅速的一类食品，添加的主要种类有维生素、氨基酸、矿物质和脂肪酸类。目前世界上所用的营养强化剂约有 130 种，我国已生产、使用的约有 30 种。

速冻食品，就是在最短时间内使食品完全冻结。这个过程越短，冷冻品的质量就越好，因为结冰的速度越快，形成的冰晶就越小，对细胞的损伤就越小，而且速冻时，细胞内外水分同时结冰，就不会因为液体渗透而使细胞严重失水，因此速冻食品保鲜效果远高于一般的冷冻品。目前常见的速冻食品基本可分为水产、畜禽、果蔬、调理食品（菜肴）和点心五类。食品工业的飞速发展，标志着我国饮食开始步入更高更自由的美食境界，为饮食文化做出了新的贡献。

? 复习与思考

一、名词解释

五谷　生态农业　速冻食品

二、选择题

1. 稻作遗存的发现，距今已有（　　）多年。

A. 7000　　B. 8000　　C. 9000　　D. 10000

2. 夏代时期，我国已有的蔬菜是（　　）。

A. 韭　　B. 芹　　C. 荠　　D. 萝卜

3. 玉米引进我国的时代是（　　）。

A. 宋代　　B. 元代　　C. 明代　　D. 清代

4. 从外域引进的蔬菜是（　　）。

A. 瓠　　B. 生姜　　C. 茭白　　D. 冬瓜

5. 农业现代化的突出特点是（　　）。

A. 生态化　　B. 绿色食品

C. 无污染　　D. 化肥、农药的使用

三、简答题

1. 在周代我国已经有了哪些调味品？

2. 明朝时期我国谷物结构情况是怎样的？

3. 列举我国原产蔬菜 12 种。

4. 蔬菜多熟制是一种怎样的栽培方法？为什么要这样做？

5. 试分析现代农业的利与弊。

推荐阅读

1. 阎万英，尹英华 . 中国农业发展史［M］. 天津：天津科学技术出版社，1992.

2. 俞为洁 . 中国食料史［M］. 上海：上海古籍出版社，2013.

第四章

中国菜点烹制文化

中国菜点文化是中国饮食文化中最有特色的门类。它集中了全国各民族烹饪制作的精华，以独特的技艺和变化的调味令世人瞩目。中国菜点为什么能够在世界烹饪之林中让人刮目相看，形成这些特色的关键点，正是由于那些异彩纷呈的加工工艺、烹制工艺、调味工艺的开发、运用、变化和积累。

本章的主要内容是以菜品烹制文化为特色，重点阐述中国饮食文化在世界烹饪领域中的精湛技艺和烹饪精髓，主要包括：菜点制作中的我国传统烹饪技术代表性方法；中国菜点制作中经典工艺技法以及中国传统调味十大基础理论。

学习目标

知识目标

1. 了解中国传统烹饪技术中特色的工艺方法
2. 了解中国菜点制作过程中的经典技术手法
3. 了解中国传统调味技术中的十大基础理论

能力目标

1. 掌握烹制和调味两大技术关键与变化特色
2. 掌握中国菜点传统经典工艺的制作要求
3. 掌握中国传统调味技术所形成的风格特点

案例

中国烹饪是变化之学

N市旅游职业学院烹饪2班，秦老师在烹饪工艺课上介绍中国烹饪的博大精深与技法变化时，用了许多精辟的理论来阐述：中国烹饪技艺出神入化，享誉世界，其奥妙就是善变，即变化之学。善变，是中国烹饪的优良传统。《易·杂卦》曰："革，去故也；鼎，取新也。"《周易集解》引韩康伯曰："鼎所以和齐生物，成新之器也。"水在鼎中，水与火相灭相生；鼎，解决了烹饪中水与火的矛盾，才使中国烹饪艺术不断向前发展。西安吴国栋大师说过："中国菜特点之一是'变'。"苏州吴涌根大师也说过"烹饪之道，贵在变化"。北京大学王利器教授亦说过烹饪变化的名言："变与新是中国烹饪学的核心。"秦老师讲得头头是道，这时学习委员举手提问："老师，变得太多，是不是就没有章法、随意而为了？"

秦老师很耐心地引导学生说：你提得很好！变，是有要求的，必须掌握一定的烹饪基本功，在不违背烹饪规律的情况下才能变化。俗话说，善变则通。通，指通晓、通顺。只要掌握了事物的关键，才能以此类推，一通百通，故中国的菜点变出的花色品种是无穷无尽的。善变则新。新，是事物性质改变得更好、更进步、更发展的"新"，含有推陈出新之意。秦老师接着说：同学们今天在学校是打基础，当你们学到一定程度时，就可以灵活运用各种烹饪技法，只要大家钻研烹饪技术，到时变化创新就水到渠成了！听了秦老师的一席话，同学们报以热烈的掌声！

案例分析

1. 如何理解中国菜点烹制文化的丰富多彩？
2. 分析传统烹调技术的精华对了解中国饮食文化的意义。

中国菜点花样繁多，在很大程度上表现在烹饪工艺巧妙的变化上。中国烹饪经过历代烹调师的苦心钻研，新的工艺方法不断增多，新的菜肴品种不断涌现。许多烹调师在菜品制作中，都善于以工艺变化作为菜肴创新的突破口，通过这条道路向前探索，人们摸索出了许多规律，创造出许多菜品的新风格。数以万计的制作精巧、栩栩如生、富有营养的菜品，像朵朵鲜花，在中国食苑的大花园里竞相开放。这些味美可口、千姿百态、外形雅致的"厨艺杰作"，构成了完美的、具有中国特色的烹调艺术。

第一节　中国传统烹饪技术特色

烹饪工艺，是从人的饮食需要出发，对烹调原料进行选择、切割、组配、调味与烹制，使之成为符合营养卫生、具有民族文化传统、能满足人们饮食需要的菜品的制作方法。

烹饪工艺最初仅是将生食原料用火加热制熟。早在秦汉时期就有了断割、煎熬、齐和三大要素的说法，用今天的烹饪术语来表达就是刀工、火候和调味。以后，人类在烹调与饮食的实践中，随着食物原料的扩展和炊具、烹调法的不断发展与提高，烹饪工艺逐步形成众多的技法体系，构成许多完整的工艺流程。烹饪工艺包括一切技能、技术和工具操作，具体内容有选择和清理工艺、分解工艺、组配工艺、优化工艺、混合工艺、熟制工艺、成品造型工艺以及新工艺的开发等要素。

随着社会的发展与科技的进步，中国烹饪工艺逐渐地由简单向复杂、由粗糙向精致发展。在此过程中，不但通过烹调工艺生产制作出食品，适应与满足了人们饮食消费的需要；而且在烹调生产与饮食消费的过程中，逐渐认识到它们所产生的养生保健作用，并能动地加以发挥与利用；同时，也逐渐认识到了它们所有的文化蕴涵，赋予它们以艺术的内容与形式，使饮食生活升华为人类的一项文化享受。因此，中国烹饪技术活动，兼具物质生活资料生产、人的自身生产和精神生产三种生产性能。应该说，烹饪工艺是一种复杂而有规律的物质运动形式，在选料与组配、刀工与造型、施水与调味、和面与制馅、加热与烹制等环节上既各有所本又相互依存，因此，烹调工艺中有特殊的法则和规律，包含着许多人文科学和自然科学的道理。在烹饪生产中，料、刀、炉、水、火、味、器等的运用都各有各自的法则，而在这些生产过程中，都要靠人来调度和掌握。通过手工的、机械的或电子的手段（目前我们主要靠手工）进行切配加工、加热，使之成为可供人们食用的菜点。一份成熟菜点的整个生产工艺过程涉及许多基础知识技能。

一、运刀自如的刀工技术

中国烹饪刀工技术古今闻名。《庄子·养生主》中“庖丁解牛”所记述的庖丁，分档取料时高超的刀工技艺，能够与音律相合，听来令人舒畅。烹饪技术的不断发展，烹饪技艺的历代秘传，厨师的不断实践与总结提高，发展到今天，不仅刀法变幻无穷，而且通过刀切赋予艺术的生命，使食用与艺术相结合，寓艺术于菜肴之中，给人以美的享受，这是今日中国烹饪刀工精湛的重要特色。

（一）刀法多变，菜形多姿

我国烹饪刀法精妙，名目众多。古代的刀法有割、批、切、剐、剥、劙、削、剁、封、剜、刓、刌、斫等，成形手法灵活，切批斩剁惯成条理，已达到了“游刃有余”“分毫之割，纤如发芒”（汉·傅毅《七激》）、“蝉翼之割，剖纤析微”（魏·曹植《七启》）、“数之豪不能厕其细、秋蝉之翼不足拟其薄”（晋·张协《七命》）、“鸾刀若飞，应刃落俎，霍霍霏霏”（晋·潘岳《西征赋》）的精湛境地。随着烹饪技艺的不断发展升华，我国目前的刀法已不下百种，有切、斩、剁、砍、排、剞、削、施、拍、挖、敲……其中又可细分，如，同是切，又可分为直切、推切、锯切、铡切、滚切等。多变的刀法适应了各种质地的原料需要，达到了美化菜肴形态的目的。

千姿百态的菜形是通过具体的刀法实现的，原料经刀工加工后，形成了栩栩如生、生动有趣的优美形象，从而使菜品具有了较强的艺术性。刀工形成的基本形态有：块、丁、片、条、丝、米、粒、末、泥、蓉、球、段等。这些基本的形态通过精妙的刀法又可形成各种姿态。仅片就形成了牛舌片、刨花片、鱼鳃片、骨牌片、斧楞片、火夹片、蝴蝶片、双飞片、梳子片、月牙片、象眼片，柳叶片、指甲片、凤眼片、马蹄片、韭菜片、棋子片等。

艺术刀工的成形更是多姿多态，如菊花形、蓑衣形、麦穗形、荔枝形、网眼形、鱼鳃形、凤尾形、牡丹形、兰花形、波浪形、螺丝形、蜈蚣形、万字形、箭尾形、钉子形……使菜肴的成形达到观之者动容、味之者动情的艺术境地。其主要表现在：第一，将原料改造切制成一定的象形，使菜肴产生新颖的造型美，菜肴兰花肉、菊花肫、葡萄鱼、牡丹虾球、蝴蝶海参等，就属于这一类。第二，将原料切制成规格一致的形态，形成菜肴的整齐美，菜肴扣三丝、炸八块就是如此。第三，原料成形大小适宜，使菜肴产生协调美，一卵孵双凤、龙戏珠等菜肴就是这样。第四，切制成形后，使菜肴显露优点，形成自然美，如烤乳猪、三套鸭等。第五，将原料切制堆叠拼摆成型，形成图案美，如寿满桃园、百花争艳等。总之，刀工可以体现艺术的美感，这是中国烹饪精湛而多变的刀法带来的，是国外菜肴艺术所无法比拟的，堪称我国烹调技术一绝。

（二）刀工讲究，成形精巧

我国烹饪精湛的刀功技术首先讲究精妙。《礼记》记载的周代八珍之一的“渍”，是古人讲究刀技的一个范例。其云：“取牛羊肉必新杀者，薄切之，必绝其理。”此中的“理”，指的就是牛羊肉肌肉的纹络。此菜的刀技不仅要求切得片薄如纸，同时讲究切断肌肉的纹理，达到“化韧”、烹调不变形、成形美观的目的。古人的这条刀技原理，至今仍为从厨者所遵循。其次，刀技还讲究洁净，不仅要多磨刀，多刮砧墩，多洗抹布，还要求切葱之刀不可切笋，因为两物味道迥然，使用同一刀具必然互相沾染味道，影响菜肴质量，此类洁净原理可以类推。最后，刀技还讲究快、巧、准。快则要求运刀快捷如飞，料若散雪；巧则运刀刚柔自如，刀底生花，绸上缕切，料如累雪，绸整如初，双刀飞舞音响合拍而悦耳动听；准则下刀剖纤析微，不差分毫，游刃有余。

讲究刀工，既要一刀一式清爽利落，又要成形精巧，基本要求是“大小一致，长短一致，厚薄一致，整齐划一，互不粘连，均匀美观”。精巧的薄片要精细到秋蝉之翼不足拟其薄，可以用来照灯，川菜中的“灯影牛肉”可谓一例。精细的丝要细如发，江苏菜“大煮干丝”中的生姜丝就是如此，要求细如丝，匀如发，穿针能引线。诸如此类在中国菜中不胜枚举。如今，虽然有很多机械化的食品加工方法，但刀工在烹饪中的作用仍无可代替。刀工从产生到日益成熟，是中国烹饪从实用性阶段发展到艺术性阶段的重要标志，其中凝聚着中华民族的优秀文化和非凡的创造力。

相关链接 搜索

筷子、刀工与养生

中国人用筷子进餐，至少已经3000年了。《周礼》与《礼记》所记的木夹和箸都是筷子，前者木质，后者竹质。据《韩非子》所记，殷纣时已有“象箸”，即象牙筷子，再以前，五六千年前曾用叉子。据考古发现，曾出土骨质餐叉，数量很多，有两齿的、三齿的。筷子出现后，叉子被淘汰了。

筷子的发明，有个先决的条件：刀工已很精细。餐桌上的食品已经分解得很细小，可以用筷子夹起来送入口中，切割之劳，大都转入厨房之中，由烹调师来完成了。《礼记》上所记的脍、轩、辟鸡、宛脾、绝理薄切等，都是刀工。《左传》上的屠牛坦，《庄子》上的庖丁解牛，可见当时刀工之精妙。孔子也说“食不厌精，脍不厌细”。这些都证明，那时刀工已很精细，可以用筷子了。再以后，曾有坦背切肉的故事，唐代有《斫脍书》，最后，在厨行留下一句话：“三分勺，七分刀。”

今天，我们已经充分地认识到，精细的刀工可以美化菜形，利于成熟均匀和入味出味，完成烹调所需的理化反应；便于咀嚼，使养分易于析出和消化、吸收；而且，也可以使原料中所隐藏的致病微生物和寄生虫卵在加热过程中被杀死。刀工之精细，在于获得美味和利于养生，中国烹饪在3000年前便已在筛选、优选中获得如此成果了。

（资料来源：聂凤乔．食养拾慧录［M］．桂林：广西师范大学出版社，2007.）

二、张弛有度的烹制方法

我国厨师历来十分注重火候的运用。远在2000多年前《吕氏春秋·本味》中曾有这样的记载：“五味三材，九沸九变，火之为纪，时疾时徐，灭腥去臊除膻，必以其胜，无失其理。”宋朝大诗人苏东坡擅长烹调，做菜很讲究火候，在总结烧肉经验时，曾写过这样的句子“慢着火，少着水，火候足时它自美”。清朝袁枚《随园食单》中也强调：“熟物之法，最重火候。”纵观古今都是“火之为纪”，把火候的掌握列为菜肴创作的关键。所以厨师必须学会掌握火候。第一，火候掌握得是否恰当是决定菜肴质量好坏的主要因素。第二，火候是形成多种烹调方法和不同风味的重要环节，如果火候掌握不当，炒菜不像炒菜，爆菜不像爆菜，炸菜不像炸菜，该香的不香，该嫩的不嫩，失去各种烹调方法的特点。所以，火候的掌握被视为厨师的第一技术，是衡量厨师技术水平高低的重要标准。

烹调技法是我国烹饪技艺的核心，是前人宝贵的实践经验和科学总结。它是把经过初步加工和切配成形的原料，通过加热和调味，制成不同风味菜品的操作工艺。由于烹饪原料的性质、质地、形态各有不同，菜品在色、香、味、形、质等诸质量要素方面的要求各不相同，因而制作过程中加热途径、糊浆处理和火候运用也不尽相同，这就形成了多种多样的烹饪技法。我国菜肴品种虽然多至上万种，但其基本方法则可归纳为以水为主要导热体、以油为主要导热体、以蒸汽和干热空气为导热体、以盐为导热体的烹调方法等。

（一）水传热法

以水为介质导热。水的沸点是100℃，水温只能达到100℃，超过了，水就会变成气体逸出。质地软嫩的原料只要内外热度平衡，就基本成熟，有脆嫩、清爽的口感，又保护了营养成分。质地老的原料用较多的水长时间的煨、炖，才能使原料水解、膨松，从而达到具有酥烂的质感。代表的烹调技法有：

（1）煮。将经初步熟处理的半成品，放入汤汁或清水中，先用旺火烧开，再用中火或小火煮制成熟的方法。煮能保持原料的本色和原味，调味灵活，便于切配造型。煮制时要选新鲜质嫩的原料，掌握好煮的火候，锅中加水烧开，放入原料慢煮，熟后即刻捞出，煮熟后捞出调味，兑好调味汁。

（2）炖。将原料改刀后，放入汤锅中加入调料，先用旺火烧开后改小火，烧至原料酥烂时即好的一种方法。炖的菜肴汤汁较多，要求原汁原味、质地酥烂。炖菜也是一种带汤的菜肴，它与熬相似，但是炖的原料多是形大、质老的，而且加热时间也较长，菜肴的质地以酥烂为主。另外，炖菜一般要求用砂锅，如清炖甲鱼、清炖鸡块、土豆炖牛肉等。

（3）烧。将经过热处理的原料，加入调料和汤汁，用旺火烧开，转中火烧透入味，再用旺火收浓卤汁或用淀粉勾芡的一种方法。烧主要用于一些质地紧密、水分较少的植物性原料和新鲜质嫩的动物性原料，如土豆、冬笋、油菜、豆腐、鸡、鱼、海参等。烧的菜肴有的需要勾芡，如红烧，有的要自来芡（通过小火加热制成），如干烧。因此，在成品的特点上也不一致，但烧的菜肴多质地软嫩、口味醇厚、汁少。

（4）烩。将质嫩、形小的原料放入汤中加热成熟后，用淀粉勾成米汤芡的一种方法。烩属于制作汤菜的一种方法，但这种汤菜不同于汆。汤与原料的比例一般为1∶1，或汤多于原料，而汤汁呈米汤芡，如烩什锦、芙蓉三鲜等。烩的菜肴由多种原料构成，以鲜咸味为主。其主料滑嫩、汤鲜味醇、口感润滑。

（5）汆。将改刀后的原料首先放入沸汤中烫熟，然后熟制的原料带汤一起食用的一种方法。汆适用于质地脆嫩、无骨、形小的原料。汆是制作汤菜常用的方法之一，如汆丸子、萝卜丝汆鲫鱼等。汆制菜品具有汤清、味鲜、原料脆嫩的特点。

（6）焖。将经过初步热处理的原料，加上调料和汤汁，用旺火烧开，再用小火长时间加热使原料酥烂的一种方法。由于焖属于小火长时间加热的一种方法，所以，它主要适用于一些带皮、形大、质地较老的原料。在烹制中，多数原料都不挂糊，但为了改变菜肴的质地，也有挂糊油炸后再焖制，如黄焖鸡块。焖的菜肴多为深色，形状完整，汁浓味厚，质地酥烂，并多数要用淀粉勾芡。

（7）涮。用火锅将汤烧沸，把形小质嫩的原料放入汤内烫熟，随即蘸着调料食用的一种方法。涮是一种特殊的烹调方法，是就餐者的自我烹调，所以，带有很大的灵活性，如涮羊肉、涮生片、涮海鲜、涮什锦等。现在也有一类火锅，事先在锅内调好汁的味道，将原料涮熟后不用蘸着调料食用。涮必须具备特制的火锅，按热源分为炭火锅、电火锅、燃气火锅、液体或固体酒精火锅等。涮的最大特点是主料鲜嫩、调味灵活、汤鲜味美。

（二）油传热法

以油为介质导热。油脂所能吸收、保持的热量比水高得多，当油温升高到开始冒青烟时，植物油可达170~190℃。如：

（1）炒。将改刀后的原料放入锅内用旺火加热并不断翻动使其成熟的一种方法。炒适用于形小、质嫩的原料。炒的操作一般较简单，多数需急火速成，成品有汁或无汁，能保持原料本身的特点。多数菜肴的质地脆嫩、咸鲜不腻。

（2）煎。将原料改刀后腌制，然后锅内放入适量的油，将原料放入直接加热制熟的一种方法。煎在烹调中具有双重意义，既是一种独立的烹调法，也是一些菜肴初步加热的辅助手段，如煎焖鱼，就是先煎后添汤再焖；又如煎烹鱼片，是煎好后再加入汁烹。如干煎黄花鱼、煎猪排、煎茄合等。

（3）炸。将原料改刀腌制后，挂糊或不挂糊，用热油或用温油使之成熟的一种方法。炸主要适用于形小质嫩的原料。炸需要用多量的油，一般要用旺火速成，以保持原料对油温的要求。炸的菜肴多为外焦里嫩、香酥干爽，多数菜肴要带调料（椒盐、番茄汁等）食用。

（4）熘。将原料改刀后挂糊或上浆，用油加热成熟再倒入兑好的混合调味汁加热搅拌的一种方法。熘与烹的区别在于调味汁上，烹是使用清汁不带芡，而熘是用混合调味汁，而且汁相对较多。熘的菜肴多数都要上浆或挂糊，质地要求外焦里嫩适口，明油亮芡。在操作上一般都是事先兑好汁或采用卧汁，便于提高操作速度，保证菜肴的质量。

（5）烹。将原料改刀挂糊（也有不挂糊的），然后用油炸好，再倒入清汁颠翻出锅的一种方法。烹是炸的延伸，与炸的区别就多一个烹汁调味的过程。烹的主要特点是外焦里嫩、色泽美观、口味香醇，以鲜咸为主略带甜味或以甜酸为主。在操作上以挂淀粉糊的为多，而且使用清汁（汁中不加淀粉）。

（三）热空气传热法

以热空气为介质导热。在烹调加热中，不利用有形传热媒介给原料加热，而是直接用燃料产生的热能使原料成熟，这种热的传递是靠热量的辐射传热。如烘、烤法所需的热能都是应用炉灶火力的辐射传热。特点是受热较均匀，使原料表面焦脆、内部鲜嫩、色泽金黄。如烤制烹调法，有明炉烤、暗炉烤、泥烤等。

烤是将原料腌制或加工成半成品以后，放入烤炉，利用辐射热能使其成熟的一种方法。烤的菜肴，都具备外香脆焦酥、内鲜嫩适口、色泽鲜艳等特点。

（四）汽传热法

以蒸汽为介质导热。蒸汽的温度高于水温，因为蒸汽的温度最低为100℃。其特点是水分不易蒸发，能保持菜肴的原味原形，减少营养素的损失。如蒸制烹调法，有清蒸、粉蒸等。

蒸是将原料改刀后，加上调配料，装在容器内，上屉利用蒸汽加热成熟的一种方法。蒸一般选用新鲜味美、质嫩的鸡、鱼、肉等。由于蒸锅内接近饱和状态，温度也略高于沸水，并且是一种湿加热，所以，蒸的菜肴具有原汁原味、质地酥烂、汤清、形状完整等特点。

（五）盐和沙粒传热法

以盐和沙粒为介质导热。这是以热传导的方式把热量传给原料。盐比油的传热能力强，它不像液体那样能够对流，所以，用盐和沙粒等作为介质时，必须不断翻炒，以使原料受热均匀。如盐焗鸡、糖炒栗子等。

此外，各地还有一些特殊技法，如：熣、熬、炆、烘、焐、烙、煀、焯、炊、烫等。

三、齐味万方的调味工艺

调味是烹调工艺的一项重要环节，中国古籍中谈及有关调味与本味的问题，已有3000多年的历史。《吕氏春秋·本味》就对饮食调味作了叙述："调和之事，必以甘酸苦辛咸，先后多少，其齐甚微，皆有自起。"调味就是根据主、辅料的特点和菜肴的质量要求，在烹调工艺中加入调味料，使菜肴产生令人喜爱的特殊美味。要使一个菜肴的色、香、味、形都达到美的境地，除了依靠原料的精良、火候的调节适宜之外，还必须有正确恰切的调味，才能使菜肴达到尽善尽美。味是菜肴之灵魂，味正则菜成，味失则菜败，充分说明了调味在烹饪中所起的作用。

善于调味是中国烹饪的一大特色，也是形成菜肴丰富多彩的重要因素之一。我国烹调技术中的调味一般有两个方面的内容，一是利用不同的原料互相巧妙地搭配，使不同的原料滋味互相渗透，交流融合，产生新的美味。二是用调味料对原料渗透、扩散及相互作用，加以调和滋味，达到去除异味、突出本味、增加滋味、丰富口味的效果，这是菜肴调味的根本内容，也是菜肴口味成败的关键。

调和滋味首先要有丰富的调味品，调味品使用越广越宽，味的变化也就越多越妙。

中国烹饪调料之多，在世界上也是首屈一指的。我国调味品，古代就相当丰富了。有天然的调味品，也有酿造调味品。现在我国常用的调味品就更加丰富多彩了，有咸味类、甜味类、酸味类、苦味类、鲜味类、辛香类、芳香类等上百种之多。纵观中国调味品，用料之广不言而喻，在数以万计的调料中要善于选择上品，针对原料的不同属性进行选用，这是调味工艺的条件和基础。

（一）调味方法细腻

我国烹饪的调味方法十分讲究，这是西方菜肴所难以比拟的。根据不同的原料、不同的口味要求、不同的技法，采取细腻的分阶段的调味方法，既可使口味变化多端，还可以互相补充、互相渗透结合。中国烹饪调味之妙，其步骤分加热前、加热中、加热后三个阶段的调味。而加热中的调味是决定性的调味，这个阶段的调味，可使原料在高热中与调料更好地结合在一起，去除异味，增加香味。但加热中的调味有一定的局限性，有时不能除尽异味，不能适应多种烹调方法的需要，为此辅以加热前的辅助调味或加热后的补充性调味，使异味充分涤除、压盖、化解，本身的美味被激发、烘托发挥出来。这种细腻的调味方法，适应了多种烹调技法、多种原料性质，达到了最佳的调味效果，形成了我国独特的调味方法和技术体系。

（二）突出原料本味

菜肴之美，当以味论，而味首在本味。一物有一物之味，要使一物各献一性，一碗各成一味，就必须突出原料的本味。突出本味，是我国调味的一大特色。早在先秦时，古人就提出了五味调和的原则。有些原料本身就具有极鲜美的滋味，如新鲜的时蔬、鸡鸭、鱼虾等，如果不按突出本味这一点调味，就会掩盖其自身的鲜美滋味。所以在调味时对鲜味足的原料，宜淡不宜重，在口味上避免调味过重而适得其反，失去本味效果。对有腥味的原料，用调味品去解除腥膻，使其本味突出，以本为贵。对味淡的原料用其他鲜香的美味促进它，使它更好地体现出本味。

（三）精于调制复味

中国菜享有“一菜一味，百菜百味”的美誉。这是精于调制复合味的富于变化的根本原因，是善于调味的又一个具体体现。调味中甜、酸、苦、辣、咸五味调和，就像画家能用三原色调出富有感染力的各种色彩，如同作曲家用音符变幻出美妙的乐曲一样，各种调味品及其数量，加入的先后不同，都会形成各种不同味道的复合味。中国烹饪复合味的变化之多、种类之广在世界上是独一无二的。譬如，咸甜味、酸甜味、甜酸味、鲜咸味、咸香味、香辣味、酸辣味、麻辣味、鱼香味、怪味、荔枝味、椒盐味以及五香盐、沙茶酱、香辣酱、姜汁醋、柱侯酱等丰富多彩，变化无穷。这也是中国烹饪善于调味的突出表现。

（四）注重味型差异

中国烹饪的调味中，不仅味型差异明显，而且同是一种味型还有浓淡之分、轻重之别。比如，甜酸味和酸甜味，虽调料品种使用相同，但数量配比不同而形成两种味型，在口味差异上就十分明显。甜酸味是甜中带酸，稍有咸味；而酸甜味是上口酸、收口甜、稍有咸味。另外，同是糖醋的甜酸味，又有重糖醋和轻糖醋之异，如“糖醋鱼”为重糖醋，甜酸味浓烈而甜香，而江苏菜中的“五柳鱼”则为轻糖醋，糖醋用料降了一半，甜酸味轻淡，而菜肴带有鲜香。其味型的差异是十分明显的。再如川菜中的辣味，有的用干辣椒，辣得呛口；有的用泡辣椒，辣得爽口；有的用辣椒面，则辣得麻口。这就形成了口味上的各种微妙差异。善于调味，就是要注重味型的差异，各味层次清楚，互不雷同。

（五）调味注意变化

凡调和饮食滋味，必须适合时令、环境、对象的外在变化，应因人、因事、因物稍异，这是善于调味的另一个具体体现。因时而异，适应时令的变化，我国古代的烹饪调味就注意到这一调味的外在规律。强调四时调味原则，在这个基础上历代都提出传统调味的时序理论。即循规律因时而异，夏季味稍淡，给人清爽感，冬季味稍厚，给人有祛寒感，适应季节气候的外在变化。因人而异，即各人的口味要求也不尽相同，口味由于体质、职业、宗教信念、环境等的原因必然彼此大有差异。在保持菜肴风味特色的前提下，应针对性地进行调味，以适应人们不同的口味需要。所谓“食无定味、适口者珍”就是这个道理。调剂之法，相物而施，还要根据原料的性质加以调味，取其长而避其短，充分反映原料特性和调味的作用，防止千篇一律。

四、注重配伍的养生之术

中国几千年的饮食文化传统中，对菜品的制作十分注重合理的配膳。古人云“养生之道，莫先于饮食”。合理进行菜品的配伍，可以起到饮食保健、防病治病的目的。在中国烹调工艺中，渗透着许多保健养生思想，不仅要做得好吃而且要利于身体健康。如烹饪原料的筛选与优化组配，以期达到营养平衡和充分吸收；烹调方法的合理利用，爆、炒、炖、焖各有其功，以适应养生与吸收之需；加工中使用浆、粉、糊、芡，赋予菜肴以滋润腴滑或酥脆的美好口感，保持食物原料的营养价值免受损失，以防油炸焦煳，也为了饮食养生与保健。我们在烹饪制作时，也要注重合理配膳，讲究烹饪方法，而我国传统的饮食理论有许多是很符合膳食健康的。

（一）主食与副食搭配适当

我国古代就注重主食与副食的平衡搭配，“肉虽多，不使胜食气”，即所食动物性食物不应超过植物性食物。综观我国中医文献，自古以来评论人体健康状况时，常用精、气、神是否充足来描述。精、气是生命的支柱，在这两个字中都包含有“米”字。我们祖先又有“世间万物米为珍”之语。可见中华民族从生活实践中已认识到五谷杂粮是须臾不可离的主食，主、副食比例适当是保障营养平衡的基础。

（二）注重菜肴的荤素搭配

自古以来，我国饮食就讲究合理的调配。饮食配伍注重荤料与素料的组配，荤素之料的使用，自古就强调以素为主，按规矩、循准绳、无偏过，方可有益于身心。在荤素配合中，蔬菜的总量要超过荤菜的一倍或一倍以上，是最符合营养要求的。通过对长寿地区的实际调查，证明了以各类蔬菜瓜果为主者，多获得高寿。富含蛋白质的鸡、鸭、鱼、肉类等食物属于酸性食品，而瓜、果、蔬菜是食物中的碱性食品。在日常生活中，人们都应掌握膳食酸碱的平衡，两者不可偏颇。否则，将严重影响健康。

（三）强调食物的性味平衡

所谓“辨证用膳”，即指饮食营养也应结合四时气候、环境等情况，作出适当的调整。由于四季气候存在着春温、夏热、暑湿且盛、秋凉而燥以及冬寒的特点，而人的生理、病理过程又受气候变化的影响，故要注意使食物的选择与之相适应。

根据我国药食同源的传统理论，膳食寒、热、温、凉四性必须保持平衡组合。食物有四种不同的属性，如绿豆性寒无毒，清热解毒，生津止渴；菊花苦平无毒，清热明目；羊肉甘苦大热无毒，补虚祛寒。我国百姓夏天喝绿豆汤、菊花茶，冬天食涮羊肉，正是基于对这些食物功效的了解。我国民间十分重视食性寒与热的平衡，吃寒性食物时必须搭配些热性食物：如螃蟹属寒性，生姜属热性，吃螃蟹时要佐以姜末，等等。破坏摄食食物四性的寒热平衡自然有损于健康。

（四）讲究膳食五味的平衡

食物有酸、甘、苦、辛、咸五味，中医学主张饮食的五味要配合得当——五味调和，相得益彰，否则就会使某一味的作用过偏。日常膳食中，酸、甘、苦、辛、咸五味调配得当，可增进食欲，有益健康，反之则会带来弊端。《黄帝内经》非常重视五味的调和，反对五味偏嗜。《黄帝内经·素问·五脏生成篇》中说：“是故多食咸，则脉凝泣（血流不畅）而变色；多食苦，则皮槁（皮肤不润泽）而毛拔（毛发脱落）；多食辛，则筋急而爪枯（指甲干枯）；多食酸，则肉胝肘（变硬皱缩）而唇揭（口唇掀起）；多食甘，则骨痛而发落，此五味之所伤也。”从现代医学的角度来看，中医学五味调和的观点也是符合科学道理的。

第二节　中国菜点工艺经典技法

中国菜点制作工艺丰富多彩，在花样繁多的制作技艺中，更有那些与其他国家不同的个性技艺，如变化独特的翻锅工艺、原料加工中的剞花工艺、烹调过程中的糊浆工艺和勾芡工艺、制作面条的抻拉工艺、层次清晰的明酥工艺、米粉面团中的镶粉工艺和各种包饺的捏塑工艺等。这些别具一格的工艺手法，为中国烹饪技艺文化抒写了不同的华章。只有多方位地了解中国烹饪技艺的独到手法，才能更深刻地认识中国烹饪菜点文化的内涵。

一、中国菜肴制作的经典工艺

（一）临灶烹调的翻锅工艺

中国菜肴的制作离不开传统的深尖底炒锅，又称深底锅、尖底锅，北方人称其为“炒勺”，广东人称之为“镬”。利用炒锅进行颠翻炒制是中国厨师烹调的基本功，也是中国菜肴制作中不可缺少的基础工艺。其必不可少的工具就是炒锅（勺），在行业中，人们习惯认为，炒勺为带手柄的炒锅；煸锅为双耳炒锅。有了炒勺，便随着实践的积累逐渐形成了使用炒勺的技巧，而使用炒勺技巧的熟练程度，就称之为“勺功”。

这种锅具除了中国人使用以外，很少有外国人使用。西餐锅是平底锅，只适宜煎制菜肴。而中餐炒锅底较深，便于翻炒烹制，适合大火爆炒，利于料、味的融合和变化；炒菜时锅边四周甚至锅内都会有火苗飞溅，可以五味渗透，快速成菜，这就是翻锅炒菜口味爽滑、鲜嫩的原因，也是中国菜肴味中有味的奥秘。

翻锅（勺），就是炒菜，炒的操作大多需急火速成，能保持原料本身风味特点，菜肴的质地鲜嫩、脆嫩，咸鲜不腻。“炒”以及其他类似的烹饪加热方法，是在只有少量液体传热介质或没有液体介质的情况下进行的，非金属炊具不能采用这些加热方法。

翻锅工艺是为使菜肴原料在勺内均匀受热所进行的翻动运动。它通过手、腕、臂、肩、身、锅六位一体的协调动作配合，使菜肴在锅中运动自如，或保持均匀受热，或保持菜肴在锅中完美的造型形态，或保证受热面的光亮度，或利于菜肴的瞬间出锅。翻锅的方法根据菜肴在勺中运动方向及炒锅的运动方向和运动幅度不同，分为正翻勺、左右侧翻勺、前翻勺、大翻勺等。

中国菜肴制作中的“大翻勺”，是对大幅度翻勺动作的称谓。实践中，有许多整只、整形的菜肴，根据烹调工艺方法、色泽亮度的要求，需将勺中的这些大型原料或码放造型完美的原料不遭破坏地完整翻过来。此时，勺中的原料必须进行大幅度的弧线运动。如翻勺幅度过小，将发生破碎、断裂甚至翻不过来的现象。大翻勺不仅解决了整只、整形菜肴小翻勺难以完成的大抛物线翻转问题，而且还能保证菜肴在摩擦不变的情况下出锅。

在我国南北方经常听到广大厨师们自我介绍，南方的厨师自称“我是炒菜的”，北方的厨师说“我是颠大勺的”。这已成了职业厨师的代名词。大勺，就是炒菜锅，这是北方人的称谓。“颠大勺”就是“翻锅”，也就是炒菜。只有“炒菜”才能代表中国的菜肴烹制，可见“炒菜”的“炒”在中国烹饪中的地位之高。

烹饪初学者接触炉灶，首先要学习的技术就是“翻锅”，锻炼炒菜的手腕、手背，翻锅技术学好了才能上灶台炒菜。炒菜也是厨师的基本功，从炒蔬菜开始一步步练习。大凡大师傅都是炒菜技术比较高的人，不会炒菜何谈大师傅？中国的厨师围绕炒菜在论高低、拼地位，它是进入厨行的关键点。

中国烹饪独特的翻锅（勺）工艺，可以产生以下好处：第一，翻锅炒菜是将加工成丝、片、丁、条等小型形状的原料，以油为传热介质后，用旺火快速翻炒成熟的一种烹调方法。通过不同的炒制方法，拓展了烹调工艺，实现了烹调工艺方法的多样性，增加了菜肴品种，适应不同消费需求。第二，中国厨艺的翻锅技艺，有前翻、后翻、左翻、右翻等技巧，根据不同的菜肴采用不同的翻锅方法。翻锅速度快，菜肴翻拌均匀，翻锅时比铲子翻动更加整齐，不损坏菜肴的整体形状，还促使菜肴受热均匀。第三，翻炒的菜肴往往需要上浆处理，这样能够保持甚至增加菜肴的营养成分。经上浆处理，水分和养料就会受到有效的保护，使用鸡蛋浆时，还会与原料起互补作用，从而大大地提高菜肴的食用价值。促使菜肴汁芡包裹均匀，菜肴丰润饱满，达到菜肴色泽上的属性要求。第四，利于菜肴的迅速装盘，干净利落，缩短不必要的时间。翻锅勺功运用中，还有着一种节奏感、韵律美和形体动作美，通过这些变化的动作也会提高工作人员的工作效率。

（二）变化多端的剞花工艺

剞花工艺造型，是一种刀工美化，用剞花的方法，又称混合刀法，就是直刀法、平刀法和斜刀法混合使用。剞花的基本刀法是直剞、平剞和斜剞。具体地说，它是运用剞的方法在原料表面剞上横竖交错、深而不透的刀纹，受热后原料卷曲成的各种形象美观、生动别致的形状。这类形状的成形较复杂，品种也较多。如爆炒腰花、炒鱿鱼卷、松鼠鳜鱼、菊花鱼等。这是中国烹饪工艺中精美绝妙的技法。

依据刀纹的深浅度区别，有深剞花形和浅剞花形两个基本类型。深剞花形刀纹深度超过厚度1/2以上，其作用于原料的收热卷曲变形，便于原料的成熟，方便食用，主要以脆嫩性脏器、鱿鱼、带皮鱼肉和方块肉为加工对象。常用的深剞花刀主要有麦穗花刀、蓑衣花刀、荔枝花刀、梳子花刀、鱼鳃花刀、菊花花刀、麻花花刀、兰花花刀、佛手花刀、凤尾花刀、葡萄花刀、蓝花花刀、球形花刀、螺旋花刀、鳞毛花刀等。

浅剞花形刀纹深度不超过1/2，作用于表面的收缩成形，突出刀纹的图案美，主要以整条鱼为加工对象。我国传统的烹鱼技法精湛，为了便于鱼的成熟或区别于不同的烹调方法，人们在加工鱼的过程中在鱼的身躯上剞上不同形式的花刀，不仅增加了菜品的美观，而且使菜品的形式多样化，丰富了烹调技艺。常用的浅剞花刀主要有斜十字花刀、柳叶花刀、波浪花刀、兰花形花刀、交叉十字形花刀、牡丹花刀、瓦楞花刀、菱格花刀等。

通过剞花工艺，可以使整个菜肴产生特殊的艺术效果。第一，深剞花刀法的种类较多，其基本原理都较相似。在深剞花刀过程中要保证块形卷曲的绝佳效果。由于剞花刀的深度与刀纹距离皆应一致，可以使其受热均匀，以保证块形形体的美观。第二，对于鱼类浅剞花刀的加工，为了保证鱼肴的质量，鱼体的浅剞花刀根据鱼体肉的厚薄特征而变化，以简单的形式为主，是在简单线条的变化中体现外形的美观，以体现菜肴的变化美。第三，对于原料较厚、不利于热的均衡穿透，或过于光滑不利于裹覆卤汁，或有异味不便于在短时间内散发的原料，采用剞花技术可以去除这些缺点，使菜肴达到味美、形美的艺术效果。第四，对于整形的鱼，方块的肉，畜类的胃、肾、心，禽类的肫，鱿鱼和鲍鱼等，以及植物原料，如豆腐干、黄瓜、莴笋等，采用剞花之法，可以显现刀工的表现力，突出剞花刀纹的美观。

（三）保护口感的糊浆工艺

中国菜肴的手法多变，为了保证菜肴的美味可口和风味变化，在菜肴制作中常常采用挂糊、上浆工艺，即糊浆工艺。它是在经过刀工处理的原料的表面上，挂上一层黏性的糊浆，然后采取不同的加热方法，使制成的菜肴达到酥脆、松软、滑嫩的一项技术措施。挂糊、上浆就像替原料穿一件衣服一样，所以又统称“着衣”。挂糊、上浆的适用范围较为广泛。在炸、熘、爆、炒等烹调方法中，大部分韧性的原料差不多都要进行这一过程，此外煎、贴等烹调方法中的部分原料，有时也要进行挂糊、上浆，它是调质工艺的具体应用。

挂糊和上浆所用的原料基本相同，主要是淀粉、鸡蛋、面粉、苏打粉及水等。而且同一种菜肴的原料，既可挂糊，又可上浆，因而往往糊浆混称。实际上糊、浆无论从投料的比例上看还是从调制方法、效果、用途等方面看，都有明显的区别。从投料的比例上看，挂糊较厚，即淀粉的比例较多，上浆较薄，即淀粉所占的比例少。从调制方法上看，挂糊是先用淀粉、水和蛋等原料调制成黏糊，再把原料放在糊中拖过。上浆则是把一些调味品（如盐、料酒等）、蛋液、淀粉依次直接加到原料上一起拌匀。从用途效果上看，挂糊多用于炸、熘、煎、贴等方法，使菜肴达到香、酥、脆的效果；上浆多用于炒、爆等方法，使菜肴达到柔、滑、嫩的效果。挂糊、上浆是烹调前一项比较重要的操作程序，如果制糊、浆所用的原料比例掌握不当或操作方法不对等，则对菜肴的色、香、味、形等各方面均会产生很大的影响。

根据浆料组配形式的不同，浆大体可分为水粉浆、蛋粉浆两种基本类型，还有在基本浆的基础上加入酱料或苏打等调味品的特殊粉浆。糊的种类很多，常用的按配方原料分，有水粉糊（也称硬糊、淀粉糊）、蛋清糊、蛋黄糊、全蛋糊、蛋泡糊、发粉糊、脆皮糊、拍粉拖蛋糊、拖蛋糊拍面包糠等，按菜品质感和烹调方法分，有软炸糊、酥炸糊、干炸糊、脆浆糊、香酥糊等。糊浆工艺是烹调前一项非常重要的程序，对菜肴的色、香、味、形各方面都有很大的影响。这些变化不同的糊浆工艺，为中国菜肴丰富多彩的特色抒写了新的篇章。

（1）保持原料的原汁原味。原料经加工成为片、丝、丁、条、块状等，如果直接放入热油锅内，会因骤然受高温而迅速失去很多水分使质地变老，鲜味减少。经挂糊、上浆处理后的原料，即使在旺火热油中，因不再直接接触高温，热油也不易浸入它的内部，原料内部的水分和鲜味不易外溢，这样不仅能保持原料鲜嫩，同时，不同的配料及不同的油温，使过油后的菜肴外部香脆或酥松，内部鲜嫩、滑润。

（2）美化原料的形态。各种加工成形的原料，在加热中很容易出现散碎、断裂、卷缩、干瘪等现象。通过挂糊、上浆处理后，可避免这些现象的发生，保持了原料原来的形态，而且更加美观。如挂过糊的原料形态完整饱满，色泽绚丽多彩，上过浆的原料变得光润、亮洁、清爽等。

（3）保持和增加菜肴的营养成分。原料在加热过程中，无论是动物性原料还是植物性原料，如直接与高温接触，原料所含的蛋白质、脂肪、维生素等营养成分，都要遭受不同程度的破坏。但挂糊、上浆处理后，就由直接受热变为间接受热，原料中营养成分不致受到过多的损失，不仅如此，糊浆本身就是由营养丰富的淀粉、蛋白质等组成，从而增加了菜肴的营养价值。

（四）融合入味的勾芡工艺

中餐菜肴大部分在烹调时都需要勾芡。勾芡又称着衣、打芡、拢芡、走芡，广州一带俗称“打献”，潮州一带则俗称“勾糊”。这是中国菜肴工艺的独特技法。勾芡所用的原料叫作“芡”，它是一种水生草本植物的果实，又叫芡实，俗称“鸡头米”，属睡莲科。最早勾芡就用“芡实”磨制成粉，加适量水和调味品，调成芡汁，但这种原料产量有限，不能满足需要，以后人们逐渐地用绿豆粉、马铃薯粉等代替，目前虽然很少用芡粉了，却仍然保留了这个名称。勾芡从概念上讲就是在菜肴接近成熟时，将调好的粉汁淋入锅内，使汤汁稠浓，增加汤汁对原料的附着力的一种调制工艺。勾芡实质上是一种增稠工艺。勾芡是烹制菜肴的基本功之一，勾芡是否得当，不仅直接影响菜肴的滋味，而且还关系到菜肴的色泽、质地、形状等方面。

勾芡的粉汁，主要是用淀粉和水调成。淀粉在高温的汤汁中能吸收水分而膨胀，产生黏性，并且色泽光洁，透明滑润。因此，对菜肴进行勾芡，可以起到以下作用。

（1）能使菜肴鲜美入味。爆、炒等烹调方法的特点是旺火速成，菜肴应该是汤少汁紧，味美适口。但是原料在烹调过程中必然要渗出部分水分，为了调味又必须加入液体调味品及水，这些汤汁在较短的烹调时间内不可能被全部吸收或蒸发，无法达到汤少汁紧的目的。经过勾芡，可以解决这一矛盾。因为淀粉在加热中能吸水膨胀，产生黏性，把原料溢出的水分和另放入的液体调味品及水变得又稠又浓，稍加颠翻就均匀裹在菜肴上，既达到汤少汁紧，又能使菜肴滋味鲜美。

（2）使汤菜融合、滑润柔嫩。对一些烧、烩、扒等烹调方法制作的菜肴，汤汁较多，原料本身的鲜味和各种调料的滋味都要溶解在汤汁中，汤汁特别鲜美。但原料与汤汁不能融合在一起，只有勾芡后，通过淀粉糊化的作用，增加汤汁的浓度，汤汁裹在原料上，从而增加菜肴的滋味，产生柔润滑嫩等特殊效果。如“烩三鲜”“烧海参”等菜肴。

（3）能增加菜肴的色泽美观。由于淀粉受热变黏后，产生一种特有的透明光泽，能把菜肴的颜色和调味品的颜色更加鲜明地反映出来。因此，勾过芡的菜肴要比未勾芡的色泽更鲜艳、光泽更明亮，显得丰满而不干瘪，有利于菜肴的形态美观。

（4）能突出主料并起到保温的作用。有些汤菜，汤汁很多，主料往往沉于汤底，见汤不见菜，影响菜肴风味质量和客人的饮食心理。只有用勾芡的手段，适当提高汤汁的浓度，主料才会浮在汤面，而且汤汁也滑润可口，如“酸辣汤”“烧鸭羹”等。

由于芡汁加热后有黏性，裹住了原料的外表，减少了菜肴内部热量的散发，能较长时间保持菜肴的热量，特别是对一些需要热吃的菜肴（冷了就会改变口味），用勾芡的方法保温性好。

二、中国面点制作的经典工艺

（一）拉扣自如的抻面工艺

中国面食文化最有代表性的品种莫过于抻面技艺。一块面团，在面点师的手上左拉右抻，就可以制作成细如发丝的面条，而且可粗可细、可圆可扁、可实心可空心，这种出神入化的抻拉技艺是中国面点制作中的一个绝活，也是中国面食文化的突出代表，成为中国面食文化十分神奇的技术。

抻面是将面团用一定的手法反复抻拉而成形的一种方法。其技术难度较大，不经过刻苦练习，是不容易掌握的。抻的用途较广，不仅抻拉龙须面常用此法，制作盘丝饼、银丝卷、一窝丝饼等，抻都是必不可少的重要工序。

抻面（又叫拉面）的步骤主要有和面、溜条、出条三步，其吃口筋道、柔润、爽滑。抻面团规格和粗细程度不同，品种较多，规格分扁圆两种。出条前将大条按扁，再抻即成扁条。粗细以扣数多少确定，扣数越多，面条越细。品种有“中四条”“葛条”（粗条）、“一窝丝”（细条）、“龙须面”（最细条）等。在我国北方十分流行，最著名的要数“兰州拉面”，目前在全国各地都有销售。

1. 和面——保持面团的延伸性

抻面的面粉要求用筋质强、劲力大的优质粉，调制面团的要求也很严格。一般投料标准是：面粉 2500 克、水 1250 克、精盐 10 克、碱面 10 克左右。把 2500 克面粉倒入缸盆内，加盐，先加 750 克水，从下向上搅拌均匀，打成麦穗面，再用手撩水继续和，先用两手拌和，再用两手捣搋，此后撩水、捣搋、揉压，一直揉至不粘手、不粘盆，没有疙瘩和粉粒为止，然后搓净盆边的干面，再转圈撩水，把面团揉至光滑，和成较软的面团，盖上湿布饧面。一般饧半小时至一小时，把面团饧透，成为不夹一点疙瘩的匀透面团，这样再抻长、抻细时，不易断条。

2. 溜条——抻拉开溜均匀自如

溜条，又叫溜面，用手拿住面团的两端，上下抖动，使之顺溜。具体做法是：和好饧透的面，切取 1 块（一般水面 1000~1500 克），拖至案板上，用两手根反复推揉，揉至上劲、有韧性，搓成约 70 厘米长的粗条，两手各握住一头，将面提起，两脚叉开，两臂端平，运用两臂的力量及面条本身的重量和上下抖动时的惯性，将面上下翻动。抻开时，要达到两臂不能再扩张为止。在粗条变长、下落接近地面时，两条迅速交叉使面条两端合拢，自然拧成麻花劲，即两股绳状。然后右手拿住另一头，再抻开溜。待延长后，两手迅速向第一次交叉的后面交叉，再形成麻花绳状，如此反复抻拉翻动，正反交叉，经过多次操作，面条粗细均匀、柔滑有劲，呈现出一缕缕的条丝即可。

溜条不可溜得过度，过度会使面质发澥，出条时粗细不匀。另外，溜时如感到筋力不足，可用些碱水增劲，以免由于筋力不足，出现断条现象。

3. 出条——抓抻拉转巧妙变换

出条，有的叫开条、放条，即将溜好的大条，开出均匀的细面条。具体做法是：将溜好的大条（要求越长越好），放在案上，撒上面，用两手按住两头对搓，上劲后，两手拿住两头，一抻，甩在案上一抖，左手食指、中指、无名指夹住条的两头，右手拇指、中指抓住条的中间成为另一头，然后右手向外一翻，一抻一抖（一甩）。把面抻长，把右手的头扣到左手，这时条放在案上成三角形，用右手抓住三角形的正中部位，抓得适中，条才抻得匀，如此反复抻，至面条达到要求的粗细即可。也有的开法是：将两个面头按在一起，右手掌心向上，中指勾住面条左端；左手掌心向下，中指勾住面条右端，反手向上将面条提起端平，用力抻长，放回案上，撒上铺面，照上述方法反复多次，抻至要求的粗细度为止。

运用抻法，要求做到动作迅速，一气呵成，不能缓劲。

（二）擀叠巧妙的明酥工艺

油酥面团中的明酥制品，是中国面点中独特的工艺手法。两块面团经过包卷擀叠，可以制成层次清晰的不同制品，如兰花酥、海棠酥、盒子酥、鲍鱼酥、蜗牛酥等。凡制成品酥层能明显呈现于外的叫作明酥。酥层的形式因起酥方法（卷或叠）和刀切方法

（直切或横切）的不同，一般有螺旋纹形和直线纹形两种。前者叫圆酥，后者叫直酥。

1. 两块面团的不同性质

明酥层次的形成是由两块不同面团经过包擀叠卷制而完成的。一块是干油酥面团（面粉＋油脂），一块是水油酥面团（面粉＋水＋油脂）。

调制干油酥面团时，因为油脂具有一定的黏性，所以当面粉与油脂接触时，油脂便和面粉颗粒黏在一起。同时，油脂又具有一定的张力作用，油脂表面存在收缩趋势，由于这种收缩趋势的作用，油脂便将面粉吸附于表面。同时因为张力作用，油脂将面粉颗粒包裹，并相互隔开，使颗粒之间空隙增大。因此，干油酥面团较为松散。在调制干油酥面团时，需要反复地“擦”，通过擦制，可增大油脂的润滑面积，扩大面粉颗粒与油脂的接触面，同时也相应地增大了油脂的黏性，油脂对面粉的吸收能力增强，使面粉和油脂结合，形成整体团块。干油酥面团中的面粉颗粒被油脂包围、隔开，面粉颗粒之间的距离扩大，空隙中充满了空气。经过加热，气体受热膨胀，使制品酥松。另外，面粉中的淀粉也不能吸水膨胀，促使制品变脆。

水油酥面是由面粉、油脂和水调制而成的。一方面，面粉颗粒的蛋白质吸水形成面筋网络；另一方面，油脂又阻碍蛋白质吸水形成面筋。因此，水油面虽然能产生筋力、韧性，但却比水调面团弱；同时，由于油脂的作用，水油面又具有结构酥松的特性，但又不如干油酥。

2. 面团的包擀叠卷与起酥

将干油酥面团作为酥心，水油酥面团作为皮，将干油酥包入水油面团中，经过擀、叠、卷后，使得两块面团均匀地相互间隔，形成具有一定间隔层次的坯料。当坯料在加热时，由于油脂的隔离作用，干油酥面团中的面粉颗粒随油脂温度的上升，黏性下降，便会从坯料中脱落下来，使得干油酥面团层的空隙增大；水油酥面团受热后，蛋白质吸水形成的面筋网络受热变性凝固，与淀粉受热糊化脱水后结合在一起，形成发硬的片状组织，在坯料的横截面形成层次，同时也形成了酥松、香脆的口感。如苏式月饼、双麻酥饼以及盒子酥、鸳鸯酥、百合酥等的酥松特色，正源于此。

（三）调节口感的镶粉工艺

镶粉，又称掺粉。中国糕团点心得到了全国各地人们的喜爱，南方地区的各式糕团丰富多彩，北方的黄米切糕、驴打滚、窝窝头以及各式杂粮制作的面食糕点都成为人们乐于食用的食品。中国的糕点为什么如此受广大人民欢迎，其关键点就是面点师们在制作面点食品时多采用了“镶粉”技术，即将不同的面粉、米粉、杂粮粉经过不同配方的组合，制成黏糯可口、韧爽有劲的风味食品。如宁波汤团的黏性是由于90%的糯米粉，掺入了10%的大米粉的缘故；麻团的泡发性是由于糯米粉中增加了酵母的原因；南瓜饼的糯性也是因为南瓜泥中加入了糯米粉的特点等。

各种粉料单独使用，口味单调，品类单一。如纯糯米粉糕团黏性太大，形状易塌；

粳米粉欠黏糯，口味生硬；籼米粉硬度高，黏性太小，各式杂粮粉爽滑度不高，口感都有一些缺陷。这些原料单独使用，常常满足不了人们的口味要求，由此而产生了各种粉料的掺和，行业上称为掺粉或镶粉工艺。我国面点制作的镶粉工艺可以弥补这些方面的不足。粉料的掺和，就是将两种以上的不同粉料掺和在一起，以此来改变口感不足。不同品种、不同等级的米加工成粉，其软、硬、粳、糯各不相同，为了使制品软硬适度、增加风味特色，常采用各种掺粉的方法。掺粉的好坏，对制品的质量影响很大，所以，掺粉是粉制品中比较重要的一道工序。

第一，改进原料的性能，使粉料软硬适度，便于包捏，熟制后保证成品的形状美观。从米质上看，所制的糯米粉、粳米粉、籼米粉等，其硬度、黏性有很大的差别。如用某一种米粉制作糕团点心，其成品或是黏塌，或是硬坚。如使两种以上的米粉掺和，可以改进粉料的固有特性，弥补不足，在制作中便于包捏成形，熟制后，成品也不会僵硬、软瘫。

第二，扩大粉料的用途，提高成品质量，使花式品种多样化。通过几种粉料的掺和使用，可进一步扩大各种米粉的使用范围。如将糯米粉与粳米粉，或糯米粉与籼米粉，或粳米粉与籼米粉，或者三种粉一起采取不同的比例掺和使用，即可根据各种制作需要，制成丰富多彩的点心品种。

第三，多种粮食综合使用，可提高制品的营养价值。为了扩大米粉的用途，增加特色风味，用其他粮食粉料适当掺和，可增加米粉的风味。另外，各种粮食中所含蛋白质的必需氨基酸各不相同，只吃一种粮食不能满足身体的需要。所以掺和使用粮食，对人体营养需要可以起一定的互补作用。

掺粉的方法一般是根据品种的要求，用不同比例来掺和粉料，常使用的方法主要有：糯米（粉）和粳米（粉）、籼米（粉）的掺和；米粉与面粉的掺和；米粉与杂粮粉（泥、蓉）的掺和等。杂粮粉的利用必须与米粉或面粉掺和使用，才能产生特殊的风味。如豆粉、薯粉、高粱粉、小米粉、淀粉以及山芋泥、南瓜泥、芋艿泥、山药泥、土豆泥等掺入米粉后，其口感更加美味可口，风味怡人。

（四）手法多变的包捏工艺

中国面点诱人的风格主要是面皮包入馅心后，外形美观，花纹清晰，馅心可口，得到了各地人们的喜爱。一个包、饺的形成，关键是面点师们的包捏技术，使其大小均匀，造型可爱，栩栩如生。没有完美的包捏技术，中国面点品种将黯然失色。

面点的包捏造型，是内在美与外在美的统一。经过严格的艺术加工，可将面点制成一种精致玲珑的艺术形象，对食者产生强烈的艺术感染力。面皮包入馅心后，其造型就在于捏塑工艺的发挥，它是花色面点的主要制作方法，通过拇指、食指再运用推捏、叠捏、扭捏、花捏等各种手法，捏塑成各种立体的、象形的、花纹花边的面点品种。如花色饺子、花色酥品、苏式船点、花色包子等。

面点的造型是通过一整套精湛的技艺而包捏成各种完整的形象的。如通过折叠、推捏而制成的孔雀饺、冠顶饺、蝴蝶饺；通过包、捏而制成的秋叶包、桃包；通过包、切、剪而制成的佛手酥、刺猬酥；通过卷、翻、捏而制成的鸳鸯酥、海棠酥、兰花饺，以及各种花卉、鸟兽、果蔬的象形船点和拼制组合图案等品种，每种面点既有各自不同的形态、色彩和表现手法，又是各种整体造型的艺术缩影。这就要求面点师具有较高的面点捏塑技艺和美学、美术知识的修养。

面点立塑造型方法，是利用主料中粉、面皮的自然属性，采用包、捏的手段将其塑造成各种形象。这种造型方法是技术与艺术的结合，难度比较大，要求面点师具有娴熟的立塑造型技艺，熟练地掌握一张小坯皮的性质和包捏的限度，以及在加热过程中的变化规律，只有过硬的操作本领，才能达到完美的艺术效果。

第一，饺子的造型千姿百态。花色饺子的制作，是捏塑法最典型的代表。如运用推捏法可捏制月牙饺；运用折捏法可捏制鸳鸯饺；运用叠捏法可捏制四喜饺、蝴蝶饺、蜻蜓饺等。运用捏塑法还可以捏制提褶包、秋叶包、苹果包、桃包等花色包子。

第二，油酥的花色多姿多彩。油酥制品中的许多花色酥点也是运用捏塑法而制成的。将酥面擀皮、包酥，再擀成8.5厘米左右的圆皮，包入馅心，皮子对折捏拢成半圆形，然后右手拇指、食指对捏，前后推拉，把边捏出绞丝花边形，如果将一头向里塞进一段，即成“眉毛酥”。如果再用竹筷在酥饺上按下两个凹形，即成“秋叶酥”。如果两角向上捏推，即成“蚶子酥”。如果将眉毛酥的一头，压扁拉长，剪成鱼尾，另一头做成鱼嘴、鱼头，点上眼睛，再用剪刀在身上划上鱼鳞，即成“金鱼酥”。其他如“酥合”“海棠酥”等都离不开捏塑法。

第三，粉点的造型千变万化。苏式船点，是用米粉面团做坯包馅、捏塑而成的花色点心。成品多以象形物出现，花色种类繁多，如瓜果类的南瓜、茄子、桃子、柿子、枇杷、橘子、梨、玉米、菱、荸荠等，兽禽虫类的兔、猪、青蛙、小鸡、鸭、白鹅、鸽子、孔雀、企鹅及水产鱼类、虾等，捏工精细，形象逼真。

第三节　中国调味技艺基础理论

中国传统的调味技艺体现的是一个“和”字。要使菜肴的味道给人们带来美妙的感受，就需要调味技艺达到和美的状态。自古以来，我们的祖先对调味有许多独到的见解，并积累了许多宝贵的经验。早在先秦时期，古人就讲究五味调和了。由于味的组合的无穷变化，人们常用“百菜百味”“五味调和百味香”等词来表达调味的多样化，这是恰如其分、毫不夸张的。“有味使之出，无味使之入”的精辟阐述之理，正是对用各种烹饪技术手段使调味达到美味可口的最好概括。

我国古代的调味理论中，运用烹调的技术手段，将各种调味品进行巧妙的组合，并运用加热技术，调制出变化精微但非常适口的多种味道来，这就是我国古代调和五味的基本原理。其包含的内容十分广泛，是对饮食五味性质、关系深刻认识的结果。烹饪制作中主要体现出以下10种调味理论。

一、“中和”调味论

“中和”理论最早源于中古时代的“中和之道”。春秋时期孔子的中庸思想进一步深化，并作为一种社会意识，从而形成了系统的思想体系，对后世产生了巨大的影响。《礼记·中庸》曰：“和也者，天下之达道也。致中和，天地位焉，万物育焉。”中庸作为一种道德范畴和哲学观念，其含义有“中度”“执两用中”“和”，提倡“无过无不及”的中庸适度原则。“过犹不及”是孔子中庸思想的核心，乃是贯彻孔子思想体系各个方面的一条主线，同时又是他处理社会问题的方法论。

中和调味理论，强调的是“适中”“适度”“中正”。和，本是中国古代哲学的一个极重要的范畴。2500多年前的政治家晏婴对“和”的概念以烹调等为例作了发挥，曾讲过如下的话：“和如羹焉。水火醯醢盐梅，以烹鱼肉，燀之以薪。宰夫和之，齐之以味，济其不及，以泄其过。君子食之，以平其心。”齐（音jì）之，使酸咸中和；济，指增益之意；不及，谓酸咸不足，则加盐梅；泄，指减；过，指太酸太咸，则需加水以减之。调味时若“济其不及”和“以泄其过”，必须用“齐”之技去达到“和”之目的。这是“中和”调味理论形成的基础。

调味中的“和”强调的是“中和”，这是我国最传统的“调味”方法。它是一种不偏不倚的调和理论，利用不同的调味品，经过合理的调配使菜品达到美味可口的最佳状态。讲得最详细的还是中国第一部烹调专论《吕氏春秋·本味》，它对“中和”调味理论做了深刻的阐释：“调和之事，必以甘、酸、苦、辛、咸，先后多少，其齐甚微，皆有自起。鼎中之变，精妙微纤，口弗能言，志弗能喻；若射御之微，阴阳之化，四时之数。故久而不弊，熟而不烂，甘而不哝，酸而不酷，咸而不减，辛而不烈，淡而不薄，肥而不腠。”这是古代早期调味理论的经验总结。其核心理念就是讲究调味的“中和”和恰到好处，不偏不倚，不过不欠，持中协调，才是调味最好的菜品。这个调味原则至今仍有指导意义。味必须求其醇正、适中、和美，要求浓厚而不重，清鲜而不薄。这就是我国调味的基础理论和基本规律，也是菜肴形成美味佳肴的圭臬。

二、“本味”调味论

中国烹饪“本味”调味理论就是要充分体现烹饪原料的自然之味和自然之美，突出原料之本，并把握原料的优劣，通过调味全力灭腥去臊除膻，排除一切不良的气味。

“本味”之词，首见于《吕氏春秋》的篇名——“本味”。所谓“本味”，主要指烹饪原料本身所具有的甘、酸、辛、苦、咸等味的化学属性，以及烹饪过程中以水为介质，经火的大、小、久、暂加热变化后的味道。清代袁枚对“本味”调味有许多独到的见解，他在《随园食单》中阐述“一物有一物之味，不可混而同之”“善制菜者，须多设锅、灶、盂、钵之类，使一物各献一性，一碗各成一味”“余尝谓鸡猪鱼鸭，豪杰之士也，各有本味，自成一家”。他反复强调烹饪菜肴时要注意本味。为使本味尽显其长，避其所短，袁枚指出了选料、切配、调和、火候等方面要注意的问题，如荤食品中的鳗、鳖、蟹、牛羊肉等，本身有浓重的或腥或膻的味道，需要“用五味调和，全力治之，方能取其长而去其弊”。

历代人们对本味的追求是不断创新的。金元时期朱丹溪在《茹淡论》中说：“味有出于天赋者，有成于人为者。天之所赋者，谷蔬菜果，自然冲和之味，有食之补阴之功，此《内经》所谓味也。”清代《养小录》的序言中也谈道：“烹饪燔炙，毕聚辛酸，已失本然之味矣。本然者，淡也。淡则真。昔人偶断肴馐，食淡饭，曰：‘今日方知真味，向者几为舌本所瞒。’”李时珍的《本草纲目》也指出：“五味入胃，喜归本脏，有余之病，宜本味通之。”

相关链接 搜索

饮食是我们舌尖上的典籍

当我们舒展味蕾拥抱美食，咀嚼的快乐顺着我们的牙床完成从口到心的旅行。在气味、滋味与回忆重逢的那一刻，我们发现，其实味觉一直醒着，一直在苦苦呼唤着流浪的心回归，霎时每一根神经触角都被激活，游移着的是心湖泛起的柔波，是眼底涌上的那股热。舌尖舒卷，美味花开，静静享受生活本身的单纯和温柔，那是鸟鸣在空寂的山林里一次次盘旋，是隐约飘来的栀子花香，是缠绕又缠绕的乡愁，是永远没有背影的分离……

世界上本没有好吃的东西，是好吃的人创造了好吃的东西。也就是说美食本质上是个人的创造。

口味当随时代。对一个时代有所了解的话，大致也能推算出这个时代的口味。

我的美食理论是这四个字：“随和独静”。“随”，不刻意。“和”，与食客和睦，与食物和适，与食际环境和谐。“独”，不盲从，以自己的味觉为准。“静”，不好说，勉强说之是“偷得浮生半日闲”，这其中不无恍然大悟之情，但又没有留恋之心——吃好了也就吃好了，风流云散。

美食是一种回忆，是一种积累，甚至是一种天赋。但美食更多的还是一种个人经验，有时候是很难和大家沟通的。

（资料来源：车前子 . 好吃［M］. 济南：山东画报出版社，2004.）

三、“四时”调味论

调和饮食滋味，要符合时节，注意时令。这个观点是根据春夏秋冬四时的变化，把人的饮食调和，与人体和天、地、自然界联系起来分析。调味之四时论，是由《周礼》和《黄帝内经》最早提出来的。

《周礼》中对于调和的讲究："凡和，春多酸，夏多苦，秋多辛，冬多咸。调以滑甘。"《黄帝内经》则按阴阳论的理论，说明四时的气候变异能够影响人的脏腑，同时联系人体、四时、五行、五色、五音，来论述天人之间与各方面的联系。而古代养生家更是以四时时序为调和之纲。

四时调味理论，讲究适时而食、适时配味，对我国饮食的影响十分深远。在孔子的饮食调味理论中也提出了"不时不食"的要求，强调了季节调理的重要性。这种优良传统顺应了人体内生物钟的节奏进食，舒缓自如，张弛有度。这些都是符合现代饮食科学要求的。它促进了营养食谱和滋补饮食的发展，并讲究时令饮食和重视季节食谱的设计与变化，这也是流传至今的按季节排菜单的优良传统。在烹制调味时，要遵循调味的季节性，冬则味醇浓厚，夏则清淡凉爽。

饮食调和需按四时月令进行，已成为中国人饮食烹饪的共识。对饮食调和要重视时序的调理。孙思邈在《孙真人卫生歌》中提出了四时饮食宜忌要求："春月少酸宜食甘，冬月宜苦不宜咸。夏月增辛聊减苦，秋来辛减少加酸。冬月大咸甘略戒，自然五脏保平安。若能全减身健康，滋味能调少病缠。"丘处机的《摄生消息论》按四季养生的需要，指出各个季节饮食滋味当注意的问题，春天要"选食治方中性稍凉利，饮食调停以治"，夏日"饮食之味宜减苦增辛以养肺"，当秋之时，"饮食味宜减辛增酸以养肝气"，冬日则应"调其饮食，适其寒温"。

四、"地缘"调味论

不同的地域环境形成了不同的饮食文化，这是各地气候、物产、风俗的差异造成的。我国疆域南北跨越温、热两大气候带，黑龙江北部全年无夏，海南岛则长夏无冬，黄、淮流域四季分明，青藏高原常年积雪，云贵高原四季如春。正如《齐乘》中所说"今天下四海九州，特山川所隔有声音之殊，土地所生有饮食之异"。

自然条件的不同形成了各地调味的个性特征。在贵州黔东南人口最多的苗族侗族地区，历来有"三天不吃酸，走路打转转"的民谣。特殊的地域条件，形成了酸辣一体的饮食习惯。这种习性与地处亚热带高温高湿的气候环境密切相关，生活在这一多疾热的地带，人易疲劳困顿，饮食中调以酸辣，可解困和防瘴疾病。

山西人爱吃酸味，黄土高原水中含钙量大，醋酸可以帮助钙质沉淀，防止体内结石。在湘西山区和皖南山区，当地山民地处崇山峻岭中，山民口味侧重于咸香酸辣，常以柴炭作燃料，烟熏腊肉和各种腌肉适合当地的自然条件。山区水质清澈含矿物质较重，久饮有"刮肠"之感，需多食些油重、口重的食品菜肴。加之温热、湿润的气候条件，熏、辣食品不仅风味别具，也容易保存。这就形成了利用火功入味、重视熏辣的山乡特色。

我国各地自然环境差别较大，南暖北寒，南湿北旱，西高东低，东临大海。因气候、地形、水文、生物等自然地理因素的不同，对不同地区的饮食生活、烹饪制作产生了全方位的影响。在寒冷地区，首先要想方设法避寒取暖，饮食活动都以防御严寒为准则；而在热带地区，则刚刚相反，一切以消暑纳凉为准则。人们的饮食活动都刻上了自然环境深深的烙印。生活在不同类型的自然环境中的人们，他们的饮食习俗、生活方式等，一般来说都不可避免地受这一自然环境的包围和熏陶，并深深地打上地域的印迹。正是由于各地环境和习俗的不同，才会形成我国鲁、川、苏、粤等不同的地方风味及各地不同的风味流派。

五、“适口”调味论

烹调上无论物之贵贱，只要调至适口，便是美味、珍味。否则，即使山珍海味，也难为人所爱。调味的适口不仅满足了人的物质欲望（生理需要），还满足了人们的精神渴求（心理需要），这正是中国烹饪“适口”调味论的精髓所在。

调味中的适口理论，用一句话来概括，即是凡菜品之适口者皆为珍品。这是由儒家学者、追求美味的达官显宦、富商大贾，和文人学士中的老饕，在不同历史条件和不同场合提出来的。古云：“口之于味，有同嗜也。”（《孟子·告子章句上》）意思是说，人们的口对于味道有着相同的嗜好。那么，到底什么是好的味道呢？“食无定味，适口者珍。”就是说，味道要随个人的口味而定，“适口”便是好味道。这是宋代林洪在《山家清供》中记述的苏易简在回答太宗“食品称珍，何者为最”的问题时所回答的内容，他通过自己的经历叙述感知到人对于饮食滋味的感觉既有共性、又有个性的差异，即使是同一个人也会因时间、地点、环境、情绪、体质、饥饱等状况的不同，对美食的感觉也会不一样；他提出并总结了“适口者珍”的美食标准，确是客观的、实际的，也是易于人们接受的调味理论，是具有广泛指导意义的。

“适口”调味理论影响广泛，历史上运用此观点来阐释适口美味的论述较为普遍。明代高濂在《遵生八笺》中记曰：“唐刘晏五鼓入朝，时寒中，路见卖胡饼处热气腾辉，使人买以袍袖包裙褐底啖，谓同列曰：‘美不可言。’此亦物无定味，适口者珍之意也。”清代钱泳在《履园丛话》论治庖时说：“烹调得宜，便为美馔。”“饮食一道如方言，各处不同，只要对口味。”“平时宴饮，则烹调随意，多寡咸宜。但期适口，即是嘉肴。”曹慈山的《老老恒言》强调：“食取称意，衣取适体，即是养生之妙药。”这些“适口”调和理论，都是具有现实和代表意义的。

六、"相物"调味论

根据原材料的特点有针对性地施加调味品，可使菜品相得益彰、美味可口。这种调味方法从古代开始一直沿用至今。袁枚在《随园食单》的"调剂须知"里，做了详尽的论述，他指出了味的调和要"相物而施"，酒、水的并用或单用，盐、酱的并用或单用等，需要加以区别对待，不能死板一律。

《随园食单》开宗明义就提出了"凡物各有先天，如人各有资禀。人性下愚，虽孔孟教之，无益也。物性不良，虽易牙烹之，亦无味也"。这作为烹调之人的"先天须知"，提出了食物原料的不同特性，该如何去把握对待？首先应了解它，然后再去调理它。接着袁枚提出了具体的调理方法："调剂之法，相物而施；有酒水兼用者；有专用酒不用水者；有专用水不用酒者；有盐酱并用者；有专用清酱不用盐者；有用盐不用酱者；有物太腻，要用油先炙者；有气太腥，要用醋先喷者；有取鲜必用冰糖者；有以干燥为贵者，使其味入于内，煎炒之物是也；有以汤多为贵者，使其味溢于外，清浮之物是也。"

如何去相物搭配，袁枚继续进行了阐述："烹调之法，何以异焉，凡一物烹成，必需辅佐。要使清者配清，浓者配浓，柔者配柔，刚者配刚，方有和合之妙。"他用系统理论进行深入阐述，而且在书中还用多个菜肴进行说明。如"连鱼豆腐"，用酱多少，须相鱼而行。杨明府"冬瓜燕窝"甚佳，以柔配柔，以清入清，重用鸡汁、蘑菇汁而已。燕窝皆作玉色，不纯白也。"干锅蒸肉"，在制作中，"不用水，秋油与酒之多寡，相肉而行，以盖满肉面为度"。

相物调味，因材施艺，是历代厨师调味技艺的结晶，也是衡量烹调技术高低的重要标志。在味的配制上，不仅注意原料的本味，而且还重视原料加热后的美味，并注意掌握原料配合产生的新味，这是我国烹调技术配制巧妙多变的关键，从而形成中国菜"一菜一味，百菜百味"的口味特色。

七、"优选"调味论

选用优质调料，针对原料的不同情况进行调味，是古代调味理论的一大特点。早在《吕氏春秋·本味》中就有对调料优选的要求："和之美者：阳朴之姜，招摇之桂，越骆之菌，鳣鲔之醢，大夏之盐，宰揭之露，其色如玉。"

清代袁枚《随园食单》对调味料的优选有特别精辟的理论，在20项"须知单"中特别专列了"作料须知"，告诫烹饪操作者进行味的组合时应选用好调味品，因为，"善烹调者，酱用伏酱，先尝甘否；油用香油，须审生熟；酒用酒酿，应去糟粕；醋用米醋，须求清冽。且酱有清浓之分，油有荤素之别，酒有酸甜之异，醋有新陈之殊，不可丝毫错误。其他葱、椒、姜、桂、糖、盐，虽用之不多，而俱宜选择上品。"

《养小录》中的“上品酱蟹”，优选“上好极厚甜酱”；“百日里糟鹅蛋”选“预制米酒甜糟（酒酿糟更妙）”。李渔在《闲情偶寄》中说“芥辣汁”：“制辣汁之芥子，陈者绝佳，所谓越老越辣是也。以此拌物，无物不佳。食之者如遇正人，如闻谠论；困者为之起倦，闷者以之豁襟，食中之爽味也。”

优质的调味料，是制作好菜肴口味的基本保证。它不仅可使菜肴口味鲜美、丰富，而且能吸引不同层次的回头客人。而劣质的调味料制作的菜肴，不仅破坏了菜品的质量，而且影响人们的进食口感，也损坏了店家的形象。从某种意义上说，优质的菜品依赖于货真价实和新、奇、特的调料。

烹调得宜，菜肴至味，需优选调料。各大菜系的烹饪佳味正是精选优质调料而形成的。如章丘的大葱、莱芜的生姜、镇江的香醋、太仓的糟油、汉源的花椒、阳江的豆豉、古田的红曲等，正是这些优质调味料才使地方菜品的风味更加独特。

八、“养生”调味论

“养生”调味论，旨在通过特定意义的饮食调味达到长寿目的的理论与实践。调味与养生是相辅相成的。口味与身体的调和屡见于本草家和医家典籍的记载，最具代表性的是《黄帝内经》中所记录的“五味”与“身体”的关系，“五味入于口也，各有所走，各有所病，酸走筋，多食之，令人癃；咸走血，多食之，令人渴；辛走气，多食之，令人洞心；苦走骨，多食之，令人变呕；甘走肉，多食之，令人悗心”。这是中医理论对五味与身体关系的规律性经验总结。

五味之甘而致四时之和气，可补五脏之不足。而四时各自有吸收、消耗、贮藏、平衡等问题，因此根据季节及食物调味合理安排饮食也是非常重要的内容。中医学主张饮食的五味要配合得当，否则就会使某一味的作用过偏。日常膳食中，酸、甘、苦、辛、咸五味调配得当，可增进食欲，有益健康，反之则会带来弊端。

中国饮食养生，最集中的表现是以味养生。因为味是人生命活动的物质基础，是人体气血阴阳的生化之源，正如《黄帝内经》所反映出的：“阴之所生，本在五味。”五味有这样的功能特点：甘缓、酸收、辛散、苦泄、咸软。长期以来，五味调和使之逐渐形成了具有中国特色的营养观念，以饮食的“性味”为人兴利除弊，通过五味与五脏的不同亲和力产生的功能，调和五脏和人体的阴阳平衡，使之精充、气足、神旺、健康长寿。“味过于酸，肝气以津，脾气乃绝；味过于咸，大骨气劳，短饥，心气抑；味过于甘，心气喘满，色黑，肾气不衡；味过于苦，脾气不濡，胃气乃厚；味过于辛，筋脉沮弛，精神乃央。是故谨和五味，骨正筋柔，气血以流，腠理以密，如是则骨气以精。谨道如法，长有天命。”

汉末张仲景也指出“饮食滋味，以养于人，食之有妨，反能为害”，而元代忽思慧从健康原则考虑，指出“以五味调和五藏，五藏和平，则气血资荣，精神健爽”。五味调和则滋养天年，五味失和则损人年命。

清代朱彝尊说："五味淡泊，令人神爽气清少病。"自古及今，淡味养生已成为一种普遍现象，"养生真味是清淡"，这是一种保健调味法，是饮食调味的一种类型，是相对于浓味、厚味、重味而言的饮食调味思想。

九、"秘制"调味论

"秘制"调味技艺，不是大众的普泛的技术，而是一种独特而绝妙的操作工艺，或是一种祖传秘方的调味技术。从古到今，许多独门绝技普遍存在。我们常常看到，某个人家的菜肴就是特别的香，某个厨师的技艺就是特别的绝，别人无法模仿，因为这里有秘制配方。它一般不外传，只是独家传授。

在烹饪行业中，有的子承父业，这种秘制方法可以一代一代地流传下去。有的烹调秘籍也由师傅传承给自己的徒弟。利用这种独门秘制特色的调和方法使得餐厅生意兴旺，吸引着周边和外地的客人前来品尝。这就是许多"老字号"生存发展的原因。从另一方面来看，独门秘制的调和手段也为我国烹饪技艺写下了风格多变、丰富多彩的绝妙篇章。

明代张岱在《陶庵梦忆》中介绍"乳酪"时说："苏州过小拙和以蔗浆霜，熬之、滤之、钻之、掇之、印之，为带骨鲍螺，天下称至味。其制法秘甚，锁密房，以纸封固，虽父子不轻传之。"此秘制方法保密甚严，一锁二封，"虽父子不轻传之"，一方面反映了家传秘制特色产品的社会影响，另一方面则反映了市场竞争的需要。

清代顾仲《养小录》中就记有"秘传造酱油方"："好豆渣一斗，蒸极熟，好麸皮一斗，拌和。罨成黄子。甘草一斤，煎浓汤，约十五六斤，好盐二斤半，同入缸。晒熟，滤去渣，入瓮，愈久愈鲜，数年不坏。"

我国古代秘制调味菜品的例子是很多的。袁枚在《随园食单》中记载了许多秘制调味的菜肴。如"王太守八宝豆腐"，碎切八宝料同入浓鸡汁中炒滚起锅。其记道："孟亭太守云：此圣祖（指康熙皇帝）赐徐健庵尚书方也。尚书取方时，御膳房费一千两。太守之祖楼村先生为尚书门生，故得之。""程泽弓蛏干"的调和技艺不同凡响，水发后"如鲜蛏一般，才入鸡汤煨之。扬州人学之俱不能及"。此乃有妙法秘招。"剥壳蒸蟹"的调制"比炒蟹粉觉有新式。杨兰坡明府以南瓜肉拌蟹，颇奇。"这是与众不同的绝技。"生炒甲鱼"的绝妙风味，"将甲鱼去骨，用麻油炮炒之，加秋油一杯、鸡汁一杯。此真定魏太守家法也。"此四道菜肴都是秘制配方调和而成的，令美食鉴赏家袁枚所折服。

十、"模糊"调味论

自古以来，中国调味技术大多是不同的师傅以不同的风格出现，这在古代的菜肴食谱中可见端倪。从古代典籍中查看部分食谱，其中绝大多数是模糊的。在北魏《齐民要术》"饮食部分"的"饼法"中，品种的数据标示不同，有些主料有大致分量，如"作白饼法"："白米七八升、白酒六七升"；有些没有分量，如"髓饼法"："以髓脂、蜜，合和面，厚四五分，广六七寸"。而调料几乎是没有具体分量，如"少与盐""豉汁及盐"等。

进入元代，在《易牙遗意》（卷上）的"脯鲊类"菜品中，共29个菜，其中主料、调料有基本数据的8个，其他21个菜肴的主料、调料都没有具体分量。明代的《宋氏养生部》，在"禽属制"鹅、鸡、鸭类33个菜肴中，只有1个菜肴是有具体分量的，其他的全部没有。再看清代的《随园食单》，在"特牲单"的43个菜肴中，有8道菜肴是有数据分量的，其他35个菜肴也是没有数据。通过检索查看，可以充分地说明，我国古代的菜肴制作是以模糊制作为主，其制作技术都是以大概的情况说明，因具体的菜肴标准不明确，这就看厨师的技术水平而定了。明清时期，尽管我国在烹饪食谱的刊刻上已经走上了一个新的里程，但许多烹饪食谱的编写还是以"模糊化"为主要特点。

综观得知，我国古代的食谱编写一般有这样几种情况：一是只写出食谱的名称，没有制作过程；二是笼统地概括一下制作情况；三是只注明主料的数量。对于食谱中主、辅、调料的分量，所标示的食谱相当少见。

正如袁枚在"随园食单序"中说："若夫《说郛》所载饮食之书三十余种，眉公、笠翁（即陈继儒、李渔）亦有陈言，曾亲试之，皆阙于鼻而蜇于口，大半陋儒附会，吾无取焉。"从这里可看出，袁枚曾亲自试验过去食谱的做法，发现其中有许多不切实际之处，于是根据自己的所得记录下来而编就此书。但袁枚的这些食谱也不是所有的品种都那么清晰地标出具体的分量，不少品种也还是与过去一样，笼统地说明，有的还十分简单。从古代食谱类书中可以看出，尽管有些食谱的主料有大概的分量，而调味品几乎没有具体的数据。可以断言，我国古代的调味技艺都是以"模糊"调味的方式为主，这对新中国成立后的烹饪生产模糊化调味操作影响是很大的。

中国传统调味技艺的十大基础理论从不同的角度阐述了调味的基本法则，系统地总结了中国传统调味技术理论的精华，对中国传统饮食烹饪文化的形成和发展产生了极其深刻的影响。在我国饮食史上，不同的时代都有对于美味调理的论述，从先秦的思想家，到历代的文人雅士，再到平民百姓，都在探索、追求和享受着"美味"。这些调味理论，对味的崇尚和对味的丰富性体验，打通了物质生活与精神体验之间的藩篱，将日常、凡俗的饮食上升到高雅的艺术境界。其实一份菜肴、一桌菜肴的味道调制得好，都融合了相关的调味理论。中国传统十大调味理论，尽管每一方面都形成了鲜明的个性特点，但它们并不是孤立存在的，而是你中有我，我中有你，相互交叉并举的。它们在"调和至美"的整体框架下相互联系、相互作用，通过不同的"调理"最终达到"和美"的目的。十大调味理论的结合，构成了中国烹饪调味多变、齐味万方、至味适口的美食文化体系。它为中华饮食文化的发展与传布发挥了巨大的作用。

复习与思考

一、名词解释

中和　适口　辨证用膳

二、选择题

1. 刀工讲究的效果最重要的是（　　）。

A. 千姿百态　B. 整齐划一　C. 速度快捷　D. 形状生动

2. 一般来说，与味觉关系最为密切的是（　　）。

A. 触觉　B. 听觉　C. 视觉　D. 嗅觉

3. 以水为传热方法的是（　　）。

A. 清蒸　B. 煎　C. 焖　D. 熘

4. 使原料在加热前就具有基本味的过程通常称（　　）。

A. 烹调前调味　B. 烹调中调味　C. 烹调后调味　D. 正式调味

5. 食物的性味指的是（　　）。

A. 酸甜苦辣　B. 养助益充　C. 寒热温凉　D. 酸碱荤素

6. “本味”常常又指的是（　　）。

A. 淡味　B. 调味　C. 鲜味　D. 香味

三、简答题

1. 简要叙述菜肴制作中刳花工艺的主要价值。
2. 中国菜肴主要经典工艺的代表有哪些？
3. 阐述中国面点的主要经典工艺。
4. 中国调味技艺的十大基础理论是什么？

推荐阅读

1.（清）袁牧．随园食单［M］．北京：中华书局，2010.

2. 邵万宽．现代烹饪与厨艺秘笈［M］．北京：中国轻工业出版社，2006.

第五章 中国饮食层面文化

层次性是中国饮食文化的一个重要特点，特别是在古代社会。对饮食文化层次性的学习有利于我们更好地理解饮食观念和饮食方式形成的原因，正确地认识饮食现象，更好地发现中国饮食文化的基本规律，培养辩证的思维方式。

本章提出了饮食文化层的概念和基本理论，阐述了饮食文化的四个基本层次及其与该阶层政治经济文化地位的关系，详细论述了各饮食文化层的形成、特点及典型代表。

学习目标

知识目标

1. 了解饮食文化的四个层次划分
2. 了解各个层次饮食文化形成原因
3. 了解各个层次饮食文化的特点

能力目标

1. 掌握各饮食文化层次的相关内容和典型代表
2. 学会用阶级的观点研究饮食文化的历史
3. 掌握不同时代不同层次菜品的制作特色

案例

不同层面的饮食特征

文学名著《红楼梦》中关于饮馔的文字很多，将清代一个大家族的饮食生活描写得十分生动具体。富贵人家即便平日的饮食，也极其体面，不草率行事。大凡达官贵人，少不了有家传的“食谱”之类。曹雪芹本也有家传，他的祖父曹寅就编写过《居常饮馔录》，世风民俗的影响，使曹雪芹从不同的角度获得了许多饮食烹饪方面的知识，所以《红楼梦》中关于饮馔的描写十分具体、十分丰富，这为这部巨著增色不少。如贾府的菜肴有糟鹅掌、胭脂鹅脯、野鸡瓜子、酒酿蒸鸭子、鸡髓笋、火腿炖肘子、火腿鲜笋汤、炸鹌鹑、糟鹌鹑、蒸螃蟹、牛乳蒸羊羔、烧鹿脯、酸笋鸡皮汤、虾丸鸡皮汤、野鸡崽子汤等。点心、果品、茶、酒等品种更是琳琅满目。官府之家的饮食礼仪更是有许多规矩，怎么吃饭、饮茶，怎么安排座次、怎么以茶漱口等，都有一整套的程式和要求。曹雪芹告诉我们的，不仅仅是清代一个鼎食钟鸣之家平日里吃的是什么，而且在描述怎么吃方面也不惜笔墨，使我们看到了清代官宦之家饮食风俗的一个缩影。透过贾府，我们看到了一般上流社会的种种风尚。

平民百姓的饮食，巧妙利用田埂的野菜、畜禽的下水、内脏、各式昆虫、田间的瓜蔓藤茎等，只要能够食用、充饥、无毒的原料都可作为食用的材料。清末民初龚乃保撰写的《冶城蔬谱》，记载了金陵蔬菜之美，正如他在“自叙”中所说:“返棹白门，结邻乌榜，购园半亩，种菜一畦，菽水供亲，粗粝终老。”他详细介绍了家乡金陵的多种蔬菜孕育了当地市民老百姓，如早韭、枸杞、豌豆叶、油头菜、春笋、菊花叶、苜蓿、马兰、诸葛菜、蒌蒿、芰儿菜、毛豆、萝卜、茭白、瓢儿菜等。当地百姓随地种植，采撷食用，不假修饰，自然芳洁。同时代的陈作霖在《金陵物产风土志》介绍，在南京，果饵中的煮熟菱、藕、糖芋，粉粢中的茯苓糕、黄松糕、甑儿糕等都由市人就地取材“担而卖之”。又有油炸小蟹、细鱼，炸面裹虾的虾饼，炸藕团为藕饼，担到市巷去卖。这些小本经营者以本地土生土长的原料为主，进行简单的加工，供广大平民享用。

在我国历史上，南北地区广大农民的主要食物，基本是属于他们自己或替他人耕作土地上的生长物，蔬菜以自种的品种为主，至于肉食是少之又少，因为家禽家畜的饲养同样要消耗许多秕糠、藤蔓、野菜等饲料。而这些有限的宝贵饲料同时也是人们接济常用不足和挨度荒年的救命之物，所以普通的自耕农或佃农是没有能力更多饲养禽畜的。即使饲养少量禽畜也要去换成钱或购买粮食或完纳税种。即使渔民可多食鱼虾蚌蛤、牧民多食牛羊乳酪，由于生产条件和社会地位以及苛捐杂税，老百姓的饮食生活仍然是果腹为度并且是极不稳定的。

（资料来源：①王仁湘．民以食为天［M］．济南：济南出版社，2004.
②邵万宽．食之道：中国人吃的真谛［M］．北京：中国轻工业出版社，2018.）

案例分析

1. 试分析官府之家的饮食来源和烹饪特色。
2. 请说明平民饮食的食料特点和生活特征。

饮食文化层是阶级社会的历史产物。人类社会在结束了平等而漫长的原始共产主义社会形态阶段后，便开始了等级层次结构的阶级对抗的社会历史阶段。

各个社会等级层次的人们在政治上、经济上地位的不同，决定了他们在社会精神、文化生活上的地位也不相同，这样，整个社会便形成了一座由多个不同的层次所构筑的等级之塔。从文字记载来看，上自《周礼》，下至各代“正史”中的“百官”“舆服”“刑法”等志中，都有涉及人们食、礼、衣、住、行各个方面的详细规定，这些规定，几乎涉及了社会生活的全部领域。反映在饮食生活中，平民、富家、官府、宫廷各个等级之间，在用料、技艺、排场、风格及基本的消费水平和总体的文化特征方面，均存在着明显的差异。中国饮食史上的层次性结构，可以说是与上述政治结构共生同存的。从饮食文化史的角度来说，这座等级层次的社会结构之塔，又大略可以看作“食者结构”之塔、“饮食文化”之塔。

在中国饮食史上，由于人们的政治、经济、文化地位不同，在饮食生活上自然形成了不同的社会层次，这种层次性结构便形成了不同的饮食文化层（简称饮食层）。

中国封建制历史时期大致有以下四个基本的饮食文化层次：平民层、富家层、官府层、宫廷层（见图 5–1），饮食文化的四个层次是一个有机的整体。在这四个层次之中，平民层是数量最大的群体，是其他几个层次存在的前提，层次越高，食者群越小。中国饮食文化之花的根系虽然汲取着下层社会的营养，但其艳卉却大都繁放在上层。无论是烹调技艺的不断提高，还是肴馔制作的成就；无论是开风导俗，还是创立风格；乃至民族总体风格的形成，上层社会饮食文化层的历史作用都是不容低估的。上层社会特有的政治上、经济上和文化上的优势，既赋予该层次食者群以优越的饮食生活，同时也赋予该层次以特殊的文化创造力量。

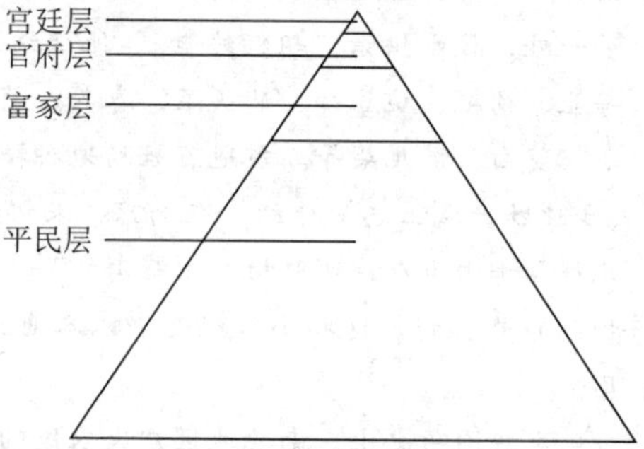

图 5–1　中国封建制历史时期饮食文化层

第一节　平民饮食文化

一、平民饮食文化的形成

在阶级社会中，数量最庞大的群体就是平民，即普通百姓。平民是指没有任何特权或官职的普通民众。平民层由广大的底层民众构成，是反映历史上人民生活基本水平的层次。平民饮食指的是乡村、城镇居民家庭日常烹饪的菜肴，是中国烹饪生产规模最大、消费人口最多、最普遍、最常见的类型，是中国烹饪最雄厚的土壤和基础。在一定意义上，可以说平民饮食是中国烹饪的根。

二、平民饮食文化的特点

占全社会人口主体的广大平民是饮食文化创造和发展的基石。历史上，平民阶层的饮食生活总体上表现为简单、朴实、趣味。主要有以下几个特点：

（1）取材方便而广泛。平民饮食既无帝王官府的权势气派，也无市肆商贸之便利，只能就地取材加工食用，或入山林采鲜菇嫩叶、捕飞禽走兽，或就河湖网鱼鳖蟹虾、捞莲子菱藕，或居家烹宰牛羊猪狗鸡鹅鸭，或下地择禾黍麦粱、野菜地瓜，随见随取，随食随用。俗话说“靠山吃山，靠水吃水”，种植业发达的地区，饮食以粮食蔬菜为主要原料；养殖畜禽之地，饮食以牛羊鸡鸭为主要原料；水产资源丰富之地，饮食常以水产品为主要原料制作菜肴。

（2）烹法简便而易行。选材的方便随意，必然带来制作方法的简单易行。在食品加工制作方面，平民饮食所用烹调方法奉行从简实惠的原则，一般是因材施烹，煎炒蒸煮、烧烩拌泡、脯腊渍炖，皆因时因地，普遍比较原始和简单，不刻意追求精致、细腻。如北方常见的玉米，成熟后可以磨成面粉、烙成饼、蒸成馍、压成面、熬成粥、糁成饭，可以用整颗粒的炒了吃，也可以连棒煮食、烤食。与市井酒菜馆中的精心烹制，尤其是达官巨贾家宴上那些奢侈摆阔的复杂烹制方法，恰成鲜明对比。但值得一提的是，许多令人望而生畏的山珍海味、野菜山果正是经过平民阶层的大胆尝试之后，才发现其食用价值，流入市井，乃至登临高高的宫墙之中，成为豪门摆阔的象征。

（3）食物实惠而朴实。从整个封建社会平民的食品结构上看，基本上是“粗茶淡饭，糠菜半年粮”。任何菜肴，只要首先能够满足人们的生理需要，就成了“美味佳肴”。清代郑板桥在《板桥家书》中描绘了自己对日常饮食的感悟：“天寒冰冻时，穷亲戚朋友到门，先泡一大碗炒米送手中，佐以酱姜一小碟，最是暖老温贫之具。暇日咽碎米饼，煮糊涂粥，双手捧碗，缩颈而啜之，霜晨雪早，得此周身俱暖。嗟乎！嗟呼！吾其长为农夫以没世乎！”如此寒酸清苦的饮食，竟如此美妙，就是因为它能够满足人的基本需求。从整体上看，平民饮食以温饱为基本需求，日常生活精打细算，日子过得平凡、实在、朴素。平民阶层在饮食方面没有条件雇用专业厨师，一般由家庭成员主持制作，食物不奢华、不矫饰，家常味道浓厚，这是由平民的消费水平、消费习惯和消费心理所决定的。日常食用性和各地口味的差异性，也决定了民间菜的味道以适口实惠为特点。

（4）地方风格特鲜明。在中国，可以说哪里有人哪里就有民间风味。中国地大物博，资源品种丰富，传统型食粮悠久，平民层次人口众多，由于各个地区的地域差异，民族信仰不同，物产类别就形成了地域的特色，劳动人民在就地取材、风俗习惯、口味喜好上就出现了明显差异。同为平民饮食，但各自的具体情况却不相同。如江南民间习惯放糖提鲜，南部沿海民间喜用鱼露拌菜，四川喜用辣椒、豆豉调味等。各地形成的地方风味，正是以民间形成的口味嗜好为基础。

（5）文化特征不明显。平民饮食在很大程度上属于一种生理活动，他们的劳动创造，多为自在的偶发行为，往往处于初步的和粗糙的“原始阶段”，以粗茶淡饭维持生活，还不具备充分体现饮食生活的文化、艺术、思想和哲学特征的物质条件和精神条件，还谈不上有多少文化创造。因为，饮食文化的创造，在很大意义上来说，是个细加工和再创造的性质和过程，而只有长期相对稳定地超出纯生理活动线之上的饮食生活社会性水准（我们称之为“饮食文化创造线”），才能使文化创造具有充分保证。平民饮食作为民族饮食的基本群体，作为饮食文化之塔的基层，是最少“文化特征”的一个文化层次。

相关链接 搜索

乡村的盛宴

贵州省从江县侗族、苗族和壮族聚居的山区，这里的人自古以糯米为主食，高山梯田里种植着近百种原始的糯稻。远离现代文明的喧嚣，散落的村寨像一个个孤岛，深藏在大山深处。

10月是糯稻成熟的季节，壮族聚居的下尧村，正在迎接一个专为稻谷丰收设置的节日——新米节。口感上水稻常被区分为糯与非糯两类，黏性特别强的统称为糯稻，含量丰富的支链淀粉使它蒸煮后极具黏性和韧性。

新米节上，各家的女人都要制作最传统的糯米饭。人们把从附近山上捡来的树叶放进沸水中，略加蒸煮，树叶就会溶解出黄绿色的溶液，成为糯米的天然染色剂，浸泡后的糯米再加以蒸煮，就变成了黑色。现在，她们用另一种植物将糯米染成黄色。用植物给食物上色，是一种古老的智慧，既满足了一个封闭而艰苦的民族对色彩的渴望，又在客观上保护了食物天然的品质。这种米饭油脂丰富、结实耐饿，被当地人看作最值得依赖的食物。

（资料来源：中央电视台纪录频道．舌尖上的中国［M］．北京：光明日报出版社，2012.）

第二节　富家饮食文化

一、富家饮食文化的形成

在平民群体中，还有一部分小康家庭，这些富裕家庭由农村的地主阶级、城镇中的中下等仕宦、富商和其他殷富之家构成。他们有温饱的生活、良好的经济条件，饮食构成比较丰富，讲究可口和营养。逢年过节置办丰盛的筵席，或可“铺张”“隆重”一些，已经有了较多的文化色彩。士大夫饮食文化是富家饮食文化的代表。

南北朝以前，士大夫指中下层贵族，隋唐以后随着庶族出身的知识分子走上政治舞台，这个词便逐渐成为一般知识分子的代称。知识分子的经济地位、生活水平与官府贵族无法比拟，但大多也衣食不愁，有余裕的精力和时间研究生活艺术。他们有较高的文化教养、敏锐的审美感受，并对丰富的精神生活有所追求，这也反映在他们的饮食生活中。他们注重饮馔的精致卫生，喜欢素食，讲究滋味，注重鲜味和进餐时的环境氛围，但不主张奢侈靡费。可以说，士大夫的饮食文化是中国饮食文化之精髓。

唐代士大夫的饮食生活尚有古风，比较注重大鱼大肉，狂呼滥饮。如李白的“烹牛宰羊且为乐，会须一饮三百杯”（《将进酒》），杜甫的“酒肉如山又一时，初筵哀丝动豪竹”（《醉为马坠诸公携酒相看》），看似饮食生活是粗糙的，但也是豪放的。中唐以后，随着士大夫对闲适生活的渴求，与此相适应的是对高雅饮食生活的向往，如白居易的诗“小榼二升酒，新簟六尺床。能来夜话否，池畔欲秋凉”（《招东邻》）。

宋代是士大夫数量猛增和士大夫意识转变的时代。宋及以后的士大夫再也没有唐代士大夫的飞扬踔厉的外向精神，他们关注的是自己内心世界的协调，因此他们的精力往往专注于生活的末节，饮食生活也变成士大夫的热门话题而大谈特谈了。这一时期，饮食理论相继出现，如苏轼主张对饮食要有所节制，他不仅自己节食，而且要求朋友宴请自己时也这样做，否则便不赴宴。注重素食也是宋代士大夫饮食生活中的一个重要特点，但唐代与唐之前皆以肉食为美。宋代士大夫常把一切都提到修身和从政的高度。黄庭坚为画蔬菜写的题词云：“可使士大夫知此味，不使吾民有此色。”朱熹进一步发挥说：“吃菜根百事可作。”世间的万事万物皆可与道德、政治联系起来，所谓近取诸身，推之可以治天下。这正是中国传统文化的特点之一。在重视食蔬风气的影响下，出现了一系列关于饮馔的著作，如林洪的《山家清供》，“山家”本指在野士大夫，这里实际上是士大夫的代称；“清供”，指充满雅趣的野饭。书中以蔬食为中心，介绍了许多与文人相关的极富情趣的肴馔，使人在仿制和食用这些肴馔时，不禁联想到古圣昔贤的流风余韵。

元、明、清三代承袭宋人风尚，并在此基础上形成了有别于官府和市井的独特的士大夫饮食文化。元、明两代关于饮食的著作增多。元代有两本食谱值得注意，一是《易牙遗意》，一是《云林堂饮食制度集》。《易牙遗意》为宋名臣韩琦之后韩奕所著，全书记载了 150 余种饮料、面点、糕饼、菜肴、蜜饯、食药、调料的制作方法，多为日常食品，实用性很强，书中所记肴馔多为江浙风格，有些至今尚有实践价值。《云林堂饮食制度集》是元末名画家兼诗人倪瓒所著。全书共记 50 种肴馔、饮料的制法。作者非常注重水产品制成的菜肴和蔬食，记鱼虾蟹制品 14 种，以清淡为主，符合士大夫的口味。另外，明末高濂所撰的《遵生八笺·饮馔服食笺》，全书三卷 12 类，肴馔 253 种，还有一些有关饮馔保健的专论。

清代，江南一些士大夫承晚明之余绪把饮食生活搞得十分艺术化，超过了以往的任何时代。冒襄（字巢民，号辟疆）在其《影梅庵忆语》中记录了他与宠姬董小宛共向生活时的缱绻深情，记录了他们极为艺术化的饮食生活：“酿饴为露，和以盐梅，凡有色香花蕊，皆于初放时采渍之。经年香味颜色不变，红鲜如摘，而花汁融液露中，入口喷鼻，奇香异艳，非复恒有。最娇者为秋海棠露，海棠无香，此独露凝香发…… 取五月桃汁、西瓜汁，一穰一丝漉尽，以文火煎至七八分，始搅糖细炼，桃膏如大红琥珀，瓜膏可比金丝内糖。每酷暑，姬必手取其汁示洁，坐炉边静看火候成膏，不使焦枯。分浓淡数种，此尤异色异味也。”这段文字生动地再现了董小宛烹调艺术的高超。她生性淡泊，反映在饮食上也注重清淡。在清初众多有关饮食的著作中，能够全面体现士大夫饮食文化意识的是张英的《饭有十二合说》。“饭有十二合”，就是说进餐的美满需要有十二个条件搭配才合适。全文 12 节，可分七部分。第一部分是主食，包括“稻”和“炊”。第二部分为副食，包括“肴”“蔬”“脩”“ 菹”“羹”五条。第三部分为“茗”，即饮茶。第四部分为“时”，指进餐的时间。第五部分为“器”，指餐具。第六部分为“地”，指进餐的地点与环境。第七部分为“侣”，指一起进餐的伙伴。张英的这篇文章将前代士大夫的饮食生活艺术加以总结、归纳，成为研究士大夫饮食文化的重要资料。

二、富家饮食文化的特点

富家层的成员有明显的政治、经济、文化上的优势，有较充足的条件去讲究饮食品质。这一层次成员的家庭饮食生活一般都由家厨或役仆专司，大体上具有以下特点：

（1）烹调方法出新。由于市场需求及竞争机制的作用，富家层对新的烹调方法容纳性强、吸收主动、接收迅速，并且不断创新、精益求精。乡村饮食中的美味被富家层吸收过来，逐渐城市化，食物形状由大改小，分量由多化少，质量由粗变精，花色品种由单调到繁多。如普通的猪肉、鸡肉，农家往往只能制作成为数不多的品种，而在城市里却变化出众多的花色品种。食品的风味得到改善，品位进一步提高后，又被上层社会所改良和接纳，于是山野普通食品逐步转化成贵族气十足的珍馐美馔。

（2）文化特征明显。虽然说富家层的社会地位、生活水平与贵族相差一个档次，但他们大多衣食无忧，且具有一定的文化修养和敏锐的审美思维，他们有精力和时间研究生活艺术。清朝康熙年间秀才李毓秀所作《弟子规》是学童的生活规范，有条件入学的儿童都要学习，其中有对饮食的要求，“对饮食，勿拣择，适可止，勿过则”。《水浒传》中除了写梁山好汉“大口吃肉、大碗喝酒”之外，还记载了大量的富家阶层饮食状况。比如，设酒筵待客，都要先铺陈果品，先吃水果之后，才吃正餐。再如，武松被发配到孟州的牢城之中后，管营的儿子金眼彪施恩看中了他的一身好武艺，让他在监狱中受到了特别的优待，武松第一天的午饭是“一大旋酒，一盘肉，一盘子面，又是一大碗汁”，第一顿饭吃面有接风的意思，文化特征显现。此外，古代富商大贾的豪侈贪欲，文士的风雅猎奇等，赋予这一层次以突出的文化色彩，历史上那些名楼贵馆，大体上也是服务于第二层次及第三层次的。

（3）沟通上下的桥梁。在整个社会饮食生活的层次性结构中，这一层次占有很重要的位置，在社会风气的演变上起着不可忽视的联结和沟通上下层次的作用。原本产于深山野岭的只有土居之民问津的走兽飞禽、乌龟甲鱼、竹荪香蕈之属，经富家层精心制作，进入贵族豪门餐桌之后便身价百倍，变得典雅而且高贵。同时，饮食文化的影响是双向的，一方面是饮食由下而上的文化攀升，另一方面是饮食文化色彩浓郁之后的向下运动的普及。为贵族服务的饮食往往又流布于市井之中，市民将其通俗化、平民化后流传普及到村野之民的餐桌上。富家层在饮食文化的上下运动中充当着桥梁的作用。

相关链接　搜索

市井饮食文化

市井，指街市，古代城邑中集中买卖货物的场所。市井饮食文化是一种生活化、自然化、无序化的自然饮食文化，它反映了普通市民的日常饮食生活和心态。

市井饮食文化可以说与城市一起产生。中国古代的商品交换在商代就已经比较发达了，“日中而市”的集市出现在西周。孔子的“沽酒，市脯不食”，说明当时市肆上已经有专门卖酒及熟食品的了。《盐铁论》中描述秦汉之时，长安市面上“熟食遍列，肴旅成市”，食品交易发达可以想见。魏晋南北朝期间虽然战乱频仍，可饮食行业仍有所发展。《阮籍不拘礼法》中有“邻家少妇有美色，当垆沽酒。籍尝诣饮，醉，便卧其侧”记录了晋代诗人阮籍到市肆饮酒的故事。

隋唐两代饮食业有了很大发展。隋炀帝大业六年（610年），“诸蕃”请求入首都交易，炀帝便“先命整饰店肆，檐宇为一。盛设帷帐，珍货充积，人物华盛”。为自炫于外国人，遂让卖菜的铺上华贵的龙须席，胡客路过酒楼饭店，则被请入，吃喝完毕，也不要钱，还谎称“中国物产丰富，吃饭从不收钱”，致使“胡客皆惊叹”。不过从这个故事，也可以看出当时饮食行业之繁荣。唐代，不仅通都大邑有酒楼饭店，即使乡村集镇也不乏独具风味的酒店饭铺。杜牧的“借问酒家何处有，牧童遥指杏花村”（《清明》）、罗隐的“狂折野梅山店暖，醉听村笛酒楼寒”（《江边有寄》）都是例证。甚至在官道大路边亦设有食摊酒店。王仁裕《开元天宝遗事》中说：“长安自昭应县至都门，官道左右村店之民，当大路市酒，量钱数多少饮之。亦有施者与行人解之，故路人号之‘歇马杯’。”可见当时社会之富裕与民情的淳朴。

两宋，市井饮食文化的发展达到高峰，主要表现在：饮食店铺众多，分类细，服务面广，烹调的水平高，饮食行业增添了文化色彩。北宋汴京著名的酒楼有72座，号称“七十二正店”，主要为豪富贵官服务，这些大饭店有百余步长的主廊，还有许多“小阁子”（雅间）。另有一些小店，专卖家常饮食。《东京梦华录》记载“集天下之珍奇，皆归于市；会寰区之异味，悉在府厨”，代表了当时市肆风味的最高水平；“北食则矾楼李四家、段家熝物石逢巴子。南食则寺桥金家、九曲子周家，最为屈指”，反映了当时汴京的饮食市场为南来北往的客商服务，促进了南北饮食文化的交流。另外，两宋饮食行业文化色彩很强，服务程序规范化，而且热情周到。《东京梦华录》记载汴京酒楼的服务状况：“客坐则一人执箸纸，遍问坐客，都人侈纵，百端呼索。或热或冷，或温或整，或绝冷、精浇、膘浇之类，人人索唤不同。行菜得之，近局次立，从头唱念，报与局内。当局者谓之铛头，又曰着案讫。须臾，行菜者左手杈三碗。右臂自手至肩，驮叠约二十余碗，散下尽合各人呼索，不容差错。”饮食业经营者还考虑到歌舞声色对他们营业的影响，在酒楼中安排歌筵舞宴。

元代市井饮食文化并未超过两宋，许多城市较两宋还有较明显衰退。但其时，蒙古和西域食品大量流入内地。

明清两代人口激增，大中城市星罗棋布，为市井饮食文化的发展提供了场所和物质条件。除了繁荣似两宋时期之外，各地肴馔开始形成各自的地域特色，重要的形成菜系，清代称之为“帮”，如吴帮、徽帮、京帮、杭帮、淮扬帮等。许多名肴名点基本定型，由厨师们口耳相传，并流传至今。

第三节　官府饮食文化

一、官府饮食文化的形成

在奴隶社会和封建社会中，有一批权力、财产高于其他阶级的上层阶级，他们主要是由达官贵胄及家资丰饶的名世望族所组成，他们或权倾朝野，或雄镇一方，或闻名遐迩拥资巨万。中国的官僚在奴隶社会和封建社会里是统治阶级中地位很高的一个阶层，他们往往凭着经济上难以比拟的优势和政治上的超级力量，在饮食生活方面，灶上烹天煮海，席间布列千珍，日日年节，筵宴相连。

曹丕《典论》中云：“一世长者知居处，三世长者知服食。”后来这句话演变为：“三辈子做官，方懂得穿衣吃饭。”也就是说饮食肴馔的精美要经过几代的积累。后代许多食单、食谱都出于贵族之家。《红楼梦》作者曹雪芹的祖父曹寅就刊刻过《居常饮馔录》，这套丛书包括宋、元、明三代许多重要的饮食著作。曹家从雪芹曾祖曹玺到其父曹頫为江宁织造60余年，自然精于饮馔。《红楼梦》中的贾家从“荣国公”“宁国公”始封算起到草字辈（如贾蓉、贾兰）也有五代，将及百年，其生活排场和一般仕宦之家相比，气象自然不同，在肴馔上亦如此。晋代的何曾父子、任恺、王济、王恺，唐代的韦巨源、段文昌，宋代的蔡京、张公俊，清代的和珅均是官府贵族层的代表。

这些大官僚或贵族之家生活奢侈，有很充足的经济来源，肯花重金采购珍奇食物原料，而且，贵族家庭没有宫廷那么多的禁忌和礼数，他们对饮食的要求和对于烹调经验的总结，确实能创造出许多珍馐美味来，为官府风味的形成创造了重要条件。

同时，一道名菜的形成，离不开厨师，也离不开美食品味家。中国历史上有一些官僚不仅是美食品味家，同时还是烹调专家，历代烹饪著作多出自这些官僚之手，比如曹操、崔浩、谢枫、韦巨源、苏轼、曹寅、袁枚等。因此，官府风味形成的另一个重要条件是名厨与美食品味家的结合。

二、官府饮食文化的特点

史书上所谓“钟鸣鼎食”“食前方丈”，指的便是官府贵族层的饮食生活的水平和气派。官府菜的一菜一点中都体现着奢华、大气、文雅之风范。官府菜是时代的产物，无论是从官府菜选料之精、下料之狠，还是崇尚时令吃鲜，讲究就餐礼仪和环境，特别是其菜品的恢宏气势，都反映了当时社会的人文文化特点。

（1）烹调技术高超。封建官僚的府邸之中奴婢成群，直接服务于饮食生活的役仆从数十人至上百人，厨师队伍组织健全、分工细密，独擅绝技的名师巧匠为其中坚。如曾经历任山东巡抚、四川总督的丁宝桢，府邸雇用厨师数十人，均为各派系烹调高手。官府风味品高质优，即使是普通食品，也烹制得精致异常，因此，官府菜又被称作“功夫菜”。以“红烧鲍鱼”为例，将干鲍鱼涨发后，剞成花刀，用毛汤氽，鸡汤煨煮，制作精细，汁浓味鲜，软嫩适口。

（2）风味特色分明。官府菜兴盛于明清时期，主要由王府、皇亲国戚、富豪商贾、达官显贵、社会名流等官邸的私家厨师开创。一般来讲，某官府之味以其官之所好为准，如谭家菜因创始人谭宗浚为广东人，故以广东特色为主；而孔府菜则以山东风味为主；随园菜是以淮扬风味为主。目前，曲阜孔府菜、北京谭家菜、南京随园菜并称为中国著名的三大官府风味。

既是官府风味，必然深深打上统治阶级的烙印。古代中国皇帝与贵族以及平民的饮食之分很明晰。官府菜作为一种主流代表，是京城的皇帝以及皇亲贵族、达官贵人的府第菜肴。在古代，开明皇帝常把御厨赏给皇亲国戚，也常设宴款待文武百官，在众多书籍中皆有记载。历史上擅长烹调的官僚美食家众多，但是，官府菜在规格上绝对不得超过宫廷菜，同时又必须与庶民菜有明显差别，方显官家气派。如孔府筵席，有严格的等级，接待钦差大臣、州府官吏、县级官员就有鱼翅四大件、海参四大件和海参两大件之别，体现出浓厚的等级观念。

（3）进餐礼仪雅致。官府风味不仅讲究菜肴的精美，而且追求进食礼仪优雅，在官府菜饮食过程中采用相应的环境搭配，充分体现官府特征。古代豪门贵族吃饭时要奏乐击钟，用鼎盛着各种珍贵食品，故用“钟鸣鼎食”形容权贵之家饮食活动的豪奢排场。许多官府在宴请宾客之际，大菜上桌一般都有特定的“出场秀”，进餐过程中还将娱乐、游玩、赏景或搭配以舞蹈、音乐和饮食有机结合起来，进而有效地调节愉快的饮食气氛。这里面固然包含等级制度的需要，却也符合我国“雅食”的优良传统。

（4）对饮食文化的贡献大。历史上以“食客”名世的人物，以及许多美食家、饮食理论家，大多集中在富家层次和官府层次。官府菜有着悠久的历史文化和风味特点，烹饪技艺经过不断改进、创造，兼容了不同时期人们的喜好和饮食追求，所以有 2000 多年历史的官府菜蕴含许多历史性的背景、习俗、相关典故等文化内涵，“食中至尊，味之巅峰”是中国人对官府饮食文化的赞誉。因此，官府菜代表着各个时期饮食发展的最高水平，有着深厚的历史文化底蕴。

三、官府饮食生活

有证可考的官府菜很多，如孔府菜、谭家菜、东坡菜、随园菜、帅府菜、红楼菜、段家菜、任家菜、王家菜、云林菜等，都属于官府菜。

（一）孔府饮食生活

孔府是孔子和其后人居住的地方，在中国封建社会，孔府既是公爵之府，又是圣人之家，是“天下第一家”。孔府既举办过各种民间家宴，又宴迎过皇帝、钦差大臣，各种宴席无所不包。孔府宴吸取了全国各地的烹调技艺逐渐形成，另外，孔府的内眷多是来自各地官宦的大家闺秀，她们也常从娘家带着厨师到孔府来，经过数百年不断发展充实逐渐形成一套独具风味的家宴，集中国宴席之大成。

孔府饮食的文化氛围浓重。无论菜名，还是食器，都具有浓郁的文化气息。比如“御带虾仁”表明了孔府地位的尊荣；“孔府一品锅”是因为衍圣公为当朝一品官而得名；“带子上朝”“怀抱鲤”，都是一大一小放在同一个餐具中，寓言辈辈为官、代代上朝。从食器上看，孔府宴的器皿大多是整套定做的，如孔府现存的一套满汉全席餐具“礼食银质全席食器”（传为乾隆三十六年御赐），全套食器有 404 件，可供上 190 多道肴品，精瓷瓷具、华贵奇巧的餐桌椅皆体现着鲜明的贵族和书香特点。器皿材质有瓷、金、银、铜、锡。食器还具有丰富的艺术造型，有方的、圆的、鹿形的、桃形的、元宝形的、八卦形的、云彩样的，盛鱼的是鱼的形状，盛鸭是鸭的形状，菜随器具，器具上镶有翠、玉、珊瑚等珠宝。食具上还镌刻了与器形相应的古诗句，如在琵琶形碗上镌有“碧纱待月春调珍，红袖添香夜读书”。所有这些，都传达了天下第一食府饮食的文化品位。

孔府宴等级分明。孔子认为“礼”是社会的最高规范，宴饮是“礼”的基本表现形式之一。孔府内设两个大厨房，分内厨与外厨。内厨设在孔府内宅中，专供衍圣公及其家属的日常饮食。孔府宴分为三六九等，孔府大开筵宴时，组织有序，调度及时，礼节周全，服务周到，环境古朴高雅，豪华庄重气派，达到了历史上私家宴事管理的最高水平，是中国古代宴席的典范。孔府饮食堪称中国古代贵族饮食文化的缩影，是中国古代饮食艺术的典型代表，是贵族饮食文化的活样板、活化石。

（二）民国谭家菜

谭家菜是中国最著名的官府菜之一，谭家菜是清末官僚谭宗浚的家传筵席，因其是清同治二年（1863 年）的榜眼，又称“榜眼菜”。谭宗浚一生酷爱珍馐美味，亦好客酬友，他与儿子刻意饮食，并以重金礼聘京师名厨，常亲自督点，得其烹饪技艺，将广东菜与北京菜相结合而自成一派，中国历史上唯一由翰林创造的“菜”自此发祥。时至今日，谭家菜被完好地继承了下来，并获得了新的发展。作为中国官府菜中的一个最突出的典型，谭家菜不仅赢得了许多国内外老饕的赞美，也引起了不少烹饪研究家的兴趣。从中国烹饪历史角度说，谭家菜是一块活化石，提供了一份研究清代官府菜的最完整而准确的资料。

1. 谭府饮食文化

“谭家菜”在形成的初期，只是作为一种家庭菜肴。清亡后，谭家逐渐败落，但是在饮食方面，谭宗浚之子却不愿意稍有收敛，仍坐食山空，直到实在维持不下去了，便悄悄地承办家庭宴席，但碍于面子，还不肯挂出“餐馆”的招牌，不过生意却日益兴隆，有许多素不相识的人慕名而来，以重金求其备宴。当时订谭家菜宴席，必须转托谭家的相熟之人，谭家菜的价格也是一般中产之家不敢问津的。吃谭家菜有一个条件，不管就餐者与谭家是否相识，都要给主人多设一个座位，主人也总是要来尝上几口，以这种形式，来表示“我这里并不是饭馆”，其目的，当然不过是维护自己的面子罢了。要吃谭家菜，还有一条不成文的规矩，那便是无论吃客有多大的权位，都需走进谭家门来吃谭家菜。曾有很多名流在京城请客，希望谭家厨师能出“外会”，均遭到拒绝。“谭家菜”通过这样的家庭小宴而逐渐流传到社会上来。

2. 谭家菜特点

谭家菜自成菜系，有菜品近300种，以烹制海味菜见长，以燕窝和鱼翅的烹调最为有名，其保留翰林府家庭制作方法，燕窝、鱼翅全凭温水泡透、发透，决不用火碱急发，以免破坏营养成分。谭家菜的黄焖鱼翅、清汤燕窝、扒大乌参等系列佳肴都为“功夫菜”，每道菜都具有精雕细刻的精当之特点。

（1）咸甜适口，南北均宜。谭家祖籍广东，又久居北京，故其肴馔集南北烹饪之大成，既属广东系列，又有浓郁的北京风味，在清末民初的北京享有很高声誉。谭家菜在烹调中往往是糖、盐各半，以甜提鲜，以咸提香，做出的菜肴口味适中，鲜美可口，无论南方人、北方人都爱吃。

（2）原汁原味。谭家菜是靠味道的鲜美和质地的软嫩而获得人们一致赞扬的。谭家菜烹饪的调料极其简单，很少用花椒一类的香料炝锅，也很少在菜做成后，再撒放胡椒粉一类的调料。吃谭家菜，讲究的是吃鸡就要品鸡味，吃鱼就要尝鱼鲜，绝不能用其他异味、怪味来干扰菜肴的本味。在焖菜时，绝对不能续汤或兑汁，否则，便谈不上原汁了。

（3）慢火细做。谭家菜“长于干货发制”“精于高汤老火烹饪海八珍”，制作讲究火候足、下料狠，菜肴软烂，因而味道鲜美、质地软嫩。谭家菜是家庭菜肴，不像一般菜馆里的菜，出于经营的需要，多是急火速成。在谭家菜中，采用较多的烹饪方法是烧、炖、煨、烩、焖、蒸、扒、煎、烤，以及羹汤等，而很少有爆炒类的菜肴。亦不讲究抖勺、翻勺等技术。也正因为这个原因，想吃谭家菜还得事先预订，给厨师留出充足的备料、制作时间。

（4）美食美器结合。大部分菜品都用精致的器具分盛，古色古香，顾客一人一份，这样的分餐办法很讲究卫生。品尝谭家菜也非常注重环境，古玩满架，盆景玲珑，名人字画，室雅花香，给顾客一种古朴典雅的氛围。因此，谭家菜虽贵，可是吃过谭家菜者皆称“不为妄费”。正因为谭家菜与众不同，曾有人发出“人类饮食文明，到此为一顶峰”的赞叹。

相关链接 搜索

《红楼梦》贾府元宵家宴的排场

且看看53回的元宵家宴：“至十五日之夕，贾母便在大花厅上命摆几席酒，定一班小戏，满挂各式佳灯，带领荣宁二府各子侄孙男孙媳等家宴……共摆了十来席。每一席旁边高设一几，几上设炉瓶三事，焚着御赐百合宫香……又有小洋漆茶盘，内放着旧窑茶杯并什锦小茶吊，里面泡着上等名茶……上面两席是李婶薛姨妈二位。贾母于东边设一透雕夔龙护屏矮足短榻，靠背引枕皮褥俱全……外另设一精致小高桌，设着酒杯匙箸，将自己这一席设于榻旁，命宝琴、湘云、黛玉、宝玉四人坐着。每一馔一果来，先捧与贾母看了，喜则留在小桌上尝一尝，仍撤了放在他四人席上，只算他四人是跟贾母坐。故下面方是邢夫人王夫人之位，再下便是尤氏、李纨、凤姐、贾蓉之妻。西边一路便是宝钗、李纹、李绮、岫烟、迎春姊妹等，廊上几席，便是贾珍、贾琏、贾环、贾琮、贾蓉、贾芹、贾芸、贾菱、贾菖等。”宴会的节目更是名目繁多：劝酒、看戏、赏赐演员、听书、行“春喜上眉梢”酒令、说笑话、放烟火，然后才是上汤。这虽是“家庭间小宴”，但富丽中透着逼人的浓郁气氛。元宵节日的氛围也跃然而出。

（三）袁枚与随园菜

随园菜得名于袁枚所著的《随园食单》。《随园食单》是清代一部系统地论述烹饪技术和南北菜点的重要饮食文化专著。该书所载的名馔绝大多数都是当时各地官府家的菜品，以南京特色风味为主，兼收江、浙、皖各地风味佳肴和特色小吃共计326种，堪称我国古代官府菜的典范。用袁枚自己的话说，“每食于某氏而饱，必使家厨往彼灶觚，执弟子之礼，四十年来，颇集众美”“余都问其方略，集而存之”。随园菜的特点是“一物各献一性，一碗各成一味”，曾在江浙一带久负盛名。直到20世纪80年代，时任金陵饭店总厨师长的薛文龙大师，历经20年的潜心研究，才终于复原出《随园食单》中的菜品。随园菜的品种繁多，已研制成功的有40多种，如素燕鱼翅、鳆鱼炖鸭、鳆鱼豆腐、白玉虾圆、八宝豆腐、鸡松、鸡粥、瓜姜水鸡、雪梨鸡片、台鲞烧肉、熏肉、酱炒甲鱼、酒煨水鱼、黄芪蒸鸡、叉烤山鸡、竹蛏豆腐、芥末菜心、白汁鸡图、糟鸡翅、鱼脯、素烧鹅、烧鸭、栗子烧鸡、酒煨鳗鱼、灼八块、醉虾等。

第四节　宫廷饮食文化

一、宫廷饮食文化的形成

宫廷饮食文化层是中国饮食史上的最高文化层次，是以御膳为重心和代表的一个饮食文化层面，以及由国家膳食机构或以国家名义进行的饮食生活。各朝代统治阶级的思想就是占统治地位的思想，饮食行为也无不渗透着统治者的思想意识，表现出其修养和爱好，并形成了具有独特特点的宫廷饮食。

从周代开始，宫廷菜便讲究食必稽于本草，饮必准乎法度，五味调和，烹饪得宜，珍俊宴享，饮膳有序。汉代宫廷饮食承袭秦制，宫中饮膳正如君主的绝对权威一样等级森严，御膳的备办、传膳、进膳、用膳和赐食等都有一套严格的程序，显示皇帝神圣的饮膳之制不可僭越。魏晋南北朝时期是中国封建社会历史上大动荡、大分裂持续最久的时期，绵延不绝的战争交替发生，使各地各族人民的饮食文化熔于一炉，汉族人民的饮食习惯有所改变，宫廷饮食出现了“胡”汉交融的特点，面食的发酵技术更加成熟，宫廷中的面食种类日益丰富，乳类、羊肉食品在宫廷中占有相当地位，饮茶习俗开始在宫中形成。

隋唐时期，一统、集权和强盛的帝国给宫廷饮食创造了极丰富的物质条件，至尊的帝王将自己的饮食生活推向奢靡的极致。宫廷肴馔有了较详细的记载。《卢氏杂说》记载:“唐御厨进食用九钉食，以牙盘九枚装食于其间，置上前，并谓之‘香食’。”唐代宫廷肴馔十分华贵，但也明显地保存着古风和“胡”味。菜肴以脯、醢、炙、羹为主，烹饪方法以蒸、煮、烤、熬为主。但是，唐代宫廷礼制远没有清朝那么森严僵硬，皇帝后妃可与皇亲国戚、文武大臣共食，唐玄宗甚至曾为诗人李白调羹，这在清代是不可想象的。

宋代分为北宋、南宋两个阶段，宫廷饮食风格有明显的不同。北宋以“北食”为主，南宋以“南食”为主，此亦饮食文化区位差异使然。宋代宫廷饮食生活的奢侈程度，前后也有很大差别，一般认为北宋初叶至中叶较简约，后期到南宋则较奢侈。

元朝是蒙古人建立的，蒙古军队的铁骑曾远征到欧洲、中东及南亚一带，使这些地区的文化与蒙古文化得到交流。因此，元宫廷饮食肴馔十分庞杂，以蒙古菜肴为主，兼容了汉族、女真族，以及西域、印度、阿拉伯、土耳其、欧洲一些民族和地区的食品与肴馔。较全面地反映元代宫廷饮食的是忽思慧的《饮膳正要》。忽思慧是元宫廷饮馔太医，他著此书是为皇帝、贵族的保健服务，希望他们进食时考虑到食物的药性，使进食有益于健康。

明代自永乐年间起以北京为首都，但明代皇帝是南方人，宫廷大臣也多来自南方，故宫廷饮食带有强烈的南国色彩，许多南货由漕运而至北方。《明宫史》中记："先帝（指明熹宗）最喜用炙蛤蜊，炒鲜虾，田鸡腿及笋鸡脯。"明代宫廷十分重视饮食肴馔的时序性和节令食俗，有些习俗至今保留在北京市民的生活中。如"正月初一五更起……饮椒柏酒，吃水点心，即'扁食'也。或暗包银钱一二于内，得之者以卜一岁之吉"……五月"吃粽子，吃加蒜过水温淘面"。六月伏天"亦吃过水面，吃银苗菜，即藕之新嫩秧也"等。

清朝是中国历史上最后一个封建王朝，它继承并推进了中国古代高度发展的封建经济，总结并汲取了中国饮食文化的光辉成就，尤其是宫廷筵宴规模不断扩大，烹调技艺水平不断提高，把中国古代宫廷饮食发展到了顶峰。满汉全席是集满族与汉族菜点之精华而形成的历史上最著名的中华大宴。

相关链接　搜索

御膳厨师

乾隆后期的御膳厨师除原有的满族和汉族山东籍为主的厨师外，由于乾隆六次下江南，到过苏州、扬州、杭州等地，遍尝了当地的美点佳肴。为了将这些菜点引入宫中，就选派了一批技艺高超的厨师进宫，于是御膳中除满族风味和山东风味外又增添了江南风味。此后，还从中原引进厨师，使御膳风味更加丰富多彩，厨师也从原来的百余名猛增到400余名。在这些厨师中，少数是身怀绝技的高手，多数是他们的配手，还有一些是打杂差的，如生火、洗菜、洗碗等，也有的派在茶房和清茶房当差。为了笼络厨师，促使他们安于本位，厨师的待遇按技术水平划分为六等。一等厨师待遇最优厚，相当于七品官的俸禄，也就是与知县的薪水不相上下，而且还能受到皇帝或皇室成员的赏赐，他们的家属也随之沾光，生活上得到很好的照顾。其他各个等级的厨师待遇虽有差别，但一般都不低于宫外厨师的收入水平。

由此可见，最早见于文字的满汉全席，乾隆后期为它的出世创造优越的物质基础，从而为满汉全席的发展树立了典范。

（资料来源：林苛步．满汉全席记趣［M］．上海：上海交通大学出版社，1995.）

二、宫廷饮食文化的特点

《诗经》中讲："普天之下，莫非王土。率土之滨，莫非王臣。"在中国阶级社会中，国家就是帝王的家天下，帝王拥有最大的物质享受。在长达2000余年的中国封建社会里，身居于巍峨的皇宫和瑰丽的皇家花园之中的帝王，不仅在政治上拥有至高无上的权力，在饮食的占有上也凌驾于万万人之上。他们可以在全国范围内役使天下名厨，集聚天下美味。宫廷饮膳凭借御内最精美珍奇的上乘原料，运用当时最好的烹调条件，在悦目、福口、怡神、示尊、健身、益寿原则指导下，创造了无与伦比的肴馔，充分显示了中国饮食文化的技术水准和文化色彩，充分体现了帝王饮食的富丽典雅而含蓄凝重，华贵尊荣而精细真实，程仪庄严而气势恢宏。外形美与内在美高度统一的风格，使饮食活动成了物质和精神、科学与艺术高度和谐统一的系统过程。

（1）选料严格精细。选料严格，指宫廷御膳厨房有条件聚集天下美食原料，将大批的地方特产选进宫中，作为贡品，献给皇帝，使宫中御厨在选料方面非常严格，对烹调用食物原料务求完美无瑕。早在周代，统治者就食用“八珍”。以后历代统治者的饮食越发精细、珍贵。清朝宫廷御膳在原料的选择上广受博取天下万物中的稀世珍品。如熊掌、飞龙鸟、鹿茸、鹿鞭、鹿脯等要东北的，银耳要四川通江的，鲍鱼、海参要山东的，鱼翅要南海的，水要京西玉泉山的，鲤鱼只用一斤半重的，等等。

（2）注重文化内涵。一次宫廷宴，实际上就是一次人间美味的盛展，其菜品不但好吃，而且还要有好的造型，通过精美的食品和精巧的食器来体现政治上的至尊至荣地位，以及举世无双的显赫权势。

清代宫廷宴会进行前，工匠要将筵宴大殿油饰一新，使其更加富丽堂皇。皇帝及其皇室成员在进行筵宴时，所用食器多为金银、玉石、象牙器皿，并由专门的工匠精工制作。现在北京故宫博物院“珍宝馆”内陈列清代“宁寿宫”慈禧膳食用餐具，仅金、银、象牙、玉石等材料制作的就有1500多件，其中金质餐具重有291公斤，银质餐具重有530公斤。这些食器上一般都有专名，如“大金盘”“青白玉无盖葵花盒”“上交三羊开泰碗”“双凤金碗盖”“绿龙白竹金碗盖”“大紫龙碟金盖”。可以说，每一件餐具从外形到内观，都充分体现出皇家的“尊”“荣”“富”“贵”“典”“威”等独有的气派和权势。

宫廷中为讨好皇帝，经常给菜肴起个吉祥名字，有的是后人附会出的典故，使宫廷菜的命名风雅别致，内涵丰富。如龙凤呈祥、金凤卧雪莲、宫门献鱼、鹤鹿同春、百鸟朝凤、嫦娥痴情、麒麟送子、雪日桃花、全家福、万字扣肉等菜肴名，万寿无疆席、江山万代席、福禄寿喜席等宴席名，足以显露出宫廷菜的典雅和高贵，同时也完美地体现其文化色彩浓厚的特点。

古代宫廷进食，好以音乐歌舞助兴，用来强调气氛，激荡情绪，增进食欲，张大威仪。清代，凡宫中的重大筵宴，均有音乐、歌舞助兴，以烘托气氛，接着是一整套繁缛的进茶、进酒、进馔仪式，然后进舞。

（3）菜品饮宴丰富。宫廷菜集四方贡珍奇品，御厨精烹，因而品式繁多，不胜枚举。唐朝宫廷的饮食，因其强盛的国力和开放的文化而具有明显的中外兼收、多族并蓄特点，宫中名食绚丽多彩。主粮仍以麦、稻为主，间以各种杂粮，饭食品种增多，较著名的有越国公碎金饭、御黄王母饭、青精饭、清风饭、长生粥等。名菜佳肴层出不穷，如驼峰炙、假燕菜、金童玉脍、浑羊殁忽等。唐代宫廷宴会种类较多，宴请蕃使、喜庆加冕、庆功、祝捷、重大节日等都要举行盛大宴会，如朝宴、樱桃宴等颇有影响。

据《宋会要辑稿·御厨》中记载，北宋时，御厨所用面和米的比例是2∶1，以面食为主。南宋时稻米的比重有所增加。宋代宫廷宴会名目繁多，如圣节宴、春宴、秋宴、朝宴、庆功宴、喜庆宴等。

清代信修明在《宫廷琐记》中记录的慈禧太后的一个食单，其中仅燕窝的菜肴就有六味：燕窝鸡皮鱼丸子、燕窝万字全银鸭子、燕窝寿字五柳鸡丝、燕窝无字白鸭丝、燕窝疆字口蘑鸭汤、燕窝炒炉鸡丝。清宫筵宴种类繁多，各有名目，如顺治元年清入关后的第一次大宴“定鼎宴”；为了笼络知识分子开办的“乡试宴”（亦名为“鹿鸣宴”）；迎接大军凯旋的“凯旋宴”；表彰儒臣翰林等官员编修实录、圣训的“修书宴”；每年春三月文华殿专门招待文臣学士的“经筵宴”。此外，宗室筵宴、皇帝登基、皇帝大婚、皇帝“万寿”、皇后“千秋”、皇子大婚、公主下嫁等，都要举行筵宴。每年元旦、上元、端阳、中秋、重阳、冬至、除日等节，清宫均筵宴九卿六部、满汉大臣、诸藩使节。

（4）膳食机构庞大。宫廷御厨人员众多，各种流派的御用厨师身怀绝技，为帝王烹制膳食殚精竭虑，不许有丝毫差错，厨事队伍庞大。

据《周礼》记载，周朝宫廷的厨事队伍庞大，分工细密，专门负责皇帝的饮食，《周礼注疏·天官冢宰》中有“膳夫、庖人、外饔、亨人、甸师、兽人、渔人、腊人、食医、疾医、疡医、酒正、酒人、凌人、笾人、醢人、盐人”等条目，目下分述职掌范围。大致有管理、烹饪、制作、供应、保健和服务6大类基本分工。其中管理人员264人，烹饪人员473人，制作人员666人，供应人员1886人，服务人员170人。

清朝宫廷御膳有一个庞大的管理机构，即内务府和光禄寺。光禄寺是专门管理皇室盛大筵宴的机构。内务府是掌管清代皇室宫廷事务的机构，总领承办皇室的衣食住行诸务、处理一些与六部有关的事务，如宫中财务收支、各项典礼、修造工程、稽查警卫及管理太监、宫女等。内务府下属的“御茶膳房”则是专门管理皇帝与皇室宫廷饮食的机构。另外，内务府广储司的茶库，营造司的炭库、柴库、掌司仪的果房和庆丰司管辖的牲畜群等，也都与宫廷饮食有密切的关系。

（5）制度严格有序。在史书记载中，帝王的饮食有严格的制度，对外是保密的。加上文献失传等原因，我们现在所知并不多。例如对于唐代宫廷食品，只是从皇帝赏赐给某些大臣的食品历史记载中才略知一二。如果不是清朝被推翻，清代御膳档案也绝不会公之于众。

按《周礼》等典籍的记载，作为“天子”的王，他的一切行为都有政治性、权威和神圣的色彩，都体现礼制。因此王的饮食，就不是一般意义上的生理活动，而是一种尚礼的典范性活动。

在森严的礼仪制度下，宫廷饮宴进餐过程十分严格有序。就位进茶、三跪九叩、音乐起奏、展揭宴幕、举爵进酒、进馔赏赐等，都是在固定的程式中进行的。等级分明的封建礼仪程序显得十分烦琐，在桌次和座次安排上也十分严格。

复习与思考

一、名词解释

饮食文化层　富家层　孔府宴　谭家菜

二、单项选择题

1. 中国封建制历史时期大致有四个基本的饮食文化层次，在这四个层次之中，（　　）是其他几个层次存在的前提，也是最少文化特征的层次。

A. 平民层　B. 富家层　C. 官府层　D. 宫廷层

2. “御带虾仁”是（　　）的代表菜品。

A. 随园菜　B. 孔府菜　C. 富家菜　D. 谭家菜

3. 谭家菜是中国最著名的官府菜之一，谭家菜是清末官僚谭宗浚的家传筵席，又称（　　）。

A. 宫廷菜　B. 富家菜　C. 榜眼菜　D. 鲁菜

4. 咸甜适口，南北均宜，原汁原味是（　　）的特点。

A. 孔府菜　B. 谭家菜　C. 红楼菜　D. 南菜

三、多项选择题

1. 富家层饮食文化的特点是（　　）。

A. 烹调方法创新　B. 文化特征明显

C. 市井饮食文化繁荣　D. 沟通上下的桥梁

2. 平民饮食的群体包括（　　）。

A. 村野民众　B. 市井平民　C. 穷苦人家　D. 富家仆人

3. 史书上所谓“钟鸣鼎食”“食前方丈”，指的便是（　　）饮食生活的水平和气派。

A. 平民层　B. 富家层　C. 官府层　D. 宫廷层

4. 中国著名的三大官府风味是（　　）。

A. 孔府菜　B. 谭家菜　C. 红楼菜　D. 随园菜

四、简答题

1. 阐述平民饮食文化的基本特点。

2. 简述孔府宴的类别及内涵。

3. 宫廷饮食文化的特点有哪些？

推荐阅读

1. 王仁湘．饮食与中国文化［M］．青岛：青岛出版社，2012.

2. 邵万宽．食之道：中国人吃的真谛［M］．北京：中国轻工业出版社，2018.

第六章

中国地域饮食文化

区域性是中国饮食文化最大的特点。由于我国幅员辽阔，各地气候、物产、经济、风俗、民族习惯都存在相当大的差异，各个地区在饮食思想、食物原料、饮食风味、烹调技法、调味手法等方面形成了各自特点。掌握饮食文化的区域性理论、了解各地区菜品的风味特点和典型菜肴，有利于加深对中国饮食文化的全面理解和认识。

本章主要分析了中国饮食文化地域性产生的原因，梳理了地域文化相关理论，并按照我国的行政区划分别阐述了东北、西北、华北、华东、华中、西南、华南七个区域的饮食文化。

学习目标

知识目标

1. 了解中国饮食文化区域性形成的原因和基本理论
2. 了解中国各地区的饮食文化特点
3. 了解全国各地区著名的菜肴品种

能力目标

1. 能够熟练掌握和讲解各地区饮食文化的特点
2. 掌握各地区风味特色及其形成的原因
3. 能熟练识别各个地区的代表菜肴

案　例

不同区域居民饮食消费习惯

由农业部农产品加工局主持、中国农业大学食品与营养工程学院具体承担和组织实施的“我国居民家庭主食消费状况”调查显示，我国居民家庭正越来越依赖主食的工业化生产和社会化供应。

调查数据显示，当前我国居民家庭平均每日花费在做饭上的时间约为 1 小时 35 分钟，与 2000 年前相比，45.9% 的家庭在厨房做饭的时间有所减少，这些家庭平均少花费 45 分钟备餐时间。我国家庭的餐桌上，约 1/3（32.57%）有主食成品、半成品，若加上外出就餐情况，该数据将更高。三餐相比，居民在早餐时用成品、半成品备餐的比例更高，为 39.5%，午餐和晚餐均为 29.1%。居民购买面制主食的比例要高于米制主食，在调查前一周内，有 57.7% 的居民家庭购买过馒头，占比最高。

（1）不同区域居民的饮食消费习惯存在很大差异。在城乡结构方面，与城市居民相比，农村居民仍然以食用馒头、面条、米饭等传统主食为主，并且用原料自制主食的比例要明显高出城市居民，他们相对更少在家以外的地方就餐，购买的成品、半成品食物也比较少。而在地理位置方面，“南米北面”的传统饮食习惯依然存在。与此同时，居民饮食习惯与当地粮食产量密切相关。

（2）安全性成为居民购买工业化主食的首要考虑因素。工业化主食最大的优势是方便快捷，最需要改变的是提高消费者对食品安全的信任度。调查中，居民认为，工业化主食质量安全可靠的占 20.2%，只有 1/5。与此相关，有 82.9% 的居民认为工业化主食质量应安全可靠，有 78.8% 的居民购买主食时看重卫生条件，有 56.6% 的居民选择有保障的大型超市购买主食，有 54.3% 的受访居民认为集贸市场供应的主食质量一般，认为可靠的仅占 6.7%。经常做饭的居民中，有 66.3% 表示自制主食的原因是安全有保证。

（资料来源：食品产业网，2014 年 7 月 21 日）

案例分析

1. 不同区域居民饮食习惯形成差异的主要原因是什么？

2. 一个餐饮企业如何让人们放心并愿意购买你的产品？

中国饮食文化从形式到内容都是丰富多样的，区域性是中国饮食文化最大的特点。我国幅员辽阔，各地气候、物产、经济、风俗、民族习惯都存在差异，长期以来，各个地区在饮食上也就形成了不同特点。在时间、空间的发展中，这种地域差异既是历史的也是运动的，其本身也不是固定不变的。从文化现象来说，相互之间也在不断的影响之中，历史的固定性和相互的影响作用成为地域饮食文化的主要特点。

第一节 中国饮食文化的区域性

一、中国饮食文化区域性的形成

中国饮食文化区域性的形成受地理环境的影响。中国幅员辽阔，领土北起漠河以北的黑龙江江心，南到南沙群岛南端的曾母暗沙；东起黑龙江与乌苏里江汇合处，西到帕米尔高原；从南到北，从东到西，距离都在5000公里以上。从热带雨林到高山冻土，从内陆到海洋，生长着各种不同生态环境下的动植物，品种之繁多，是任何国家所无法比拟的。自然气候条件多样、地理环境复杂、物产资源丰富、风土人情差异对人类活动产生了一定的制约作用，导致地区文化的多元化，同时也对饮食文化产生了深刻影响。比如，北方的气温比南方低，尤其冬季十分寒冷，因此北方人的饮食中脂肪、蛋白质等食物所占比重大，尤其在牧区，牧民的饮食以奶制品、肉类等为主。南方气候温暖，适宜植物生长，因此南方人饮食则以植物类为主，居民有喝菜汤吃稀饭的习惯。再如，东南沿海地区，人们嗜食鱼虾，且尚生猛；而西北地区与海无缘，当地居民基本不吃海产鱼虾。一般来说，地域相邻地区的饮食文化差异相对较小，但是，如果相邻地区的自然地理出现巨大反差，也会导致饮食文化的巨大差异。例如，西藏高原毗连四川盆地，但地理物候的不同十分显明，致使两地区饮食习惯和饮食文化形成巨大反差。

中国饮食文化区域性的形成受政治、经济、科技的影响。饮食文化区处于动态的运动之中，随着政治变化、经济发展、科技进步、历史变迁而不断地发展变化。比如，京津地区处在北方少数民族与南面汉族的交会之地；北京自古为中国北方重镇和著名都城，长期是全国政治、经济、文化中心，人文荟萃，各地著名风味和名厨高手云集；天津早在明代就成为“舟楫之所式临，商贾之所萃集”的漕运、盐务、商业繁盛发达的都会，饮食文化形成了独特风格。又如，我国的东北地区，在古代是一个以采集、渔猎和游牧文化为主的地区。然而随着大批汉人的不断徙入和垦殖、开发，中原农业文化渐渐普及于白山黑水之间，其饮食文化呈现出独特的地域特点。又如上海，扼长江入海口，腹地广阔，交通方便，经济发达，是中国最大的商业中心，形成了上海菜清新秀美、温文尔雅、风味多样、富有时代气息的特点。目前，随着科技的进步，人们不断地改变生态环境，克服生态环境局限与制约的能力增强，使得饮食生活更加丰富、质量更高，餐桌上的菜肴不断变化，饮食生活的地域自然性差异也相应地减弱。近20年来，国内经济活跃发展，各省区从中心城市到普通县镇，甚至广大农村和边远地区，民众饮食生活的观念、结构、品种以至习俗都发生了不同程度的变化。商品流通和交通便利改变了地域差异对各区域之间人们饮食生活的限制性。

中国饮食文化区域性的形成受民族生活和民族信仰的影响。我国有56个民族，汉族主要居住在东部平原地区，众多的少数民族则主要分布在西北、东北、西南地区，地形和气候差异大，更重要的是各民族在生产活动、民族信仰上都有各自民族的特点，在饮食上也形成了自己的民族特色，各民族之间的差异很大。我国汉族聚居的东部平原，耕作条件较好，盛产稻米、小麦，同那些以耕作业为主的少数民族一样，以五谷为主食，如朝鲜族人喜食米饭、冷面；羌族人喜欢将大米掺入玉米混蒸，称“金裹银”；壮族的“包生饭”，苗族的“乌米饭”均颇具特色。但是，蒙古族、鄂伦春族、怒族和牧区藏族，由于居住在寒冷地区，为抵御严寒，故以高热量的肉类为主食。维吾尔族爱食用大米、羊肉、胡萝卜等做的抓饭，以及拉面、烤羊肉、馕等。哈萨克族人的风味小吃是用奶油混幼畜肉装进马肠内蒸熟的“金特”和肉碎拌香料蒸成的“那仁”。受自然条件的约束，各民族在发展过程中形成了各自的图腾信仰和对动植物的精灵崇拜，这同时也影响到饮食，比如鄂温克族人的祖先禁止猎熊，尽管他们以肉类为主食，却也不会吃熊肉。

二、中国饮食文化区域性的学说

人类在生食、熟食、陶器发明的阶段，一直都是动物食物和植物食物混合杂食，主副食无明显区别，也不存在菜的地方性问题。自三代以后直至唐宋时期，羹都是最重要的菜。随着生产力的不断发展，金属炊具、铁质炊具较多地用于烹饪，菜的品种开始明显增多，菜品的地方性也逐渐显现出来，这一过程相当漫长。在春秋战国时期，中国菜已有以长江流域为主的南方菜和以黄河流域为主的北方菜的区分雏形。这可从周代“八珍”（以陆畜产品为主）和《楚辞》（水产、禽类为主）中略见端倪。

汉至唐宋时期，曾出现了“胡食”“素食”“北食”“南食”“川味”等称呼。“胡食”是指北方少数民族食品，以牛羊肉和面点为特色。“素食”是指以植物性原料制成的、少油腻而较清淡的食品。“北食”多指盛行于中原地区的食馔。“南食”主要指江浙菜品，还包括闽、皖、湘、鄂风味，具有鱼米之乡的特色。“川味”即巴蜀菜品，带有川人“尚滋味、好辛香”的乡土气息。明清以后，又出现了“京都风味”“姑苏筵席”“扬州炒卖”“湘鄂大菜”以及“帮”“帮口”“风味”“菜”等称谓，尤以“帮”的称呼影响较大。以“帮”名菜大约起于清末民初，并一直流行于20世纪50—60年代。如“川帮”“扬帮”“徽帮”等。因“帮”之名主要在于区别不同地区的肴品及其口味，故又常常称某某“帮口”。与“帮”的说法大约同时，也有直接“以地名菜”的说法存在。清末民初的《孽海花》第二回提到，上海的饭店，“京菜有同兴、同新，徽菜也有新新楼、复新园”。

直到20世纪70年代，中国财政经济出版社出版的《中国菜谱》丛书中，出现了“江苏菜系”“安徽菜系”“湖南菜系”“广东菜系”“浙江菜系”等说法。80年代以来，尤其是第一次中国烹饪大赛（1983年）以后，中国烹饪文化的研究形成热潮，“菜系”

之说随着饮食业的兴旺和烹饪文化研究热潮的兴起而流行，一些行政区为了扩大宣传，发展旅游，还自命菜系。

但是，有些学者认为中国烹饪、中国菜是一个完整的系列，其在口味、风格、技术的偏重下形成的区域性差别，历史上均称作帮或派，“菜系”之说不符合历史。还有人提出，“以地方风味代替菜系更好”，认为地方风味特色即选本地烹饪优质原料，用本地习用的烹饪方法，制作出本地风味的肴馔，其中，口味上的差异尤为重要。

1995 年出版的《赵荣光食文化论集》中提出了“饮食文化圈”的概念，从全国、全民族的视野把中国分为 12 个饮食文化圈，各区域的饮食都以一定的历史文化为依托，伴随着经济文化的进步发展起来。

下面介绍三种比较有代表性的关于中国饮食文化区域性的理论。

（一）饮食文化圈理论

饮食文化圈是由于区域（最主要的）、民族、习俗、信仰等原因，历史地形成的具有独特风格的饮食文化区域。文化区又称作文化地理区，每一个饮食文化区都可以理解为具有相同饮食文化属性的人所占有的地区。

经过漫长的历史过程，中国大致形成了 12 个饮食文化圈：东北饮食文化区、京津饮食文化区、黄河中游饮食文化区、黄河下游饮食文化区、长江中游饮食文化区、长江下游饮食文化区、中北饮食文化区、西北饮食文化区、西南饮食文化区、东南饮食文化区、青藏高原饮食文化区、素食文化区。其中，素食文化区于 19 世纪逐渐解析淡逝了。

“中华民族饮食文化圈”有 12 个子属文化圈构成，每个子圈在实际地理上显然不是绝对的圆形。中华人民共和国版图以外也有部分包含在于属文化圈中，表明中华饮食文化作为一种传播能力很强的文化不受行政区地理界限限制的历史存在与现实影响。各个子圈的相交，表明各相邻次文化区的文化传播与相互影响，体现了“中华民族饮食文化圈”是一个密切相关的生命整体。素食圈目前已不作为一种区位性文化地域空间存在。

（二）地方菜系理论

中国到底有多少个“菜系”，可谓众说纷纭，莫衷一是。有“四系”说、“五系”说、“六系”说、“八系”说、“十系”说、“十二系”说、“十四系”说、“十六系”说、“十八系”说、“十九系”说、“二十系”说等，各种说法的内容也有不同的观点，而且还有产生更多新说法的趋势，其中主要的有“四系”说和“八系”说。清代初期时，鲁菜、苏菜、粤菜、川菜成为当时最有影响的地方菜，被现代人称作“四大菜系”。到清末时，浙菜、闽菜、湘菜、徽菜四大新地方菜系分化形成，被现代人与原先的“四大菜系”并列，共同构成中国汉族饮食文化中的“八大菜系”。

（三）餐饮集聚区理论

中国商务部于 2008 年 12 月公布了《全国餐饮业发展规划纲要（2009~2013）》（以下简称《纲要》）。《纲要》在区域餐饮格局——餐饮空间格局规划中，首次明确提出建设“五大餐饮集聚区”。《纲要》指出：“在对传统菜系改良、创新的基础上，建设五大餐饮集聚区。”即辣文化餐饮集聚区、北方菜集聚区、淮扬菜集聚区、粤菜集聚区、清真餐饮集聚区。

餐饮集聚区，指的是由多个饮食文化系所构成的大范围地域。这些地域一般以较大范围的区域来划分，为现代餐饮空间结构的形式之一。在餐饮集聚区内，各餐饮间的风味受餐饮集聚区内的地域、气候和社会、经济、文化诸方面的影响，多个相近的餐饮风味系组成相对统一的整体。

《纲要》中对五大餐饮集聚区进行了详细的划分，具体内容为：辣文化餐饮集聚区，以四川、重庆、湖南、湖北、江西、贵州为主的餐饮区域。北方菜集聚区，以北京、天津、山东、山西、河北、河南、陕西及东北三省为主的餐饮区域。淮扬菜集聚区，以江苏、浙江、上海、安徽为主的餐饮区域。粤菜集聚区，以广东、福建、海南为主的餐饮区域。清真餐饮集聚区，以宁夏、新疆、甘肃、内蒙古、青海、西藏为主的餐饮区域。

商务部提出的五大餐饮集聚区，实际上也是延续了目前国内普遍认同的四大菜系的说法（即传统的“三大流域四大菜系”理论：黄河流域的北方齐鲁风味、长江中上游的西南巴蜀风味、长江中下游的东南淮扬风味、珠江流域的粤闽风味），这里增加了“清真餐饮集聚区”，比四大菜系的提法更具有代表性和完整性。

相关链接 搜索

中华饮食文化的精神特质

中华饮食文化蕴含的精神特质是什么？简而言之，一是“天人合一”，二乃“阴阳协调”，三为“中和之美”。饮食生活体现了传统文化的特性。

古代“天人关系”不能简单地理解为只是讲“天道”与“人道”，从而把“天人合一”看作是讲人类与大自然相互依存道理的。古人说的“天人合一”往往是指“天”有意志，它通过天子支配人事，人要顺“天”以感动天意。祭祀是人感动天的手段之一，祭品（主要是食物）是人和天的联系物。古人还特别强调进食与宇宙节律协调同步，春夏秋冬、朝夕晦明要吃不同性质的食物，甚至加工烹饪食物也要考虑到季节、气候等因素。

“阴阳五行”说是传统思维模式之一，也被认为是宇宙规律的体现。人是“三才”之一，饮食是人类生活不可少的活动，制作饮食的烹饪必然也要循此规律。因此，不仅把味道分为五，并产生了“五味”说，而且还把为数众多的谷物、畜类、蔬菜、水果分别纳入“五谷”“五肉”“五菜”“五果”的固定模式。更令人惊奇的理论还有“凡饮，养阳气也；凡食，养阴气也”（《礼记·郊特牲》），认为只有饮和食与天地阴阳互相协调，这样才能“交与神明”，上通于天，从而达到“天人合一”的效果。这种说法被后来的道教所继承，成为他们饮食理论的一个出发点，如认为吃食物是增加人体阴气的，要修炼、要获得阳气就要尽量少吃，最佳境界是不吃，走“辟谷”的境界。

“中和之美”是中国传统文化的审美理想。“中也者，天下之大本也；和也者，天下之达者也。至中和，天地位焉，万物育焉。”（《礼记·中庸》）什么叫“中”？不能简单地用“中间”来概括它，这个“中”指恰到好处，合乎度。什么是“和”？《古文尚书·说命》中就有“若作和羹，唯尔盐梅”的名句，意思是要做好羹汤，关键是调和好咸、酸二味，以此比喻治国。《左传》中齐国贤相晏婴也与齐景公谈论过什么是“和”，他指出“和”不是“同”，“和”是要建立在不同意见协调的基础上的。因此，中国哲人认为天地万物都在“中和”的状态下找到自己的位置以繁衍发育。这种通过协调而实现“中和之美”的想法是在上古烹调实践与理论的启发下产生的，反过来又影响了人们的饮食生活。

（资料来源：王升．古往今来话中国——中国的饮食文化［M］．合肥：安徽师范大学出版社，2012.）

第二节 中国各地区饮食文化

本节我们将按照中国的行政区域划分来分别叙述南北各地区的饮食文化：东北地区（包括辽宁、吉林、黑龙江）；西北地区（包括宁夏、新疆、青海、陕西、甘肃）；华北地区（包括北京、天津、河北、山西、内蒙古）；华东地区（包括山东、江苏、安徽、浙江、福建、上海、江西、台湾）；华中地区（包括湖北、湖南、河南）；西南地区（包括四川、云南、贵州、西藏、重庆）；华南地区（包括广东、广西、海南、香港、澳门）。

一、东北饮食文化

东北地区包括辽宁、吉林、黑龙江三省。这里寒冷期长，不利于植物生长，人口稀少，生存空间广大，长久地保持着基本生态平衡的状态。这里土壤肥沃、草原肥美、平原广阔、山林茂密、动物繁多；丰富的水域为人类提供了种类繁多、数量丰富的水生资源。东北地区约有禽类 70 余种，畜兽类 50 余种，鱼类 100 余种，果实类 60 余种，菜蔬类 100 余种，谷物类 40 余种。

（一）东北地区的饮食特点

（1）文化开放包容，兼收并蓄。东北地区历史上虽处于远离民族政治中心的边塞，但它广泛地吸收祖国各地多民族的文化营养，又同样融进国外文化。自古东北地区一直深受中原文化的影响。12 世纪开始，契丹、女真族相继崛起，迭主东北。至明末，女真族演化而成满族，继而强兵入关，统一全国。19 世纪中叶，在当时的东北饮食文化区内生活的民族除汉族以外，主要有满族、蒙古族、达斡尔族、鄂伦春族、鄂温克族、锡伯族、赫哲族、回族、朝鲜族等。就民族与文化发展的历史来看，东北地区在相当长的一段时期内，是以少数民族文化占主导地位的。19 世纪末，由于“关东”封禁政策的完全打破，内地人也纷纷大批涌到东北地区“闯关东”。这一段时间的东北地区，出现了前所未有的经济开发和饮食文化飞跃。同时，东北地区的许多城市都聚居了大量的欧洲籍侨民。他们不仅以自己特异的民族、肤色、服饰、语言、习惯、生活居处，更以各自的食物和食俗使近代东北地区充满西方文化色彩和异国情调。

（2）菜肴讲究烹调，粗犷实惠。东北是一个多民族杂居的地方。由于气候原因，东北菜的烹调方法长于炖、酱、烤、扒、烹、爆，讲究勺工，特别是大翻勺。白肉血肠、蜜汁樱花、什锦火锅别具一格，酱骨架、金针菇炖小鸡、猪肉炖粉条、锅包肉，让人拍案赞叹。东北菜形糙色重味浓，不拘泥于细节，颇像粗线条的东北人，令人胃口大开。酱脊骨、酱猪蹄、酱鸡爪鸡脖等酱类菜，若佐以醇厚的高粱烧酒，充满了塞外的味道。猪肉炖粉条、小鸡炖蘑菇、东北肘子，给人一种粗犷有余、精致不足的印象，这反而成全了东北菜的“市民菜”“百姓菜”的形象，对于普通市民来说，东北菜是很好、很实惠的选择。

（3）肉食需求量大，五谷丰富。肉食为主，应当说是东北民众在数千年甚至更长久历史上的饮食生活基本特点之一。东北地区常年寒冷，森林广袤，众多种属和数量的禽兽栖息在这里。东北是畜牧、种植、射猎、渔捞、采集等各种成分并存的经济结构。他们的肉食主要来自畜牧的羊、牛、马等和射猎的禽兽、渔捞的鱼类，当然也包括饲养的猪、鹅、鸭、鸡等。由于地处多雪地带，食物中动植物脂肪含量、盐的摄入量都略高于关内一些地区，同时嗜辛辣味，酒的人均消费量也较高，这种食物结构，使这里的人们体质健壮。东北地区很早就有谷物种植业，自《后汉书》留下东北地区“土宜五谷”文录之后，历代官修史书关于这里的农业史录不胜枚举。菽类比重大及豆制品多的特点，是东北文化区位内又一饮食文化特征。菽类之王大豆，是北方人民的传统食物原料。

（4）善腌制，好冬储。由于无霜期短，地产时鲜蔬菜品种和数量都不及关内，东北地区人们吃地产蔬菜的时间只有 6 个月左右。为解决漫长冬季对蔬菜的需要，东北人要在夏季蔬菜品种多、数量多、价格低廉的时候大量渍酸菜、腌制各种咸菜。每家都有数个大小不等的咸菜坛、酱缸，腌有各种家蔬野菜，如黄瓜、豆角、萝卜、胡萝卜、茄子、马铃薯、包菜、辣椒、刺五加芽、苦菜、苗蒿、木耳、各种菇、葱、蒜；咸蛋、咸肉的腌存也很普遍；一些民族还要晾干肉、干鱼。腌渍的酸菜和猪、羊、鸡肉、鱼同炖，鲜美无比。丰厚的冬贮，是东北地区人们饮食文化的聪明创造。入秋之时，家家户户挖菜窖储存大量的白菜、萝卜、马铃薯等。此外，还有海产的龙须菜、鹿角菜、海带等，以及用马铃薯粉等制作的各种式样的大量粉条。这是历史传统，也是汉族等许多民族的共同习惯，直到今天仍在广大农村保留着风俗。

（5）擅长冷冻食品。冷冻食品是东北地区人民的典型食俗之一。漫长的寒冷冬季，给人们的饮食生活带来了许多困难，但是严冬是大自然赐予的得天独厚的大冷库，可以无限量、无代价地储存各种食品和原料，不仅灭菌防腐保鲜，而且独具风味。肉类可以埋在雪下或淋水挂上冰衣长久保鲜，蔬菜也可以埋在雪下保鲜保色。东北冷冻食品种类多、数量大，持续使用时期长，是一大典型区域饮食文化特点。冻肉、冻鱼、冻干粮（饺子、豆包、馒头、年糕、饭团等）、冻水果（梨、红果、苹果等），尤其是冻豆腐更为一大特色。大豆、饭豆、菜豆等豆类及水豆腐、干豆腐等豆制品和黄豆芽、绿豆芽的食用比重远远高于其他地区。

（二）东北特色饮食

东北风味是我国历史悠久、富有特色的地方风味菜肴，自古就闻名全国。

黑龙江地处东北最北端，大小兴安岭的山珍野味，黑龙江的鲑鱼，乌苏里江的大马哈鱼，都为黑龙江的风味菜奠定了物质基础。黑龙江菜以烹制山珍、河鲜出名，菜肴味重色浓、肥厚实在、较少配料。著名菜点有清汤飞龙、地三鲜、白扒猴头、红烧鹿筋、熏马哈鱼、生鱼菜、酱骨架、红肠、小鸡炖蘑菇、排骨炖豆角、酥白肉、氽白肉、杀猪菜、渍菜粉、黏豆包、大子饭、山野菜馅饺子等。

吉林地处东北中部，巍巍长白山，茫茫林海；滔滔松花江，滚滚浪花；一望无际的大草原，蕴藏着无尽的宝藏。吉林菜善制野味，醇厚香浓，朴素实惠。著名菜点有鹿茸羹、鸡茸哈什蚂、人参鸡、白扒松茸蘑、白肉血肠、鲇鱼炖茄子、猪肉炖粉条、渍酸菜、朝鲜冷面、打糕等。

辽宁是满族聚居的主要省份，因此辽宁菜受满清宫廷菜和王府菜影响较大，讲究用料和造型，另外辽宁菜还以烹饪海鲜见长。辽宁菜的特点是注重原汁原味、咸甜分明、酥烂香脆、明油亮芡、造型美观。著名辽宁菜点有烤明虾、鲜活白蟹、蒸加吉鱼、红梅鱼肚、扒三白、马家烧卖、老边饺子、海城馅饼、糊塌子等。

二、西北饮食文化

陕西、甘肃、宁夏、青海、新疆五省区位于我国的西北部，史称“西陲”。与其他地区相比，西北一带的食风显得古朴、粗犷、自然、厚实。地广人稀、少数民族分布广、宗教影响广泛是这一区域的三大历史特点。

（一）西北地区的饮食特点

西北五省区受物产、气候和饮食习俗等制约，各省的菜肴在原料选择、制作工艺、花色品种等方面形成了自己的风格。总体来说，西北地区的饮食呈现以下特点。

（1）家常食馔偏好面食。西北地区的主食以玉米与小麦并重，兼食其他杂粮。家常食馔多为汤面辅以蒸馍、烙饼或是芋豆小吃，粗料精作，花样繁多，小米饭香甜，油茶脍炙人口，黑米粥、槐花蒸面与黄桂柿子馍更独具风情，牛羊肉泡馍名闻全国，有“一面百样吃”的说法。受气候环境和耕作习惯限制，食用青菜甚少，农家饮食器皿常是饭碗大而菜碟小。

（2）喜好肉食和奶酒。西北地区由于地理、气候和生活条件诸多因素制约，少有庄稼作物种植，肉食以羊、鸡为大宗，间有山珍野菌，淡水鱼和海鲜甚少，果蔬菜式亦不多。游牧民族喜欢食牛羊肉、喝马奶酒、酥油茶，这种粗犷豪放、野味十足的生活习性与草原人特殊的劳作方式和生活环境相合拍。经常食牛羊肉可以补充体力，尤其是传统风味小吃“牛羊肉泡馍”在冬季服食，有御寒健身之功效。利于调理。饮奶酒浓茶不仅有助于肉食消化，而且使人们能更好地适应草原上恶劣的环境和寒冷的气候。

（3）富有民族和宗教气息。该地区主要少数民族大多遵循伊斯兰教的食规，“禁血生，忌外荤”，不吃动物的血液，过“斋月”。西北五省区的少数民族节日饮食文化种类繁多，具有丰富的文化内涵，如：吐鲁番葡萄节、大漠绿洲节、那达慕大会、古尔邦节……众多节日都与饮食文化息息相关，形成西北地区的一大特色文化资源。

（4）菜肴风味“三突出”。西北风味以陕西菜、甘肃菜最具有代表性。在春秋战国时期，陕西为秦国治地，故简称“秦”。甘肃省境大都在陇山之西，古代曾有“陇西郡”“陇右郡”的设置，故简称“陇”。秦陇风味总的特色是“三突出”。一为配菜时主料突出，“吃肉要见肉，吃鱼要见鱼”，强调生熟分开、冷热分开。二为烹制时主味突出，一个菜肴所用的调味品虽多，但每个菜肴的主味却只有一个，酸辣苦甜咸只有一味出头，其他味居从属地位。三为菜肴香味突出，除多用香菜作配料外，还常选干辣椒、陈醋和花椒等。

（5）烹调方法注重传统。烹饪技法以烧、蒸、烩、汆、炝为主，多采用古老的传统烹调方法，如石烹法，至今沿用，可谓古风犹存。烧、蒸菜，形状完整，汁浓味香。清汆菜，汤清见底，主料脆嫩，鲜香光滑，清爽利口。温拌菜（属炝法），不凉不热，蒜香扑鼻，乡土气息极浓。烧、蒸、清汆、温拌，是秦陇风味最具有代表性的菜式。在菜形上，也不喜欢过分雕琢，追求自然的真趣。常在庭院中或草地上铺放白布席地围坐就餐，自带餐刀，有抓食的遗风。

（二）西北特色饮食

陕西小吃继承历代宫廷小吃之技艺，有周、秦、汉、唐等10多个王朝的遗风，以古色古香古韵而著称。以牛羊肉泡馍、腊汁肉夹馍、凉皮为代表的陕西风味小吃，享誉神州。另外，臊子面、炕炕馍、油泼辣子、洋芋擦擦、秦镇米皮、宝鸡茶酥、汉中米皮、蕨粉皮子、龙须酥等著名小吃数不胜数。改革开放以来，涌现出数以百计的传统菜、创新菜，并创制出不同风格、新意迭出的宴席，如仿唐宴、饺子宴、宫廷宴、泡馍宴、长安八景宴、陕西风味小吃宴等。

甘肃省南北跨度很大，省内的主要餐饮特色是以兰州为代表的回族风味。牛肉拉面是兰州最具特色的大众化经济小吃，在街头的任何一家牛肉面馆都可吃到地道的清汤牛肉面。另外，拔丝洋芋、炸羊尾、百花全鸡、浆水面、酿皮子、臊子面、唐汪手抓羊肉、烤全羊等也是地道的甘肃美食。兰州附近所产白兰瓜、醉瓜全国有名。甘南藏族聚居区还可以吃到正宗的藏餐。

宁夏是回族聚居地，在饮食文化上非常有特色，兼有中原传统和回族穆斯林风味，有多种风味的清真菜肴，各种小吃点心、面食肉类，是中国最大的清真饮食地。不腻不膻的清真菜、清真食品，主要有糖醋黄河鲤鱼、鸽子鱼、清蒸羊羔肉、烩羊杂碎、羊肉泡馍、金钱发菜、清蒸羊羔肉、涮羊肉、扒驼掌等。当地穆斯林还喜饮三炮台（又称盖碗茶）。

青海接近西藏，这里人民的生活习惯和藏族人民有些相近。青海居住着汉族和藏族的大部分同胞，汉、藏风味是这里的主要特色。这两种饮食文化融合起来形成了独特的青海饮食。如夹沙牛肉、酿皮、焜锅馍馍、奶皮、甜醅、尕面片、拉条、馓子等。

新疆占全国总面积的1/6，其中沙漠和戈壁占新疆总面积的40%以上，这里干旱少雨，温差大，是典型的大陆性气候。在这种自然地理环境下，蔬菜的品种少、数量少，但是牛羊多。大家所熟悉的新疆美食有烤羊肉串、大盘鸡、抓饭、馕、拉条子、油塔子、过油肉面、熏马肉、酸奶疙瘩、奶茶、葡萄干、哈密瓜等。

三、华北饮食文化

华北地区指秦岭—淮河线以北、长城以南的中国的广大区域，包括北京、天津、河北、山西、内蒙古中部。华北地区是中华民族的发源地之一，我国的政治文化中心。这里为“暖温带半湿润大陆性气候”，四季分明，光照充足，冬季寒冷干燥且较长，夏季高温降水相对较多，春秋季较短，是我国小麦的主产区。华北地区民风俭朴，饮食不尚奢华，讲求的是实惠，食风庄重、大方。

（一）北京风味

北京自春秋战国以来一直是我国北方重镇，先后有辽、金、元、明、清五朝建都于此，是我国政治、经济、文化、外交中心，汉、满、蒙古、回等各族人民大量在此定居。为满足帝王将相、达官贵族、商人巨贾的饮食需要，全国各饮食风味和厨师高手也咸集于此，形成了各种饮食风味流派的大集合。北京融合全国各地东西南北风味流派的特点，并注意吸收满、蒙古、回、藏等少数民族饮食精华，还广采宫廷、官府、市肆风味的独到之处，有机融合并推陈出新，历经800年的发展，到了清末民初时期，最终形成了以山东菜、本地菜为基础，兼具宫廷风味、官府风味、市肆风味、清真风味，独具特色自成一家的北京风味。

作为首都，北京虽然物产有限，但东北的山珍、江南的蔬鲜、中原的五谷、东南的海味、西北的牛羊等，均为北京风味所用。北京风味的取料广采博收，兼取各家之长，且讲究货真价实，质优量足。《北京市志稿》中这样描述北京的传统饮食文化概况：“都人食品，以麦为主，杂粮次之。葱蒜辛胆，流俗所嗜；珍馔豪奢，矜尚珍果。应时之物，品类繁多。挽近南北风味，东西馐膳，纷然杂陈。其视辽食貔狸，金嗜犬血，固判若宵壤；即元之舌羹，明之棋炒，亦渺成陈迹。”

北京菜的口味以北方传统的浓郁、酥烂为主，同时兼有江南、岭南的讲究嫩脆清鲜之特色，形成了质感多样、菜品繁多、四季分明的口味。北京风味荟萃百家、兼收并蓄、格调高雅、风格独特、自成体系，《清稗类钞》中把“京师”列为“肴馔之有特色者”之首。

北京的名菜甚多，如北京烤鸭、北京烤肉、涮羊肉、白煮肉、海红虾唇、蛤蟆鲍鱼、罗汉大虾、黄焖鱼翅、砂锅羊头、扒熊掌、炸佛手等。北京的风味小吃多用麦米豆粟等植物性原料制成，讲究季节性，技法多而工艺精。名小吃主要有艾窝窝、小窝头、豌豆黄、焦圈、杏仁豆腐、龙须面、天兴居炒肝、合义斋灌肠、糖火烧、豆腐脑、年糕、肉火烧等。

（二）天津风味

天津的历史相对短一些，汉朝时期设置了盐官，天津才登上历史的舞台。历史上的天津，因为河多、湾多，加上湖、淀、塘等，水域宽阔，距海又近，故水产极为丰富，品种也多。河鱼、海鱼、虾、蟹、蚌类，应有尽有。天津人喜食海鲜、河鲜，就是由这得天独厚的优越条件养成的。天津人有句俗语：“吃鱼吃虾，天津为家。”道出了天津人对海鲜、河鲜的特殊爱好。明成祖时在天津设“卫”，天津的发展才正式展开，明成祖从安徽宿州一带调集大批军队前来天津驻扎，当时流入天津的鲁菜则与安徽士兵的家乡口味结合，成为早期的天津风味。至清代中叶，天津已成为漕运、盐务并重的商业繁荣的大都会。从饮食风俗上看，有浓郁的本地特色，同时因为商人的来往，晋、鲁、豫及苏杭的饮食，都对天津人的饮食有一定的影响。

擅长河、海两鲜及禽类烹制是天津烹饪技艺的固有特色，技法上尤讲究扒、软熘、清炒和清蒸。旧时天津著名的餐馆有所谓“八大成”：义和成、福聚成、义升成、聚升成、聚源成、铭利成、聚和成、聚庆成，是专为达官贵人、富商豪门服务的，专营高档宴席。代表菜有：挣蹦鲤鱼、熘黄鱼扇、炒青虾仁、煎烹大虾、酸沙紫蟹、金钱雀脯、麻栗野鸭等。包办一般酒席，接待散座的普通餐馆叫“二荤铺”，菜肴也有相当的水平，像软硬飞禽（炸铁雀软脯和头、腿、腔处的硬肉）、玛瑙野鸭（将野鸭斩块油炸后，加辅料勾芡而成，因鸭肉色似玛瑙而得名）、官烧比目（净比目鱼切条滚蛋粉，过温油，勾芡而成）、参唇肠（取三者同烧）等都极富天津地方特色。“四扒”（扒肉条、扒牛肉、扒鸡腿、扒面筋，若是“八扒”，再加扒海参、扒四丝、扒鸭条、扒鱼扇）也是二荤馆中的拿手菜。

（三）山西风味

山西地处黄河中游，中华民族的发祥地之一，历史悠久，物产丰富，人杰地灵，民风淳朴，积淀丰厚，独特的历史成就了独特的山西饮食文化。不同民族的社会文化，在交往中直接和间接地相互吸收、融合，从而丰富了三晋文化的内涵。山西商人、山西票号遍及全国，强大的商业活动给山西饮食文化的发展输入了营养，形成了以商家为主流的独特的饮食风俗。

山西面食历史悠久，源远流长，从可以考证的时间算起，至少有2000年的历史。大自然情有独钟的造化，使三晋大地成为世界上生长杂粮品种最全的地域，为山西成为面食之乡奠定了客观现实的基础，再加上民间智慧和技术几千年的积淀和演变，使山西面食不仅名扬国内，而且香飘四海，以至有“天下面食，尽在三晋”的盛誉。

在面食制作上，花样繁多，代表性的有蒸制、煮制、煎烤等。①蒸制面食：山西人的主食一般是以蒸食为主。玉米面窝头是最普遍的主食。晋南、晋中一带产麦区多吃馒头，有的要在中间夹裹枣、豆、菜等。杂粮蒸食如荞面窝窝、莜面窝窝、高粱面鱼鱼、高粱面窝窝、莜面角角、红面角角、金银卷、蒸饼等。②煮制面食：山西的煮制食品极为丰富，因其制作方便，又可汤菜结合，方便实惠，因此深受青睐。面条类有扯面、龙须面、刀削面、剔尖、刀拨面、河漏、撅片、抿面、切面等。③煎烤面食：既可作正餐主食，又可作出门干粮。葱花煎饼，是将稀面加葱花调味碾薄，或调成糊状，置煎锅内摊匀，白面、红面等均可制作。另一种是将玉米面发酵后成糊状，以勺舀到特制的铁鏊上，熟后又折起来，叫“摊糊儿”或“摊折饼”。

（四）河北风味

河北饮食风味总的特点是“杂”，其根本原因在于：长久以来黄河流域的中原文化、齐鲁文化、秦晋文化、北方地区的游牧文化、宫廷文化都给燕赵故地传统文化以深远的影响，沿海地区更不断受到海外文化的渗透。有人曾用“南辣北甜，西酸东咸”来形容河北的食风。这不仅是地域性的描述，更是对河北饮食风俗五花八门的说明。

河北风味，又称冀菜。主要包括三大流派：以保定为代表的冀中南菜，以承德为代表的塞外宫廷菜和以唐山为代表的冀东沿海菜。①冀中南菜：以保定为代表，包括石家庄、邯郸等地方菜，其特点是选料广泛，以山货和白洋淀鱼、虾蟹为主。保定著名的驴肉火烧是代表菜。在石家庄周边，历史上正定等地也有著名的“十大名菜”“三八席（八凉、八热、八蒸碗）”等，在技法上有“甩刀法”等令人叫绝的独特技巧。②塞外宫廷菜：以承德为代表，与北京的宫廷菜有相同之处，也有口味香酥鲜咸、讲究造型和器皿的独到特点。③冀东沿海菜：以唐山为代表，由于唐山濒临渤海，盛产海鲜，所以以烹饪鲜活水产见长。原料丰富，并且擅长刀花和柔丝连片，讲究明油亮芡。河北的特色美食有：金毛狮子鱼、驴肉火烧、改刀肉、笏板鸡、长城饽椤饼、柴沟堡熏肉、怀安豆腐皮等。

（五）内蒙古风味

在牧区，蒙古族以牛羊肉、乳食为主食，烤肉、烧肉、肉干、手抓肉均为蒙古族家常食品。

在农区、半农半牧区，蒙古族因与汉族杂居，所以饮食习惯已逐渐与汉族大体相同。农区的蒙古族主食以玉米面、小米为主，杂以大米、白面、黄米、荞面、高粱米。随着温室、塑料大棚的普及，农区蒙古族食用蔬菜的品种不断增加。在菜肴烹制上，农区以炖、炒为主，也加以烧烤，还吃些牧区食品如手抓肉、奶制品等。林区位于内蒙古东北的兴安岭林区，这就是《蒙古秘史》上被称为“林中百姓”所居住的地方，今天居于这里的多是鄂伦春、鄂温克族猎民。鄂温克人以猎获的野兽肉为主食。内蒙古著名的美食有：烤羊腿、牛肉干、全羊席、手抓羊肉、奶菜、羊奶、马奶酒、莜麦面、资山熏鸡、哈达饼、蒙古馅饼、蜜麻叶、德兴元烧卖等（蒙古族、鄂伦春族的饮食特色参见第七章第一节）。

相关链接 搜索

《口味歌》与中国菜系的特色

在中国各地，流传着好几个版本的《口味歌》，其中一首是这样说的：

“南味甜北味咸，东菜辣西菜酸；南爱米北喜面，沿海常食海鲜；

辣味广为接受，麻味独钟四川；劳力者重肥厚，劳心者轻咸甜；

少者香脆刺激，老者烂嫩松软；秋冬偏于浓厚，春夏偏于清淡；

悉心体察规律，尊客随机应变。”

还有一首，也很有意思，兹录如下：

“安徽浓、河北咸，福建浙江咸又甜；宁夏河南陕青甘，又辣又甜外加咸；

山西醋、山东盐，东北三省咸带酸；黔赣两湖辣子蒜，又麻又辣数四川；

广东鲜，江苏淡，少数民族不一般；因人而异多实践，巧调能如百人愿。”

这两首《口味歌》说明，中国幅员广袤，地理环境千差万别。各地地形地貌不同，气候不同，物产不同，口味不同，这是产生和形成地方风味的最重要的原因。例如沿海地区产海味，山区多山珍，造成食品原料和饮食习惯差异。俗话说“靠山吃山，靠海吃海”，从这一意义来理解，也颇有趣味。又如北方气候寒冷，人们习惯吃味咸油重色深的菜；南方气候炎热，人们就偏向吃得清淡些；川湘云贵多雨潮湿，人们唯有吃辣才能驱风祛湿。中国各地饮食风味之不同，都可以从自然条件中找到内在的原因。

（资料来源：姚伟钧．膳之味［M］．北京：北京出版社，2005.）

四、华东饮食文化

华东地区位于我国的东南部，包括上海、山东、江苏、安徽、江西、浙江、福建、台湾地区。华东地区气候较湿润，适合种水稻，所以主食是大米，间吃面粉，杂粮甚少。蔬菜水果四季常有，鸡鸭鱼肉每月不缺，嗜好海鲜。

（一）山东风味

早在春秋战国时期，齐鲁肴馔便崭露头角，它以牛、羊、猪为主料，还善于制作家禽、野味和海鲜。西周、秦汉时期，鲁国都城曲阜和齐国都城临淄，都是相当繁华的城市，饮食业盛极一时，名厨辈出，齐桓公的宠臣易牙就是一个高明的厨师。汉魏时期，贾思勰在《齐民要术》中对黄河流域特别是山东地区的烹调方法，做了较为全面的总结。书中提到的“蒸、煮、烤、酿、煎、炒、熬、烹、炸、腊”的烹饪方法，以及“盐、豉、醋、酱、酒、蜜、椒”等调味方法。历经隋、唐、宋、金各代的提高和锤炼，山东菜逐渐成为“北食”的代表。到了元、明、清时期，鲁菜保持古朴的情韵，又有了新的发展。这时山东菜大量进入宫廷，成为御膳的珍馐，并在我国华北、东北等地区广为采用。

山东各地的地理差异较大，各地的自然环境、物产和习俗不尽相同，因而形成了鲁中及黄河下游（济南菜）、胶东沿海（胶东菜）和鲁南及西南（鲁西菜）三大流派，另外，孔府菜肴也是山东风味的重要代表。

山东省位于黄河下游，气候温和，物产丰富。蔬菜种类繁多且品质优良，章丘大葱、金乡大蒜、莱芜生姜、胶州白菜、潍坊萝卜、寿光韭菜等，都是名品。水果产量居全国首位，仅苹果就占全国总产量的40%以上，且品质极佳；猪、羊、禽、蛋等产量也较高，沿海水域盛产鱼、虾、贝、藻等60多种海产品，其中名贵海产品有海参、大对虾、加吉鱼、比目鱼、鲍鱼、天鹅蛋、西施舌、扇贝、红螺、紫菜等。丰富的物产为山东风味的发展提供了丰富的原料资源。

山东菜咸鲜味醇，烹法讲究。以盐提鲜，以汤壮鲜，调味讲求咸鲜醇正。山东菜中的清汤，色清而鲜，奶汤色白而醇，独具风味。山东风味的突出烹调方法为爆、扒、拔丝，尤其是爆、菜为世人所称道。山东的海产品，不论参、翅、燕、贝，还是鳞、蛤、虾、蟹，经当地厨师的妙手烹制，都可成为精鲜味美之佳肴。海鲜类量多质优，异腥味较轻，鲜活者讲究原汁原味，虾、蟹、贝、蛤，多用姜醋佐食。鲁人对海珍品和小海味的烹制堪称一绝。

山东代表名菜有：清汤燕菜、白汁裙边、绣球干贝、珊瑚蛎黄、扒鲍鱼龙须菜、炸赤鳞鱼、清蒸加吉鱼、油爆双脆、油爆海螺、锅塌豆腐、德州扒鸡、炸蛎黄、九转大肠、烩乌鱼蛋、奶汤蒲菜、锅烧肘子、木樨蚬子、双包鱿鱼、家常熬黄花鱼、拔丝山药等。

（二）江苏风味

江苏的饮食文化历史悠久，梁武帝尊崇佛教提倡素食，受此影响当地素食制作十分精美。隋炀帝开凿大运河之后，扬州作为长江与大运河的交汇点，成为“盐粮集散地”。唐代诗人张祜诗《纵游淮南》中的名句“十里长街市井连”真实地道尽了该地的繁华富庶。宋、元两代，淮扬地区成为宫廷贡食基地。明、清两朝，这里不仅仍是漕运中心，而且是盐商的大本营。江苏风味南北沿运河、东西沿长江的发展更为迅速，沿海的地理优势扩大了苏菜在海内外的影响。

江苏是名厨荟萃之地，也是烹饪理论家、美食家层出不穷的地方。彭祖制作野鸡羹供帝尧食用，春秋时期的专诸为刺吴王，在太湖向名厨太和公（太湖公）学习“全鱼炙”，在鱼腹中藏剑，刺杀吴王僚成功。南朝葛颖著《淮南王食经》，元代倪瓒著《云林堂饮食制度集》，明代韩奕著《易牙遗意》，宋诩著《宋氏养生部》，清代曹寅著《居常饮馔录》，袁枚长期在江苏任职、退居江宁修筑“随园”而著《随园食单》。

江苏为鱼米之乡，物产丰饶，依江临湖，以江河湖海水鲜为主，饮食资源十分丰富。著名的水产品有长江三鲜（鲥鱼、刀鱼、河豚）、太湖银鱼、阳澄湖清水大闸蟹以及众多的海鲜品。优良佳蔬有太湖莼菜、淮安蒲菜、宝应藕、板栗、鸡头米、茭白、冬笋、荸荠等。名特产品有南京湖熟鸭、南通狼山鸡、扬州鹅、高邮麻鸭、南京香肚、靖江肉脯、无锡油面筋等。

江苏菜以刀工精细、富于变化为特色，烹调注重火工。扬州大煮干丝、淮安平桥豆腐等皆得力于刀工而登名菜之榜。花色拼盘、瓜雕、剞花菜品如松鼠鳜鱼、菊花鱼等，更能体现其刀工之妙。此外，江苏菜还注重火工，并以炖、焖、煨、焐最为擅长。江苏菜尤其重视菜肴色泽鲜艳、造型生动、立意新颖的效果。在风味上讲究咸中稍甜，注重本味，重视调汤，保持原汁，风味清鲜，浓而不腻，淡而不薄，酥烂脱骨而不失其形，滑嫩爽脆而不失其味。

江苏风味有淮扬菜、苏锡菜、金陵菜、徐海菜四个流派，其中以淮扬菜为代表。江苏风味代表菜肴有：叉烤鸭、盐水鸭、香料烧鸭、五柳青鱼、凤尾虾、清炖蟹黄狮子头、拆烩鲢鱼头、鸡汁煮干丝、炒软兜、炝虎尾、水晶肴蹄、清蒸鲥鱼、松鼠鳜鱼、碧螺虾仁、鲃肺汤、干炸银鱼、酱汁排骨、虾仁锅巴、鱼皮馄饨、荷叶焗鸡、叫花子鸡、雪花蟹斗、霸王别姬等。

（三）浙江风味

浙江东濒大海，有千里长的海岸线，盛产海味。浙菜起源于新石器时代的河姆渡文明，经越国先民的开拓积累，汉唐时期的成熟定型，宋元时期的繁荣和明清时期的发展，浙菜的基本风格已经形成。南宋时，浙菜和苏菜同为“南食”的两大台柱。浙菜富有江南特色，历史悠久，源远流长，是中国著名的地方菜种。

浙菜在原料选择上讲究品种和季节时令，以充分体现原料质地的柔嫩与爽脆，所用海鲜、果蔬之品，无不以时令为上，所用家禽、畜类，均以特产为多，充分体现了浙菜选料讲究鲜活、用料讲究部位。烹调技法以炒、炸、烩、熘、蒸、烧六类为擅长。浙菜常用的烹调方法有30余种，因料施技。口味注重清鲜脆嫩，保持原料的本色和真味。浙江的名厨高手烹制海鲜河鲜有其独到之处，适应江南人民喜食清淡鲜嫩之饮食习惯，菜肴制作原汁原味，醇香甘美。

浙菜的菜品配菜巧妙，形态讲究，精巧细腻，清秀雅丽，装盘讲究。浙江厨师把烹饪技艺与美学有机结合，创造出了一款款美馔佳肴。许多菜肴，以风景名胜命名，造型优美。许多菜肴都富有美丽的传说，文化色彩浓郁。

浙菜主要由杭州、宁波、绍兴、温州四个流派所组成，各自带有浓厚的地方特色。代表名菜有：西湖醋鱼、东坡肉、龙井虾仁、油焖春笋、西湖莼菜汤、雪菜大汤黄鱼、苔菜拖黄鱼、木鱼大烤、熘黄青蟹、宁波烧鹅、糟熘虾仁、干菜焖肉、鉴湖鱼味、三丝敲鱼、双味蝤蛑、橘络鱼脑、蒜子鱼皮等。

（四）福建风味

福建位于我国东南隅，依山傍海，终年气候温和，雨量充沛，四季如春。其山区地带林木参天，翠竹遍野，溪流江河纵横交错；沿海地区海岸线漫长，浅海滩辽阔。地理条件优越，山珍海味富饶，为闽菜系提供了得天独厚的烹饪资源。

早在两晋、南北朝时期的“永嘉之乱”以后，大批中原衣冠士族入闽，带来了中原先进的科技文化，与闽地古越文化的混合和交流，促进了当地的发展。晚唐五代，河南光州固始的王审知兄弟带兵入闽建立“闽国”，对福建饮食文化的进一步开发、繁荣，产生了积极的促进作用。清末民初，福建先后涌现出一批富有地方特色的名店和掌握真才实艺的名厨。另外，福建是我国著名的侨乡，旅外华侨从海外引进的新食品和一些新奇的调味品，特别是与南洋群岛人民的长期交往，海外的饮食习俗也逐渐渗透到闽人的饮食生活之中，从而使闽菜成为带有开放特色的一种独特的菜系。

烹饪原料以海鲜和山珍为主。福建的地理形势依山傍海，北部多山，南部面海。苍茫的山区，盛产菇、笋、银耳、莲子和石鳞、河鳗、甲鱼等山珍野味；漫长的浅海滩涂，鱼、虾、蚌等海鲜佳品常年不绝。平原丘陵地带，稻米、蔗糖、蔬菜、水果誉满中外。他们擅长制作海鲜原料，并在蒸、氽、炒、煨、爆、炸等方面独具特色。

闽菜刀工巧妙，寓趣于味，素有“片薄如纸、切丝如发、剞花如荔”的美誉。而且一切刀功均围绕着“味”下功夫，使原料通过刀功的技法，更体现出原料的本味和质地。闽菜重视汤菜，素有“一汤十变”之说。有的白如奶汁，甜润爽口；有的汤清如水，色鲜味美；有的金黄澄透，馥郁芳香；有的汤稠色酽，味厚香浓。

闽菜的调味，偏于甜、酸、淡，这与烹调原料多取自山珍海味有关。善用糖甜去腥膻；巧用醋酸甜爽口；味清淡，则可保持原汁原味，并且以甜而不腻、酸而不峻、淡而不薄享有盛名，菜还善用红糟、虾油、沙茶、辣椒酱、喼汁等调味，风格独特，别开生面。

闽菜由福州、闽南和闽西三路不同风味的地方菜组成。代表菜肴有：佛跳墙、红糟鸡、淡糟香螺片、茸汤广肚、鸡汤汆海蚌、炒沙茶牛肉、葱烧蹄筋、当归牛腩、嘉禾脆皮鸡、桂花蚶肉、红焖通心河鳗、烧鱼白、油焖石鳞、炒鲜花菇、蜂窝莲子、金丝豆腐干等。

（五）安徽风味

安徽风味，又称“徽菜”，起源于南宋时期的古徽州（黄山麓下的歙县），原是徽州山区的地方风味。由于徽商的崛起，这种地方风味逐渐进入市肆，流传于苏、浙、赣、闽、沪、鄂以至长江中下游区域，具有广泛的影响。徽菜发端于唐宋，兴盛于明清，民国间继续发展，新中国成立后进一步发扬光大。徽菜具有浓郁的地方特色和深厚的文化底蕴，是中华饮食文化宝库中一颗璀璨的明珠。

徽菜有皖南菜、皖江菜、合肥菜、淮南菜、皖北菜五大风味，其中以皖南菜为其代表。徽菜选料充分发挥安徽盛产山珍野味的优势。徽菜烹调方法上擅长烧、炖、蒸、熏，尤以滑烧、清炖、生熏等技法最有特色，较少使用爆、炒。火功独到、使用不同控火技术，是徽菜形成酥、香、鲜独特风格的基本手段。有的先炸后蒸，有的先炖后炸，还有的熏中淋水，使菜肴味道更为鲜美。不少菜肴都是用木炭火单炖，原锅上桌，不仅体现了徽味古朴典雅的风格，而且香气四溢，诱人食欲，体现了重油、重色、重火功的特色。徽菜在保持风味特色的同时，十分注意菜肴的滋补营养价值，其烹调技法多用于烧、炖，使成菜达到软糯可口，熟透酥嫩，徽菜常用整鸡、整鳖煮汁熬汤，用山药炖鸡等。

安徽的著名菜肴有：黄山炖鸽、清蒸石鸡、凤炖牡丹、香菇盒、问政山笋、双爆串飞、双脆锅巴、无为熏鸡、蝴蝶面、毛峰熏鲥鱼、凤阳酿豆腐、金雀舌、徽州圆子、蝴蝶面等。

（六）上海风味

上海风味，又称“沪菜”“本帮菜”“海派菜”，所谓本帮，即本地。由于上海本地菜（包括苏锡菜）与外地菜长期共存，相互影响，便在原本地菜的基础上逐渐发展成以上海和苏锡风味为主体并兼有各地风味的上海风味菜体系。

上海菜具有许多与众不同的特点：第一，讲究选料新鲜。它选用四季时令蔬菜，鱼以江浙两省产品为主，取活为上，一年四季都有活鱼供客选择，当场活杀烹制。第二，菜肴品种多，四季有别。第三，讲究烹调方法。上海菜原来以烧、蒸、煨、窝、炒并重，逐渐转为以烧、生煸、滑炒、蒸为主，口味较重，善浓油赤酱，颇有家常风味。第四，口味有很大变化。原来上海菜以浓汤、浓汁厚味为主，后来逐步变为卤汁适中，有清淡素雅，也有浓油赤酱，讲究鲜嫩、色调，鲜咸适口。特别是夏秋季节的糟味菜肴，香味浓郁，颇有特色。

上海的特色美食有虾籽大乌参、八宝鸭、白斩鸡、排骨年糕、生煸草头、贵妃鸡、青鱼秃肺、腌川红烧圈子、松江鲈鱼、枫泾丁蹄、南翔馒头、阳春面、擂沙圆等。

（七）江西风味

江西饮食风味，又称“赣菜”，是江西地区汉族饮食文化的总称，具有浓郁地域特色。江西菜历史悠久，是在继承历代“文人菜”基础上发展而成的乡土味极浓的家乡菜。传统意义上的赣菜主要由南昌、上饶、九江、赣东、赣南五大流派互相渗透交汇而成。赣菜巧妙地规避了川菜的太辣、苏菜的太甜、鲁菜的太实，兼顾东南西北而自成一派。

江西风味形成了本土风味特色：在烹饪技法上，注重火候，以烧、焖、炖、蒸、炒为主。在原料选取上，崇尚绿色、生态、健康理念。江西生态环境很好，取自本土的原料都是绿色健康的，如鄱阳湖的藜蒿、井冈山的竹笋、军山湖的大闸蟹、余干的辣椒等。在味型上，以辣为主。与川菜的麻辣、湘菜的辛辣、鄂菜的酸辣不同，赣菜的辣是香辣、鲜辣，辣味适中，南北皆宜，具有广泛的适应群体。烹饪方法上，讲究火工，擅用烧、炒、炖、焖、蒸等法，其中粉蒸是一特色，须放入酱油、辣椒末、白糖、料酒、葱末、姜末、味精、胡椒粉等，既原汁原味，又香味别具。

主要风味名菜有：三杯鸡、粉蒸鱼、清炖泰和鸡、金丝甲鱼、泥鳅钻豆腐、清蒸荷包红鲤鱼、猪血汤酒酿、炒勺子肉、石鱼炒蛋、银鱼藕丝、腊肉藜毫、广昌冰糖莲子、干炸石鸡、圆笼粉蒸肉、栗子泥、生烧野鸭、乌云追白云、油焖笋、文山鸡丁、荷叶肉、水浒肉等。

（八）台湾风味

台湾位于我国东南，300 多年前郑成功收复台湾后，大陆人民尤其是福建和广东沿海大量居民移居台湾。台湾菜在本地原料的基础上，大多受到闽菜、粤菜的影响。台湾岛一直有宝岛之称。环绕台湾地区的海域中海产资源极其丰富，名目繁多，仅鱼类就有 500 余种。

台湾岛四面环海，地处温带和热带之间，气候温暖，空气湿润，南部水稻一年三熟，蔬菜瓜果品种极多，禽畜产品十分丰富。台湾风味以海味为主，各种鱼类菜肴品种繁多。梁实秋先生曾说：“台湾地区之饮食本属闽南系列，善制海鲜，每多羹汤。”这是因为台湾与闽南地区仅有一水之隔。台湾美食继承了中华美食的传统，但又由于历史发展的不同路径，形成了丰富多彩的风格特色，也体现出台湾文化的开发与多元。1949 年前后，国民党政权退踞台湾，大量的大陆官兵退守台湾，带去了大陆各地方风味菜，川、湘、粤、江浙及客家人的饮食，在台湾岛内大行其道，并在宝岛得以发扬光大。

台湾菜以清、鲜、醇为先，烹调以保持食物的原味为主，其烹调技法与福州、厦门多有相似之处，以焖、炒、炖、蒸等烹调法为特色。由于气候的原因，在烹调制作中求清淡新鲜，鸡鸭类菜肴多为香烂，海鲜小炒鲜咸香脆，而略带酸辣。代表菜肴有：葱油烤鱼、五味九孔、盐酥鲜虾、炒荫豉蚵、旗鱼香炸、卤盘鸭、炸八块鸡以及甜羹类菜肴等。

五、华中饮食文化

华中地区常被称为“中部地区”，华中三省包括河南省、湖北省和湖南省，在全国的交通地理位置中占有重要地位。华中地区以平原、丘陵、盆地为主，属于温带季风气候和亚热带季风气候，气候温和，四季分明。华中地区水资源丰富，河南境内1500多条河流纵横交织，水资源人均占有量达440立方米，占全国的1/5；湖北省素有“千湖之省”的称号，面积百亩以上的湖泊约800余个；湖南省内河网密布，水系发达，5公里以上河流有5341条。得天独厚的地理自然优势，使得华中地区动植物资源丰富，生物资源种类多、数量大，为烹饪文化的发展创造了条件。

（一）湖南风味

湖南风味简称湘菜，是中国历史悠久的一种地方菜。湘菜早在汉朝就已经形成菜系，烹调技艺已有相当高的水平。湖南地处我国中南地区，气候温暖，雨量充沛，自然条件优越。湘西多山，盛产笋、蕈和山珍野味，擅长香、酸、辣，具有浓郁的山乡风味；湘东南为丘陵和盆地，家牧副渔发达。

湖南风味包括湘江流域、洞庭湖区和湘西山区三个地区的菜点特色。湘江流域风味以长沙、衡阳、湘潭为中心，是湖南菜的主要代表，它制作精细，用料广泛，品种繁多，特点是油重色浓，讲求实惠，注重鲜香、酸辣、软嫩，尤以煨菜和腊菜著称。洞庭湖区的菜以烹制河鲜和家禽见长，其特点是芡大油厚，咸辣香软，以炖菜、烧菜出名。湘西菜擅长制作山珍野味，烟熏腊肉和各种腌肉，口味侧重于咸香酸辣，常以炭做燃料，有浓厚的山乡风味。

湘菜调味十分注重变化，调味料有几十种之多，在烹制进行中按不同的菜肴质量要求，调味前进行适当的组合调制，讲究“相物而施”，对各种调味料的清浓、稀稠、多少、新陈，加以严格选用和区分，以产生不同的味型，达到主味突出、咸鲜适中、回味无穷。湖南人普遍嗜辣。湖南地理环境上古称“卑湿之地”，多雨潮湿，辣椒有御寒祛风湿的功效。湖南人吃辣椒的花样繁多，在菜品制作中有“酸辣”“麻辣”“咸辣”“鲊辣”“油辣”“鲜辣”之分。此外，湘西菜擅长制作山珍野味、烟熏腊肉和各种腌肉，口味侧重咸香酸辣，常以柴炭做燃料，有浓厚的山乡风味。

湘菜历来十分注重刀功，在制作中，对不同原料、不同的菜肴品种、不同烹制方法采用不同的刀法与刀功以使菜肴产生不同形状特点。在湘菜烹调中，火候是决定菜肴质量的关键，讲究变化，不论哪种烹制方法，均不能离开水，因此，湘菜制作中对水质、水量、水温、稀、淡、浓、稠、宽、浅等各环节控制掌握，使得菜肴产生最佳的口感效果。

湖南著名的风味菜点有：东安子鸡、腊味合蒸、组庵鱼翅、湘西酸肉、冰糖湘莲、麻辣子鸡、红煨鱼翅、汤泡肚、换心蛋、吉首酸肉、红椒腊牛肉、发丝牛百叶、炒血鸭、和记米粉、德园包子、姊妹团子、火宫殿臭豆腐等。

（二）河南风味

河南省有着悠久的文化历史，是我国古代文明的主要发源地之一，文化遗产相当丰富。悠久而辉煌的历史，为我们留下了灿烂的饮食文化。在郑州出土的历史文物中，有新石器时代早期使用的炊具，新密打虎亭的汉墓壁画中，有形象逼真的烹鱼、煮肉、杀鸡、宰鹅等壁画图像；有"烹饪鼻祖"之称的商相伊尹（开封杞县）等。

豫菜在中原传统文化内涵的烹饪理论指导下，运用具备中原地域特点的技术和材料制作菜肴、面点和筵席。河南地处"九州之中"，伊尹于3600年前即创"五味调和"之说，豫菜作为中原烹饪文明的代表，一直秉承着中国烹饪"中与和"的基本传统。"中"是指居东西南北之中；不偏甜、不偏咸、不偏辣、不偏酸，而于甜咸酸辣之间求其中、求其平、求其淡。"和"是指融东西南北为一体、为一统，融甜咸酸辣为一鼎而求一味。豫菜与"南菜"和"北菜"都有区别，但取二者之所长。"中"与"和"为中原烹饪文化之本。

豫菜选料广泛，在长期的烹饪实践中，河南的厨师们总结出许多宝贵经验，如在选料上"鲤吃一尺，鲫吃八寸""鸡吃谷熟，鱼吃十""鞭杆鳝鱼、马蹄鳖，每年吃在三四月"。在刀功上，豫菜有"切必整齐，片必均匀，解必过半，斩而不乱"的传统技艺。在烹调方法上，以扒、烧、炸、熘、爆、炒、炝别有特色，其中扒菜更为独到，素有"扒菜不勾芡，汤汁自来黏"的美称。另外，爆菜时多用武火，热锅凉油，操作迅速，质地脆嫩，汁色乳白。

河南特色的菜品有：鲤鱼焙面、煎扒青鱼头尾、炸紫酥肉、大葱烧海参、炒三不粘、牡丹燕菜、扒广肚、汴京烤鸭、开封桶子鸡、道口烧鸡、炸八块、葱扒羊肉、清汤鲍鱼、酸辣肚丝汤、生氽丸子。

（三）湖北风味

湖北风味，简称鄂菜，古称楚菜、荆菜，按有文字记载的时间算，至今有2000多年的历史。早在战国时期《楚辞·招魂》中一份楚宫筵席单上就有麻花、馓子、蜜糖糕、油炸饼等，这是湖北小吃见诸文字的最早记载。随州曾侯乙墓中曾出土的100多件春秋战国时期饮食器具，可知鄂菜起源于春秋战国时期（时称"楚菜"）。唐、宋两代鄂菜有了明显的发展。到了明、清时期，鄂菜趋于成熟。

湖北地区的饮食以稻、鱼为主，喜食杂粮。因此，鄂菜主料以鱼、肉、时蔬为主，配以大米作辅料，形成鱼中有肉，肉中有鱼，肉蔬结合的特点。由于构思独特新奇，做工精细考究，使菜肴软嫩异常、汤鲜味醇、浑香四溢。用料以水产为本，鱼菜为主。湖北自古被誉为千湖之省、鱼米之乡，盛产各种淡水鱼类及水产品，许多是湖北所独有的。像生长在长江的鱼，生长在长江支流清江的清鱼，肉多刺少，肉质鲜嫩，皆为水产中的上品。红烧、清蒸、粉蒸、涮食均很适宜，历史悠久的武昌鱼，更是闻名中外。湖北本地人极喜欢吃“圆子”，不论民间百姓或专业厨师都掌握了许多制作“圆子”的方法。肉圆、鱼圆、虾圆……圆子菜肴林林总总多达几十种，可谓一圆一格，百圆百味。

著名的菜肴有：冬瓜鳖裙羹、钟祥蟠龙、瓦罐汤、红烧鱼、红菜薹炒腊肉、清蒸武昌鱼、母子大会、葱头炒斑鸠、蜜汁猕猴桃、烧春菇、鸡泥桃花鱼等。

六、西南饮食文化

西南地区位于我国的西南边陲，包括重庆、四川、云南、贵州、西藏。这里的气候较为复杂，有“一山分四季、十里不同天”之说。故而西南地区生机旺盛，物种奇多，历来号称“动物王国”和“植物王国”，烹调资源取用不竭。

由于独特的地理位置和自然条件，西南地区的食风呈现三大特质：第一，由于地形参差、气温殊异、物产丰寡不均、少数民族众多等原因所致，促成食俗风情的多样性与奇异性。第二，因为山川阻隔、交通闭塞和开发较迟等诸多因素影响，又出现食俗风情的局部封闭性，不少相当古老的习俗得以完好地保存。第三，西南地区现有傣族、水族、佤族、苗族、怒族、门巴族、彝族等民族，在一些原始宗教祭祀风习和佛教禁欲主义的长期熏陶下，不太容易接受外来的影响，限制了饮食文化的交流。

从膳食结构看，西南地区的居民喜食大米和糯米，兼食小麦和其他杂粮，还有些少数民族采用野生植物的根茎以代粮。其中，米制品小吃很有名气，米线鲜香，糌粑特异，糍粑、粽粑、竹筒饭、荷叶包饭、芭蕉叶包饭多用于待客，“天府小吃席”驰誉一方。一年四季都有蔬菜或野菜，或鲜炒或腌渍。

（一）四川、重庆风味

四川、重庆风味，简称川菜，发源于古代的巴国和蜀国。据《华阳国志》记载，巴国“土植五谷，牲具六畜”，并出产鱼盐和茶蜜；蜀国则“山林泽鱼，园囿瓜果，四代节熟，靡不有焉”，当时巴国和蜀国的调味品已有卤水、岩盐、川椒、“阳朴之姜”。川菜系的形成，大致在秦始皇统一中国到三国鼎立之间。汉代张骞出使西域，引进胡瓜、胡豆、胡桃、大豆、大蒜等品种，又增加了川菜的烹饪原料和调料。唐宋时期，川菜更为脍炙人口。诗人陆游曾有“玉食峨眉木耳，金齑丙穴鱼”的诗句赞美川菜。元、明、清建都北京后，随着入川官吏增多，大批北京厨师前往成都落户，经营饮食业，川菜以麻、辣、鲜、香为特色，逐渐成为我国的主要地方菜系。川菜分为以川西成都乐山为中心的上河帮、以川南自贡为核心的小河帮、以川东重庆为中心的下河帮，但川菜各地风味比较统一。

川菜味型十分丰富，享有“一菜一格，百菜百味”的美誉。川菜调味大都离不开“三椒”（辣椒、花椒、胡椒）、“三香”（葱、姜、蒜）、醋、郫县豆瓣酱，且使用量大，远非其他菜系能相比。现今川味是以麻辣为基调，融会了多种味型的地域风味。四川风味的主要味型有鱼香、酸辣、椒麻、怪味、麻辣、红油、姜汁、家常。川菜对辣味的运用具有不燥、适口，讲究层次和韵味等独特风格。此外，传统四川菜当中也有一些不辣的菜肴，如开水白菜、蚂蚁上树、蒜泥白肉、粉蒸肉等也深受食客喜爱。

川地食物原料非常丰富。当地物产从动物到植物，从低档到高档，可以说应有尽有。当地盛产粮油佳品，蔬菜瓜果四季不断，家禽家畜品种繁多，水产品也不少，如鲟鱼、鲇鱼、岩原鲤、雅鱼等，品质优异。山珍野味有虫草、竹笋、天麻、银耳、魔芋、冬菇、石耳、地耳等。此外还有许多优质调味品，如自贡井盐、内江白糖、永川豆豉、郫县豆瓣、德阳酱油、茂汶花椒等，风味独到。烹调技法独特而多样，尤其擅长小煎、小炒和干煸、干烧。前者烹制时不过油，不换锅，用急火短炒，现兑芡汁，成菜嫩而爽脆，鲜香滚烫。后者采用小火慢烧，干煸成菜味厚不醉，久嚼酥香。

川菜的代表菜肴有：回锅肉、麻婆豆腐、夫妻肺片、干烧鱼、灯影牛肉、毛肚火锅、清蒸江团、樟茶鸭子、干煸牛肉丝、怪味鸡块、鱼香肉丝、水煮牛肉、锅巴肉片、咸烧白、宫保鸡丁、鸡米芽菜、糖醋里脊、东坡肘子、辣子鸡、香辣虾、麻辣兔头、水煮鱼等。

（二）云南风味

云南省位于祖国西南部，地处青藏高原南延部分，山地占总面积的84%，高原占10%，盆地仅占6%，个别县市的山地比重竟然超过了98%。气候上主要是高原季风气候，全省大部分地区冬暖夏凉，四季如春。云南地形极为复杂，大体上西北部是高山深谷的横断山区，东部和南部是云贵高原。云南中部的盆地年温差小，降水量适中，是重要的产粮区与饮食文化形成区。

少数民族广泛居住在高原、盆地、丘陵与高山，人口分布密度较低，各地分布的密度不一，各民族的发展很不平衡。因此，云南的饮食文化具有丰富多元的特色，尤其在食物的材料、菜式、加工方法、饮食习惯和酒水饮料等方面，表现出明显的多元性与丰富性。

云南区域性的饮食文化，大致可分为以昆明、曲靖、楚雄、玉溪为中心的滇中区；以大理为中心的滇西区；以宣威为中心的滇东北区；以保山、腾冲为中心的滇西南区；以丽江、香格里拉为中心的滇西北区；以德宏、临沧、西双版纳为中心的滇南区；以红河、文山为中心的滇东南区等几种类型。在以上7种饮食文化区域中，滇中区、滇东北区受到汉族、彝族饮食文化较多的影响；滇西区表现出浓郁的白族饮食文化特色；滇西南区混杂了边疆汉族与诸少数民族的饮食特点；滇西北区深受藏族、纳西族等高原民族饮食习惯的影响；滇南区明显地反映出傣族等稻作民族的饮食传统；滇东南区则表现出傣族、壮族、瑶族等少数民族饮食的习惯。各区呈现不同的特色。

云南特色食品有：过桥米线、嘉华鲜花饼、气锅鸡、滇池麻鸭、石林乳腐、宜良板鸭、傣族火烧干巴、竹筒饭、天麻炖鸡、曲靖的宣威火腿、蒸饵丝、三七炖鸡、酸汤鸡、酸汤牛肉、氽肉米线、褡裢粑、蒙自过桥米线、建水烧豆腐、铜锅鱼、油鸡枞、石板粑粑等。

（三）贵州风味

贵州地处我国西南腹地，是云贵高原的一部分，平均海拔1000多米，山高谷深，是全国唯一没有平原作支撑的省，95%均为山地，素有“山国”之称。但是，贵州地区气候温和，无霜期长，是一个特有的绿色植物王国。贵州的崇山峻岭和纵横交错的河流，星罗棋布的湖泊，广阔的森林，给各族人民提供了丰富的饮食资源。漫山遍野的山珍野味、河鲜野蔬为贵州民族菜的发展提供了得天独厚的条件。各族人民在长期的生产实践中，创造了丰富多彩的饮食文化，调制出了许多历史悠久、加工独特、闻名遐迩的民族特色菜点。

贵州民族饮食文化资源丰富，世居民族有汉族、苗族、布依族、侗族、土家族、彝族、仡佬族、水族、回族、白族、瑶族、壮族、畲族、毛南族、满族、蒙古族、仫佬族、羌族18个民族。目前，民族特色浓郁的“酸”“辣”口味，已经走出贵州。

贵州人擅于用酸。贵州地区历来缺盐，勤劳、智慧的苗、侗等族人民，在长期的生活实践中摸索出了以酸代盐、以酸补盐的烹调艺术。苗族、侗族、布依族、仡佬族、水族等民族基本上家家有酸汤缸，户户有腌菜坛，几乎天天用酸汤烹饪菜肴。常见的酸菜有泡酸萝卜、酸豇豆、酸鸡、酸鸭、酸肉以及既辣又酸的盐酸菜、酸辣椒等。苗族、侗族的酸味菜特别有名，酸汤鱼就是一道著名的苗族风味菜，肉嫩汤鲜，清香可口，佐以辣椒，酸辣香嫩，令人食欲大增。

贵州人喜辣，贵州少数民族的家常菜几乎都以辣为作料。同样是辣，三个吃辣出名的省份又有区别，四川是麻辣，湖南是干辣，而贵州是酸辣。贵阳长年阴雨天多，空气湿度大，吃辣能祛风湿，辣味是西南地区饮食的共同特点。

贵州具有地方特色和民族特色的美食有：辣子鸡、花江狗肉、状元蹄、宫保鸡丁、酸汤鱼、红油米豆腐、荷叶糍粑、糟辣脆皮鱼、泡椒板筋等。贵州的酒文化源远流长，除茅台酒之外，还有习酒、董酒等10多个产品。贵州的名茶有：余庆苦丁茶、绥阳金银花茶、湄潭翠芽、遵义毛峰、贵定云雾茶、都匀毛尖等。

（四）西藏风味

西藏地处高海拔的青藏高原，环境恶劣。整年寒冷，不利于一般植物的正常生长，青稞能够抵抗恶劣气候，是西藏特有的农作物。藏餐是人们对西藏及广大藏区菜点的统称。

有关藏族饮食风味和特色详见第七章第三节“藏族日常食俗”中的内容。

七、华南饮食文化

华南地区位于中国最南部，包括广东省、广西壮族自治区、海南省、香港特别行政区、澳门特别行政区和南海诸岛。华南地区的北界，是南亚热带与中亚热带的分界线。华南地区高山平原鳞次栉比，江河湖泊纵横交错，气候温和，雨量充沛，气候宜人。西面、东面和北面丘陵环绕、林丰草茂，岭南佳果丰富，飞禽走兽亦多。华南地区南面临海，滩涂辽阔，出产多种咸淡水产和两栖类动物。

（一）广东风味

广东风味菜，简称粤菜。粤菜发源于岭南。先秦时期，岭南尚为越族的领地，聚居于广东一带的百越族人善渔、农，尚杂食，故杂食之风甚盛。早在2000年前西汉人所著的《淮南子》一书中，就有“越人得蚺蛇以为上肴”的记载。汉代以后，广州成为中西海路的交通枢纽。唐代外商大多聚集在羊城，商船结队而至。唐代诗人韩愈被贬至潮州，在他的诗中描述潮州人食鲎、蛇、蒲鱼、青蛙、章鱼、江瑶柱等数十种异物，认为很不是滋味。南宋以后，粤菜的技艺和特点日趋成熟，这同宋都城南迁、众多御厨和官府厨师云集于粤，特别集中于羊城有关。宋、元之后，商业日益兴旺，带动了饮食服务业发展，为粤菜的成长提供了非常重要的条件和场所。明、清两代的广州已经成为商业大城市，是粤菜、粤点、粤式饮食真正的成熟和发展时期。

粤菜取百家之长，善于在模仿中创新。广州是历史悠久的通商口岸城市，吸取了外来的各种烹饪原料和烹饪技艺。粤港澳地区又是东方文化及西方文化的交会所在，日本、韩国、我国台湾地区、越南、泰国、印度等餐厅均常见。加之旅居海外华侨把欧美、东南亚的烹调技术传回家乡，使粤菜在烹调技艺上留下了鲜明的西方烹饪痕迹。粤菜在国外是中国菜的代表风味。粤菜烹饪技术精妙，菜式美点纷繁多样。粤港澳地处我国的南方，味道之鲜美，色、香、味、形整体设计之完美，以及饮食环境和服务之细致周到等，都可谓首屈一指。各式菜肴、美点品种丰富，花样繁多。

面点小食品品种繁多，源远流长、制作精巧。小食大体可分为油器、粥品、粉面、糕品、甜品、粽子和什食七大类，这些小食价廉物美，遍布全市大街小巷。如油香饼（咸煎饼）、脆麻花、云吞、沙河粉、鱼蛋面、芋头糕、马蹄糕、双皮奶、杏仁糊、冰糖炖木瓜、水晶球、蚝烙、羔烧番薯、粽球、牛肉丸等。茶楼业市场十分繁盛，历百年而不衰。广州人习惯饮茶，茶市分为早茶、午茶和晚茶，供应各式咸甜干湿点心，价格也很实惠。广州人聚朋会友，业余消遣，都乐于上茶楼。这也正是广州茶楼业历百年而不衰的一个重要原因。

粤菜由广州菜、潮州菜（亦称“潮汕菜”）、客家菜（亦称“东江菜”）三大流派组成。其中，以广州菜为代表，具有独特的南国风味。代表名菜有：龙虎斗、菊花龙虎凤蛇羹、五彩炒蛇丝、炖禾虫、烤乳猪、白灼虾、白云猪手、香芋扣肉、烧雁鹅、豆酱鸡、护国菜、什锦乌石参、葱姜炒蟹、干炸虾枣、盐焗鸡、酿豆腐、爽口牛丸、三杯鸭。

（二）广西风味

广西壮族自治区是中国沿海的省级行政区，位于中国南部边疆，简称桂。是华南通向西南的枢纽，是全国唯一的具有沿海、沿江、沿边优势的少数民族自治区。

广西人主要以米饭和米粉为主食。广西菜点由南宁、桂林、柳州、梧州等城市菜和壮族、瑶族、京族、侗族等少数民族菜组成。在广西东部和南部的玉林、梧州、贺州、南宁、北海、钦州等地，饮食习惯受粤菜影响，日常饮食主要以清淡为主。在广西北部和西部的柳州、桂林等地区，饮食习惯受湘菜影响，有吃辣的习惯。

广西风味在长期发展中形成了一定的特色，主要是：用料丰富，善于变化；注意色和味，配菜适当；粗料细作，经济实惠；传统手艺，独具特色。比如，肉蛋就是纯手工制作的，把猪牛或者鱼肉剁成泥，然后加入各色调料，是吃火锅和做汤的好材料，而且口感新鲜，肉味十足。打油茶是广西的特色食品，将蒸熟晒干的糯米用油爆成花，再将一把粳米入锅炒，同时放入茶叶，然后加入适量水，煮滚后滤出茶叶，加食盐调味，再用它来冲泡炒米花、炒黄豆或者是炸油果等，也可制成甜味，深受当地人喜爱。

广西人每天都会吃蔬菜和水果以补充人体的营养，而且都要求是天然的，他们吃东西都会追求营养的效果。

广西著名的美食有：天火烹饪鸡、虫草炖海狗鱼、葵花马蹄肉饼、荔浦芋扣肉、梧州纸包鸡、白果炖老鸭、邕州鱼角、花雕醉鸡、阳朔田螺酿、桂林米粉、梧州龟苓膏、糊辣、桂北油茶、灵川狗肉、玉林牛巴、柳州螺蛳粉、打油茶等。

（三）海南风味

海南省四面环海，浩瀚的海洋蕴藏着丰富的鱼类资源，一年四季都可以尝到肉质鲜嫩的海鱼海虾。鱼虾大部分来自海洋，清淡鲜活，肉质细嫩，味道鲜美，营养丰富。

海南居民主食为大米，辅食种类丰富，有地瓜、玉米、芋头、粟米等。海南人有“饭前先喝汤”的饮食习惯，而且会根据季节的变化区分炖汤原料的冷、热特性。这和当地的气候有关，海南岛气候炎热，人们白天外出工作或者劳动时，体液消耗较多，需要补充大量的水分，因此养成了饭前喝汤的习惯。另外，海南人认为，汤里面营养丰富，容易保存营养，有滋补强身的功效。

海南居民还有吃早茶的习惯，每天早晨，无论街头大排档还是饭店酒楼，都有很多人吃早点。早茶有“穷茶富点”之说，茶叶品种简单，价格低廉，主要是菊花茶、乌龙茶、普洱茶等；点心则包括菜品和主食，花样齐全，种类繁多，鸭掌鸭翅、牛排羊排、炒粉炒面、汤粉汤面、包子粽子以及各种糕点。还有些居民爱好喝下午茶，亲朋好友聚在树荫或凉棚下，沏上一壶茶，备几样糕点或小菜，边饮边聊，生活惬意，人们把这种饮茶方式称为“老爸茶”，即大众茶的意思。

海南美食：文昌鸡、嘉积鸭、东山羊、和乐蟹、抱罗粉、陵水酸粉、海南鸡饭、五指山野菜、临高熟米、临高乳猪、石山壅羊、温泉鹅、万泉鲤、大洲燕窝、山牛肉、红鱼粽、海南椰子船等。

（四）香港风味

香港特别行政区位于珠江口东侧，毗邻深圳市，包括香港岛、九龙半岛和新界三部分。香港是中西文化结合的聚居地，这里集中了世界各地的美食。香港地道的饮食文化，不但传承中国文化传统，也受到外国文化的影响，饮食荟萃中外特色。

香港的饮食业被人们称为“世界美食天堂”，现有饮食网点9000余家，其中3000多家是经营内地各种风味特色的菜馆，有广东、北京、上海、天津、山东、江苏、安徽、福建、浙江、湖南、湖北、四川、贵州、云南、吉林、辽宁、黑龙江、内蒙古、台湾地区等二三十种地方风味。还有各种外国风味菜馆310多家，包括英、美、法、意、俄、德、日、韩、泰、越、印度、马来西亚等二三十个国家和地区的风味特色，各种特色菜点应有尽有，而且各店都保持自己的风味特色。

香港最多的菜品还是港化的各地、各国风味菜品。其主要菜式还是以广东的东江、潮州、广州风味为主，菜肴制作的特点是主料突出，以生猛海鲜为主，烹调方法以煎、炒、灼、煲、炆、焗、烧、烤见长，口味清淡、鲜嫩、味醇。代表菜肴有：沙锅鸡鲍翅、翡翠南乳鸽、凉瓜炆排骨、沙锅大鱼头、醉猪手、百花冬瓜球、西芹带子、酥炸生蚝、蒜子瑶柱脯等。

（五）澳门风味

澳门特别行政区位于珠江口西南，毗邻珠海市，包括澳门半岛和凼仔、路环两岛。澳门于2017年被联合国教科文组织评为“创意城市美食之都”，澳门美食节从2001年首次举办，已连续举办了22届，吸引了世界各地的美食大厨和饮食爱好者，为澳门地区美食的发展注入了新的活力。

澳门风味体现了文化包容的美食风格，它糅合了亚欧风味，以传统的海鲜、肉类、家禽、果蔬为原料，加入从各地带来的香料，特别是葡萄牙菜与中餐菜肴的有机结合。澳门地区因其面积、人口均不及香港，但饮食业的名气也在不断扩大。葡萄牙饮食文化对澳门地区的饮食业有一定的影响。但澳门饮食业仍以中国南方风味菜为主体。在这里，粤、闽等内地菜与以葡萄牙为主的西餐菜的结合是澳门风味的主要特色。许多餐厅酒楼中西餐兼营。在澳门可以品尝到东西方风味不同的佳肴，澳门食街的食品食料五花八门，色香味俱全。

澳门致力于保存土生葡人美食的深厚文化底蕴，特别是经澳门人改良的“土生葡菜”，堪称一绝。因为澳门式葡国菜的煮法和材料是兼收并蓄了葡萄牙、印度、马来西亚及中国粤菜的烹饪技术，对原来的葡国菜经过改良，取长补短，可以说是世界上独一无二的菜式。代表菜肴有：烧乳猪、马介休、葡式炒蚬、咖喱蟹、烧牛尾、沙甸鱼等。

复习与思考

一、名词解释

饮食文化圈　餐饮集聚区　四大菜系

二、单项选择题

1.“中华民族饮食文化圈”由（　　）个子属文化圈构成。

A. 10　B. 11　C. 12　D. 13

2. 刀工具有“片薄如纸、切丝如发、剞花如荔”美誉的是（　　）。

A. 鲁菜　B. 闽菜　C. 豫菜　D. 东北菜

3. 秉承“中”“和”之传统精神是（　　）的特点。

A. 粤菜　B. 豫菜　C. 苏菜　D. 鲁菜

4. 东坡肉是（　　）的特色菜肴。

A. 川菜　B. 浙菜　C. 粤菜　D. 豫菜

5.“以酸代盐，以酸补盐”的烹调技术是（　　）的特点。

A. 湖南　B. 贵州　C. 四川　D. 甘肃

6. 西汉《淮南子》一书中关于“越人得蚺蛇以为上肴”的记载说明了粤菜的（　　）特点。

A. 取料广泛　B. 小食品种繁多　C. 调料种类多　D. 烹调方法多

7. 清代徐珂在《清稗类钞》中云：“食品之有专嗜者焉，食性不同，由于习尚也。兹举北人嗜葱蒜，滇、黔、湘、蜀人嗜辛辣品。粤人嗜淡食，苏人嗜糖。”说明了中国饮食文化的（　　）特点。

A. 层次性　B. 地域性　C. 民族性　D. 季节性

8.“北食文化区”的代表是（　　）。

A. 鲁菜　B. 豫菜　C. 鄂菜　D. 京菜

三、多项选择题

1. 中国历代对饮食文化区域性的描述有（　　）。

A. 帮派　B. 饮食文化圈　C. 菜系　D. 口味区

2. 属于东北特色饮食的有（　　）。

A. 清汤飞龙　　B. 地三鲜　　C. 松鼠鳜鱼　　D. 龙虎斗

3. 西北地区的区域特点是（　　）。

A. 水域丰富　　B. 地广人稀　　C. 少数民族分布广　　D. 宗教影响广泛

4. 秦陇风味特色的“三突出”是指（　　）。

A. 主料突出　　B. 辣味突出　　C. 主味突出　　D. 香味突出

5. 下列属于淮扬菜的有（　　）。

A. 清炖狮子头　　B. 松鼠鳜鱼　　C. 红烧大肠　　D. 三鲜鹿茸羹

6. “南食”的两大台柱是（　　）。

A. 鲁菜　　B. 浙菜　　C. 苏菜　　D. 闽菜

7. 鲁菜的特点有（　　）。

A. 咸鲜味醇，精于用汤　　B. 丰满朴实，风格大气

C. 烹法讲究，以爆见长　　D. 烹制海鲜，手法独到

四、简答题

1. 中国饮食文化区域性的形成受哪三个方面的影响？
2. 鲁菜有哪三大食风区？各自的特点是什么？
3. 湘菜有哪些特点？
4. 简述西南地区食风的三大特质。
5. 简述粤菜各流派的特点。
6. 简述淮扬菜及其特点。

推荐阅读

1. 邵万宽 . 中国美食设计与创新［M］. 北京：中国轻工业出版社，2020.

2. 邱庞同 . 中国菜肴史［M］. 青岛：青岛出版社，2001.

第七章 中国民族饮食文化

中华民族的饮食文化内容丰富多彩，不同民族的烹饪食品、食饮规格、酒规席礼、饮食掌故、用具器皿等特色分明。我国各民族的传统饮食文化具有独特的个性，在人类对美好生活的共同追求中产生了心心相印的撞击，在与其他民族饮食文化的沟通与交流中，诞生了许多优秀的烹制作品及文化，是世界饮食文化宝库中的一朵奇葩。

本章主要从四大区域的不同民族饮食出发，分别介绍我国15个少数民族的饮食文化，从日常饮食习俗、民族特色食品方面，就民族的历史发展、所处地区、主要食品、饮食习俗等进行具体分析。

学习目标

知识目标

1. 了解不同民族的饮食习俗
2. 了解各民族的特色食品
3. 熟悉不同地区各民族饮食形成的特点

能力目标

1. 掌握各民族饮食文化形成的原因
2. 掌握不同民族饮食中的主料运用
3. 掌握不同民族的代表性食品

案　例

布依族人的礼食品——“枕头粽”等糯制品

布依族男女老少均喜食糯米及其制品，尤其是妇女、小孩更甚。凡布依群众逢年过节，走亲串友时，多以糯米制成的各种食品为礼物。如正月间的送人礼食品是“枕头粽”（像枕头那样形状和大小的粽子，一个有1000~1500克重），端阳节的礼物是“三角粽”（形如三角的粽子，一个50~100克重），“六月六”是送糯米团子（糯米粉做的团子），“七月半”是“褡裢粑”（一种糯制粑粑）或“油团”（一种油炸的糯米粉团），等等。这些都是布依族人民喜食的佳品。除了上述年节以糯米食品作为馈赠的礼物外，新婚夫妇在新娘回家之日，还要由男方打上20~25公斤重的糍粑（一种糯米糕）送给女方家。另外，即使在平时，布依族人民还有不定期地煮糯米饭或是打制糍粑吃的习惯。而且，布依族妇女生孩子“坐月子”时也多食糯米饭或粥，有的要食一个月。可见，布依人的饮食文化中是离不开糯米及其制品的。据他们说，吃糯米可以补中气。实际上，在各种米中，糯米含有的钙、磷、铁、烟酸的相对量比其他米都多（100克糯米中含有的钙、磷、铁、烟酸分别为19毫克、155毫克、6.7毫克、2毫克），因此，在各类米食中糯米的营养更为丰富，可见布依人喜食糯米是有一定的道理的。

（资料来源：赖存理．中国民族风味食品［M］．北京：中国商业出版社，1989：131.）

案例分析

1. 请查找资料说出布依族人居住在我国的什么地方，他们为什么喜欢吃糯米及其食品。
2. 从饮食文化角度出发，请思考，布依族的这种物质表现形式与什么有关。

中国幅员辽阔，自然条件千差万别，生活在华夏大地上的56个民族，自古以来经过多次民族大融合，形成了今天大杂居、小聚居的分布状况，这种居住局面决定了各少数民族的饮食生活习俗既相互独立，又受其他民族尤其是汉族的影响，从而形成各民族独具特色的饮食文化。从某种意义上说，饮食已成为民族传统文化得以维系的重要纽带，因而研究各民族饮食文化意义重大。

第一节　华北、东北少数民族食俗

一、满族日常食俗

满族主要聚居在黑龙江、辽宁、吉林、内蒙古、河北等地，尤以辽宁省最多。祖先肃慎人，汉代称为挹娄，南北朝时称勿吉，隋唐时期称为靺鞨，唐代建立了满族历史上的第一个政权——渤海国，1115年建立金国，号称女真人，16世纪后期，努尔哈赤统一女真各部，建立了以女真人为主体的民族共同体。1636 年建立中国最后一个封建王朝——清朝，1644 年定都北京，作为最高统治者的满族对中国的历史文化产生了重要影响，满族的饮食文化更是深深影响了中国人的饮食习俗。

满族先民们长期生活在东北地区的白山黑水之间，形成了以定居耕种为主、狩猎为副业的生产方式。主食主要有高粱、糜子、小米、玉米、麦粉、粳米和大豆。信奉萨满教，在祭祀中，多以猪为牺牲，称猪肉为“福肉”“神肉”，祭祀后众人分食。最习惯的吃法是白肉血肠、猪肉炖酸菜粉条。每年春节杀的年猪，一部分肉腌在坛子里，以备一年的食用。其余的用来改善生活，款待来客。逢节庆日，都吃饺子，阴历除夕年饭必吃手扒肉。除了“多畜猪，食其肉”外，捕鱼、狩猎、采集是他们的主要生产方式，鱼类、兽肉及野生植物、菌类则是他们的食物来源。满族喜爱黏食，喜食蜂蜜，爱喝糊米茶。

（一）饮食习俗

满族人尊老敬老。在其入关后大肆推行儒家文化，出现了著名的“千叟宴”，《养吉斋丛录》卷十五记载，嘉庆时期的千叟宴规模宏大，每桌上有火锅、猪肉片、羊肉片、炉食等。嘉庆元年正月，举于宁寿宫之皇极殿，与室者 3056 人，赋诗 3000 余首。满族人相信他们来自西方，因而一直“崇西”，在进餐的时候，老人要坐在饭桌的西侧。

不允许边吃饭边唱歌。因为，当萨满祭祀“脱魂附体”的时候，才边唱神调边跳萨满舞蹈，因而在平常人家吃饭的时候，是绝对不允许边吃饭边唱歌的，否则就会被认为不吉利。

满族人好饮酒。满族所饮之酒，主要有烧酒和黄酒两种。所谓黄酒，为小黄米（黏米）煮粥，在冬季发酵酿成，家家均能自制。后又发展到饮制果酒。秋季水果成熟时，各户都习惯自制果酒，常见的有山葡萄酒、元枣（猕猴桃）酒和山楂酒。

忌食狗肉。满族的先人在长期的渔猎生活中，狗对他们的经济生活起到过重要的帮手作用，后来人们就不忍心杀食其肉，逐渐形成了忌食狗肉的习俗。另外，忌食狗肉的习俗也不排除满族受宗教礼祭的影响，与民间流传《罕王的传说》中黄犬救主的神话故事有关。

（二）特色食品

（1）萨其马。满族传统糕点。萨其马是满语，汉语叫金丝糕、蛋条糕，用精粉、鸡蛋、糖、芝麻、瓜子仁、青红丝等做成。它的做法是将鸡蛋去壳后加适量的水，搅打起泡后倒入和好的面中，揉成面团，然后擀成薄片，切成细条，用油炸成黄白色捞出，将糖和水放进锅内烧开，制成糖稀，再将炸好的细面条用糖稀拌匀，倒进铺以芝麻、瓜子仁、青红丝的一只木框内压平，用刀切成方块制成。这种食品色、香、味、形俱佳。

（2）饽饽。满族人的主食。饽饽是满语，是由黏米做成的。人们根据不同的季节制作不同的饽饽，一般春天做豆面饽饽，夏日做苏叶饽饽，秋冬做黏糕饽饽。豆面饽饽是用大黄米、小黄米磨成细面，再加进豆面蒸制而成。这种饽饽颜色呈金黄，有黏性，味香可口。苏叶饽饽是用黏高粱面和小豆的豆泥混合拌匀，外用苏叶包起来蒸熟的。这种饽饽有苏叶的特殊香气，别具风味。黏糕饽饽是用大黄米和小黄米浸泡之后磨成面，在黄米面中间包上一些豆泥蒸熟后制成的。这种饽饽用油煎着吃，或蘸着糖吃，既香又甜。

（3）火锅。满族人还喜食火锅。火锅最早见于《魏书·獠传》，文中有记载："（獠者）铸铜为器，大口宽腹，名曰铜爨，既薄且轻，易于熟食。"宋代已十分盛行涮火锅，元明以后，宫中十分流行，当时被称为御锅。但总体而言，火锅和涮肉尚不是很多见。满族在关外时，由于气候和生计方式所限，他们也有火锅之类的器具和食品，冬季火锅食品备受满族青睐，甚至成为一种饮食积习。入关后在其权威的互动作用下，在全国开始流行。各地居民把本地佳肴食俗融进了火锅，出现了许多新品种，风味各异，使火锅食品呈现出百花纷呈的局面。

（4）酸汤子。它是用玉米面经过发酵后做成的。制作方法一般是和好面后，先将水烧开，然后在手上扎一个苞米叶，把面团放在手心，两手一合，向外一挤，从小手指缝挤出一条条筷子粗细的扁形面条，煮好后放上各种调料和白菜等食用。

（5）酸菜，满语称"布缩结"。酸菜是秋天将新鲜的青菜在缸中发酵而成，猪肉炖酸菜是北方满族常吃的菜肴。农村逢年节人们爱吃白肉血肠酸菜。东北满族聚居的地方，家家的炕桌中央都有一圆形洞穴，正好能放下马勺，炕桌下放一火盆，就着马勺里的酸菜，寒冬腊月，全家可以吃上热乎乎的饭菜。

二、朝鲜族日常食俗

朝鲜族主要聚居在东北地区和内蒙古，因聚居地盛产大米，所以主食以米饭为主，尤喜喝大酱汤。特制小吃有打糕、冷面、苏叶饼、汤饺、赤豆包等。朝鲜族居民喜食自制泡菜，特色泡菜品种丰富，有辣白菜、辣拌萝卜条、酱腌紫苏叶等，菜品色泽艳丽，口味酸辣。凉拌菜是朝鲜族春、夏季节餐桌上的常见菜，较为有名的有生拌牛肉、生拌鱼、拌桔梗等。日常常食用"八珍菜"，用绿豆芽、黄豆芽、水豆腐、干豆腐、粉条、桔梗、蕨菜、蘑菇等制成。

（一）饮食习俗

（1）"饭稻羹鱼"的稻作文化型饮食文化特征明显。稻米是朝鲜族人最主要的食粮，这在惯于面食的北方诸民族中是十分独特的。朝鲜族不仅在日常生活中以稻米为主食，节日和喜庆期间也往往通过食用各种特制的米制食品来体现不同的节日气氛，如元日、秋夕和一些重大喜庆期间吃打糕；上元节吃药饭或五谷饭；端午节吃艾糕；冬至则有吃小豆粥的习惯，等等。朝鲜族对水产类食品也十分偏好，鱼、贝和海藻类（如海带、紫菜、海白菜等）都是朝鲜族日常喜食的佳肴。而在鱼类中，朝鲜族对明太鱼更是情有独钟。

（2）“山珍野味”是朝鲜族饮食的一个重要特点。所谓“山珍”，主要是指各种山野菜、山果、山药、野蘑及一些野禽山兽。在朝鲜族饮食中，其以山野菜为原料的风味小菜可谓久负盛名。这主要得益于其居住区独特的地形、气候条件，在那些土质肥沃、空气清新、阳光充足的深山原野，生长着100多种可食的蘑菇、山野菜。这些山野菜不仅营养丰富，风味独特，而且具有良好的防病治病功效。

（3）饮食口味以凉、酸、辣为主。对酸辣的爱好尤其突出，辣白菜是朝鲜族的家常菜，辣椒酱更是日常生活中必不可少的调料，都体现出酸、辣、咸、甜、凉等多种风味特点。

（4）汤类饮食丰富多样。按照时令的不同有热汤和凉汤之分，种类达30余种，主要有牛肉汤、狗肉汤、海带汤、大酱汤、冷汤等。尤喜喝大酱汤和狗肉汤，大酱汤是以大酱、蔬菜、海菜、葱蒜、豆油等为原料熬成的汤。狗肉汤鲜美可口，营养价值极高，可在三伏天防止中暑，受到朝鲜族男女老少的青睐，朝鲜族俗语有“狗肉滚三滚，神仙站不稳”的说法。

（5）饮食中的礼规严格。朝鲜族素有讲究礼节、尊老敬长的美德，长幼有别的观念根深蒂固，这一点在其饮食文化中有充分的体现。父子不同席是朝鲜族传统的饮食习俗，故平常饮食中，老人一般另摆一张小桌，盛饭菜时应先给老人盛，并由儿媳恭顺地端到老人面前，全家也只有在老人举匙之后才能开始就餐。日常生活中，晚辈绝不可以在长辈面前抽烟、喝酒，若家宴中因无法回避而与老人同席而餐时，晚辈也必须举杯背席而饮，以表示对老人的尊敬，否则便为失礼。在较为正式的宴席上，必须按长幼依次倒酒，并按长幼顺序依次举杯。

（二）特色食品

（1）冷面。由三分淀粉、七分面压制而成。煮熟捞出冷却，再用牛肉或鸡肉熬汤并放入甘草、胡椒、花椒、生姜、味精、糖醋等制成冷面汤，吃时再放入牛肉片、黄瓜丝、芝麻、辣椒面等适口调料。

（2）狗肉。狗肉是朝鲜族喜吃的肉食之一，除婚丧及节日不吃狗肉外，其他季节都可吃狗肉。但多半是在伏天或患者康复时为补养而杀狗。杀时将狗吊起，四蹄放血，褪毛。用其肉、皮及五脏做汤，肉加调料凉食，其味鲜美可口。

三、蒙古族日常食俗

蒙古族主要聚居在中国内蒙古自治区、东北三省、新疆、河北、青海，其余散布于河南、四川、贵州、北京和云南等地。

蒙古族起源于古代望建河（今额尔古纳河）东岸一带，“蒙古”最初只是一个以东湖为族源的部落所使用的名称，后来逐渐吸收和融合了聚居于漠北地区的森林狩猎和草原游牧部落，发展成为这些部落的共同名称。13 世纪初，以成吉思汗为首的蒙古部落统一蒙古地区诸部，逐渐形成一个新的名族共同体。

蒙古族是一个经营畜牧业为主的民族，长期逐水草而居，这种游牧经济形态被形象地称为“住在毡房地民族”所经营的畜牧业经济。蒙古族的饮食与这种游牧经济紧密联系，蒙古族人民创造和积累了丰富的食肉技能和知识。

（一）饮食习俗

（1）先白后红。蒙古族的饮食习惯为先白后红，白指白食，乳及乳制品。红指红食，肉及肉制品。蒙古人视乳为高贵吉祥之物品，乳食是牧区的蒙古人一天都不可缺少的饮食。无论大小宴席，主人都会以白食开路。每逢阴历五六月间举行盛大的“祭敖包”仪式的时候，蒙古人都要用新挤的鲜奶进行祭洒。在喜庆和祈祷之后，往往挥动桶里的鲜奶举行招福致祥的仪式。即使在吃手扒羊肉时，也要在羊头上抹上黄油，表示红食仍以白食为先导。

（2）“乌查之宴”。蒙古族历来好客，把“乌查之宴”作为待客的最高礼节。“乌查之宴”就是全羊宴的意思。主人用四方形木质大盘端来一只煮熟的全羊，摆放在众客当中的方桌上面。全羊四条腿盘着，卧在木头盘子里，其头放在肉上朝着客人。此后，主人举起银碗，向各位客人敬献洁白的鲜奶，表示以最高的礼节欢迎客人。客人们依次接过鲜奶，用右手无名指少许蘸一点奶，庄重地向天弹一次，向地弹一次，最后自己尝一点，以示对天、地、神灵及主人的尊崇。紧接着主人以明朗清晰的声调吟唱传统的敬献全羊祝词，祝词完毕后，主宾将木盘调转，使羊头面向主人。主人从身上抽出精致的蒙古刀，在全羊四周割少许放入小杯中，向天泼洒，意为将圣洁的食品先敬上苍和大地。然后把全羊肉极熟练地卸成不大不小的 50 多块，摆放好再将羊头放上去，调转木盘，把刀柄递到客人手里，恭恭敬敬地站立，两手举起掌心向上，说“诸位用膳”后，便倒着退出门外，主宾将羊头取下去，把全羊荐骨部两侧各切下三条肉，左右交换放下，然后请大家用餐。丰盛的全羊肉，浓郁的气氛，使客人置身于蒙古族独特的生活习俗之中。

（二）特色食品

（1）手把羊肉。手把羊肉，就是挑选膘肥肉嫩的羊，就地宰杀，扒皮入锅，放入佐料，进行蒸煮。操作简单明快，只加一小把盐，火候恰如其分，血水消失不久，肉熟而不硬，吃起来又鲜又嫩，十分可口。因为净手后吃肉时一手把着肉，一手拿着刀，割、挖、剔、片，把羊骨头上的肉吃得干干净净，所以得名“手把羊肉”。

（2）奶皮子。蒙古语称“查干伊德”“乌如木”，汉语的意思就是“白色的食品”。是把马、羊、牛和骆驼鲜乳倒入锅中慢火微煮，等其表面凝结一层腊脂肪，用筷子挑起挂通风处晾干即为奶皮子。属鲜奶中的精华，是奶食品系列中的佳品，营养价值颇高。

（3）奶豆腐。蒙古语称“胡乳达”，是蒙古族牧民家中常见的奶食品，用牛奶、羊奶、马奶等经凝固、发酵而成。形状类似普通豆腐，味道有的微酸，有的微甜，乳香浓郁，牧民很爱吃，常泡在奶茶中食用，或出远门当干粮，既解渴又充饥。还可以做成拔丝奶豆腐，其软韧牵丝为断，是宴席上的一道风味名菜。

（4）蒙古馅饼。是蒙古族人家招待贵客的主要食品之一，最早是以当地特产的荞麦面制皮，牛羊猪肉为馅，采用干烙水烹的方法制成。明末清初，馅饼面食从民间传入王府，由干烙水烹改为用豆油、奶油煎制，并用白面做皮，成了王府中经常食用的佳品。它以面稀、皮薄、馅细为特点，烙制后形如铜锣，外焦里嫩，饼面上油珠闪亮，透过饼皮可见里面肉似玛瑙，非常美观。

四、鄂伦春族日常食俗

鄂伦春族是中国人口最少的少数民族之一，主要居住在大兴安岭山林地带。历史比较短暂，“鄂伦春”这一族称，在1640年是以“俄尔吞”出现，1690年后“鄂伦春”才作为统一的族称固定下来。“鄂伦春”是民族自称，即“使用驯鹿的人们”，是游猎民族，20世纪50年代才开始定居下来。

由于鄂伦春人过去以游猎为生，用餐时间不固定。夏天一日三餐，冬天一日两餐。以肉食和米面食为主食。副食变化较大，定居前主要食用野兽的油，现在主要食用豆油或猪油。定居前不会种菜，靠采集各种野菜食用，定居后学会了种菜，可以吃自己种的各类新鲜蔬菜。

（一）饮食习俗

鄂伦春族的传统食物主要是野兽肉和鱼，食用最多的是狍子肉，其次是鹿、犴、熊和野猪肉。食用兽肉的方法和制作肉食的种类很多，在烧、烤、煮、熏中表现出极大的民族特色。

鄂伦春族人的主食以米、面为主，食用方法也很多。用面粉做面片、炒面，把和好的面做成圈或饼在火上烤着吃。用稠李子熬野果粥、用酸奶熬奶粥，是鄂伦春族人特有的食品。用小米、梭子米或黄米加上肉、盐做黏粥——“老考太”，是新婚夫妇入洞房时必须吃的食物，象征着如胶似漆、永不分离。

在婚礼、节日或款待贵宾之时，鄂伦春族人还常常举行丰盛的狍肉宴，以狍肉为主制作美味佳肴，其中婚礼狍肉宴是最为讲究的。按照鄂伦春族人的传统习俗，新婚的男女双方家均须举行一次。婚礼狍肉宴须由一名德高望重的长者主刀，所用狍子必须是生擒的一对。剥下的狍子皮要放在火上烤焦，据说这是为了让烟雾带着狍皮被烤焦的特殊香味弥漫整个猎乡，让所有的人都能分享婚礼的欢乐与幸福。

（二）特色食品

（1）吃生肝。主要是吃狍子、鹿的肝，是鄂伦春族人独特的饮食习俗。鄂伦春族人认为生食肝，可以清热明目，滋补肝脏，强壮身体。每当猎人在山上猎获到狍子或鹿后，首先要打开腹腔取出肝生吃，鄂伦春人称为“阿斯根”。这些野兽的腰子（剔去臊筋）、心、肾都可以生吃，叫“包少库陶”。直至今天，鄂伦春族行猎时仍然保持此种生食法。

（2）杂花菜。亦称“肉拌脑浆肺子”，鄂伦春族人叫“阿素木”，是十分讲究的一种传统吃法，制作十分精细，先将狍心、狍肺、狍里脊肉下锅，加入清水煮熟。捞出后切成小块，与煮熟的狍脑拌在一起，再将葱末及盐拌进去。最后在锅里放上野猪油或熊油，烧热之后将拌好的肉丁放进去，快速爆炒起锅装盘。“阿素木”营养丰富，且抗寒耐饿。

（3）狍头。鄂伦春族人视狍头为珍贵的美味佳肴，是待客的最高礼遇。做法是将洗净的狍头放在吊锅子里，不加任何作料，单用白水煮，熟后捞出，趁热摆放在盘子上，主人抽出猎刀，把狍头按部位分切开来，请客人随意用筷子挟选任何部位的狍头肉、口条，蘸盐水食用。鄂伦春族人认为，用白水清煮的狍头肉比其他任何烹调方法都好，既能保持狍头肉味的醇香，还不失去原有的风味。

（4）灌血肠。鄂伦春语为“莎阿斯”。做法是将狍、野猪的肠洗干净，将野兽的血放入盐及作料搅拌好，灌入肠内，放锅里煮熟，捞出切片，蘸韭菜花或盐水吃，味道鲜美。

（5）柳蒿芽。柳蒿芽是长在河边、谷地的一种野生植物，味鲜美、清香。不仅食用价值高，据说还有奇特的药用价值，对感冒发烧、胃肠不适及高血压、糖尿病等均有一定疗效。每到春夏时节，妇女们便背包挎筐去采集。采集来的柳蒿芽可当即食用，也可晒干备用。其食用方法，可与肉、排骨、鱼等一起炖，也可炒食或凉拌。

第二节　西北少数民族食俗

一、回族日常食俗

回族主要聚居在宁夏回族自治区、甘肃临夏回族自治州、新疆昌吉回族自治州。中国回族的先人来源复杂，既有来自中东的阿拉伯人，也有来自中亚地区的波斯人，同时又融合了汉蒙民族的成分。

回族人民一般一日三餐，因各地自然地理条件的不同，受周围各民族及经济发展水平不一等因素影响，各地饮食风俗也各有差异。从主食上来看，南方回民以大米为主食，面食为辅；宁夏南部山区回民以土豆、小麦、荞麦、糜子和豌豆等杂粮为主食；新疆阿尔泰地区回民受哈萨克饮食习俗的影响，吃马肉和奶食品，米面食品退居次要位置；居住在云南迪庆藏族自治州地区的回民，和藏民一样，以青稞、豌豆、小麦为主粮，三餐离不开糌粑和酥油茶。北方的回民以面粉为主食，擅长制作各种面食，风行全国的兰州拉面即为甘肃回民所创造；宁夏回民喜食干拌面，连锅面等面食；新疆回民喜食拌面、炒面等；北京的回民喜食芝麻烧饼、肉饼等各种饼类及炸货。

（一）饮食习俗

主食中面食多于米食。面食是回族人民的传统主食，其品种之多，花样之新，味道之香，技术之精，都是无与伦比的。在回族饮食中，面食品种达60%多，其他食品中也或多或少地运用到面粉。

受伊斯兰教的影响，回族的饮食禁忌比较严格，有其独特的饮食习惯。喜欢吃牛、羊、骆驼等反刍的偶蹄类食草动物的肉，也吃鸡、鸭、鱼，但不吃马、驴、骡、狗的肉，也不吃牲畜的血液和自死的禽畜，尤其禁食猪肉。刘智在《天方典礼》中说“饮食，所以养性情也”“凡禽之食谷者，兽之食刍者，性皆良，可食”，又说“惟驼、牛、羊独具纯德，补益诚多，可以供食”。

回族饮茶有许多的讲究。客人饮茶时不能对着茶碗喘气饮吮，要一口一口地慢慢饮。主人敬茶时，客人一般不要客气，更不能对端上来的茶一口不饮，否则会被认为是对主人不礼貌、不尊重的表现。

（二）特色饮食

（1）油香。油香是回民的传统食品，相传元代从古波斯的布哈拉和赤思法罕传入中国。色红质软，美味醇香。以开水烫面，和发酵面及干面粉，揉搓而成圆饼形状，用香油、花生油放在油锅里炸制而成。和油香面时，一般会掺入少量薄荷叶粉，炸出的油香清香爽口。回族人制作油香时，很慎重，必定要先“大净”，淋浴净身。非穆斯林者，制作时观望。回族人视油香为珍重的食品，不随便丢放或轻易送人。

（2）酿皮子。制面皮时，面和水的比例是 1 ∶ 2，先调成稠糊，加水继续调成稀糊，同时加入少许盐、碱，以使面糊能拉成线条为宜。然后舀在酿箩中蒸熟，抹上素油凉凉。吃时切成条状，放在碗里，加入一撮焯过水的凉豆芽，添加调味料精盐、芥末、芝麻酱、蒜泥、醋和辣椒酱即可食用。

（3）哈里瓦。哈里瓦是宁夏回族的一道传统甜点。哈里瓦为阿拉伯语的音译，意为“甜食”。做法是胡麻油烧熟后，放入面粉，翻炒熟后加红糖、蜂蜜、精盐拌匀。用木模将甜面料填入，用拇指压实压紧，然后翻过来在面案上用力一磕，成型的面料倒出来，再整齐地码放在碟里即成。

（4）麻食子。麻食子是将荞面用凉水和好后，切成骰子大小的面团在草帽上搓成枣核形状的卷面疙瘩，内空外花，故被称作麻食子。下到锅里煮熟后氽入肉汤，加调荤、素臊子和辣椒、葱花、蒜末，或干拌或连汤吃。山区回族群众喜欢在节日制作以待客。川区在制作时，将面团切成手指粗细的条，用右手大拇指在左手掌心捻成小贝壳状，又称作“猫耳朵”。

二、维吾尔族日常食俗

维吾尔族主要聚居在天山以南地区，北疆和伊犁一带。维吾尔族是一个多源民族，最主要的来源有两支：一支是来自蒙古草原的回纥人；另一支是南疆绿洲上的土著居民。据史籍记载：维吾尔族原是公元3世纪游牧于中国北方和西北贝加尔湖以南、额尔齐斯河和巴尔喀什湖一带的游牧民族。由于受部落间战争的影响，各个部落的分支逐渐迁徙西域（今新疆），先后曾被译为“韦纥”“乌纥”“袁纥”“回纥”“回鹘”，以后才改为“维吾尔”，沿袭至今，是“团结”“联合”之意。

维吾尔族以农业为主，主要粮食作物有小麦、玉米和水稻，种植棉花，是我国面积最大的葡萄种植基地。维吾尔族以面粉、玉米、大米等为主食，喜食牛羊肉，蔬菜和瓜果，常见的主食有馕、包子、羊肉抓饭等。

（一）饮食习俗

维吾尔族人一日三餐，早餐吃馕喝茶或“乌马什”（玉米面粥），中午为面类主食，晚饭是汤面或馕茶。吃饭时一家大小共席而坐，吃完饭，在拿走餐具前，由长者作“都瓦”（祷告），然后离席。

游牧民族饮食文化特点突出。维吾尔族饮食文化中，传统的烹调技艺多为烤、炸、蒸、煮等，尤以烤为加工食品的主要途径。维吾尔传统烤制食品有烤馕、烤肉、烤包子、烤鱼、烤鸡等。烤制食品干燥便于携带，耐储存不易变质，适宜游牧民族的迁徙生活。游牧民族逐水草而居，无固定住所，加之沙漠地广人稀，绿洲之间相隔甚远，马拉人走的迁徙需要储备大量的食物，烤制食品大受欢迎。

维吾尔族人民长期重视园林生产，绝大多数维吾尔族群众都有自己的果园，因而有常年食用瓜果的习惯，果园成为生活在塔里木盆地周围绿洲上的维吾尔族人的天然维生素宝库。从5月成熟的桑葚、6月成熟的杏子开始，各种水果接连不断成熟，一年中有近七个月的时间能吃到新鲜水果。

维吾尔族传统的饮料主要有茶、奶子、酸奶、各种干果泡制的果汁、果子露、多嘎甫（冰酸奶）、葡萄水（从断裂的葡萄藤中流出来的水，味酸，可治病）、穆沙来斯（用葡萄酿制的酒）等。维吾尔族在日常生活中尤其喜欢喝茶，一日三餐都离不开茶。

维吾尔族有许多节日，食风各有异同。如“宰牲节”吃抓饭、油果子、手抓羊肉、糕点、瓜果，开斋节吃粉汤。

因为信奉伊斯兰教，饮食禁忌与回族基本相同。客人就餐前必洗手，不可顺手甩水，用毛巾擦干后，行了谢主礼便可就餐。客人如果吃不了饭菜，可双手捧还给主人，主人会万分高兴，这预示着主人家有吃有余。若主人家招待客人有困难时，邻人会主动代为招待。吃饭时不得随意拨弄盘中食品，不能让饭菜掉到地上，共盘吃饭时，不可把自己抓起的饭团再放回盘里。馕要正面朝上放，吃时先掰两瓣再吃。他们还不吃鸽肉、马肉、骆驼肉，禁食猪肉；忌讳用鼻子嗅食物；多数人不吃酱油；吃抓饭前要洗手三次；尤为重视饮用水的清洁。

（二）特色食品

（1）馕。馕是维吾尔族群众日常生活中不可缺少的最主要的食品，馕多以发酵的面为主要原料，辅以芝麻、洋葱、鸡蛋、清油、牛奶、盐、糖等作料，用馕坑（吐努尔）烤制而成，呈圆形。馕的种类很多，皆因和面及添加剂成分、馕的形状、烤制的方法等不同而名称各异。最大的馕称为“艾曼克”馕，最小的馕称为“托卡其”，最厚的馕称为“格尔德”，还有一种将肉馅和在或包在发酵的面粉中烤制的馕，俗称“肉馕”，是馕中佳品。维吾尔族吃馕都是掰开后食用，不允许拿着整个咬食。

（2）抓饭。抓饭是维吾尔族群众最喜爱的传统食品之一，维吾尔语称“婆罗”，是用大米、羊肉、胡萝卜、洋葱、食油等原料制成的饭。因吃这种饭时多用手直接抓着吃，故俗称“抓饭”。抓饭的种类很多，除用羊肉做抓饭外，还有用牛肉、鸡肉、葡萄干、杏干、鸡蛋、南瓜等为辅料做成的抓饭，各有不同的特色。

（3）沙木萨（烤包子）。沙木萨是维吾尔族喜食的传统食品，用未经发酵的面做皮放馅四边折合成方形，馅用牛羊肉丁，拌少许洋葱、孜然、精盐、胡椒粉和水拌匀，将包好的沙木萨贴在馕坑里，十几分钟即可烤热，皮色黄亮，入口皮脆肉嫩，味鲜油香。沙木萨是逢年过节招待亲朋好友的佳品，也常用来作为红白喜事时互相馈赠的礼品。

（4）烤羊肉串。烤羊肉串是新疆维吾尔族最富有特色的传统小吃之一，是街头的美味快餐，是维吾尔族待客的美味佳肴。烤羊肉串是将肉切成薄片，一一穿在铁钎子上，然后均匀地排放在烤肉炉上，撒上精盐、孜然和辣椒面，上下翻烤数分钟即可食用。味道微辣中带着鲜香，不腻不膻，肉嫩可口。

三、哈萨克族日常食俗

我国的哈萨克族主要分布在新疆维吾尔自治区伊犁哈萨克自治州、阿勒泰、木垒哈萨克自治县和巴里坤哈萨克自治县，少数分布于甘肃省阿克塞哈萨克自治县。历史上以牧业为主，有少量农业。与古代历史上的游牧部落突厥（6世纪中叶）、葛逻禄、赛人、乌孙、回鹘（10—12世纪）、克烈、乃蛮、钦察（12—13世纪）、蒙古等少数民族存在一定的渊源。

（一）饮食习俗

哈萨克族热情好客，待人真诚。对于前来拜访的客人，无论是否认识，都会拿出家中最好的食物热情款待。若是尊贵的客人或许多年未见的亲人到来，除宰羊外，还需宰马，以马肉相待。入餐前，主人用壶提水让客人在脸盆里洗手，然后把盛有羊头、后腿、肋肉的盘子放在客人面前，客人要先将羊腮帮的肉割食一块，再割食左边耳朵之后，将羊头回送给主人，大家共餐。食毕大家同时举起双手摸面，作“巴塔（祈祷）”。客人中如果有男有女，一般都要分席。餐后饮茶，也很讲究礼仪。当客人饮茶时，多是女主人跪坐倒茶。

哈萨克族饮食禁忌很多，如吃食物时不要用鼻子闻或用手去摸；自己拿过的食物不要再放回去；馕要掰碎后一块块吃，不可将自己碗里的东西分给别人吃；碗里最好不要剩下食物等。

（二）特色食品

（1）马奶子酒。马奶子酒是哈萨克族牧人的名贵饮料，哈萨克族称之为“合木孜”。其制作方法是将新挤的新鲜马奶盛于“沙巴”（用大牲畜皮制成的酿袋）之中，用奶杆加以搅拌，使其发酵微带酸味，即可饮用。饮之解乏解累，浑身清爽，飘然欲仙，对肺结核、哮喘等病有一定疗效，是牧民们最喜爱的饮料。

（2）奶茶。奶茶是哈萨克族牧民不可缺少的食品。茶食茯苓茶，用特制的“萨马瓦”（铜壶）煮水，将水与茶共煮，加适量盐、浓稠的奶浆即成。哈萨克族喜欢热茶，入口时的温度常达85℃以上。

（3）那仁。那仁是与羊肉拌在一起吃的面条。在肉煮好后捞出，用剩下的汤煮面条，出锅时放一把葱头末，捞在盘里，配上煮好的肉食用。

（4）奶食。奶子可做成多种食品，如酥油、奶疙瘩、奶皮子、奶酪、酸奶子、甜奶子等。用羊奶制成的酥油，其色洁白，犹如凝霜，富有营养，牧民用羊肚子储存起来，随时食用。

相关链接　搜索

围着火炉吃西瓜

也许你听过新疆“早穿皮袄午穿纱，晚抱火炉吃西瓜”这首打油诗吧！这是对新疆气候变化多端的描写。不过“围着火炉吃西瓜”的事是千真万确的。

新疆是我国瓜果主要产区之一。2000多年以前新疆瓜果的栽培就比较普遍。到目前，瓜果资源涉及植物类的16种，35属，其中人工栽培44种，17个变种，大约900多个品种。有这样丰富的瓜果资源，不仅夏季吃瓜果是常事，到了数九寒天吃西瓜也不觉稀罕。天山南北的瓜农都有瓜窖，善于贮藏瓜果。一般把甜瓜、葡萄吊在瓜窖里，西瓜埋在粮食堆里或沙子里进行保鲜贮藏。据了解，哈密瓜、梨、石榴等水果都可贮藏半年以上。

隆冬的新疆，无论是寒风刺骨，还是雪花飞舞，在许多城市的街头都可见到人们身上披着落下的雪花围着火盆在吃西瓜或甜瓜，这种情况恐怕在全国其他地方也很少见吧。

新疆冬季寒冷，而且冬季时间长达半年，在这漫长的时间里，过去见不到新鲜的蔬菜和绿色果品，唯有西瓜和甜瓜等果品可保存较长的时间。从全国来说，在-30℃的气温下吃瓜的情景，也只有新疆。现在新疆许多地方已建了暖棚，暖棚里的西瓜和甜瓜在冬季照样成熟。所以新疆的瓜果不仅夏季飘香，而且四季长存。不过，在寒冷的冬季，在大街上吃西瓜，那是另外一种情趣。

（资料来源：楼望皓．中国新疆民俗［M］．乌鲁木齐：新疆美术摄影出版社，2003.）

第三节　西南少数民族食俗

一、藏族日常食俗

藏族主要分布在西藏自治区内，还有少量居住在青海、甘肃、四川、云南等省，大部分从事畜牧业，少数从事农业。因青藏高原海拔高、气温低，农作物主要是青稞、荞麦、蚕豆、豌豆、小麦等高寒作物，其中青稞产量最大，青稞制品是藏族人日常的主要食物。大部分藏族日食三餐，但在农忙或劳动强度较大时有日食四餐、五餐的习惯。藏族一般以糌粑为主食，副食以牛羊肉为主，喜食奶、酥油茶及青稞酒。因藏族人多信仰佛教，所以饮食习惯受佛教影响明显。

（一）饮食习俗

（1）慎食大蒜。大蒜作为调味品平时也为人们食用，但因藏族人忌讳食蒜后的臭气玷污和熏脏了圣洁之地，所以如果要去转经拜佛、朝拜神圣之地则绝对不可食蒜。有的说吃蒜的当天不能去佛堂庙宇，有的说需3天后才能去，还有的认为吃大蒜之后，7天内不宜参拜庙宇、寺院和其他圣洁的地方，因为清除大蒜的恶臭是需要时间的。

（2）喜食乳制品。西藏的乳制品很多，仅乳酪就有五六种。藏族人喜食一种叫“秋尔嘎姆”的干乳酪，是将乳酪块用线穿起来，吊在顶棚上晾干而成，有嚼劲，可在口中长久不化。藏族人还把鲜奶制成酸奶食用。酸奶的制作一般是用前一次留下来的酸奶做引子，加乳制成，因奶的质量和容器不同，制作出来的酸奶在口感、色泽、醇香等方面存在很多差异。藏族人对酸奶的质量很重视，把制作酸奶味道的好坏作为评价家庭主妇的标准之一。

（3）肉制品食用禁忌较多。鱼、虾、蛇、鳝以及海鲜类食品，除少部分城镇居民食用外，广大农区和牧区都不食用。藏族人一般只吃牛、羊肉，而忌食马、驴、骡、狗肉。即使是吃牛羊肉，也不能吃当天宰杀的鲜肉，必须要过一天才食。因为人们认为牲畜虽已宰杀，但其灵魂尚存，必须过一天后灵魂才会离开躯体。另外，藏族人忌讳捕猎鸟、山鸡等。

（4）饮食礼仪深刻反映尊老好客的伦理精神。每酿新酒必先敬神，然后依循长幼有序的规定向家中的长者敬献，再按顺时针方向依次敬酒。敬酒时一般双手捧酒杯过头顶，受酒者须双手接过酒杯，然后用左手托住，用右手的无名指轻轻蘸杯中酒，向空中弹三下，以表示对天、地、神或者是对佛法僧三宝的敬奉。每年收割新粮食后，也需由家中老人先尝新。藏族人好客，待客热情周到，若有宾朋登门，定会倾其所有，拿出好酒好菜好茶来盛情款待，尤其是客人饮酒时，藏族人不仅要劝酒还要唱歌，歌词丰富多彩，曲调优美动人，而且从头至尾酒歌都不会重复。

（二）特色食品

（1）糌粑。藏族特有的一种食品，形似内地的炒面，但原料是以青稞为主。做法是选好青稞或豌豆后淘净、晾干、炒熟，磨成面粉，食用时根据自己的喜好加少量的酥油茶、奶渣、糖或青稞酒等搅拌均匀，再用手捏成团，即可食用。糌粑便于携带和储藏。

（2）酥油茶。藏族不可缺少的饮料，由砖茶、盐巴、牛奶和酥油做成。将酥油、牛奶和盐巴放入酥油桶，再将茶水煮至红色后倒入，搅拌使其充分交融。酥油茶做好后须倒入一把大壶，并放在微火上保温。因藏族人以肉食为主，蔬菜和水果食用较少，所缺的维生素多由茶叶补充。酥油茶营养丰富，味道浓厚，成为藏族人的主要饮料。如有客人拜访，家庭主妇会端出清香可口的酥油茶恭敬地捧到客人面前，客人不能轻易拒绝，且最好喝尽，喝得越多越好，否则会被认为对主人不尊重。实在不想喝了，只需用手掌盖住茶碗即可。

（3）青稞酒。用青稞制成，不经蒸馏，一般不超20度。敬献客人时，客人先轻呷两口，主人及时填满，第三次填满时须一饮而尽，否则主人会认为客人没有礼貌或瞧不起主人。藏族普遍喜饮青稞酒，尤其在节假日和庆典场合。

（4）风干牛肉。藏族喜爱生食牛肉。每年秋季制作，将鲜牛肉割成条，穿成串，撒上盐、花椒粉、辣椒粉、姜粉，挂在阴凉通风处，风干后即成，味道麻脆酥甘，酸香满口，咀嚼时无渣塞牙。在西藏高寒地区，因肉干不易霉烂变质，去水保鲜，又便于携带，所以是游牧民和前往朝圣的香客们不可缺少的食品。

（5）久玛。藏族人喜食的腊肠，是在牦牛或羊的血中掺入糌粑和调味品，然后灌入肠中。腊肠灌好后在锅中煮一下，然后取出吊在屋檐下晾干，吃时用多少割取多少，经油炸、炖煮等方法烹调后再食用。

二、羌族日常食俗

羌族主要聚居在四川省阿坝藏族羌族自治州的茂县、汶川、理县，绵阳市北川羌族自治县、平武县，此外，松潘、阿坝、甘孜也有少量分布。羌族是中国西部的一个古老的民族，自称“日麦”“尔玛”，被称为“云朵上的民族”。

（一）饮食习俗

羌族民间大都一日两餐，即吃早饭后出去劳动，要带上馍馍（玉米面馍），中午就在地里吃，称为“打尖”。下午回家吃晚餐。羌族主食大都离不开“面蒸蒸”。以玉米、小麦、马铃薯为主食。常年多食白菜、萝卜叶子泡的酸菜，以及青菜做成的腌菜。肉食以牛、羊、猪、鸡为主，兼食鱼和狩猎得来的兽肉。散居在山区的羌族一般不食新鲜猪肉，都是将猪肉吊在房梁上熏烤制成“猪膘”，供平时和过节食用。羌族喜欢咂酒，逢年过节、婚丧寿庆，必备美酒。有“无酒不成席，无歌难待客”之谚。结婚叫“做酒”，宴客叫“喝酒”，重阳节酿制的酒叫重阳酒。无论年节或待客，羌族都以“九”为吉，所以宴席都要摆九大碗。有用鸡头飨上宾的习俗。

（二）特色食品

（1）猪膘。猪膘是羌族人的传统风味食品，将猪宰杀后去毛，剖成两半或切成几大块，吊在屋梁上，用文火熏干制成。存放时间越长，味道越佳。吃时切成小块和菜一起炒，加入花椒、辣椒等佐料。存放时间一般为一年。

（2）金裹银。羌族传统食品。流行于汶川、茂县、理县等地区。以黄色的玉米为主拌和少量白色的大米蒸熟而成，吃时配搭酸菜和肉菜。

（3）炒面。用青稞面或小麦面炒熟（加盐、猪油或白苏），多作出门的干粮。吃时用三个手指捏成小团放进嘴里。

（4）咂酒。咂酒是用青稞煮熟拌上酒曲，封入坛内，发酵7~8天后即可饮用。饮酒时向坛中注少量开水，用细竹管吸饮，全家人轮流吸，吸完再加水至味淡再将酒渣食尽。俗称“连渣带酒水，一醉二饱”。

三、苗族日常食俗

苗族主要聚居在我国西南和中南各省的山区，以贵州省为最多，占全国苗族人口的近1/2。尧舜禹时期，苗族的先民有“九黎”“三苗”和“南蛮”之称，商周时期仍沿用“苗”的称号，汉代以后因大部分居住在今天的湘、鄂、川、黔的武陵地区，因而有“武陵蛮”之称，东汉起改称为“五溪蛮”，唐宋以后，逐渐从若干少数民族混称的“蛮”中分离出来。由于苗族服饰不同，地域有别，人们往往以其服饰的颜色或类型冠以各种族称，如“红苗”“白苗”“青苗”“长裙苗”“短裙苗”等。今天除了操湘西方言的苗族自称为“果熊”外，多数地区自称为“蒙”或“模”。

历史上苗族以农业为主，以狩猎为辅。苗族居住的自然环境各地差异较大，农作物品种和人们的饮食习惯都有所差别。贵州的东部、东南部、鄂西、桂北和湘西等苗族地区，主产稻米，玉米、小米、小麦次之，所以这里的苗家多以大米饭为主；贵州西部、云南东部和四川南部等地区，大部分属高寒山区，主产玉米、洋芋，次为小麦、燕麦、荞麦，因而，这里的苗家主食是玉米饭和洋芋。苗族的副食品种类很多，蔬菜类有青菜、白菜、韭菜、芥菜、花菜、苋菜、萝卜、胡萝卜及豆类、瓜类，还有香菇、木耳、竹笋、竹荪等山货，肉食类有猪肉、牛肉、狗肉、马肉、羊肉、鸡肉、鸭肉、鹅肉及各种畜肉和鱼类。苗族人民平时多吃三餐，农闲季节有的用两餐，喜食热食，每有佳肴，往往架三脚架吃火锅，边吃边下菜，味道鲜美。

（一）饮食习俗

（1）酸味十足。苗族人烹制的各种菜肴一般都具有酸辣两味，在长期的山区生活中，气候潮湿，多烟瘴，流行腹泻、痢疾等疾病，嗜酸不但可以提高食欲，还可以帮助消化和止泻，形成了无辣不开胃，无酸难进食，“三天不吃酸，走路打偏偏”的习惯。每家每户都有几个酸坛子：酸水坛、腌菜坛、腌鱼坛、腌肉坛，还流传“三月腌菜，八月腌鱼，正月腌肉”和“坛不下，菜不烂”等关于酸食的腌制季节和保存方法的俗语。酸味食品主要有酸汤、酸菜、腌酸鱼、牛肉酸、猪肉酸、酸辣子、酸萝卜、青菜酸、豆类酸。酸汤鱼是苗族人民的传统佳肴，有苗族民谣这样赞道：“最白最白的，要数冬天雪；最甜最甜的，要数糖甘蔗；最香最香的，要数酸汤鱼。”

（2）以酒待客。以酒待客为苗家的惯有习俗，苗家饮酒礼节独特，但由于地区不同，礼节也有差异。饮酒时，主人一般向客人敬两杯酒，谓“两条腿走路”，一般先敬长辈，表示尊重。敬酒者双手端杯，按正反方向敬两圈，敬到最后一人时，双方交杯对饮。在宴请宾客时，一般由主人家中的小伙子、姑娘或媳妇执杯向嘉宾敬酒，有的地方还引吭高歌，向贵宾敬酒。又如以牛角杯敬酒，用牛角盛酒敬客，是隆重的待客方式，客人如喝不完，则“杯”倒酒淌，客人不得不喝。

（3）日常饮品以油茶为主。把玉米、黄豆、蚕豆、红薯片、麦粉团、芝麻、糯米分别炒熟，用茶油炸一下即可。如有客人到来，将各种炸品及盐、蒜、胡椒粉放入碗中，用沸茶水冲开，客人必须连喝四碗，如客人不想喝了，把一根筷子架在碗上即可。湘西苗族还有一种万花茶，用冬瓜、橘子、南瓜一类的瓜果雕成花、鸟、禽、鱼等形状，经过数道工序制成香脆甜的食物，饮用时取几块放入杯中，冲入沸水。

（二）特色食品

（1）荞酥。荞酥是我国贵州威宁彝族回族苗族自治县的特殊风味食品，以苦荞面为主要原料制成的糕点，有洗沙、白糖、玫瑰三类，传说明洪帝吃完后赞不绝口，称之为“南方贵物”。后来荞酥在原有的基础上又增加了火肘、水晶、枣泥等品种。味道香甜，入口酥松易化，既是充饥的点心，又是清凉解热的食品，营养价值较高。

（2）酸汤鱼。酸汤鱼是苗族地区的人们颇为喜爱的一种美味佳肴，以鲜、嫩、香、美为特色而名誉天下。苗家的酸汤，有糟辣酸、番茄酸和米汤酸多种。煮鱼前，将适量的酸汤放入锅中煮开，然后把鲜活的鲤鱼取出苦胆肠杂后，随即放入滚开的酸汤里，待快熟时，放入适量的盐、姜、蒜和香菜。吃时须蘸着放有盐、辣椒、花椒、木姜子油、香蓼、葱蒜等拌好的辣椒水或者把这些佐料同鱼搅拌食用。

四、白族日常食俗

白族主要聚居在云南省西部以洱海为中心的大理白族自治州，少部分散居在丽江、碧江、保山、南华、元江、昆明、安宁等地和贵州毕节、四川凉山、湖南桑植县等地。白族是一个古老的民族，自古以来就形成了稳定的白族群体。汉晋时期，分布在洱海一带，汉武帝设置了郡县，白族先民被称为“昆明”。3~4 世纪，由于战乱，不少汉族人曾避难于白族地区，部分与其融合。唐朝时称为“河蛮”“松外蛮”“白蛮”。元明时期政府在云南设立行省，在大理地区设置了大理路和鹤庆路。由于白族民俗尚白，所以历史上曾有“白人”“白王”“白史”之称。

居住于湖泊和河谷地区的白族以稻米、小麦为主食。居住在山地的白族以玉米、荞麦和马铃薯为主食。所食蔬菜品种多样，烹调技艺较高，善于腌制肉类和咸菜，善于制作蜜饯、雕梅和苍山雪炖甜梅等果制品。

（一）饮食习俗

白族注重节庆，几乎每节都有一至数种应景食品。如春节吃叮叮糖、泡米花茶和江斋饭；三月吃蒸糕；清明节吃凉拌什锦和“斋筵香”（炸酥肉）；端午节吃粽子喝雄黄酒；尝新节吃新豆、嫩瓜和陈谷掺新米饭；火把节吃甜食和各种糖果；中秋节吃白饼；重阳节吃肥羊；冬至节吃炒羊粒和羊肉汤，生活过得有滋有味、有节奏。

白族婚宴习惯用“喜州土八碗”，由八道热菜组成：添加红曲米的红肉炖；挂蛋糊油炸的酥肉；加酱油、蜂蜜扣蒸的五花三线肉千张；配加红薯或土豆的粉蒸肉；猪头、猪肝、猪肉卤制的干香；加盖肉茸、蛋屑的白扁豆；木耳、豆腐、下水、蛋丝、菜梗氽制的杂碎；配加炸猪条的竹笋。

白族饮食有忌讳。大年初一不用铁刀，主妇做饭应悄无声息。丧家做饭，一律清煮清炒，不能用红色食料，不能做红包菜肴。

（二）特色食品

（1）乳扇。大理的著名小吃。做法是用羊奶放在锅中，点上酸水（或明矾），使之呈半固态，用筷子挑起成扇状，晒干即成，可生食，也可煎煮，煎食最为普遍。

（2）猪肝鲊。将猪肝、猪肠切碎，拌上盐、辣椒、酒、芝麻、葵花子、八角、草果等，密封在陶罐里，可存放1年。可蒸食，也可做调味品。鹤庆的猪肝鲊在大理享有盛名。

（3）烤茶。制作方法是：架好火，煨上水壶，将小砂罐置火上烤，到一定火候，放入茶叶，快速抖动，待茶叶焦黄香脆时立刻冲入沸水，茶水全部化作泡沫翻上罐口，如绣球花状，味道清香醇厚。烤茶一般斟三道，俗称“三道茶”，有一苦、二甜、三回味的说法。有些地方在二道茶内放入核桃仁片、红糖、蜂蜜、花椒。沱茶是烤茶用的佳品。沱茶以猛库春尖茶、凤山茶、博简和景谷茶按一定的比例，经过拣、蒸、揉、称等工序精制而成，形如蘑菇。

（4）吹肝。做法是取完整的鲜猪肝，用嘴对着猪管吹足气后，放点盐，挂在阴凉通风处晾干。食用时，将猪肝切片，放入香油、醋、辣椒、葱、香菜凉拌。

（5）砂锅鱼与砂锅豆腐。将火腿片、嫩鸡块、冬菇、蛋卷、腊干片、豆腐、玉兰片、肉圆等按比例与弓鱼（或鲤鱼）放入砂锅内，放好调料，文火炖制则成。若把主料鱼换成豆腐和少量卷心菜，则成砂锅豆腐。

相关链接　搜索

纳西族的饮食与禁忌

纳西族的日常食谱，早、午两餐，一般多做面食，粑粑、馒头、花卷等，喝清茶、酥油茶或菜汤，佐以辣酱咸菜之类，中午多佐以凉粉。晚餐就较为认真，大米饭、菜汤，炒素菜或烩锅菜一两样，冬季喜食杂锅菜。纳西族普遍喜吃酸辣口味的食物和凉拌食品。如凉粉、酸腌菜、酸腌菜炒肉、酸菜汤、腌萝卜等都离不开酸辣味。

纳西族在饮食方面的禁忌，主要禁食狗肉。这个习俗的由来，与纳西族的神话传说有关。据说，纳西族的谷种是由狗带给人们的。且纳西族先民自远古游猎时代以来，狗就成了他们的忠实伙伴和得力助手。因此，人们非常爱护狗，从那时起忌食狗肉已成为纳西族饮食习俗中的一条禁忌。从事生产的役畜，如耕牛、马、骡等也列入忌食之列。纳西族还十分爱惜粮食，不许随意糟蹋粮食。总的来说，纳西族的饮食禁忌，除部分带有神奇色彩外，有些是生产、生活的经验总结，具有一定的积极意义。

（资料来源：颜其香. 中国少数民族饮食文化荟萃［M］. 北京：商务印书馆国际有限公司，2001.）

第四节　中南、东南少数民族食俗

一、壮族日常食俗

壮族很早进入农业社会，农业生产水平较高，人民食物比较丰富。主食以大米、玉米、薯类为主，肉食主要有猪、牛、羊、鸡、鸭、鹅等。对绝大多数禽畜的肉都不禁吃，但有些地区的人不食狗肉，认为吃了会破相。与之相反，有些地区的人却酷爱吃狗肉。日常蔬菜有青菜、瓜苗、京白菜、小白菜、油菜、芥蓝、苦麻菜，甚至豆叶、红薯叶、南瓜苗、南瓜花、豌豆苗也可以为菜。菜的做法以水煮最为常见，也有腌菜的习惯，腌成酸菜、酸笋、咸萝卜、大头菜等。壮族人习惯将新鲜的鸡、鸭、鱼和蔬菜制成七八成熟，菜在热锅中销煸炒后即出锅，以保持菜的鲜味。

（一）饮食习俗

云南壮族聚居的地区，风景秀丽，资源丰富，土地肥沃，水利条件较好。壮族人民多以种植水稻著称，壮乡被誉为鱼米之乡。清乾隆《开化府志》卷九明确记载："黑土僚，喜种水田。"又说："特别善种糯谷和其它水稻。"由于壮族"善治田"，其主食均以大米为主，其他杂粮为辅。糯食早已成了壮族的生活习俗，"五彩糯饭"是壮族特有的饮食佳品，以糯米制成的油团、褡裢粑、粽子、壮家特有的风味扁米等佳品，在日常生活中占有特殊的地位，无论喜庆节日，红白喜事都缺一不可。

壮族人喜欢喝酒，酒是自家酿制的米酒、红薯酒和木薯酒，度数都不太高，其中米酒是过节和待客的主要饮料，有的在米酒中配以鸡胆称为鸡胆酒，配以鸡杂称为鸡杂酒，配以猪肝称为猪肝酒。饮鸡杂酒和猪肝酒时要一饮而尽，留在嘴里的鸡杂、猪肝则慢慢咀嚼，既可解酒，又可当菜。

壮族喜爱猎食烹调野味、昆虫，对三七的食疗颇有研究，利用三七花、叶、根、须做菜很有特色。壮族还擅长烤、炸、炖、腌、卤，嗜酒，口味辣麻偏酸，喜食酥香菜品。主要特色菜有：辣血旺、火把肉、壮家烧鸭、盐风肝、脆熘蜂儿、五香豆虫、油炸沙虫、皮肝糁、子姜野兔肉、白炒三七花田鸡等。

（二）特色食品

（1）雷公菜。富宁地区的特色饮食。富宁地处亚热带，崇山峻岭长有各种木材，其中有一种称为"雷公树"的嫩叶，既鲜又甜，成了当地壮族人民菜食的珍品。其采集时间多在入春以后，打雷下雨，树叶发芽期，故名"雷公菜"。人们上山将"雷公树"的嫩芽摘来煮汤食用，拌上鲜肉、鲜鱼、鲜豆腐等煮食，味道特别鲜甜可口，并且有很高的营养价值。其嫩叶又是治疗阳痿病的主要药物，也很珍贵，因其味既鲜又甜，人们又取名为“味精树”，无论老少都喜爱食用。壮族民间流传着这样的顺口溜：“最好雷公菜，老幼人人爱，喝了它的汤，可长命百岁。”

（2）马脚杆。云南文山地区壮族特有食品。主要做法是用粽粑叶，两叶对合而包，长约五寸，每个用稻草捆4~5道绳，形似马的脚杆，还把叶柄留下比喻马尾。用糯米、糯谷草、苏麻秆壳烧成灰，再配一些五香，有的放一点猪肉，混合炒拌后再包成马脚杆形状的粑粑来祭神祭祖，这就是“马脚杆粑”。一般的吃法是切成大拇指般大小的块状，然后淋上红糖汁，更显甜香入味。

二、瑶族日常食俗

瑶族主要分布在我国南方的湖南、贵州、广西、广东、云南相毗连地带。先民古称“尤人”，为九黎、三苗之后，最初活动在中国江南地区，由于人口不断繁衍，向北寻找生活基地，进入黄河中下游地区，与东进的黄帝、炎帝部落接触并发生战争，九黎、三苗战败，被迫向南迁徙。到秦汉时期，瑶族先民逐步形成了以长沙、武陵或五溪为中心的活动地区。隋唐时期，中央王朝对少数民族实行羁縻政策，瑶族继续大量南迁，不断深入广西腹地。明代，两广已成为瑶族主要分布地区。明末清初，部分瑶族又由广东、广西分别迁入贵州和云南的南部山区，少数瑶族向越南、老挝、缅甸、泰国等东南亚国家转移，从而形成了“岭南无山不有瑶”的分布格局。

因瑶族分布特点是大分散、小聚居，各地瑶族的生产与食俗有所差异。有的从事农业，以大米、猪、牛、鸡、鸭、蔬果为食；有的则以狩猎为业，靠飞禽走兽、野菜菌笋为生。瑶族嗜食糯米，还把糯米做成糍粑，作为节日食品。瑶族仍流行在五月二十九日的“祝著节”做传统的“三彩饭”之俗。副食中，以山珍野味为时鲜，肉类以所食禽兽为佳肴。常吃的蔬菜有各种瓜类、豆类、青菜、萝卜、辣椒、竹笋、香菇、木耳、蕨菜、香椿、黄花菜等。蔬菜常制作成干菜或腌菜，肉类也常加工成“鲊”。

（一）饮食习俗

（1）重视传统礼仪，尤其尊敬祖先。习惯进餐前先念祖先几辈姓名，表示祖先先尝后子孙方可受用，特别是有丰盛的肴馔时更是如此。用餐时，老人和尊贵的客人必须坐上席，有些地方需要把鸡冠献给客人。饮酒时，少女举杯齐眉，有的与客人喝交杯酒时要唱上一段山歌，然后同饮，表示对客人的尊敬，有的以德高望重的老人向客人敬酒，被视为大礼。款待客人时，菜肴一排排放在碗里，无论主客，必须依次夹吃，不得紊乱。客人和老人每吃完一碗饭都由妇女代为装饭。

（2）热情好客。凡客人至其家，不问生熟，“概由妇女招待，敬以油茶，客能多饮，则主人喜”。各地瑶族人，忠厚纯朴。家里客人光临，主人恭恭敬敬相迎。请客人坐定后，首先敬杯凉茶，使客人定定心。如果客人一饮而尽，主人十分高兴；接着，奉上油茶，在油茶的碗旁边只放一根筷子。因为瑶家人喝油茶不算正餐，放一根筷子是指还有正餐在后面。按当地风俗，喝完三碗油茶的客人才算真正的好朋友。另外，瑶族人将好客精神融入酒文化中，“务期客醉为欢”。

（二）特色食品

（1）鲊。瑶族人常将肉、鱼、鸡、鸭等制成鲊。一般每年入冬后至次年立春前是制鲊的最好时间。猪鲊的制法是将刮洗干净的猪肉切成块，放入缸中加盐、白酒、茶油、八角末拌匀，每两小时搅拌一次，5~10 小时后取出放入洗净晾干的坛中，需装满筑实，密封坛口，30 天后即成。鸡、鸭、鱼鲊的制法与猪肉相同，但不切块，配料需加姜末，白酒、茶油用量较鲊猪肉略多。鲊鱼还需加炒香磨碎的米粉末。居住在山里的瑶族人擅长捕鸟，还制作别具风味的鸟鲊，小鸟可带骨剁成肉糁，加葱、姜、辣椒，炒得骨酥肉脆后食用。

（2）打油茶。油茶是瑶族人民一项古老而传统的饮食习俗，瑶族人每天早餐都要“打油茶”，有的家庭甚至三餐离不开油茶。油茶不说煮而称“打”，各地油茶口味不同，尤以恭城油茶出名，“恭城油茶喷喷香，既有茶叶又有姜”。油茶的统一制作方法是以老叶红茶为主料，用油炒至微焦而香，放入食盐加水煮沸，多数加生姜同煮，味浓而涩，涩中带辣。恭城油茶被誉为各地油茶之冠，原因就在于在普通油茶的基础上还再加磨碎的花生粉，使味道多了醇厚少了涩，并且煮的时间也恰到好处。油茶具有消食健胃、驱湿避瘴之功效，是世代居住在山区的瑶族人根据山地潮湿、瘴气阴重的地理环境而发明的一种保健饮品，其中的茶叶含有丰富的茶碱，起到调理全身的作用；生姜祛寒湿；大蒜消毒；花生米含有人体必需的三种微元素，能够补充能量。喝油茶必须配以各种佐食的小吃，比如油炸和炒香的食品等。

（3）乌饭。每年农历四月初八为乌饭节，各家采来乌饭草、黄茅草、嫩杉尖等草、叶或三种，或五种，或七种，浸成乌汁做饭。据说吃了乌饭，夏天不会生痧疿、疖子及其他毒疮。瑶族人还在乌饭节这天用糯米做粑粑，并捏成鸟、蛇、鼠等动物形状，蒸熟后给小孩子们吃，可以预兆粮食丰收。

三、畲族日常食俗

畲族主要聚居在福建、浙江广大山区。畲，意为刀耕火种。南宋末年，史书上才开始出现“畲民”的族称，之前一直被泛称为“蛮”“蛮僚”“峒蛮”或“峒僚”。1956 年中国国务院正式公布确认畲族是一个具有自己特点的单一的少数民族。1985 年中国第一个畲族自治县——浙江景宁畲族自治县正式成立。

畲族主要从事农业生产，以种植水稻、番薯为主，兼营林业、油茶、茶叶及狩猎。

平时畲族饮食和当地汉族相同，主食大米和甘薯米，杂粮有麦、高粱、小米、玉米、鸭爪稗以及南瓜、马铃薯、芋头等。副食有竹笋、蔬菜、野菇、野菜、鱼、肉、蛋等。节日食品较有特色，主要有乌米饭、菅叶粽和糍粑等。

（一）饮食习俗

畲族人民喜吃热食，吃饭时菜锅放到火炉边，边搅边吃。在酒席上用火锅，桌正中放一只小火炉，火炉上放一口小铜锅，厨房里每做好一道菜，用碗盛，放在木盘上端来，再倒入铜锅内，边煮边吃，直到最后一道菜。

畲族的主要饮料是茶与酒。山区盛产茶叶，在漫长的栽茶、采茶、制茶、饮茶过程中，逐渐形成和积淀了独具特色的畲族茶文化。有“畲山无园不种茶”“园里无茶不成寮（屋），山上无茶不成村”等畲谚。有些畲乡是“梯园层层绕村转，茶园条条绿油油”，茶叶生产已成为畲乡家家必有的生产致富途径。茶也成为畲族人民的主要饮料之一。畲族大部分男子都嗜酒，不仅婚丧节庆要喝酒，日常生活也要喝酒。嗜酒成风，故有“无酒莫请客”之谚。以糯米酿的酒名曰“米酒”，以小麦酿的酒名曰“麦酒”，以红薯酿成的名曰“番薯酒”，带酒糟的名曰“酒娘糟”。冬十月起家家忙酿酒，以备过年及来年之需，俗称“十月酒”。畲酒闻名遐迩，销往汉区，故诗人有“畲酒入城迟”之咏。

名闻中外的客家风味小吃“汀州八干”，有的也与畲族先民的习俗有关。例如宁化老鼠干，把面目狰狞的老鼠制成美味佳肴，在中原人看来是不可思议的，其渊源亦来自古代岭南蛮僚。唐代张文成《朝野佥载》记载：“岭南獠民好为蜜唧，即鼠胎未瞬，通身赤蠕者，饲之以蜜，钉之筵上，嗫嗫而行，以箸夹取啖之，唧唧作声，故曰蜜唧。”唐代岭南的獠民早就喜食且善食老鼠，“蜜唧”就是生吞尚未开眼而喂饱了蜜的小老鼠，这是被文献记载下来的古代蛮僚吃老鼠的方法之一。

（二）特色食品

（1）乌米饭。“畲客亦有乌饭，乃于三月三日取柴汁和米蒸之，相传其祖盘瓠喜吃此饭也。”畲族人在三月三这天用一种小灌木（畲语称乌枝）的嫩叶捣碎，拿叶汁浸糯米，煮熟后则为“乌饭”。吃乌饭也叫“山茉头饭”，是畲族的特有风俗。相传畲族始祖盘瓠为了部下的居住安全，不让他们遭受野兽的袭击，日夜守在山上，以山茉头为食。他度过无数个年年月月，除掉了不少兽害，相传在三月三那天，他在追猎时不幸殉难。盘瓠的部下为纪念他，每当此日，便采摘山茉头的叶煎汤做饭吃或将叶盖到做好的饭上。现在三月三这一天的晚餐，各家各户要染乌饭祭祖先，也有一些老人说，吃了乌饭上山不怕蚂蚁咬。

（2）糍粑。畲族过年、做“七月半”和冬节都要制糍，取意时（糍）来运转，生活年年（黏黏）甜。糍粑的做法是：将浸泡一天后的糯米滤干水，放到木甑里蒸熟。倒入石臼捣烂，捏成小团或饼状食用。

（3）菅时粽。俗称“菅粽”，通常在端阳节和龙节时食用。将精选优质糯米倒入黄碱水里浸泡若干小时，拿两片菅叶对折成一条槽底，而后舀碱水泡过的糯米放叶槽中，成为一条20厘米长玉米棒子状的菅叶粽，放到锅里煮十余小时遂成。每逢端午节，菅粽供敬祭祖宗外，还用以馈赠亲友。

四、高山族日常食俗

高山族为世代居住在台湾的少数民族的总称。高山族主要居住在中国台湾省，也有少数散居在福建、浙江省等沿海地区。高山族因地区与语言的差异，内部又分为阿美人、泰雅人、排湾人、布农人、卑南人、鲁凯人、曹人（1998年改为邹人）、雅美人、赛夏人、邵人。三国时期就与内地有往来，高山族被称为“夷洲人”或“山夷”，隋唐时期被称为“琉求人”，宋元时期被称为“琉球”“溜球”或“土人”，明代被称为“东番夷”，郑成功收复台湾后，别称为“土番”“土民”，清时被称为“番族”“番人”，将高山族居住地称为“番社”。

高山族以稻作农耕经济为主，以渔猎生产为辅。高山族的粮食有粟、稻米、芋、薯、黍和豆类、杂粮，油料作物有花生、芝麻、薏米等。稻米中有旱稻、水稻、糯稻等。豆类有大豆、赤豆、花豆、豌豆、树豆等，芋薯类有水芋、黑芋、甘薯、薯蓣等。常见的蔬菜是南瓜、竹笋、韭菜、姜，还有白菜、萝卜、茄子。水果最多的是香蕉、龙眼、柑橘、桃、枣、柿子、木瓜等。

（一）饮食习俗

高山族普遍爱食用姜，有的直接用姜蘸盐当菜；有的用盐加辣椒腌制。肉类的来源主要靠饲养的猪、牛、鸡，在很多地区捕鱼和狩猎也是日常肉食的一种补充，特别是居住在山林里的高山族，捕获的猎物几乎是日常肉类的主要来源。

在主食的制作方法上，大部分高山族都喜把稻米煮成饭，或将糯米、玉米面蒸成糕与糍粑。高山族蔬菜来源比较广泛，大部分靠种植，少量依靠采集。常见的有南瓜、韭菜、萝卜、白菜、土豆、豆类、辣椒、姜和各种山笋野菜。

高山族大多不食动物的头和尾，在祭仪、出猎、丧葬等特殊场合，禁忌食鱼，他们认为腥是不吉利的。台湾高山族认为狗肉是食物中的珍品，有以狗肉做牺牲的风俗。在沿海地区的高山族则习惯以鱼类、贝类、水芋、野菜为副食。把用海水渍过后的鱼类晒干贮存备食。

阿美人居住在台湾东部平地，善种各种谷物和水稻，蔬菜有萝卜、姜、朝天小辣椒、小白菜等。他们吃白菜的方法很特殊。小白菜长成后，一叶一叶掰下来，用盐腌制两三天再吃，剩下的白菜根可继续生长。姜一般是蘸着盐生吃。阿美人吃鸡、猪和猎获的野兽。他们把肉切成小块，用锅煮熟，盛入盆中。全家人围坐在盆的周围，每人面前还放一个藤编的小篮用来盛饭，只用一把勺子舀菜，人们一手抓饭，一手抓朝天椒就着吃。

布农人大多居住在台东县一带，主食是小米、玉米、地瓜（甘薯）。他们不爱吃大米。做饭用大锅，三块石头一支就算是灶。架火把锅内小米煮熟后打成糊即可吃。

排湾人常用木柴、木耳等换取汉族的盐巴和酱油，喜吃鱼，鱼做好后放入生姜，每人一只木勺，吃米饭时，舀鱼汤喝。外出劳动一般不带食物，就地取材，捞了鱼，放在石板上烤，半生不熟时撒上盐巴，味道香浓。

雅美人住在台湾岛东南的小岛——兰屿，至今保留着旧石器时代生活方式的遗迹，过着原始的捕鱼和农耕生活，主食是芋头，栽种在旱地和水里，有20多个品种，另外也栽种甘薯。

（二）特色食品

（1）般颠。布农人最爱吃的一种食物。做法是把当地特产的一种小花生（壳内可有6个果仁）捣碎成渣，再拌进切成块的西葫芦和南瓜，放上盐，煮成糊，香甜味美。

（2）百草膏。平埔人的饮食风俗中最为奇特的是他们虽然也吃鲜鱼，但更喜欢把鲜鱼用盐腌起来，待一两年后鱼肉腐烂生蛆才取食。另外，还喜欢吃鹿肠，把鹿杀掉后，立即把肠拨开，把肠子里面颜色碧绿的草浆，撒上盐拌着吃，美其名曰“百草膏”。

复习与思考

一、单项选择题

1. 民族特色食品“萨其马”是（　　）的。

A. 满族　　B. 蒙古族　　C. 傣族　　D. 畲族

2. 沙木萨是（　　）族的特色小吃。

A. 羌族　　B. 蒙古族　　C. 维吾尔族　　D. 纳西

3. 属于维吾尔族的特色食品是（　　）。

A. 雷公菜　　B. 乳扇　　C. 吹肝　　D. 馕

4. 爱食狗肉的民族是（　　）。

A. 满族　　B. 回族　　C. 朝鲜族　　D. 羌族

5. 大量居住在华东地区的少数民族是（　　）。

A. 苗族　　B. 畲族　　C. 瑶族　　D. 白族

二、简答题

1. 回族饮食有哪些风俗特色？

2. 试分析饽饽在满族人生活中的地位。

3. 阐述蒙古族手把羊肉的风格特色。

4. 壮族人饮食有哪些特点？

三、论述

1. 试述中国少数民族食俗的特点，并举例加以说明。

2. 分析西南地区少数民族饮食的共同点。

推荐阅读

1. 颜其香．中国少数民族饮食文化荟萃［M］．北京：商务印书馆国际有限公司，2001.

2. 张世满．旅游与中外民俗［M］．天津：南开大学出版社，2002.

第八章 中国饮食民俗文化

中国饮食民俗文化异彩纷呈，几千年来中华民族食事活动中积久形成的风俗习惯代代相传。这是一笔宝贵的文化遗产，进行传统教育，可以进一步加强民族自豪感和自信心，对于增进中华民族同世界人民之间的了解和友谊，进一步丰富中国各民族的饮食，使之更加科学化都具有积极意义。

本章主要从中国饮食民俗文化方面进行讲解，目的是让学生了解中国传统节日食俗的由来，包括日常食俗、主要节日食俗、人生礼仪食俗、宗教食俗等，在全面了解众多饮食习俗的基础上，理解中国饮食文化在民众生活中的重要地位与意义。

学习目标

知识目标

1 了解中国传统节日的食俗的由来

2 了解人生礼仪食俗的基本缘由

3 理解不同宗教的饮食文化与礼俗

能力目标

1 掌握中国饮食食俗中的不同要求

2 掌握饮食文化在不同境况下的运用

3 合理运用中国饮食民俗文化

案　例

农家民俗餐厅的经营特色

某店是一家拥有300个餐位的餐厅，该餐厅的设计独具匠心，其主体是以农家民俗文化为风格，在餐厅布置了菜肴样品展示台，餐厅内点缀各种农家器具，如斗笠、蓑衣、农具，墙壁上挂着红辣椒、玉米棒等，餐厅内的餐台是八仙桌和长条凳，并贴醒目大红对联，以形成一种休闲野趣的氛围。餐厅设计并印制了一套富有农趣的菜单——田园食谱，菜单品种如下：

冷菜：	鱼子鱼泡冻	农家咸鸡	家制小鱼干	家乡腌笋	凉拌蒜根
	凉拌野笋干	腌豇豆干	虾皮腌菜花	雪菜鞭笋	荠菜臭干
热菜：	粉条烧河鲇	竹筒石鸡	蕨菜炒肉丝	笋衣尖椒	瓦罐鸡
	家乡红烧肉	红烧老鹅	麻鸭煲笋干	笋尖烧肉	炒鸡肠
	三椒蒸鱼头	乡村豆腐	螺蛳炒青蒜	清炒藕梗	麻油茄子
	油渣烧青菜	炒南瓜苗	蒜泥芋艿茎	酸辣薯藤	煨老鸡汤
点心：	农家手擀面	烤玉米棒	雪菜麦疙瘩	荠菜水饺	腌菜汤圆

餐厅还特别地在菜单正面赋诗一首：

禾田溪边牧歌声，农舍炊烟翠竹间。
欲知农家盘中事，稳坐餐厅把味玩。

案例分析

1. 根据农家餐厅的特色，设计以寿宴为民俗主题餐厅的环境和菜单。
2. 如何结合中国传统饮食民俗的特点创新中国菜肴？

民俗是指一个国家或民族中的广大民众在长期的历史文化生活过程中所创造、享用并传承的物质生活与精神生活文化。饮食民俗则是指一个国家、地区或民族中的广大民众在筛选食物原料、加工、烹制和食用食物及饮料的过程中，即食事活动中所积久形成并传承不息的风俗习惯，也称饮食风俗、食俗，是民俗中最具特色的事项之一。饮食民俗具有强烈的民族性、地域性和特色性，一般包括日常食俗、岁时节日食俗、人生礼仪食俗和宗教食俗、少数民族食俗等内容。

第一节　中国日常食俗

乌丙安先生在《中国民俗学》中对日常食俗的解释为，从生理需要出发，为了恢复体力而形成的习惯。它包括节制饮食的次数、食量的分配及时间的规定。

一、餐制

上古时期，人们采用早晚二餐制。殷代甲骨文中有大食、小食之称，即指一天中的朝、夕两餐，适应了“日出而作、日入而息”的作息制度。对此，《睡虎地秦简·日书》中也有记载，即“食时辰（7—9点），下市申（15—17点）”。

随着生产的发展和生活条件的改善，到了东周时期，“列鼎而食”的贵族阶层在原有餐制基础上增加了夜餐，已开始采用一日三餐制。一日三餐为广大民众所接受则是到了汉代。《论语·乡党》中记：“不时，不食。”不到吃饭的时候就不允许吃饭。东汉经学大师郑玄解释说：“一日之中三时食，朝、夕、日中时。”三餐则包含第一顿朝食，即早食，安排在天色微明以后；第二顿为昼食，即中午之食；第三顿为飧食，一般是下午三时至五时。

虽自汉代以后一日三餐制在民间开始广泛流行至今，但是人们每日进食的次数与进食者的社会地位、经济状况及个人情趣爱好息息相关。根据季节不同和生产需要或因家境贫寒的原因，不乏采用一日二餐制者，这种情况至今仍有延续。此外，还有一日四餐制的情况，古代多为皇帝和位高权重的臣子采用。

二、饮食结构

中国古人很早就已经会烹调各种食物，种类丰富多彩，春秋时期，人们就已经将日常饮食分为食和饮两大部分，在许多正式场合，古人更将饮食细分为四个部分，即食、膳、馐、饮。“食”指用五谷做的饭；“膳”指用六畜制成的肉食佳肴；“馐”又称百馐，指以粮食为主料制成的多种精美素食；“饮”是古代饮料的总称。

对于食物类别，古人还有另外一种通俗的说法，即五谷五菜五饮、六畜八珍。“五谷”指稻、黍、麦、菽、稷5种粮食作物，“五菜”指韭、葱、葵、薤、蒜5种蔬菜，“五饮”指水、浆、酒、酪、酏5种古代饮料。“六畜”指牛、马、羊、猪、鸡、狗六种肉食动物，“八珍”指龙肝、凤髓、豹胎、鲤尾、猩唇、熊掌、酥酪、鸟舌8种珍贵食品。中国传统的饮食结构很明显，那就是五谷是主食，蔬果是辅食，外加少量肉食构成。《礼记·内则》明确提到，“五谷为养，五果为助，五畜为益，五菜为充”。“五谷”是中国人最主要的食物来源。从新石器时代开始，我国的黄河、长江流域就进入农耕社会，长江流域以稻米为主，黄河流域则以粟为主。战国以后，随着磨的推广应用，粉食逐渐盛行，北方的小麦在五谷中的地位也逐渐上升。值得注意的是，到了明清时期，我国人口激增，人均耕地急剧下降。番薯、玉米、土豆等作物引入中国，对我国的食物结构的变化产生了一定的影响，成为丘陵山区的主要粮食来源。此外，蔬菜也是饮食结构中不可或缺的内容。人们最常食用的是“五菜”，也是谷物之外能够充饥和补充营养的食物来源。尽管肉食在饮食结构中所占比重较小，但人们对肉食还是有着一定需求，最常食用的肉类来自所谓的“六畜”，孟子就曾主张一般家庭“鸡豚狗彘之畜，无失其时，七十者可以食肉矣”。

三、分餐制与合食制

分餐制是中国古代传统筵席的饮食方式。不论是原始社会时期的围火而坐，还是商周时期的各种筵席，人们都是席地而坐，分而食之。到了汉朝时期，几案出现，则是每人一案，大帐之中或同檐之下，上下有别，食物分别放在相应器皿中，由仆人端上，恭敬地送到位前。《史记·项羽本纪》中描绘的鸿门宴充分展示了分餐而食的饮食习惯。出土的汉墓壁画和汉画像石中也可以看到汉朝时期人们席地而坐，一人一案的宴饮场面。

合食制出现当在西晋以后，随着北方少数民族进入中原，胡风南进，胡床、椅子、凳子等家具逐渐取代了席子，饮食方式也由分餐制逐渐转变为合食制。当然，在相当长的历史时期，这两种饮食方式是并存的。到了隋唐时期，席面逐渐升高，基本上抛弃了席地而坐的方式，席地而坐逐渐改为坐高足桌椅，聚餐共食也逐渐演变成中国人基本的进餐方式。五代时，八仙桌开始出现，更是促进了合食制的发展。

中餐从分餐制到合食制的转变是社会、经济、文化、心理等诸多因素合力作用的结果。新时期，在新型冠状病毒肆虐全球的背景下，人们重新审视分餐制与合食制。合餐象征着团圆、美满，更有利于彼此之间交流情感。分餐可以减少病毒传播，较好把握食物摄入量，减少食用过量和铺张浪费。从疫情防控和公共卫生习惯需要出发，各地纷纷推广公勺公筷、双筷制，既保证饮食的安全卫生又体现了中国传统的热闹就餐氛围。

四、食礼

《礼记·礼运》中说：“夫礼之初，始诸饮食。”中国的礼仪制度和风俗习惯源于饮食活动，食礼是一切礼仪制度的基础。早在周朝就已形成一套完整的饮食礼仪制度，至今依然影响着现代社会，成为文明时代的重要行为规范。正如陈苏华先生在《饮食文化导论》中所说：“当周礼被偶像化为国家行政等级制度模板的时候，恰恰因其集礼乐文化之大成，奠定了中国民族饮食文化的创造与美学的基本风格，现代中国烹饪仍在这一传统的重大影响下从事创作与审美活动。”

（一）座次安排有序

饮食座席的安排体现了长幼有别、尊卑有序。如《礼记·曲礼》载，“群居五人，则长者必异席”，为突出年长者的地位，要为其单列席而坐。座位按照尊卑而设，待最尊贵的客人入席后，其余人等方可落座。中国古代宴饮时讲究辈分高低、年龄大小、男尊女卑等，时至今日，中国仍有部分地区举办筵席时，妇女和小孩不许上桌。

座位的朝向安排也体现着尊卑观念。中国向来有以东为尊的习惯，《史记·项羽本纪》中记载："项王、项伯东向坐，亚父南向坐。沛公北向坐，张良西向侍。"位高权重的项羽坐在了面向居东方的上座。此外，坐北朝南也是中国传统的尊位，清人凌廷堪在《礼经释例》中说："室中以东为尊，堂上以南为尊。"在中国传统的建筑格局中，堂一般是用来举行典礼、宴饮之地，是一幢建筑中最重要的组成部分，位于主要建筑物的前方中央位置，坐北朝南。因此在堂中举行的宴会，坐北朝南的位置理所当然地也就是尊位了。现代宴饮以圆桌为主，客人的座次须听从主人的安排，一般是把距离门口最远的地方视为上座，距离门口最近的地方视为下座，即面门为上、远门为上。如主人未指定座位，则让年长或身份高的人先落座。

（二）行为举止得体

用餐时要注意行为得体。《礼记》记载，要"共食不饱，共饭不择手""毋抟饭，毋放饭，毋流歠，毋咤食，毋啮骨，毋反鱼肉，毋投与狗骨，毋固获，毋扬饭，饭黍毋以箸，毋嚃羹，毋絮羹，毋刺齿，毋歠醢"，即不能出现搓饭团、把手里的饭再放回盛饭的器皿中、张嘴不停吃、吃得带响、啃骨头、把骨头扔给狗、专吃一种食物、抖动手中的热饭、吃黄米饭用筷子、当场加佐料、剔牙、喝酱汁等不雅的行为。这些礼仪规范有很多在现代社会依然适用，如取菜要适量，不可贪食，吃食物时尽量不要发出声响。将食物送入口，不能用口去就食物，食物太热时，可稍凉后再吃，切勿用嘴吹。嘴内有食物时勿说话。席间如有人过来敬酒，应停止进食，正坐恭听，不可与旁人交头接耳或左顾右盼等。

与长辈一起用餐，要格外恭敬。如侍饮于长者时，要"酒进则起，拜受于尊所，长者辞，少者反席而饮。长者举未釂，少者不敢饮"，长辈没有举杯饮尽，晚辈万万不敢饮用。"御同于长者，虽贰不辞，偶坐不辞"，陪同长辈去赴宴，自己就不需要辞谢。在宴饮的过程中"长者赐，少者、贱者不敢辞。赐果于君前，其有核者怀其核"。长辈赐予食物，不能推辞，如果当面赐水果吃，带核的就将核揣在怀里。为尊长冲洗器皿时，"执食饮者勿气，有问焉，则辟咡而对"，要屏气，不能使气息触及尊者与其器皿，如回答尊者问题，也需转脸侧避嘴角回答。

食物摆放要有序，品尝食物也要遵循远近次序。《礼记·曲礼》中规定，进食之礼需"左殽右胾。食居人之左，羹居人之右。脍炙处外，醯酱处内，葱渫处末，酒浆处右。以脯脩置者，左朐右末"，即带骨的菜放左边，纯肉放右边，菜肴放左手，羹汤放右手，切细的和烤过的肉放远些，醋和酱放近处。蒸葱等佐料放旁边，饮品放右边。弯曲的肉类放左手，挺直的则放在右手。与国君一起吃饭，则"君命之羞，羞近者；命之品尝之，然后唯所欲。凡尝远食，必顺近食"，国君命令吃菜则吃近处的菜肴，等国君发话可以一一品尝时，才可随意食用。但是想吃远处的菜肴也必须按照由近及远的次序进行品尝。

食用不同食品也有礼仪讲究。如《礼记·玉藻》对于食用果品就有严格规定，如规定吃枣、桃等水果时不能啃光见核，避免露出贪婪吃相，且“凡食果实者后君子，火孰者先君子”，食用果品时要请尊者先吃，而食用熟食时因担心味道不佳而自己先品尝，然后再请尊者食用。

进食的器具也有颇多讲究，以筷子为例，须整齐并拢摆放于进餐者的右手位，筷头安放在筷枕之上前探6厘米，夹取食品的筷头一端略微翘起。拿筷使用时更是约定俗成地形成了很多的禁忌。如忌用筷子敲碗；忌夹起了菜又放下，犹疑挑拣；忌舔筷，唇舌品咂筷头；忌手握筷子在餐桌上乱游寻；忌用粘了食物的筷子去夹菜；忌用筷子在菜中间扒弄着吃；忌用筷子剔牙等。

敬酒一般由主人提议，自主宾始（或长者），顺次斟酒，不会喝的不勉强，敬酒的次数适可而止。既要烘托氛围，又不能使人难堪。主人起身敬酒时，应停止进餐，认真倾听，主人和主宾先碰杯，人多时可同时举杯示意。主人没有举杯时，不可自斟自饮。

在餐桌上中国人有给客人布菜的传统，以示尊重。现代宴席上有公勺公筷，可供布菜之用。但为强调客人的自主性，布菜的礼仪已逐渐被淡化。正如袁枚在《随园食单》中反对为客人布菜，他说：“然一肴既上，理宜凭客举箸，精肥整碎，各有所好，听从客便，方是道理，何必勉强强让之？常见主人以箸夹取，堆置客前，污盘没碗，令人生厌。”

相关链接 搜索

民间节日的文化价值

民间节日文化活动是人的社会行为的历史沉淀，是珍贵的民族文化遗产的一个重要方面。民间节日文化是在漫长的历史长河中自然形成的，其活动源远流长，具有鲜明的群众性、地域性、传承性和变异性的特征。

进一步了解民间节日文化活动，可以发现它曾起着一些积极作用。特别是寄托人民对美好生活的迫切向往。人们借助民间节日文化活动来抒发情感，虽然有些节日文化活动表层往往蒙上神话色彩，但透过这些表层，就可发现许多民间节日文化活动寄托了人民对五谷丰登、民族和睦、家庭团结、人丁兴旺的美好愿望。如：月饼象征团圆，汤圆象征太平，糖块象征甜蜜。侗族的播种节、布依族的仙歌节都有走亲访友的内容，这些节日表现了人民追求和睦、团结、友谊的美好愿望。孝敬老人是我国人民的传统美德，许多民间节日都包含了这个内容。像清明节扫墓敬祖；农历四月初八侗族的姑娘节，姑娘回娘家，以乌饭赠婆家和亲友；吉林的朝鲜族，每年的农历六月二十四为老人节，这一天要为60岁以上老人庆贺、祝福、唱祝酒歌；傣族在农历二月初十举行彩蛋节，儿童以蛋黄敬奉父母、兄长等。许多民间节日都有象征吉祥、反映人们追求美好生活的愿望。如立春的“鞭春牛”“打春官”等。

（资料来源：康新民．民间节日文化价值初探［M］．中国民间文化（第二集）．上海：学林出版社，1991.）

第二节 岁时节日食俗

岁时节日食俗是指在有关民族传统节日中形成的饮食行为和习惯，在每年固定的节日时间内，在一定的环境和条件下反复出现的、群体性的饮食行为方式和习惯，它凝聚着民族生活特有的情感与寄托，蕴含着强大的精神与情感力量。

中国自古以来是以农耕为主的国度，在长期的农业生产实践中，认识到季节气候对农作物生长的影响，在春种、夏长、秋收、冬藏的耕作过程中，形成了中国人所特有的二十四节气的民俗事象。与之相适应，也出现以岁时节令为主的传统节日体系及相应的时令时俗，在历史上形成了独特的年节饮食文化，代代传承与沿袭，成为传统饮食文化的重要组成部分。

在众多的节日食俗中有一个共同特点，那就是大量使用象征人们发财致富的吉祥食物，其中以食物谐音关系来类比的有发菜、生菜、发糕、鱼、芋艿、豆腐等，浙江湖州除夕人们食年饭时，“如食鸡蛋曰元宝，茹菇曰时来，芋艿曰运来。俗云食之则可来年万事如意，交运发财也”。

一、春节食俗

（一）送灶节——小年

农历十二月二十四日前后，民间有祭祀灶神的习俗，俗称小年。祭灶一是祈求五谷丰登，二是祈求人丁兴旺，降福免灾。祭灶的供品除糖瓜外，有的还供应水饺，取民间“起身饺子，落身面”之寓意。各地送灶习俗不同，北方盛行剪贴窗花，三羊（阳）开泰、五蝠（福）捧寿、喜鹊登梅等，不仅增添了过年的喜庆气氛，还寓以丰富的文化内涵。胶东地区，则是把灶神画像贴在正屋东面的锅灶墙上，两旁贴对联“上天言好事，下界降吉祥”，横批是“一家之主”。

小贴士

送灶的来历

相传灶神是玉皇大帝派遣到人间监察一家人善恶之职的官。灶神左右随侍两神，一捧“善罐”，一捧“恶罐”，随时将一家人的行为记录在案，保存于罐中，年终再向玉皇大帝报告，上天依据人们的善恶修为赐福或降灾。腊月二十三是灶神离开人间，上天向玉皇大帝禀报一家人一年来所作所为的日子，所以家家户户都要“送灶神”。流传于民间的传说故事表现了古人向善抑恶的道德追求和自我约束，严格自律的精神境界。

送灶节拉开了春节的序幕，有的地区流行谚语，“二十三，送灶神；二十四，扫房子；二十五，蒸团子；二十六，割下肉；二十七……三十门神对联贴上墙”。

（二）除夕

又名大年三十，指一年的最后一天。西晋《风土记》中载：“至除夕，达旦不眠，谓之守岁。”除夕之夜，举家同庆，准备丰盛的年夜饭，因地区不同，内容和形式均有所不同。但吃饺子、馄饨、汤圆基本上是各地都有的食俗。

饺子又称“扁食”，据《明宫史·史集》记载：“五更起……饮椒柏酒，吃水点心，即扁食也。”饺子在中国最早可以追溯到汉代扬雄《方言》中关于馄饨的记载，三国张揖《广雅》中已有“馄饨饺”，是饺子的雏品，自唐朝以来，关于饺子的史料不断增多。清代北京正月“初二为祭财神之日，各家吃馄饨。因馄饨形似元宝，可谓之元宝汤”。

过年吃饺子有很多传说，一是为了纪念盘古开天辟地，结束混沌状态，如清代《滦州志》记载，河北滦州一带冬至日“作馄饨为食，取天开于子，混沌初分，人食之可益聪明”；二是取其与“浑囤”的谐音，意为“粮食满囤”；三是取其“更岁交子”，象征一年的开始，喜庆团圆、吉祥如意之意。据此，瞿明安先生指出：“在中国饮食象征文化中，饺子、馄饨、汤圆、鸡蛋、糕、鱼、白菜、猪头等也都是被人们用来象征最具有普遍性的吉祥食物。”

饺子的做法各地不尽相同。将面擀成薄皮，把馅料包入其中，捏成各种形状的饺子，下锅煮熟谓之水饺。包饺子时，自古有将“小白银”包入饺子中的食俗，吃到者意喻福气大。吃到各种包着特制馅儿的人，象征着在新的一年中有极佳的运道。吃到糖的饺子象征生活甜蜜，吃到花生仁的饺子象征健康长寿。很多地区一般要在年三十晚上12点以前包好饺子，待到半夜子时或第二天一早吃。

大年三十晚上食品内容丰富，种类繁多，荤素齐备，喜庆吉祥，在菜肴的安排上，很多地方讲究成双成对，不出现单数，且最好能呈现有一定寓意的数字，如10道菜，取十全十美之意，12道菜，取月月乐之意，18道菜，取“要得发，不离八”的吉祥俚语。宴席的内容各地也不相同。江汉平原地区，除夕夜必有一道鱼，谓之年年有余，年鱼一般保存完好，不能吃，有些地方允许食用，但鱼头、鱼尾不能吃，谓之有头有尾，来年做事有始有终。宴席上很多地方上圆子菜，圆子契合团圆之意，鱼圆、肉圆或藕圆是筵席上的常见菜。合肥除夕的团年席中有一碗叫“鸡抓豆”的菜，意味着“抓钱发财”。湖南湘中南地区的人们除夕则要吃萝卜炖猪脚，猪脚俗称“抓前爪”，据说除夕吃了猪脚第二年不会缺钱花。山东滕州除夕剩下的饭也称隔年饭，放在仓囤之中，取意“仓仓囤囤，年年有余”，通过剩年夜饭来象征粮食年年有余。安徽也有“年下剩饭有几盆，来年陈粮换金银”的俗语。

（三）春节

农历的正月初一，原名元日、元旦，是中国最重要的传统节日。据梁朝宗懔所撰《荆楚岁时记》："长幼悉正衣冠，以次拜贺，进椒柏酒，饮桃汤。进屠苏酒，胶牙饧，下五辛盘。进敷于散，服却鬼丸。各进一鸡子。凡饮酒次第，从小起。"五辛盘，据周处《风土记》载："五辛，所以发五藏之气。即大蒜、小蒜、韭菜、芸薹、胡荽是也。"其辛与新谐音，用以迎春，博取口彩。"小者得岁，故先贺之。老者失岁，故后也。"所以宋朝文学家苏辙的《除日》诗道："年年最后饮屠苏，不觉年来七十余。"明朝饮食进一步丰富，刘若愚《明宫史》载："初一日正旦节，所食之物……柿饼、荔枝、圆眼（桂圆）、栗子、熟枣、共装盛之。"清朝，春节饮食更加丰富，潘荣陛在《帝京岁时纪胜》中载："元旦……猪肉馒头、江米糕、黄黍饦；酒肴则腌鸡、腊肉、糟鸭、风鱼、野鸡爪、鹿与兔脯；果品则松榛莲庆、桃杏瓜仁（三种果仁）、栗、枣、枝、圆……"到了现代，春节饮食更是纷繁复杂。北方以饺子为主要食品，配以各种菜肴、干果、点心、各类酒类；南方则以年糕、松糕等为主要食品。

春节吃年糕，因糕音谐高，高又与高升、高兴、高寿相关，年糕也成了新年吉祥食品。据传，年糕起初为年夜祭神、朝供祖先所用，后来才成为春节食品。食用年糕源于宋末，明代此风日盛。明朝崇祯年间刊刻《帝京景物略》记载当时的北京人"正月元旦，啖黍糕，曰年糕"之事。

过年时，人们对于显现凶兆的特定象征食物是绝对禁食的，以免发生饥饿和贫困，如汉族地区人们有的在正月初一忌吃稀饭，恐日后一年内皆吃稀饭变穷；有的则忌吃番薯，恐日后没有米饭吃。浙江丽水一带的船工正月不食蛋，认为蛋光滑，食蛋后一年到头钱财光，诸如此类。这种饮食禁忌观反映了中国人对物质财富渴望和追逐的价值取向和心理状态。

（四）元宵节

农历正月十五元宵节，又称上元节、灯节，是岁首的第一个月圆之夜，被称为望日，象征团圆美满，同时意味着春节的高潮与尾声，新年春耕将全面展开，人们开始一年的辛苦与忙碌。元宵节节期不一，汉代为一晚，唐玄宗时为三晚，北宋延至五晚，明朝时从正月初八直至十七日晚。现在民间一般十五上灯，十八落灯。元宵节的习俗主要有吃元宵、挂灯笼、猜灯谜、耍龙灯、舞狮子。

1. 吃元宵

元宵节吃元宵的习俗相传于春秋末年。唐、五代时称元宵为"面茧""圆不落角"，宋时叫"圆子""团子"。元宵是一种用糯米粉做成的圆球，里面包着用糖和各种果仁做成的馅，煮熟后香甜可口。在一年开始的第一个月圆之夜吃元宵，希望家人团圆、和睦，圆圆满满。

元宵与汤圆的用料基本一样，主要是制作方法不同。元宵的皮是滚的，先做好馅，然后把面一层层黏上去；汤圆的馅是包的，先和好面，把馅包进面中，搓圆。元宵和汤圆的口感略有不同，口味上，元宵稍硬，汤汁浓稠；汤圆稍软，汤汁清淡。在称谓上，南方叫汤圆，北方叫元宵。

元宵发展至今，制作工艺、用料越来越细，食用元宵的人也越来越多。其中名叫“四喜汤圆”的元宵因其用料繁多，寓意深刻，最受人们喜爱。“四喜”有的说是寓意“久旱逢甘雨，他乡遇故知，洞房花烛夜，金榜题名时”；有的说是寓意“福、禄、寿、喜”，喜上加喜，吉祥如意。

2. 吃面灯

元宵节的另一种传统食品是面灯，也叫面盏，是用面粉做的灯盏，正月十六落灯之日煮或蒸而食之，多流行于北方地区。面灯的形式多种多样，有的做灯盏 12 只（闰年 13 只），盏内放食油点燃，或将面灯放锅中蒸，视灯盏灭后盏内余油的多寡或蒸熟后盏中留水的多少，来占卜来年 12 个月份的水、旱情况。清乾隆年间《雒南县志》记，“正月十五，以荞麦面蒸盏燃灯，按十二月，以卜雨降”。

3. 吃荠菜圆

在上海、江苏一些农村，元宵节还有吃“荠菜圆”的习俗。清代李行南《申江竹枝词》记载上海过元宵节“元宵锣鼓镇喧腾，荠菜香中粉饵蒸。祭得灶神同踏月，爆花正接竹枝红”。陕西人则有元宵节吃元宵菜的习俗，即在面汤里放各种蔬菜和水果，而在河南洛阳、灵宝一带，元宵节有吃糟糕的食俗。

二、清明节食俗

清明节在每年阳历 4 月 5 日左右，清明节前两日为寒食节，后二节合而为一。清明节人们有扫墓祭祖和踏青插柳的习俗。清明节民间禁烟火，只食先期做好的熟食。汉代桓谭《新论》：“太原郡民，以隆冬不火食五日，虽有疾病缓急，犹不敢犯，为介子推故也。”家家户户去郊外扫墓祭祖时，往往要摆上食物，烧纸钱，表达对亡人的思念和敬意。

小贴士

清明节的来历

春秋时，子推辅保晋公子重耳流亡列国，曾割股肉给重耳充饥，重耳当上晋文公后，遍赏左右之人，唯独忘记了介子推。子推与母隐居绵山，文公闻之，请子推出山无果，便焚山以求之，而子推抱木而死，不愿出山。后文公葬其尸于绵山，立寺庙，改山名介子山，并下令子推死亡日禁火寒，以寄哀思。

（一）吃青团

青团是江南一带百姓用来祭祀祖先必备的食品，这一食俗可追溯到周朝。《周礼》记载当时有“仲春以木铎循火禁与国中”，老百姓熄炊，“寒食三日”。青团是用清明茶或艾叶和咸盐或石灰粉一起煮熟，去掉苦涩味后捣烂，配上糯米磨成的米粉拌匀，糅和，包馅制作而成。团子的馅心是用细腻的糖豆沙制成，包馅时另放一小块糖猪油。团坯制好后，将它们入笼蒸熟，出笼时另用熟菜油均匀地刷在团子的表面就制成了。团子油绿如玉，糯韧绵软，清香扑鼻，吃起来甜而不腻、肥而不腴。

（二）吃馓子

“馓子”为油炸食品，香脆精美，古时叫“寒具”。《齐民要术》载“环饼一名寒具……以蜜水调水溲面”。苏东坡曾作《馓子》诗：“纤手搓来玉色匀，碧油煎出嫩黄深。夜来春睡知轻重，压扁佳人缠臂金。”如今清明节禁火食俗已不再流行，但与这个节日有关的馓子却深受世人的喜爱。南北方馓子有差异，北方馓子大方洒脱，以麦面为主料。南方馓子精致细巧，以米面为主料。少数民族地区，馓子品种繁多，风味各异，尤其以维吾尔族、东乡族和纳西族以及宁夏回族的馓子有名。

三、端午节食俗

端午又名端五，《太平御览》卷三十一引《风土记》：“仲夏端午，端，初也。”古人为避“五月（恶月）”之讳而称之为“善月”和“端月”。据《荆楚岁时记》：五月一日为端一，二日为端二，三日为端三，四日为端四，五日为端五，古“五”与“午”相通，午又为阳数，故端午又名“端五”。按照《易经》观点，阴恶从五而生，而五月五日是阳气运行到顶端的端阳之时，正值春夏之交，气温潮湿多变，居三毒之端，多毒恶病疫，也是瘟疫最流行的季节，因而要聚在一起消灾避毒，端午这天的民俗有吃粽子、赛龙舟、挂艾菖、饮雄黄酒等。

（一）吃五黄

中国很多地方流行端午节食“五黄”的习俗，五黄指雄黄酒、黄鱼、黄瓜、咸蛋黄、黄鳝（有的地方也指黄豆）。雄黄的颜色澄红，有解毒杀虫之效，可治痈疮肿毒、虫蛇咬伤。如《抱朴子》中讲，单服雄黄可以令“毒虫不加，猛兽不犯，恶气不行，众妖并辟”，还可使“百病除”，还说“菖蒲益聪”。到了唐代，端午节饮雄黄酒逐渐形成固定的习俗。端午节时有五毒之说，五毒指蛇、蝎、蜈蚣、壁虎和蟾蜍。饮雄黄酒可以杀五毒。雄黄又叫“鸡冠石”，主要化学成分是硫化砷，是制造信石（即砒霜）的主要原料，古人也用于制造杀虫剂。据《本草纲目》载，少量服用雄黄可镇惊痫、泻内毒，外敷有杀菌镇痛的功效。但服用过量会引起神经性中毒，甚至死亡。清人梁章钜在《浪迹丛谈》中说："吾乡每过端午节，家家必饮雄黄烧酒，近始知其非宜也。"

（二）吃粽子

粽子是端午节的标志性食物，粽子最早的记录见于汉代许慎的《说文解字》，端午吃粽子，此俗现在普遍认为是起源于祭祀屈原。早在春秋时期人们就用菰叶（茭白叶）包黍米成牛角状，称"角黍"，还用竹筒装米密封烤熟，称之为"筒粽"。东汉末年人们开始用草木灰水浸黍米，因水中含碱，用菰叶包黍米成四角形。魏晋南北朝时，粽子被正式定为端午节食品。这时，包粽子的原料除米外，还添加了中药材益智仁，煮熟的粽子称为"益智粽"。唐代粽子的米"白莹如玉"，粽的形状出现锥形、菱形，品种增多，还出现杂粽。如米中掺杂禽兽肉、板栗、红枣、赤豆等，裹成的粽子还用作交往的礼品。宋代吃粽子已经成为一种时尚，出现艾香粽、蜜饯粽。元代粽子的包裹料已从菰叶变为箬叶，突破了菰叶的季节局限。明代开始用芦苇叶包粽子，附加料出现豆沙、猪肉、松子仁、枣子、胡桃等。清代之后粽子更是品种繁多。

（三）吃大蒜

端午节食物中还有一个有意思的品种，即大蒜。明代的北京宫廷中，要吃"加蒜过水温淘面"，清代的扬州，"大蒜烧黄鱼"几乎是家家必备的菜肴。在江西萍乡，端午时要将"包子、腌蛋、大蒜各物置于桌上，合家大嚼……"从北到南，从宫廷到民间，均有端午吃大蒜的习俗，这与端午的节气以及大蒜的功用密不可分。

四、七夕节食俗

七夕节的活动以乞巧为主，又称乞巧节或少女节，七夕节的食品以巧果最为出名。巧果又名"乞巧果子"，款式多样，做法简单。先将白糖放在锅中熔为糖浆，然后和面粉、芝麻，拌匀后摊在案上擀薄，晾凉后用刀切为长方块，最后折为梭形巧果坯，入油炸成金黄即可。七夕是中国传统节日中最具浪漫色彩的一个节日，现在又被认为是中国情人节。

七夕的夜晚，人们习惯于在庭院中摆上案子来拜织女，案台上摆放西瓜、葡萄、桃子等时令瓜果。前后正值立秋，啃瓜是立秋时节的一大习俗，也成为七夕的一大习俗。据说，旧时宁波人不仅吃瓜，还会制作瓜灯，为乞巧助兴。宋代庆元（今宁波）知府吴潜《鹊桥仙》写道："馨香饼饵，新鲜瓜果，乞巧千门万户。"江南一带还有"七夕吃菱角，可以得灵巧"的说法。

五、中秋节食俗

根据我国的历法，农历八月在秋季中间，为秋季的第二个月，称为“仲秋”，而八月十五又在“仲秋”之中，所以称中秋。因中秋节主要活动围绕“月”进行的，所以又俗称“月节”“月夕”。关于团圆节的记载最早见于明代。《西湖游览志余》中说：“八月十五谓中秋，民间以月饼相送，取团圆之意。”《帝京景物略》中也说：“八月十五祭月，其饼必圆，分瓜必牙错，瓣刻如莲花。其有妇归宁者，是日必返夫家，曰团圆节也。”我国大部分地区还有烙“团圆”的习俗，即烙一种象征团圆、类似月饼的小饼子，饼内包糖、芝麻、桂花、蔬菜等，外压月亮、桂树、兔子等图案。祭月后，由家中长者按人数分切成块，每人一块，如有人不在家就为其留下一份，表示合家团圆。中秋时分，五谷杂粮相继成熟，因而中秋节是庆丰收的节日。

中秋节的特色食品主要是月饼。此外还有应时瓜果、桂花酒等。但是，吃月饼和送月饼，并非自古以来就与中秋节有关。初唐时，原无八月十五这个节日，唐明皇曾于八月十五“夜游月宫”，民间才把八月十五这天作为中秋节。到了中唐，人们开始在八月十五之夜登楼观月，而当时没有出现月饼。

最迟在元代末年，月饼已成为家家户户必备的节日食品。相传元朝末年，人们为反抗统治者的奴役，利用中秋节家家皆食月饼的机会，将写有起义的纸条夹在月饼馅中，约好在中秋之夜，家家户户动手消灭元朝统治者。

月饼的制作技术，到明代已达到很高的水平。在当时一些月饼的饼面上，已出现“月中蟾兔”之类的装饰图案，其设计之精良、构图之美妙、花纹之灵细，充分体现了月饼制作者的匠心独具，也反映了中华民族伟大灿烂的文化。

月饼作为节令食品，代代沿袭，风味也因地而异。在诸多品种的月饼中，京式、苏式、广式、潮式四种月饼名气较大。京式月饼多施素油、素馅，多为硬皮。苏式月饼则多为酥皮，油多糖重，层酥相叠。广式月饼多为提浆，重糖轻油，多以豆蓉、柳蓉、五仁等为馅。潮式月饼重油重糖，馅心类似广式月饼。

六、重阳节食俗

农历九月九日，一般认为始于汉代。据周处《风土记》载：“九月九日……俗于此日，折茱萸以插头，言避恶气而御初寒。”《东京梦华录》中也有记载：当年汴京（今开封）城内，重阳“前一二日，各以粉面蒸糕馈送，上插剪彩小旗”。南宋时，重阳糕已成为时令佳品在店肆中供应。《易经》中把阳爻称为“九”，阴爻称为“六”，阳爻“九”是“阳”和“阳性”的代词，所以古人称九月为“阳月”，九月九日是两阳重叠，因此叫作“重阳”。阳为刚，重阳为二刚相逢，道家称之“二刚相克”而被视作“厄日”，产生了解脱“厄日”的方法，所谓登高插茱萸是解脱“厄日”的方法之一。宋代，城市经济繁荣，都市内出现了独立经营糕饼食品的店铺，“糕”与登高之“高”谐音，于是吃糕逐渐代替登高风俗。

魏晋以来，文人墨客喜欢饮菊花酒，到唐代，重阳节有“菊花节”之称，明清以来，长江流域仍流行菊花酒俗，民间以重阳日造酒，称为“重阳酒”，明嘉靖四年《洪雅县制》载：“（九月）九日，多以野菊酿酒，备来岁之用。”明代高濂的《遵生八笺》也有菊花酒的记载，说它是盛行的健身饮料。清代，造重阳酒的风气十分盛行。重阳节除了饮菊花酒还喝菊花茶的习俗。唐代茶圣陆羽与一代诗僧皎然，经常一起品茶论道。皎然有一首《九日与陆处士羽饮茶》诗中记载到“九日山僧院，东篱菊也黄。俗人多泛酒，谁解助茶香。”

还有的地方重阳节有吃羊肉面的习俗，羊和阳同音，面用白面，“白”是“百”字去掉顶上的“一”，有一百减一为九十九的寓意，以应“九九”之典。

重九设宴也是重阳节的习俗，自东汉以来流行。史书记载汉献帝曾在重阳节赐宴群臣。晋代征西大将军桓温曾在重阳节时在龙山大摆宴席。唐代帝王喜欢到长安城南郊慈恩寺的大雁塔和曲江园林里的曲江亭登高，并在曲江设宴。一直到清代，上至朝廷，下至平民百姓，都继承和发扬了重阳设宴的传统。

七、冬至节食俗

冬至节时在农历十二月二十二日或二十三日，农历十月间。冬至是二十四节气中最早制定出来的，早在春秋时期，我国已经用土圭观测太阳，测定出了冬至。冬至日，北半球白天最短夜晚最长，过了冬至，白天就会一天天变长。它标志着一年中最寒冷的冬天到来。冬至后，各地气候进入数九寒冬，就是人们所谓的进九。一九二九不出手，三九四九冰上走，五九六九沿河看柳，七九河开八九雁来，九九加一九，耕牛遍地走。

北方地区冬至有吃饺子和馄饨的习俗，还在冬至前后腌制酸菜，供春节和开春后食用，也有冬至进补吃狗肉和羊肉的习俗。

南方地区有吃米团、长线面的习俗。冬至后南方流行腌鱼肉。清代叶调元《汉口竹枝词》描述盛况，“仲冬天气肃风霜，腊肉腌鱼尽出缸。生怕咸潮收不尽，天天高挂晒台旁”。

八、腊八节食俗

农历十二月初八为腊八节，因晋代以后，十二月被称为腊月，故十二月初八称为腊八，据说佛祖释迦牟尼于这天成道，为纪念释迦牟尼，各大寺庙都在这天举行浴佛会，做粥祭佛，所以又称为佛粥。中国民间喝腊八粥的习俗可追溯到汉朝，盛唐时期，因唐太宗派玄奘法师西去天竺求取真经，于是过腊八喝腊八粥的风气盛极一时。清朝的皇帝更是经常把大内供佛的腊八粥赏赐给有功的臣僚。

腊八粥一般用各种米、豆、果品等一起熬制而成。用料虽各地有别，但多选用大米、糯米、小米、菱角米、栗子、红枣、红豆、核桃仁、杏仁、瓜子、花生、榛子、松仁、桃仁、柿子、葡萄、白糖、红糖18种食材混合制作而成。据说，腊八粥用的18种食材，象征了佛家的十八罗汉。《本草纲目》记载，制腊八粥之红枣、白果、苡仁等20余种原料，皆属食疗药味，腊八粥则当属药膳之组成，冬季食用，不仅能驱寒保暖，而且养人补体，延年益寿。另外，枣、栗分别是“早”“力”的谐音，意味着早下力气，争取明年五谷丰登。腊八粥一般做得很稠，黏糊糊的，黏又是“连”的谐音，寓意连年丰收。

相关链接 搜索

群策群力抗强暴与“火把节”

“火把节”，是流行于我国云南、四川、贵州等省的彝、白、傈僳、拉祜、普米、纳西、佤、哈尼、布朗等民族的传统节日，节期因地域、民族的不同而有先有后，但大多都会在每年农历六月二十四至二十六日之间举行。

关于“火把节”的由来，各地区、各民族有着不同的传说。尽管因地区、民族的不同而传闻不一、互相歧异，但却有一个共同点，那就是不畏强权、群力抗暴，这些都充分地展示了我们中华民族所具有的高尚的民族气节与情操。

“火把节”的内容，尽管因民族、地域、习俗的不同而不尽相同，但节日期间，各族同胞却都要身穿节日盛装，举行斗牛、斗羊、赛马、摔跤、射箭、荡秋千等活动，宰杀猪牛以祭神。夜晚，人们都要手持小火把，或在村巷相互追逐，以火互燎，共祝吉祥长寿、亲密和睦；或高擎火把，在村寨周边、山野田头往来挥舞，形成火龙、火圈、火环等变化多端、令人眼花缭乱的图案，抒发节日欢乐喜庆之情。有些地方、民族，则在家家门前竖一支大火把，在村口或村中广场上竖一支特大火把，到节日夜晚，人们将这些火把一一燃起，奏起乐器，高声放歌，围着火把尽情舞蹈，通宵达旦饮酒狂欢。不少民族还有“游田”的习俗，他们在夜半时分，高擎火把在田间地头游动，边走边将松香细末撒向火把，火苗忽忽闪闪、一蹿一蹿，人们认为能驱虫、辟邪、除害，保佑五谷丰登、人畜兴旺。

近年来，各地不仅保留着这些传统节日习俗，而且增添了放映电影、文艺演出、经贸交流、物资交易等多种文化、经济活动，从而为“火把节”这个古老的传统节日融入了具有时代特色的新亮点。

（资料来源：林纯业等．中国传统礼俗［M］．天津：百花文艺出版社，2002.）

第三节 人生礼仪食俗

人生礼仪是指每个人从出生到死亡各个重要人生阶段的礼仪，主要包括诞生、婚嫁、寿礼与丧礼等几个人生阶段的礼仪习俗。人生礼仪既是社会物质生活的反映，同时也表现了一定历史时期民族的心理状态。人生礼仪往往与信仰、民俗紧密相关，反映了人们趋吉避凶的愿望，而饮食民俗更是深刻影响着中国人的日常生活习惯。四大人生礼仪食俗有其共同特性，主要包括四大要素：一是遍邀至亲好友参加；二是宾客必备盛礼；三是主家循例大张筵宴；四是举行相应纪念仪式。

一、诞生礼食俗

中国人历来重视家族香火延续、子嗣的传承，所以诞生礼备受重视。诞生礼起源于古代的“生命轮回说”，把人的诞生视为人生的第一大礼，以各种不同的形式来庆祝，形成了许多特殊的饮食习俗。

辽宁辽河以南地区的民间婚礼中，让“全福人”在新房内铺被，有的要放上大葱，寓意将来孩子聪明。华北及中南地区的汉族，凡是新生儿的人家，房前树上总是挂一把大葱。

北齐颜之推《颜氏家训·风操》中记载：“江南风俗，儿生一期（即一周岁），为制新衣，沐浴妆饰，男则用弓矢纸币，女则刀尺针缕，并加饮食之物及珍宝服玩，置之儿前，观其发意所取，以验贪廉愚智，名之为试儿。”周岁当天小孩吃鸡蛋、面条，预示未来健康顺利。

按古代风俗，小孩初生时只用乳名，到小孩周岁时才由父亲或祖父给小孩取名，这种仪礼主要借以表明儿童已脱离婴孩的难养阶段，并已正式成为家庭和家族中的一员，周岁取名必须邀请家族成员和亲朋好友到场，主人一般以“汤饼”宴客，所以小孩的周岁生日就被称作“汤饼筵”或“汤饼会”。宋代以后生日庆祝蔚然成风，汤饼又成为生日宴客的必备食品。

二、婚姻食俗

婚礼是人生中重要的礼仪之一，历来备受重视。《礼记·昏义》中记载婚礼有六道程序，纳采、问名、纳吉、纳征、请期、亲迎。纳采类似于近代的说媒，男家请媒婆到女家说明来意，征求女方同意。问名相当于近代的订婚，要互换庚帖，注明生辰八字。纳吉为古时卜吉，后演变成“小聘”，男方送女方家少量财礼作为订婚礼物。纳征即下聘礼，将订婚时所商议的财帛、礼饼、衣服、首饰等在迎娶前数日送至女方家。请期是男家决定迎娶时辰，并将吉日告知女方。亲迎是婚礼中最为隆重的环节，鼓乐仪仗，迎娶新娘以归。

一些地区在整个婚礼过程中都用大雁作为聘礼之一，《白虎通·嫁娶》中说："用雁者，取其随时而南北，不失其节，明不夺女子之时也。又取飞成行，止成列也，明嫁娶之礼，长幼有序，不相逾越也。"雁是随时令变化而迁徙的候鸟，顺乎阴阳往来并遵时守信，这正符合丈夫对妻子的要求。同时雁总是雌雄阴阳成双成对地在一起，一生之中只配偶一次，夫妻双方不离不弃，用它取白头到老、忠贞不渝的寓意。

交杯酒，又称"合卺"。是最重要的结婚礼仪，始于周代。合卺，即以一匏瓜剖成两瓢，新婚夫妇各执一，喝酒漱口。后世因之称男女成婚为"合卺"。宋朝孟元老《东京梦华录·娶妇》载："用两盏以彩边结之，互饮一盏，谓之交杯酒。"并将杯掷地，验其俯仰，以卜和谐与否等。近代婚礼中的交杯酒，已脱去原来意义，仅表示新婚夫妇相亲相爱、白头偕老。

各地民间新娘入洞房后有"撒帐"习俗。旧时多流行于汉族某些地区。其做法因时因地而异，目的也不尽相同。《戊辰杂抄》载："撒帐始于汉武帝。李夫人初至，帝迎入帐中共坐，饮合卺酒，予告宫人，遥撒五色同心花果，帝与夫人以衣裙盛之，云得果多，得子多也。"又据宋朝孟元老《东京梦华录·娶妇》载："凡娶妇，男女对拜，就床，男向右、女向左坐。妇以金钱彩果散掷，谓之撒帐。"这一做法，目的是以求富贵吉祥。后来，民间把枣子、栗子、桃子、李子、橘子等与孩子、儿子、孙子的"子"联系起来，于是产生了以枣栗"撒帐"祝早生贵子的习俗。北方民间，在新婚夫妇入洞房前，多是选一父母子女健全、家庭幸福的"全福人"，手执盛有枣栗等物的托盘，唱《撒帐歌》撒帐。此习俗在我国农村传承至今，而在城镇的婚庆中，现在多以五色彩纸抛撒，亦即是撒帐习俗的变异。

小贴士

《三国演义》第五十四回写道：周瑜听说刘备妻子去世，就设计要将孙权的妹妹许配给刘备，让刘备到东吴入赘，到时将他囚禁为人质，以换取荆州。诸葛亮识破此计，决定派赵云随刘备入东吴成亲。临行前，诸葛亮送给赵云三个锦囊妙计。后来赵云依计而行，确保刘备携新夫人安全返回荆州，使得周瑜的计谋成为泡影。

三个妙计中第一计便是让赵云一到东吴就拜会乔国老，尽快让孙权的母亲吴国太知道女儿要出嫁的事，并派人挨家挨户发糖果，到处宣扬孙权妹妹与刘备即将结婚的消息，使刘备与东吴联姻尽人皆知，弄假成真。这个故事后来便演变成结婚发喜糖的习俗。

三、寿庆食俗

中国人把一般的诞辰称之“生日”，把50岁或60岁以上的生日称之“寿辰”，为特别的生日庆贺称之“做寿”，逢十的“整寿”如60、70、80等都是大寿，规格更是超过一般生日。也有些地区看中66、77、88岁的寿辰，正如俗语说“六十六吃刀肉、七十七吃只鸡、八十八吃只老母鸭”。“做寿”体现了中华民族孝亲养亲的传统美德，饱含祝福健康长寿和幸福吉祥的美好祝愿。

古代社会“女子十五及笄，男子十六而冠”，意即女子15岁，男子16岁已是成年人了，这一天男子须行“冠礼”，标志男子已成为家族的成年者，因而男子16岁生日被视为大生日。按旧制，这一天也必须大摆酒席，宴请宾客，以示庆贺。据《隋书·高祖纪》中记载，六月三日是隋文帝杨坚的生日，他下令该日为他母亲元明皇后的“母难日”，禁止屠杀一切牲口和家畜。大概到唐代才开始出现生日庆祝活动。

祝寿的饮食品种繁多，形式多样，主要有寿饼、寿面、寿桃、寿糕等。寿糕的“糕”与“高”谐音，表示寿星德高望重，寿桃的“桃”与“陶”谐音，寓意寿星晚年幸福、其乐陶陶，寿面象征长寿，所以吃法比较讲究，必须一口气吸食一箸，中途不能把面条咬断，否则便不吉利。

为老人举办寿宴也很有讲究，菜品多与“九”“八”相关，如宴席名为“九九寿席”“八仙席”等。除了祝寿专用面点外，还有白果、松子、红枣汤等，菜名多有“八仙过海”“福如东海”“白云青松”“三星聚会”等，寓意美好、长寿。

相关链接 搜索

祝寿习俗与食品寓意

我国人民崇尚文明礼仪，自古以来就有祝寿献礼的习俗。在中华民族民俗文化的底蕴深处，祝寿的习俗可谓流传极为深广。凡祝寿活动，不分官民，不讲门第，不分男女，每逢亲朋好友寿诞之日，都可以举行庆寿仪式。给老人祝寿，子女儿孙要向老人拜寿，奉献生日礼物，亲友也携带各种象征长寿的寿桃、寿面、寿糕、寿酒登门祝寿。一时鞭炮、丝竹齐鸣，喜庆气氛热烈洋溢。

翻开古代典籍，人们常借寿诞名义向人进酒或用财物赠人，主人为寿，在家举行寿诞，赐同人寿宴寿酒等。《史记·项羽本纪》记曰：“沛公奉卮酒为寿。”又《刺客列传》载：“严仲子奉黄金百镒前为聂政母寿。”《红楼梦》第62回，贾宝玉生日那天，亲友们都送了贺礼。他的大舅王子腾家的礼物和往年一样，“仍是一套衣服，一双鞋袜，一百寿桃，一百束上用银丝挂面”。祝寿献礼，古今亦然，无论是平民百姓，还是商贾官僚之家，每当寿辰，总少不了与“寿”相关的食品。

寿面、寿桃、寿糕等，均为祝寿的传统吉祥食品，这些祝寿食品，都蕴含着深刻的含义，并已成为历代的传统风俗。

我国人民祝寿的风俗是多种多样的。有些地区在寿辰过后，对亲朋好友所送来的桃、糕不能全数收下，要留下一些还给送者，留下的数目不限，但一定要成双数，俗称“留福”；收下的桃糕也不能自家全吃掉，要连寿面等由家人送给附近邻里，俗称“散福”。老人做寿那天，“寿星”穿上新衣，要接受晚辈的鞠躬和祝愿（旧俗磕头）；富裕人家还要在这天请戏班子唱戏，以烘托热闹气氛，等等。《鲁迅日记》也曾记载：在鲁迅母亲60寿诞之时，他特地从南京赶回绍兴老台门，为他母亲祝寿，还请了隔壁戏，平湖调唱“寿”戏。

（资料来源：邵万宽．古今祝寿食品漫谈［N］．中国食品报，2009-02-20.）

四、丧事食俗

丧礼，民间俗称“送终”“办丧事”，是古代凶礼之一，是人生最终的一项礼仪活动，自古以来备受重视。中国人历来强调事死如事生，对于去世的人的供奉以及生者在丧期的饮食都有严格规定，尤其是火葬在各地推行前，丧葬仪式更是烦冗复杂。

（一）不致饥饿的亡灵

在我国从古至今各地各族的丧葬仪式中，均有为亡灵供献饮食的习俗，《礼记·杂记》中载：“凿巾以饭（含）。”即不揭覆尸面幕，凿穿巾帛，以饭含之。该俗一直流传至今。《西石城风俗志》载：“（人死后）以饭一盂，筷一双，放尸旁，名曰‘倒头饭’。”如此，死者在冥间才不会变成饿鬼。

按照济南旧俗，老人去世后第三天，丧家会携带着米汤的瓦罐奔赴土地庙，呼唤死去的亲人并在各处洒上米汤，民间俗称“送三”。老北京旧俗，人去世后要在灵位前供奉干鲜果品和奶油饽饽。灵前供上香的瓦盆，出殡之时要由儿子摔破瓦盆，并且认为摔得越碎越响越好。灵前还要准备一个罐子，出殡时将各种食品尽可能多地放到里面，当作送给死者的粮食。现在很多农村，寿终正寝的人去世被称为喜丧，仪式更加隆重。来吊丧的人根据关系亲疏进供与之身份相匹配的物品，有联幛、酒肉等。

（二）古代生者丧期的饮食

（1）常怀悲戚之心，不可用乐，不可饮酒食肉。如《礼记·檀弓》中有“天子之哭诸侯也，使有司哭之，为之不以乐食”。可见贵为天子亦当如此。服丧期满，即可恢复正常，如“颜渊之丧，馈祥肉，孔子出受之，弹琴而后食之”。根据与死者关系的远近不同，中国人分为五服，饮食不相同。丧服最重的三年祭，头三天不能吃任何东西，在死者下葬后才可以吃粗米饭，喝白水，但不能食蔬菜水果，两周年祥祭后才开始吃肉喝酒。服一年的齐衰之丧，“三月既葬，食肉饮酒”，三个月入葬后可以饮酒食肉。整个一年丧服期间不准吃肉饮酒的有两种情况，那就是，“期，终丧不食肉，不饮酒，父在，为母，为妻”，父亲在世，子女为母亲服丧，或者是丈夫为妻子服丧；服大功九月之丧，饮食同一年丧。“五月、三月之丧，壹不食、再不食可也。比葬，食肉饮酒，不与人乐之。”服五个月小功之丧的和服三个月缌麻之丧的，开始不吃一两顿饭，从死者入棺停殡直到出殡入葬都可以饮酒吃肉，但不能与别人同吃同乐。此外，《礼记·檀弓》中对于行吊之人也有不饮酒食肉的要求，“吊于人，是日不乐。行吊之日，不饮酒食肉焉”。

（2）守丧者依五服远近哀思逐渐减弱，表现在饮食上也不尽相同，但食粥和不食盐酪成为基本定制。如《礼记·间传》中说，“斬衰三日不食，齐衰二日不食，大功三不食，小功、缌麻再不食，士与敛焉则壹不食。对于故父母之丧既殡食粥，朝一溢米，莫一溢米；齐衰之丧疏食水饮，不食菜果。大功之丧不食醯酱；小功、缌麻不饮醴酒。此哀之发于饮食者也。”遭遇父母之丧的头三天不进食，在入棺停灵后最开始吃的是粥，就此，杨志刚先生在其《中国礼仪制度研究》一书中进行了考证，“一溢米大约是一升的1/24，按1升为200毫升折算，那么1溢米不足2两。早晚两餐不过4两粮食，又不食菜果，难怪居丧期间许多人饿得皮包骨头”。食粥制在《礼记》中有多处记录，如《礼记·问丧》载：“水浆不入口，三日不举火，故邻里为之糜粥以饮食之。夫悲哀在中，故形变于外也；痛疾在心，故口不甘味、身不安美也。”再如《礼记·檀弓》中所记，“悼公之丧，季昭子问于孟敬子曰：‘为君何食？’敬子曰：‘粥，天下之达礼也。吾三臣者之不能居公室也，四方莫不闻矣。勉而为瘠，则吾能，毋乃使人疑夫不以情居瘠者乎哉！我则食食。’”

（三）款待宾客的丧席

遇丧后一般会讣告亲朋好友，亲友前来吊丧时，丧家要设宴款待来宾。各地丧席各异。如扬州的丧席通常有红烧肉、红烧鸡块、红烧鱼、炒豌豆苗、炒大粉、炒鸡蛋，号称“六大碗”。其中，肉、鸡、鱼代表三牲，表示对死者的孝敬，豌豆苗、大粉、鸡蛋寓意大家平平稳稳。四川一带的“开丧席”，多用“九大碗”，即干盘菜、凉菜、炒菜、镶碗、墩子、蹄髈、烧白、鸡或鱼、汤菜等。湖北仙桃的“八肉八鱼席”，即办“白喜事”每席用八斤肉、八斤鱼等作为菜肴的原料。关于居丧期间的丧家的饮食，不同时期不同地区也有所差异。

丧葬食俗中的“端百岁饭”和“偷碗计寿”，是生者在悼念死者的同时，为下一代祈福的特殊方式。“端百岁饭”是江西杨树一带的习俗。人们在吃“送葬饭”时，端一碗饭，夹几块肉，带回去给孩子吃，以此举为孩子讨个“长命百岁”的吉利。无独有偶，类似风俗在苏北也有。《海州民俗志》载：“用从喜丧人家偷来的碗筷给孩子吃饭，也能讨来长寿，因此喜丧人家常多买些碗筷供人偷。”这就是食俗中的所谓“偷碗计寿”。

第四节　宗教饮食风俗

宗教是一种社会意识形态，同时也是一种复杂的社会历史现象，从古至今影响着中国各民族的社会生活、价值观念、文化心理，并渗透到日常生活的各个方面。早期的宗教信仰仪式主要是祭祀，祭祀和人类的某种祈求心理是分不开的，而这种祈求又是以最淳朴的奉献食物的形式反映出来的，正如《说文》中所载："礼者，履也。所以事神敬福也。"无论是何种形式的祭祀，人们都是把最美好的食物呈献出来。宗教信仰对人类的饮食活动产生了很大的影响，无论是原始宗教还是现代宗教，都渗入到人类日常生活的方方面面。在全球经济一体化发展的今天，文化交流日益频繁，必须懂得各种宗教信仰的饮食风俗，才能和谐共处。

宗教饮食文化有最基本的特性，主要表现在饮食活动的群体性、心甘情愿的自觉性、斋戒禁欲的忌讳性、追求信仰的功利性、食欲成因的复杂性等。

一、佛教食俗

佛教是世界三大宗教之一，于公元前 6 世纪至公元前 5 世纪，由古印度的迦毗罗卫国净饭王之子乔达摩·悉达多创立，公元 1 世纪左右传入中国，形成了鲜明的饮食特色。佛教非常重视食，认为食是众生生死症结的根本所在，若调适不当则不能与道相应。

（一）托钵乞食

在佛陀时代，僧团主要奉行两种饮食制度：僧食和乞食。僧食是指坚持精进修行的僧人因具备感召力，赢得居士家中供养；或僧人为了精进道业，清除烦劳，在僧房外的作坊里烹制饮食。乞食，即沿途托钵，从所经过的人家乞得少量食物。

托钵乞食沿袭了印度出家隐修者的习惯。佛教徒为了虔心修行、磨炼身心、广结善缘而选择"一钵千家饭"，不选择托钵的对象，也就无所谓洁净或不洁净的禁忌，这也是原始佛教并不规定必须素食的原因。托钵乞食这种饮食制度因不符合中国的社会环境，基本不存在，转而成了独具特色的佛寺传统。

（二）素食

早在东汉初年佛教传入中国前，素菜就已经出现，并得到了一定程度的发展。在各类大型祭祀活动前，中国人一直遵守"茹素数日，以净其身，清其心"的规定。夏王桀被商所灭、商被周所取代，皆因花天酒地、穷奢极欲所致，所以后来的诸侯每月初一、十五便吃素斋戒，民间效仿，演变成俗，称"朔望斋"。春秋战国时期，经过诸子百家的交汇融合，我国以恬淡、仁爱、养生为主流的饮食文化的轮廓基本形成，为素食文化奠定了基础。儒家基于“仁爱”而主张“君子之于禽兽也，见其生，不忍见其死，闻其声，不忍食其肉”。《吕氏春秋·本生》也指出：“肥肉厚酒，务以相强，命之曰烂肠之食。”西汉初年淮南王刘安发明了豆腐，把素食推向了新阶段。对此，孙中山说：“此物有肉料之功，而无肉料之毒，故中国全国皆素食，已习惯为常，而不待学者之提倡矣。”

随着东汉初年佛教的传入，素菜开始流行，制作工艺日趋精湛，素食得到普及。魏晋南北朝时期，佛教盛行，寺院林立，大量中国人信仰佛教，尤以南朝梁武帝萧衍为代表，素食终生，为天下倡，赵朴初先生对此评论说：“从历史来看，汉族佛教吃素的风习，是由梁武帝的提倡而普遍起来的。”宋代以后风气更为盛行，全国许多寺院都能做出一些素食名菜，社会上出现了专门的素食店，甚至皇宫中也专设有“素局”，以供皇室们斋戒之用。

佛门以慈悲为怀，爱护众生，尊重生命，尊奉的素食分为两种情况：一是禁断五辛，如葱、蒜、韭、薤、兴渠；二是禁食动物之肉。佛教原本仅有不饮酒、不杀生的戒律，并没有禁止吃肉的戒律，只要不是自己杀的，不叫他人杀的和未亲眼看见杀的肉都可以吃，但因我国汉族地区奉行大乘佛教，又经梁武帝所提倡，僧人忌食一切形式的肉食延续至今，成为汉传佛教的一大特色。

（三）非时不食

佛教中关于饮食最出名的戒律，是日中一食，或过午不食，也称为时食与非时食。时食是在允许的时段进食，反之就是非时食。《四分律》卷十四云：“非时者，从日中乃至明相未出。”佛教认为，早晨为天人食时，中午为法食时，下午为畜生食时，夜晚为鬼神食时。因而规定过正午不进食，仅可饮水或浆，称之为持午。佛教传入中国后，饮食制度发生了一些变化，僧徒们注重的不再是进食的时间而是食物的性质。

（四）戒酒

酒能令人乱性丧智，是修行之大忌。传说佛陀时代有一位神通弟子因饮酒，醉卧于途，神通尽失，威仪扫地，佛陀当即率弟子现场说法，制定了酒戒。

（五）断食

一种古老的养生方法，也是治疗重大疾病的自然疗法中的一部分，泛指不吃谷、麦的饮食方式。具体可以分为两种：一种是不吃一切饮料食物；另一种是可以进食部分瓜果、蔬菜。佛教所奉行的断食是一种修心的方法，是从精神层面来谈断食，而不是纯粹断食的方法，要断除的并不是一般的饮食，也不是所有的饮食，而是特指“秽食”，断除因饮食而引起的贪念、愚痴，要自净其心，守斋。

二、道教食俗

东汉顺帝汉安元年（142 年），张道陵创立五斗米道，奉道家老聃为始祖，尊称“太上老君”，以《老子》为经典，后经张角、张鲁、葛洪、寇谦、陆修静、王重阳、丘处机、成吉思汗、明万历皇帝等倡导，不断发展壮大。作为中国的本土宗教，道教在其形成发展的过程中曾吸收了某些远古神话传说和民间方术中有关长生的观念和方法，兼收社会上各家的神秘主义的思想因素、伦理道德、宗教意识，形成杂而多端、相对独立的文化体系，把追求长生不老、修道成仙作为最高精神境界，形成了一套与长生观念相适应的养生之道或长生术。道教有很多修炼的方法，饮食主要体现在服食辟谷、饮食有节等方面。

（一）辟谷

辟谷也称断谷、绝谷、休粮等，始于秦汉时期，是道教采取的一种特殊的饮食禁忌，即通过不吃谷麦饭食来清除肠中隐藏的“三尸之虫”，保持肉体和精神的纯洁，以此修身养性，达到长生不老、羽化成仙的目的。成书于汉代的《大戴礼记·易本命》中记载：“食肉者勇敢而悍，食谷者智慧而巧，食气者神明而寿，不食者不死而神。”不食即辟谷，不食五谷。《淮南子·人间》记载鲁国人单豹不食五谷，仅喝溪水，年届 70 犹有童颜。1973 年，长沙马王堆汉墓出土的帛书中《却谷食之篇》专门探讨了服气辟谷。

（二）饮食有节

道教提倡饮食要有节制。《内经·上古天真论》中提出：“岐伯对曰：‘上古之人其知道者，法于阴阳，和于术数，食饮有节，起居有常，不妄劳作，故能形与神俱，而尽终其天年，度百岁乃去。’”

（三）服饵

道教服饵的对象主要包括植物药和金石药两种，这两类都被视作长生食物，认为修道之人只要按照规定的方法服用这些特殊的食物，到了一定的时限就可以实现长生不老的夙愿。植物药品种较多，主要包括：芝麻、黑豆、栗子、胡桃肉、柿饼、花生、葡萄、莲藕等食用植物，以及灵芝、枸杞、地黄、黄精、菊花、茯苓、白术、松子、松叶、松脂、柏子、柏叶、柏脂、薏米、山药、杏仁、白芍、玉竹、菖蒲、蒺藜、桂、何首乌、天门冬、麦门冬等药用植物。这些植物药经过道教长生不老观念的渗透，并加以配方制作，成了修道之人服用的长生药饵。

除了植物药以外，被道教视作长生食物的还有某些用铅、金、银等金属及汞、云母、硫、钟乳石等作为原料而特制的金石药或金丹。由于金石药或金丹的长生作用被无限夸张，所以古代有不少皇帝效法服用此类仙丹。

三、伊斯兰教食俗

伊斯兰教是世界三大宗教之一，为7世纪阿拉伯半岛麦加人穆罕默德所创立，信奉《古兰经》。7世纪中叶起，不少中亚各民族、波斯人、阿拉伯人陆续来到中国，集居于西安和银川等地，逐渐形成回族，把伊斯兰教传入中国。回族普遍信仰伊斯兰教，所以清真菜又称为回回菜。除回族外，中国还有维吾尔族、东乡族、撒拉族、哈萨克族、乌孜别克族、塔吉尔族、保安族、柯尔克孜族等民族信仰伊斯兰教。伊斯兰教徒严格遵循伊斯兰教所规定的饮食清规，形成了独特的饮食方式和饮食风俗，也对汉族饮食文化产生了巨大影响。

伊斯兰教规定，穆斯林的饮食有很多禁忌，穆罕默德曰："一口不洁，废四十日之功。"伊斯兰教认为，若要保持一种纯洁的心灵和健全的思虑，若要滋养一种热诚的精神和一个干净而又健康的身体，就应该对人们赖以生存的饮食予以特别的关注。所以不善不洁者决不可食用，酒也是需要绝对禁止的。

（一）禁食猪肉

在伊斯兰教的饮食禁忌中，尤其以禁食猪肉的习俗最为严格。希腊历史学家希罗多德在《历史》中说："在埃及人的眼里，猪是一种不洁净的畜类。……如果一个埃及人在走路时偶然触着了一只猪，他立刻要赶到河边，穿着衣服跳到河里去。"《古兰经》中有明确的规定："他禁戒你们吃被禁止的食物，自死的动物肉、血液、猪肉，以及所诵非真主之名而宰杀的动物。"伊斯兰教徒不仅不能食用猪肉、养猪、用猪油炒菜，甚至忌讲猪字，称猪为"黑牲口"，猪肉为"大肉"，猪油为"大油"，属相为猪称"属黑"，饮食另起炉灶，不用汉族人使用的锅进行烹调。

（二）清真菜

穆斯林的肴馔又称为清真食品，继承了中国古代西北和东北游牧民族做菜的优良传统，清真菜是中国菜肴的重要组成部分，影响较大，目前各大、中城市都有清真菜馆和饭店。伊斯兰教菜馆又有南北之分，使用的菜肴原料除鸡、鸭以外，北方以羊肉为主，南方以牛肉为主；北方用油以羊油、牛油和酥油为主，南方则用豆油、菜油、麻油、鸡油等。北方清真菜对羊肉的烹制很有特色，烹调方法也多种多样，以爆、熘的技法最为擅长，"全羊席"是最高档菜的代表。南方的清真菜对羊肉和鸭的制作吸收了汉族的烹调技法，知名的菜肴有涮羊肉、汤爆肚仁、炸羊尾、烤全羊、滑熘里脊等。形成了既不同于汉族又有别于国外伊斯兰民族的独特的饮食风味。

（三）斋月

回历九月，直到十月初一，才开斋过年。在一个月中，除老弱病幼以外的人，每天从黎明到日落禁止饮食，至日落方可开放。午夜一餐，最为丰盛。开斋节又名“肉孜节”，人们杀牛宰羊，准备烤馕、馓子、奶茶等食物，群聚宴饮，以示庆祝。

复习与思考

一、名词解释

饮食民俗　清真菜　辟谷

二、简答题

1. 简述中国古代的主要食礼。
2. 我国有哪些重要的传统节日？
3. 中国节日饮食民俗有哪些特征？
4. 信仰伊斯兰教各民族的重大节日及食俗有哪些？
5. 简述端午节的食俗。

三、论述题

1. 试述你对中国传统饮食习俗的认识，并举例说明饮食民俗在当代旅游业中的运用。
2. 从现代生活出发谈谈哪些食俗需要简化，哪些食俗需要提倡。

推荐阅读

1. 万建中．中国饮食文化［M］．北京：中央编译出版社，2011.
2. 秦永洲．中国社会风俗史［M］．济南：山东人民出版社，2008.

第九章 中国筵宴文化

中国筵宴历史悠久，博大精深，它是中国饮食文化与技术成果的集中表现。从筵席开始于祭祀活动起，不同的历史时期反映了不同的筵宴文化。几千年的筵宴变迁，宫廷筵宴、官场筵宴与文士游宴等，既是筵席的发展，更是筵席的不断完善。

本章主要介绍筵席起源、形成与发展时期的历史背景、历史名宴以及筵宴的艺术与技术表现。通过本章的知识学习，使学生能够熟悉古今中国的筵宴文化，提升筵宴文化素养。

学习目标

知识目标

1 了解筵宴的传承与发展

2 了解古今筵宴的文化特点

3 了解筵宴的特征与菜品组成

能力目标

1 掌握古代筵席对现代筵席的影响及其作用

2 掌握不同时期筵席制作的特点

3 掌握筵宴中艺术美与技术美的特点

案　例

我国两次 APEC 会议晚宴菜单

2001 年 10 月 20 日晚，上海浦东滨江大道上的上海国际会议中心上海厅内，国家领导人在这里宴请出席亚太经合组织（APEC）领导人非正式会议的经济体领导人及配偶。上海国际会议中心最优秀的厨师精心设计了晚宴菜式：一道冷盘、一道汤、三道热菜和两道点心，分别是迎宾冷盘、鸡汁松茸汤、清柠明虾、中式牛排、荷花时蔬、申城美点和硕果满堂。为贵宾们提供的饮料包括葡萄酒、啤酒、橙汁、可乐、雪碧、矿泉水等。主桌的软饮料同其他桌上一样，只是增添了中国的名贵白酒——茅台酒和五粮液。

2014 年 11 月 10 日晚，国家领导人为 21 个经济体的领导人和代表在北京水立方举行盛大的欢迎晚宴。APEC 会议欢迎晚宴是国宴规格，先是一道冷盘，随后按照顺序依次是上汤响螺、翡翠龙虾、柠汁雪花牛、栗子菜心、北京烤鸭，为“四菜一汤”，之后是点心、水果、冰激凌、咖啡、茶。

而为 21 个经济体贵宾们提供的酒水则是长城干红 2006 和长城干白 2011，产地均为中国河北。此前网上曾热议的茅台，最终还是未能出现在 APEC 国宴上。国宴的“重头戏”无疑是北京烤鸭，充分展示了北京风味。据了解，国宴现场还有 8 位厨师现场表演片北京烤鸭。

（资料来源：中国青年网，2014 年 11 月 12 日）

案例分析

1. 国宴招待贵宾“四菜一汤”对国民宴请有什么现实意义？

2. 分析传统筵宴如何适应新时代节俭和营养平衡的需要。

中国筵宴历史悠久，是中国饮食文化的组成部分。筵宴起源于原始聚餐和祭祀等活动，在新石器时代的孕育和不同时代的发展中不断成熟与兴盛。筵宴，又称筵席、宴会、宴席、酒席。从语源上看，“筵”“席”二字出现较早，“筵”长而“席”短，“筵”和“席”都是铺在地上的坐具，铺在地上的叫“筵”，铺在“筵”上供人坐的叫作“席”。人们往往就饮食而设筵，且筵上有席，故称之为“筵席”。这是最早的词义，后专指人们聚餐而设置的、按一定原则组合的成套菜品及茶酒等。宴会，是社会发展后的称谓，它因习俗、礼仪或其他目的的需要而举行的以饮食活动为主要内容，也称燕会、酒会。

第一节　中国筵宴的历史发展

中国筵宴由来已久，它是中华民族物质文明和精神文明发展到一定高度的产物。从筵宴的产生与食品的制作来看，中国筵宴随着社会历史的发展而不断进步，其变化由简到繁，又由繁趋简。

一、筵宴的缘起与萌芽

上古社会，食物有了剩余，筵宴即可能产生。在多种庆祝活动后，部族的人共同会食，这就是筵宴的开始。当然，这时的筵宴也可以说是一种最早的聚餐方式。另外，不同的民族、部落之间，在生产上有所分工或各有侧重，因此民族、部落之间，或同一氏族内的不同家族之间互有往来，主人接待客人，即“以酒肉款待宾客”的筵宴就自然地产生了。

在原始社会中，每个部落在主要的庆典或遇到重大事件（如祭祀、战争）时，都要举行集会、典礼，会后要聚餐，这就是远古筵宴的雏形。建立国家以后，王者“制礼作乐”在筵宴典礼活动中渗透进了许多“礼”的内容。

殷商时代，因为“殷人尊神，率民以事神，先鬼而后礼”（《礼记·表记》）。在甲骨文中见到许多祭奠的不同名称，如乡祭、竖祭、侑祭、御祭等。这些祭祀几乎都是殷王亲自参与和率领宰臣们进行的。据资料记载，殷人祭祀的频繁和所用牲畜之多、献酒数量之大是很惊人的。祭奠完毕以后，那些丰盛的“祭物（酒食）”自然就成了殷王对陪祭的王族、重臣和参加祭祀的执事们的一次宴飨了。

殷商时代的筵宴，从最初的为了祭祀，进而为了宴飨亦铺设筵、席。而在地上铺设筵、席后，人们会感到饮食起居的方便，特别是在宴会时，更有利于清洁卫生的改善，所以铺筵设席就日渐成了宴飨或宴会时所必需。同时，由于祭祀宴飨和宴会必须陈设酒器和饮酒，因此，筵宴后来也称为“酒席”“酒筵”，后世“筵席”的词意更发展成为专指宴饮的酒席。

奴隶社会生产力十分低下，人们的生活极其简陋，饮食起居只能坐在地上。由于地面凉寒潮湿，人们往往用兽皮、茅草等铺地，以隔潮和御寒。经过虞舜时期到夏、商、周三代的孕育，到春秋战国时期，筵宴已初具规模了。《诗经·大雅·行苇》云：“或肆之筵，或授之几。肆筵设席，授几有缉御。”可见西周时期人们已经以筵席代指宴饮了。

筵席出现以后，人们宴飨或宴会还是坐地或跪地就食，时间稍久，比较耗费体力的，因此筵席边还有“几”的设置，以便于尊者和长者凭几而食。《周礼·春官·司几筵》有：“司几筵掌五几五席之名物，辨其用，与其位。”这时的筵宴，不仅以酒食款待他人，而且也含有“乐”的内容。

二、筵宴的形成与发展

历史发展到秦汉两代，筵宴已颇具规模，从色、香、味、形、器等质量特征看，制作水平已达到相当水准。丝绸之路的开辟，促进了中国和中亚各国以及西北疆的频繁交流，引进了茄子、黄瓜、扁豆、大蒜等新菜。在利用动物油的基础之上，植物油（芝麻油、豆油）开始得到应用，豆酱制品和不少地方的奇珍异味，都成为人们的箸下之物。

再加上漆器、青瓷、金器、玉器的频频亮相，整个席面形佳色丽，令人赏心悦目。汉宫御膳已很有规模，皇帝宴飨群臣时，则实庭千品，旨酒万钟，列金罍，满玉觞，御以嘉珍，飨以太牢。管弦钟鼓，妙音齐鸣，九功八佾，同歌并舞。真可谓美味纷呈，钟鸣鼎食，觞爵交错，规模盛大。可见当时的宫廷筵宴陈设华美，珍馐可口可目，宴厅规模盛况空前。

两汉时期，虽然不是食前方丈，但并不亚于先秦时期的排场，有时甚至有增无减，并且所食用的肴品也精美多了。长沙马王堆汉轪侯墓一个食物的单子（竹简），共计有品类 100 多种（见中国科学院考古所《长沙马王堆一号汉墓》上册）。虽然这些出于墓葬之中，但也反映了墓主人生前的真实生活。文字记载则有士大夫们列五鼎而食的说法。三、五、七、九鼎列而食之，其他的馔肴无数（多为双数）。这大概是根据《礼记》中所说的“鼎俎奇（单数），笾豆偶（双数）”的数额而来。

隋唐五代，尤其是唐代，筵宴有了更大的发展，其名目繁多，形式多样，规模庞大，菜点精美，在中国筵宴发展史上形成了一个高潮。唐中宗时期韦巨源的“烧尾宴”，主要菜品有 58 道，皆是严选巧配，精烹细调，荤素兼备，咸甜并陈。1300 年前能出现如此丰富的筵席，说明盛唐饮馔水平之高。当时引进的多种新型蔬菜已普遍栽培，国内食物资源有了进一步开发。特别是海蜇、墨鱼、蚝肉之类海产品的用量剧增，内陆的发菜、虫草、蜗牛、驼峰等都成为筵宴上的美味。陶瓷工业的进步，促进了彩釉陶餐器和精美的瓷餐器的发展。特别值得一提的是，唐朝盛行的筵席，名目纷繁且各具特色。有在野外风景秀丽的地方所设的野宴（最早见于周朝），还有鲜明女性特色的探春宴、裙幄宴；并有为文士聚会的文会宴（最早见于晋朝，因宴中必奏《鹿鸣》之歌，故又称“鹿鸣宴”）。这些宴会既重游乐，又重食义。曲江宴又名“杏园宴”“曲江大会”等，该宴由唐朝的最高统治者承办，其中，唐中宗李显之前为落榜举子而设，意在安抚宽解其落寂之心；中宗之后则变为为新进士而赐，以表皇恩浩荡，借此让新进士们感恩戴德，终身供职于朝廷。每年礼部考试结束，发放黄榜之后，于一吉日举宴。进餐前，新进士们忙着同考官们叙情，向恩师们拜谢。其中的觥筹交错声、宫商角羽声、笑声语声，不绝于耳，若身处其境，定会流连忘返。宴中还有一项必不可少的活动就是吟诗讴歌。那些文人雅士们醉后抒怀，别有一番风采。这种筵席文化不但对中国古代诗歌艺术的发展起了推助作用，同时也给世人留下了一笔宝贵的文化遗产。当时，各种丰富的食物原料和一些先进的饮食器具，大大地促进了我国各地烹饪技艺的发展，并使我国菜肴的“色、香、味、形”之美，又加上食器之美，各种精美的食器为宴席增色不少。据史料记载，隋唐以来，奢侈之风盛行于世，宫廷宴席的豪华已达到“四海之内，水陆之珍，靡不毕备”的程度。

南北宋是中国封建经济继唐之后的又一兴盛时期，是筵席走向社会的重要阶段。唐宋御筵不仅菜多，桌次也多，赴宴者常有数百人，还有多种大型歌舞杂技助兴，服务人员往往数千。从《清明上河图》上看，北宋京都汴梁，酒楼食店随处可见，饭馆食肆比比皆是。当时的高级酒楼有樊楼、遇仙正店、东楼、会仙楼正店。宋代还出现了专门的筵席服务机构“四司六局”和筵席新事物“筵席假赁”，将筵宴的发展提到议事日程上来，更利于筵宴风格各异局面的形成。

宋代人对饮食生活，从宫廷以至平民都是相当讲究的。当时的宴会酒席有繁有简，各式不一。北宋时期百官给天子、皇后上寿，皇帝设筵席招待，用酒只有9杯，除看盘、果子之外，前后总共只有20种左右（见《东京梦华录》）。但是到了南宋将此种制度扩而大之，“天基圣节”之日则是：3盏之后再赐宴，上寿13盏，初坐10盏，再坐20盏，总共46盏，这桌酒席计算起来，要用百十件馔肴，看盘果子还不计算在内。今天所能看到的文字记载，南宋时期最大的一个菜单，要算绍兴二十一年（1151年），清河郡王张俊在家中宴请宋高宗赵构所供奉的“御宴”了，从“绣花高钉”到15盏“下酒”（每盏2件菜肴），从“插食”到“对食”，共计有250件馔肴。它是一张完整的酒席单。这样不顾国家之安危，但求淫逸享乐，怎能不亡国？成吉思汗建元后，各民族之间的饮食交流异常活跃，回回饮食、女真食馔、畏兀儿茶饭、高丽糕点，都登上了大雅之堂，为筵宴注入了鲜丽的色彩，丰富了筵宴内涵。元朝时期，筵宴要相对简单些，但这只是暂时现象。

三、筵宴的成熟与兴盛

明、清两代，是中国筵宴发展进入成熟与兴盛时期。明朝朱元璋一统天下，歌舞升平，筵宴规模再度膨胀。自明朝红木家具问世以后，筵宴也开始使用八仙桌、大圆桌、太师椅、鼓形凳等，十分有利于人们舒适地合餐与交谈。《明史食货》记载，帝王专用餐具便有30.7万件，58座御窑日夜生产。郑和七下西洋，不但了解了沿途各方的风土人情，而且促进了中国和西亚各国的商贸、饮食的广泛交流。据明人宋诩记录，弘治年间的烹调原料已达1300余种，大豆制品发展至50多种，并掌握了海八珍、山八珍等名贵原料的脱水发制处理方法。清太祖登基后继承并发扬了历代王室的享乐传统。畅游江南的乾隆不论走到哪里，每餐都有百十道珍馐。慈禧太后更是个珍爱口福之人，尝遍名菜美点。当时“计酒席之丰俭更以碗碟之多寡别之”，全龙席、全凤席、全虎席、全鳞席多为三五十道，而号称“屠龙之技”的全牛席、全羊席则有七八十道。各种名贵筵宴之中，“大烧烤”跃居首位，这便是名贯中西的满汉燕翅烧烤全席。至于末代皇帝宣统，每月用肉810斤，禽品240只，全家一年的伙食花销接近20万两白银。

清朝的筵宴和酒席是集历代之大成者。其御膳房“光禄寺”在各代御用膳馔的基础上，又加入了满、蒙古、回、藏等族的各种食品，成为一个混合的大厨房。它所办的“燕筵”（宴会请客所用）称为“满洲席”，又称“满洲筵桌”“饽饽桌子”。这种燕筵以点心为主（以用面粉的多少来分等级），共分6等，菜肴多用汉菜。并且每一个等级有一定的“菜单”。其第一等，用面120斤，红白馓支3盘，饼饵20盘，又2碗，干鲜果品 18 盘，熟鹅 1 只，共计有 44 件（见《大清会典》，其他的等级不多述）。

这时的餐具仍以瓷器为主，辅以金银玉牙，注重成龙配套。其时，烹饪技艺极其精湛，中国现存的 1000 多种历史名菜，大都诞生于此时。清朝宫廷内筵宴名目繁多，改元建号时有定鼎宴，过新年时有元日宴，庆祝胜利时有凯旋宴，皇帝大婚有大婚宴，皇帝过生日有万寿宴，此外还有冬至宴、宗室宴、乡试宴、千叟宴等。

各式全席宴琳琅满目，如全鳞席、全羊席、全鸭席、鳝鱼席、莲藕席等脱颖而出，别具特色，尤其是满汉燕翅烧烤全席是其中的上上品。满汉全席有大小菜肴 108 件，其中南菜北菜各 54 件，且点菜不在其中，满洲饽饽大小花色品种 44 道。进餐时，文武百官按职位高低鱼贯入座，并连续欢宴三天。满汉全席可谓中国饮食的集大成者。而“纳彩宴”“元日宴”“天会安”“千叟宴”等皇家大宴则是包容人间美食之最了。此外，人们对筵席出菜程序的认识上升到理论高度。袁枚在《随园食单》中论道：“盐者宜先，淡者宜后；浓者宜先，薄者宜后；无汤者宜先，有汤者宜后。且天下原有五味，不可以咸之一味概之。度客食饱，则脾困矣，须用辛辣以振动之。虑客酒多，则胃疲矣，须用酸甘以提醒之。”袁枚的烹饪之道，一直为各类筵席沿用至今。

至于当时市面上的酒楼饭店，多数是承办民间的筵宴酒席，从光绪己丑（光绪十五年，即 1889 年）以后，官府之间的请客宴会进入了营业性质的酒楼饭店，酒席宴会也有了新的发展，仅其菜单的名称就多种多样，举不胜举。有依一桌之主要菜品而称的，诸如：烧烤席、燕菜席、鱼翅席、鱼唇席、海参席、三丝席、广肚席等。又有以一种原材料为主体做成的一桌酒席的全羊席、全鳝席（兴起于同治、光绪年间淮安地区）、豚蹄席等。还有依盘碗碟的多少而为名的，诸如 16 碟 8 大 8 小、12 碟 6 大 6 小、8 碟 4 大 4 小、10 大件、8 大吃、10 大菜、8 大碗（以上种种多在同治、光绪年间兴起，见《清稗类抄》）。当时在社会上使用最多的还是酒楼饭庄中所制订的菜单。

中国古代筵宴菜点铺张之风愈演愈烈，清宫的满汉大席、千叟宴已达到了登峰造极的地步。中国古代饮宴，从商纣王的“以酒为池，悬肉为林”开糜烂生活的先河，以后历代剥削阶级穷奢极侈，荒淫无耻，令人惊愕，不胜枚举。明、清两代，其筵宴规模之盛大、品类之繁多、珍馐之丰美，达到了奢侈的高峰。而各种各样的美味食馔，都是千千万万劳动人民的膏血凝聚而成。

相关链接　搜索

古代的分餐制

古代中国人分餐进食，一般都是席地而坐，面前摆放着一张低矮的小食案，案上放着轻巧的食具，重而大的器具直接放在席子外的地上。

由考古发现的实物资料和绘画资料，可以看到古代分餐制的真实场景。在汉墓壁画、画像石和画像砖上，经常可以看到席地而坐、一人一案的宴饮场面，看不到许多人围坐在一起狼吞虎咽的场景。低矮的食案是适应席地而坐的习惯而设计的，从战国到汉代的墓葬中，出土了不少实物，以木料制成的为多，常常饰有漂亮的漆绘图案。汉代呈送食物还使用一种案盘，或圆或方，有实物出土，也有画像石描绘出的图案。

陶寺遗址的发现十分重要，它不仅将食案的历史提到了4500年以前，而且也指示了分餐制在古代中国出现的源头，古代分餐制的发展与这种小食案有不可分割的联系，小食案是礼制化的分餐制的产物。

又据《陈书·徐孝克传》说，国子祭酒徐孝克在陪侍陈宣帝宴饮时，并不曾动过一下筷子，可摆在他面前的肴馔却不知怎么减少了，这是散席后才发现的。原来徐孝克将食物悄悄藏在怀中，带回家孝敬老母去了。皇上大受感动，下令以后御筵上的食物，凡是摆在徐孝克面前的，他都可以大大方方带回家去，用不着那样偷偷摸摸的。这说明至少在隋唐以前，正式的筵宴还维持着一人一份食物的分餐制。

（资料来源：王仁湘．往古的滋味［M］．济南：山东画报出版社，2006.）

第二节　中国历史上的筵宴名品

在我国几千年饮宴的发展史上，各种筵宴层出不穷，品类繁多，并始终处于变化之中。这里仅介绍几个最为著名的、影响最深的名品。

一、古代历史名宴

（一）烧尾宴

唐代是我国历史上的鼎盛时期，也是中华饮食文化新的辉煌时期。盛世带来了君臣上下的美酒欢宴。“烧尾宴”就是这个时期的美食风尚。唐初的“烧尾宴”一般都是新官上任时的宴会，或大臣进献皇帝，或新官宴请同僚的宴会。宋代陶谷所撰《清异录》中，记载了韦巨源拜尚书令左仆射时设“烧尾宴”所留下的一份不完全的食单，使我们得以领略这种盛宴的概貌。食单共列菜点58种，其中除“御黄王母饭”“长生粥”外，共有单笼金乳酥（酥油饼）、贵妃红（红酥饼）、曼陀样夹饼（炉烤饼）、巨胜奴（芝麻点心）、婆罗门轻高面（笼蒸饼）、生进二十四气馄饨（二十四种馅料馄饨）等糕饼点心20余种，其用料之考究、制作之精细，令人叹为观止。

筵席上有一种工艺菜，主要用作装饰和观赏，名叫“看菜”。这张食单上的“看菜”，用素菜和蒸面做成一群蓬莱仙子般的歌伶舞女，共有70件，可以想见其华丽与壮观的情景。食单中的菜肴有32种。从原材料看，有北方的熊、鹿、驴，南方的狸、虾、蟹、蛙、鳖，还有鸡、鱼、鸭、鹅、鹌鹑、猪、牛、羊、兔等，真是山珍海味、异彩纷呈。其烹调技艺的新奇别致，更是别出心裁。

“烧尾宴”是一种极其奢靡的宴会。这正是唐朝达官贵人、富商巨贾豪华奢侈生活的写照，但是“烧尾宴”对饮食烹饪事业的发展却具有极大的推进意义。“烧尾宴”是这个时期丰富的饮食资源和高超的烹调技艺的集中表现，是初唐饮食文化艺苑中的一朵奇葩。

（二）曲江宴

唐代著名的筵宴之一。因在京城长安的曲江园林举行而得名。曲江，又称曲江池，是当时京城长安最著名的风景名胜区，因其水曲折故名，这里风景秀丽，烟水明媚，其南是皇家园林——紫云楼、芙蓉园。这里成为长安城风景最优美的半开放式游赏、宴饮胜地，当时人们把在这里举行的各种宴会通称为“曲江宴”。

其内容具体又分为三种：一是上巳节这天，皇帝通常要在曲江园林大宴群臣，凡在京城的官员都有资格参加，而且允许他们携妻妾子女前来；作为一种惯例，连绵不下百年，特别是开元、天宝年间，每年都要举行。此宴规模巨大，有万人参加。上巳节曲江大宴之日，长安城中所有民间乐舞班社齐集曲江，宫中内教坊和左右教坊的乐舞人员也都来曲江演出助兴。这一天的曲江园林，鲜车宝马，摩肩接毂，万众云集，盛况空前。从皇家的紫云楼到池中彩舟画舫、绿树掩映的楼台亭阁、沿岸花间草地，处处是宴会，处处是乐舞。二是浪漫的文化盛宴，为新科进士举行的宴会。新进士及第，皇帝例行要在曲江举行盛大的筵宴，以示鼓励。曲江新进士游宴，实际上是京城长安的一次规模盛大的游乐活动。整个曲江园林，人流如潮，乐声动地，觥筹交错，为乐未央，弥漫着狂欢、奢靡的气息。三是京城士女春日游曲江时举行的宴会。此宴最具风韵，长安士女多盛装出行，并常常以草地为席，四面插上竹竿，然后将亮丽的红裙连接起来挂于竹竿之上作宴幄，肴馔味美形佳，人人兴致盎然，这便成了临时饮宴的幕帐，称之为“裙幄宴”。

（三）诈马宴

诈马宴是元代宫廷或亲王在行使重大政事活动时所举行的宴会，又名质孙宴或着衣宴。“诈马”是波斯语“外衣”的音译，“质孙”是蒙古语“颜色”的音译，质孙服是穆斯林工匠织造的织金锦缎缝制的衣服，由皇帝按照赴宴者的权位、功劳等加以赏赐，有严格的等级区分。赴宴者穿的“质孙服”每年都由工匠专制，皇帝颁赐，一日一换，颜色一致。据史料记载，凡是新皇即位、皇帝寿诞、册立皇后或太子、元旦、祭祀、诸王朝会等都要举行这种大宴。这种大宴展出蒙古王公重武备、重衣饰、重宴飨的习俗，一般欢宴三日，不醉不休。筵宴地点常常是可以容纳6000余人的大殿内外，菜品主要是羊，以烤全羊为主，还有醍醐、野驼蹄、鹿唇和各种奶制品，用酒很多，且是烈性酒，用特大型酒海盛装。大宴上，皇帝还常给大臣赏赐，有时也商议军国大事，此活动带有浓厚的政治色彩。一种宴席同时用波斯语、阿拉伯语、蒙古语、汉语命名，并流传下来，这在中国筵宴史上是绝无仅有的。

（四）千叟宴

千叟宴又称千秋宴，是清代专为各地老臣和贤达老人举办的宫廷盛宴，因赴宴者多在千人以上，故名。由于其规模最为盛大，后人又称之为历史大宴。据史料考证，清代历史上共举行过四次千叟宴，其中康熙年间两次，乾隆年间两次。据清宫有关资料记载，乾隆五十年的千叟宴，共设800桌，计消耗主副食物约略如下：

白面375公斤、白糖18公斤、澄沙15公斤、香油5公斤、鸡蛋50公斤、甜酱5公斤、白盐2.5公斤、山药1.25公斤、江米80公斤、核桃3.5公斤、干枣5公斤、猪肉850公斤、菜鸭850只、菜鸡850只、肘子1700个、玉泉酒200公斤。为举办千叟宴用烧柴1924公斤、炭206公斤、煤150公斤等。

千叟宴的礼仪环节特别多，所有参加千叟宴的人员，皆由皇帝钦定然后交由有关衙门分别行文通知，于封印前抵京，保证准时入宴。由于其规模盛大、场面豪华，宴前需要大量的物资准备。开宴之前，在外膳房总领的指挥下，依照入宴耆老品位的高低，预先摆设了千叟宴桌席，按照严格的封建等级制度，分一等桌张和次等桌张两级设摆，餐具和膳品也有明显的区别。席间，众臣都要行跪、叩之礼。宴赏之后，由管宴大臣颁赐群臣、耆老赏赠礼物。王公大臣可当即跪领赏物，并行三跪九叩礼谢天恩；三至九品官员以及兵丁士农等耆老则被引至午门外行礼后按名单发给礼品。

（五）满汉全席

满汉全席也称“满汉席”“满汉大席”。清代中叶兴起的一种规模盛大、程序复杂、由满族和汉族菜点组成的饮食精粹的宴席。其中包括红白烧烤、各类冷热菜肴、点心、蜜饯、瓜果以及茶酒等，入席品种最多时达200余品。“满席”“汉席”最初是清帝国朝廷的礼食制度，定制于康熙二十三年（1684年），之后，“满席—汉席”很快便成为官场迎送的礼宾之食，并一直延续到道光（1821—1850年）中叶，于是出现了合璧的满汉席。满汉全席到清代末期日益奢侈豪华，风靡一时。各地也因京官赴任，使满汉席的格局广为流传，并逐渐融合一些当地的风味菜肴而成各具特色的满汉席。满汉全席是中国古代烹饪文化的一项宝贵遗产，是在整个中华民族文化全面交流融合的总体运动和系统形成过程中逐步实现的。

满汉全席兼用满汉两族的风味肴馔，用料上多取汉食的山珍海味，重满食的面点；其程式烦琐，礼仪隆重，有的菜品服务人员要屈膝献于首座贵客，待贵客举箸，其余与宴者方可下箸；菜品丰富多彩，常常分多次进餐，有的须数天分数次吃完；并以名贵大菜带出相应的配套菜品，席面多是按大席套小席的模式设计，有席席相连的排场，既有主从又有统一的风格。

（六）孔府宴

孔府宴是山东曲阜孔府所举办的各种宴席的总称。孔府是我国历史最久、也是最大的一个世袭家族，受到历代封建王朝的赐封。到明、清王朝，孔府又世袭“当朝一品官”，有极大的特权，是名副其实的“公侯府第”。在漫长的历史过程中，孔府经常要举办各种宴席，来迎接钦差大臣、皇亲国戚或进行祭祀、喜庆活动，并逐步形成制度，具有严谨庄重、讲究礼仪的风格。孔府宴分常宴席、迎宫宴席和接驾宴席三类，最豪华的是接待皇帝的“满汉宴”，至今孔府还保存有一套清代制作的银质满汉餐具，计 404 件，可上 196 道菜点。

孔府宴的菜点丰富多彩，选料广泛，技法全面，具有独特风味。高级宴席为显示主人“当朝一品官”的高贵，菜肴常用以一品命名。孔府菜用料考究，注重保持原形、原味、原色，质味多变，成菜精巧，充分体现了孔子“食不厌精”的古训。

二、现代特色筵品

（一）哈尼族长街宴

云南哈尼族把每年农历十月的第一个属龙日作为新年的开始，相当于汉族春节的大年初一。哈尼族叫“干通通”或叫“泽腊和实”，也就是哈尼族传统盛大节日“十月年”，“十月年”的第五天要“开年门”，表示“辞旧迎新”，家家户户都把自家一年中的收获做成各式各样的美味佳肴（特别是欢心谷舞红米饭），抬到指定的街心摆放起来，一家摆一两桌，桌子连着桌子，摆成街心宴（当地人称长龙宴或街心酒）。因蜿蜒似龙，俗称“长龙宴”；又因从街头摆到街尾，绵延几十至几百米，又称“长街宴”。

摆宴席时，锣鼓喧天，热闹非常，全寨男女老幼穿着节日的盛装，从四面八方集拢来入席。入席时，主持人龙头坐首席，其他人根据男女性别、年龄层次、兴趣爱好自愿组合围长桌而坐。各家各户的菜肴上桌时，都先端到龙头面前，让龙头品尝，接受龙头的真诚祝酒。龙头将各家各户菜肴扒出部分，堆在一起，然后又分发到各处去，这种混合在一起的菜肴，示意全寨人同心合力祭神迎龙，和全寨人共度佳节。

“长街宴”是哈尼族特色文化的一个缩影，既生动体现了哈尼族同胞团结友善的传统，又集中展示了哈尼族的节日饮食、风俗礼仪、歌舞服饰等多方面的文化特色。

（二）洛阳水席

洛阳水席名扬天下，蕴含着洛阳千年传承下来的饮食文化，是我国历史久远的名筵之一。水席是洛阳特有的风味，风格独特，选料讲究，烹制精细，味道鲜美，口感爽利。传说隋唐时期，为获取上流社会的支持，僧尼们潜心研制精美的斋饭。王公贵族吃腻了鸡鸭鱼肉，乍吃素食倍觉清爽，于是这些素食汤菜的制作方法被传入上流社会，配上山珍海味，开始登上大雅之堂。随后一些讲究排场的百姓又把素食荤做的汤菜搬到民间筵席，这就是洛阳水席的起源。所谓水席，有两层含义：一是以汤水见长；二是吃一道换一道，一道道上，像流水一般。洛阳水席共24道菜，即8个冷盘、4个大件、4个压桌菜。先摆4荤4素8凉菜，接着上4个大菜，每上一个大菜，带两个中菜，名曰"带子上朝"。第4个大菜是甜菜甜汤，后上主食，接着4个压桌菜，最后上一道"送客汤"。24道连菜带汤有章有序，毫不紊乱。"真命天子假燕窝"指的是水席素菜荤做，以假代真。水席中有名的"洛阳燕菜""假海参"，其实是普通的萝卜、粉条，但经厨师妙手烹制后脱胎换骨，味美异常。爱吃冷食的人可以找到适合自己的凉菜；爱吃酸辣菜的人能辣得冒汗、酸得生津；第四组菜足以让喜食甜食的人吃得称心。水席的独到之处是汤水多，赴宴人菜、汤交替食用，肠胃舒适。鸡蛋汤是"送客汤"，意味着24道菜已全部上完，水席到了尾声，宾主皆大欢喜，纷纷起身离席。洛阳水席以其独特的风味、精湛的技艺、逼真的造型、美好的传说、深厚的文化，堪称洛阳一绝。

（三）秦淮小吃宴

南京秦淮区夫子庙地区是历史文化名城南京的古城风貌区。随着历史上各种节令风俗的产生，秦淮传统的时令糕点茶食因时更新，成为我国"四时茶食"的产生地和发源地之一。夫子庙一带饭馆茶楼、摊贩小吃，鳞次栉比，满目皆是，形成了独具秦淮传统特色的饮食之集中点。20世纪80年代以来，秦淮区政府十分重视传统小吃的挖掘工作，号召饮食界继承、研究、开发、出新地区风味小吃。通过研究组合，夫子庙地区的许多饭店、餐馆相继策划、开发了"秦淮风味小吃宴"，因其工艺精细、造型美观、选料考究、风味独特而著称。其面点小吃以一干一稀配套上桌。

主要品种有：茶盒（四干果）；五香茶叶蛋、雨花茶；烧鸭干丝、鸭血汤；牛肉锅贴、金牌牛肠；酥油烧饼、鸡汁回卤干；什锦菜包、原汁筋叶；薄皮包饺、豆腐脑；鸡汁馄饨、油炸臭干；糯米甜藕、春卷；雨花石汤圆、牛肉粉丝汤。

（四）山西面食宴

山西面食宴运用山西面点前辈几十代人总结出的经验形成了擀、拉、揪、切、拨、削、压、捻、擦、抿、溜、抉、剪、捏、握、扯、拌、包等面食制作的高超技艺，并形成蒸、炸、煎、烙、烤、煮、焖、烩、氽等熟制工艺，面食品种达百种之多。

在太原的面食宴中，凉菜是用山西杂粮制作的风味食品，有荞面碗托、荞面灌肠、苦荞河捞、莜面拨鱼、莜面切条，或者是凉粉、拉皮等选择其中一种，经过精心调制，制作而成。

面食宴6种热炒特色鲜明，面中有菜，菜中有面，滋味鲜美，营养全面。菜肴有：迎宾花篮面、大展宏图面、扇贝珍珠面、山花烂漫面、瀑布全鱼面、香菠猪扒面等。餐中汤和随汤点心有：刀削面、剔拨股，擦蝌蚪、抿曲曲、小拉面、猫耳朵、夹心面、剪刀面、搓鱼鱼、栲栳栳、一根面等。就餐者还可以欣赏到精彩的面食制作技艺表演等。

相关链接　搜索

游宴与野炊

古代的文人雅士常常把美景与美食紧密地结合起来，赏美景以饱眼福，品美馔以饱口福。人们到野外风景秀丽的地方设宴，更加乐趣无穷。这类饮食方式称为“野宴”或“游宴”。

东晋书法家王羲之的《兰亭集序》就是关于野宴盛况的记述。他在永和九年暮春，约友人到会稽山阴的“兰亭”饮宴。当时“天朗气清，惠风和畅”“上有万里晴空，下有清流激湍”，又有“崇山峻岭，茂林修竹”。宴会中，“群贤毕至，少长咸集”，一面观赏自然美景，一面投壶猜拳，开怀畅饮。美景与美酒、佳肴相得益彰，饮酒、赋诗别出心裁。赴宴者把盛有美酒的羽觞（酒杯）放在曲曲弯弯的小溪里任其漂流，流到谁面前，谁就得一饮而尽，称为“曲水流饮”。

北宋文学家欧阳修的《醉翁亭记》也记述了他任滁州太守时约朋友在琅琊山亭饮宴的欢乐情景。其实这位六一居士设在山亭上的筵席，不过是一些“山肴野味”而已，但是由于他们一面观赏那“日出而林霏开，云归而岩穴暝”“野芳发而幽香，佳木秀而繁阴”的美景，一面觥筹交错，谈笑赋诗，其情景就令人陶醉了。正如欧阳修所说：“醉翁之意不在酒，在乎山水之间也。山水之乐，得之于心而寓之于酒也。”

第三节　中国筵宴艺术与技术

筵宴技术含量高、艺术性强，是烹饪艺术的最高表现形式。艺术，是通过塑造形象具体地反映社会生活、表现作者的思想情感的一种社会意识形态。技术，是操作方面的技巧，是在认识自然和利用自然的过程中积累起来并在生产劳动中体现出来的经验和知识。技术是艺术的基础、实现方法与手段，而艺术是技术的升华，两者紧密联系，不可分割。一份精心设计编制的筵宴菜单，对菜点色、香、味、形、器的组合，烹调技法的运用，菜肴、点心、汤羹的排列，肴馔总体风味特色的表现，都有周密的安排。它是时代、地区、企业、厨师烹调技术水平和烹饪艺术水平的综合反映。

一、筵宴的特征与菜品组成

筵宴不同于日常的就餐形式，在菜品制作中讲究组合的艺术，在礼仪的表现上注重形式，在宴饮过程中考虑其目的，并具有聚餐式、规格化和社交性三大显著特点。

（一）筵宴的特征

（1）聚餐式。聚餐式是中国筵宴在形式上的重要特征。自古以来，筵宴就是一种在愉快的氛围中隆重的餐饮聚会，是多人共同进餐。筵宴进餐有主宾、随从、主人与陪客之分，其中主宾是筵宴中的中心人物，常置最显要的位置，随从是主宾带来的客人，伴随主宾，陪客是主人请来陪伴的客人，主人是举办筵宴的东道主，筵宴中的一切活动及安排由主人决定，如根据赴宴者地位高低、主次的区别、长辈与晚辈的差异等因素，安排在不同的席位上，但大家都在同一宴会厅、同一时间，品尝同样的菜肴，喝同样的酒水，享受同样的服务，最主要的是大家都为一个共同的主题或目的，欢聚一堂，聚饮就餐，因此，它的主要特征必然是聚餐式。

（2）规格化。规格化是中国筵宴在内容上的重要特征。主要指筵宴上的饮食品、服务与礼仪等都有一定的规范、标准与程式。筵宴应根据档次的高低、标准的差异，要求全部菜品组合科学、变化有序、仪式程序井然、服务周到热情，如在菜品组合上有冷菜、热炒、大菜、甜品、汤羹、点心、酒水、水果等，均须按一定的比例和质量要求，科学搭配，分类组合，以此推进；在原料的选择上宜选用一些有特色的荤素食材，在刀工处理上每道菜的形状力求变化，在烹调方法上采用炒、爆、烧、烩、蒸、烤、熘、炖、煨等不同的技法，在味型上有酸、甜、苦、辣、咸、香、鲜等多种味道，在菜肴的质感上有香、酥、脆、嫩、软、韧、糯等多种口感，在色泽、造型和器皿方面也要做到色泽变化、形态各异、质地多样，在服务程序配合上，要选择有经验的服务人员掌握筵宴的节奏，有条不紊地进行，每个细节都要考虑周全，做到万无一失，使参宴者始终处在祥和、欢快、轻松的氛围之中，给人以美的享受。

（3）社交性。社交性是中国筵宴在功能作用上的重要特征。这可通过筵宴上的语言、行为以及各种娱乐活动等表现出来。人们在品尝美味佳肴、畅饮琼浆美酒之时，不仅能强身健体，满足口腹之欲，又能陶冶情操，引发谈兴，起到相互交流、疏通关系、加深了解、增进友谊、解决一些其他场合不容易或不便于解决的问题，从而达到社交的目的。在中国古今筵宴上，敬酒、劝酒更是社交场合中不可缺少的，主人常常采用各种方式千方百计地给宾客尤其是主宾敬酒、劝酒，宾客也要频频回敬、劝让，在觥筹交错之中各种感情得到表现和加深，这已成为筵宴社交中的重要手段。几千年的筵宴发展，作为社交的功能一直被人们广为利用。当今各国政府举办的国宴，社会团体、单位、公司举办的庆祝宴会、纪念宴会、商务宴会等，民间百姓举办的婚宴、寿宴、答谢宴等都是以筵宴这一方式来达到社交的目的，这对繁荣市场经济、增进相互间的友谊、促进社会和谐发展起到了积极的作用。

（二）筵宴菜品的组成

菜单的组成部分，就现代而言，一般说来有：冷盘、热菜、甜菜、饭菜点心和汤菜、水果等基本内容。一年四季所开的菜单变化无穷，并且开列菜单又有一定的排菜顺序和格式。就近几十年的菜单开列状况来看，宴会菜单的编排模式基本相近，大都借鉴传统，取长补短，体现本地的风味特色。

新中国成立以后的宴席格局是在吸收传统宴席长处的基础上基本形成的，其约定俗成的基本构成内容及上菜程序为：

（1）冷菜。常用的冷菜格式主要有主盘和围碟。主盘，是冷菜中最主要的一盘菜馔，用中盘或大盘盛装，冷菜量比较大。围碟一般为6~10个单盘（碟），用不同荤、素原料制成不同口味、不同色泽的冷菜以单盘摆放。主盘一般与围碟配合上席，也有许多筵宴不设主盘的，直接用单盘。

（2）热菜。热菜是宴席的主要内容，由热炒、大菜、素菜、汤菜组成。热炒一般排在冷菜后、大菜前，起承上启下的过渡作用。大菜，又称主菜，是筵宴中的重点菜品，通常由头菜、热荤大菜组成。素菜多选用时令蔬菜、菌类、豆类原料，通常配2~3道，上菜的顺序多偏后，要注重不同原料的搭配，尽量取用原料的精华部分。汤菜分首汤和尾汤。首汤（羹）多在南方使用，一般将汤或羹安排在冷菜之后；尾汤又称座汤、主汤，是大菜中最后上的一道热菜，应具有一定的规格，给热菜一个完美的收尾。

（3）点心。一般安排2~4道，随大菜、汤品一起编入菜单，要求口味、烹调方法多样。筵宴点心注重款式和档次，讲究造型和配器，要求玲珑精巧。上点心的顺序一般穿插于大菜之间，配制席点要求少而精。

（4）甜菜与水果。甜菜包括甜汤、甜羹在内，指筵宴中甜味菜品。品种有干稀、冷热、荤素等，具有改善营养、调剂口味、增加滋味、解酒醒目的作用。水果选用新鲜品质好的，在宴席的最后要上2~4种水果，其用量不要太大。

二、筵宴中艺术美的体现

烹饪艺术美常常体现在筵宴上，最终落实在味觉审美上。筵宴由各种菜点组成，但筵宴的设计、组合和制作又不同于一般菜点。作为一个整体、一个系统，筵宴有着自身的规律，有着自己独立的审美追求。筵宴的审美品格，体现了烹饪美学与味觉美学之间的联系。筵宴最主要的特点有以下几个方面：

（一）整体美

筵宴最大的特点是整体美。单个菜肴的成功不等同于筵宴的成功。筵宴必须在整体上给人留下美感。这种整体美表现在：一是以菜点的美为主体，形成包括环境、灯光、音乐、席面摆设、餐具、服务规范等在内的综合性美感；二是由筵宴菜单构成的菜点之间的有机统一形成的整体美，这是人们衡量筵宴质量的最重要标准。

在筵宴的有序组合中，菜肴之间并不是并列和相加的关系，而是相互依存、制约和衬托的关系。它是一套菜点的互相配合与补充。例如，筵宴中的莲子羹，就不同于一般意义上的点心，它既是对筵宴口味的调节和气氛的渲染，又体现出筵宴的风格、等级等。在人们单独品尝一碗莲子羹时，这些意义显然是不存在的。又如，四川名菜馆“姑姑筵”常在筵宴的山珍海味中间，插进一盆水煮黄豆芽。这盆黄豆芽不同于平时下饭的黄豆芽，它在筵宴中具有出奇制胜的审美效果。

一桌筵宴组配，菜肴是红花，点心是绿叶，菜点之间互相配合尤为重要。菜点都要顺应宴会的主体风格，菜肴与点心在口味、烹调方法上要达到和谐统一，“全席”宴的配置也要风格协调。根据宴会的不同档次，菜精点心细，菜粗点心大，宴会有春、夏、秋、冬之差别，菜肴如此，面点亦然，配置宴会要始终体现整体风格的一致性。

因此，在设计整桌的筵宴菜单时，不能仅仅考虑菜肴本身的美味，还要兼顾到菜肴与菜肴之间有可能产生的叠加功能和结构功能。在筵宴的整体结构中，菜肴应该是多样的，多样才能多彩，才能有变化；同时又必须是统一的，统一于一定的风格和旨趣，给人以完整的味觉审美享受。

菜肴要围绕筵宴的形式、内容来组合安排，同时做到与整席其他内容合拍。如做成“欢迎”字样的菜品，以表达对友人到来的高兴；用“寿桃”烘托祝寿喜庆的席面气氛；根据宾客的饮食特点、风俗习惯配置菜肴等。如果是儿童生日宴，可使用“一帆风顺”“前程似锦”等名称。总之，要使筵宴造型生动，使菜品配合贴切、自然，须紧紧围绕筵宴主题。

筵宴的整体美更重要的是能够充分完成和体现筵宴的目的和主旨。筵宴的种类不同、要求不同、主题不同、规格不同、对象不同、价格不同，要根据这些不同作出不同的设计和安排，精心编排菜单，一切都要围绕筵宴的目的和主旨服务，使之成为一个有机的、完整的统一体。

（二）节奏美

不论何种筵宴，都应根据不同需要灵活排好菜单。一桌筵宴菜单就像一曲美妙的乐章，由序曲到尾声，应富有节奏和旋律。与普通的饮食相比，筵宴菜品的呈现（上菜过程）需特别强调它的节奏感。什么是节奏？柏拉图说：“节奏即运动的秩序。”世界上任何事物都存在一定的节奏形式。和谐的、符合人的心理活动规律的节奏，会带给人美感；而节奏的紊乱，会给人带来不快。筵宴的节奏，一方面存在于菜肴的组合中，这是菜肴之间相互关系构成的内在节奏；另一方面存在于外部，即上菜的速度所形成的时间节奏。

在制定菜单时，既须注意风格的统一，又应避免菜式的单调和工艺的雷同，努力体现变化的美。一桌筵宴菜肴，从冷菜到热菜通常由多道菜组成，菜品愈多，愈应显示各自不同的个性。冷菜通常以造型美丽、小巧玲珑的“单碟”作为开场菜，它就像乐章的“前奏曲”将食者吸引入宴，可起到先声夺人的作用。热菜用丰富多彩的美馔佳肴，是显示筵宴最精彩的部分，就像乐章的“主题歌”，引人入胜，使人感到喜悦和回味无穷。筵宴的效果如何，关键就在于菜肴的组配。究竟如何组配？我们知道，音乐必须有抑扬顿挫的节拍才悦耳，绘画必须有虚实浓淡的画面才优美感人。筵宴菜品的组配也必须富于变化，有节奏感，在菜与菜之间的配合上，要注意荤素、咸甜、浓淡、酥软、干稀之间的和谐、协调，相辅相成，浑然一体。

筵宴的内在节奏，是指菜肴的色彩、造型、口味、质感和品种上的差别，这种差别让人产生一种感受上的起伏变化。例如，筵宴的第一道是冷菜，可以由若干个品种组成；这若干种冷菜在造型、口味、色彩上，就可以构成一种静态的节奏。如果冷菜中都是相近的色、形，首先会给人沉闷的感觉，就不能产生和谐的节奏感。由此可见，由菜肴的色、香、味、形等要素变化引起的节奏感，要求有起有伏、有抑有扬。筵宴的上菜顺序和相互间隔组成的外在节奏感，同样是有讲究的。上菜过快过频，会给人局促不安的感觉，影响品位和气氛。上菜过迟过慢，则给人以拖沓、疲乏和断裂的感觉。

应该说，一桌丰盛的筵宴，其构成形式是丰富多彩的。主要表现在原料的使用、调味的变化、加工形态的多样、色彩的搭配、烹调的区别、质感的差异、器皿的交错、品类的衔接等几方面，只有这样，宴会才会有节奏感和动态美，既灵活多样、充满生气，又增加美感、促进食欲，这是筵宴菜获得成功的基本保证，也是宴会菜品开发的一个较好途径。

（三）变化美

作为聚餐之筵宴，都应在用料、刀法、烹调技法、口味、质感、色泽等方面有所变化。在制定菜单时，需注意风格的统一，又应避免菜式的单调和工艺的雷同，努力体现变化的美。如果一桌菜肴中相继出现炒鸡丝、爆鸡花、黄焖鸡、炖鸡汤，或连上三道菜都是鸡类菜，就会使客人感到重复、无味、单一。所以宴会菜贵在一个“变”字，应当是“远处观花花相似，近处看花花不同”。因此，在制定宴会菜肴时，要防止口味雷同、烹调方法单调、色泽不鲜明、质感无差异的现象。在器皿的选择上也要做好杯、盘、碗、碟、盅的合理搭配。

调味技艺上则要体现丰富变化的风格。人们对筵宴菜品的要求，关键一点是对菜品口味的品评要求。一桌菜肴，口味单调无奇，激不起宾客的兴趣，而清鲜浓淡跌宕起伏，才能给客人留下深刻的印象。现代保健医学认为，多吃油荤和过咸的食品会引起高血压、冠心病、肥胖症等病症，所以世界饮食潮流是“三低”“两高”（即低脂肪、低盐、低热量，高蛋白质、高纤维素）。对于宴会菜肴的配置来说，更要特别注意，特别是高级宴会，都不能重油大荤，而要清淡味鲜。在菜品味型的组配上，以清鲜为主，但也要做好各种复合味型的变化，以酸、甜、苦、辣、咸、香、鲜的不同组合，绘制一幅多彩多姿味美图。这些美味，讲究“淡而不薄、肥而不腻、甘而不哝，酸而不涩”“浓不鞔胃，淡不槁舌，出以食客，往往称善”（《易牙遗意·序》）。只有浓淡相宜的菜肴，才能真正受到宾客的好评。

筵宴肴馔的设置，离不开本地、本店的特色，充分体现本地、本店的特色也是菜肴制定的一个重要特点，与众不同的地方风味和本店菜肴，具有带来回头客的重要意义。筵宴菜品应尽量利用当地的名特原料，充分显示当地的饮食习尚和风土人情，施展本地、本店的技术专长，运用独创技法，力求新颖别致，显现风格。不要一味地去模仿他人或其他地方的菜肴，要提倡汲取其精华，充分发挥本店厨房设备及厨师的技术力量，制定独特个性的品牌菜肴和创新菜肴。

（四）和谐美

筵宴菜点的设计如同绘画的构图，要分宾主虚实，突出主题，把观赏者吸引到一点上去，不然就会杂乱无章，平淡无味。同样的道理，设计一桌宴会菜，也要分清主次，突出重点，绝不可宾主不分，或喧宾夺主。高明的烹调大师，绝不会把一桌筵宴菜点安排成杂乱无章、无个性、无层次的“大杂烩”，而是遵循时代特点，根据人们的生活特点和饮食规律而进行组合菜点。

每一桌筵宴，都有重点的主菜。随着社会经济的发展，膳食更重视平衡，主菜也不可缺少。虚实相间、主次分明的菜肴风格将长久地保持下去。许多宴会主题突出，筵宴的菜肴与制作也都要与之相联系。如：寿庆宴、儿童生日宴、新婚宴、庆典宴等。如果菜品制作能突出宴会主题对宴会的气氛将会有很大帮助和影响。许多菜肴设计命名时都与饮宴主题相结合，形成一种独特而和谐的风格。

艺术作品都要有自己的风格，风格不鲜明，作品就不生动。作为筵宴艺术，也要讲风格。筵宴的格局虽然是统一的，但在菜品的组合上，则需要显示各个地方、各个民族、各个饭店、各个厨师的风格。风格统一，本身就是一种和谐的美，自然具有美学价值，受人欢迎。

显现风格，发挥所长，要亮出名店、名师、名菜、名点和特色菜的旗帜，施展本地本店的技术专长，避开劣势，充分选用名特物料，运用独创技法，力求新颖别致，震人耳目。或者展示当地的饮食习尚和风土人情，使人一朝品食，终生难忘。筵宴要突出风格，川味宴就得有正宗的川味，苏味宴应当有水乡的风情。若称运河宴，则不能把东北马哈鱼、新疆羊肉串抓来“顶差”；要叫佛门全素斋，则必须杜绝五荤、五辛、蛋奶以及“素质荤形”的工艺菜；若是“中西合璧宴”，则要求制作的菜肴原料、口味、技法中西相互穿插、借鉴，而不能只是东坡肉、佛跳墙之类的传统菜。显现风格，就要突出宴会风格的个性特征，既不能貌合神离、张冠李戴，也不能面目全非、毫无个性。

筵宴是吃的艺术、吃的礼仪，需要处理好美食、美境与档次、参加人员的关系。不同的地区、不同的场景、不同的人群，筵宴配膳要求是不同的。一般来说，高档次宴会组配要求以精、巧、雅、优等菜品制作为主体，菜点的件数不能过多，但质量要精；中档的筵宴组配以美味、营养、可口、实惠为主体，菜点的件数、质量比较适中；中低档的筵宴组配以实惠、经济、可口、量足为主体，菜点的件数不能过少，又要实惠和丰满。不同的档次对美食、美境的要求不同，价位高的宴会，比较讲究形式的典雅、比较考虑进餐的环境因素和愉悦情绪，比较重视餐室、布置、接待礼节、娱乐雅兴和服务用语。对菜品的要求一般比较高，讲究菜品的口味和装饰。对于中低档的筵宴，比较注重的是大家和乐的气氛，不在乎过于繁文缛节的程式，比较随便、自由，没有任何拘束感，要的是一种气氛和毫无顾忌的交融。在菜品方面不讲究精雅，而在于实惠、吃饱与可口。四、五星级饭店的高档宴会菜肴讲究的是分餐制，一人一碟，一菜一撤盘，而中低档宴会常常是大鱼大肉盘叠盘，吃不了带着走。宴会的组配从头到尾都有许多差别，只有投其所好，才能达到完美、双赢的效果。

（五）意境美

中国筵宴中的菜点，不仅可以使人一饱口福，而且可以使人在情感上得到一种艺术享受。筵宴的等级、规格、特色可以不同，但作为饮食活动的高级形式，它的格调应是高雅的，它的技艺显现应该是全面的。筵宴的意境美，主要体现在菜点的高雅不俗，此外还应包括餐具、环境、服务等因素与筵宴档次的协调。具体表现在以下几个方面。

（1）菜名美。中国菜肴的命名十分注重意境之美。有实的、有虚的、有虚实并举的，有夸张的、比喻的、隐喻的，有人名、产地组配的，有谐音的，等等。如松鼠鳜鱼、百鸟朝凤、霸王别姬、八宝全鸡、三丝鱼卷、二龙戏珠、梅雪争春等。

（2）寓意美。有些菜名常用比喻、祝愿、饮食情趣等手法来表现人们的饮食情感。如连年有余，借“鱼”之谐音，寓“有余”之意。“一品寿桃”，取“麻姑献寿”之意，观其形，大肥鲜桃，覆盖红色寿字，造型优美，形象逼真，品其味，沙甜爽口，沁心入脾；会其意，福如东海，寿比南山，是孔府寿宴中作为首献之珍登席。“三元鱼丸”借古代科举连中解元、会元、状元这“三元”之意，祝愿人们步步高升，等等。

相关链接　搜索

科学膳食：期盼着国民宴请的变革

按照一个人一天的营养需求计算，如中等体力劳动者，每天需要供给热量3000千卡，产生这些热量的食物要分三餐用完，根据人们的生活习惯和劳动强度的需要，三餐的分配为35%、40%、25%或30%、40%、30%。中餐或晚餐是1000千卡热量左右，其菜式基本上是一荤三素加主食。依据此数据推行，筵席菜肴的配份是：一冷拼、一汤羹、一主菜、一蔬菜，加主食，或四菜一汤。这个热量的摄入暗合了我们国宴的“四菜一汤”“三菜一汤”的标准，合乎健康饮食的要求。当前我国的筵席菜品，动物性原料偏多，饮食已远远超出了人的负荷。因此，对照中国筵席的菜单，筵席减负工作任重而道远，必须要全社会的积极宣传和响应，教育广大民众筵席需要减负，使广大百姓认识到合理配膳的意义，否则，营养过剩势必会对个人的身体大为不利；同时，全国餐饮行业协会和企业要带头执行，不能为了企业利益而造成食物资源的浪费和让百姓受到身体上的伤害。

国家领导人宴请贵宾的国宴，当然是隆重的，但菜肴不多，上菜不过四道：第一道是开胃冷菜；然后上三道主菜；最后是点心、水果或甜食。国宴简朴的规格和带头垂范的节俭作风值得各层各级的政府效仿与实践。

倡导饮食文明之风，需要全社会的共同努力，从生态环境、法律法规、民俗民风、饮食健康、伦理道德等方面，摒弃饮食中的糟粕，彻底转变饮食观念，建立健康文明的饮食消费观。近年来，中央“八项规定”的执行力度堵住了官员公款挥霍之路，这样，我们的日常饮食不仅可以大大节约，而且务实作风也会进一步增强并落到实处。国民饮食之风，也需要我们转变观念，回归到科学、节俭的道路上，只有这样，中华民族的优良饮食之风才会大加传扬，中华悠久的饮食文明才会大放异彩。

（资料来源：邵万宽．中国人饮食习惯与心态思辨［J］．美食研究，2015（4）．）

三、筵宴中技术美的体现

筵宴技术美的运用，即是菜点排列与组合的合理性，不仅是原料运用的多样性，更是技法、色彩、口味、造型、盛器等变化的多样性，还要根据实际情况做到因人配菜、因时配菜、因价配菜等，而最终要落实在以下几个方面：

（一）质地美

筵宴内容一般包括冷菜、热菜（大菜）、点心、甜菜（包括甜汤）几大类，有的还配备了一些水果。无论是冷菜还是热菜，都要讲究营养价值，合乎卫生要求，讲究熟嫩脆烂的火候程度和质感（菜肴的质感即品尝的触觉，通常用酥、脆、松、滑、嫩、爽、软、硬、韧、糯、烂、绵等表示），以促进人们的食欲，提高人体的消化吸收率，从而促进人类的智力、体力发展。

在菜肴质与量的配合上，还要遵循“按质论价、优质优价”的配菜原则，考虑时间、地点、客人需求等因素。在了解筵宴规格的情况下，决定菜肴的数量多少、原料的高低贵贱、取料的精细程度以及主辅料的搭配。在菜肴外在感观的配合上，要利用原料刀法、烹制、味型、菜式的相互调配，即将不同质地的原料组配在一起，使菜肴的质地有脆有嫩，口感丰富。给人以一种质感反差的口感享受。如“宫保鸡丁”：鸡丁软嫩，油炸花生米酥脆，质地反差极大。在炖、焖、烧、扒等长时间的加热烹调方法制作菜肴中，主、辅料软硬相配的情况经常碰到，通过菜肴口感差异，使菜肴的脆、嫩、软、烂、酥、滑等多种口感风味得到体现。

（二）滋味美

我国古代的调味理论中，运用烹饪的技术手段，将各种调味品进行巧妙的组合，并运用加热的技术，调制出变化精微、非常适口的多种味道来。我们的祖先对滋味的调和积累了许多宝贵的经验。早在先秦时期，古人就讲究滋味调和了。《吕氏春秋·本味》云："调和之事，必以甘、酸、苦、辛、咸，先后多少，其齐甚微，皆有自起。鼎中之变，精妙微纤。"清代袁枚的《随园食单》特别列出"作料须知"和"调剂须知"。在"调剂须知"里，指出了味的调和要"相物而施"，酒、水的并用或单用，盐、酱的并用或单用等，需要加以区别对待，不能死板一律。袁枚的许多调味主张，使我国古代烹饪的调味理论进入到一个较为完备的时代。

味是某种物质刺激舌头上的味蕾所引起的感觉，也就是滋味。如肉香、鱼香、菜香、蔬香、谷香、酒香、糟香、腊香、清香、醇香等。从人体生理学的角度讲，在人的舌面的不同部位，味的感觉是不一样的。善于调味是我国烹饪的一大特色，而调味在烹调技术中处于特殊地位，是决定菜肴风味质量的关键，是衡量厨师技艺水平的重要标准。

（三）形态美

筵宴菜点的造型工艺是烹饪艺术的主要内容。美的菜点形态能愉悦情怀，从而引起人们强烈的食欲。但筵宴菜品审美中的形的表现，要受到食物原料特性的制约，也受到工艺过程的制约，它不能像绘画那样随心所欲，也不能像雕塑那样随意造型。

形是通过刀工技术和装盘技术而达到审美艺术效果的。原料的种类多种多样，性质千差万别，单一主料制成的菜肴固然不少，如松鼠鳜鱼、脆皮鸡、香酥鸭、菊花豆腐等，但是绝大多数菜肴却是由两种或两种以上的原料组合而成的，如腊味合蒸、萝卜烧排骨、三丝鱼卷、金银蹄等。

菜品中的形的构成，大致有三种类型：一是以原料自然形构成。如鸽蛋的椭圆形呈玲珑之态，鱼、虾的自然形态等。这种利用自然形态构成的菜肴，最能体现原料本身的面貌特色，没有任何的人为雕琢。二是将原料解体切割而成。即将原料进行解体分档，然后根据需要加工成块、片、丝、条、丁、粒、末、蓉泥等一般形状以及各种花式形状，组成菜肴，如腰花、鱼卷等。利用娴熟的刀工技巧，可以将原料切割、分解并创造出均匀的节奏和韵律之美。三是通过装配构成。它不仅关系到菜品的外观，而且直接影响到烹调和菜品的质量，是配菜的一个重要环节。如块配块、条配条、丝配丝等，有些利用其他的工艺手法，如卷、叠、包、镶等，使菜品的整体美感得到充分的发挥。

为了保证原料受热均匀、成熟度一致，在对原料进行刀工处理时就必须讲究大小、粗细、厚薄一致，这样才能产生整体的美感。

总之，菜品的形状之美，是通过人的观赏反映到大脑中，使人们对菜品增加美的感染力，这是目的所在。因此，要求菜品的形状必须做到主题鲜明、构思新颖、形象优美、色彩明快，从而可以使人们轻松愉快地通过视觉观察到菜品的整体美而增加对美食的兴趣。

（四）色彩美

菜品的不同色彩带给人不同的美感，它具有迷人的魅力。中国烹饪菜品对菜品色彩的配置运用尤为重视和讲究。菜品的颜色可以使人们产生某些奇特的感情。菜点的色彩和人们的口味、情绪、食欲之间，也有某种内在的联系。当人们看见红色的火腿、香肠、苹果，自然也就容易联想起这些醇美之气的美食之味，刺激起人们对饮食的强烈欲望。

视觉是人们审美感受的主要器官。筵宴菜品色彩的绚丽明快、光彩夺目，既能满足人们的色彩审美需求，又能增进人们的食欲，活跃宴会的气氛，启迪人们的思维。筵宴菜品的色彩往往是烹饪高手的基本功之一。为了使消费者在色彩审美感受上得到满足，烹制菜品就要在色彩的合理组合上、辅料色彩衬托点缀主料的关系上付出一定的劳动，具有一定的审美能力，使菜品色彩浓淡相宜、相映成趣，从而达到“淡妆浓抹总相宜”的奇效。

广东名菜烤乳猪，最显著的特点就是使人一见其金黄色的外表便食欲倍增，所以古人云：“色同琥珀，又类真金；入口则消，状若凌雪，含浆膏润，特异凡常也。”其色之美，其味之香，堪称一绝。

心理学告诉我们，感觉可以分为外部感觉和内部感觉两大类。外部感觉是指受外界刺激而产生的，是对外界万物属性的感觉，有视觉、听觉、味觉等，内部感觉是内脏器官对刺激的反应。再有视觉，赤、橙、黄、绿、青、蓝、紫以不同的波长作用于眼睛，产生了各种颜色的感觉，不同的颜色能引起不同的心理反应。夏天，看到食物里的红辣椒，可能会使你额头冒汗，而冬天看见它却会感觉到温暖，就是这个道理。色泽搭配合理，也就是说主料和辅料、料与汁及装饰物的色泽配合好，能促进人的食欲，且能给人以美感。

（五）盛器美

一盘美味可口的佳肴，配上精美的器具，运用合理而得当的装饰手法，可使整盘菜肴熠熠生辉，给人留下难忘的印象。那些与众不同、精巧美观的餐具器皿与整齐美观、造型生动的菜肴有机结合，能使菜品达到整体美的艺术效果。

盛装菜肴的盛器，就像西施头上戴的一朵花，起到了锦上添花的作用。同样，一份菜肴如果放在既破烂不堪又肮脏的盛器里，这份菜即使是用山珍海味做成的，恐怕也没有人愿意动筷。反过来，精美的盛器，如盆形鸭池，衬托着色、香、味、形俱佳的菜肴“神仙鸭子”，犹如牡丹绿叶相得益彰，令人叹为观止。这就可以看出，选择好的器皿至关重要。一般来说，器皿的大小、色泽、质地、形状应与菜肴的数量、色彩、质量、形态相配合。比如，盛放食物的器皿是红、橙、黄之类的暖色，那就会使人觉得比较开胃，人会吃得比实际需要的多一点；反之，如用白色、蓝色或浅绿色的器皿，则会使人产生一种饱满感，人会吃得少一些。

美食配美器，好的菜肴需要有好的盛器衬托，绿叶护牡丹，方能相得益彰。随着人们饮食观念的变化，不仅对菜肴有更高的要求，同时对餐具的选用、造型，以及器皿与菜肴配合的整体效果也有更高的观赏要求。古人云：美食不如美器。这并不是说菜肴的色、香、味、形不重要，而是从另一个方面强调了餐具在烹饪中的突出意义。我国烹饪素来把菜肴的色、香、味、形、器这五大要素作为一个有机体看待，是同等重要的。至于钟鸣鼎食、至高无上的封建帝王在饮食中对餐具的讲究和重视，就更是到了无以复加的地步了。当今，筵宴重视食器，倒不如说是更重视美食的整体。

综上所述，随着人们生活水平的提高，对筵宴的要求也越来越高。筵宴不仅让人吃饱吃好，而且更重要的是给人以艺术的享受、美的享受，从而真正发挥应有的作用。

复习与思考

一、名词解释

筵席　烧尾宴　满汉全席　筵宴的节奏美　菜品的质地美

二、选择题

1. 筵和席的最初含义是（　　）。

A. 坐具　B. 卧具　C. 聚餐　D. 祭祀

2. 古代曲江宴盛行的时代是（　　）。

A. 殷商　B. 秦汉　C. 唐代　D. 宋代

3. 筵宴中的艺术美包括（　　）。

A. 质地美　B. 和谐美　C. 色彩美　D. 器具美

4. 筵宴中的社交性所属的特征是（　　）。

A. 内容上　B. 规格上　C. 形式上　D. 功能上

三、问答题

1. 简述中国筵宴的起源。
2. 中国古代有哪些著名的筵宴品种？
3. 阐述中国筵宴的基本特征。
4. 如何体现筵宴中的艺术美特色？
5. 请叙述中国筵宴菜品的组成及其要求。

推荐阅读

1. 姚伟钧．中国饮食礼俗与文化史论［M］．武汉：华中师范大学出版社，2008.
2. 李登年．中国宴席史略［M］．北京：中国书籍出版社，2016.

第十章

中国饮食器具文化

饮食器具是人类进入熟食发展阶段以来，赖以做饭、吃饭的必要条件。它同人类的饮食生活休戚相关，并随着人类生活方式的发展变化不断地发展演变。无论是金属冶铸业还是陶瓷器的烧造，以及漆木器的加工，中国传统手工业中每个门类的技术进步，无一不和饮食器具发生着千丝万缕的联系。

本章从饮食器具的历史、古代烹食炊具、饮食器具以及器具与菜品的搭配方面，阐述中国饮食器具的发展与变化。

学习目标

知识目标

1 了解中国饮食器具的发展历史

2 了解我国古代主要饮食器具的特点

3 了解饮食器具与菜肴匹配的要求

能力目标

1 掌握不同时期饮食器具的特点

2 掌握古代饮食器具的社会价值

3 会根据菜品特色合理选择饮食器具

案 例

从举案齐眉的“食案”说起

古代有个“举案齐眉”的故事，始见于《后汉书·梁鸿传》。说的是东汉隐士梁鸿，初时受业于太学，后入上林苑牧猪。还乡时娶孟光为妻，隐居霸陵山中，以耕织为业。此后梁鸿携妻流浪到今苏州一带，住在一个有钱人皋伯通的屋檐下，卖力舂米度日，每当梁鸿佣作归来，妻子为他准备好饭食，将食案举过眉头送到他的面前，甚至都不敢抬头看丈夫一眼。皋伯通见此情景，深受感动，将这对患难夫妻请到自己家中住下。后人觉得汉代一对舂米的夫妇也能这样相敬如宾，委实难得，遂将“举案齐眉”列为美谈，流传至今。

这里提到的“案”，就是古代的一种食具——小食案。因古时人席地而坐，故进食时宜用这种有低矮足的食案。20 世纪 70 年代末，考古工作者在发掘山西襄汾陶寺文化遗址时，发掘到公元前 2500 年时木案实物。虽然木质已经腐朽，但形迹仍十分清晰。木案为长方形或圆角长方形，长约 1 米，宽约 30 厘米。案下三面有木条支架，高 15 厘米左右。案身通体涂红彩，有的还用白色绘出边框图案。出土时木案都放置在死者棺前，案上还放有酒具多种，有杯、觚和用于温酒的斝，由此可知这些木案是作饮食之用的食案。稍小一些的墓，棺前放的不是木案，而是一块长约 50 厘米的厚木板，板上照例也摆上酒器。陶寺发现的木案，是迄今为止考古发现年代最早的木案实例，将食案的历史提到了 4500 年之前。

案例分析

1. 从小食案的饮食方式看，当时的用餐形式是一种什么样的状况？
2. 请收集与饮食器具有关的成语典故进行内容讲解与说明。

第一节　饮食器具的历史发展

从人类利用自然界锋利的石器来切割、撕裂、捶打食物开始，原始的饮食器具就诞生了。火的使用是人类社会能够进入熟食发展阶段的前提，也是促使人类去发明制作各种饮食烹饪器具的根本原因。在原始社会，当人类学会用火熟食以前，祖先们是不会制作各种饮食烹饪器具的，而是利用自然界中存在的一些东西，如木棍、骨棒、动物的头盖骨及植物的坚果壳等。从利用自然物到学会制作饮食烹饪器具，是一个巨大的历史飞跃。

一、饮食器具的起源

经过旧石器时代的发展孕育，饮食烹饪器具成为人类社会进入熟食发展阶段的历史必然产物，是人类赖以熟食的做饭、吃饭的必要条件，同人类的饮食生活休戚相关，也唯有人类才会制作和使用器具。它们随着人类社会生产的发展与科学文化的进步而不断地演变，推陈出新，为改善人类饮食生活、促进人类的饮食文化发展增添异彩。所以说餐具、炊具是人类文明的产物，也是人类文明的象征，是人类劳动与智慧的结晶。

早期人类使用的器具从模仿现有的物品开始。新石器时代，人类最初是利用一些自然的打击石器作为使用工具，慢慢学会使用和制作生产工具，还将原来所用的一些自然状态的饮食器具（如木棒、骨棒等）进行加工，制成匕、箸、叉等简单的进餐用具。“匕”多用动物的骨、角或木、石等质地的材料来制作。“叉”最初是模仿手的形状而制成的一种烹饪器具。用火熟食使人类直接以手取食很不方便，为避免伤手，人类最先用树枝、木棒、骨棒之类的东西取食，用坚果壳、贝壳、动物头颅骨等做盛器，直接利用自然物做食器是烹饪器具形成的最初阶段，是陶器产生的前提。人类从最初直接使用自然界中一些可为容器的物件（如动物的颅骨等），逐渐发展为模仿其形态来制作各种碗、钵、壶、杯、鬲、罐等各种饮食器皿。

关于陶器的发明，恩格斯在《家庭、私有制和国家的起源》一书上论述说：“可以证明，在许多地方，或者甚至一切地方，陶器都是由于用黏土涂在编制或木质的容器上而发生的，目的在使其能耐火。因此，不久之后，人们便发现成型的黏土，不要内部的器具也能用于这个目的。”陶器首先烧制出来的是具有炊具和食具双重作用的陶罐，以后逐步由陶罐分化演变出专门的炊具和多种钵、盆、盘、碗、碟……一类的器皿食具来。因此，陶器问世之日，也是食具诞生之时，它是继石器之后人们最早生产出来的生活用具，所以可以得出一个结论：新石器时代最初出现的陶罐，是今天各种锅的老祖宗。

在我国烹饪器具史上，真正烹饪器具的诞生始于陶器的发明。陶罐最早演变出来的是釜和鼎，还有鬲（lì）、甑（zèng）、甗（yǎn）、斝（jiǎ）、鬶（guī）等。釜状如陶罐。以后在釜下加了三条腿就成了鼎，再将鼎足改造做成中空的锥状袋足，也就形成了鬲的形状。由此可见，陶器的发展是经过陶罐到釜、釜到鼎、鼎到鬲这样一个过程的。这些炊具都各有各自的用途，从相关史料看，最先烧成的陶器是陶罐，既做烹煮器，又做盛食器。陶釜是最先从陶罐分化出来的一种圆形、圜底、口敞而微敛的炊具，在釜的底部加上三条腿便演变成后来的陶鼎。此后，为增加受热面，将鼎足改成中空锥状的袋足，这便是陶鬲。同时还出现了腹部圆突的形似盆的陶甑，将甑置于釜或鬲之上便成陶甗，这是一种类似当今蒸锅的蒸器，使用时，装水入釜或鬲进行烧煮，中间置陶箅，蒸汽通过箅格和甑孔进入甑内将食物蒸熟，至于后来出现的鬶，则是侧身有一提耳、口有流舌的炊饮两用陶器。此外，在仰韶文化时期，还出现了类似现代人烙饼用的饼铛或摊煎食物用的铁鏊子的陶鏊。随着陶艺技术的进一步发展。出现了以澄泥制坯烧成的碗、鉢、盂、豆、盘、盆等餐食器，另外还有尊、壶、杯等酒器，同时还出现连釜炉、陶炉、陶灶等灶具和陶釜、陶刀等陶制用具。

陶器的产生年代大约是在7000—10000年前，人类学会用火并食熟食之后的新石器时代。在学会用火之后，人类最初的熟食法主要有火烹法、包烹法、石燔法和石烹法。把食物直接置火上烧烤至熟的方法称为“火烹法”；用草、泥包裹食物置火中煨烤成熟的方法称为“包烹法”；将食物置于烧热石块上制熟的方法称“石燔法”；而“石烹法”是指在地上挖坑，以兽皮装水下料，然后投热石块使食物成熟的方法。

陶器的发明，使人类直接用火烧烤熟食发展为用陶器间接加热熟食，解决了人类食谷问题，把人类的饮食生活推向一个文明、卫生的新时期。

此后，随着社会发展和科学文明的进步，饮食器具的发展经历了从简单到复杂、从粗糙到精致、从低级到高级的几千年的发展历史。其中，在历史上影响较为深远的几类烹饪器具是青铜器、漆器、金银器、铁器和瓷器。

二、饮食器具的发展

经过陶器时代的演变发展，中国饮食器具又进入了一个新的时代。青铜器、漆器、金银器、铁器的相继问世，为国人的饮食又开辟了一个个新的领域。汉代是中国器具文化的发展时期，国家统一强盛，农业发达，丝绸之路开通，促进了中外交流，加上温室种植技术的发明，大大丰富了中国的饮食内容。

（1）青铜饮食器。人类的制陶业在造型技术和火候掌握两方面不断总结劳动实践经验，为金属铸造准备了条件。在距今 4000 年前后，先民们发明了冶炼术，并开始制作铜器。郑州商代遗址发掘出青铜酒尊，被认为是最早发现的青铜饮具，而约在公元前 1500 年出现的青铜鼎，则被视为铜烹时代开始的标志。冶炼技术的不断提高，使得铜质饮食器具的品种增多，铜质的酒器有爵、觚、壶、觥、觯等，西周时更出现了尊和角。铜质的盛食器有簋、簠、豆等，还有水器盘、盂、盆、鉴等，形制多样，且有多种纹饰，其中不乏精美绝伦的艺术品。青铜烹器的应用，使高温油烹法产生，但随着历史的发展，发现青铜器作为饮食器具，如在温湿条件下生成的铜绿和在空气中氧化产生的过量铜或锡，同样对身体有害。青铜烹饪器具逐渐被淘汰，转而作祭器或祀器使用。

（2）漆器食具。青铜器时代后出现了漆器时代，漆器在历史上作为高档餐具，曾在楚、汉、魏、晋时期统治阶层的日常生活中广为流行，其中以西汉最甚，其时漆器工艺已达到完美程度。中国漆器的制作工序繁杂，技艺精湛，在表现手法上，或雕成凤凰、鸳鸯、鸟兽，栩栩如生；或镂刻成花草云纹美斑，流畅如行云流水；或以金属镶嵌成扣，熠熠生辉；或以黑、朱、紫、白等颜色绘画，多色相间，古色古香。但因其不能作炊具，而且与酸、碱、盐、油等接触时易使漆剥落等因素，所以两汉以后漆餐具越来越少，南北朝之后几乎少见，而作为工艺品出现在人们的生活中。漆器作为饮食器具，在我国饮馔史上曾有过重要地位。

（3）金银饮食器。进入汉代后，又出现了金银饮食器具。隋唐时期银质器皿有了较大的发展。除了日常器皿、装饰品、医药用具之外，跟饮食有关的酒器、食器也非常多。此后，历朝历代的银质食器、酒器和茶具层出不穷，工艺也越发精湛。古代金银餐具是众多餐具中的奢侈品，以象形器具多见，有极高的艺术成就。也许是太昂贵的缘故，金银餐具在后来的使用中逐渐少见。

（4）铁器时代。秦汉以后，铁器普遍使用，中国烹饪进入了铁器烹饪阶段。这一时期铁器迅速大面积取代了铜器、石器、竹木器。此外，铁鼎、炒勺、铁钳等都大量出现了，深受人们的欢迎。而用铁质刀具代替了铜质刀具，可使原料加工更为精妙。在西汉，铁质刀具已逐渐普及。东汉，还出现了钢质菜刀及各种形状的刀，如尖刀、阔刀、圆口刀、方头刀、雕刻刀等。有史料证明，我国在商代即有铁器出现，约在公元前6世纪就发明了生铁，人工冶铁始于春秋，而广泛使用于战国。隋唐以后，各类烹饪铁器有了明显改进，加热器具由厚变薄，形制不断推陈出新。元、明、清时期是铁质器具的鼎盛期，各种铁制烹饪器具的制作技术更加先进，样式更加繁多，品种也更加丰富。直到今天，铁器依然是烹饪不可缺少的重要器具，中国烹饪能走向繁荣，与铁质烹饪器具的使用是密切相关的。

汉代时期，陶、铜、玻璃等器具以及镂银错金的各种食具被广泛使用，还出现了玉石、象牙、骨头、漆木等食具。在传承前代饮食文化的基础上，初步形成了一个较为完整的体系。这一时期饮食器具的品种已经较为齐全，不同形制的花色器具更加丰富多样，同时不同食具用途相对确定，并且都讲求成套搭配，杯盘碗碟、锅盆盂瓮，品种齐全，功用完备。盛汤的有勺和匙等，饮器则有盏、杯、盅等。在工艺制作上轻巧精致，更加生活化，实用性更为突出。正如史书记载，当时的食器讲究“雕文雕漆”。

三、瓷器的发展

唐代社会生活安定，人们的社会生活水平有所提高，农业的发展使得经济日益强大，饮食也逐渐丰富起来，加上手工业技术不断进步，促使饮食器具得到丰富发展。瓷器是中国的一大发明，有着悠久的历史，其对中国饮食文化的形成产生了深远的影响，在世界上享有极高的声誉。唐宋的陶瓷工艺更有突出成就，烧制各种瓷具的窑遍布全国各地，唐代最具代表的青瓷、白瓷和“唐三彩”代表了制陶工艺的最高境界，用这样的制陶工艺制作的许多精美的饮食器具更以华丽优美著称。最早的瓷器是商代由釉陶演变而成的原始青瓷，史称青釉器。至东汉魏晋时期，青釉器制作技术已相当成熟，出现了标准的青瓷，它是世界上最早的硬质瓷器。两晋南北朝时期生产的青瓷是缥瓷，同时也出现了白瓷。隋唐始产秘色瓷，以越窑最著名。在同一时期，还出现了彩绘瓷器。到了宋代，随着商业的发展，城市化的生活方式更是促进了饮食文化的繁荣和昌盛，人们更注重美食与美妙食器的相配，达到饮食的最高境界。这时，制瓷业大发展，各地瓷窑大量兴起，还生产出釉上彩瓷，即在釉面上以色料作画，然后在小窑中用低温烧成，俗称“宋加彩”，对我国瓷器以后的装饰艺术的发展具有划时代意义。

元明时代，我国制瓷业进入一个新的发展阶段，除青瓷和白瓷有极高的水平外，黑釉瓷的成就十分突出，明代的宣窑、成窑、嘉窑和万窑是当时的“四大名窑”，所产的白釉、青花、彩瓷和红釉等精品，成龙配套，富丽堂皇，代表当时的最高水准。著名的瓷器餐具，有优秀的画手在瓷胎上挥洒自如，使单色青花瓷具有浓淡参差的丰富层次，给人以妙趣横生的感觉，极大地增加了餐具的艺术效果。而这些饮食器具与当时品种繁多的各类肴馔相结合，形成了丰富多彩的饮食文化的内涵。

清代康熙、雍正、乾隆年间，是我国瓷器史上的鼎盛时期。这时宫廷的食器十分讲究，开始出现了珐琅彩，并且还饰有“五福”“万寿无疆”等吉祥祝福之语，此外更为讲究的是，食器在绘饰上还针对某一种菜肴，绘制与菜肴内容相关的图纹，如每年农历七月初七，清宫御膳房所做的巧果，要放在绘有“鹊桥仙渡”图案的珐琅彩瓷碗中，其图案取材于喜鹊搭桥牛郎织女天河相会的神话传说，这种菜肴与食器在内容上一致、色彩上和谐的结合，可以说在饮食与器具的配合上，从内容到形式都向前迈进了一大步。

相关链接 搜索

瓷器食具漫谈

中国素有“瓷国”之誉。英文的China一词，除了代表中国之外，另一个意思就是“瓷器”（china）。可以说，瓷器是古代中国的一张文化名片，外国人认识中国，很多是从瓷器开始的。

瓷器在中国的饮食文化中扮演了相当重要的角色。概括地说，有这么几层意思。一是历史悠久。自东汉成熟青瓷烧造成功以来，瓷器即成为重要的饮食器具之一，时至今日，已近2000年。二是使用普及。上至天子，下至百姓，无不用之，不像商周时期的青铜重器，有着浓郁的等级烙印，也不像秦汉之际的漆饰木器，奢华贵重，普通人难以承受，更不像唐宋以后的金银器皿，老百姓只能望洋兴叹。三是影响深远。大约自唐代始，中国瓷器即已远销海外，对世界文明产生了积极的影响。

瓷器在东汉时浙江曹娥江中游一带的窑址中烧造成功，但在此之前，尚存在一个“原始青瓷”阶段。原始青瓷最早出现在商代，是成熟青瓷的雏形。原始青瓷胎质仍不很坚硬，但外面已包了一层薄釉，不仅可以保护胎骨，而且显得美观、清洁，更方便先民用于饮食。商代原始青瓷的品种主要有尊、罐、瓮、缸、簋、浅盘、豆等，以藏储器占大宗。至商晚期，原始青瓷饮食器具品种有所增加，像罐、盆、碗、豆等开始成为日常生活的常见器具。

三国两晋南北朝时期，瓷器生产迎来了第一个高峰。以南方为主的青、酱、黑釉窑址，大量生产日用陶瓷器。南北朝时，佛教广泛传播，佛教题材被应用到瓷器的装饰甚至造型上。唐代是我国历史上最伟大的时期之一，唐代的瓷器烧造业空前繁荣，以邢窑（河北临城县内）为代表的白瓷被时人誉为“类银”“类雪”，与南方越窑青瓷的“类玉”“类冰”相映成趣，形成“南青北白”的局面。两宋时期，经济富庶，文化发达，促进了手工业的发展。这一时期瓷器生产无论在质量上还是数量上都超过了前代。烧造瓷器的窑场遍及全国，形成了“官、哥、汝、定、钧”五大名窑。明清时期是我国饮食瓷器生产的最高潮时期，此时几乎是景德镇瓷器一统天下。所出的饮食器产品有官窑、民窑之分。官窑垄断了一切精美瓷生产的窑场，而民窑的产品以青花为主。

（资料来源：周新华 . 调鼎集——中国古代饮食器具文化［M］. 杭州：杭州出版社，2005.）

第二节　中国的饮食器具

一、烹食炊具

（一）炉灶

最原始的灶是双连地灶，在地上挖个土坑，烹饪时直接在土炕内或在其上悬挂其他器具进行，这种灶坑在新石器时代十分流行。后来发展成为用土在平地上垒砌成的固定的土灶或用砖头和石块垒砌的灶，新中国成立后广大农村还在普遍使用。新石器时代中期发明了可移动的单体陶灶，为商周秦汉各代所继承，并为后代制作的铜灶、铁灶提供了物质条件，较小的可移动的就是炉。

我国古代最早的炒炉，出自距今 2400 多年前的春秋战国时期，它也是从湖北随州曾侯乙墓出土的。其形似双层盘，上层为盘，下层为炉。出土时，上层盘内装有鱼骨，下层炉盘已烧裂变形，并有木炭。它是我国目前发现最早最先进的炒炉之一。秦汉以后，绝大多数灶具和炊具相结合进行各种烹饪活动（见图 10–1~ 图 10–3）。

图 10–1　春秋青铜灶

图 10–2　西汉青铜灶

图 10–3　隋代灶与厨俑

（二）鼎

古代炊具，也用作食器和礼器。鼎为三足或四足容器，有陶质或青铜质等。在 8000 多年以前，人类就发明了陶鼎。进入青铜时代以后，继续使用的陶鼎在工艺方面有了提高，并开始铸造青铜鼎。

一作炊鼎。主要用于炊煮之器。青铜质或陶质，圆形，腹腔较深，三足两耳，亦有方形四足，具体形制则因时因地而变化。商代早期多为薄壁，小耳，深腹，空锥形足或扁足；商代晚期多为厚立耳，直口，深腹，柱足。西周早期多为大立耳，口部略呈钝角三角形，深腹大而下垂；西周晚期至春秋早期多为锅体形或浅腹束腰式，兽蹄足。此外，尚有呈深分档式的鬲鼎、短足扁圆体的盖鼎及长足鼎、平底鼎、卵形体鼎等，盛行于商周时期，汉代以后仍流行。《淮南子·说山训》："尝一脔肉，知一鼎之味。"汉高诱注："有足曰鼎，无足曰镬。"《说文·鼎部》："鼎，三足两耳，和五味之宝器也。"

一为食鼎和礼鼎。史前时代有许多容量不大的小陶鼎，是专用的食鼎而不是炊鼎。从青铜时代的情形看，作为食器和礼器的鼎，主要用于盛放肉食。贵族们食必有肉，盛肉必有鼎，称为"肉食者"。或于祭祀时陈列牺牲、盛放肉食。祭必以鼎，鼎必有牲，毕恭毕敬。殷人食肉风盛，杀牲也多，铸大鼎盛牲肉，著名的后母戊鼎重达 875 公斤。到了周代，不仅鼎的大小受到贵族们的重视，用鼎数目的多少也成了区别地位尊卑的标志。作为礼器的鼎，用于"明尊卑，别上下"。等级愈高，用鼎数愈多，享用肉食品的种类愈丰盛。周代天子用九鼎，称太牢；诸侯用七鼎，称大牢；卿大夫用五鼎，称少牢；士用三鼎或一鼎（见图 10-4~ 图 10-6）。

图 10-4　商代青铜鼎

图 10-5　春秋战国青铜鼎

图 10-6　西周青铜三足鼎

（三）鬲

鬲，古代炊具。形状像鼎，但三足中空。古时礼宾客必以鼎，日常烹饪则以鬲。陶质或青铜质。自新石器时代沿用至战国时期。其形制多为大口、圆形、深腹，上有双立耳，束颈，圆肩，底部分档成三条乳状空心袋足的形制，亦称袋腹，下有三个短锥形足。将鬲足做成中空与腹部相通的袋状，目的是为了使袋腹受火面积增大，提高热效率，便于快速煮熟食物。这是适合在新石器时代用火塘烹制食品的一种较理想的炊具。后袋腹逐渐退化，形体由高变低，口部出现较宽的唇边，多不再铸双耳，说明已失去烹煮作用，改作盛器或礼器。《尔雅·释器》："鼎款足者谓名鬲。"邢昺疏："款，阔也。谓鼎足相去疏阔者名鬲。"《汉书·郊祀志》上："空足曰鬲。"《陈书·高祖本纪》上："其夜大雨震电，暴雨拔木，平地水丈余，齐军昼夜坐立泥中，悬鬲以爨。"至汉代，普遍使用带有灶台、火眼的炉灶之后，鬲即退出历史舞台，被釜、锅等炊具所取代（见图 10–7~ 图 10–10）。

图 10–7　商代四足鬲

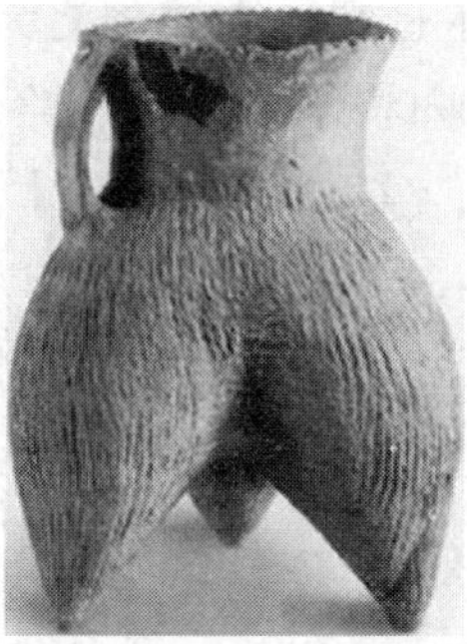
图 10–8　周代陶鬲

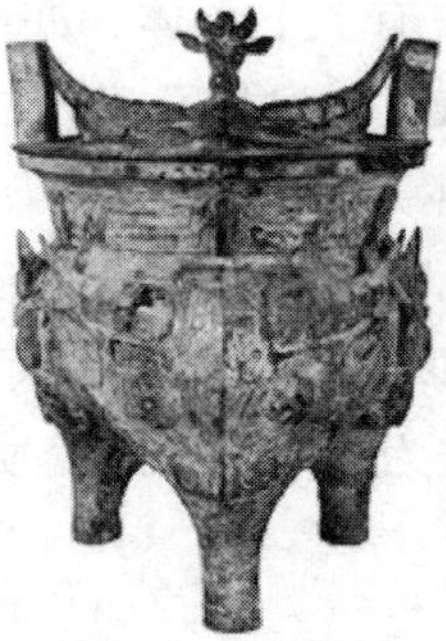
图 10–9　西周青铜伯矩鬲

图 10–10　西周陶鬲

（四）甑

甑，古代炊具，陶制或青铜制。敞口翻唇或直口无唇，上有双立耳，深腹，腹壁斜收或腹部圜收，底部有七小孔以通蒸汽。陶甑在中原地区始见于仰韶文化时期，但数量不多，器形也不很规范，到龙山文化时期陶甑就已十分普遍，黄河中游地区的史前遗址中都能见到陶甑。陶甑的外形与一般的陶器并无大异，只是在器底刺上一些孔洞，做成箅，以便蒸汽自下上达就行了，使用时将甑套在鼎或釜上，下煮上蒸。《礼仪·少牢馈食礼》："廪人概甑、甗、匕与敦于廪爨。"《周礼·考工记·陶人》："实二鬴，厚半寸，唇寸，七穿。"《说文·瓦部》："甑，甗也。"扬雄《方言》："甑或谓之酢馏。"南朝梁简文帝萧纲《大法颂·序》："桂薪不斧而丹甑自熟，玉帛讵牵而银翁斯满。"安阳殷墟妇好墓出土的一件青铜汽柱甑，相当别致。外形颇似一个敞口深腹盆，特异之处在于底内中部有一个中空透底的圆柱，柱头为立体花瓣形，四片花瓣中裹一个凸起的花蕾，花蕾表面有四个柳叶形镂孔。经过研究，这是一件 3000 多年前的汽蒸铜锅，而且是迄今为止发现最早也是唯一的一件商代汽锅（见图 10–11~ 图 10–14）。

图 10–11　战国青铜釜甑

图 10–12　汉代铜甑

图 10–13　汉彩绘大陶甑

图 10–14　唐代铜釜甑

（五）甗

甗，古代炊具。是甑与鬲配套使用的一种烹饪器具。主要用于蒸饭，有陶制和青铜质。形制有圆形、方形，有上下合体，亦有上下分体的。上为甑，用以盛米；下为鬲，用以煮水；中为箅，蒸汽可通过箅孔进入甑内将米饭蒸熟。略似今之蒸锅，盛行于商周时期。《周礼·考工记·陶人》："陶人为甗，实二鬴，厚半寸，唇寸。"《仪礼·少牢馈食礼》："廪人概甑、甗。"郑玄注："甗如甑，一孔。"宋王黼《博古图录·甗定总说》："甗之为器，上若甑而足以炊物，下若鬲而足以饪物，盖兼二器而有之。"到了汉代随着鬲的消失，甗的使用即改为甑与釜的配套使用，从而发展成为后来的蒸锅（见图 10–15~图 10–19）。

图 10–15　新石器时代红陶甗

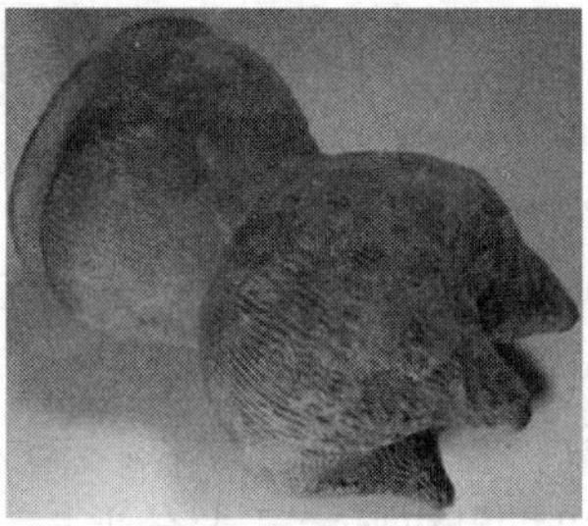

图 10–16　商周陶甗

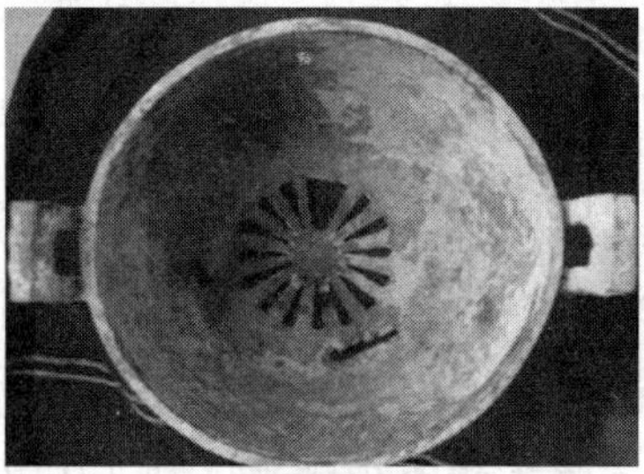

图 10–17　青铜甗

图 10–18　商代妇好三联甗

图 10–19　西周兽面甗

（六）釜

釜，古代炊具。基本形态特征是大口、深腹、圜底，或有两耳，相当于现代的锅，有陶质、青铜质、铁质三种。起源于新石器时代，早期均为陶釜，所用的陶土一般都加入较多量的羼和料，使其受热后不破裂，增加耐热性能。考古发现年代最早的釜是在中国东部地区的早期新石器时代文化遗址中，距今已有 7000 余年的历史。商周时代出现了青铜釜，与陶釜并用。铁釜出现于战国时期，现在用的铁锅与铁釜有着一定的继承关系。釜盛行于汉代。《诗·召南·采蘋》："于以湘之，维锜及釜，于以奠之。"毛亨传："有足曰锜，无足曰釜。"《孟子·滕文公》："许子以釜甑爨，以铁耕乎？"曹植《七步》："萁在釜下燃，豆在釜中泣。"有人认为，新石器时代的陶釜可能在进入文明时期前后一度消失了，后来东周秦国的陶釜和铜釜是由陶鬲退化演变而来（见图 10–20~ 图 10–23）。

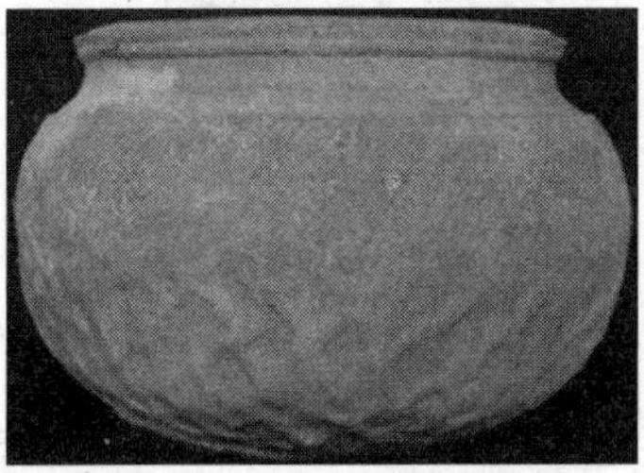

图 10–20　商代陶釜

图 10–21　周代青铜釜

图 10–22　汉代六耳行军铁釜

图 10–23　南北朝青铜釜

（七）鏊

鏊，俗称鏊子或鏊盘。古代炊具。多用于烙饼，铁制，圆形平底，中心稍凸，下有三足。唐段成式《酉阳杂俎·贬误》："尝目一达官为热鏊上猢狲，其实旧语也。……杨仲嗣躁率，谓之热鏊上猢狲。"宋道原《景德传灯录》："但欲傍鏊求饼。"明张自烈《正自通·金部》："鏊，今烙饼平锅曰饼鏊，亦曰烙锅。"清王筠《说文句读·金部》："鏊，面圆而平，三足，高二寸许，饼鏊也。"（见图 10–24）

（八）镬

镬，古代炊具。青铜制或铁制，形似鼎，圜底，无足（见图 10–25）。《周礼·天官·亨人》："亨人掌共鼎镬。"郑玄注："镬，所以煮肉及鱼腊之器。"《礼记·内则》："钜镬汤，以小鼎芗脯于其中。"陈澔注："钜镬汤，以大镬盛汤也。……而小鼎则置在镬汤内。汤不可没鼎。"《淮南子·说山训》："尝一脔肉，知一镬之味。"汉高诱注："有足曰鼎，无足曰镬。"

图 10-24 先秦时期的陶鏊

图 10-25 汉青铜镬

（九）炒锅

锅是一种用于煎、炒、蒸、煮、煨、炖等烹饪操作的加工器具，是最重要的一种烹饪器具。炒锅在中餐厨房生产中不可或缺。炒锅，分为带手柄的和双耳炒锅。炒锅的雏形是由釜、鼎演化而来。相对于釜鼎，炒锅的雏形出现较晚一些，因为陶器的受力限制，如果是带手柄的，炒锅很易折断，加上当时的陶质食器只需煮、蒸食物的功能，带手柄的炒锅是没有任何生活实践意义的。

“炒”以及其他类似的烹饪加热方法，是在只有少量液体传热介质或没有液体介质的情况下进行的，非金属炊具不能采用这些加热方法。因此炒锅的雏形最早只能出现在青铜时代，它是在舀酒器斗、勺，容酒器耳杯、樽、斗等器形基础上演化而来。

青铜器是贵族阶层的专用品，民间大量使用金属炊具，只有在铁器时代到来之后，才能产生炒锅。然而，从春秋战国进入铁器时代开始，直到明清时期，轻巧灵便的炒锅才出现在灶台上。由于当时生产力的发展和食物原料的拓展，不断催生新的烹饪工艺，丰富的烹饪工艺则衍生出炒锅。

清代袁枚的《随园食单》在火候上总结出了“有须武火者，煎炒是也，火弱则物疲矣；有须文火者，煨煮是也，火猛则物枯矣；有先用武火而后用文火煮，收汤之物是也，性急则皮焦而里不熟矣”。“纤（芡）必恰当”“一物各施一性，一碗各成一味”等。此时的“武火煎炒，火弱则疲”“纤（芡）必恰当”等，已证明，旺火速成菜、勾芡菜单靠手勺的翻拌是远远达不到要求的，必然需要同时翻动炒锅方能完成。此时的炒锅早已出现，伴之而来更为省力、灵活的炒锅也就出现了。

（十）火锅

火锅，是以锅为器具，金属或陶瓷制成锅、炉合一的一种食具。融加热、烹制、装盛为一体，以热源烧锅，使锅汤常沸以熟菜肴、涮煮而食的烹调方式，亦指涮煮烹调所用的锅具。

据考证，新中国成立后出土的东汉文物“镬斗”，即为火锅。南北朝时期的炊具“铜鼎”是较普遍的器皿，它也是火锅的前身。演变至唐朝，火锅曾称为“暖锅”。唐朝白居易的《问刘十九》的诗“绿蚁新醅酒，红泥小火炉。晚来天欲雪，能饮一杯无”就惟妙惟肖地描述了当时食火锅的情景。到宋朝，火锅的食法在民间已常见，南宋林洪的《山家清供》中，便有其同友人吃火锅的介绍。至清朝，火锅不仅在民间盛行，而且成了一道著名的“宫廷菜”，清宫御膳食谱上有“野味火锅”，用料是山雉等野味。清代潘荣陛《帝京岁时纪胜·元旦》：“至於酧酢之具，则镂花绘果为茶，十锦火锅供馔。”《老残游记》第十九回：“端上饭来，是一碗鱼……四个碟子，一个火锅，两壶酒。”

典型的火锅食材包括各种肉类、海鲜类、蔬菜类、豆制品类、菌菇类、蛋类制品等，将其放入煮开的清水或特制的高汤锅底烫熟后食用。有些吃法还会蘸上调味料一起食用。

相关链接 搜索

古代冰鉴

古代冷冻食物与饮料的器具。形如大盆，内放冰块，将盛食物或饮料的容器置于冰中，制成冰冻的食品或饮料，也兼作低温贮藏箱使用。东周时期的冰鉴多以青铜铸成，表面上有繁复的纹饰，是很重要的一种礼器。外形有圆形也有方形，形体较大。后世多以陶瓷制成，一直沿用到清朝末年。古代人是把冬春季所贮存的冰，在炎热的夏天取出放入冰鉴内使用。《诗经》上有凿冰藏冰的记载，《周礼·天官·凌人》有“祭祀共冰鉴”的记载，是周人用冰的最好证明。

最大的青铜冰鉴出土于湖北随州曾侯乙墓，是战国时期的制品。墓中随葬冰鉴2套，形制完全相同，全器为一大方鉴，内置方壶，鉴上有盖，盖上还设有一柄铜勺。铜冰鉴为76厘米见方，高达61.5厘米，外表面上铸有精美的纹饰。铜鉴与铜壶间有较大间隙，以便放置冰块，壶内可盛放酒类等饮料，冰冻后用铜勺取饮。《楚辞·招魂》中“挫糟冻饮酎清凉些”的描写，指的正是用冰鉴冷冻的清凉饮料。

（资料来源：王仁湘.冰鉴·中国烹饪百科全书［M］.北京：中国大百科全书出版社，1992.）

二、进食餐具

（一）筷子

筷子，古称箸，是特有的夹食用具，用于进食。多为竹木制成，也有用金、银、铜、铁、象牙等材料的。考古发现最早的铜箸属商代，最早的银箸属隋代。《礼记·曲礼上》说：“饭黍毋以箸。”即吃饭粥不能用箸，应该用匕。又说：“羹之有菜者用，其无菜者不用。”即，《广稚·释器》：“谓之箸。”说明箸在古代是用来夹取羹汤中的菜食的。目前出土最早的实物是河南省安阳市殷墟侯家庄M1005的铜箸和湖南省香炉石遗址的骨箸。文献记载最早见于《韩非子·喻老》：“昔者，纣为象箸而其子怖。”与殷墟的文物相呼应，都说明商代已经有了箸，已有铜箸、象箸和骨箸，而使用竹木材料制成的箸当早于商代。学者们都认为在新石器时代已经使用竹木制成的箸。先民们在烧烤动物时，不可能直接用手操作，需借助木棒、枝条或竹枝竹片来放置和翻动，取食时也要借助它们来拨弄挑刺。在炊具中烧煮肉块和蔬菜的羹汤，也要用它们来挑取，逐渐学会用两根木棒或竹条夹取。在煮粥时用它们来搅动，以免米粒附着陶器底壁而烧焦。在吃粥时也可用它们来拨食。可以说箸的产生是和用陶器烹煮食物的方法密切相关的。所以它也成了以粒食为主的东亚农耕民族最具特色的进食工具。

约在宋代把箸又称为“筷子”，这一名称一直沿用至今。筷子在长期使用过程中也形成了一些习惯性的礼仪，甚至成为人们行为规范的一部分。它是中国饮食文明的象征，含有较深的文化内涵。

（二）匙

匙，古称匕，用于进食。《方言》：“匕谓之匙。”它是古代取饭的器具，类似近代的汤匙，但匙端较浅平。新石器时代的匕形态较原始，据王仁湘先生研究，大体可分为匕形和勺形两类。匕形一般为长条状，末端有薄刃口；勺形明显分为勺和柄两个部分。从出土文物看，史前居民大量使用的是前者。至少在七八千年前黄河流域和长江流域都已开始使用匕。如河北省武安县磁山遗址发现的30多件骨器中，有23件长条形的骨匕。河姆渡遗址出土30多件骨匕，有长条形匕，也有勺形匕，制作精致，在匕的柄端刻有精美的纹饰。勺形匕只出土一件，是迄今年代最早的，距今约近7000年。河姆渡遗址还出土一件鸟首形柄的象牙匕，匕柄作鸟身，柄端为鸟头状，匕身作尾状，中部左侧钻一圆孔，富有艺术性，是件难得的珍品。对一件取食的餐具制作如此讲究，亦可见当时人们在注重实用之外，还追求艺术美感，具有文化色彩。

出土的匕以骨匕为多，一是因为兽骨取材方便，加工容易。二是骨器容易保存下来。根据少数民族至今还大量使用竹木器具，推测新石器时代也可能使用竹木制成的匕，只是容易腐烂难以保存下来。匕虽是添取饭食的重要器具，但也是可以用来剔取肉食的。如原始居民经常将兽肉进行烧烤，或者连骨放进陶釜中熬煮，在啃食之后，还有一些筋肉附在骨头上，用匕剔取也是较方便的。现在一般称匙而不称匕，或者概言为勺。现代的饭匙与古代有明显的区别，主要是匕较深，不仅用于取饭，而且用来调羹。

（三）叉

古代餐具，用于进食。考古发现的大部分为骨质，也有铜质和铁质的。叉是用来取肉食的器具，其出现的年代较晚，中国最早的餐叉出土于甘肃省武威市皇娘娘台齐家文化遗址，为骨质扁平形三齿状。河南郑州二里冈商代遗址在20世纪50年代出土过一种骨质餐叉，也是三齿，全长8.7厘米。战国时代，餐叉在贵族们的食案上已常见。在河南洛阳的一座战国墓中，一次出土的骨餐叉一束共51件，为圆形细柄双齿，长约12厘米。也许在此之前曾使用过竹木之类的叉，否则骨叉就不可能诞生。叉作为取食器具，可能是从原始居民用树枝丫叉取动物在火中烧烤得到启发演变而来的。出土的骨叉较短小，从商周时期的骨叉考察，一般长度10厘米左右，不可能叉取很大的肉块，可能是叉取一些小动物之类的食品；也可能是当时的烹饪技术有相当的进步，已将一些大动物切割成小肉块进行烹煮，再用骨叉取食。因此，尽管骨叉在新石器时代出现较晚，但它为商周时期餐叉的发展奠定了基础，且较西方使用餐叉的历史要早数千年，在饮食文化史上具有重要的意义。

古代餐叉的使用，没有像匕和箸那样广泛，只是在战国时期比较流行，也不普及。就是在上层社会，餐叉的使用也没有形成固定不变的传统，而是时有中断，致使许多人不知道中国饮食史上曾经有过用餐叉进食的事实，以为用餐叉是西方文化的传统。据王仁湘先生介绍，其实西方人用刀叉进食的历史并不太长，西方社会在3个世纪以前，有相当多的人仍在用手直接抓食，而且还包括一些贵族统治者。现在中国流行的餐叉确实是由西方传来的，但与中国古代的餐叉比起来，年代要晚得多。

第三节　美器与美食的搭配

古人曾云："美食不如美器。"美食与美器的完美结合是中国烹饪对盛器的要求，也是形成中国烹饪技艺绚丽多彩的重要因素。盛器的讲究是随着烹饪技术的不断发展而日臻完美的。这种食与器的完美统一，使中国菜配以精美绝伦的民族盛器体现出雅致、完美和强烈的民族风格。

相关链接　搜索

菜肴与器皿

器，器皿，菜肴盛装的物件。虽不是菜肴本身，却是菜肴的重要组成部分。一道菜摆上桌，器皿是否得体是十分重要的。配得好，菜肴增色，客人开胃；配得不好，客人扫兴，菜肴失色。

俗话说：好马配好鞍。清蒸白鱼是一定要装鱼盆的，长长的鱼盆最能体现白鱼的风姿；砂锅鱼头一定是盛在砂锅里的，那椭圆形大砂锅，大大的鱼头，恰好表现肥鳙鱼体形。有用紫砂茶壶作汤菜器皿，别具一格。紫砂壶洋溢着浓浓的中国文化元素，一客一壶，再给一个紫砂汤盏，单喝汤，可提着壶倒入汤盏，自斟自饮，宛如在喝铁观音、工夫茶。汤喝得差不多了，打开壶盖，再吃壶中的内容，相得益彰。

有关美食美器的论述与描绘，论述精到者，首推清代文人、烹饪评论家袁枚。他在《随园食单》"须知单"中，将"器具须知"作为二十须知的一项："古语云：美食不如美器。斯语是也。……惟是宜碗者碗，宜盘者盘，宜大者大，宜小者小，参差其间，方觉生色……煎炒宜盘，汤羹宜碗；煎炒宜铁铜，煨煮宜砂罐。"

一、盛器的色彩、纹饰与菜品相协调

饮食器具都有特定的色彩、纹饰，这种协调，既是一肴一碗与一碗一盘之间的和谐，又是一席肴馔与一席餐具饮器之间的和谐。如宋代的《清异录》便记载吴越之地“有一种玲珑牡丹鲊，以鱼、叶斗成牡丹状，既熟，出盘中，微红如初开牡丹”，此系“庖制精巧”之作。

菜肴的盛装，如果餐具器皿色彩选用得当，就能把菜肴的色彩衬托得更鲜明美观。盛器具在选择时一定要考虑到菜肴的颜色，洁白的盛器对大多数菜肴都适用，若洁白的盛器用来盛装洁白的菜肴，色彩就显得单调，而且同色混淆，不能清晰突出菜肴。如“糟熘鱼片”“芙蓉鸡片”等白色菜肴，用白色的器具盛装就不如用带有色彩图案的器具盛装。即使使用，也必须在盘边缀以其他有色饰料，以使其色彩醒目。在装盘上切忌“靠色”，如“什锦拼盘”，就要把同类的颜色原料间隔开来，才能产生清爽悦目的艺术效果，又体现了盘中的纹饰美。因此，菜肴与盛器的选配，要有色彩的基本知识作指导，才能达到较完美的效果。

二、盛器的形态、大小与菜品相适应

盛器的大小选择要根据菜点的品种、内容、原料的多少和就餐人数来决定。由于中国菜肴品类繁多，形态各异，有整只、有碎块、有汤羹、有造型等。因此，也就要求食器的形制多种多样，千姿百态，并与菜肴装配相适应，以达到烹饪艺术完美的境地。故二者之间的和谐统一要求颇高，这就要体现出菜肴色味形的精巧与餐具器皿完美的艺术组合。所以，选用盛器要恰当，如果随便选用，不仅有损美观，而且不利于食用。如一般炒菜、冷菜宜选用圆盘和腰盘，若用汤盘或汤碗盛装，就显得不伦不类。烩菜和一些汤汁较多的菜肴宜用汤盘，如装在浅平的圆盘中就很容易溢出。整条的鱼宜用腰盘，否则就给人一种不舒服的感觉。

盛器的大小是决定菜肴数量的主要因素。如果把较多的菜肴装在较小的器皿中，或把少量的菜肴装在较大的盛器中，不但影响菜肴形态的美观，而且会使人生厌。所以盛器的大小必须与菜肴的数量相适应。一般来讲，菜肴的体积应占盛器容积的 80%~90% 为宜，菜肴、汤汁不应超过盛器内的边沿，这都是遵循食、器和谐统一规律的原则。

一般大盛器的直径在 50 厘米以上，冷餐会用的镜面盆甚至超过了 80 厘米。小盛器的直径只有 5 厘米左右，大盛器盛装的食品自然多些，可表现的内容也较丰富。小盛器盛装的食品自然少些，表现的内容也有限。一般来说，在表现一个题材和内容丰富的菜点时，应选用 40 厘米以上盛器；在表现厨师精湛的刀工技艺时，可选用小的盛器。在宴席及自助餐中宜采用大盛器展现菜品的规格与气势，而小盛器则体现了精致与灵巧。

三、盛器质地与菜品相吻合

自古以来，菜肴盛装用盘就有许多讲究。古代人食与器的配合讲究等级制度，金、银、玉器是统治阶级的专用品，老百姓是受用不起的。而今不分贵贱，但从饭店接待来看，高档的宴席菜肴，大多用质优精巧的盛器来装置，如果菜肴品质低，器皿品质高，问题还不大，但如果是高档菜肴用质差的器皿盛装，就难以衬托菜肴的精美。但不管是一般便饭，还是整桌宴席，食与器之间在品质、规格、色彩等方面都要相称，不可以品质不一样或花纹规格差距过大，色彩不协调。尤其是高级筵宴，所用食器最好是一整套的，有一个整体美。如果是批量的宴席，每桌的盛器都应该是系列性的。大盘、小盘、汤盅等器具也要风格多样、异彩纷呈，这样佳肴耀眼，美器生辉，盘饰升华，蔚为壮观的席面美器与美食产生的美景便会呈现在眼前，并由此使人领悟到中国饮食文化美食与美器和谐统一的真正文化底蕴。

现代餐饮业涌现出了一系列不同品相的菜肴和餐厅设计风格，既有高档的，又有中档和低档的，还有不同主题文化的餐厅，可以说差异较为明显。对于一些民间土菜，如山寨菜、妈妈菜、外婆菜等，则应该选用具有民间特色的盛器，有些被称为“土得掉渣”的土菜，不宜用精制盛器来装，而应当选用“很土气”的盛器，以彰显其土菜的整体风格。

四、盛器形态与菜品相一致

盛器的种类很多，形态也各异，可以说琳琅满目，不胜枚举。从造型上看，盛器分几何形和象形两大类。几何形的盛器一般多为圆形、椭圆形、方形、长方形和扇形。象形盛器可分为植物造型、器物造型、动物造型和人物造型。植物造型常见的有树叶、竹子、蔬菜、水果和花卉等；器物造型常见的有扇子、篮子、坛子、风斗等；动物造型常见的较多，如鱼、虾、蟹、贝壳、鸡、鸭、鹅、鸳鸯、龟、鳖、龙、凤、蝴蝶等；人物造型的不多见，如紫砂八仙盅等。盛器造型之所以有很多创意，其主要功能是为了迎合不同风味菜肴及筵宴的需要，达到引起顾客联想、渲染就餐气氛的目的。因此，在选择盛器种类及形态时，一定要考虑菜肴及筵宴的风格，所用的盛器风格最好体现协调美，或者体现整体美，使菜肴及筵宴风格与所选盛器具有一致性，以体现席面美器与美食的和谐美、整体美。

复习与思考

一、名词解释

鼎　瓷器　箸

二、选择题

1.“叉”最初是模仿（　　）而形成的。

A. 树枝丫　B. 手形　C. 筷子　D. 匙形

2. 漆器最盛行的时代是（　　）。

A. 周代　B. 秦代　C. 西汉　D. 三国

3. 最早出现的“蒸锅”的炊具是（　　）。

A. 甑　B. 甗　C. 鬲　D. 镬

4.“镬斗”相当于今天的（　　）。

A. 鏊子　B. 砂锅　C. 炒锅　D. 火锅

5. 铁器烹饪阶段的起始时间是指（　　）。

A. 秦汉　B. 三国　C. 南北朝　D. 隋代

三、问答题

1. 简述铁器的发展与演变。
2. 蒸制烹调法最早是怎样发展的？请分析说明之。
3. 我国汉代时期饮食器具有哪些特点？
4. 中国筷子是怎么发展变化的？
5. 阐述我国瓷器的发展脉络。
6. 器具与菜品搭配时要注意哪几个方面？

推荐阅读

1. 唐家路，王拓 . 饮食器用［M］. 北京：中国社会出版社，2010.
2. 刘朴兵 . 餐桌上的中国［M］. 济南：齐鲁书社，2022.

第十一章

中国茶文化

中国茶文化是千年沉淀的中华文明在茶叶与茶事活动中的渗透发展，俗语说“开门七件事，柴米油盐酱醋茶”。作为风靡世界的三大无酒精饮料之一，茶在全球各地拥有为数众多的爱好者。世界各国的茶叶种植、加工工艺、茶事礼俗等都是直接或间接由古代中国传播出去，因此中国也被誉为“茶的故乡”。茶，根植于中华大地，是千年中华文明发展的见证者，也是中外文化交流的传播者。

本章主要介绍中国茶文化的历史发展，茶具与茶艺的传承，中国名茶举要及茶在文艺生活中的体现，学好本章有利于深度了解中国茶文化，进而对中国饮食文化的发展有更全面的认识。

学习目标

知识目标

1 了解中国茶文化的起源与发展
2 了解中国茶具及茶艺的变化
3 了解中国六大茶类各自的特点
4 了解关于茶的文学艺术名作

能力目标

1 掌握不同历史时期的饮茶方式
2 掌握不同茶具的特点
3 学会鉴赏一二品名茶

案 例

茶 话

福建、台湾、潮州人爱喝工夫茶，茶具特殊，小壶小杯，泡茶另有一套手法，十分仔细，消磨时间，雅致得很。可这是有闲人的玩意儿，一般现代人饮茶，做法简单，将茶叶用开水冲泡即成。这是因现代人忙，加以总结千年饮茶经验，用水冲茶，既不失茶的香味和提神作用，又保存了茶这种饮料的特点，也不用花多少时间。唐代的陆羽，被后人称为“茶神”，他的名著《茶经》里也基本上用冲泡茶叶饮茶这种方法。唐代还有一种用盐、葱、生姜、药料配合茶叶煮出来的茶，尤其是在长安，少数民族及波斯、大食等国商人集中地的“西市”，这种煮茶是当保健药发售的，这可以说是广东凉茶的老祖宗，直至宋朝，这种药煮的茶才逐渐少见。

湖南、贵州、广西的苗族，流行一种家制饮料，是用茶叶、米花，炒熟磨碎的花生、芝麻、黄豆，还有葱姜等作配料。先将茶叶炒过，加水煮滚，把叶渣去净，再把备好的上述配料放一把入茶碗中，用茶汤冲入，其味芳浓，是唐代药茶进入少数民族地区的传统，这种茶，地方都叫“打油茶”。

《本草正义》说，玉竹是“治肺胃燥热、津液枯涸、口渴滋干等症”的。在江浙一带城村，常以玉竹、北沙参、石斛、麦冬以及大乌梅煎水加冰糖代茶，这种暑天的生津解渴佳品，既酸甜可口，亦是健康祛暑饮料。

（资料来源：黄苗子 . 茶酒闲聊［M］. 北京：生活 · 读书 · 新知三联书店，2006.）

案例分析

1. 这里介绍了几种不同类型的茶饮？

2. 请阐述茶在人们生活中的特殊作用。

第一节 中国茶文化的历史发展

中国是茶树的原产地，也是世界上最早开发利用茶叶的国家。考古学家已在浙江杭州跨湖桥距今约 8000 年前的新石器时代遗址中发现了熬汤的茶叶和完整的茶树籽。早在西汉末期，茶叶、茶具、茶艺就备受关注，到了唐代，饮茶成了一种社会风尚，由于茶叶生产发达，茶税甚至成了当时政府的重要财政收入。唐朝陆羽《茶经》的出现，标志着中国茶文化在种植、制茶、泡茶等方面都达到了世界一流水平。茶叶也是中外交流的重要媒介，唐朝之前饮茶之风已经渐入东亚其他国家，融合当地文化形成“茶礼”和“茶道”，盛行至今。17 世纪前后，茶叶传入欧洲地区，为当地的饮食生活添上了浓重的一笔。

一、茶之源流

（一）茶树的发现

茶树是多年生常绿木本植物，传说“发乎于神农，闻于鲁周公”。茶最初是作为药用，后逐渐发展成日常饮料。《神农本草经》中记载“神农尝百草，日遇七十二毒，得荼而解之”，其中所提及的“荼”即为现在的“茶”。虽然只是传说，但这是我国最早发现和利用茶叶的记载，神农氏也被认为是第一个发现并利用茶的人。书中还提到“茶叶味苦寒，久服安心益气，轻身耐劳”，记载了茶叶的药用价值，可见战国时期茶叶已作为一种药物被人们而熟知。

一般认为，茶树自起源至今已有6000万~7000万年的历史。我国西南地区是世界上最早发现野生茶树和现存野生大茶树最密集的地区。这里是最早发现利用茶的地区，其野生大茶树最具有原始的特性。1961年在云南省大黑山密林中（海拔1500米）发现了一棵单株存在的野生大茶树，高32.12米，树围2.9米，树龄约1700年。1996年在云南省镇沅县千家寨（海拔2100米）的原始森林发现一株野生大茶树，高25.5米，底部直径1.2米，树龄约2700年，森林中直径30厘米以上的野生茶树到处可见。我国是世界上最早发现野生大茶树的国家，而且树体最大，数量最多，分布最广，由此可以证实中国是茶树的原产地。

（二）茶字的由来

茶的别称很多，在中唐之前“茶”字多写作“荼”，并一字多义。汉朝时期，“茶”字开始从“荼”字中简化出来，当时“茶”字的出现很可能是古汉字中的错别字或异体字。然而随着生产力的发展，茶事活动越来越频繁，相对简化的“茶”字在表义方面更加清晰直观，于是古人易“荼”为“茶”，写法基本不变，读音转入“茶”音。

《尔雅·释目》记载：“槚，苦荼。”晋代王微《杂诗》也有“待君竟不归，收领令就槚”的诗句。《尔雅》与《杂诗》所提的“槚”指的都是茶。在陆羽《茶经》出现之后，茶的各种别称相对统一，大多不再使用，沿用较多的是“茗”字，至今人们还常用“品茗”表示饮茶。

茶的字形、字音、语义是在中国最早确立的，茶叶又由中国输向世界各地，因此世界各地对茶的称谓都是由中文的“茶”音译过去，再根据当地语言稍加变化。如日语和印度语中的“cha”都为“茶”字原音。英语“tea”、法语“the”、德语“thee”、拉丁语“thea”，经考证这些音形成的过程都是由福建方言“茶”字的念法转译而成。福建人管茶叫作“tey”（音似“贴”），我国从唐朝开始设立“市舶司”管理船舶货物进出口，直到明朝，福建已成为中国茶叶出口的重要市场。西洋商人从福建大批量购买茶叶回去，漂洋过海之后告诉欧洲人这个商品叫作“tey”。现在爱尔兰人还保留着古式发音，虽拼写方式改为“tea”，但读音还是“tey”。

（三）茶的传播

中国在茶业上对人类社会主要的贡献在于最早发现并利用茶这种植物，通过从原产地传播向世界各地，形成了东方乃至整个世界独特的茶文化。中国茶业初兴于巴蜀，后向中国东部、南部传播，到了唐代传至日本和朝鲜，16 世纪后走向西方国家。这个历史过程从传播途径上可以分为境内传播和境外传播两条线路。

1. 中国茶业的摇篮——巴蜀（先秦两汉）

战国时期，巴蜀地区就已经形成了一定规模的茶叶产区，并已将茶作为贡品。顾炎武曾指出“自秦人取蜀而后，始有茗饮之事”，也就是说，自秦统一巴蜀之后，中国的饮茶文化才慢慢传播开来。到西汉成帝时，王褒的《僮约》中有“烹茶尽具”和“武阳买茶”两句，可见西汉时期在成都一带不仅饮茶之风盛行，还开始讲究烹茶的用具，茶叶在成熟的茶叶市场“武阳”当中成为商品售卖。所以在西汉时期，成都地区是我国茶叶的重要产地和主要消费地区，也是最早的茶叶集散中心。

2. 长江中游成为茶业中心（三国两晋）

秦汉统一中国后，随着巴蜀地区与周边各地的交流加强，茶的种植和加工技术开始向东部和南部传播。西汉时在湖南设“茶陵”县，以其地产茶而得名，此地毗邻江西和广东的边界，说明当时茶的生产已经传播到湘、粤、赣等地。

三国两晋时期，据西晋《荆州土记》记载，“武陵七县通出茶，最好”，可见当时巴蜀茶业的优势地位已逐渐被荆楚茶业取代，长江中游或华中地区成为茶的产业中心，饮茶风气更传播到了北方的贵族阶层。

3. 茶业重心的东移（东晋南朝）

西晋南渡之后，北方豪族过江侨居，建康（现南京市）成为南方政治中心。这一时期由于上层社会饮茶之风盛行，长江中下游及东南沿海地区的茶叶种植生产有了较大发展。中国茶产业向东南推进，甚至推展到浙江现温州、宁波沿海。《桐君录》记载“西阳、武昌、晋陵皆出好茗”，晋陵现为江苏常州宜兴一带。

4. 江南茶业盛极一时（唐代）

六朝之后，北方地区及西北少数民族开始嗜茶成风。《膳夫经手录》记载：“今关西、山东、闾阎村落皆吃之，累日不食犹得，不得一日无茶。”随着北方地区茶叶需求的增长，江南、淮南茶区发展迅速。唐中叶之后，长江中下游茶叶产区除了产量极大之外，制茶技术也达到了当时最高水准。宜兴阳羡茶和湖州紫笋成为贡茶，标志着茶叶生产和技术的重心正式转移到了长江中下游的江南地区。贡茶产地设置在江南，极大地促进了江南地区茶叶生产技术的发展，也带动了全国茶业及茶文化的发展。

5. 茶业重心由东渐南（宋代）

由于气候（小冰期）的变化，江南早春气温较低，茶树发芽推迟，不能保证清明前茶叶进贡到京都，而福建地区气候温暖，如欧阳修所说“建安三千里，京师三月尝新茶”，于是福建建安成为贡茶新区。从五代到宋初，东南地区及华南的茶业迅速发展，逐渐取代长江中下游茶区的地位，成为宋朝茶业的中心。建安成为中国团茶、饼茶制作的技术中心，带动了闽南地区和岭南地区茶业的发展，也逐渐影响了整个中国的饮茶习惯。宋代的茶区与现代茶产区的范围和分布基本相符。明清之后，所改变的仅是茶叶制作方法和不同茶种的兴衰。

中国的饮茶风尚也对世界产生了巨大影响，朝廷在沿海设置“市舶司”管理世界海上贸易，其中就包括茶叶贸易。外商购买大量茶叶运回自己的国家，促进了茶文化的传播。唐朝永贞元年，日本禅师从中国带回茶苗在滋贺县种植，公元 815 年嵯峨天皇到滋贺县梵释寺，僧人献上茶水，天皇饮用后非常喜爱，遂在日本大力推广茶叶种植栽培，推动了日本社会的饮茶之风。宋元时期我国对外贸易的港口增加到八九处，茶叶成为重要出口货品。明代 7 次派遣郑和下西洋，加强了中国对东南亚、阿拉伯半岛甚至非洲东岸的茶叶输出。明朝万历三十五年（1607 年），荷兰船队从澳门买茶转运往欧洲，这是我国茶叶直销欧洲的最早记录。1631 年，英国船长威特驾船东行，首次从中国购买茶叶直运英国。1835 年，阿萨姆地区引进中国茶种和小种红茶的生产技术，后发明切茶机，成为红碎茶生产和出口的著名地区。到 19 世纪，中国茶叶几乎传遍全球，1886 年茶叶出口量达 268 万担，为世界人民带去茶叶的美味享受。

相关链接　搜索

不同时期的饮茶方式

1. 原始时期的口嚼生叶

古代中国人在发现野生茶树之后，最早对茶的利用是从咀嚼生的茶树叶子开始的，有记载的第一个品尝茶树鲜叶的应是神农氏，随后在古人学会利用火之后，便开始用火将茶叶煮成羹汤来饮用，或者用茶来做菜。所以在此阶段茶的利用是称不上制茶的。

2. 春秋时期的生煮羹饮

到了周代和春秋时期，古人为了能够长时间保存茶叶，逐渐学会将茶晒干的方法，到需要用时随时取茶叶干叶，加水煮羹。晋朝郭璞在《尔雅》的注解中提到茶叶“可煮作羹饮”，说明这种饮茶法一直持续到晋朝。现在中国南方一些少数民族还保留着这种吃茶法，将茶树鲜叶晒干后撒上盐，不日后取出咀嚼，嚼后再将叶渣吐出。

3. 唐代的煎茶

煎茶这个词原来指制茶中的一道工序，即用水烹煮茶叶鲜叶。在唐代，“煎茶”因其过程的考究变成了一门艺术。在唐之前，沏茶已由原先的烹煮鲜叶发展成将饼茶放在火上灼烧成“赤色”，然后打碎研磨成粉末，倒入壶中加水煎煮，之后再加上调料煎透的饮茶法。而陆羽认为这种方法是对茶叶的浪费，他的煎茶方法更加考究。据《茶经》中记载，唐人饮的是经过蒸压的饼茶。煎茶前，为了将饼茶碾碎，先用高温“持以逼火”进行烤茶，并且在烤茶时频繁翻动饼茶，烤至适度时趁热包好以免香气散失，等其冷却后再研磨成细末。煎茶需要用风炉和釜作工具、木炭和硬柴作燃料，加新鲜山泉水煎煮。煮茶时步骤繁多，过程讲究，这种细煎慢品的饮茶文化将饮茶从单纯解渴的生理功能上升为一门艺术。陆羽所创的煎茶方法是唐朝物质精神双丰收的社会风气在茶文化方面的体现，使喝茶成了一种物质享受。

4. 宋代的点茶

如果说唐代是酒的时代，那宋代就是茶的时代。茶宁静而致远的风范、闲适且典雅的性格与宋代的时代风格分外契合。宋代不仅贡茶工艺迅速发展，贵族阶层也大力倡导宣扬，使得茶文化由唐代茶客、僧人引导饮茶的格局转变成宋王朝贵族阶层和文人墨客的名仕风雅。

宋人的饮茶风俗较前朝丰富了许多，宋代福建北苑茶的兴起引发了“斗茶”技艺的形成。“斗茶”又称“茗战”“点茶”“点试”“斗碾”，一般过程为列具、炙茶、碾茶、罗茶、汤瓶煮水至二沸、盏、置茶、调膏、冲点击拂、观赏汤花、闻香、尝味等。整个过程不仅比试茶品质的优劣，更比试点茶技艺的高低。除了斗茶之外，分茶也很盛行，杨万里《澹庵坐上观显上人分茶》就描写了一位僧人的分茶技艺。无论斗茶还是分茶，宋人都十分讲究茶具和茶艺。南宋刘松年《茗园赌市图》就勾勒了宋代街头点茶、提壶、品茶的生活景象。

5. 明代的泡茶

明洪武二十四年（1391年），明太祖朱元璋下诏废团茶，改贡叶茶（散茶），两宋时期的斗茶之风消失了，饼茶开始被散叶茶代替，饮茶方式发生了划时代的变化。明人认为这种方式“简便异常，天趣悉备，可谓尽茶之真味矣”。

散茶被定为贡茶对散茶的生产起到了很大推动作用，从此散茶加工的工艺更加精致，许多散茶名品如虎丘、龙井、阳羡等雏形初成，也使得传统“文人茶”对品茗境界的追求达到了一个新高度。

6. 清代的品茶

清代入关之后废弃一切禁令，允许茶叶自由种植，由此茶文化迅速深入市井，成为民间文化不可或缺的一个部分，茶馆文化取代了“文人茶”的地位。此时蒸青、炒青、烘青等茶类具备，茶饮方法也大多使用“撮泡法”。

二、茶文化发展简史

茶文化广义上指人类社会历史实践过程中所创造的与茶有关的物质财富和精神财富的总和，包括自然科学和人文科学两方面。狭义上的茶文化着重于茶的人文科学，关注茶对人类精神和社会的作用。中国茶文化根植于源远流长的华夏文明，是中国传统文化的宝贵财富，其形成与发展主要经历汉魏六朝、隋唐五代、宋元、明清和当代共五个主要的时期。

（一）茶文化的萌芽——汉魏六朝

饮茶方式在经历生嚼鲜叶、煮叶为羹的阶段后，到魏晋南北朝时期进入烹煮饮用的阶段，统治阶级和文人士大夫将饮茶作为一种精神享受，赋予了茶超出其自然价值的精神含义，茶文化由此产生，并作为一种健康高雅的生活风范与两晋的奢靡风气形成对抗，提倡“以茶养廉”。比如南朝齐国武帝在遗诏中嘱托后人不要用牲畜来祭祀他，改用糕饼、水果、茶、饭等来祭祀就可以了，说明人们对茶清简的品格已形成初步概念。

汉魏六朝时期也是道教的高速发展时期，与此同时源于印度的佛教在中国广泛传播，儒、释、道兼收融合，茶以其清雅、虚静的品格和清神强身的药用功能深得宗教修行者和文人士大夫的喜爱。道家修炼气功讲究打坐、内省，茶可以帮助修行者醒神和疏通经络，于是出现了饮茶可以羽化成仙的传说，当时人们认为饮茶可以养生、长寿、修仙，这些传说故事多收录在《搜神记》《续搜神记》《杂录》《异苑》中。同一时期，佛教僧人也倡导饮茶，使得饮茶与“禅”融合，“茶禅一味”的思想产生。

魏晋人士喜茶，撰写了诸多诗文赞颂吟咏茗茶，如杜育的《荈赋》是文学史上第一篇以茶为主题的散文，孙楚的《出歌》、左思的《娇女诗》、王微的《杂诗》是早期的涉茶诗。文人名士喝酒饮茶，开创了清谈饮茶之风气，也出现了很多关于名人雅士饮茶的逸闻趣事，这一阶段是茶文化的萌芽时期。

（二）茶文化的形成——唐代

唐代承袭汉魏六朝的传统，兼纳少数民族和外族文化，成为中国文化史上的辉煌时期。儒家文化、佛教思想和道家理念融入饮茶风尚之中，茶文化逐渐完善成一个独立独特的文化体系。唐代政治相对稳定，生产力水平较高，饮茶风气很快传遍中原大地，并开始向外国传播。由于茶业的发达，茶叶产量增加，饮茶风气下移至平民阶层，柴米油盐酱醋茶成为社会生活不可或缺的日用品。

大唐是中国文学的一个盛产阶段，茶与文学结缘，茶文学层出不穷。唐代一流的诗人如李白、杜甫、元稹、白居易、刘禹锡、李商隐、杜牧、温庭筠等都写有脍炙人口的茶诗，卢仝《走笔谢孟谏议寄新茶》为茶诗的经典，可谓千古绝唱。茶书的撰写也始于唐代，现存唐代（含五代）茶书共六部，完整的茶书有陆羽《茶经》、张又新《煎茶水记》、苏廙《十六汤品》、毛文锡《茶谱》，部分的有斐汶《茶述》、温庭筠《采茶录》。“自从陆羽生人间，人间相学事新茶”。中唐陆羽《茶经》是中国乃至世界现存最早、最完整、最全面介绍茶的专著，被誉为“茶叶百科全书”，建立了一个较完整的茶学体系并首创中国茶道精神，标志着唐代茶文化的形成，是茶文化历史长河中的一个重要里程碑。

（三）茶文化的兴盛——宋代

有了唐代饮茶文化兴盛的基础，宋代茶文化的发展更是盛况空前，除了宫廷茶文化更趋向奢华精致，市民阶层的饮茶文化也是欣欣向荣。

由于宋代受到寒潮影响，负责贡茶的江南地区多个产区的茶树被冻伤，茶叶生产受到严重破坏，于是贡茶的中心南移。宋太平兴国二年（977年），宋太宗"取象于龙凤，以别庶饮，由此入贡"，派遣官员到福建建安北苑监制"龙凤茶"的生产。龙凤茶即用特定模具在茶膏上压制，使饼茶上带有龙、凤、花草等特定图案，以此区别皇室贡茶和平民用茶。宋代的龙凤茶把中国古代蒸青团茶的制作工艺推向了一个历史高峰，其制作工艺登峰造极，并拓展了茶的审美范畴，从色、香、味的要求拓展到对"形"的讲求，为后代茶叶形制奠定了审美基础。

宋代"斗茶"习俗盛行，此风不仅盛于宫廷，在民间也非常普及。唐庚《斗茶记》记录："政和二年，三月壬戌，二三君子，相与斗茶于寄傲斋。予为取龙塘水烹之，而第其品，以某为上，某次之。"在"斗茶"的比试风俗之下，"分茶"的茶艺技巧性也很高，比如著名的"茶百戏"，通过高超的茶艺使盏面上的汤纹变化出格式图样，犹如一幅幅水墨画，所以也有"水丹青"之称。

宋代市民经济发达，市井文化繁荣，茶楼、茶馆也随之兴盛发展。当时汴京是北宋政治、经济、文化中心，其中闹市区茶坊密布，形态多样。《清明上河图》中既有两层高的茶楼，也有街坊巷尾的茶铺，更有乡野小路上的茶摊。

（四）茶文化的延续——元明清

元代宫廷还是沿用饼茶，但民间已初现散茶。由于散茶的普及，茶叶加工制作开始出现炒青技术，花茶的加工也形成完整流程。汉蒙饮食文化的交融形成了元代具有蒙古族特色的泡茶方式，即用沸水直接冲泡茶叶，这为明代炒青散茶的兴盛奠定了基础。元代统治阶级重武轻文，废止科举考试，使得知识分子备受冷落。很多文人转而创作元曲解闷自娱，借茶抒怀，"香梅梢上扫雪片烹茶"，茶入元曲。

明太祖朱元璋废团茶改散茶，将煎煮法改为冲泡法是饮茶方式的重大变革。除了茶叶加工技术的进步，花茶、乌龙茶、红茶等茶类也逐步兴起。由于泡茶方式简便，饮茶之风向民间下移。明代人除了改良茶叶制作工艺，更追求优良的茶具，特别推崇紫砂茶壶。

清代承袭明代饮茶的思想理念和加工方法，在此基础上更加讲究"茶道"。且饮茶之风更是"飞入寻常百姓家"。民间精于"茶道"者众多，以两广、闽南地区为盛。到清代末期，市场上已形成与当代一般的六类茶业格局，各地的饮茶风俗也基本确定，比如江浙一带喜饮绿茶，北方地区喜饮花茶等。清代小说盛行，茶文化在小说中作为重要元素频繁出现，如《红楼梦》中涉及饮茶处多达260处，咏茶的诗歌十余首，还记载了各式各样的茶具、丰富多彩的茶种、讲求非凡的茶艺，形象地再现了清代的饮茶风貌。

（五）茶文化再创辉煌——当代

新中国成立后特别是改革开放以后，中国经济飞速发展，对外交流日益增多，以中国新时代茶文化为核心的东方茶文化在世界范围内再次掀起了一个高潮。茶艺交流活动在全国各地蓬勃发展，城市茶艺交流活动场馆甚至形成了一类新兴产业，促进了地方经济文化的发展。茶文化的社团也应运而生，各地茶文化节和国际茶会不断举办，对中国茶文化在世界上的推广起到了积极作用。除此之外，茶文化教研机构相继建立，中国多所高校开设茶学、茶艺专业，培养高端茶艺人才，有的高校还专门设立了茶文化研究所，深入、系统地研究茶文化，与茶文化相关的书刊、专著层出不穷。

相关链接　搜索

红楼茶话

吃茶是贾府饮食的一个重要方面，《红楼梦》中写茶远超过写酒，茶成了红楼饮食中的一个极为重要的部分。

如果分类，《红楼梦》中的吃茶，大体上可以分为这样几种：一是品茶，这就是妙玉在栊翠庵中请宝玉、黛玉、宝钗三人吃的。二是家常吃茶，这个很多，吃完饭，吃杯茶。按照第三回所写荣国府的规矩，先是漱口的茶，“然后又捧上茶来，这方是吃的茶”。半夜口渴了，吃杯茶，第五十一回写宝玉要吃茶，麝月“向暖壶中倒了半碗茶。递给宝玉吃了，自己也漱了一漱……”三是礼貌应酬茶，我国南北习惯这点上基本相同，客人来了，不管客人口渴不渴，这是礼貌。第二十六回写贾芸来看宝玉，袭人送茶与他，“只见有个丫鬟端了茶来与他”，贾芸笑道：“姐姐怎么给我倒起茶来？”这二十四回贾芸找宝玉未遇，培茗道：“我倒茶去，二爷喝了茶再去。”四是饮宴招待茶。第三回写黛玉初到贾府见到凤姐后，“说话时，已摆了果茶上来，熙凤亲自布让”。五是风月调笑茶。第十五回写馒头庵中故事，宝玉对秦钟说：“你只叫他倒碗茶来我喝，就撂过手”，秦钟没法，真叫智能倒碗茶来，“智能走去倒了茶来。秦钟笑说：‘给我。’宝玉又叫：‘给我！’智能儿抿着嘴儿笑道：‘一碗茶也争，难道我手上有蜜！’……”六是官场形式茶，第十三回秦可卿办丧事，太监戴权来上祭，“贾珍忙接待，让座至逗蜂轩献茶”。第三十三回写贾政接待忠顺亲王府里的人，也是“彼此见了礼，归坐献茶”……

（资料来源：邓云乡．云乡话食［M］．北京：中华书局，2015.）

第二节　中国茶具与茶艺

自茶被发现并利用以来，随着历史的推进及生产力的不断进步，人类的审美也根据时代特性随之变化，与之相对应的就是茶具和茶艺的发展。茶具和茶艺的发展过程都经历过由粗到精、由简到繁，再由繁到简，最终返璞归真的阶段，从古朴到奢繁再归为淡雅。茶具和茶艺由人参与，因茶而生，成为茶文化的重要载体。

一、千姿百态的茶具

良渚文化出土的红陶器具和战国时期的陶罐表明，当时古人盛水的器具已初具后期茶具的形态。“茶具”一词最早出现于汉代辞赋家王褒的《僮约》，其中写道：“烹茶尽具，餔已盖藏。”这是关于茶具最早的史料，其中“烹茶尽具”指煮茶并清洁茶具。早期的“茶具”多为陶质，兼具烹具和食具的功能，也没有专供饮茶使用。直到魏晋之后，饮茶开始被看作精神享受并被文人士大夫用以“明志”，茶具才成为专供饮茶使用的器具，从盛器中独立出来。目前我国的茶具种类繁多，质地迥异，造型复杂，花色丰富，一般分为陶土茶具、瓷器茶具、漆器茶具、竹木茶具、玻璃茶具和金属茶具。

（一）陶土茶具

新石器时期，人类不满足于茹毛饮血、污尊抔饮的生活，发明了陶土器具。最初的陶土器具主要是土陶，后逐渐演变成较为坚硬的硬陶，再发展为表面敷釉的釉陶。陶器中品质最优名头最响的要数宜兴的紫砂茶具，在商周时期宜兴地区的制陶业就颇为发达，出现了几何印纹硬陶，到秦汉时期已有釉陶，北宋时期宜兴制陶业在全国颇具盛名，到明代被皇家和文人士大夫推崇，全国流行。《桃溪客语》有言：“阳羡（即宜兴）瓷壶自明季始盛，上者与金玉等价。”可见宜兴紫砂茶具价值之高。

紫砂壶不同于一般陶器，其里外都不敷釉，采用当地的紫泥、红泥、团山泥（也称为五色土，由于土质稀少现已禁止大规模开采）焙烧而成。由于烧制时窑内温度极高，烧结紧密，胎质细腻，既不渗漏，又有肉眼看不见的气孔，经久使用还能吸附茶汁，续韵茶味，放于手中把玩，日久茶具表面竟愈加润泽，玲珑生光；且紫砂茶具传热不快，不至于烫手，天热茶不易馊，天寒倒沸水也不会因热胀冷缩而破裂。

紫砂壶的造型质朴大方，富有古韵，外形装饰上常常雕刻松竹、花鸟等寓意美好的事物。明代嘉靖、万历年间先后出现了两位卓越的紫砂工艺大师——龚春（供春）与其徒弟时大彬。供春的制品被称为“供春壶”，其以造型新颖精巧、古朴雅致、质地薄而坚实，被誉为“供春之壶，胜如金玉”。时大彬的作品多为小壶，颇有雅趣，有诗言：“千奇万状信手出”“宫中艳说大彬壶”。其后董翰、赵梁、袁锡、时朋均为制壶高手，同时代李茂林将壶胚放入匣钵内烧制，表面不染灰痕，洁净均匀，此法沿用至今。清代名匠辈出，陈鸣远、杨彭年等各成一派，风格清晰、工艺精细。陈鸣远制壶壶盖有行书“鸣远”章，至今被视作珍品；杨彭年不用模具，随手捏成，天衣无缝，至今被许多国家级工艺大师模仿。清朝时期紫砂壶已名扬海外，当时我国南方泡工夫茶所用小茶壶几乎全为宜兴紫砂壶，17 世纪，紫砂壶传入西方，被称为“红色瓷器”。近现代程寿珍、顾景舟、蒋蓉等工艺大师承前启后，使紫砂技艺不断发展，改革开放前我国台湾、香港商人辗转到宜兴购入紫砂壶，回去拍卖，供不应求，竟拍出不少天价的紫砂茶壶。

小贴士

怎样泡茶

泡茶首先要有好水，其次是要有好的茶具。对于绿茶来说，最好的茶具就是玻璃杯，紫砂壶、各种保温杯都不适宜用于冲泡绿茶。再次是冲泡要得法，宜用80~90℃的开水冲泡，有利于保持汤色、叶底的翠绿和茶叶的香气，也可防止茶叶中维生素的破坏。

（二）瓷器茶具

瓷器在中国艺术品中的地位不容小觑，清新淡雅的青花瓷、柔和秀美的粉彩瓷、如水剔透的薄胎瓷、鲜亮明艳的斗彩瓷、富贵华美的珐琅瓷，都异常精美，散发着独特的魅力。瓷器为中国发明，商周为其滥觞，东汉时期开始迅速发展，至唐代各类工艺趋于成熟，达到瓷器制作的巅峰。瓷器茶具的种类很多，大致可分为青瓷茶具、白瓷茶具、黑瓷茶具及彩瓷茶具。

1. 青瓷茶具

青瓷以其质地细腻、线条流畅明快、造型端庄大气、色泽纯洁斑斓著称于世。青瓷茶具从晋代开始发展，以浙江生产的质量为最优，最流行的是一种叫“鸡头梳子”的有嘴茶壶。唐朝烧制茶具最出名的是越窑和邢窑，有着“南青北白”的美誉。唐代青瓷茶壶称“茶注”，其壶嘴细小，称为“流子”。

宋代饮茶多用茶盏，盏托也更为普遍。瓷器工艺在宋代空前繁荣，官窑、哥窑、汝窑、定窑、钧窑这历史上的五大名窑在当时已形成一定规模。造瓷艺人章生一、章生二兄弟俩的“哥窑”和“弟窑”生产青瓷茶具，远销各地，全国流行。哥窑所产的瓷器胎薄质坚，釉层饱满，色泽静穆，颜色众多，其中以粉青色瓷器最为名贵。弟窑所产的瓷器造型精美，胎骨厚实，光润纯洁，以梅子青、粉青最佳。

明代所产的青瓷茶具制作工艺更加精美，16世纪末，龙泉青瓷出口法国，轰动了整个法兰西。法国人用名剧《牧羊女》中女主角雪拉同的青袍与之相比，称龙泉青瓷为“雪拉同”，至今法国仍沿用这一美称。

青瓷茶具质地细腻，釉色晶莹，青中泛蓝，如冰似玉，有的宛如碧峰翠色，有的犹似一湾春水，因其色泽青蓝，用以冲泡绿茶更添茶色之美，难怪唐代诗人陆龟蒙写出“九秋风露越窑开，夺得千峰翠色来”的诗句。

2. 白瓷茶具

我国白瓷自北宋出现，成熟于隋代。唐代形成的“南青北白”格局即是以越窑的青瓷和邢窑的白瓷作为代表。白瓷在唐代又称“假白玉”，在当时“天下无贵贱通用之”，诗人白居易作诗大赞四川大邑所产的白瓷茶碗。北宋时期，景德镇所产白瓷茶具质地温润，白里泛青，雅致悦目，到元代更是以“白如玉、明如镜、薄如纸、声如磬”的品质享誉海内外。白瓷适宜冲泡各种茶类，以景德镇出品的最为著名，湖南醴陵、河北唐山、安徽祁门等地所产白瓷也各具特色。

3. 黑瓷茶具

黑瓷茶具由晚唐时期兴起，至宋代趋于鼎盛，到明清时期衰落。宋代所流行的“斗茶”使得福建建州所产的黑瓷大受欢迎，这是由于宋代斗茶时茶汤呈白色，茶面更是纯白色，茶盏的黑色与茶汤的雪白相映成趣，效果明显。

宋代的黑瓷茶盏成为瓷器茶具中的最大品种，福建建窑、江西吉州窑、山西榆次窑等成为黑瓷的主要生产地，其产量巨大，销量超过五大窑。黑瓷茶具也以建窑产的“建盏”最负盛名，“建盏”更是在宋元时期流入日本，至今仍在日本茶道中可见（日本称之为“天目碗”）。

明代改团茶为散茶，饮茶方式改繁为简，黑瓷建盏“似不宜用”，退居到历史舞台的幕后。

4. 彩瓷茶具

彩瓷茶具的品种很多，其中尤其著名的是青花瓷茶具。青花瓷茶具以氧化钴为呈色剂，在瓷胎上直接描绘图案纹饰，再涂上一层透明釉，然后送入窑内，经1300℃左右高温还原烧制而成。图案纹饰色泽幽蓝，蓝白相映成趣，加之彩料之上涂透明釉，更显得明亮润泽。

元代中后期，青花瓷茶具开始成批生产，景德镇成为当时青花瓷的主要生产地。由于青花瓷茶具的花纹细腻复杂，对绘画技巧的要求也很高，将中国传统绘画技巧运用在瓷器装饰上可以说是元代瓷器的重大发展，也是元代绘画的重要成就。明、清两代的青花瓷生产种类、花色等不断增多，工艺愈加精致，景德镇所产的青花瓷茶具成为各地青花茶具窑厂争相仿制的对象，其制作工艺在清代康熙、雍正、乾隆年间达到巅峰。

（三）漆器茶具

漆器的生产工艺很早就有了，但运用到茶具上始于清代，主要产区在福建福州一带。漆器茶具轻巧大方，色泽美观，有耐温、耐酸的特点，并具有工艺品的审美性。漆器茶具较为著名的有北京的雕漆茶具、福州的脱胎茶具等，其中福建生产的漆器茶具多姿多彩，有“宝砂闪光”“金丝玛瑙”“釉变金丝”“仿古瓷”“雕填”“高雕”“嵌白银”等品种，后期还创造性加入了红如宝石的“赤金砂”和“暗花”的新工艺，使漆器茶具变成了一件件艺术品。

（四）竹木茶具

唐代之后，饮茶文化逐渐下移至民间。民间的饮茶习惯相对粗放，所使用的饮茶器具除了陶瓷器具之外，更多的是物廉价美的竹木茶具。竹木茶具的原料随处可见，制作简便，饮茶时使用竹木茶具还有一种乡野雅趣，不过缺点就是使用寿命不长。清代时四川出现成套的竹木茶具，由陶瓷类内胎和精选慈竹所制的外套组成，这样能够保护内胎不受损坏，更能防止热茶烫手，兼具实用功效与审美价值。

（五）玻璃茶具

烧制优良的玻璃器具光彩照人，因此玻璃茶具也广受欢迎。其形态各异，价格亲民，在众多的玻璃茶具中以杯子状茶具最为常见。用玻璃茶杯泡茶可以清晰地观察到茶叶遇水舒展的形态和茶汤的颜色，赏心悦目，独有风趣。因此用玻璃茶具冲泡各类细嫩名茶非常富有观赏价值，适合品茗。但玻璃制品易碎，导热快，烫手，为美中不足。

（六）金属茶具

金属茶具是由金属材质制成的器具，主要有金器茶具、银器茶具、铜器茶具、铁器茶具和锡器茶具等。茶具从金属器皿中独立分化出来应是在中唐之后，陕西扶风县法门寺塔基地宫出土了大量金银茶具可以做证。唐代的金银茶具是帝王权贵饮茶所用，但宋代开始起世人对金属茶具的评价褒贬不一。特别是明代革新了饮茶方式，陶瓷茶具又大行其道，金银器的茶具逐渐退出历史舞台，尤其是锡、铁等茶具泡茶会影响茶的风味，以致很少有人使用。但除了茶具之外，贮茶的器具多用金属器，因其密闭性比木、竹、陶、瓷、纸等要好，可有效防潮，利于茶叶的储藏。

二、精致美妙的茶艺

要想品尝到令人心旷神怡的好茶，除了选择好茶、好水及优质茶具之外，茶艺的好坏也决定着茶叶最后的口感优劣。不同历史时期人们的饮茶方式也不同，从唐代煮茶、宋代点茶到明清冲泡茶，茶艺随着历史发展也在不断演变。但无论用何种方式饮茶，煮茶人的技艺却从未被忽视。茶艺也是茶文化的重要载体，传递着不同历史时期的人文风俗。

（一）古代茶艺

中国唐代及之前较为普遍的饮茶方式是煮茶，即直接将茶叶放在釜中烹煮，茶汤煮好之后斟入众人的茶碗中，以示雨露均沾、同甘共苦。唐代陆羽《茶经》中还记载了其他饮茶方法，一种是末茶的饮用方法，即将茶饼碾磨成粉末放入茶瓶中，再用沸水冲泡；另一种是调味煮茶法，即加入葱、姜、橘皮、薄荷等调味品煮茶，陆羽认为此法掩盖茶香，并不认同。

到宋代，研茶演化而成点茶，为宋代斗茶所用，及将饼茶碾磨成粉末，置于碗中，以沸水冲点入碗，以茶筅（打茶的工具）拼命用力打击，使茶末溶于水，并渐起沫饽，

“潘潘然如堆云积雪即可”。斗茶的胜负优劣以沫饽出现是否快、水纹露出是否慢来评定。沫饽洁白，水纹慢出而不散者为上。因茶水交融，水质浓稠，饮下之后茶盏胶着不干，成为“咬盏”。

宋元时期还有毛茶法，即在茶中加入干果，用热水点泡，饮茶吃果。明代点花茶法将含苞待放的梅花、桂花、茉莉花的蓓蕾数枚直接与末茶一同放入碗内，热茶水汽蒸腾，茶汤催花绽放，一边闻着茶香一边观赏花开美景，极富雅趣。

（二）现代茶艺

明清时期的茶艺对现代茶艺起到了承上启下、继往开来的作用，其冲泡方式的茶艺成为主流延续至今，当今各类茶艺都是在秉承传统茶艺的同时加入现代各类元素而成。冲泡的过程基本经过烫杯—倒水—置茶—注水—倒茶—分茶—奉茶—闻香—品茶—清渣—洗器这几个步骤。其中倒茶的时候注意先提壶沿着茶船逆时针转圈，刮去壶底的水滴，留意磨壶的方向，右手执壶，迎客喝茶时要逆时针方向磨，送客时反之，左手提壶则再反之。均茶的时候可以先倒入“公道杯”，也可以采用“韩信点兵”的方式将所有杯子倒七分满。冲泡的整个过程非常简单，假以时日练习即可达到优雅从容、流畅准确的状态。

现代茶艺中常见的冲泡方法主要是以下三种：

1. 凤凰三点头

高提水壶让水直泻而下，接着利用手腕的力量上下提拉注水三次，让茶叶跟着变化的水流在杯中上下翻腾，这种冲泡技艺称为凤凰三点头。由于此法像是对客人鞠躬行礼，能够体现对客人的尊敬，所以凤凰三点头法不仅作为一种优雅的茶艺，更作为中国传统礼仪的体现流传下来。

2. 高冲低斟

高冲，即冲茶时要沿着茶壶口内缘冲入沸水，水柱不能从壶心直冲而入，因为那样容易冲破壶胆，从而破坏了茶的味道。由于茶壶距离茶杯较高，这样水流冲下来被称为“高冲”。高冲能使热力直透罐底，茶沫儿上扬，不仅美观而且美味。

低斟，即茶壶尽量靠近茶杯，不会激起泡沫，不出声音，且有效防止热气散失。

3. 关公巡城与韩信点兵

在冲泡工夫茶的时候，茶杯紧靠在一起，茶壶沿着小杯子打转将茶水注入茶杯，巡回斟茶可以保证茶水的浓淡、分量、香气均匀。由于茶壶的壶身大部分是红色，刚从茶池中提出时热气腾腾，如关公一般威风凛凛，又在茶杯当中巡回，犹如关公巡城。

在关公巡城之后，茶壶中最后几滴茶往往比较浓，是茶汤中最精华醇厚的部分，所以要分配均匀以防厚此薄彼，所以要将茶壶中最后几滴茶汤一滴一滴地滴入每个茶杯，人称韩信点兵。

（三）各地茶艺

1. 工夫茶茶艺

工夫茶茶艺以广东潮汕地区最为出名，是由唐宋时期散茶的冲泡饮茶习惯发展而成，也是我国茶艺中最具代表性的一种。

工夫茶对茶叶、茶具、水质、沏茶、斟茶和饮茶都十分讲究。工夫茶所用的茶壶都是小壶，一般一拳可握住，薄胎瓷，半透明，隐约可见壶内茶叶。杯子只有半个乒乓球大小。茶叶选用色香味俱全的乌龙茶，以半发酵的为佳。放茶叶时把壶内塞满，用手指压实让茶能够醇厚。水要经过沉淀，沏茶时将刚烧开的沸水立刻灌进壶里，开头的一两浇要倒掉。斟茶时使用关公巡城和韩信点兵的方法以免浓淡不一。品饮的时候用舌头舔着慢慢品尝，一边品茶一边谈古论今。工夫茶茶汁浓厚，碱性大，刚饮时不免觉得苦涩，饮到后来香气逼人，味有回甘。

2. 盖碗茶茶艺

盖碗是一种上有盖、下有托、中有碗的茶具。盖碗茶又称“三才碗”，盖为天、托为地、碗为人。北京地区的人偏好饮盖碗茶，茶盖放在碗上，若要茶汤浓些，可用茶盖在水面轻轻刮一刮，使整碗茶水上下翻转，轻刮则淡，重刮则浓。

除了北京地区，成都地区也喜饮用盖碗茶，不过在当地称为“三炮台”。成都地区的盖碗茶包括茶盖、茶碗和茶船子三部分，茶船子又叫茶舟，即承碗的茶托。相传是唐代德宗建中年间（780—783 年）西川节度使崔宁之女在成都发明的。原来的茶杯没有衬底，端起时容易烫手，崔宁之女巧妙地发明了木盘子来承托茶杯，为了防止饮茶时倾倒，她又设法用蜡将木盘中央环上一圈，使杯子容易固定，这便是最早的茶船。后来茶船改用漆环代替蜡环，再后来环底越做越新颖精致。盖碗茶的饮茶方式也由巴蜀地区向四周地区发展。

蜀地的盖碗茶饮法还有特别的风俗。品茶时将茶盖置于桌面，表示茶杯已空需要续水，茶客短暂离位时将茶盖扣在竹椅上，表示短暂离开，稍后就回，一来保留座位，二来跑堂会代为看管茶水小吃。茶博士的斟茶也是四川茶楼内亮丽的风景，水柱临空而降，泻入茶碗，翻腾有声，须臾之间戛然而止。茶水与碗口平齐，碗外却没有一滴水柱，手法高超又给人以视觉上的享受。

3. 擂茶茶艺

中国福建是擂茶的故乡，擂茶的风俗在中国华南地区多有保留。客家人热情好客，以擂茶待客是传统礼节。擂茶有一套称之为“擂茶三宝”的工具：口径 50 厘米且内壁有粗密沟纹的陶质擂钵、上等山楂木或油茶树干加工成 85 厘米长的擂棍、用竹篾制成滤清碎渣的“捞子”。

制作擂茶，用一把好茶叶、适量的芝麻、几片甘草等，放入擂钵，手握擂棍沿钵体内壁顺沟纹走向有规律旋磨，在过程中擂击，将其碾成泥状，再用“捞子”滤出渣子，钵内留下的汁液糊称为“茶泥”或“擂茶脚子”，再冲入沸水，佐以炒米、花生、豆瓣、米果、烫皮等，就是一缸味道浓郁的擂茶了。

4. 禅茶茶艺

禅茶是指寺院僧人种植、采制、饮用的茶，主要用于供佛、待客、自饮和结缘赠予等。所谓“禅茶一味”，“禅”是心悟，“茶”是物质的灵芽，“一味”就是心与茶、心与心的相通。禅茶文化的精神是“正、清、和、雅”，禅茶的“正”是八正道，“清”是清净心，“和”是六和敬，“雅”是脱俗。

禅茶文化是我国传统文化中的一种独特现象，茶和禅本是毫不相干的两种文化，在漫长的历史发展中逐渐融为一体，结合成一种新颖独特的文化形式。

第三节　中国名茶

茶叶的分类标准很多，可以按照采摘季节分为春茶、夏茶、秋茶、冬茶；按照茶叶成品的聚合形状分为散茶、砖茶、末茶等；按照茶叶干茶的具体形状分为扁形茶、圆形茶、针形茶、朵形茶、曲卷形茶等；按照茶树的生长环境分为高山茶、平地茶等；也可以按照茶叶加工程度分为初加工茶、精加工茶、再加工茶和深加工茶。通常我们所说的红茶、绿茶等是以茶叶初加工工艺中鲜叶是否经过酶性氧化以及酶性氧化程度为标准划分的。

茶类		加工工艺	品质特征
非酶性氧化茶类	绿茶	鲜叶—摊放—杀青—揉捻—干燥	绿叶绿汤
	黄茶	鲜叶—杀青—揉捻—干燥（初干+闷黄）	黄叶黄汤
	黑茶	杀青—揉捻—晒干—渥堆—紧压	叶黝黑，汤褐黄或褐红色
酶性氧化茶类	白茶	鲜叶—萎凋—晾干	干茶茸毛多，呈白色，汤色浅淡
	青茶（乌龙茶）	鲜叶—晒青—晾青—做青—炒青—揉捻（包揉）—烘焙	绿叶红镶边，汤色金黄
	红茶	鲜叶—萎凋—揉捻（揉切）—发酵—干燥	红叶红汤（或橘黄、橙红）

一、绿茶

（一）绿茶的特征

绿茶是中国最普遍饮用的茶类，其制作和饮用历史最长，产量最大，名茶种类最多，品种花色最繁复，受众也最广。绿茶又叫“不发酵茶”，因为在绿茶的加工过程中，高温和湿热破坏了茶叶中的酶的活性，阻止了多酚类的酶性氧化，从而较多地保留了茶鲜叶中的原有各类化学成分，保持其“清汤绿叶”的品质风格。

绿茶通常比较细嫩，具有“色绿、汤绿、叶底绿”的“三绿”特点。茶叶颜色的变化贯穿整个茶叶制作过程。绿茶色泽翠绿，茶汤清爽，适宜清饮。绿茶的香型以兰花香型较好，其次是嫩香、熟栗香等，香气持久，滋味甘爽。其代表性品种有龙井茶、碧螺春、黄山毛峰、信阳毛尖、太平猴魁、六安瓜片、南京雨花、庐山云雾、恩施玉露、竹叶青，等等。绿茶作为中国的主要茶类，全国年产 10 万吨以上，产量居六大茶类之首。中国绿茶产地也极为广泛，其中以浙江、安徽、江西三省产量最高、质量最优。

（二）绿茶的分类

绿茶按照干燥和杀青方法的不同，可以分为炒青绿茶、烘青绿茶、晒青绿茶和蒸青绿茶。

1. 炒青绿茶

炒青绿茶以用锅炒的方式使茶叶干燥而得名。由于干燥过程中受力及叶片受热不同，成茶形成了长条形、扁平形、圆珠形、针形、螺形等不同形状，故又分为长炒青、圆炒青、扁炒青等。长炒青精制后称为“眉茶”，成品的花色有珍眉、贡熙、雨茶、针眉、秀眉等。圆炒青也称“圆茶”，经过杀青、揉捻、锅炒造型后，外形颗粒圆紧，又称“珠茶”。扁炒青扁平光滑，因产地和制法不同，主要分为龙井、旗枪、大方三种。

2. 烘青绿茶

烘青绿茶是用烘笼进行烘干而制成的绿茶。烘青绿茶经再加工精制后大部分用作熏制花茶的茶坯，香气不如一般炒青，除了少数烘青名品。烘青绿茶的外形不如炒青光滑，根据形状的不同也可以分为条形茶、片形茶、尖形茶、针形茶等。特种烘青有黄山毛峰、太平猴魁、六安瓜片、敬亭绿雪、天山绿茶、顾渚紫笋、江山绿牡丹、峨眉毛峰等。烘青绿茶根据原料的老嫩和制作工艺的不同，又可以分为普通烘青和细嫩烘青两种。

3. 晒青绿茶

晒青绿茶是鲜叶经过制作后利用日光晒干的绿茶，在中国南方的省市有少量生产，其中以云南大叶种的品质最好，称为“滇青”。滇青大部分用于制作紧压茶的原料，如饼茶、砖茶、沱茶等。

4. 蒸青绿茶

蒸青绿茶是用蒸汽杀青而制成的绿茶。蒸汽杀青是我国古代传下来的杀青工艺。自明代起蒸汽杀青改为锅炒杀青。蒸青是利用蒸汽高温破坏鲜叶中酶的活性，但香气较闷带青气，涩味也比较重，不及锅炒杀青的绿茶味道鲜香，蒸青工艺制成的绿茶也逐渐退出了历史舞台。

（三）绿茶名茶鉴赏

1. 西湖龙井

龙井茶泛指西湖山区所产的西湖龙井，后来龙井茶技术广泛传播，除了浙江产区之外，全国各茶叶产区用西湖龙井茶采制技术制成的高档扁形炒青绿茶都叫龙井茶。龙井茶按地区可分为西湖龙井、钱塘龙井、越州龙井等，其中质量最上乘的是西湖龙井，西湖龙井中品质最好的莫过于狮峰龙井。上品的龙井茶色泽呈黄绿色而非碧绿，外形扁平，看上去光滑、挺直，色泽泛绿，形状如雀舌。龙井茶的茶汤颜色呈绿色，明亮，也有水质较硬的地方茶汤颜色较浅，呈现出浅黄的颜色。经冲泡后的叶底色泽黄绿、质感柔嫩、叶面完整，因此龙井茶有“色绿、香郁、味甘、形美”四绝之说。

2. 碧螺春

碧螺春主要产于江苏省苏州市太湖的洞庭山，又称“洞庭碧螺春”。碧螺春芽叶采摘讲究摘得早、采得嫩、拣得净，采摘工作通常在每年春分前后开始，谷雨前后结束，在一芽一叶初展时，芽长在 1.6~2.0 厘米时进行采摘。碧螺春叶子卷曲如毛螺，白毫显露，色泽银绿，翠碧诱人，因卷曲成螺得名。其茶汤嫩绿明亮，滋味醇厚，香浓芬芳，经久不散。在杯中泡开后可欣赏到犹如雪浪喷珠、春染杯底、绿满晶宫的三种奇观。

碧螺春最大的特点在于它的种植。种茶人会将茶树与桃、李、杏、梅、柿、橘、白果、石榴等果木交错种植，茶树果树枝丫相连，根脉相通，使得碧螺春茶叶有天然花香果香。

3. 黄山毛峰

黄山毛峰产于黄山风景区及周边地区，起源于清代光绪年间。清代茶商谢正安所开“谢裕大”茶庄挑选黄山充川、汤口等高山名园中肥嫩的芽叶，精心炒焙，创制出形味俱佳的优质茶。由于该茶身披白毫，芽尖酷似山峰，又因其产自黄山，遂取名为“黄山毛峰”。

黄山毛峰外形微卷，状似雀舌，绿中泛黄，银毫显露，带有金黄色鱼叶。冲泡后，其汤色清碧微黄，滋味醇甘，香气如兰，叶底黄绿有活力，舒展开的芽叶似兰花初绽。

4. 竹叶青

竹叶青产于四川海拔 800~1200 米的峨眉山上，其鲜叶十分细嫩，加工工艺更是精细。一般清明前 3~5 天开始采摘，标准为一芽一叶或一芽二叶初展。炒茶时要求低温，手劲适度，投茶量要小，巧用抖、抓、撇、压等工艺，一次炒制成形。竹叶青的命名源于 20 世纪 60 年代陈毅元帅视察峨眉山时，在万年寺品尝到回味甘醇的茶，将其命名为“竹叶青”。竹叶青茶外形扁平，两头尖细，酷似竹叶。其茶汤黄绿明亮，滋味浓醇，有清香，叶底黄绿、明亮、均匀。

5. 恩施玉露

恩施玉露产于湖北恩施市南部芭蕉乡及东郊五峰山，具有“三绿”的特点，即茶绿、汤绿、叶底绿。在进行制作时，一般选用叶色浓绿的一芽一叶或一芽二叶鲜叶经蒸汽杀青制作，通过蒸青、扇凉、炒头毛火、揉捻、炒二毛火、整形上光、烘焙、拣选等步骤制作成条索紧圆、苍翠绿润、如松针一般的恩施玉露。

6. 庐山云雾

庐山云雾属于条形炒青绿茶，产于江西庐山海拔 800 米以上的地带。由于庐山常年云海茫茫，水汽蒸腾，所以茶叶品质极佳。庐山云雾叶色鲜绿，条索紧结圆直，芽叶油润长毫多，汤色清澈，滋味鲜爽甘醇，叶底嫩绿淡黄且柔润。

7. 太平猴魁

太平猴魁是中国历史名茶，尖茶之王，产于安徽省黄山市北麓的黄山区新明、龙门、三口一带。太平猴魁的采摘时间非常短，通常从茶叶长出一芽三叶到四叶时开始，立夏前停止，总共只有 15~20 天时间。而制作太平猴魁的最佳原料，就是将所采摘的一芽三叶、一芽四叶从第二叶茎部折断，俗称“尖头”，再经过杀青、毛烘、足烘、复烘四道工序，才能制作出上好的太平猴魁。太平猴魁外形挺直、壮实，白毫隐伏，叶裹顶芽，顶尖尾稍两头尖细，汤色清绿，滋味醇厚有回甘，有独特的猴韵，香气高爽，有白兰花香。其叶底嫩绿明亮，芽叶成朵肥壮，舒展如含苞待放的白兰花。

8. 六安瓜片

六安瓜片又称片茶，为绿茶特种茶类，由全叶片制成，不带嫩芽和嫩茎，经扳片、剔去嫩芽及茶梗，通过独特的传统加工工艺制成。因其外形如瓜子，产区又在安徽西部大别山的六安地区，故称其为“六安瓜片”。

六安瓜片有着自己独特的采制技术和加工工艺，采摘时间必须在谷雨前后十天，鲜叶必须长到“开面”时采摘，选当地“小叶种”茶树，一般早上采摘，下午扳片、去梗、去芽，以“片”取胜。炒制时用原始生锅、芒花帚和栗炭，拉火翻烘，人工翻炒前后达 81 次。制作时火光冲天、热浪滚滚的景象被视为一道奇观。

二、黄茶

（一）黄茶的特征

黄茶最早是在炒青绿茶中被发现的，由于杀青、揉捻后干燥不足或不及时，叶色随即变黄，于是出现了黄茶这一新的茶类。黄茶属于轻微发酵茶，工艺与绿茶有许多相似的地方，“焖黄”是黄茶的特色工艺，基本品质特征是“黄汤黄叶”。黄茶生产历史悠久，唐代时就成为贡品，明代《茶疏》中有关于黄茶生产、采制、品尝等的记载，那时的制法与现在的制作工艺大致相同，但唐朝时期的黄茶也有不经过焖黄，因芽叶自然发黄而得名的黄茶。

黄茶的茶汤是纯黄色的，汤面没有或极少夹混绿色环。黄茶茶汤透明鲜亮，与陈化的绿茶汤色不同，也与青茶橙黄或金黄色的汤色不同。黄茶品种很多，主要有湖南的君山银针，四川的蒙顶黄芽和安徽的霍山黄芽等。我国黄茶的产量不大，消费者也主要集中在有黄茶饮用习惯的地区。

（二）黄茶的分类

黄茶依照原料芽叶的嫩度和大小可分为以下三类：

1. 黄芽茶

黄芽茶为采摘单芽或者一芽一叶加工而成，原料十分细嫩，芽头肥壮，色泽黄亮，香甜浓郁，滋味醇和。有代表性的黄芽茶包括湖南岳阳洞庭湖君山的“君山银针”，四川雅安、名山县的“蒙山黄芽”。除此之外，也有采摘单芽或者一芽一叶，焯后再烤黄的制法，比如湖南新化奉家山的“蒙洱黄芽”。

2. 黄小茶

黄小茶为采摘细嫩芽叶加工而成，主要包括湖南岳阳的“北港毛尖”，湖南宁乡的“沩山毛尖”，湖北远安的“远安鹿苑”和浙江温州、平阳一带的“平阳黄汤”。沩山毛尖产地是山上的一个天然盆地，群山环抱，常年云烟缥缈，适合茶树生长。

3. 黄大茶

黄大茶为采摘一芽二三叶甚至一芽四五叶及较粗老的芽叶为原料制作而成。其外形梗壮叶肥，叶片成条，梗叶金黄显褐，色泽油润，汤色深黄显褐，叶底黄中显褐，滋味浓厚醇和，具有高嫩的焦香。黄大茶大枝大叶的外形在我国诸多茶类中确实少见，已成为消费者判定黄大茶品质好坏的标准。黄大茶自明代隆庆年间创制至今已有400多年历史，其主要产地包括安徽霍山“霍山黄大茶”和广东韶关、肇庆、湛江一带的“广东大叶青”。

（三）黄茶名茶鉴赏

1. 君山银针

君山银针在宋、明、清代均为贡茶。因其成品茶芽头肥壮，长短大小均匀，内呈橙黄色，全身布满白毫，固有“金镶玉”的美称，又因其外形像银针，又名“君山银针”。

君山银针的采摘要求极高，清明前三四天才可以开始采摘，时间维持在节前后7~10日内，采的是春茶的首轮嫩芽，即一芽头包含3~4个已分化却未展开的叶片。采摘时不能用指甲掐断，只能用指尖轻轻摘下，用来盛放芽头的小篮子要铺上皮纸以防磨掉芽头上的绒毛。另外，虫蛀的、瘦弱的、紫色的、冻伤的、空心的、开口的、有露水的、过长的、过短的芽一律不采，雨天也不采茶。冲泡后的茶汤橙黄明净，滋味甜爽，香气清纯。

2. 蒙顶黄芽

蒙顶黄芽有“仙茶”的美誉，其栽培始于西汉年间，距今已有2000多年的历史，至民国初年蒙顶山以生产黄芽为主，故称“蒙顶黄芽”。蒙顶黄芽有独特的甜香味，这种独特的香味与其二包一堆的生产工艺息息相关。蒙顶黄芽的焖黄和烘炒交替进行，其核心部分焖黄是在不同的含水率条件下分阶段进行，前期黄变快，后期黄变慢，历时三天，在发酵过程中多糖类物质增加而形成甜香的味道。

3. 霍山黄芽

霍山黄芽自唐代已有，主要产自安徽省霍山县，因山高地寒，其采摘一般在谷雨前 3~5 天，一般上午采摘，下午就进行制作，晚上制作完成。霍山黄芽的制作工艺分为杀青、初烘、摊放、复烘、足烘五道工序，现在的加工工艺在传统方法上得到了改制，主要表现在用“摊放”替代了传统的“焖黄”过程，所以霍山黄芽茶叶所呈现出的黄色是茶叶本身自然的颜色，而非“焖黄”制成。

三、黑茶

（一）黑茶的特征

黑茶从出现距今已有 400 多年的历史，最早的黑茶产于四川，绿毛茶经蒸压而成边销茶。四川的茶叶要运输到西北地区，由于交通不便运输时间长，必须减少绿毛茶的体积，所以将其蒸压成团块，再经过 20 多天的湿坯堆积，因此毛茶的颜色慢慢变黑。成品团茶的色泽为黑褐，且口感独特，黑茶由此而来。

黑茶是以成熟的鲜叶为原料，经杀青、渥堆发酵、蒸压等十道复杂工序制成，黑茶的特征是色泽黑褐油润，汤色橙黄或橙红，香味醇正不苦涩，叶底黄褐或黑褐色，在一定条件下越陈越香。

黑茶年产量很大，仅次于红茶和绿茶，为我国第三大茶类。其花色品种丰富，有普洱茶、黑砖、花砖、茯砖、青砖、广西六堡茶、方茶和圆茶等，其中以云南普洱最负盛名。黑茶的主要产区有湖南、湖北、四川、云南、广西等省区，以边销为主，所以黑茶又称“边销茶”。

（二）黑茶的分类

黑茶的分类相较其他茶类简单了许多，主要是根据产地不同进行划分，如云南普洱茶、广西六堡茶、湖南黑茶、湖北老青茶、四川边茶等，不同地区的制作工艺也有些许差别，但大体相似。

（三）黑茶名茶鉴赏

1. 普洱茶

普洱茶是黑茶中的特种茶叶。云南普洱茶是历代以来形成的云南地区特有的地方名茶，是以云南原产地的大叶种晒青茶及其再加工而成的两个系列：直接加工为成品的生普洱茶和经过人工速成发酵后再加工而成的熟普洱茶。普洱茶讲究冲泡技巧和品饮艺术，可清饮也可混饮。其茶汤橙黄浓厚，香型独特，香气持久，味道浓醇，经久耐泡。

普洱茶从形制上又分为散茶和紧压茶两类，成品后都还持续进行着自然陈化的过程，所以具有越陈越香的品质，按照外形，普洱茶也分饼茶、沱茶、砖茶等。普洱茶以陈为贵，在我国港澳台及东亚、东南亚地区有广泛的市场。

2. 六堡茶

六堡茶原产于广西梧州市苍梧县六堡乡，品质以“红、浓、醇、陈”闻名。六堡茶以小叶种茶鲜叶作为原料，其采摘标准为一芽三叶、一芽四叶。一般在白天采摘，当天晚上制作。其制作工艺分为初制和复制两种，初制包括杀青、揉捻、渥堆、复揉、干燥，复制包括过筛整形、剔拣、拼堆、冷发酵、烘干、上蒸、踩萎、凉置陈化。制成经陈放后的六堡茶条索紧结，色泽黑褐光润，茶汤红浓明亮，味道醇和爽口，香气浓郁，有槟榔和松烟的味道。

3. 茯砖茶

茯砖茶早期称“湖茶”，因为在伏天加工，又称“伏茶”，后原料送到泾阳制作，又称“泾阳砖”。湖南安化白沙溪茶厂经过反复试验，1953 年终于在安化就地加工茯砖茶获得成功。茯砖茶与普洱茶的发酵工艺比较相似，有区别的是茯砖茶特有的“发花”工艺。此工艺有很多要求，最重要的条件是要控制砖体的松紧程度，适度的松紧有利于微生物的繁殖，所以茯砖茶有其独特的香味。

四、白茶

（一）白茶的特征

白茶作为轻微发酵茶，是我国茶类当中的特殊珍品，白茶因其成品茶多为芽头，满披白毫而得名。白茶最早出现于宋代福建茶产区的贡茶茶园，宋徽宗赵佶《大观茶论》中已提及野生白茶产于北苑御焙茶山上。当时的制作方法是经过蒸、压成为团茶，与现在的白茶制法并不相同。

白茶的主要产区在福建省，产量占全国白茶产量的 80%。白茶以福建福鼎大白茶作制茶的原料，利用日光萎凋、低温烘干等精致的方法加工制成。由于人们在采摘时仔细小心，只采细嫩并叶背多白绒毛的芽叶，加工的时候不炒、不揉，晒干或用文火小心烘干，使得白绒毛在茶的表面保存下来。根据茶树品种和鲜叶采摘标准的不同，白茶的主要品种分为白毫银针、白牡丹、寿眉等。

（二）白茶的分类

白茶因茶树品种和采摘标准的不同主要分为白芽茶和白叶茶，其中白芽茶以白毫银针为代表，白叶茶以白牡丹为代表。此外，三年以上的白茶成为老白茶，因为产量稀少，是为数不多的珍品，而新工艺生产的白茶称为新白茶，原料嫩度要求相对低一些，一般选用福鼎大白茶或福鼎大毫茶的芽叶加工制成。

（三）白茶名茶鉴赏

1. 贡眉

贡眉是白茶中品质最高的一个品种，因为形状类似老寿星的眉毛而得名。贡眉的原产地在福建省南平市建阳区漳墩镇，由该镇萧氏兄弟所创，于1772年形成白茶主产区，为全国独有的白茶品种。

2. 白牡丹

白牡丹茶素有“红装素裹”的美誉，因其绿叶夹银色，白毫芽形似花朵，冲泡之后绿叶托着嫩芽宛若蓓蕾初开，遂得名“白牡丹”。白牡丹的采摘时间一般只有两天时间，制作简单，浑然天成。

3. 白毫银针

白毫银针简称“白毫”或“银针”，其白毫密披，形状似针，故由此得名。白毫银针的采摘比制作更为讲究，其原料采自福鼎大白茶或政和大白茶的春茶嫩梢，只采肥壮的单芽头，如采回一芽一二叶的新梢，则只摘取芽心，俗称为抽针。

五、青茶（乌龙茶）

（一）青茶的特征

青茶又名“乌龙茶”，其色泽青褐，作为一种半发酵茶，是中国几大茶类中独具鲜明汉族特色的茶叶品类。乌龙茶是经过采摘、萎凋、摇青、炒青、揉捻、烘焙等工序后制出的品质优异的茶类，由宋代贡茶龙团、凤饼演变而来，创制于1725年（清雍正年间）前后，除了内销广东、福建等省外，主要出口日本、东南亚和我国港澳地区。

乌龙茶为我国特有茶类，主要产自福建、广东和台湾三地，近年来四川、湖南等省份也有少量生产。青茶和绿茶有时从同一株茶树而来，差别就在于是否经过发酵。青茶的制作经过轻度萎凋和局部发酵，之后再采用绿茶的制作方法进行高温杀青，使茶叶形成“七分绿、三分红”的“红叶绿镶边”特色，其味型兼具红茶、绿茶和花茶的特点。青茶因为原料和产地的不同，风味差异也比较明显，特色品种有铁观音、大红袍、铁罗汉、白鸡冠、黄金桂、冻顶乌龙、肉桂、凤凰单枞、岭头单枞等。

（二）青茶的分类

青茶根据产地的不同，主要分为闽北青茶、闽南青茶、广东青茶和台湾青茶。闽北青茶的主产区在福建省武夷山，主要品种有武夷岩茶、闽北水仙、闽北乌龙和白毛猴等。闽南青茶包括铁观音、黄金桂、本山、毛蟹、奇兰、大叶乌龙、梅占等，其中铁观音是青茶中品质最好也最负盛名的。广东青茶主要产区是广东汕头，原产于广东省潮安凤凰山的凤凰水仙、凤凰单枞是其代表。台湾青茶的主要品种有冻顶乌龙、台湾高山茶、木栅铁观音、白毫乌龙等，其中冻顶乌龙为台湾乌龙茶中的极品。

（三）青茶名茶鉴赏

1. 铁观音

铁观音是乌龙茶的代表，其中最著名的是起源于清代雍正年间的安溪铁观音，其树势不大，枝条披张，叶色深绿，质地柔软肥厚，芽叶肥壮。采用铁观音良种芽叶制成的乌龙茶也称铁观音，所以“铁观音”既是茶树的名字也是茶品的名字。铁观音茶树天性较弱，不易栽培，因此成品铁观音茶愈加名贵。

安溪铁观音制作严谨，工艺精湛，采摘成熟新梢的2~3叶，俗称“开面采”，在叶片全部展开形成驻芽的时候采摘。采回的鲜叶力求完整，之后进行凉青、晒青、摇青、筛分、拣剔，最后制成成品茶。

铁观音茶的外形卷曲，肥壮圆结，沉重匀整，色泽砂绿，整体形状好似蜻蜓头、螺旋体、青蛙腿。茶汤金黄浓艳好似剔透的琥珀，有天然的兰花香气，滋味醇厚有回甘，冲泡后叶底完整，其茶香浓郁持久，俗称“七泡有余香”。

2. 大红袍

大红袍的茶树是灌木型，在早春茶树萌芽的时候，从远处望去茶树丛艳红似火，好似披着大红色的衣袍，“大红袍”因此得名。大红袍最突出的特点是香气浓郁持久，有兰花香并“岩韵”明显，冲泡七八次后仍有余香。

武夷大红袍是武夷岩茶的代表精品，其产地在福建省武夷山北部天心岩下，这里海拔600多米，四季气候温和湿润，土壤由酸性岩石风化而成，适宜茶树的生长。大红袍吸收土壤中的矿物质，富含矿物质微量元素和茶碱，长期饮用能促进血液循环，提高新陈代谢速度，可分解脂肪达到减肥效果。大红袍树龄已有千年，现在九龙窠绝壁上仅有四株，它们由岩缝中渗出的山泉水滋养，天然纯生，每年农历五月十三至十五日，人们架起高高的云梯爬上岩壁采摘，因产量极其稀少被视为稀世珍宝。

3. 白毫乌龙

白毫乌龙是乌龙茶中发酵程度较重的茶，产自台湾新竹、苗栗，又名“东方美人茶”。区别于其他茶类，白毫乌龙有三大特点，一是采摘时间不像大部分茶类在春季，而是在夏季端午节前后十天进行采摘；二是白毫乌龙的茶菁必须让小绿叶蝉叮咬吸食，其叮咬程度是决定茶叶果香蜜味的来源，也是决定茶叶好坏的标准；三是只能用手采茶菁，取“一心二叶”作为原料。

4. 冻顶乌龙

冻顶乌龙产自台湾南投凤凰山支脉冻顶山一带，茶区海拔600~1000米，被誉为“茶中圣品”。冻顶乌龙茶汤清爽怡人，汤色蜜绿带金黄，茶香清新典雅，喉韵回甘浓郁且持久，香气独特，据说是帝王级泡澡茶浴的佳品。台湾鹿谷附近冻顶山，山多雾，路陡滑，上山采茶都要将脚尖“冻”起来，避免滑下去，山顶叫冻顶、山脚叫冻脚。冻顶茶产量有限，尤为珍贵。

六、红茶

（一）红茶的特征

中国是红茶的原产地，也是世界红茶的发源地。关于红茶起源最早的文献记载是明代的《多能鄙事》，其中提到“红茶”一词。据推测，17世纪时我国已开始制作红茶，主要分为小种红茶、工夫红茶和红碎茶三种，代表品种有祁门工夫茶、正山小种、滇红工夫茶、坦洋工夫茶等，其中以祁门红茶最为著名。

红茶具有红叶红汤和香甜味醇的品质特征，它的干茶与茶汤的色泽都以红色作为主色调。红茶区别于其他茶类的最大特点在于加工过程中多了有特色的发酵工艺，在发酵的过程中茶鞣质经氧化产生鞣质红，不仅奠定了红茶“红叶红汤”的品质，也增加了茶叶的香味。在中医理论中，红茶被认为性味温和，有暖胃功效，适宜秋冬时节饮用。

（二）红茶的分类

依据制作方法，红茶分为以下三种：

1. 小种红茶

小种红茶是福建特产，分为正山小种和外山小种，凡武夷山所产都称为“正山小种”，武夷山以外所产称为“外山小种”或“人工小种”。正山小种因其品质优异而百年不衰，外山小种已在历史的长河中被淘汰。

2. 工夫红茶

我国工夫红茶都按照产地来命名，如祁门工夫、滇红工夫、闵红工夫、浮梁工夫、宁红工夫、湘红工夫等。工夫红茶又分大叶工夫和小叶工夫，用乔木或半乔木茶树鲜叶制成的称为大叶工夫茶，用灌木或小叶种茶树鲜叶制成的称为小叶工夫茶。

3. 红碎茶

茶鲜叶经加工后，切碎再发酵烘干，因外形细碎被称为红碎茶。红碎茶冲泡之后汤色红浓，香气浓郁，味道醇厚，可加糖加奶一起饮用。我国生产红碎茶时间偏晚，始于20世纪50年代末，近年来产量不断增加，产地主要分布于云、湘、鄂、粤、闽等省份，其中以云南、广西、广东、海南四省的品质最佳。

（三）红茶名茶鉴赏

1. 正山小种

正山小种红茶又称拉普山小种，为红茶之祖，1662 年葡萄牙公主凯瑟琳嫁给英皇查理二世时，嫁妆中就有几箱正山小种，可见当时正山小种是中国红茶的代表品种。正山小种的主要产地是福建省武夷山，其采摘时间一般在 5 月的中上旬，制作工艺分为初制和精制两个部分，分为多个步骤进行制作，工艺烦琐精细，茶叶成品条索紧结，色泽乌润，汤色红亮，有浓郁的果香味。

2. 红碎茶

红碎茶是经过大叶种茶茶树新梢的芽、叶、嫩茎，经过萎凋、揉切、发酵、烘干、整形等工艺加工而成。因为揉切后外形细碎而成为“红碎茶”。我国的红碎茶生产始于 1958 年，主要分为叶茶、片茶、碎茶、末茶四种花色规格。叶茶类茶叶外形呈条状，条索紧结，匀齐，色泽乌润，汤色红艳，香味鲜浓有刺激性；片茶类茶叶外形似木耳，尚重实匀齐，汤色红亮，味道浓醇；碎茶类茶叶外形呈颗粒状，颗粒重实匀齐，色泽乌润，汤色红浓，香味鲜爽浓强；末茶茶叶外形呈砂粒状，重实匀齐，色泽乌润，汤色红浓稍暗，香味浓郁微涩。

3. 宜红工夫茶

宜红工夫茶简称“宜红”，具有“冷后浑”的特色。宜红工夫茶产自湖北西山宜昌、恩施两地及邻近的地区，16 世纪末就开始生产，在 1800 年就有销往俄国和英国的记录，到 1886 年前后开始大量出口，但由于当时交通不便利，茶叶的外销都需要从宜昌集中转运到汉口出口，“宜红”因此得名。

4. 祁红工夫茶

祁门红茶是红茶中的精品，居于世界三大高香茶之首，因为其独特的芳香也被称作“祁门香”“王子香”“群芳最”等。祁门红茶主要产自中国安徽祁门、东至一带，这里的自然环境非常适宜茶树生长，土壤肥沃，土层深厚，雨水日照充足，所以祁门红茶带有自然而特殊的芳香。

祁门红茶所用茶树是全国茶叶品种审定委员会议定的国家良种“祁门种”，叶片为长椭圆形状，富有光泽，质地柔软。祁红自诞生以来就誉享全球，1915 年获巴拿马万国博览会金奖，之后连续四次获得金质奖，1987 年又获布鲁塞尔第 26 届世界优质食品评选会金奖。

5. 滇红工夫茶

滇红工夫茶属大叶种工夫茶，于 1939 年在云南凤庆首先试制成功，成为我国优质红茶的后起之秀，其产区主要在云南各地，所以称为“滇红”。滇红的品质因季节而稍有变化，一般春茶相较于夏茶和秋茶品质略好。

滇红工夫茶有两个与众不同的特点：一是茸毫显露，毫色分淡黄、菊黄、金黄，即使在同一茶园，不同季节的茶色也不同；二是香气浓郁，以滇西云县、凤庆、昌宁所产为佳。

相关链接　搜索

民间饮茶习俗的思想内涵

“以茶待客”是中国的普遍习俗。有客来，端上一杯芳香的茶，是对客人的极大尊重。从表面看，民间饮茶，既不像儒、道、佛各家有系统的茶文化体系，表现形式也不那么规范。除了个别地区程式讲究、礼仪规范、思想内容十分鲜明外，大多数民众，是把饮茶的精神内容贯穿于生产生活、衣食住行、婚丧嫁娶、人生礼俗、日常交际之中。但正是这些最常见的现象更为集中地体现了中国茶文化精神与民众思想的有机结合。文人的茶道精神往往是曲折、含蓄地加以表现，而民间饮茶习俗却更为质朴、简洁、明朗。表面看，民间茶道精神不像上层茶文化那样深沉、优雅，但却多了些欢快，更多反映了人民对美好生活的追求与向往，表现了劳动者优秀的精神与品德。茶，是礼敬的表示、友谊的象征。中国民间茶礼，突出反映了劳动者这种笃高谊、重友情的优秀品德。

（资料来源：王玲．中国茶文化［M］．北京：九州出版社，2009.）

第四节　茶与文学艺术

茶生长在青山绿水、云雾缥缈间，自唐宋以来饮茶文化迅速发展，茶以其品质特点承载了文人对于高洁品格和优雅生活的情思。从此，茶不仅是文人骚客生活中的常备饮品，也与文学书画结下了不解之缘。茶文化中涉及文艺的领域非常广阔，诗词、散文、小说、绘画、戏曲等都包含其中，艺术家们通过自己独特的视角和表达方式，将他们的哲思寄托在茶这一载体上。可以说，文人用茶以寄情、茶以言志、茶以明道，正体现了茶物质与精神的双重属性。

一、茶与诗词

文人茶客以茶载道，抒发情怀，据考证，关于茶的诗词在唐代约有 500 首，宋代约有 1000 首，元明清及近代约 500 首，盛唐之后几乎所有著名的诗人都留有咏茶的诗作。

（一）魏晋南北朝时期

西晋时期文学家左思《娇女诗》是中国最早的茶诗，这首五言叙事长诗中描写两个天真烂漫的小女孩在园中嬉戏打闹，玩得渴了急于喝茶解渴，便用嘴吹炉火以求茶汤快些煮好，其中“吾家有娇女，皎皎颇白皙。小字为纨素，口齿自清历……止为茶荈据，吹嘘对鼎立”几句，还被陆羽《茶经》摘录。同一时期晋代孙楚《出歌》，其中“姜桂茶荈出巴蜀，椒橘木兰出高山”道出了茶的产地；还有张载《登成都白菟楼》称赞了成都的茶。

（二）唐宋时期

唐宋是我国诗词文学发展的巅峰时期，诗才辈出，与此同时，饮茶风尚开始在全国普及，造成咏茶的文学作品大量涌现。其中最值得一提的是诗仙李白的《答族侄僧中孚赠玉泉仙人掌茶》：

常闻玉泉山，山洞多乳窟。仙鼠如白鸦，倒悬清溪月。
茗生此中石，玉泉流不歇。根柯洒芳津，采服润肌骨。
丛老卷绿叶，枝枝相接连。曝成仙人掌，似拍洪崖肩。
举世未见之，其名定谁传。宗英乃禅伯，投赠有佳篇。
清镜烛无盐，顾惭西子妍。朝坐有馀兴，长吟播诸天。

这是我国历史上第一首以茶作为全诗主题的茶诗，其中李白对仙人掌茶的生长环境、晒青方式、茶叶形状、名称来历、饮茶功效等都有描述。

唐代诗僧释皎然曾撰写《茶诀》，作茶诗20多首，其诗《饮茶歌·诮崔石使君》诙谐地倡导以茶代酒，探讨茗饮艺术境界。皎然在茶诗中，探索品茗意境的鲜明艺术风格，对唐代中后期中国茶文学——咏茶诗歌的创作和发展，产生了潜移默化的积极影响。

“香山居士”白居易撰有茶诗50余首，为唐代撰写茶诗最多的诗人，其中《谢李六郎中寄新蜀茶》和《山泉煎茶有怀》最为著名。白居易煎茶喜用山泉水，有时也用雪水，甚至还尝试过河水，可见唐代文人在饮茶上的讲究和情怀。

北宋文学家苏轼对茶事生产活动非常熟悉，精通茶道并深谙茶文化知识，他创作了大量关于茶的诗文作品，比如《试院煎茶》描写考试院内煎茶点茶的情形：“蟹眼已过鱼眼生，飕飕欲作松风鸣。蒙茸出磨细珠落，眩转绕瓯飞雪轻。银瓶泻汤夸第二，未识古人煎水意。君不见，昔时李生好客手自煎，贵从活火发新泉。又不见，今时潞公煎茶学西蜀，定州花瓷琢红玉。我今贫病长苦饥，分无玉碗捧蛾眉。且学公家作茗饮，砖炉石铫行相随。不用撑肠拄腹文字五千卷，但愿一瓯常及睡足日高时。”

陆游也爱茶，创作茶诗近300首，其《效蜀人煎茶戏作长句》描绘了作者碾茶、煎茶、饮茶的一系列过程，凭借茶事直抒胸臆，谴责南宋朝廷起用“饭囊酒瓮”这等无能之人，有茶一样高洁品质的人却不用。

（三）明清时期

明清时期关于茶的诗词文赋数量很多，但少有超越前朝的作品，不过也偶有一些名家佳作。比如徐渭曾著有《茶经》，虽已失传，但也可从他的诗作《某伯子惠虎丘茗谢之》，一窥当时虎丘茶为适应冲泡需要改蒸青散茶和宜兴紫砂茶具异军突起；再比如郑板桥有许多题画茶诗，其诗画都收放自然，自成一格。而乾隆帝有《坐龙井上烹茶偶成》：

龙井新茶龙井泉，一家风味称烹前。
寸芽生自烂石上，时节焙成谷雨前。
何必团凤夸御茗，聊因雀舌润心莲。
呼之欲出辨才在，笑我依然文字禅。

二、茶联茶俗

我国的茶联很多，主要张贴在各地茶楼茶馆、茶铺茶座的门口和厅堂中。茶联可增加品茗乐趣，也能给人古朴高雅、正气睿智之感。清代著名文人郑板桥，一生写了不少对联，其中有诸多茶联佳作，如“从来名士能评水，自古高僧爱斗茶”是为扬州青莲斋所题。现代的茶艺馆也每每以茶联显示文化品位。最妙趣横生的，要数妙手天成的回文茶联了。某地一茶馆，其茶联云：“趣言能适意，茶品可清心”，回过来则为“心清可品茶，意适能言趣”。仔细品读，意境非凡，令人回味无穷，为茶联中的佼佼者。茶联常悬于茶室或茶店，一般着力宣扬茶功茶效，以广而告之，招徕顾客。如“香茶分上露，水汲石中泉”“尘虑一时净，清风两腋生”“泉香好解相如渴，火候闲评东坡诗”“松涛烹雪醒诗梦，竹院浮烟荡俗尘”“喜报捷音一壶春暖，畅谈国事两腋生风”“九曲夷山采雀舌，一溪活水煮龙团”。在这里，大多以静、雅为主，没有“人生得意须尽欢”的醉态，却有“每临大事有静气”的持重。

茶谚是指关于茶叶饮用和生产经验的概括和表述，通过谚语的形式，采取口传心记的办法来保存和流传。它并不与茶俱有，而是茶叶生产、饮用发展到一定阶段才产生的一种文化现象。茶谚最早的文字记载见唐代苏廙的《十六汤品》，其中有“谚曰：茶瓶用瓦，如乘跛马登高”。

在中国整个古代茶书和其他有关文献中，基本上都未提到与种茶有关的谚语，就是制茶和茶叶收藏方面的谚语，也直到清明期间，才有“茶是草，箬是宝”，以及《月令广义》引录的“谚曰：‘善蒸不若善炒，善晒不如善焙’”这样两条记载。在古代条件下，茶叶的收藏防潮，主要用竹箬，以箬封口。其后一条谚语曰，所谓“善蒸不若善炒”，就是说蒸青不如炒青；“善晒不如善焙”，是指晒青不如烘青，其实这条谚语仅仅反映一些地区或一部分人对各种绿茶的推崇和喜好而已。不过，这两条茶谚，对茶类生产和茶叶保存，还是起到一定的积极作用的。

三、茶与书画

（一）茶画

茶画是中国茶文化的表现形式之一，形象地展现出当时社会的饮茶风尚，见证了不同时期茶文化的发展。著名的有关茶的画作是唐代阎立本（约 601~673 年）所画《萧翼赚兰亭图》。唐代大画家阎立本根据唐何延之《兰亭记》故事所作。描绘唐太宗御史萧翼从王羲之第七代传人的弟子袁辩才手中将天下第一行书《兰亭集序》骗取到手献给唐太宗的故事。画的是萧翼和袁辩才索画，萧翼扬扬得意，老和尚辩才张口结舌，失神落魄；旁有二仆在茶炉上备茶；各人物表情刻画入微。这幅画不仅记载了古代僧人以茶待客的风俗，更是再现了唐代烹茶、饮茶所用的茶具以及烹煮过程，是茶文化史上不可多得的瑰宝。

除此之外，元代画家赵孟頫（1254~1322 年）所画《斗茶图》也是茶画中的传世佳作。图中四位斗茶手分成两组，每组二人。左边斗茶组组长，左手持茶杯，右手持茶壶，昂头望对方，助手在一旁，右手提茶壶，左手持茶杯，两手拉开距离，正在注汤冲茶。右边一组斗茶手也不示弱，准备齐全，每人各有一副茶炉和茶笼，组长右手持茶杯正在品味茶香。

（二）茶书法

茶从大自然中走出来，书法是“师法自然”的。两者都渗透着厚重的历史文化积淀而且互相关联影响。试想，茶文化当中如果没有书法和它所连接的中国文化的浸润，茶文化也不成其为文化。

中国书法艺术，讲究的是在简单的线条中求得丰富的思想内涵，就像茶与水那样在简明的色调对比中求得五彩缤纷的效果。它不求外表的俏丽，而注重内在的生命感，从朴实中表现出韵味。对书家来说，要以静寂的心态进入创作，去除一切杂念，意守胸中之气。书法对人的品格要求也极为重要，如柳公权就以“心正则笔正”来进谏皇上。宋代苏东坡最爱茶与书法，司马光便问他：“茶欲白墨欲黑，茶欲重墨欲轻，茶欲新墨从陈，君何同爱此二物？”东坡妙答曰：“上茶妙墨俱香，是其德也；皆坚，是其操也。譬如贤人君子黔皙美恶之不同，其德操一也。”这里，苏东坡是将茶与书法两者上升到一种相同的哲理和道德高度来加以认识的。此外，如陆游的“矮纸斜行闲作草，晴窗细乳戏分茶”，都是对茶与书法关系的一种认识，也体现了茶与书法的共同美。

唐代是书法艺术盛行时期，也是茶叶生产的发展时期。书法中有关茶的记载也逐渐增多，其中比较有代表性的是唐代著名的狂草书家怀素和尚的《苦笋帖》。

宋代，在中国茶业和书法史上，都是一个极为重要的时代，可谓茶人迭出、书家群起。茶叶饮用由实用走向艺术化，书法从重法走向尚意。不少茶叶专家同时也是书法名家。比较有代表性的是“宋四家”。唐宋以后，茶与书法的关系更为密切，关于茶的作品也日益增多。流传至今的佳品有苏东坡的《一夜帖》、米芾的《苕溪诗》、郑燮的《竹枝词》、汪巢林的《幼孚斋中试泾县茶》等，其中有的作品是在品茶之际创作出来的。至于近代，则佳品更多了。

复习与思考

一、名词解释

蒸青　斗茶　白茶　乌龙茶　紫砂茶具　凤凰三点头

二、单项选择题

1. 我国的饮茶方式改变为散茶冲泡的时代是（　　）。

A. 唐代　B. 宋代　C. 元代　D. 明代

2. 以下品种不是乌龙茶的是（　　）。

A. 铁观音　B. 普洱　C. 冻顶乌龙　D. 大红袍

3. 以下品种不是绿茶代表的是（　　）。

A. 龙井　B. 竹叶青　C. 六安瓜片　D. 君山银针

4. 名茶“大红袍”是属于（　　）。

A. 绿茶　B. 红茶　C. 黄茶　D. 青茶

5. 俗称“三炮台”实际就是指（　　）。

A. 禅茶　B. 盖碗茶　C. 擂茶　D. 工夫茶

6. 中国茶叶重心的东移是从哪个时期开始（　　）？

A. 春秋战国　B. 东晋南朝　C. 唐朝　D. 宋朝

7. 唐代的饮茶方式是（　　）。

A. 口嚼　B. 煎茶　C. 点茶　D. 泡茶

8. 广东潮汕地区的茶艺最出名的是（　　）。

A. 擂茶茶艺　B. 盖碗茶茶艺　C. 烤茶茶艺　D. 工夫茶茶艺

9. 中国最早的茶诗是（　　）。

A. 左思《娇女诗》　B. 李白《答族侄僧中孚赠玉泉仙人掌茶》

C. 张载《登成都白菟楼》　D. 白居易《谢李六郎中寄新蜀茶》

三、多项选择题

1. 制作工艺中有杀青工艺的茶类分别有（　　）。

A. 绿茶　B. 红茶　C. 黑茶　D. 黄茶

E. 青茶　F. 白茶

2. 以下茶品是绿茶的有（　　）。

A. 碧螺春　　B. 正山小种　　C. 黄山毛峰　　D. 西湖龙井

E. 庐山云雾

四、简答题

1. 饮茶方式的发展经历了哪几个阶段？每个阶段的饮茶有什么特点？
2. 学习茶文化知识有哪些好处？
3. 不同的茶具各有什么特色？分别适宜泡什么样的茶？
4. 绿茶的品质特征有哪些？黄茶、白茶的发酵程度是多少？
5. 六大类茶分别有哪些代表品种？

推荐阅读

1. 檀亚芳，刘学芬 . 茶文化与茶艺［M］. 北京：北京大学出版社，2014.
2. 俞鸣 . 茶史漫话［M］. 上海：上海古籍出版社，2015.
3. 王岳飞，徐平 . 茶文化与茶健康［M］. 北京：旅游教育出版社，2014.

第十二章

中国酒文化

中国酒文化是附着在中国酒上的文化意义，是在其生产、消费过程中产生的物质与精神文化的总称。一方面，酒是物质形式的饮料；另一方面，酒也承载着中国文化的精神诉求，是二者相结合的产物。中国文化也因蕴含酒文化而表现出与其他国家文化显著不同的精神实质与外在形式。

本章主要介绍了中国酒文化的起源与发展、我国历史上的酒具与酒礼、中国的名酒以及酒在文学艺术中的表现。学习本章有利于深入了解中国酒文化，从而对中国饮食文化有更系统全面的认识。

学习目标

知识目标

1. 了解中国酒文化的起源与发展历程
2. 了解我国酒礼的时代变迁
3. 了解文学艺术作品里关于酒的典故

能力目标

1. 掌握中国酒文化不同时期的特点
2. 掌握不同朝代的酒具及其特色
3. 掌握现代酒席中的礼仪规范

案 例

酒之趣

酒，是一种神奇的饮料。它既是食品、商品，又可以说是一种工艺品。酒有着几千年甚至上万年的历史，有着琳琅满目、数不胜数的品种，有着成千上亿的崇拜者和嗜好者。可以毫不夸张地说，世界上任何一种食品、商品或工艺品都不能像酒这样深入千家万户、雅俗共赏，都不能像酒这样保持永恒的魅力。不仅如此，酒还是人类文化的一个结晶，从这个小小的结晶中我们可以窥见人类文化发展的一个侧面，世界各个民族有不同的酒文化，而各民族、各国家不同的酒文化汇总起来又形成一个精深博大、内容广袤的人类酒文化。无怪乎自古以来，世界上许多学者、专家和文人墨客为研究酒、讴歌酒写下了无数的文字，在世界各族人民中也流传着无数的关于酒的神话和传说，为我们留下了一笔相当丰富的文化财富。我国清代编纂的《古今图书集成》专门辟有一个酒部，汇编了我国历史上从周至清历代关于酒的官方文字记载，约有五万余字；近代的胡山源老人，用了近50年的时间，编辑出版了一本《古今酒事》，汇集了历史上关于酒的专著、艺文、故事等3000多条，共30多万字。而这些只是关于酒的文字中的很小一部分，如果再加上世界各国历代关于酒的记载，那真是浩如烟海，无法计算的了。

（资料来源：尹桂茂，马玉涵．酒趣［M］．天津：天津科学技术出版社，1988.）

案例分析

1. 请阐述酒在人们生活中的地位和价值。
2. 列举你见过的或者喝过的酒的名字。

第一节　中国酒文化的起源与发展

中国酿酒的历史十分悠久，考古发现，甲骨文中已有“酒”“尊”“酉”等字出现。在古代，关于酒是如何产生以及何时产生，历来众说纷纭，莫衷一是；酒文化的发展更是贯穿于整个中华民族的文化发展之中，犹如灿烂的星辰在历史演进的夜空中熠熠生辉。现代科学已经破译了关于酒的秘密。富含糖分的谷物、水果、蜂蜜、奶，其主要元素为碳（C）与氢（H），特定的温度、湿度、光照条件下发酵，经过较长期间的生化反应，原本的物质分解为乙醇，乙醇溶解于水中，便成了气味芳香的饮料——酒。

一、酒的起源

（一）酒星造酒

在古人心目中，酒作为一种具有独特口感和特殊作用的物质是上天赏赐给世人的，宋代窦革的《酒谱》中记载："天有酒星，酒之作也，其与天地并矣。"将酒的产生与宇宙的产生联系在一起，认为自从宇宙生成之日起就有"酒星"负责酿酒。

关于"酒星"，唐代卢肇的《唐逸史》记载："太白酒星，每游间饮酒，处处皆到。"这当然是一种拟人化的描述。《周礼》中提到过"酒旗星"的存在，但书中并无具体位置的描述，到房玄龄撰写《晋书·天文志上》时，第一次有了关于"酒星"具体位置的描述："轩辕右角南三星曰酒旗，酒官之旗也，主宴飨饮食，五星守酒旗，天下大哺。"轩辕原本说的是黄帝，后来演变成古星座名，轩辕星一共有17颗星，其中东南方位的3颗就是"酒旗星"，它们呈"I"字形排列，由于距离遥远加之亮度太低，人的肉眼难以辨别出来。

诗仙李白的组诗《月下独酌》里有"天若不爱酒，酒星不在天。地若不爱酒，地应无酒泉。天地既爱酒，爱酒不愧天"的诗句，《怀素台歌》有"杜甫李白与怀素，文星酒星草书星"这样的称赞。上天酿酒的传说虽荒诞不经，但显示出了古代劳动人民丰富的想象能力与创造才华。

（二）仪狄造酒

仪狄造酒的说法由来已久，人们将仪狄称为"酒祖"。《世本》卷一记载："帝女仪狄始作酒醪，变五味；少康作秫酒。""醪"是糯米发酵后的产物，其上层液体接近于酒，"秫酒"为高粱酒。与此书同一时期而成的《战国策·魏策》也记载了"昔者帝女仪狄作酒而美，进之禹，禹饮而甘之"。

《世本》原书在宋代已不可得，现只残存保留于清人书籍之中，其记录难免混乱，但诸如《太平御览》《山堂肆考》等不同朝代的书籍均引用过《世本》的这个观点，毫无疑问，仪狄造酒说是中国古代流传最广的说法。然而仪狄造酒的传说也并不是非常可靠，在《孔丛子·儒服》中有这样一段记载："平原君与子高饮，强子高酒曰，昔有遗谚，尧舜千钟，孔子百觚。子路嗑嗑，尚饮十榼。古之圣贤无不能饮也，吾子何辞焉？"平原君劝酒，说到尧舜都可以喝很多酒，说明在大禹之前的尧舜时期就已经出现了酒。《黄帝内经·素问》里也记载了黄帝与岐伯讨论酿酒的对话，又将古人开始酿酒的时间由尧舜向前推至黄帝生活的上古时期。

（三）杜康造酒

民间传说中的杜康造酒是另外一种关于中国酒产生的说法，曹操"何以解忧，唯有杜康”的千古名句，让“杜康”成了中国酒的代名词，这种强有力的广告效应一直延续到今天。苏东坡挥毫写就“如今东坡宝，不立杜康祀”，杜甫也写过“杜康频劳劝，张梨不外求”的句子，阮籍更是听闻某处藏有杜康三百斛便跨步前去，谓之曰“惟重杜康”。

有关杜康究竟何人，古代文典的记载多有矛盾，《事物纪原》记载：“不知杜康何世人，而古今多言其始造酒也。”《说文解字》中说：“少康，杜康也。”但经宋人考证，杜姓是周朝以后才出现的，可见杜康不可能是酒的发明人。晋人张华的《博物志》里则认为杜康是汉朝的酒泉太守，传说他手艺高妙，擅长酿酒。《世本》中提到“少康作秫酒”，五谷中，高粱是比较晚出现的，高粱含有的少量单宁和大量的淀粉是酒中芳香物质的主要来源，杜康在总结前人经验的基础上，改良了酿酒工艺，将高粱引入酿酒，酿出的酒口感醇厚，风味独特，享誉民间，时久日长便被人们误认为是酒的发明人。河南汝州汝阳县有杜康村，酿酒殿里供奉杜康塑像，定期进行酒业的祭祖大典，足见杜康造酒说在民间的呼声很高。

酒到底是谁发明的？《酒谱》中这样回答：“予谓智者作之，天下后世循之而莫能废。”对以上传说，窦革表示：“不足以考据，而多赘说也。”酒不是上天赐予的，也不是某一个人发明的，它是在经年累月的劳动中逐渐摸索积累经验后发现的，是劳动人民在生产实践中的智慧结晶。经后人不断地总结、改良技术，最终形成了较为规范化的酿酒方式，一代代流传下来。

二、历代酒文化的特点

回顾酒文化在历史上各个时期的发展特点，不难发现它几乎是与社会发展史一同开始的，形态多样的酒文化具有的精神价值与当时的社会特色是一致的。

（一）夏商周时期

上古时期人类信仰鬼神，祭祀是人们向神灵祈求祝福的重大仪式，每逢祭祀一定少不了献酒，酒在祭祀活动中有着无可替代的作用。原始酿酒业到了夏商周时期，因社会生产力的显著提高、农业技术的进步，已经达到一定规模，祭祀活动也随着社会的发展而日益加重其政治意义，随祭祀仪式的愈发复杂，严格的等级观念日益固化。

到了商代，贵族饮酒之风盛行。现代考古发现商代贵族墓中有紧贴棺木的酒具，这些青铜酒具证明了商代人的酿酒技术甚为发达；商代酿酒业改进了技术，采用人工酒曲酿酒，大大提高了酒的产量。

周王灭商之后总结教训，开始禁酒，从王亲贵族到黎民百姓都不能纵酒，后来颁布的《酒诰》是可考据的文献中最早的禁酒令。周人也祭祀，但祭祀的对象已经从鬼神转变为祖先，酒祭属于礼的范围，在此之后的封建王朝里，祭祀这一宗教礼俗有所变化，但酒作为祭品的地位从未发生改变。此时的酿酒工艺更为先进，出现了管理酒的机构，其中有专业的技术人才掌握着酿酒方法，并且建立酒的质量标准，《礼记》中有记载的是“三酒”“五齐”与“六法”。

“三酒”说的是“事酒”“昔酒”“清酒”这三种类别的酒，“事酒”为祭祀而酿，无须存储，酿成立即使用；“昔酒”为经过贮藏的酒，一般用来招待贵宾；“清酒”为经过贮藏后再过滤澄清后的高档酒。所谓“五齐”是指酿造出来的不同规格的酒，味道淡而有酒渣的酒叫作“泛齐”；带有甜味的酒汁与酒渣混合的酒叫作“醴齐”；白色的浊酒叫作“盎齐”；黄色的酒叫作“醍齐”；去掉酒渣的清酒叫作“沈齐”。“六法”是酿酒过程中要注意的六点事项，分别为酿酒的原料、制曲的时间、浸泡的时长、酿酒的水质、盛酒的容器、酿酒的温度这几个方面，这些酿酒经验的总结对现代酿酒业仍旧有指导作用。

（二）秦汉时期

西汉建立之初，因秦末的连年战火破坏，粮食产量严重不足，统治者采取减轻赋税的方式与民休养生息，同时颁布禁酒令，萧何制定的法律规定：三人以上无故群饮酒，罚金四两。汉景帝时期，天下安定，国家统一，经济发展，工商业活跃，各地交往频繁，农业生产进步，诸多因素为酿酒业的发展提供了必要的物质条件与社会条件，酿酒业随之大规模发展。

汉代饮酒之风盛行一时，人们以稻米酒为上等，以稷米酒为中等，以黍米酒为下等，而且产生了更多种类的酒，如桂酒、菊酒、椒酒、听事酒、香酒等，可见当时酒业之发达。东汉末年曹操发现并献给汉献帝“九酝春酒法”，也就是如今所谓的“喂饭法”，对酿酒业的发展有着重要的意义，按照此法酿造出来的酒醇厚无比，这种方法后来成为我国酿造黄酒最主要的加料方法。汉武帝建元年间出使西域的张骞，从大宛引入葡萄的同时也带来酿造技术，为我国的葡萄酒酿造业奠定了基础。

（三）魏晋南北朝时期

魏晋时期，政治上曹氏与司马氏斗争激烈，军阀割据，边境不宁，社会矛盾激烈；文化上道家学说自此兴起，佛教文化传入本土，玄学盛行于世；社会思想上重视个人感官，轻视社会感受，重审美，轻功利。

对生命意义的理解与对人身价值的追求大大改变了人们的生活习俗，当时的士族中人不但才华得不到施展，往往还有性命之忧，于是一些人为了躲避尖刻的现实，精神上投身到虚无缥缈之中寻找寄托，肉体上则以清谈、疏狂、饮酒等形式来排遣苦闷。

如果说酒在夏商时期加强了人与神鬼之间的联系，在周代增强了人与人之间的关系，那么在魏晋时期，酒则折射出种种人生态度，成为当时人们认识自我、超脱自我乃至于体味生命真谛的工具。南朝刘义庆《世说新语》记载了嵇康、阮籍等一众经常在山阳（今河南修武）的竹林下聚会，肆意酣畅，被称为“竹林七贤”，他们极大地影响了后世的文人风气。

晋穆帝永和九年三月初三，王羲之与谢安等当时名噪一时的名士集会在会稽山的兰亭，王羲之适逢酒酣，挥笔乘兴，完成了潇洒自如、意气风发的《兰亭集序》，为后世称为“天下第一行书”。

魏晋时期民间可以自行酿酒，政府也不曾下禁酒令，从士大夫到百姓，饮酒的盛行推动了酿酒技术的进步，制曲技术与酿酒工艺较以往有了很大的进步，不同地区酿制而成的名酒纷纷出炉，《齐民要术》里记载有几十种宫廷御酒，以及“造神曲并酒”“法酒”等酿酒过程。这个时期还诞生了著名的酿酒大师刘白堕，《洛阳伽蓝记》中记载了刘白堕酿的酒千里而不坏，酒味之美可见一斑。

（四）盛唐时期

唐代从隋末的百废待兴一路走来，政治清明，人才辈出，国家的安全统一造就农业的发达，经济发展到了高度繁荣阶段，“天下置肆以酤者，斗钱百五十，免其徭役”。唐朝政府明文鼓励民间酿酒，酿酒业与其相关行业因此获得了很大的发展。

酒类商品的扩大流通形成了“酒肆”这种专营卖酒的市场，唐朝政府设立了“酒坊使”这一官职，专门负责有关酒的事务，又设立“良酿署”这一分工细致的酿酒管理机构，所酿酒除供祭祀使用之外也可用以贩卖，赚取利润，同时允许私营业主与官营店并存，政府抽取私营业主酿酒、卖酒的酒税。

唐代各阶层人士都喜爱饮酒，并以聚众参宴为好，如“琼林宴”“避暑会”“暖寒会”之类，时有“谁家无春酒，何处无春鸟”的景象出现。

唐代的诗歌文化繁荣昌盛，诗歌与酒珠联璧合，使得酒文化的内涵更加丰富多彩，酿酒、饮酒更加活跃，李白在《客中行》里写道，“兰陵美酒郁金香，玉碗盛来琥珀光”，就是对“兰陵酒”的赞赏。各类美酒的交相争辉，让唐代美酒享誉天下。

（五）两宋时期

宋代工商业进一步发展，政府逐步重视对酒相关产业的管理，沿袭唐代的制度，制定出相关的政策法规，提出“设法劝饮，以敛民财”的政策，于是民间纵酒畅饮，城市酒肆林立，酒楼通宵达旦。宋代还实施了一种“酒税承包”制度，可以个人买下某一地区的酒税，以后就能够独占这里的卖酒利润，区域内其他小酒店成为其附庸。这一制度也促进了酿酒业的进一步发展。

到了南宋，在继承北宋酒业管理制度的同时，户部开始管理赡军酒库，十多处酒库实际上是由军队掌管；各地大户与贵人也都纷纷设立私人酒坊，与政府在酒业上争利，周密的《武林纪事》、孟元老的《东京梦华录》都有对当时酒业发展的详细记录，《清明上河图》中也有酒肆卖酒、当街听唱的表现。

政府对酒业的鼓励以及酒税对财政的重大影响，促使酿酒技术有了很大的进步，促进了酒类的生产和技术的革新，在经历了数百年的实践后形成了传统的酿造理论。宋代的酿酒技术文献中最能体现酿造技术精华并在操作中具有指导意义的著作当属北宋末的《北山酒经》，上卷总结了酿酒理论，中卷记录了制曲技术，下卷论述了酿酒技艺。比之《齐民要术》中制曲酿酒的内容记述，《北山酒经》显得更进一步，它不仅罗列了方法，还对其中的道理进行了分析阐述，因此更具有指导意义。

（六）元朝时期

“安得酒船三万斛，棹歌长久白鸥群”真切地展现出元代好饮之风气。元人好饮，首推帝王，元代的皇帝都嗜好饮酒。在《元史》中记录了“帝（太宗）素嗜酒，日与大臣畅饮”，后经过大臣耶律楚材的进谏才反省自己沉溺酒中的过错，嗜酒的习惯稍有改善。

元代饮酒之风炽烈，饮酒群体庞大，尚饮的风气推动了酒业的发展，名酒佳酿较之以往要丰富许多，并且民间掌握了简单的酿酒技术，有不少私人酿酒作坊。婚丧嫁娶、宴会聚餐都离不开酒，元代的道士与和尚也是可以饮酒的，不少寺庙道观都酿酒销售，例如苏州东禅寺僧文友喜交友，与不少士大夫来往密集，每有来访，必设酒款待。

元代出现了用粮食制作的烧酒，相当于现代蒸馏白酒，李时珍《本草纲目》中写：“烧酒非古法也，自元时始创。”《饮膳正要》等文献中都有相关蒸馏酒的记载，但现在普遍认为，我国唐代已有蒸馏酒的制作方法，宋代正式出现蒸馏酒，但流传不广，直到元代，蒸馏酒才真正获得发展普及。

具有蒙古民族特色的马奶酒很是盛行，最好的马奶酒需要多次发酵提纯，让马奶在皮囊中变成甘美的酒精饮品。当时的北方农业区还会自酿米酒，这种酒温热后饮用很容易醉人。

（七）明朝时期

明代是酿酒业茁壮成长的时期，无论是酒的产量还是酒的品类都远超前朝，这一方面是技术进步带来的成果，另一方面还在于政府没有关于饮酒的禁令。政府直接向酿酒作坊与卖酒店铺收取商税，民间以酒作为日常生活必备的消费品，有些类似当代社会。

当时的社会风气是各级文武官员多狎妓宴请，以为时尚，上行下效，富商巨贾、文人雅士也都如此，《三言二拍》《金瓶梅词话》中多有此类事情的描写，明代的酒坊资金雄厚，技术力量集中，酒坊作场宽大，遍布城乡地区，甚至已经出现专门负责销售酒的业务员“水客”，所谓“春来无处不酒家”，酒店之多，历来少见。

（八）清朝时期

清代酒的种类空前发达，传统酿造技术在继承中得以发展，蒸馏酒的品种更为丰富，出现了青稞酒和果酒。西北人十分喜欢喝青稞酒，酿造一日的叫甘露旋，酿造一月的叫甘露凉，酿造一年的叫甘露黄，当地有“驮酒千里一路香，开坛十里游人醉”的谚语，足见青稞酒在西北地区的流行之广。果酒方面，北方产枣地区多枣酒，南方多桑葚酒、荔枝酒。

此时黄酒最有名者当属绍兴黄酒，可分为状元红、加饭、善酿三种。白酒则以汾酒为代表，因为这类酒酒色清澈、口感单纯，所以也叫汾清酒。清末时期，我国开始酿造啤酒，浸泡酒如露酒、金酒、错认水、雪梨烧酒等在大江南北各展风采。

随着生产力发展，大酒坊陆续出现，市场的需求逐年上升，随之而来酒的产量也稳步提高，销路不断扩大。于是酒的包装、规格在各大酒坊的协商之下统一起来。实力雄厚的酒坊还在外地开设酒店、酒庄，经营零售批发，有名的如上海的“王宝和”，杭州的“高长兴”，等等。

第二节　中国酒具与酒礼

饮酒需要盛酒的器具，这就是酒具，中国的酒具不仅仅是饮酒时候的工具，更是具有艺术价值的工艺品，中国对酒具的要求向来强调它的二重性。人们选用品质优良的美酒，同时也要求酒具质地贵重、造型别致，从而达到饮酒与娱乐的完美统一。同时，中国又是礼仪之邦，凡事都讲究一个“礼”字，酒礼几乎与酒同步诞生、发展。中国的酒礼最初来自于对鬼神的崇拜，历经岁月后发生改变，融入更多的社会因素，形成了具有民族特色的礼仪规范。

一、中国的酒具

中国的酒具发展史就是一部手工艺发展史，随着生产力的提高，酒具的品种从单一走向多样，酒具的色彩从寡淡变为多彩，酒具的造型从朴素迈向精致。酒具的发展变化体现了丰富的文化背景，映照着世俗生活的不断演进，具有宝贵的文化价值，从一个侧面反映了历史的进程。

（一）淳朴的陶质酒具

古人发现了火并能够使用火，这极大地改变了人类的生存方式，改造和征服自然成为社会主流，人们用火取暖、以火熟食，同时发明了陶器，用来存储食物与水。

最早的陶器酒具出现在距今 7000 年前的大汶口时期，这一时期社会生产力水平较为低下，美酒属于贵族阶层享用品，所以相应较为精美的酒具也只有贵族使用，不同阶级使用不同的陶器酒具，酒具质量的好坏往往象征着使用者的阶级地位高低。发现于陕西半坡的鹳鱼石斧图彩陶缸，造型简约，以卷唇盆和圆底的盆、钵以及小口细颈大腹壶、直口鼓腹尖底瓶为典型器物，这是仰韶文化的代表性酒具。

在陕西宝鸡北首岭出土的水鸟啄鱼蒜头壶，壶口为花苞形状，绘有黑色花瓣图案，壶的肩腹则用黑彩描绘着一组水鸟啄鱼图，一只水鸟紧紧咬住一尾肥鱼尾巴，大鱼则身体扭动，负痛回收，欲逃不得，图案构图简练、形态逼真，此件陶质酒具是我国历史上酒具文化的佼佼者。

出土于山东胶州三里河遗址的黑陶，里外皆为黑色，陶器腹部经过抛光处理，举之光可照人，该酒具造型优美，制工精致，是黄河下游流域酒具文化中的精品。

长江流域的大溪文化区发现的酒具一般为素面陶器，但唯独发现过一件彩陶筒形杯，该杯胎质为红陶，外绘有黑色花纹，中间装饰带纹，上下装饰绞索纹，造型美观，装饰华丽，具有浓厚的艺术气息。

陶器酒具的出现具有划时代的意义，这一时期的酒具造型整体上显得淳朴自然，而其中多数器型种类也为后来的青铜器酒具开了先河。

（二）精美的青铜酒具

青铜是红铜和锡的合金，将冶熔的红铜、锡的液体灌入雕刻了花纹的陶范中，就铸造出了青铜器。青铜器是夏商周时期最主要的祭祀用品，而继承下来并得以完善的古代礼仪制度也强调“礼以酒成，无酒不成礼”，正因如此，酒具的发展非常迅速，青铜酒具也成为该时代文明中最辉煌的亮点。

从商代开始，酿酒业逐步发展起来，加之青铜器的制作工艺进步，青铜酒具大量生产出来，根据考古发现，这个时期的青铜饮食用具里有超过一半为酒类器具，商后期奴隶主酗酒成疾，青铜酒具更是蔚为壮观。

周朝禁酒，西周时期的青铜器数量锐减，商朝数量较多的角、觯、斝、尊、壶、卣、方彝等，到了周朝中后期基本消失不见。后世如秦汉时期又有青铜器流行的趋势，但已无法达到商朝时期的鼎盛状态，东汉末年青铜器几乎就退出了历史舞台，青铜器酒具也被其他材质的酒具所替代。但需要说明的是，青铜酒具的造型历来都是工艺美术界仿古的重要范例。

这个时期的酒一般认为是以祭祀为主，兼顾贵族享用，所以青铜酒具并不是一般日用品，而是作为祭祀用具来看待的，这是礼的文化象征，也是巩固统治的工具，酒具分为多种式样，不同场合、不同用途、不同等级、不同对象的贵族要使用不同的酒具。因此，青铜酒具以种类繁多、造型奇特、纹饰夸张、制作精湛的特点而流传后世。

目前已经发现的青铜酒具中最早的是夏二里头时期的爵，根据容庚的《殷周青铜器通论》，青铜器分为四大部、50类，其中酒具占24类。按照用途可以分为煮酒器、盛酒器、温酒器、饮酒器。

（三）亮丽的漆酒具

汉唐以后，因经济发展迅速，铜被大量用于铸币，历朝历代都明文禁止以铜为原料制造生活用品。战国中后期青铜酒具逐渐落寞，取而代之的在贵族酒宴上一度兴起的酒具就成了漆酒器，漆酒具经久不衰，一直延续到西汉时期。

漆器是以漆树割取的生漆为涂料，涂抹在用木头、竹子制作的器物表面所制成的生活用品。漆器具有“三耐”的特性，即耐高温、耐腐蚀、耐潮湿，而且可以自由搭配各色色漆，这就使酒具表面光彩照人。汉代漆酒具在造型上讲究简练、实用、轻便，上层社会不再以拥有漆酒具的大小来划分等级，转而以其拥有的漆酒具精美程度来衡量社会地位。

已出土漆酒具中，以湖北江陵的战国漆耳杯为最早，此耳杯外形为椭圆状，两侧有几何形图案，色泽亮丽，讨人喜爱。马王堆汉墓中出土的饮食器具均为漆器，证明了西汉是贵族使用漆酒具最兴盛的时期。到了魏晋，漆器工艺基本继承了之前的风格，出现了半米高的大型漆器。此时一些漆酒具上还有铭文与书法作品。南北朝期间流行坐床，因而漆酒具变矮肥而成瘦长，并作为日常生活使用的器具逐渐普及开来。

唐代的漆酒具制作工艺达到了空前水平，此时出现了用稠漆堆成形状的凸出花纹的堆漆酒具，以金银质地花片镶嵌而成的金银平脱酒具。镂刻抬凿工艺的使用使得漆酒具精美绝伦，成为具有大唐风格的工艺品。

宋代出现了高度纹饰的漆酒具。到了元代，漆酒具中出现了雕漆，其特色在于堆漆肥厚，以锋利的刻刀在器物表面刻画出花纹，这种在质感上淳朴浑厚而又制造精致的漆酒具有一种独特的魅力。从元代到明清时期，漆酒具逐渐变少，它们的性质也逐步从实用酒具变成一种艺术品。

相比具有浓厚礼含义的青铜酒具，漆酒具更侧重于实用性，也正是这个原因，漆酒具的制作手法更加丰富，艺术造型更加多样，人们的喜爱程度更甚。

（四）多彩的瓷器酒具

商代出现了瓷器，因制作水平过低，称之为原始青瓷。汉代人们掌握了成熟的烧制瓷器的方法，瓷器酒具大致在这一时期出现，瓷器进入贵族家庭后，成为权力与财富的象征，瓷器酒具也随之盛行于民间，并逐步成为人们日常使用的器具。瓷器酒具具有造型美观、装饰华美、釉层光润等特点，至今仍受人喜爱。

三国时期的青瓷以胎质细腻、釉汁纯净为特色，酒具表面常饰有水波纹、弦纹、方格网纹。魏晋时期，由于战乱纷争，社会财富积累较少，贵族使用的精致瓷器酒具较少，这反倒使得偏重于日常使用的瓷器生产得到广泛发展，两晋的青瓷既实用又美观。南北朝时期的瓷器酒具多为碗、盘、杯、罐、壶、瓶，装饰以莲花瓣，底有圈足。

隋朝创造出“浮白釉”等新的瓷釉品种，而以其制作的瓷器酒具也是这一时期出现的珍品，西安出土的“双身龙耳白釉瓶”，以清新挺拔的美感著称于世。唐代的瓷器酒具中最著名者当属青瓷酒具与白瓷酒具，唐代瓷器酒具品类较为复杂，样式比较奇特，主要有连体壶、注子、执壶、双耳瓶、盏、盅等。

宋代，由于文化上的繁荣昌盛，商品经济的逐步活跃，有着深厚底蕴的官窑在各地兴起。这些瓷器烧制出来不但供给贵族使用，也满足了普通百姓的需求，瓷器酒具普及度高。此时饮酒之风在社会兴起，文人雅士对精美的瓷器酒具产生了足够的兴趣与追求，工匠掌握了高超的技术，能够烧制出光彩夺目、色调各异的瓷器酒具，具有文雅气息的瓷器酒具开始出现。

到了元代，陆上贸易线路特别是海外贸易的全面开通，促进了制瓷工艺的进步发展。这时候在景德镇设立了“浮梁瓷局”，使得景德镇成为全国制瓷中心，景德镇瓷器出现了卵白釉、青白瓷、釉里红以及最为人熟知的青花瓷。青花瓷是用钴料在胎体上作画，之后涂以透明釉经过高温一次烧成的，又叫作“釉下蓝”。青花瓷酒具具有永不褪色、淡雅朴素的优点，一出现就以极其旺盛的生命力迅速发展，数百年不休，并远销海外。

到了明清时期，青花瓷酒具获得空前发展，上层贵族与普通百姓都喜欢使用此类酒具饮酒，但这两个阶层使用的酒具意趣不同：前者做工细致，造型优美，上绘有山水图案；后者做工相对粗糙，造型朴素，器具上的图案也多为不精细的花纹。

二、中国的酒礼

中国的礼节都源自周礼，并逐渐演变成今天的礼节，酒礼也是一样，所谓“无酒不成席，无酒不成礼”的社会现象就是从古沿袭下来的。

（一）上古祭祀之礼

“礼”在中国社会占据非常重要的地位，它的起源是远古时期对自然、鬼神的迷信，其后的统治阶级依靠礼来维护自身的统治。殷周以神权维护统治地位，因此事事占卜，时时祭祀，酗酒成风是当时的最大特点，这一时期的酒礼大致为祭祀时所遵循。

在远古时代，不论是贵族祭祀还是普通百姓祭祖，都必须做完“以酒酹地”的仪式后才可以饮酒。酹酒是一道礼仪程序，其流程大致为：①主祭祀的人在祭桌前端庄肃立，双手举杯，默念祭词。②分三次将酒倾倒，有所剩余。③将剩余的酒绕身前洒成半圆形，礼毕。此项酒礼延续到今天，在某些特殊场合中人们依旧保持着饮酒前做酹酒的礼节。

（二）古代宴请之礼

古代宴请宾客要在正式请客前三日送请帖，与客人约定时间，作为被邀请的客人，如不能按时前去，则应提前告知主人。一次宴请不超过十人，宁少勿多。

古人强调“尊人立，且莫坐”，首席还没入座前其他人是不能先坐下的。“尊人同席饮，不问莫多言”，酒席上首席不问话就应禁言，否则就是不礼貌。另外宾客对饮时，其他人应肃穆以示尊重。

正式开席后要行酒令，酒令的要求是宜雅、宜新、戒苛、戒喧、戒骂。行酒一周为一巡，三巡以前按照坐客的长幼尊卑斟酒，三巡后斟酒就可以按需而来。巡酒时必须饮酒，酒量小可以少饮。有客人来，主人应该离席远迎，表示尊敬。

古代饮酒必有酒筹，它是用竹木雕刻而成的计数工具，由司酒的人掌管。由于席间常有闲谈，间或还有曲艺表演，容易让人忘记斟酒次数，所以拿酒筹来计数；行酒令的罚酒也用它来计数，以免赖酒或作弊不饮。

古代规定凡是即席饮酒者，饮酒后要杯口朝下，滴酒不剩，“酉爵”就是干杯，如果谁未喝完，酒杯中有所剩余，则罚酒一杯。这种酒礼来源于“有来而无往，非礼也”。《礼记》里说君子饮酒应当遵循这样的顺序：①饮第一爵后和颜悦色；②饮第二爵后开怀畅言；③饮第三爵后就应该起身退席了。古人倡导的这一酒礼在今天都有着它的现实意义。

（三）酒礼的变革

周代“天之命民，作酒唯祀”，统治者推行礼乐教化，“酒治百礼”的作用就更加突出了，人们的一切都要用礼约束起来，“民之所由生，礼为大。非礼无以节事天地之神也，非礼无以辨君臣上下长幼之位也，非礼无以别男女父子兄弟之亲、昏姻疏数之交也；君子以此之为尊敬然。然后以其所能教百姓，不废其会节”。

春秋战国以后，奴隶制在社会变革中解体，所谓礼崩乐坏，酒礼中敬事鬼神、体现宗法观念与功能的部分消退，开始走下祭坛，迈入民间，融入普通百姓的生活中。

随着社会进程加快，传统的酒礼面临的挑战越来越大，儒家思想的深入人心，使礼逐渐变为道德伦理的礼，自此在长达2000多年的封建社会，道德伦理范畴的礼主宰着人们的思想与行为，体现在社交活动中，约束着每一个人的言行举止。

魏晋时期，社会动荡不安，民族大迁徙大融合，各种思潮碰撞，导致对传统观念幻想的破灭，人们开始怀疑礼教，以酒的刺激来激发个性的张扬，文人雅士从现实出发，从实际需要出发，改革创新了酒礼，使之焕发新生，增长了娱乐性与世俗性，人们认为饮酒必须要有特定的对象与独特的环境，以便构成适宜的氛围，否则就失去了应有的饮酒情趣。理想的饮酒对象是：豪侠，知己，故交，玉人，可儿；理想的饮酒的地点是：花间，高阁，画舫，竹林，幽谷；理想的饮酒时间是：新月，清秋，春日，新绿，积雪，晚凉。文人雅客把独特的审美情趣融入酒礼当中，体现士大夫阶层对超凡意境的追求和对温雅风度的渴望，传统酒礼逐步演化为一种大众进行社交活动的有效工具，使以往专为巩固统治的政治手段变成了人与人之间交流情感的行为规则，酒礼质的变革较为彻底地完成了。

（四）现代酒礼

现代酒礼汲取了古代酒礼精华，淡化宗教信仰，借鉴西方现代文明的宝贵经验，不断完善新的时代精神，与时俱进，开拓创新，形成了具有中国特色的健康、民主、科学的现代酒礼。

1. 入席酒礼

现代入席酒礼一般原则是“长者在先，宾客优先，女士优先”，这既显示了对中华民族传统美德的继承，又摒弃了封建礼教的约束，废除了男尊女卑的陈规陋习，形成了新的风尚。

尊重长辈是传统美德，所以古往今来长者在先的规矩一直沿袭下来，入席时先为长者后为幼者，按年龄为序。同胞之中，以兄为先；同师之徒，幼者为下。

“有朋自远方来，不亦乐乎”。安排宾客入席，作为邀请者应热情大方地把客人让入合适的席位上。

传统酒礼中，受儒家轻视女子的文化影响，女子不允许参加宴会或只作为宴会的点缀、陪衬。而现代社会生活中，男女平等，社会地位一致，受西方礼仪的影响，“女士优先”已经成为酒礼上新的规范，如果有女士入席，应当优先让入。

2. 叙谈酒礼

入座后一般不会立即摆上酒席让人饮酒进餐，即便在正式进餐中，为了交流感情，互相增进了解，也都会有主人与宾客之间、宾客与宾客之间的叙谈，尽管这样的叙谈本身是多变与自由的，但也应该有所讲究，注意礼仪。

宾客之间互相交谈，在叙谈过程中绝不能触及他人痛处，如果对方首先提及，则应以温馨的话语给人以温情，抚平他人的创伤。

叙谈中难免谈论到社会热点话题，要从自身做起不谈论是非，不传递失实信息、小道消息，而是谈现象找原因，以免产生不良社会影响。坚持以和为贵、以情为重，交谈中不以自己为中心而高谈阔论，这很容易招人反感，甚至遭到主人和其他宾客的奚落，“人情练达即文章”，叙谈中多听别人讲，虚心向他人请教才是应有的礼仪。

3. 敬酒酒礼

主宾之间相互敬酒，可以营造氛围，活跃场面，达到以酒会友的效果，增加彼此之间的交流。敬酒的礼仪虽然没有定制，但在不同场合、不同规格的酒席上也有共同之处。

喜庆的场合气氛是热烈而欢快的，这时候敬酒就是在嬉戏热闹的过程中进行的。但在诸如追悼纪念活动后的酒席上，敬酒者则应严肃端庄，给人正式沉重之感。

敬酒的礼仪与其他相关酒礼一样，遵循长者为先，幼敬上，小敬大。敬酒应以首席为第一，其后按照顺时针方向，依次敬酒；或者按照年龄老幼为序；或者按照亲疏远近为序，特别注意要以疏为先，以亲为后。

敬酒时要充分考量自己与他人的酒量，适可而止，“酒能益人，亦最能损人”，这是最重要的酒礼。一般来说，能够喝多少便喝多少，实在不能喝，酒杯碰到嘴唇，点到为止。主人应考虑到大家酒量之间的差距，提议举杯共饮，以代替单独敬酒的烦琐程序，这样既简单文雅，又能烘托出热烈的气氛。

4. 离席酒礼

凡是参加酒席的宾客，在酒席结束或有宾客离席时，也应按照入席酒礼“三先”的原则，有秩序地离去。

参加酒席一般不要提前离席，这一方面会破坏酒席的热闹气氛，另一方面也可能引起主人不满，误认为是看不起自己或者不重视这次酒席，同时也会引起别的宾客反感。如遇突发事件需要提前离席，应首先与主人解释清楚离席的原因，在征得主人同意后与在席宾客表示歉意，最后慢慢离席，以示不舍。

当有宾客离席，主人应快步走出，在门外送客。酒席结束后，要安全地送客人到达目的地，这也是现代酒礼中很重要的一个环节，绝不能以为酒席结束，散场后就一走了之，特别是对饮酒过度的人，更需要照顾周全，以免发生意外造成不必要的麻烦。

第三节　中国名酒

相关链接 搜索

中国酒的分类

中国酒的品类繁多，对酒的分类方法也很多，我国习惯把酒分为四大类，即白酒、黄酒、果酒（葡萄酒为代表）、啤酒。

（一）按酒精含量分类

按照酒精含量分类，一般以体积百分比表示。

（1）高度酒。酒精含量在40%以上的酒类，即酒度40以上。

（2）中度酒。酒精含量在20%~40%的酒类，即酒度20~40。

（3）低度酒。酒精含量在20%以下的酒类，即酒度20以下。

（二）按酿酒方法分类

按照酿造方法可分为酿造酒、蒸馏酒、配制酒。

（1）酿造酒。也称作发酵酒，就是用含有淀粉的原料，经过发酵、过滤、杀菌后制成的酒，属低度酒，如黄酒、啤酒、果酒。

（2）蒸馏酒。蒸馏酒是以含糖或淀粉的原料，经糖化、发酵、蒸馏制成的酒，一般为中高度酒，如白酒、伏特加、威士忌等。

（3）配制酒。配制酒又叫再制酒，就是用蒸馏酒为酒基，加入植物性药材或动物性药材，调配而成的低度酒，如药酒、滋补酒。

（三）按糖分含量分类

这种分类方法通常只用在黄酒、葡萄酒上，按照酒内糖分浓度，可分为甜型酒、半甜型酒、半干型酒、干型酒。

（1）甜型酒。黄酒含糖 10g/100mL 以上，葡萄酒含糖在 5g/mL 以上。

（2）半甜型酒。黄酒含糖 3~10g/100mL，葡萄酒含糖在 1.2~5g/mL。

（3）半干型酒。黄酒含糖 0.5~3g/100mL，葡萄酒含糖在 0.4~1.2g/mL。

（4）干型酒。黄酒含糖 0.5g/100mL 以下，葡萄酒含糖在 0.4g/mL 以下。

一、中国白酒

（一）白酒的分类

1. 按主要原料分类

（1）粮食酒，如高粱酒、大米酒、玉米酒等。

（2）瓜干酒，如红薯干酒、白薯干酒等。

（3）代用原料酒，如豆腐渣酒、米糠酒、粉渣酒等。

2. 按生产工艺分类

（1）固态法白酒，原料固态发酵，固态蒸馏。

（2）液态法白酒，原料液态发酵，液态蒸馏。

（3）调香白酒，固态法或液态法生产后成品，经过加香调配而成。

（4）串香白酒，液态法生产后成品，加入固体发酵香醅重新入甑蒸馏而成。

3. 按发酵剂分类

（1）大曲酒，用大曲（指曲的形状）酿制的白酒。

（2）小曲酒，用它配置的白酒，一般适宜南方等较为湿热地区。

（3）麸曲酒，用麸曲酿制的酒，也叫快曲酒。

4. 按产品档次分类

（1）高档酒，用料精优、工艺精湛、发酵和贮藏时间久的高价酒，如特曲、特窖、老窖、陈酿等。

（2）中档酒，工艺较为复杂，发酵和贮藏时间较长的中等价位酒，如大曲酒、杂粮酒。

（3）低档酒，俗称大路货，如串香酒、瓜干酒和在农村地区销售的散装白酒等。

（二）白酒的香型

1. 浓香型

这类酒以五粮液和泸州老窖为代表，属大曲酒类。其特点可用六个字、五句话来概括：六个字是香、醇、浓、绵、甜、净。五句话是窖香浓郁、清冽甘爽、绵柔醇厚、香味协调、尾净余长。

浓香型白酒的种类是丰富多彩的，有的是柔香，有的是暴香，有的是落口团，有的是落口散，但其共性是：香要浓郁，入口要绵并要甜（有“无甜不成泸”的说法），进口、落口后味都应甜（不应是糖的甜），不应出现明显的苦味。

浓香型酒的主体香气成分是窖香（乙酸乙酯），并有糟香或老白干香（乳酸乙酯），以及微量泥香（丁乙酸等）。窖香和糟香要协调，其中主体香（窖香）要明确，窖泥香要有，也是这种香型酒的独有风格，但不应出头，糟香味应大于香味，浓香要适宜、均衡，不能有暴香。

酿酒原料：高粱或多粮。糖化发酵剂：小麦或添加大麦、豌豆、高粱等焙制成的中温偏高温大曲。用曲量：18%~25%。

工艺特点：混蒸续粮固态发酵法；采用“跑窖”“原窖”“老五甑”工艺；泥巴老窖、万年槽；“两高一长三适当”（即入窖淀粉高、酸度高；长期发酵；适当的水分、温度和糠壳用量）。发酵周期30~90天。

2. 清香型

以山西汾酒为代表的清香型白酒属大曲酒类。它入口绵，落口甜，香气清正。清香型白酒的标准特点是：清香醇正，醇甜柔和，自然协调，余味爽净。清香醇正就是主体香乙酸乙酯与乳酸乙酯搭配协调，琥珀酸的含量也很高，无杂味，亦可称酯香匀称，干净利落。

清香型白酒可以概括为：清、正、甜、净、长五个字，清字当头，净字到底。酿酒原料：高粱。糖化发酵剂：大麦和豌豆混合制成的低温大曲。用曲量：9%~11%（清茬曲、后火曲和红心曲混用）。

工艺特点：清蒸清入、清蒸二次清；高温润糁（堆积），低温发酵；发酵周期：28天。

3. 酱香型

亦称茅香型，以茅台酒及荣和烧坊酒为代表，属大曲酒类。其酱香突出，幽雅细致，酒体醇厚，回味悠长，清澈透明，色泽微黄。以酱香为主，略有焦香（但不能出头），香味细腻、复杂、柔顺。含泸（泸香）不突出，酯香柔雅协调，先酯后酱，酱香悠长，杯中香气经久不变，空杯留香经久不散（荣和烧坊酒有“扣杯隔日香”的说法），味大于香，苦度适中，酒度低而不变。

酿酒原料：高粱。糖化发酵剂：小麦制成的高温大曲。用曲量：粮、曲为1∶1左右。

工艺特点：2次投料，8轮次发酵，7次取酒，“四高两长”工艺（即高温制曲、高温堆积、高温发酵、高温馏酒。发酵周期长，一年为一个大的生产周期；酒的贮存期长，3年以上），用曲量大，按酱香、窖底香、醇甜3种典型体和不同轮次分别长期贮存。发酵周期：30天（每一轮次）。

4. 米香型

亦称蜜香型，以桂林象山牌三花酒为代表，属小曲酒类。小曲香型酒，一般以大米为原料。其典型风格是在“米酿香”及小曲香基础上，突出以乳酸乙酯、乙酸乙酯与B–苯乙醇为主体组成的幽雅清柔的香气。一些消费者和评酒专家认为，用蜜香表达这种综合的香气较为确切。概括为：蜜香清雅，入口柔绵，落口甘洌，回味怡畅。即米酿香明显，入口醇和，饮后微甜，尾子干净，不应有苦涩或焦煳苦味（允许微苦）。

酿酒原料：大米。糖化发酵剂：米粉、辣蓼草混合制成的小曲。用曲量：0.8%~1.5%。工艺特点：整粒大米为原料，固态培菌糖化，液态发酵，釜式蒸馏。发酵周期：7天。

5. 其他香型

称兼香型、复香型、混合香型，属大曲酒类。此类酒大都是工艺独特，大小曲都用，发酵时间长。凡不属上述四类香型的白酒（兼有两种香型或两种以上香型的酒）均可归于此类。此酒的代表酒是国家名酒董酒、西凤酒。口感特点：绵柔、醇甜、味正、余长，其特有风格突出。

二、中国黄酒

黄酒酒体为黄色、褐色，故称为黄酒。黄酒以稻米、玉米、小米、小麦为主要原料，经过蒸煮、加曲、糖化、发酵、压榨、过滤、煎酒、储存、勾兑等程序酿造而成。其酒精含量在8%~24%。黄酒的分类可以按照以下两种方式划分：

1. 按原料和酒曲分类

（1）糯米黄酒，以麦曲为发酵剂，主要产地为我国南方。

（2）黍米黄酒，以米曲霉做成的麸曲为发酵剂，主要产地为我国北方。

（3）大米黄酒，改良型黄酒，以米曲加酵母为发酵剂，产于山东等地。

（4）红曲黄酒，以糯米为原料，红曲为发酵剂，主要产地为福建等地。

2. 按含糖量分类

（1）干型黄酒，含糖量15.0g/L以下，代表产品是绍兴状元红酒。

（2）半干型黄酒，含糖量在15.1~40.0g/L，代表产品是绍兴加饭（花雕）酒。

（3）半甜型黄酒，含糖量40.1~100.0g/L，代表产品是绍兴善酿酒。

（4）甜型黄酒，含糖量在100.0g/L以上，代表产品是绍兴香雪酒。

三、中国果酒

中国的果酒以葡萄酒为代表，红酒采用葡萄为原料，经压榨、发酵、分离、贮存、澄清、调配、除菌罐装而成。很长一段时间我国的葡萄酒酿造发展缓慢，直到 1892 年清代爱国华侨张弼士在烟台创办了张裕葡萄酒厂。新中国成立以后，开始有了比较好的发展葡萄栽培和葡萄酒酿造的环境，中国的葡萄酒行业才开始了真正意义上的发展。葡萄酒的分类如下：

1. 按颜色分类

（1）红葡萄酒，酒体澄清透明，有光泽，酒香浓郁悦人，滋味柔和、回味绵长，酒精度在 11 度左右。

（2）白葡萄酒，一般为微黄带绿、澄清透明、有光泽，果香、酒香浓郁悦人，酒精度一般在 12 度左右。

（3）黄红、桃红色葡萄酒，一般为大路货，色艳，酒透，酒精度较高，多在 15 度以上。

2. 按酒内糖分分类

葡萄酒按其含糖量有甜型（含糖量 7% 以上），半甜型（含糖量 2.5%~7%），半干型（含糖量 0.5%~2.5%），干型（含糖量 0.5% 以下）之分。

3. 按是否含有二氧化碳分类

不含二氧化碳的叫作静酒；含二氧化碳的叫作汽酒，汽酒又分为天然汽酒与人工汽酒，前者代表性酒为香槟。

4. 按饮用方式分类

（1）开胃葡萄酒，在就餐前饮用，主要是一些香气较大的葡萄酒，酒精度一般在 18% 以上。

（2）佐餐葡萄酒，同正餐一起饮用的葡萄酒，主要为干型葡萄酒，如干红、干白葡萄酒。

（3）待散葡萄酒，在餐后饮用，主要为甜度较大的葡萄酒。

四、中国啤酒

啤酒是以大麦芽、酒花、水为主要原料，使用酒花，采用制麦芽、原料糖化、辅料糊化、酵母发酵、过滤澄清、杀菌等工艺制成的饱含二氧化碳的低酒精度酒。其分类如下：

1. 按生产方式分类

（1）生啤，生啤又叫鲜啤，是未经灭菌但过滤过的啤酒，其浓度低、保存时间短、稳定性差，易发生酵母浑浊，但价格便宜、口味新鲜、富含营养，适合地产地销。

（2）熟啤，是经过过滤灭菌的啤酒，其酒龄长、稳定性好，不易发生酵母沉淀。

2. 按原麦汁浓度分类

（1）高浓度，麦汁浓度在 12~14 度，稳定性好，色浓，口感醇厚，耐储藏。

（2）中浓度，麦汁浓度在 10~12 度，稳定性较好，杀菌后可贮藏较长时间。

（3）低浓度，麦汁浓度在 10 度以下，用料少，成本低，稳定性较差。

五、名酒代表

中国的美酒均有故事传说，或神奇异常，或感人至深，每一个品牌背后都有一段不同寻常的悠久历史，中国酒文化蕴含着华夏大地上的智慧和力量。品味美酒，可以激发创意，欣赏美酒，可以陶冶情操。在漫漫历史长河里，中国名酒灿若星辰，难以尽述，只能列举其中翘楚作简要介绍。

（一）茅台酒

茅台酒产于贵州怀仁县茅台镇，采用优质高粱、小麦作为原料，于端午踩曲，重阳下沙，酿造中两次投料，八次发酵，九次蒸馏，七次取酒，五年陈酿，最终勾兑出具有“酱香突出，酒体优雅，细腻醇厚，协调丰满，回味悠长”特点的茅台酒，与苏格兰威士忌、法国白兰地并称世界三大蒸馏酒。

茅台镇的地理位置十分特殊，它位于贵州高原最低谷的盆地，远离高原气流，一年内大半时间闷热潮湿，云雾密集，这样的气候条件、土壤特性，对酿酒原料的发酵十分有利。1915 年，茅台酒一举夺得巴拿马万国博览会金奖，跻身世界名酒行列，先后 14 次荣获国际金奖，连续四届中国评酒会上被评为国家名酒，如今茅台酒出口遍及 150 多个国家和地区，成为我国出口量最大、创汇最高的传统白酒类商品。

（二）五粮液

五粮液产自素有“名酒之乡”美称的四川省宜宾市，所谓“川酒甲天下，精华在宜宾”，五粮液是中国酒中大曲浓香型白酒的杰出代表，它以大米、糯米、高粱、玉米、小麦为原料，以小麦制曲，水源来自岷江。五粮液在酿造过程中，要经历分层蒸馏、高温量水、量窖摘酒、低温入窖、滴窖降酸、回酒发酵、勾兑调味等一系列复杂工序，这些严格的工艺流程保证了五粮液的高品质。五粮液口感柔和、味甜甘美、醇厚净爽。

五粮液曾在 1915 年巴拿马国际博览会上获得名酒金奖，后又在 1995 年、2006 年获得金奖，五粮液在世界各地博览会上前后获得 38 次金奖，证明了五粮液百年品牌。

（三）泸州老窖

泸州地处巴蜀，古称江阳，酿酒历史久远，有“江阳古道多佳酿”的美称，泸州老窖开中国浓香型白酒之先河，从宋代酿酒开始，至今已有800多年历史，以当地优质糯高粱为原料，以龙泉井水为源泉，具有浓香、醇和、清冽、干爽、回味悠长的特点，被誉为“浓香鼻祖”。

泸州老窖作为中国四大名酒之一，1915年获巴拿马太平洋万国博览会金奖，新中国成立后，在首届评酒会上被国家确定为浓香型白酒。泸州老窖所拥有的1573国宝窖池群是我国建造时间最早、使用时间最长、保护最完整的酒窖，被誉为“中国第一窖”，以其特有的文化、历史、社会价值成为世界酿酒史上的奇迹。

（四）汾酒

汾酒起源于汉代以前的黄酒，后盛行于唐代，变为白酒，汾酒为我国清香型白酒的典型代表。汾酒与名人结缘，借杜牧千古名句“借问酒家何处有，牧童遥指杏花村”而身价倍增，蜚声海内外。

汾酒产于山西省杏花村，以晋中平原、吕梁地区特产的“一把揿”高粱为原料，以豌豆跟大麦制成的“青茬曲”为发酵剂，采用传统的地缸发酵法，因其酿造工艺精湛，素以色泽清澈、酒香纯正而著称。1915年，杏花村汾酒在巴拿马国际博览会上获得名酒金奖，声名远播，在国内外享有较高评价。

（五）西凤酒

西凤酒产于陕西省宝鸡市凤翔、宝鸡岐山县一带，尤其以柳林镇所产西凤酒为最佳。西凤酒古称“秦酒”“柳林酒”，为我国八大名酒之一。

西凤酒以当地优质高粱为原料，用豌豆、大麦制曲，采用续渣发酵法，分为明窖与暗窖两种，以其“醇香典雅、甘润挺爽、诸味协调、尾净悠长”而闻名。西凤酒被誉为“酸甜苦辣香，五味俱全而各不出头”，即酸而不涩，苦而不黏，香不刺鼻，辣不呛喉，饮后回甘，味久弥芳。

（六）古井贡酒

产于安徽的古井贡酒于明万历年间进贡皇家，迄今已有三四百年的历史，酒液清澈透明，香气纯净，入杯挂壁，具有浓烈的香味。古井贡酒为高度酒，但却以软绵香甜、爽净可口而著称，获“中国名酒”称号。

新中国成立后，古井贡酒在明代公兴槽坊的基础上扩建，继承公兴槽坊的传统工艺，所采选高粱要求颗粒饱满、高淀粉含量；制曲用的小麦以软质冬小麦、白麦为主。2013年5月，古井贡酒酿造遗址，包括北魏古井、宋代古井、明清窖池群、明清酿酒遗址，被评为全国重点文物保护单位，以其国宝数量最多、体量最大，在中国白酒行业首屈一指。

（七）董酒

董酒产自贵州省遵义城外董公寺，董酒品味独特，风格迥异，是董香型白酒的代表。董酒采用液态工艺酿制，以优质糯高粱为原料，以小曲小窖制取酒醅，大曲大窖制取香醅，将其混用为发酵剂一次串蒸而得酒，兼具两类香气，既有大曲酒的浓郁芳香，又有小曲酒的柔绵醇和与回甜，最后经过量质摘酒、分级陈酿、科学勾兑而成。现在的董酒为1930年由程氏酿酒作坊酿出酒，于1942年定名为“董酒”。

（八）洋河大曲

洋河大曲，产于江苏省宿迁市宿城区洋河镇（原江苏省泗阳县洋河镇），是一个古老的集镇，地处江苏省宿迁市的宿城、宿豫、泗洪三县区交会处，面临徐淮公路，背靠京杭大运河，交通畅达，酒业兴旺，市场繁荣。

洋河大曲是名扬天下的江淮派（苏、鲁、皖、豫）浓香型白酒的卓越代表。酒液无色透明，酒香醇和，味净尤为突出，既有浓香型的风味，又有独自的风格。醇香浓郁，余味爽净，回味悠长，有“色、香、鲜、浓、醇”的独特风格，以其“入口甜、落口绵、酒性软、尾爽净、回味香、辛辣”的特点，闻名中外。

（九）郎酒

郎酒产自四川省泸州市古蔺县二郎镇，地处赤水河中游，四周崇山峻岭。在这高山深谷之中有一清泉流出，泉水清澈，味甜，人们称它为“郎泉”。因取郎泉之水酿酒，故名“郎酒”。

古蔺郎酒已有100多年的酿造历史。据有关资料记载，清朝末年当地百姓发现郎泉水适宜酿酒，开始以小曲酿制出小曲酒和香花酒，供应当地居民饮用。1932年，由小曲改用大曲酿酒，取名“回沙郎酒”，酒质尤佳。从此，郎酒的名声越来越大，声誉也越来越高。郎酒具有酒液清澈透明、酱香浓郁、醇厚净爽、入口舒适、甜香满口、回味悠长的特点。

（十）剑南春

四川省绵竹县素有酒乡之称，是川酒发源地之一。剑南春，即“剑南烧春”，“剑南”是指剑门关以南的剑南道，“春”是对酒的雅称，“烧”是指烧酒。剑南春以“茅香浓郁，醇和回甜，清冽净爽，余味悠长”的风格特点而著称。

唐宋时期，剑南春成为皇室贡品，宋代“蜜酒”与“鹅黄”名播四方，受到大诗人苏轼和陆游的称赞。

（十一）绍兴黄酒

绍兴酒是我国黄酒类珍品，其色澄黄清澈，其香芬芳馥郁，其味甘甜醇厚，酒度不高，酒中营养成分却十分富足。绍兴黄酒的工艺流程极为严格，一直严守传统操作规程，原料选用当年产优质糯米，取鉴湖湖心之冰为源泉，限冬日而酿造，另在酒中配有多种药材。

绍兴黄酒的工艺分为淋饭法与摊饭法。淋饭法在酿造过程中将蒸熟的糯米用冷水淋透再发酵，成品为造酒的“母酒”；摊饭法则将蒸熟的糯米摊于竹上，凉后加入母酒、麦曲等，装入陶缸发酵，酒成后再进行压榨、灭菌等工序。

绍兴黄酒以状元红、加饭、善酿三种为最，最初人们把盛酒的坛子涂成大红色以取吉祥的寓意，后来就把这种坛子装的酒叫“状元红”或“女儿红”；“加饭”酒，顾名思义就是加大糯米和水的比例；浙北西塘人用黄酒代替湖水来酿造新的黄酒，制成后口感更加醇厚，这便是“善酿”的由来。

第四节　酒与文学艺术

一、名人论酒

孔子与庄子是我国儒家与道家的代表性人物，后世几乎所有的文学流派都可以在核心思想上追溯到二人，孔子与庄子对于酒的看法也是不尽相同的。

（一）孔子论酒

孔子，名丘，字仲尼，春秋时期鲁国人，是春秋末期的政治家、思想家、教育家，是中华文化和核心学说儒家的首代宗师。孔子思想的要点有两个：一是仁；一是礼。孔子并没有专门的论酒文字，他往往是站在礼的立场，把饮酒放在谈礼的场合中进行归纳总结，进而阐释其礼仪文化。

孔子提出了“酒德”的重要概念，在中国酒文化史上具有至上的地位。“酒德”两字，最早见于《尚书》和《诗经》，其含义是说饮酒者要有德行。《尚书・酒诰》中集中体现了儒家的酒德：“饮惟祀”“无彝酒”“执群饮”“禁沉湎”。

在《仪礼・乡饮酒礼》中，孔子从酒礼出发，通过酒食的摆设到如何按规定入座、如何举杯、如何敬祖、如何答礼、如何离席等都做了明确的说明和要求。也就是说，孔子讲究“酒以礼成”，提倡饮酒要合乎规矩、符合礼制。

孔子不反对饮酒，但他认为，礼具有神秘性、等级性、伦理性和节制性，而饮酒也被纳入四个方面进行文化阐释。克制自己履行周礼是孔子论道、实践的一个重要出发点，不仅他的论酒是以礼为核心，而且他的酒礼实践也是以礼为核心。

孔子不仅注意到酒肉祭祀过程中礼的起源、产生，而且非常强调祭祀过程中各种仪式的合礼、器物的陈列。祭祀中的礼乐，包括酒类、酒器的摆设，各个细节都要求规范，这是孔子以礼论酒的一个特点，由神及人，酒在礼乐活动中也自然而然地被赋予庄严而神秘的色彩。

（二）庄子论酒

庄子，名周，字子休，战国时期宋国人，著名的思想家、哲学家、文学家，是道家学派的代表人物。庄子的“饮酒乐，不选其器”的哲学思想具有深刻的道理。

在《庄子·杂篇·渔父第三十一·何谓“真”》中，庄子借渔父之口表达了自己的饮酒观，“忠贞以攻为主，饮酒以乐为主”。庄子实际上是在批评孔子，主张饮酒乐，不选其器，处丧以哀，不问其礼，强调饮酒、处丧的情性在于天真，而不是礼制。况且制作酒礼、限制饮酒，本来是维持秩序，但结果往往走向反面，所以庄子认为以礼饮酒纯属多余。

《庄子·内篇·人间世第四·叶公子高问使齐》谈到饮酒者：“以礼饮酒者，始乎治，常卒乎乱，泰至则多奇乐。”大意是说，按照礼节饮酒的人，开始时规规矩矩，合乎人情；到后来常常就一片混乱，大失礼仪；酒喝到过量时则荒诞淫乐，放纵无度。庄子提倡饮酒贵真自得，要行君子之道，所谓贵真自得，意思是饮酒要遵从自然，看重本真，而不要受世俗的影响，不要被酒礼所束缚。并且提出了一个“醉者神全”的哲学命题，认为人在醉酒后精神越发高涨，思路更加狂放，以至于“死生惊惧不入乎其胸中”，所以酒可以保全人生。

在庄子看来，人应当保持自己天赋纯真的本性，不为世俗所拘束。饮酒以快乐为主，为了快乐，酒具怎么样都无所谓。

二、千古酒典

历史上著名的酒典有许多，其内容之丰富，格调之幽深，在文学史上占有重要位置，对于今天研究中国酒文化起到重要的参考价值。篇幅有限，现摘选一二。

（一）周公作《酒诰》

《酒诰》是周代一篇著名的带有政令性质的历史文献，传为周公姬旦所作。周公名旦，以采邑在今陕西扶风县周原附近而称“周公”。他是周文王第四子，周武王之弟，辅佐武王灭掉了商纣。灭商后二年，武王病死，“天下闻武王崩而叛”。值此危难之时，周公扶立武王幼子姬诵为王，并以摄理政事而代称王，遂将作乱的管叔、蔡叔和纣王之子武殷平定。分封诸侯时，将殷商之民迁移故地，并驱使他们营造济邑新都，稳定了天下大局。周公摄政七年，在洛邑归政成王。自己与召公姬爽“分陕而治”，专心致志于制礼作乐，为周朝建立各种规章制度，成为中国历史上极受敬重的一代政治家。

《酒诰》成文于周公平叛后。《尚书》说：“周公摄政，一年救乱，二年克殷，三年践奄，四年建侯卫，五年营成周，六年制礼作乐，七年致政成王。”从周公事迹可见，除了“制礼作乐”应在“致政成王”之后，其余大体不错。以周公为代表的西周奴隶主贵族以史为鉴，针对当时酗酒成风的社会不良风气，希望果断采取措施，因而在分封康叔去商朝旧都朝歌的时候，周公写下了这篇《酒诰》，开展了轰轰烈烈的全国禁酒运动。

在周公看来，商纣之亡国，与夏桀亡国有极为相似的历史原因，那就是酗酒丧德。《大戴礼记·少闲》云：“桀不率先王之明德，乃荒耽于酒，淫佚于乐，德昏政乱……”而商纣崇饮湎酒远胜于夏桀，诸如“酒池肉林”“长夜之饮”等，有过之而无不及。大盂鼎铭有“率肆于酒故丧师”的说法。这种说法同《酒诰》所说：“庶群自酒，腥闻在上，故天降丧于殷”是一致的。可以认为，当时所以这样说，并非是取代政权后，故意对前代政权竭尽诋毁之能事。实际上，《酒诰》也没有一味指责商人“沉耽于酒”。对于从成汤到纣王这些商代先王，还是给予了很高的评价，认为他们以国事为重，办事勤恭谨慎，“不敢自暇自逸，矧曰其敢崇饮”，但到商代后期就不同了，尤其是纣王，“惟荒湎于酒”，以至于国沸民怨、自取灭亡。

总结这样的历史教训，周公提出“无彝酒”，不可经常喝酒；“饮惟祀”，只有祭祀、为父母、老人祝福时，才可以喝一些酒；“德将无醉”，饮酒要有节制；“定辟：蚓汝刚制于酒”，订立法规，必须严格遵守关于酒的法规；“封，汝典听联毙。勿辨乃司民湎于酒”，他教导姬封要记取和思考历史教训，不要让官吏和人民沉湎于酒。从国家体制的根本大局上，解决意识形态和社会教化的规范问题，以便进一步巩固周代的政权基础。从这个意义上说，《酒诰》是周公进行制礼作乐的理论探讨，作为中国有史以来第一个完整的国家典章制度的思想基础，即使在当时也产生了不可低估的历史影响。

（二）孔融与曹操论禁酒

孔融，孔子的二十世孙，鲁国曲阜人，为建安七子之首，文才甚丰。现存作品只有散文和诗，散文如《荐祢衡表》《与曹公论盛孝章书》。

东汉建安初年，自然灾害严重，导致粮食短缺，曹操为缓解这个问题，便发布禁酒令，在中原地区禁止酿酒、卖酒、饮酒，政令一出便在朝野引起轩然大波。孔融借此发难，带头反对禁酒，写信给曹操，就酒之利弊与曹操展开辩论。

《与曹丞相论禁酒书》气势恢宏，言辞激烈。起题即提出“酒之为德”，随之对准曹操所持有的“酒之为祸”的观点，进行了有理有据的辩驳。他说：天上有酒星，地下有酒泉，人间有旨酒，可见酒于天、地、人，皆重要无比不可或缺。历史上伟大人物，如果尧帝没有饮过千盅酒，那他就不可能建立太平社会；如果孔子不能饮百斛酒，那他就不可以被称作圣人；樊哙如果没有豕肩和酒，就不会在鸿门宴上奋起舞剑。义士们私养“赵氏孤儿”，后来让他坐上王位，全仗那一卮酒所激起的雄气；而汉高祖若不醉酒，就没法斩杀白蛇开创一代帝业；汉景帝若不醉幸唐姬，也就谈不上什么中兴；袁盎若没有醇酒的力量，他肯定不能逃脱性命；于定国若没有一斛的酒量，大概也无法清醒正确地断案执法；高阳酒徒郦食其著功汉朝，全都是他能饮酒的缘故。相反地，屈原不能饮酒，于是在楚国遭遇窘困。因此酒是不可以为政治上的错误担负罪名的，禁酒是不得民心的。

孔融在当时有极高的威望，他反对禁酒的言行无疑是对曹操的回击，曹操为强行推进禁酒，于是在回信中提到了禁酒的历史依据，以夏商两朝都因纵酒而灭国的教训，再次强调禁酒的必要性。

谁知孔融毫不退让，在“再答”中说道：“昨承训答。陈二代之祸，及众人之败，以酒亡者，实如来诲。虽然，徐偃王行仁义而亡，今令不绝仁义；燕哙以让失社稷，今令不禁谦退；鲁因儒而损，今令不弃文学；夏商亦以妇人失天下，今令不断婚姻。而将酒独急者，疑但惜谷耳。非以亡王为戒也。”

如果说孔融的第一封书信，其文字还能让曹操当游戏之作来欣赏的话，又论禁酒书的文字却如蘸了毒液的利剑，一下子就刺中了曹操的命门。如“而将酒独急者，疑但惜谷耳。”酒道破了曹操之所以禁酒，就是为节约粮食，用于战争。但这话谁都不能讲，因为严格说牵扯到了军事机密。若干年后，杨修也正是因“鸡肋”为口令而猜到了曹操的意图，结果被曹操斩首示众的。

相关链接　搜索

酒之雅号

中国的酒文化灿烂辉煌，有关酒的雅号更如同满天繁星，酒的雅号并非指各种酒的具体名字，而是以借代的修辞，冠之风雅的称号，来代替酒的名称。这些酒名雅号，有的出自神话传说，有的源于历史典故，成为文学艺术史上最具魅力的奇葩之一。

杯中物：因饮酒时，大都用杯盛着而得名。始于孔融名言，“座上客常满，樽（杯）中酒不空”。陶潜在《责子》诗中写道：“天运苟如此，且进杯中物。”杜甫在《戏题寄上汉中王》诗中写道：“忍断杯中物，眠看座右铭。”

壶中物：因酒大都盛于壶中而得名。张祜在《题上饶亭》诗中写道：“唯是壶中物，忧来且自斟。”

醇酎：这是上等酒的代称。据《文选·左思〈魏都赋〉》记载，“醇酎中山，流湎千日”。张载在《酃酒赋》中写道：“中山冬启，醇酎秋发。”

忘忧物：晋陶潜《饮酒》诗之七：“泛此忘忧物，远我遗世情。”唐白居易《钱湖洲以箬下酒，李苏州以五斗酒相次寄道无因同饮聊咏所怀》：“劳将箬下忘忧物，寄与江下爱酒翁。”均言酒能使人忘掉忧愁烦恼，故取名“忘忧物”。

欢伯：唐人称酒为欢伯，取它使人欢乐之意。语出汉焦延寿《易林·坎之兑》：“酒为欢伯，除忧来乐。”后许多人以此为典，作诗撰文，如唐诗：“隔巷闻欢伯，不招客自来。”宋杨万里在《和促良春晚即事》诗之四中写道：“贫难聘欢伯，病敢跨连钱。”金代元好问在《留月轩》诗中写道：“三人成邂逅，又复得欢伯；欢伯属我歌，蟾兔为动色。”

黄流：旧时知识分子人人熟读四书五经，都知黄流的意思是酒。黄流语出《诗经·大雅·旱麓》中“瑟彼玉瓒，黄流在中”的句子。

黄娇：取酒有媚人之意，宋人诗云：“加餐宜白粲，取醉喜黄娇。”黄醅代酒，白居易《尝黄醅新酎忆微之》：“世间好物黄醅酒，天下闲人白侍郎。”陆游《山园杂赋之二》：“赖有黄醅法，终年任醉醒。”

醍醐：特指美酒。白居易在《将归一绝》诗中写道：“更怜家酝迎春熟，一瓮醍醐迎我归。”

般若汤：佛教徒用的隐名，和尚是不许喝酒的，喜欢喝酒的和尚只能偷偷地喝，不敢说是酒，就把酒叫作“般若汤”。出于《释氏会要》。唐代长庆年间，有一游方僧到一个寺挂单，叫寺里的侍者沽回酒来，为寺僧掷向柏树，瓶碎，这游僧说：“我诵《般若经》，要喝一杯酒，便声音浏亮。”将瓶拼拢，收回泼出的酒，几口入肚。般若汤之名由此而来。

壶觞：本来是盛酒的器皿，后来亦用作酒的代称，陶潜在《归去来辞》中写道：“引壶觞以自酌，眄庭柯以怡颜。”白居易在《将至东都寄令孤留守》诗中写道：“东都添个狂宾客，先报壶觞风月知。”

金波：因酒色如金，在杯中浮动如波而得名。张养浩在《普天乐·大明湖泛舟》中写道：“杯斟的金波滟滟。”

红友：宋罗大经《鹤林玉露·卷八》：“常州宜兴县黄土村，东坡南迁北归，尝与单秀才步田至其地。地主携酒来饷曰：‘此红友也’。”明王世贞《三月三日屋后桃花下与小儿小红酒诗》：“偶然儿子致红友，聊为桃花飞白波。”清朱彝尊《迈陂塘·答沈融谷即送其游皖口》词：“留君且住，唤红友传杯，青援剪烛，伴我夜深语。”“红友”有时特指江苏宜兴出产的一种酒。清梁绍王的《两般秋雨盦随笔·品酒》：“论其品格，亦止如苏州之福贞，惠泉之三白，宜兴之红友，扬州之木瓜。”

清酌：古代称祭祀用的酒。据《礼·曲礼》记载：“凡祭宗庙之礼，……酒曰清酌。”

复习与思考

一、名词解释

事酒　蒸馏酒　佐餐葡萄酒　尊　醇酒　清香型酒

二、单项选择题

1.《礼记》中所描述的味道淡而有酒渣的酒是（　　）。

A. 泛齐　　B. 盎齐　　C. 醴齐　　D. 醍齐

2. 绍兴状元红酒，其含糖量在15.0g/L以下，它是典型的（　　）。

A. 半甜型黄酒　B. 甜型黄酒　C. 半干型黄酒　D. 干型黄酒

3. 汉朝时以（　　）为上等酒。

A. 稻米酒　　B. 稷米酒　　C. 黍米酒　　D. 桂花酒

4.（　　）时期蒸馏酒的制作工艺才得到真正的普及。

A. 唐代　　B. 宋代　　C. 元代　　D. 明代

5. 以下酒不是蒸馏酒的为（　　）。

A. 伏特加　　B. 白酒　　C. 威士忌　　D. 黄酒

三、多项选择题

1. 浓香型酒的特点是窖香浓郁，清冽甘爽，绵柔醇厚，香味协调，尾净余长，其代表是（　　）。

A. 汾酒　　B. 五粮液　　C. 泸州老窖　　D. 茅台

2. 我国白酒按照酿造方法可分为（　　）几种。

A. 蒸馏酒　　B. 配制酒　　C. 串香酒　　D. 发酵酒

四、简答题

1. 为何古人认为酒是上天赐予人间的，其背后有着怎样的社会因素？

2. 简述自己家乡遗留下来的酒礼。

3. 中国白酒的主要香型有哪些？各自具有什么样的特点？

4. 谈谈你对现代酒席上入席酒礼的理解。

5. 孔子与庄子分别对酒有什么理论？请简要论述。

推荐阅读

1. 赵荣光 . 中华酒文化［M］. 北京：中华书局，2012.

2. 过常宝 . 酒文化［M］. 北京：中国经济出版社，2013.

3. 刘朴兵 . 酒里乾坤［M］. 长春：长春出版社，2022.

参考文献

1. 姜习 . 中国烹饪百科全书［M］. 北京：中国大百科全书出版社，1992.

2. 陈学智 . 中国烹饪文化大典［M］. 杭州：浙江大学出版社，2011.

3. 赵荣光 . 中华饮食文化概论［M］. 北京：高等教育出版社，2018.

4. 胡朴安 . 中华全国风俗志［M］. 石家庄：河北人民出版社，1986.

5. 徐海荣 . 中国饮食史［M］. 北京：华夏出版社，1999.

6. 姚伟钧 . 中国饮食礼俗与文化史论［M］. 武汉：华中师范大学出版社，2008.

7. 王仁湘 . 往古的滋味［M］. 济南：山东画报出版社，2006.

8. 颜其香 . 中国少数民族饮食文化荟萃［M］. 北京：商务印书馆国际有限公司，2001.

9. 章厚朴 . 中国的蔬菜［M］. 北京：人民出版社，1988.

10. 邱庞同 . 饮食杂俎：中国饮食烹饪研究［M］. 济南：山东画报出版社，2008.

11. 万建中 . 中国饮食文化［M］. 北京：中央编译出版社，2011.

12. 王学泰 . 华夏饮食文化［M］. 上海：商务印书馆，2013.

13. 熊四智，唐文 . 中国烹饪概论［M］. 北京：中国商业出版社，1998.

14. 王仁兴 . 中国饮食谈古［M］. 北京：轻工业出版社，1985.

15. 陈苏华 . 饮食文化导论［M］. 上海：复旦大学出版社，2013.

16. 杜莉，姚辉 . 中国饮食文化［M］. 北京：旅游教育出版社，2013.

17. 谢定源 . 中国饮食文化［M］. 杭州：浙江大学出版社，2008.

18. 冯玉珠 . 饮食文化概论［M］. 北京：中国纺织出版社，2009.

19. 张世满 . 旅游与中外民俗［M］. 天津：南开大学出版社，2002.

20. 邵万宽 . 中国烹饪概论（第四版）［M］. 北京：旅游教育出版社，2022.

21. 邵万宽 . 现代烹饪与厨艺秘笈［M］. 北京：中国轻工业出版社，2006.

22. 邵万宽 . 中华面点文化概论［M］. 南京：东南大学出版社，2021.

23. 邵万宽 . 食之道：中国人吃的真谛［M］. 北京：中国轻工业出版社，2018.

24. 尹志邦 . 饮和食德：佛教饮食观［M］. 北京：宗教文化出版社，2005.

25. 黄永锋 . 道教饮食养生指要［M］. 北京：宗教文化出版社，2007.

26. 阎万英，尹英华 . 中国农业发展史［M］. 天津：天津科学技术出版社，1992.

27. 瞿明安 . 隐藏民族灵魂的符号——中国饮食象征文化论［M］. 昆明：云南大学

职业技能鉴定石油石化行业题库试题选编

汽轮机运行值班员

中国石油化工集团公司职业技能鉴定指导中心　编

中国石化出版社

内 容 提 要

《汽轮机运行值班员》为《职业技能鉴定石油石化行业题库试题选编》丛书之一，由中国石油化工集团公司职业技能鉴定指导中心按照石油石化行业《汽轮机运行值班员职业资格等级标准》及《职业技能鉴定国家题库开发技术规程》组织编写。内容包括：汽轮机运行值班员中级工、高级工、技师及高级技师的职业资格等级标准、鉴定要素细目表、理论知识试题和技能操作试题，是汽轮机运行值班员进行职业技能鉴定的必备学习资料。

图书在版编目(CIP)数据

汽轮机运行值班员/中国石油化工集团公司职业技能鉴定指导中心编.
—北京:中国石化出版社,2008(2023.2 重印)
(职业技能鉴定石油石化行业题库试题选编)
ISBN 978-7-80229-675-6

Ⅰ.汽… Ⅱ.中… Ⅲ.火电厂-汽轮机运行-职业技能鉴定-习题
Ⅳ.TM621.4-44

中国版本图书馆 CIP 数据核字(2008)第 106462 号

中国石化出版社出版发行

地址:北京市东城区安定门外大街 58 号
邮编:100011　电话:(010)57512500
发行部电话:(010)57512575
http://www.sinopec-press.com
E-mail:press@ sinopec.com.cn
北京艾普海德印刷有限公司印刷
全国各地新华书店经销

*

787×1092 毫米 16 开本 18.5 印张 441 千字
2023 年 2 月第 1 版第 4 次印刷
定价：60.00 元

《职业技能鉴定石油石化行业题库试题选编》编委会名单

前　言

为进一步加强石油石化行业技能操作队伍建设的基础工作，满足培训、鉴定工作需要，根据有关职业技能鉴定工作协议，中国石油化工集团公司职业技能鉴定指导中心和中国石油天然气集团公司职业技能鉴定指导中心共同组织，开发(修订)了167个工种的石油石化行业题库。其中，中国石油化工集团公司职业技能鉴定指导中心牵头组织了44个工种题库的开发(修订)，并于2008年6月正式启用。

为满足员工学习专业知识、提高操作技能的需要，我们选编了题库的部分试题，按职业(工种)出版《职业技能鉴定石油石化行业题库试题选编》丛书。该丛书内容包括石油石化行业职业资格等级标准、鉴定要素细目表、理论知识试题和技能操作试题等，其中，理论知识试题和技能操作试题各占总题量的70%左右。

《汽轮机运行值班员》分册由扬子石化主编，天津石化、兰州石化、大庆油田、玉门油田等单位参编。主要执笔人：孙小锋、周麾、严少锋、施斌、雷霆、黄朝彪，参审人员：李继伟、梁宗忠、唐兴荣、董虎根等。

由于水平有限，书中难免有遗漏或欠妥之处，敬请谅解并提宝贵意见。

中国石油石化集团公司职业技能鉴定指导中心

目录

第一部分 中级工

一、石油石化职业资格等级标准(中级工工作要求) ……………………………… (3)
二、理论知识鉴定要素细目表 ……………………………… (5)
行业通用理论知识鉴定要素细目表 ……………………………… (5)
工种理论知识鉴定要素细目表 ……………………………… (6)
三、理论知识试题 ……………………………… (11)
行业通用理论知识试题 ……………………………… (11)
工种理论知识试题 ……………………………… (19)
四、技能操作鉴定要素细目表 ……………………………… (55)
五、技能操作试题 ……………………………… (57)

第二部分 高级工

一、石油石化职业资格等级标准(高级工工作要求) ……………………………… (85)
二、理论知识鉴定要素细目表 ……………………………… (86)
行业通用理论知识鉴定要素细目表 ……………………………… (86)
工种理论知识鉴定要素细目表 ……………………………… (87)
三、理论知识试题 ……………………………… (92)
行业通用理论知识试题 ……………………………… (92)
工种理论知识试题 ……………………………… (101)
四、技能操作鉴定要素细目表 ……………………………… (148)
五、技能操作试题 ……………………………… (150)

第三部分 技师/高级技师

一、石油石化职业资格等级标准(技师工作要求) ……………………………… (189)
二、石油石化职业资格等级标准(高级技师工作要求) ……………………………… (190)
三、理论知识鉴定要素细目表 ……………………………… (191)
行业通用理论知识鉴定要素细目表 ……………………………… (191)
工种理论知识鉴定要素细目表 ……………………………… (193)
四、理论知识试题 ……………………………… (198)

行业通用理论知识试题 …………………………………………………………（198）
工种理论知识试题 ……………………………………………………………（207）
五、技能操作鉴定要素细目表(技师) …………………………………………（256）
六、技能操作试题(技师) ………………………………………………………（257）
七、技能操作鉴定要素细目表(高级技师) ……………………………………（267）
八、技能操作试题(高级技师) …………………………………………………（268）

第一部分

中 级 工

续表

职业功能	工作内容	技能要求	相关知识
二、设备使用与维护	（一）使用设备	1. 能使用测温、测振、测速仪器、仪表 2. 能使用换热器、调压器、抽气器、疏水器、各种类型阀门 3. 能使用水泵、油泵等转动设备 4. 能使用 DCS 等操作系统调节工艺参数	1. 机泵、换热器、抽气器的构造及铭牌参数、操作方法 2. DCS、DEH 的基本功能 3. 电动机的规范及运行规程 4. 阀门的分类及用途
	（二）维护设备	1. 能添加和更换机泵润滑油 2. 能完成设备、管线日常维护 3. 能停用辅助设备及相关系统 4. 能进行汽轮机停机后的维护保养	1. 润滑油、润滑脂管理制度 2. 机泵的密封分类和用途 3. 设备完好标准 4. 环境保护、劳动保护的意义 5. 简单维护工具的使用
三、事故判断与处理	（一）事故判断	1. 能判断振动事故 2. 能判断凝汽器真空下降事故 3. 能判断轴向位移、胀差异常事故 4. 能判断厂用电中断事故 5. 能判断油系统失火事故 6. 能判断发电机、励磁机着火事故 7. 能判断发电机断水事故 8. 能判断其他事故	1. 水冲击、超速、振动、真空下降、轴向位移、胀差、机组负荷突然上升或下降(突变)、厂用电中断、油系统失火、发电机失火、发电机断水等事故原因、现象及危害 2. 汽轮发电机组联锁保护动作过程及处理方法 3. 厂用电的基本连接方式
	（二）事故处理	1. 能协助处理热工、电气故障 2. 能简单处理跑、冒、滴、漏 3. 能处理一般性火灾事故 4. 能判断振动事故 5. 能判断凝汽器真空下降事故 6. 能判断轴向位移、胀差异常事故 7. 能判断厂用电中断事故 8. 能判断油系统失火事故 9. 能判断发电机、励磁机着火事故 10. 能判断发电机断水事故	1. 正常运行参数 2. 汽轮机事故处理原则 3. 紧急及故障停机条件 4. 机泵、换热器、电气、热工故障原因、现象及危害
四、识图与计算	（一）识图	1. 能绘制装置分系统工艺流程图 2. 能识读设备结构简图 3. 能识读调节系统方框图	1. 机械制图看图、识图基础 2. 热力设备工艺符号及图例
	（二）计算	1. 能进行常用单位换算 2. 完成本岗位经济指标计算 3. 能进行工程热力学、传热学、流体力学的简单计算	1. 国际单位换算方法 2. 本岗位经济指标计算公式 3. 工程热力学、传热学、流体力学的基本定义及基本公式

二、理论知识鉴定要素细目表

行业通用理论知识鉴定要素细目表

鉴定范围						鉴定点		
一级		二级		三级		代码	名称	重要程度
代码	名称	代码	名称	代码	名称			
A	基本要求	B	基础知识	A	记录填写基础知识	001	岗位交接班记录的填写要求	X
						002	关键设备巡检记录的填写要求	X
				B	识图基础知识	001	正投影的特点	X
						002	三视图的特点	X
						003	三视图的作图方法	X
						004	零件图的作用	X
				C	安全环保基础知识	001	石化行业安全检查的内容	X
						002	尘毒物质危害人体的主要因素	X
						003	化工污染的控制方法	X
						004	清洁生产的理论基础	X
						005	清洁生产审计的目的	X
						006	灭火的机理	X
						007	ISO 14001 标准的特点	X
						008	ISO 14001 环境因素识别的状态、时态和类型	X
						009	ISO 14001 环境因素识别的步骤	X
						010	ISO 14001 识别环境因素的方法	X
						011	HSE 审核的概念	X
						012	HSE 审核的目的	X
						013	HSE 危害的概念	X
						014	废水治理的常识	X
						015	废气治理的常识	X
						016	废渣处理的常识	X
						017	防冻防凝的知识	X
						018	夏季四防的知识	X
						019	职业病的概念	X
						020	职业病的种类	X
						021	石化行业事故的分类	X
						022	石化行业事故分级的规定	X
						023	HSE 不符合的概念	X
						024	HSE 事故的定义	X

续表

鉴定范围						鉴定点		
一级		二级		三级		代码	名称	重要程度
代码	名称	代码	名称	代码	名称			
				D	质量基础知识	001	标准化的意义	X
						002	质量认证的概念	X
						003	全面质量管理的特点	X
						004	ISO 9000 质量管理体系基础的内容	X
						005	质量管理 PDCA 动态循环的意义	X
						006	ISO 9000 族标准的核心标准	X
						007	ISO 9000 族标准“质量”的意义	X
						008	ISO 9001 标准的八项管理原则	X
				E	计算机基础知识	001	Word 文字处理软件基础知识	X
						002	Word 表格处理知识	X
						003	Excel 工作表的建立	X
						004	Excel 的排版	X
				F	法律常识	001	合同的形式	X
						002	合同法关于无效合同的规定	X

工种理论知识鉴定要素细目表

鉴定范围						鉴定点		
一级		二级		三级		代码	名称	重要程度
代码	名称	代码	名称	代码	名称			
A	基本要求	B	基础知识	G	力学基础	001	力的概念	X
						002	长度的概念及单位	Y
						003	力、力矩单位及其换算	X
						004	时间的概念及单位	Y
						005	工质的概念、特性及电厂用工质	X
						006	温度、温标的概念，温标种类及换算关系	X
						007	热力学第一定律	X
				H	流体力学基础	001	压力的概念及压力的单位	X
						002	绝对压力与表压力	X
						003	真空与真空度	X
						004	体积单位及其计算	Y
						005	比体积、密度及其相互之间的关系	X
						006	流体的概念及物理性质	X
						007	流体质量、密度的基本概念	X
						008	流体静压力、特性	Y

续表

鉴定范围						鉴定点		
一级		二级		三级		代码	名称	重要程度
代码	名称	代码	名称	代码	名称			
				I	水泵的基础知识	001	泵的分类及型号	Y
						002	泵的基本性能参数	X
						003	离心泵的各种损失及效率	Y
						004	比转速的概念、应用	Y
						005	离心式水泵的性能	X
						006	离心式水泵的性能曲线	X
						007	水泵的密封装置	X
						008	水泵轴向推力的平衡	X
						009	水泵的汽蚀	X
						010	离心式水泵的运行	X
						011	离心式水泵的串并联特性	X
						012	离心式水泵的故障处理	X
						013	轴流泵及其性能特征	Y
						014	液力偶合器的作用	X
						015	液力偶合器的特点	X
B	相关知识	A	工艺系统流程	A	电力生产过程	001	火力发电厂主要生产过程	X
						002	火力发电厂主要生产系统	X
						003	火力发电厂设备的构成及作用	Y
						004	火力发电厂的能量转换	Y
						005	火力发电厂不同专业的配合	Z
				B	管道和阀门	001	阀门的作用	X
						002	阀门的分类	Y
						003	阀门有关术语	Y
						004	管道专业术语	Y
						005	管道的布置、连接及支吊	Z
						006	管道的保温	Z
						007	辅机系统的型式、布置、作用和运行方式	X
						008	机组系统上各种阀门的作用和应用	X
		B	设备的使用与维护	A	汽轮机本体	001	汽轮机型式及分类	Y
						002	汽轮机工作原理及能量转换	Y
						003	汽轮机的特点、作用和要求	Y
						004	大型汽轮机的主要技术规范	Y

续表

鉴定范围						鉴定点		
一级		二级		三级		代码	名　称	重要程度
代码	名　称	代码	名　称	代码	名　称			
						005	200MW 等级汽轮机的整体概述	Y
						006	300MW 等级汽轮机的整体概述	Z
						007	汽轮机本体疏水的操作	Y
				B	旁路系统及其设备	001	旁路系统的作用	X
						002	旁路系统的型式及特点	Y
						003	带三用阀的苏尔寿旁路系统	Z
						004	旁路系统的容量选择	Z
						005	旁路系统的运行	X
						006	汽轮机主蒸汽管道形式	X
						007	汽轮机不同主蒸汽管道形式的特点	Y
				C	回热系统及其设备	001	主蒸汽系统、再热器系统、抽气回热系统的型式、作用和优缺点	X
						002	给水系统的布置和特点	Y
						003	加热器的种类	X
						004	加热器的型式、规格、构造、布置、作用和一般工作原理	X
						005	发电厂疏水系统的概念	Y
						006	疏水器的型式、规格、构造、布置、作用和一般工作原理	X
						007	加热器的疏水形式	X
						008	加热器运行的指标	Y
						009	给水管道的形式	Y
						010	高压加热器运行监视的项目	X
						011	除氧器的型式、规格、构造、布置、作用和一般工作原理	Y
						012	给水除氧系统及其设备	X
						013	热力除氧及化学除氧的原理及作用	Y
						014	除氧器的运行指标	X
						015	给水泵的性能	Y
						016	给水泵启动时的注意事项	X

续表

鉴定范围						鉴定点		
一级		二级		三级		代码	名称	重要程度
代码	名称	代码	名称	代码	名称			
				D	凝汽系统及其设备	001	凝汽器的型式、规格、构造、布置、作用和一般工作原理	Y
						002	凝汽设备的任务、组成、结构和工作原理	X
						003	凝汽器的分类	X
						004	凝汽器的运行指标	X
						005	凝汽器运行调整的方法	Y
						006	凝汽器铜管的清洁方法	Z
						007	抽气器的分类	Y
						008	抽气器运行调整的方法	Y
						009	真空严密性试验的作用	Y
						010	真空泵和抽气器的结构和工作原理	Y
						011	凝汽器真空、凝结水过冷却、凝结水水质的含义和影响	X
						012	凝结水泵的检修措施	X
						013	各辅机设备正常运行中的监视、检查、调节的程序及内容	X
						014	新设备投运前后的要求和注意事项	Y
						015	各辅机常见故障的处理原则和方法	X
				E	循环水系统及其设备	001	冷却塔的工作原理	Y
						002	冷却塔的工作性能与气象条件的关系	X
						003	冷却塔的分类	Z
						004	冷却塔的组成	X
						005	冷却塔的运行维护	Y
						006	冷却塔的防冻	X
						007	循环水系统及其设备	X
						008	循环水泵启动时的注意事项	X
						009	循环水的过滤	X
						010	循环水系统、发电机冷却系统、公用水系统的布置和特点	Y
						011	空气冷却系统	Y
						012	空气冷却系统的运行和防冻	Y

续表

鉴定范围						鉴定点		
一级		二级		三级		代码	名　称	重要程度
代码	名　称	代码	名　称	代码	名　称			
				F	润滑油系统	001	本厂各种油泵设备的型式、规格、组成、作用及工作原理	X
						002	润滑油系统的作用	X
						003	润滑油系统主要设备	X
						004	汽轮机油系统的特点	X
						005	各种冷却器的型式、规格、构造、布置、作用和一般工作原理	X
						006	冷油器设计的基本要求	Z
						007	冷油器的特点	Y
						008	冷油器的运行方式	X
						009	润滑油系统运行	X
				G	发电机的冷却系统及密封油系统	001	氢气冷却系统的工作原理及运行方式	X
						002	氢气冷却汽轮发电机的结构特点	Y
						003	氢气系统的运行	X
						004	氢冷机组对氢气纯度的要求及标准	Z
						005	湿度对氢冷发电机运行的影响	Y
						006	氢气湿度的标准	Y
						007	发电机的轴端密封瓦	X
						008	环式密封瓦的几种结构	Y
						009	双流环式密封瓦	Z
						010	密封油系统的作用	X
						011	密封油系统的设备、作用及工作原理	X
						012	发电机内冷水系统的作用	X
						013	发电机内冷水系统的设备	X
						014	内冷水系统的运行维护	X
		C	识图与计算	A	电气知识	001	电路的基本知识	Y
						002	直流电、交流电和电路的串、并联等基本概念	Y
						003	交流电路的基本知识	Y
						004	直流电路的基本概念	Y
						005	直流电路的简单计算	Y
						006	安全用电常识	X
						007	电动机的运行	Y
				B	安全知识	001	《电力工业技术管理法规》中有关条文的规定	X
						002	《电业安全工作规程》中有关条文的规定	X
						003	本区域防火知识	Y
						004	安全用电及紧急救护知识	X
						005	电力法相关内容	Z

三、理论知识试题

行业通用理论知识试题

判断题

1. 交接班记录需要领导审阅签字。 (√)

2. 设备巡检包括设备停机过程中的检查。 (√)

3. 投影线都相互平行的投影称为中心投影。 (×)

正确答案： 投影线都相互平行的投影称为平行投影。

4. 在三视图中，能够反映物体上下、左右位置关系的视图为俯视图。 (×)

正确答案： 在三视图中，能够反映物体上下、左右位置关系的视图为主视图。

5. 画三视图时，左视图和俯视图的关系是长对正。 (×)

正确答案： 画三视图时，左视图和俯视图的关系是宽相等。

6. 零件图的作用是读零件图与装配图关系。 (×)

正确答案： 零件图的作用是直接指导制造零件和检验零件的图样。

7. 零件图是直接指导制造零件和检验零件的图样。 (√)

8. 综合性季度检查中，安全生产不仅是重要内容，还实行一票否决权。 (√)

9. 尘毒物质对人体的危害与个人体质因素无关。 (×)

正确答案： 尘毒物质对人体的危害与个人年龄、身体健康状况等因素有关。

10. 因为环境有自净能力，所以轻度污染物可以直接排放。 (×)

正确答案： 虽然环境有自净能力，轻度污染物也不可以直接排放。

11. 目前清洁生产审计中应用的理论主要是物料平衡和能量守恒原理。 (√)

12. 清洁生产审计的目的是：通过清洁生产审计判定生产过程中不合理的废物流和物、能耗部位，进而分析其原因，提出削减它的可行方案并组织实施，从而减少废弃物的产生和排放，达到实现本轮清洁生产目标。 (√)

13. 根据燃烧三要素，采取除掉可燃物、隔绝氧气(助燃物)、将可燃物冷却至燃点以下等措施均可灭火。 (√)

14. 在HSE管理体系中，评审是高层管理者对安全、环境与健康管理体系的适应性及其执行情况进行正式评审。 (√)

15. 第二方审核是直属企业作为受审方，由取得相应资格的单位进行HSE体系审核。 (×)

正确答案： 第三方审核是直属企业作为受审方，由取得相应资格的单位进行HSE体系审核。

16. 含汞、铬、铅等的工业废水不能用化学沉淀法治理。 (×)

正确答案： 含汞、铬、铅等的工业废水可以用化学沉淀法治理。

17. 一级除尘又叫机械除尘。 (√)

18. 废渣处理首先考虑综合利用的途径。 (√)

19. 陆地填筑法可避免造成火灾或爆炸。 (×)

正确答案： 陆地填筑法有可能造成火灾或爆炸。

20. 在防冻防凝工作中，严禁用高压蒸汽取暖、严防高压蒸汽窜入低压系统。 (√)

21. 对已冻结的铸铁管线、阀门等可以用高温蒸汽迅速解冻。 (×)

正确答案： 对已冻结的铸铁管线、阀门等不得急剧加热，只允许温水或少量蒸汽缓慢解冻，以防骤然受热损坏。

22. 进入夏季，工业园区应对所有地沟、排水设施进行检查，清除排水障碍。备足防汛物资，遇到险情时能满足需求。（√）

23. 从事办公室工作的人员不会形成职业病。（×）

正确答案：从事办公室工作的人员也会形成相应的职业病。

24. 职业中毒不属于职业病。（×）

正确答案：职业中毒属于职业病之一。

25. 急慢性中毒皆属于人身事故。（×）

正确答案：急性中毒属于人身事故。

26. 在 HSE 管理体系中，一般不符合项是指能使体系运行出现系统性失效或区域性失效的问题。（×）

正确答案：在 HSE 管理体系中，一般不符合项是指个别的、偶然的、孤立的、性质轻微的问题或者是不影响体系有效性的局部问题。

27. HSE 管理体系规定，公司应建立事故报告、调查和处理管理程序，所制定的管理程序应保证能及时地调查、确认事故(未遂事故)发生的根本原因。（√）

28. 标准化的重要意义是提高产品、过程或服务的质量，防止贸易壁垒，并促进技术合作。（×）

正确答案：标准化的重要意义是改进产品、过程或服务的适用性，防止贸易壁垒，并促进技术合作。

29. 企业应当具备法人的资格或是法人的一部分，才可以申请质量体系认证。（√）

30. 全面质量管理的核心是强调提高产品质量。（×）

正确答案：全面质量管理的核心是强调提高工作质量。

31. 生产制造过程的质量管理是全面质量管理的中心环节。（√）

32. 质量管理体系是指在质量方面指挥和控制组织的管理体系，它是组织若干管理体系的一个。（√）

33. PDCA 循环是全面质量管理的科学方法，可用于企业各个方面、各个环节的质量管理活动。（√）

34. ISO 9004：2000 标准是“指南”，可供组织作为内部审核的依据，也可用于认证和合同目的。（×）

正确答案：ISO 9004：2000 标准提供了超出 ISO 9001 要求的指南和建议，不用于认证或合同的目的。

35. ISO 9000 族标准中，质量仅指产品质量。（√）

36. ISO 9000 族标准质量管理八项原则是一个组织在质量管理方面的总体原则。（√）

37. 计算机应用软件 Word 字处理软件不仅可以进行文字处理，还可以插入图片、声音等，但不能输入数学公式。（×）

正确答案：Word 字处理软件不仅可以进行文字处理，还可以插入图片、声音等，也能输入数学公式。

38. 在应用软件 Word 表格操作中选定整个表格后，按格式工具栏上的左、右、居中对齐等按钮则单元格中的文字内容进行左、右、居中对齐。（×）

正确答案：选定整个表格后，按格式工具栏上的左、右、居中对齐等按钮则单元格中的文字内容不会进行左、右、居中对齐，整个工作表整体在页面中进行左、右、居中对齐。

39. 在应用软件 Word 表格操作中利用表格工作栏还可对表格内容进行垂直对齐。（√）

40. 在计算机应用软件 Excel 中选中不连续单元格的功能键是 Alt。（×）

正确答案：在计算机应用软件 Excel 中选中不连续单元格的功能键是 Ctrl。

41. 在计算机应用软件 Excel 中清除合并居中的格式可以通过键盘的删除(Delete)键来实现。（×）

正确答案：在计算机应用软件 Excel 中清除合并居中的格式可以通过编辑菜单中的清除格式来实现。

42. 在计算机应用软件 Excel 中的打印可实现放大或缩小比例打印。（√）

43. 不动产的买卖合同一般采用登记形式。（√）

44. 在实践中，口头形式是当事人最为普遍采用的一种合同约定形式。（×）

正确答案：在实践中，书面形式是当事人最为普遍采用的一种合同约定形式。

单选题

1. 不允许在岗位交接班记录中出现(C)。
   A. 凭旧换新　B. 划改内容　C. 撕页重写　D. 双方签字
2. 投影线都通过中心的投影称为(A)投影法。
   A. 中心　B. 平行　C. 斜　D. 正
3. 在工程制图中应用较多的投影法是(D)投影法。
   A. 中心　B. 平行　C. 斜　D. 正
4. 剖视图的剖切符号为断开的(D)线。
   A. 细实　B. 点划　C. 虚　D. 粗实
5. 在三视图中，反映物体前后、左右位置关系的视图为(B)。
   A. 主视图　B. 俯视图
   C. 左视图　D. 在三个视图中都有可能
6. 在三视图中，反映物体前后、上下位置关系的视图为(C)。
   A. 主视图　B. 俯视图
   C. 左视图　D. 在三个视图中都有可能
7. 画三视图时，主视图和俯视图的关系是(A)。
   A. 长对正　B. 高平齐　C. 宽相等　D. 无关系
8. 零件图的主要作用之一是(B)。
   A. 指导读零件的结构　B. 直接指导制造零件
   C. 读零件图与装配图关系　D. 读零件之间的配合情况
9. 毒物的沸点是(C)。
   A. 越低毒性越小　B. 越高毒性越大　C. 越低毒性越大　D. 与毒性无关
10. 污染物的回收方法包括(D)。
    A. 蒸发　B. 干燥　C. 排放　D. 吸收
11. 清洁生产涵盖有深厚的理论基础，但其实质是(A)。
    A. 最优化理论　B. 测量学基本理论
    C. 环境经济学基本理论　D. 资源经济学基本理论

12. 液体有机物的燃烧可以采用(C)灭火。

A. 水　B. 沙土　C. 泡沫　D. 以上均可

13. ISO 14001 标准其主要特点有强调(D)，强调法律，法规的符合性，强调系统化管理，强调文件化，强调相关方的观点。

A. 污染预防　B. 持续改进

C. 末端治理　D. 污染预防、持续改进

14. 在 ISO 14001 标准体系中，为了确保环境因素评价的准确性，在识别环境因素时应考虑的三种状态是(C)。

A. 开车、停机和检修状态　B. 连续、间歇和半连续状态

C. 正常、异常和紧急状态　D. 上升、下降和停止状态

15. 公司 HSE 管理体系的审核分为内部审核、(C)。

A. 第一方审核　B. 第二方审核　C. 第三方审核　D. 第四方审核

16. HSE 评审的目的是检验 HSE 管理体系的适宜性、(B)和有效性。

A. 充分性　B. 公平性　C. 权威性　D. 必要性

17. 废水治理的方法有物理法、(A)法和生物化学法等。

A. 化学　B. 过滤　C. 沉淀　D. 结晶

18. 可直接用碱液吸收处理的废气是(A)。

A. 二氧化硫　B. 甲烷　C. 氨气　D. 一氧化氮

19. 废渣的处理大致采用(D)、固化、陆地填筑等方法。

A. 溶解　B. 吸收　C. 粉碎　D. 焚烧

20. 为了作好防冻防凝工作，停用的设备、管线与生产系统联接处要加好(B)，并把积水排放吹扫干净。

A. 阀门　B. 盲板　C. 法兰　D. 保温层

21. “夏季四防”包括防暑降温、防汛、(A)、防倒塌。

A. 防雷电　B. 防霉变　C. 防跌滑　D. 防干旱

22. 属于石化行业职业病的是(B)。

A. 近视　B. 尘肺病　C. 肩周炎　D. 哮喘

23. 与化工生产密切相关的职业病是(B)。

A. 耳聋　B. 职业性皮肤病　C. 关节炎　D. 眼炎

24. 在 HSE 管理体系中，(A)是指组织在职业健康安全绩效方面所达到的目的。

A. 目标　B. 事件　C. 不合格　D. 不符合

25. 在 HSE 管理体系中，(B)是指与组织的职业健康安全绩效有关的或受其职业健康安全绩效影响的个人或团体。

A. 目标　B. 相关方　C. 事件　D. 不符合

26. 在 HSE 管理体系中，造成死亡、职业病、伤害、财产损失或环境破坏的事件称为(C)。

A. 灾害　B. 毁坏　C. 事故　D. 不符合

27. 标准化的重要意义是改进产品、过程或服务的(C)，防止贸易壁垒，并促进技术合作。

A. 品质　B. 性能　C. 适用性　D. 功能性

28. 产品质量认证活动是(D)开展的活动。

A. 生产方　B. 购买方

C. 生产和购买双方　D. 独立于生产方和购买方之外的第三方机构

29. 全面质量管理强调以(B)质量为重点的观点。

A. 产品　B. 工作　C. 服务　D. 工程

30. 质量管理体系要求企业除应有(A)上的保证能力以外，还应有资源上的保证能力。

A. 管理　B. 质量计划

C. 质量政策与程序　D. 质量文件

31. 企业的质量方针是由(D)决策的。

A. 全体员工　B. 基层管理人员　C. 中层管理人员　D. 最高管理层人员

32. PDCA 循环的四个阶段八个步骤的第四个步骤是(B)。

A. 总结　B. 拟订对策并实施

C. 分析问题原因　D. 效果的确认

33. ISO 9001 和 ISO 9004 的区别在于(D)。

A. 采用以过程为基础的质量管理体系模式

B. 建立在质量管理八项原则的基础之上

C. 强调与其他管理标准的相容性

D. 用于审核和认证

34. 下列各项中属于产品固有特性的是(B)。

A. 价格　B. 噪音　C. 保修期　D. 礼貌

35. PDCA 循环是实施 ISO 9000 族标准(B)原则的方法。

A. 系统管理　B. 持续改进

C. 过程方法　D. 以事实为决策依据

36. 在计算机应用软件 Word 中，不能进行的字体格式设置是(C)。

A. 文字的缩放　B. 文字的下划线

C. 文字的旋转　D. 文字的颜色

37. 计算机应用软件 Word 的菜单中，经常有一些命令是灰色的，这表示(B)。

A. 应用程序本身有故障　B. 这些命令在当前状态不起作用

C. 系统运行故障　D. 这些命令在当前状态下有特殊的效果

38. 在计算机应用软件 Word 中，可用于计算表格中某一数值列平均值的函数是(C)。

A. Abs(　)　B. Count(　)　C. Average(　)　D. Total(　)

39. 在计算机应用软件 Excel 工作表中，可按需拆分窗口，一张工作表最多拆分为(B)个窗口。

A. 3　B. 4　C. 5　D. 任意多

40. 在计算机应用软件 Excel 中如图所示页面中的斜杠是通过(B)菜单中单元格里的边框来实现。

A. 编辑　B. 格式　C. 工具　D. 窗口

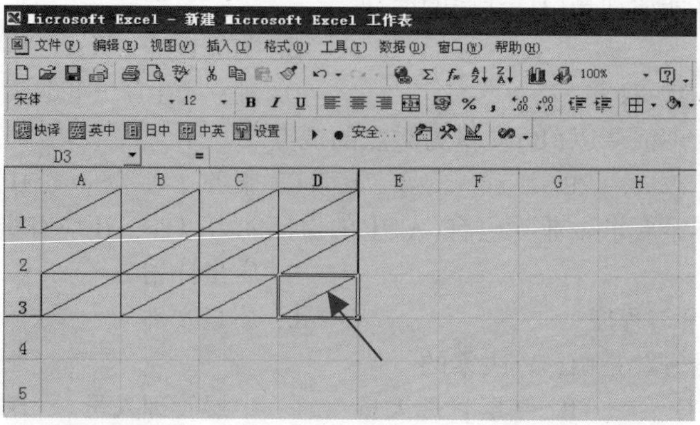

41. 当事人采用合同书形式订立合同的，自双方当事人(C)时合同成立。

A. 制作合同书　B. 表示受合同约束　C. 签字或者盖章　D. 达成一致意见

42. 下列各种合同中，必须采取书面形式的是(D)合同。

A. 保管　B. 买卖　C. 租赁　D. 技术转让

多选题

1. 设备巡检时域分为(A，B，C，D)等检查。

A. 设备运行期间　B. 设备停机过程中　C. 设备停运期间　D. 设备开机过程中

2. 在三视图中，能够反映物体前后位置关系的视图为(B，C)。

A. 主视图　B. 俯视图　C. 左视图　D. 在三个视图中都有可能

3. 在三视图中，能够反映物体上下位置关系的视图为(A，C)。

A. 主视图　B. 俯视图　C. 左视图　D. 在三个视图中都有可能

4. 在三视图中，与高度有关的视图是(A，C)。

A. 主视图　B. 俯视图　C. 左视图　D. 三个视图都有关系

5. 在三视图中，与宽度有关的视图是(B，C)。

A. 主视图　B. 俯视图　C. 左视图　D. 三个视图都有关系

6. 零件图的主要作用是(A，C)。

A. 直接指导制造零件　B. 指导读零件的结构　C. 检验零件的图样　D. 读零件图与装配图关系

7. 安全检查中的“月查”由车间领导组织职能人员进行月安全检查，查领导、查思想、(A，B，D)。

A. 查隐患　B. 查纪律　C. 查产量　D. 查制度

8. 尘毒物质对人体的危害与工作环境的(A，B，C)等条件有关。

A. 温度　B. 湿度　C. 气压　D. 高度

9. 改革生产工艺是控制化工污染的主要方法，包括(A，B，C)等。

A. 改革工艺　　B. 改变流程

C. 选用新型催化剂　　D. 更新设备

10. 着火点较大时，有利于灭火措施的是(A，C，D)。

A. 抑制反应量　　B. 用衣服、扫帚等扑打着火点

C. 减少可燃物浓度　　D. 减少氧气浓度

11. 在 ISO 14001 标准体系中，为了确保环境因素评价的准确性，在识别环境因素时应考虑土地污染、对社区的影响、原材料与自然资源的使用、其他地方性环境问题外，还应考虑(A，B，C)问题。

A. 大气排放　　B. 水体排放　　C. 废物管理　　D. 材料的利用

12. 在 ISO 14001 标准体系中，环境因素识别的步骤包括(A，B，D)。

A. 划分和选择组织过程　　B. 确定选定过程中存在的环境因素

C. 初始环境评审　　D. 明确每一环境因素对应的环境影响

13. 在 ISO 14001 标准体系中，识别环境因素的方法除问卷调查、专家咨询、现场观察和面谈、头脑风暴、查阅文件及记录、测量、水平对比、纵向对比等方法外，还有(A，B，C)方法。

A. 过程分析法　　B. 物料衡算

C. 产品生命周期　　D. 最优化理论

14. 在 HSE 管理体系中，审核是判别管理活动和有关的过程(A，B)，并系统地验证企业实施安全、环境与健康方针和战略目标的过程。

A. 是否符合计划安排　　B. 是否得到有效实施

C. 是否已经完成　　D. 是否符合标准

15. HSE 管理体系中，危害主要包括(A，B，C，D)等方面。

A. 物的不安全状态　　B. 人的不安全行为

C. 有害的作业环境　　D. 安全管理缺陷

16. 工业废水的生物处理法包括(B，D)法。

A. 过滤　　B. 好氧　　C. 结晶　　D. 厌氧

17. 对气态污染物的治理主要采取(B，C)法。

A. 蒸馏　　B. 吸附　　C. 吸收　　D. 过滤

18. 可用于废渣处理方法的是(A，B，C)。

A. 陆地填筑　　B. 固化　　C. 焚烧　　D. 粉碎

19. 为了做好防冻防凝工作，应注意(A，B，C)。

A. 加强报告制度　　B. 加强巡检力度

C. 有情况向上级或领导汇报　　D. 独立解决问题

20. 不属于夏季四防范畴的是(A，B，D)。

A. 防滑　　B. 防冰雹　　C. 防雷电　　D. 防干旱

21. HSE 管理体系规定，事故的报告、(A，B，C)、事故的调查、责任划分、处理等程序应按国家的有关规定执行。

A. 事故的分类　　B. 事故的等级　　C. 损失计算　　D. 事故的赔偿

22. 标准化的重要意义可概括为(A，B，C，D)。
A. 改进产品、过程或服务的适用性　　B. 防止贸易壁垒，促进技术合作
C. 在一定范围内获得最佳秩序　　D. 有一个或多个特定目的，以适应某种需要
23. 企业质量体系认证(A，C，D)。
A. 是一种独立的认证制度
B. 依据的标准是产品标准
C. 依据的标准是质量管理标准
D. 是第三方对企业的质量保证和质量管理能力依据标准所做的综合评价
24. 产品的质量特性包括(A，B，C，D)。
A. 性能　　B. 寿命　　C. 可靠性　　D. 安全性
25. PDCA 循环中，处置阶段的主要任务是(B，D)。
A. 明确目标并制订实现目标的行动方案
B. 总结成功经验
C. 对计划实施过程进行各种检查
D. 对质量问题进行原因分析，采取措施予以纠正
26. 下列哪些标准应用了以过程为基础的质量管理体系模式的结构(B，C)。
A. ISO 9000：2000《质量管理体系基础和术语》
B. ISO 9001：2000《质量管理体系要求》
C. ISO 9004：2000《质量管理体系业绩改进指南》
D. ISO 19011：2002《质量和环境管理体系审核指南》
27. ISO 9000 族标准中，质量具有(B，C)性等性质。
A. 适用　　B. 广义　　C. 相对　　D. 标准
28. 在计算机应用软件 Word 的“页面设置”对话框中，可以设置的选项为(B，C，D)。
A. 字体　　B. 位置　　C. 纸型　　D. 纸张大小
29. 在计算机应用软件 Word 表格中，关于数据排序的叙述，不正确的是(A，B，C)。
A. 表格中数据的排序只能按升序进行　　B. 表格中数据的排序只能按降序进行
C. 表格中数据的排序依据只能是行　　D. 表格中数据的排序依据可以是列
30. 在计算机应用软件 Excel 工作表中，选定某单元格，单击“编辑”菜单下的“删除”选项，可能完成的操作是(A，B，C)。
A. 删除该行　　B. 右侧单元格左移
C. 删除该列　　D. 左侧单元格右移
31. 在 Excel 工作簿中，对工作表可以进行的打印设置是(A，B，D)。
A. 打印区域　　B. 打印标题　　C. 打印讲义　　D. 打印顺序
32. 合同可以以(A，B，C，D)形式存在。
A. 口头　　B. 批准　　C. 登记　　D. 公正
33. 下列说法中属于无效合同特征的有(A，B，C，D)。
A. 无效合同自合同被确认无效时起无效
B. 对无效合同要进行国家干预
C. 无效合同具有不得履行性
D. 无效合同的违法性

工种理论知识试题

判断题

1. 有力的作用就一定做功。 (×)

正确答案： 在力的作用下产生一定位移才能做功。

2. 力 F 与其力臂 L 的乘积叫做力对转动轴的力矩。 (√)

3. 在国际单位制中的 7 个基本单位中，目前时间的测量精度最高。 (√)

4. 工质是热机中热能转变为机械能的一种媒介物质，在物质的固、液、气三态中，液态物质是较为理想的工质。 (×)

正确答案： 在物质的固、液、气三态中，气态物质是较为理想的工质。

5. 水是电厂最常见的廉价工质。 (√)

6. 热力学温标规定在物质分子停止运动时的温度为 0K。 (√)

7. 单热源的热机是不存在的。 (√)

8. 压强是指垂直并且均匀作用在单位面积上的力。 (×)

正确答案： 压力是指垂直并且均匀作用在单位面积上的力。

9. 绝对压力是用压力表实际测得的压力。 (×)

正确答案： 表压是用压力表实际测得的压力。

10. 气体的绝对压力小于大气压力的部分称真空。 (√)

11. 对同一种流体，其密度随温度和压力的变化而变化。 (√)

12. 温度、压力和比体积为基本状态参数。 (√)

13. 流体静压力的方向与作用面垂直，但不指向任何方向。 (×)

正确答案： 流体静压力的方向与作用面垂直，并指向作用面。

14. 离心泵按主轴的方向可分为分段式和中开式。 (×)

正确答案： 离心泵按主轴的方向可分为立式和卧式。

15. 离心泵的内部损失主要有机械损失、容积损失和流动损失。 (√)

16. 大流量小扬程的泵比转速小，小流量大扬程的泵比转速大。 (×)

正确答案： 大流量小扬程的泵比转速大，小流量大扬程的泵比转速小。

17. 当出口扬程低于母管压力或空气在泵内积聚较多时，水泵打不出水。 (√)

18. 从水泵的性能曲线可以看出，当流量为零时，扬程也为零。 (×)

正确答案： 从水泵的性能曲线可以看出，当流量为零时，扬程并不为零。

19. 单级离心泵的轴向推力的平衡方法一般不适用于多级泵。 (√)

20. 有效汽蚀余量小，则泵运行的抗汽蚀性能就好。 (×)

正确答案： 有效汽蚀余量大，则泵运行的抗汽蚀性能就好。

21. 电厂中给水泵与前置泵的工作方式是串联工作。 (√)

22. 运行中给水泵电流表摆动，流量表摆动，说明该泵已发生汽化，但不严重。 (√)

23. 轴流泵应在关闭出口阀的状态下启动，因为这时所需的轴功率最小。 (×)

正确答案： 轴流泵应在开启出口阀的状态下启动，因为这时所需的轴功率最小。

24. 液力偶合器的涡轮转速越接近泵轮转速，其传动效率越高。 (√)

25. 工质的吸热过程主要在锅炉内进行。 (√)

26. 火电厂常用的制粉系统有中储式和直吹式。 (√)

27. 节流前后焓值升高是节流的基本特征。（×）

正确答案： 节流前后焓值不变是节流的基本特征。

28. 汽轮机在冷态滑参数启动时要控制胀差不超限，必须要同锅炉紧密联系，控制好蒸汽参数。（√）

29. 在管道上采用截止门可减少流体阻力。（×）

正确答案： 在管道上采用截止门增加了流体阻力。

30. 闸阀只适用于在全开或全关的位置作截断流体使用。（√）

31. 节流阀的阀芯多数是圆锥流线型的。（√）

32. 管道用支吊架来固定，以保证管道安全运行，管道支吊架的作用就是固定管子，使其不要移动。（×）

正确答案： 管道用支吊架来固定，以保证管道安全运行，管道支吊架的作用不但是固定管子，而且要保证其膨胀自由。

33. 要根据管径来选择耐温度高、绝热好、施工方便、价格低的保温材料。（×）

正确答案： 要根据管壁温度选择耐温度高、绝热好、施工方便、价格低的保温材料。

34. 管道一般常用的补偿方法有热补偿和冷补偿两种。热补偿即是管道在热胀冷缩时，允许有一定程度的自由弹性变形来吸收热伸长以补偿热应力，使热应力减少到不超过允许值的范围。（√）

35. 安全阀属自动阀，当管路压力大于允许压力时该阀自动打开，当管路压力恢复至等于或小于允许压力时该阀自动关闭。（√）

36. 汽轮机按排汽方式可分为凝汽式和背压式汽轮机。（√）

37. 汽轮机在工作时，首先在喷嘴叶栅中蒸汽的热能转换为蒸汽的动能，然后在动叶中蒸汽的动能转变为机械能。（√）

38. 汽轮机转子的旋转方向从机头往发电机看为逆时针。（×）

正确答案： 汽轮机转子的旋转方向从机头往发电机看为顺时针。

39. 国产三缸三排汽凝汽式200MW汽轮机通流部分通常由高、中、低压三部分组成。（√）

40. 汽轮机滑参数停机时，负荷降至50MW时，将低加疏水倒向凝结器，停止低加疏水泵运行。（√）

41. 汽轮机旁路系统的作用是回收工质、降低噪声。（×）

正确答案： 汽轮机旁路系统的作用之一是回收工质，降低噪声。

42. 带三用阀的苏尔寿旁路系统将旁路阀和协调控制结合在一起，实现了优化控制。（×）

正确答案： 带三用阀的苏尔寿旁路系统将高压旁路阀、低压旁路阀的控制和再热安全门的控制结合在一起，实现了优化控制。

43. 旁路系统的容量是指额定参数时汽轮机额定负荷下的主蒸汽流量与额定给水流量的比值。（×）

正确答案： 旁路系统的容量是指额定参数时旁路系统的通流量与锅炉额定蒸发量的比值。

44. 高压加热器随汽轮机滑启、滑停时，对减小高压加热器内部金属热应力十分有利。（√）

45. 正常运行时，低压加热器的进汽门应保持全开，以保证加热器水位的正常。（×）

正确答案：正常运行时，低压加热器的进汽门应保持全开，以保证抽汽管道的压损最小。

46. 高压加热器采用过热蒸汽冷却段，一般不能使端差减小。（×）

正确答案：高压加热器采用过热蒸汽冷却段，一般只能使端差减小，但要实现端差为零或为负值则比较困难。

47. 多级水封疏水采用逐级溢流，而加热器内的蒸汽直接流入下一级加热器。（×）

正确答案：多级水封疏水采用逐级溢流，而加热器内的蒸汽被多级水封内的水柱封住不能外泄。

48. 在发电厂中，低压加热器的疏水通常采用逐级自流的方式，最后排入大气。（×）

正确答案：在发电厂中，低压加热器的疏水通常采用逐级自流的方式，最后流入凝结器。

49. 加热器的传热端差是加热蒸汽压力下的饱和温度与加热器给水出口温度之差。（√）

50. 高压加热器装设水侧自动保护的根本目的是防止汽轮机进水。（√）

51. 大气式除氧器的工作压力稍高于大气压。（√）

52. 高压除氧器不能防止“自生沸腾”现象的出现。（×）

正确答案：高压除氧器可防止“自生沸腾”现象的出现。

53. 给水泵出口电动门不严密时，严禁启动给水泵。（×）

正确答案：给水泵出口逆止门不严密时，严禁启动给水泵。

54. 给水泵运行中，轴承振动超标，应倒备用泵运行。（√）

55. 凝汽器的作用是建立并保持真空。（√）

56. 凝汽设备的任务之一是在汽轮机的低压缸建立真空。（×）

正确答案：凝汽设备的任务之一是在汽轮机的排汽口建立真空。

57. 表面式凝汽器按进入凝汽器的汽流方向，分为单一制和对分制。（×）

正确答案：表面式凝汽器按水侧有无垂直隔板，分为单一制和对分制。

58. 表面式凝汽器按冷却水流程，分为单道制，双道制，三道制。（√）

59. 汽轮机运行中发现凝结水导电度增大，应判断为凝汽器汽侧漏空气。（×）

正确答案：汽轮机运行中发现凝结水导电度增大，应判断为凝汽器铜管泄漏。

60. 凝汽器脏污情况有管板脏污和管内脏污两种。（√）

61. 射水抽气器具有结构紧凑，但运行不太可靠，且维护不便，但节省新蒸汽等特点。（×）

正确答案：射水抽气器具有结构紧凑，运行可靠，且维护方便，节省新蒸汽等特点。

62. 在抽气量比较大时，射汽式抽气器比射水式抽气器工作稳定。（×）

正确答案：在抽气量比较大时，射水式抽气器比射汽式抽气器工作稳定。

63. 在同一台机组上抽吸同样空气量时，射水抽气器在凝汽器喉部维持的真空比射汽抽气器高。（√）

64. 真空严密性是检查汽轮机真空系统泄漏的最有效的方法。（×）

正确答案：水压试验是检查汽轮机真空系统泄漏的最有效的方法。

65. 凝结水泵采用变压调节方式时，可降低电能消耗。（√）

66. 凝结水泵是在高度真空下输送接近饱和温度的水。（√）

67. 凝汽器真空缓慢下降的原因是比较难发现的，此时应加强射水池的换水工作。（√）

68. 风筒式自然通风冷却塔依靠塔底部风机来冷却循环水。（×）

正确答案：风筒式自然通风冷却塔依靠塔内外空气密度差形成的通风抽力来冷却循环水。

69. 机械通风冷却塔按通风方式可分为逆流式和横流式。（×）

正确答案：机械通风冷却塔按通风方式可分为抽风式和鼓风式。

70. 冷却塔通常由塔体、集水池、淋水填料、配水系统、空气分配装置、除水器等组成。（√）

71. 冬季凝结水过冷时，应根据气温、负荷情况，减少循环泵运行台数。（√）

72. 采用闭式循环的循环水系统，循环水量不会减少。（×）

正确答案：采用闭式循环的循环水系统，循环水通过冷却塔蒸发，水量会减少。

73. 内旋式二次滤网比外旋式二次滤网清洗、排污效果好。（√）

74. 通常只有10MW以下的小型发电机才能采用空冷方式。（×）

正确答案：通常只有2.5MW以下的小型发电机才能采用空冷方式。

75. 带喷射式凝结器的间接空冷系统是以微正压的低压水系统运行。（√）

76. 采用双流环式密封瓦的汽轮机组在正常运行中，氢侧密封油泵可短时停用进行消缺。（√）

77. 200MW汽轮机投入连续盘车前应开启顶轴油泵，顶轴油压正常。（√）

78. 200MW汽轮机启动前冷油器油温可以采用给水来加热的办法提高。（×）

正确答案：200MW汽轮机启动前冷油器油温可以采用给水入口水源来加热的办法提高。

79. 当冷油器的冷却水引自于循环水的进水管道，冷油器水阻和与其连接管道的水阻之和应小于凝汽器水阻，从而保证冷却水顺利地通过冷油器。（√）

80. 汽轮机主冷油器采用串联运行时，可使油的流速降低，但导热系数增大。（×）

正确答案：汽轮机主冷油器采用串联运行时，可使油的流速增大，导热系数也增大。

81. 汽轮机运行中发现润滑油压低，应参照冷油器前润滑油压及主油泵入口油压分析判断采取措施。（√）

82. 如果氢冷发电机设备和系统完好无泄漏，则氢气泄漏的惟一路途是发电机轴与密封瓦的密封间隙。（√）

83. 运行中氢气纯度过高，则氢气消耗量增多，对发电机运行来说是不经济的。（√）

84. 发电机运行中要求氢气湿度：$<5g/m^3$。（×）

正确答案：发电机运行中要求氢气湿度：$<10g/m^3$。

85. 为了防止外界气体进入发电机内以及机内氢气漏入大气中，所有氢冷发电机都装有“油密封”装置——密封瓦，实现转轴与端盖之间的密封。（√）

86. 双流环式密封瓦具有结构简单，安装调整方便，而且运行可靠，对发展高氢压大容量机组较为有利；但被油带走的氢气较多，使得油系统复杂化，而且其耗氢量也比较大的特点。（√）

87. 在密封油系统的运行过程中，当差压阀和平衡阀发生故障不能投入时，将无法维持氢压，需要紧急停机。（×）

正确答案：在密封油系统的运行过程中，当差压阀和平衡阀发生故障不能投入时，可切除差压阀和平衡阀，使密封油走旁路，通过调整旁路门开度或密封油泵的再循环来达到其规定的油压。

88. 发电机定子冷却水压力任何情况下都不能高于发电机内气体的压力。 (×)

正确答案：在做发电机定子水压试验时冷却水压高于发电机内气体的压力。

89. 冲转前应将发电机断水保护投入。 (×)

正确答案：发电机并网前应将发电机断水保护投入。

90. 对于电路中任一节点，流入该节点的电流之和等于流出该节点的电流之和。 (√)

91. 电流的大小可以用电流表来测量，电流表应与被测元件并联。 (×)

正确答案：电流的大小可以用电流表来测量，电流表应与被测元件串联。

92. 交流电的大小随时间变化，而方向不变。 (×)

正确答案：交流电的大小和方向随时间变化。

93. 直流有功功率的测量不可以用测量电压、电流的间接方法测量。 (×)

正确答案：直流有功功率的测量可以分别用测量电压、电流的间接方法测量。

94. 发现电动机有进水受潮现象，应及时测量绝缘电阻。 (√)

95. 凡发生重大火灾、情节严重的，对其单位有关的负责人应追究法律责任。 (×)

正确答案：凡发生重大火灾、情节严重的，对其单位有关的负责人应追究刑事责任。

96. 在汽、水管道上进行长时间的检修工作时，检修管段应用堵板和运行中的管段隔断。 (×)

正确答案：在汽、水管道上进行长时间的检修工作时，检修管段应用带尾巴的堵板和运行中的管段隔断。

97. 防火三级检查制为单位年检查、部门月检查、班组周检查。 (×)

正确答案：防火三级检查制为单位月检查、部门周检查、班组日检查。

98. 带电作业中，人触电通电时间越长，电击危险性越大，应做好防止触电的措施。 (√)

99. 电伤是电流的热效应、化学效应或机械效应对人体内部造成的局部伤害。 (×)

正确答案：电伤是电流的热效应、化学效应或机械效应对人体外部造成的局部伤害。

100. 触电时，电流通过人体，对人体的伤害主要是电击。 (×)

正确答案：触电时，电流通过人体，对人体的伤害主要是电击和电伤两种。

101. 安全电压额定值上限是36V。 (×)

正确答案：安全电压额定值上限是42V。

102. 事故根据其性质的严重程度及经济损失的大小，分为特大事故、重大事故、一般事故。电力设备损坏，造成直接经济损失500万元者属于重大事故。 (×)

正确答案：电力设备损坏，造成直接经济损失500万元者属于特大事故。

单选题

1. 力和物体的关系是(A)。

   A. 力不能脱离物体而独立存在

   B. 力可以脱离物体而独立存在

C. 一般情况下，力不能脱离物体而独立存在

D. 特殊情况下，力可以脱离物体而独立存在

2. 以下各项哪个不属于力的三要素的是(A)。

A. 物体　B. 大小　C. 作用点　D. 方向

3. 以下哪个不是长度单位(D)。

A. in　B. 市尺　C. m　D. mg

4. 1km=(A)m。

A. 1000　B. 100　C. 10　D. 1

5. 以下哪些不是测量长度的量具(B)。

A. 游标卡尺　B. 天平　C. 米尺　D. 螺旋测微器

6. 一个有固定转动轴的物体，在力的作用下，如果保持静止(或匀速转动)状态，该状态叫(C)。

A. 失重状态　B. 自由状态　C. 转动平衡状态　D. 静止状态

7. 时间的国际单位制单位是(D)。

A. t　B. m^3　C. m　D. s

8. 国际三大基本物理量是(A)。

A. 长度、质量、时间　B. 长度、体积、时间

C. 温度、质量、时间　D. 频率、质量、体积

9. 1h=(B)s。

A. 60　B. 3600　C. 100　D. 1000

10. 1km/h=(B)m/s。

A. 1　B. 0.28　C. 0.5　D. 1000

11. 火力发电厂的蒸汽参数一般是指蒸汽的(D)。

A. 压力、比体积　B. 温度、比体积

C. 焓、熵　D. 压力、温度

12. 火力发电厂主要以(D)作为工质。

A. 空气　B. 燃气　C. 烟气　D. 水蒸气

13. 工程热力学是研究(B)的规律和方法的一门学科。

A. 化学能转变为热能　B. 热能与机械能间相互转换

C. 机械能转变为电能　D. 化学能转变为电能

14. 在工质的状态参数中，可以用仪表直接测出的是(A)。

A. 温度和压力　B. 温度、压力和比体积

C. 温度、压力及内能　D. 温度、压力及热能

15. 表示物体冷热程度的量是(B)。

A. 内能　B. 温度　C. 热量　D. 动能

16. 绝对温标0K转换成摄氏温标为(C)℃。

A. 100　B. -100　C. -273.15　D. 0

17. 绝对温标每刻度的大小比摄氏温标每刻度的大小(B)。

A. 大　B. 相等　C. 小　D. 不确定

18. 热力学第一定律是能量转换与能量守衡定律在研究(C)转换时的具体体现。
A. 机械能　B. 动能　C. 热能　D. 电能
19. 在工程热力学中，热力学第一定律主要说明(A)的相互转换和守恒。
A. 热能和机械能　B. 热能和动能
C. 热能和电能　D. 热能和化学能
20. 物体因热运动而具有的能量叫(A)。
A. 热能　B. 化学能　C. 势能　D. 位能
21. 无论是正压还是负压，容器内气体的真实压力都称为(A)。
A. 绝对压力　B. 表压力　C. 大气压力　D. 相对压力
22. 垂直并且均匀作用在单位面积上的力叫(C)。
A. 重力　B. 重量　C. 压力　D. 摩擦力
23. 当容器内工质的压力大于大气压力，工质处于(A)。
A. 正压状态　B. 负压状态　C. 标准状态　D. 临界状态
24. 若容器中工质的压力不变，安装在该容器上压力表的读数随大气压的增加而(C)。
A. 增加　B. 不变　C. 减少　D. 时增时减
25. 一个压力表放在大气中，指针读数为零，那么用此压力表所测得的压力是(B)压力。
A. 绝对　B. 相对　C. 真空　D. 绝对真空
26. 在热工计算中压力应使用(A)。
A. 绝对压力　B. 真空度　C. 表压力　D. 真空
27. 在热效率试验中，测得机组真空-97kPa，当地大气压 100kPa，真空度为(D)。
A. 3　B. 97　C. 3%　D. 97%
28. 真空度是指(B)的比值。
A. 真空值与标准大气压　B. 真空值与当地大气压
C. 当地大气压与真空值　D. 标准大气压与真空值
29. 水在 0℃时，压力每增加 98.1kPa 时，其体积(C)。
A. 减少 1/2000　B. 增加 1/200　C. 减少 1/20000　D. 增加 1/2000
30. 以下哪些不是体积单位(D)。
A. m^3　B. L　C. gal　D. g
31. 静止流体中，压力在垂直方向的变化率等于流体的(A)。
A. 重度　B. 相对密度　C. 黏度　D. 密度
32. 单位质量的物体所具有的体积称为(A)
A. 比体积　B. 比热容　C. 密度　D. 体积
33. 比体积越(B)，表明物质越(B)。
A. 大，重　B. 大，轻　C. 小，轻　D. 以上都不对
34. 工质的压力、温度、比体积三者关系中，当温度(C)。
A. 降低时，压力与比体积成反比　B. 升高时，压力与比体积成反比
C. 不变时，压力与比体积成反比　D. 不变时，压力与比体积成正比

35. 影响流体密度的因素有(A)。

A. 温度　B. 黏度　C. 压力　D. 流体的速度

36. 在流体静力学中，作用在所取流体分离体表面上的力称(A)力。

A. 表面　B. 质量　C. 体积　D. 密度

37. 流体静压力的大小与作用面的方位(B)。

A. 有关　B. 无关　C. 不确定　D. 以上都不对

38. 在平衡流体中，任一点的静压力，在各个方向上都(B)。

A. 不等　B. 相等　C. 不一定相等　D. 可能相等

39. 一定质量的气体，在体积保持不变的情况下，温度升高时，其压力将(A)

A. 增大　B. 减小　C. 不变　D. 不能确定

40. 下列哪种泵直接用来维持凝汽器真空(D)。

A. 离心泵　B. 轴流泵　C. 容积泵　D. 喷射泵

41. 离心泵按(D)可分为单级泵和多级泵。

A. 叶轮吸入方式　B. 泵体的形式　C. 主轴的方向　D. 叶轮级数

42. 离心泵按(A)可分为立式泵和卧式泵。

A. 主轴的方向　B. 泵体的形式　C. 叶轮吸入方式　D. 叶轮级数

43. 下列四种泵中，相对流量最大的是(B)。

A. 离心泵　B. 轴流泵　C. 齿轮泵　D. 螺杆泵

44. 离心泵叶轮尺寸一定时，泵的流量与转速的(A)次方成正比。

A. 1　B. 2　C. 3　D. 4

45. 水泵的转速越高，它所输送的流量与扬程就越(A)。

A. 大　B. 小　C. 不变　D. 不确定

46. 水泵的功率通常是指(B)。

A. 有效功率　B. 输入功率　C. 输出功率　D. 原动机功率

47. 离心泵在流量大于或小于设计工况下运行时，冲击损失(A)。

A. 增大　B. 减小　C. 不变　D. 不确定

48. 泵的流动损失包括(C)损失。

A. 轴封漏泄　B. 圆盘摩擦　C. 旋涡阻力　D. 轴承摩擦

49. 离心泵的效率等于(B)。

A. 机械效率+容积效率+水力效率　B. 机械效率×容积效率×水力效率

C. (机械效率+容积效率)×水力效率　D. 机械效率×容积效率+水力效率

50. 分析比转速的公式可以知道，若转速不变，则比转速小，必定(D)。

A. 流量大，扬程大　B. 流量大，扬程小

C. 流量小，扬程小　D. 流量小，扬程大

51. 根据比转速可以看出，离心泵的特点是(C)。

A. 大流量，高扬程　B. 大流量，低扬程

C. 小流量，高扬程　D. 小流量，低扬程

52. 离心泵(C)倒转。

A. 允许　B. 有时允许　C. 不允许　D. 以上都不对

53. 离心泵的安装高度只能在(C)m以下

A. 1　　B. 5　　C. 10　　D. 15

54. 离心泵的工作点是管道特性曲线与离心泵的(D)曲线的交点。

A. $Q-\eta$　　B. $Q-N$　　C. $Q-P$　　D. $Q-H$

55. 离心泵基本特性曲线中，最主要的是(D)曲线。

A. $Q-\eta$　　B. $Q-N$　　C. $Q-P$　　D. $Q-H$

56. 离心泵与管道系统相连时，系统流量由(C)来确定。

A. 泵　　B. 管道

C. 泵与管道特性曲线的交点　　D. 阀门开度

57. 管道系统中通过的流量与流体所必须具有的能量之间的关系曲线叫(C)曲线。

A. 流量—功率　　B. 流量—效率　　C. 管道特性　　D. 静态特性

58. 离心泵轴封机构的作用是(A)。

A. 防止高压液体从泵中大量漏出或空气顺轴吸入泵内

B. 对水泵轴起支承作用

C. 对水泵轴起冷却作用

D. 防止漏油

59. 填料密封结构的效果可用(B)进行调整。

A. 填料套　　B. 填料压盖　　C. 紧固螺栓　　D. 水封环

60. 水泵采用填料密封时，填料压盖压紧程度以漏出量(A)滴/s为宜。

A. 1　　B. 2　　C. 3　　D. 4

61. 多级离心泵在运行中，平衡盘的平衡状态是动态的，泵的转子在某一平衡位置上始终(A)。

A. 沿轴向移动　　B. 沿轴向相对静止

C. 沿轴向左右周期变化　　D. 极少移动

62. 离心泵平衡盘之所以能平衡轴向推力，依靠的是平衡盘两侧的(C)。

A. 流量差　　B. 串动能力　　C. 压力差　　D. 面积差

63. 离心泵通常采用平衡盘和(D)联合装置能更好地平衡轴向推力。

A. 平衡管　　B. 平衡孔　　C. 对称叶轮　　D. 平衡鼓

64. 离心泵最易受到汽蚀损害的部位是(B)。

A. 叶轮或叶片入口　　B. 叶轮或叶片出口

C. 轮毂或叶片出口　　D. 叶轮外缘

65. 要使泵内最低点不发生汽化，必须使有效汽蚀余量(D)必需汽蚀余量。

A. 等于　　B. 小于　　C. 略小于　　D. 大于

66. 水泵(C)处的汽蚀余量称为装置汽蚀余量。

A. 出口　　B. 内　　C. 入口　　D. 以上都不对

67. 机组运行中，备用离心水泵倒转会导致(C)。

A. 机械密封损坏　　B. 轴承磨损　　C. 叶轮松动　　D. 以上都不对

68. 给水泵(D)不严密时，严禁启动给水泵。

A. 进口门　　B. 出口门　　C. 再循环门　　D. 出口逆止门

69. 离心泵的空转时间不允许太长，通常以(B)min 为限。

A. 1~2　　B. 2~4　　C. 6~8　　D. 8~10

70. 两台离心水泵串联运行，(D)。

A. 两台水泵的扬程应该相同

B. 两台水泵的扬程必须相同，总扬程为两泵扬程之和

C. 两台水泵扬程可以不同，但总扬程为两泵扬程之和的 1/2

D. 两台水泵扬程可以不同，总扬程为两泵扬程之和

71. 泵采用并联工作的目的是为了为了增加输送液体的(C)。

A. 压力　　B. 扬程　　C. 流量　　D. 热量

72. 两台泵并联运行时，每台泵的流量与该泵单独运行时的流量相比(B)。

A. 大　　B. 小　　C. 相等　　D. 不确定

73. 凝结泵电流到零，凝结水压力下降，流量到零，凝汽器水位上升的原因是(D)。

A. 凝结泵故障　　B. 凝结泵汽化

C. 凝结泵注入空气　　D. 凝结泵电流中断

74. 给水泵发生(D)情况时应进行紧急故障停泵。

A. 油滤网堵塞 1/3　　B. 再循环开启

C. 某轴承振动达 0. 06mm　　D. 电机着火

75. 泵在运行中发现供水压力低，流量摆动，管道振动，泵窜轴，则为(D)。

A. 打空泵　　B. 打闷泵　　C. 出水量不足　　D. 水泵汽化

76. 根据轴流泵的性能曲线特点，轴流泵在启动时，出口阀应处于(A)位置，此时泵所需要的轴功率(A)。

A. 开启，最小　　B. 关闭，最小　　C. 开启，最大　　D. 关闭，最大

77. 轴流泵的 Q-H 性能曲线是一条(C)的曲线。

A. 抛物线形　　B. 双曲线形　　C. 马鞍形　　D. 不规则形

78. 液力偶合器是以(B)来传递动力的变速联轴器。

A. 电动机　　B. 油压　　C. 齿轮　　D. 水压

79. 一般情况下，液力偶合器涡轮的叶片数比泵轮少 1~4 片，原因是(D)。

A. 制造不便　　B. 安装不便　　C. 提高效率　　D. 避免共振

80. 使用液力偶合器的目的是为了获取变速调节的(C)。

A. 快速性　　B. 安全性　　C. 经济性　　D. 稳定性

81. 液力偶合器正常工作时，工作油在(A)中获得能量，而在(A)中释放能量。

A. 泵轮，涡轮　　B. 涡轮，泵轮

C. 电机，涡轮　　D. 电机，泵轮

82. 液力偶合器采用改变工作油进油量的最大缺点是在电厂单元机组的事故情况下不能迅速(B)的转速。

A. 增加给水泵　　B. 降低给水泵

C. 改变给水泵前置泵　　D. 改变电机

83. 液力偶合器工作油温升高至极限时，传动效率(C)。

A. 升高　　B. 不变　　C. 下降　　D. 以上都不对

84. 水在(B)中被加热成蒸汽，进入过热器后进一步加热成过热蒸汽后进入汽轮机。

A. 省煤器　B. 水冷壁　C. 高压加热器　D. 低压加热器

85. 火力发电厂按(C)不同，可分为热电厂和发电厂。

A. 压力　B. 流量　C. 用户　D. 消耗能源

86. 火力发电厂需用大量的水，其中95%的冷却水用于(A)的冷却。

A. 凝结器　B. 转动设备轴承　C. 冷油器　D. 电机空冷器

87. 火电厂的制粉系统要求煤粉直径不大于(A)mm。

A. 30　B. 50　C. 60　D. 75

88. 火力发电厂燃油系统主要用油是(D)。

A. 汽油　B. 原油　C. 柴油　D. 重油

89. 火力发电厂的主要生产系统为(B)。

A. 输煤系统、汽水系统、电气系统　B. 汽水系统、燃烧系统、电气系统

C. 输煤系统、燃烧系统、汽水系统　D. 供水系统、电气系统、输煤系统

90. 电力技术法规规定，煤场应储存电厂(B)天所需的煤耗量。

A. 5~10　B. 10~15　C. 15~20　D. 20~30

91. 火力发电厂采用的除尘器通常有干式除尘器、湿式除尘器和(C)除尘器。

A. 旋风式　B. 水膜式　C. 电气式　D. 布袋式

92. 布袋式除尘器是利用棉、毛、纤维等织物的过滤作用进行除尘的(A)高效除尘器。

A. 干式　B. 水膜式　C. 电气式　D. 文丘里式

93. 利用(A)转换成电能的工厂称为火力发电厂。

A. 燃料的化学能　B. 太阳能　C. 地热能　D. 原子能

94. 目前火力发电厂的燃料主要是(A)、重油和天然气。

A. 煤　B. 风　C. 核能　D. 太阳能

95. 蒸汽经过汽轮机喷嘴后，其压力、温度和焓(B)，速度和比体积增大，将蒸汽热能转换为动能。

A. 升高　B. 降低　C. 不变　D. 为零

96. 在切换(A)过程中，锅炉上水量会发生变化。

A. 给水泵　B. 循环水泵　C. 凝结水泵　D. 疏水泵

97. 电动机停用或备用时间较长时，绕组中有大量积灰或受潮或绝缘老化，端线松弛。故启动前应(C)尽可能暴露这些问题，以便采取措施，不影响运行中的使用。

A. 解体检查　B. 清扫灰尘　C. 测量绝缘　D. 紧固端线

98. 电磁阀属于(C)。

A. 电动门　B. 手动门　C. 快速动作门　D. 中速动作门

99. 减压门属于(B)。

A. 关(截)断门　B. 调节门　C. 旁路阀门　D. 安全门

100. 流体在球形阀内的流动形式是(D)。

A. 由阀芯的上部导向下部　B. 由阀芯的下部导向上部

C. 与阀芯作垂直流动　D. 阀芯平行方向流动

101. 公称压力为2.45MPa的阀门属于(B)。

A. 低压门　B. 中压门　C. 高压门　D. 超高压门

102. 工作温度大于(C)℃的阀门为高温阀门。

A. 250　B. 350　C. 450　D. 550

103. 公称压力为1.45MPa的阀门属于(A)。

A. 低压门　B. 中压门　C. 高压门　D. 超高压门

104. 公称压力大于(C)MPa的阀门属于高压阀。

A. 4　B. 6.27　C. 9.8　D. 12.7

105. 公称压力是指阀门在规定温度下的最大允许工作压力，对于碳钢阀门规定温度为(B)℃。

A. 120　B. 200　C. 250　D. 350

106. 公称压力是指阀门在规定温度下的最大允许工作压力，对于铸铁和铜阀门规定温度为(A)℃。

A. 120　B. 200　C. 250　D. 350

107. 为检查管道及附件的强度或严密性而进行水压试验所选用的压力叫试验压力。一般用(C)表示。

A. PN　B. DN　C. P_s　D. P

108. 为检查管道及附件的强度或严密性而进行水压试验所选用的压力叫试验压力。一般试验压力为工作压力的(C)倍。

A. 2　B. 1.1~1.15　C. 1.25~1.5　D. 2.5

109. 设计中管道的压力分公称压力 PN，试验压力 P_s 和允许工作压力 P_t(设 $t>200$℃)，其数值大小关系一般为(B)。

A. $PN>P_s>P_t$　B. $P_s>P_t>PN$

C. $PN=P_t>P_s$　D. $P_s>PN>P_t$

110. 锅炉与汽轮机之间连接的蒸汽管道，以及用于蒸汽通往各辅助设备的支管，都属于(A)。对于再热机组，还应该包括再热蒸汽管道。

A. 主蒸汽管道系统　B. 给水管道系统

C. 旁路系统　D. 真空抽汽系统

111. 管道支架的作用是固定或导向管子，并承受管道本身及其内流体的质量，此外主要还应满足(A)的要求以及减少管道振动。

A. 热补偿和导向位移　B. 热补偿和冷紧

C. 冷补偿和热位移　D. 外加负载和水冲击

112. 管道受热膨胀时，要引起热伸长，当膨胀(A)，必产生热应力及推力。

A. 受阻时　B. 过大时　C. 结束时　D. 不受阻时

113. 管子的最大允许工作压力是随着介质温度的升高而(C)的。

A. 不变　B. 升高　C. 降低　D. 不变或升高

114. 所有高温管道、容器等设备上的保温层应保证完整。当环境温度为25℃时，保温层外表面的温度一般不超过(C)℃。

A. 40　B. 45　C. 50　D. 55

115. 汽轮机保温技术条件中要求汽轮机下缸的保温层厚度可比上缸的厚(D)左右。

A. 5%　　B. 10%　　C. 15%　　D. 20%

116. 在主蒸汽管道系统中，为防止发生蒸汽温度偏差过大，可采用以下措施(C)。

A. 采用喷水减温的方法　　B. 采用回热加热的方法

C. 采用中间联络管的方法　　D. 采用减温器的方法

117. 单机容量为6MW以下的汽轮机组的电厂，其主蒸汽管道多采用(A)。

A. 单母管制　　B. 切换母管制　　C. 单元制　　D. 扩大单元制

118. 我国高参数及超高参数以上的机组无一例外地采用(C)蒸汽管道系统。

A. 单母管　　B. 切换母管　　C. 单元制　　D. 双母管

119. 由于蒸汽管道形式的不同，我国再热式汽轮机组的主汽压损和再热汽压损都比引进的同类机组的相应压损(A)。

A. 大很多　　B. 小得多　　C. 稍大　　D. 稍小

120. 在管道上不允许有任何位移的地方应装(A)。

A. 固定支架　　B. 流动支架　　C. 导向支架　　D. 弹簧支架

121. 安全阀定期做手动或自动的排汽或放水试验的目的是(D)。

A. 测开启压力　　B. 测回座压力

C. 测排放量　　D. 防止阀瓣与阀座粘住

122. 除氧器安全阀的动作压力应为工作压力的(B)倍。

A. 1.00~1.10　　B. 1.10~1.25　　C. 1.25~1.35　　D. 1.35~1.50

123. 汽轮机按工作原理分为(A)。

A. 冲动式、反动式、混合式

B. 凝汽式、背压式、调节抽汽式、中间再热式

C. 低压、中压、高压、超高压

D. 轴流式、辐流式、周流式

124. 汽轮机按(B)可分为轴流、辐流和周流式汽轮机。

A. 蒸汽参数　　B. 蒸汽流动方向　　C. 热力过程　　D. 工作原理

125. 高压汽轮机的新蒸汽压力为(C)MPa。

A. 1.18~1.47　　B. 1.96~3.92

C. 5.88~9.8　　D. 11.77~13.73

126. 在汽轮机的冲动级中，蒸汽的热能转变为动能是在(A)中完成的。

A. 喷嘴　　B. 动叶片　　C. 轴封　　D. 汽缸

127. 汽轮机是以(B)为工质的回转式热机。

A. 水　　B. 蒸汽　　C. 天然气　　D. 油

128. 蒸汽在汽轮机的(A)中膨胀，然后进入动叶片，冲动汽轮机转动。

A. 喷嘴　　B. 汽室　　C. 汽缸　　D. 凝结器

129. 最常用的电站汽轮机是(B)汽轮机。

A. 冲动式单级　　B. 冲动式多级　　C. 反动式单级　　D. 反动式多级

130. 汽轮机汽缸根据(D)的不同，可分为高压缸、中压缸、低压缸。

A. 用途　　B. 材料　　C. 体积　　D. 进汽参数

131. 大型发电机的额定功率因数为(C)

A. 0. 8　　B. 0. 82　　C. 0. 85 或 0. 9　　D. 0. 95

132. 国产三缸三排汽凝汽式 200MW 汽轮机共有(C)级。

A. 35　　B. 36　　C. 37　　D. 38

133. 国产三缸三排汽凝汽式 200MW 汽轮机的主蒸汽额定压力为(C)MPa。

A. 9. 65　　B. 10. 75　　C. 12. 75　　D. 16. 7

134. 国产三缸三排汽凝汽式 200MW 汽轮机在 30%额定负荷以上，负荷调整通过(A)来完成。

A. 高压调门　　B. 中压调门　　C. 高压主汽门　　D. 中压主汽门

135. 国产三缸三排汽凝汽式 200MW 汽轮机高、中压转子共用(B)个轴承支撑。

A. 2　　B. 3　　C. 4　　D. 5

136. 引进型 300MW 机组发电机密封瓦进油压力正常运行中大于氢压(C)MPa。

A. 0. 035　　B. 0. 056　　C. 0. 084　　D. 0. 098

137. 引进型 300MW 机组发电机空氢侧密封油平衡油压差在(D)Pa 范围内。

A. 0~±600　　B. 0~600　　C. 0~−600　　D. ±500

138. 国产 300MW、600MW 汽轮机参加负荷调节时，机组的热耗(C)。

A. 纯变压运行比定压运行节流调节高

B. 三阀全开复合变压运行比纯变压运行高

C. 定压运行喷嘴调节比定压运行节流调节低

D. 变压运行最低

139. 300MW 汽轮机采用顺序阀控制时，调节级最危险工况发生在(B)。

A. 调节阀全部开启的工况

B. 第 1、2 调节阀全开，第 3 调节阀尚未开启时

C. 当第 3 调节阀全开，第 4 调节阀尚未开启时

D. 当第 4 调节阀全开，第 5 调节阀尚未开启时

140. 汽轮机启动暖管时，注意调节送汽阀和疏水阀的开度是为了(C)。

A. 提高金属温度

B. 减少工质和热量损失

C. 不使流入管道的蒸汽压力、流量过大，引起管道及其部件受到剧烈的加热

D. 不使管道超压

141. 汽轮机冷态启动时，当负荷到(C)时，可关闭再热汽管道及中压缸体疏水。

A. 0　　B. 20MW　　C. 40MW　　D. 60MW

142. 汽轮机冷态启动时，当负荷到 60MW 时，应关闭(D)。

A. 轴封供汽疏水　　B. 高压缸及抽汽疏水

C. 中压缸及抽汽疏水　　D. 低压缸及抽汽疏水

143. 汽轮机旁路系统中，高压旁路减温水采用(B)。

A. 凝结水　　B. 给水　　C. 闭式循环冷却水　　D. 给水泵中间抽头

144. 属于汽轮机旁路系统作用的是(D)。

A. 提高机组等效可用系数　　B. 保证机组安全运行

C. 使机组进入最佳运行状态　　D. 缩短启机时间，延长机组寿命

145. 由两级串联旁路和一级大旁路系统合并组成的旁路系统称为(C)。

A. 两级串联旁路系统　　B. 一级大旁路系统

C. 三级旁路系统　　D. 三用阀旁路系统

146. 由锅炉的新蒸汽减温减压后直接排入凝结器的旁路叫(B)旁路系统。

A. 两级串联旁路系统　　B. 一级大旁路系统

C. 三级旁路系统　　D. 三用阀旁路系统

147. 由锅炉来的新蒸汽经一级旁路减温减压后排入锅炉再热器，被加热的再热蒸汽经二级旁路减温减压后排入凝结器的旁路叫(A)旁路系统。

A. 两级串联旁路系统　　B. 一级大旁路系统

C. 三级旁路系统　　D. 三用阀旁路系统

148. 带三用阀的苏尔寿旁路系统由两个高压旁路阀、两个低压旁路阀及其(C)组成。

A. 减压阀　　B. 节流阀　　C. 喷水阀　　D. 疏水阀

149. 三用阀旁路系统中三用阀是将旁路系统中的调节、截止和(D)结合在一个整体阀门上。

A. 减压阀　　B. 喷水　　C. 疏水　　D. 溢流排放

150. 带三用阀的苏尔寿旁路系统将高压旁路阀、低压旁路阀的控制和(A)的控制结合在一起，实现了优化控制。

A. 再热安全门　　B. 机组负荷　　C. DEH　　D. 协调

151.《电力工业技术管理法规(试行)》指出，再热机组的旁路系统的容量，一般为机组流量的(C)，即可满足保护再热器所需的最低蒸汽流量。

A. 10%~20%　　B. 20%~30%　　C. 30%~40%　　D. 40%~45%

152. 承担基本负荷机组的旁路系统容量(C)承担调峰机组旁路系统的容量。

A. 大于　　B. 等于　　C. 小于　　D. 接近于

153. 旁路系统的容量是指额定参数时旁路系统的通流量与(A)的比值。

A. 锅炉额定蒸发量　　B. 汽轮机额定负荷时主蒸汽流量

C. 30%负荷时主蒸汽流量　　D. 额定给水流量

154. 带三用阀的旁路系统具有启动、溢流、(D)三大功能，故称之为带三用阀的旁路系统结合在一个整体阀门上。

A. 减压　　B. 截止　　C. 调节　　D. 安全

155. 为对凝结器进行保护，低压旁路设置了快关功能，下列不需要低压旁路快速关闭的是(D)。

A. 真空过低　　B. 凝结器水位过高

C. 减温水压力低　　D. 再热器压力低

156. 当再热器后蒸汽压力突然大幅度升高或机组甩负荷时，二级旁路阀快速开启，同时喷水阀也快速开启，当(B)下降超过规定值时，二级旁路阀则快速关闭。

A. 凝结器水位　　B. 凝结器真空　　C. 主汽压力　　D. 再热器压力

157. 具有中间再热凝汽式或中间再热供热式机组的电厂，其给水管道应采用(C)系统。

A. 单母管　　B. 切换母管　　C. 单元制　　D. 扩大单元制

158. 为防止加热器水侧超压，应在水侧给水进口阀和出口阀之间设置一个安全阀或超压报警装置，安全阀接管最小直径为(D)mm。

A. 5　　B. 10　　C. 15　　D. 20

159. 对于一定的给水加热温度，所需的总抽汽量同抽汽段数之间(D)关系。

A. 有一定　　B. 有很大的　　C. 几乎没有　　D. 根本没有

160. 高压加热器为防止停用后的氧化腐蚀，规定停用时间小于(C)可将水侧充满给水。

A. 20h 以下　　B. 40h 以下　　C. 60h 以下　　D. 80h 以下

161. 当给水回热系统全部采用混合式加热系统时，其热经济性(C)。

A. 最低　　B. 较低　　C. 最高　　D. 较高

162. 电厂中要求给水泵具有(A)高，(A)平坦的特点。

A. 出口压力，特性曲线　　B. 出口流量，出口压力

C. 入口压力，出口压力　　D. 入口流量，出口压力

163. 加热器的种类，按工作原理不同可分为(A)。

A. 表面式加热器，混合式加热器　　B. 加热器，除氧器

C. 高压加热器，低压加热器　　D. 螺旋管式加热器，卧式加热器

164. 国产 200MW 汽轮机组高压加热器通常采用(A)加热器。

A. 立式表面　　B. 混合式　　C. 卧式表面　　D. 低压

165. 位于凝结水泵和除氧器之间的加热器叫(D)加热器。

A. 高压　　B. 混合式　　C. 表面式　　D. 低压

166. 表面式换热器中，冷流体和热流体按相反方向平行流动则称为(B)。

A. 混合式　　B. 逆流式　　C. 顺流式　　D. 立式

167. 表面式热交换器都是管内走压力(B)的介质。

A. 低　　B. 高　　C. 相等　　D. 不确定

168. 低压加热器正常运行时，汽侧水位一般维持在水位计的(D)处。

A. 1/6　　B. 1/5　　C. 1/4　　D. 1/3~1/2

169. 用以收集和疏泄全电厂疏水的管路系统及设备称为发电厂的(C)系统。

A. 回收水　　B. 排水　　C. 疏水　　D. 疏放水

170. 必须经疏水器将疏水排出管道的疏水方式是(D)疏水。

A. 自由　　B. 启动　　C. 暂时　　D. 经常

171. 在大气压力下将疏水经漏斗排出的管道疏水方式是(B)疏水。

A. 自由　　B. 启动　　C. 暂时　　D. 经常

172. 加热器的疏水采用疏水泵排出的优点是(D)。

A. 疏水可以利用　　B. 安全可靠性高　　C. 系统简单　　D. 热经济性高

173. 在高低压加热器之间，为控制加热器的水位，广泛采用了汽液两相流式疏水阀，可以在(A)的负荷范围内实现加热器水位的(A)调整。

A. 较大；自动　　B. 较大；手动　　C. 较小；自动　　D. 较小；手动

174. 多级水封疏水采用逐级溢流，而加热器内的蒸汽(B)。

A. 直接流入下一级加热器　　B. 被多级水封内的水柱封住不能外泄

C. 直接排到大气中　　D. 已无利用价值

175. 表面式加热器的疏水原则上有两种不同的连接方式，即疏水自流和(A)泵的方式。
A. 疏水　B. 中继水　C. 减温水　D. 给水
176. 在发电厂中，(C)的疏水通常采用逐级自流的方式，最后流入除氧器。
A. 凝汽器　B. 低压加热器　C. 高压加热器　D. 大气式除氧器
177. 表面式加热器采用疏水逐级自流，最后进入凝汽器，将直接导致(D)的增加。
A. 经济性　B. 凝结水量　C. 凝汽器真空　D. 冷源损失
178. 加热器汽侧积聚有空气将使端差(B)。
A. 减小　B. 增大　C. 无变化　D. 不确定
179. 加热器疏水温度与水侧出口温度的差值称(B)。
A. 过冷却　B. 端差　C. 焓升　D. 焓降
180. 一般中参数发电厂的给水管道系统都是(A)系统。
A. 单母管　B. 切换母管　C. 单元制　D. 扩大单元制
181. 现代大型再热式汽轮机组采用(C)给水泵作为主给水泵更为安全、经济。
A. 变频式电动　B. 带液力偶合器的电动
C. 汽动　D. 节流调节的电动
182. 在对给水管道进行隔绝泄压时，对放水一次门、二次门，正确的操作方式是(B)。
A. 一次门开足，二次门开足　B. 一次门开足，二次门调节
C. 一次门调节，二次门开足　D. 一次门调节，二次门调节
183. 高压加热器正常运行中，主要监控指标是高压加热器的(A)。
A. 水位　B. 水侧流量　C. 入口温度　D. 疏水温度
184. 从安全角度考虑，高压加热器的温升率是影响(A)的重要因素。
A. 高压加热器使用寿命　B. 高压加热器的端差
C. 给水温度高低　D. 高压加热器投入速度
185. 高压加热器水位过高无法监视，导致最严重后果是(A)。
A. 汽轮机进水　B. 给水温度降低　C. 高加泄漏　D. 高加解列
186. 高压加热器的(A)试验合格后，才能将其投入运行。
A. 保护　B. 疏水自动控制　C. 进汽阀门开关　D. 水侧阀门开关
187. 按传热方式划分，除氧器属于(A)加热器。
A. 混合式　B. 表面式　C. 负压式　D. 正压式
188. 提高除氧器的布置高度，设置再循环管的目的都是为了(A)。
A. 防止给水泵汽化　B. 提高给水泵出口压力
C. 提高给水温度　D. 降低给水泵入口压力
189. 根据工作原理来分除氧器属于(A)除氧。
A. 热力　B. 化学　C. 负压式　D. 混合
190. 采用疏水冷却器(A)好处。
A. 有减少排挤低压抽汽所产生的损失，提高热经济性
B. 有可以加热疏水
C. 有减少水源浪费
D. 无

191. 停运高压加热器时，为防止锅炉断水应注意：确认(C)门全开后，先(C)门，后(C)门。

A. 入口电动，关旁路门电动，关出口门电动
B. 出口门电动，关入口电动，关旁路门电动
C. 旁路电动，关入口电动，关出口电动
D. 入口电动，关出口门电动，关旁路门电动

192. 现代发电厂几乎都是采用(A)除氧法除去锅炉给水中的氧气及其他气体。

A. 热力　B. 化学　C. 回热　D. 分解

193. 为我们提供了加热除氧的基本条件的定律是(C)。

A. 亨利定律　B. 热力学第二定律
C. 道尔顿定律　D. 兰贝克定律

194. 滑压运行的除氧器在机组减负荷时，给水含氧量(B)定压运行除氧器的含氧量。

A. 稍大于　B. 小于　C. 等于　D. 大于

195. 当除氧器运行中压力突然降低时，水中的溶解氧含量将(C)。

A. 升高　B. 不变　C. 降低　D. 为零

196. 除氧器滑压运行，当机组负荷突然降低，将引起除氧给水的含氧量(B)。

A. 增大　B. 减少　C. 波动　D. 不变

197. 调速给水泵电机与主给水泵连接方式为(C)连接。

A. 刚性联轴器　B. 挠性联轴器
C. 液力联轴器　D. 半挠性联轴器

198. 给水泵中间抽头的水作(B)的减温水。

A. 锅炉过热器　B. 锅炉再热器　C. 凝汽器　D. 高压旁路

199. 给水泵出口再循环管的作用是防止给水泵在空负荷或低负荷时(C)。

A. 泵内产生轴向推力　B. 泵内产生振动
C. 泵内产生汽化　D. 产生不稳定工况

200. 高压给水泵启动前，必须处于开启状态的是(C)。

A. 入口阀门，出口阀门　B. 出口阀门，再循环阀门
C. 入口阀门，再循环阀门　D. 抽头阀门，入口阀门

201. 除氧器由给水泵入口进入，经给水出口至低压水箱的暖泵方式为(A)。

A. 正暖　B. 倒暖　C. 连续暖　D. 热暖

202. 给水泵启动后，当(B)升高后，应及时停止辅助油泵运行。

A. 转速　B. 润滑油压　C. 电流　D. 给水流量

203. 在凝汽器内设空气冷却区是为了(C)。

A. 冷却被抽出的空气
B. 防止凝汽器内的蒸汽被抽出
C. 再次冷却、凝结被抽出的空气、蒸汽混合物
D. 用空气冷却蒸汽

204. 汽轮机正常运行中，凝汽器真空(A)凝结水泵入口的真空。

A. 大于　B. 等于　C. 小于　D. 略小于

205. 凝汽器热负荷是指(D)。

A. 凝汽器内蒸汽传给冷却水的总热量

B. 低压缸排汽传给冷却水的总热量

C. 低压缸排汽和加热器疏水传给冷却水的总热量

D. 凝汽器内蒸汽和凝结水传给冷却水的总热量(包括排汽、汽封漏汽、加热器疏水及蒸汽管道疏水等热量)

206. 凝汽设备主要由(B)组成。

A. 凝汽器、循环水泵、给水泵、凝结水泵

B. 凝汽器、循环水泵、抽气器、凝结水泵

C. 凝汽器、工业水泵、抽气器、凝结水泵

D. 凝汽器、循环水泵、抽气器、疏水泵

207. 凝汽设备的任务之一是在(C)中进行真空除氧。

A. 凝结水泵 B. 抽气器 C. 凝汽器热水井 D. 循环水泵

208. 凝汽设备的任务之一是在汽轮机的(B)建立并保持高度真空。

A. 凝结器 B. 排汽口 C. 低压缸 D. 导汽管

209. 凝汽器按(B)的不同，可分为混合式和表面式两大类。

A. 工作原理 B. 换热方式 C. 流程 D. 汽流方式

210. 凝汽器按(A)分，可分为回热式和非回热式。

A. 铜管排列情况 B. 换热方式

C. 汽流流动方向 D. 流程

211. 凝汽器按(B)分为单道制、双道制和多道制。

A. 铜管排列方式 B. 冷却水流程

C. 汽流流动方向 D. 换热方式

212. 凝汽器的压力、(C)、冷却水进口温度和冷却水量之间的变化关系称为凝汽器的热力特性。

A. 排汽温度 B. 冷却水出口温度 C. 排汽量 D. 凝汽器水位

213. 凝汽器的(C)是凝汽器过冷却的原因之一。

A. 真空低 B. 真空高 C. 水位高 D. 水位低

214. 凝汽器中蒸汽的饱和温度与冷却水出口温度的差值称为(C)。

A. 过冷度 B. 冷却倍率 C. 端差 D. 循环倍率

215. 在凝汽器压力下的饱和温度减去凝结水温度称为(A)。

A. 过冷度 B. 冷却倍率 C. 端差 D. 循环倍率

216. 凝结蒸汽与所用的冷却水质量比称做(C)。

A. 端差 B. 过冷却度 C. 冷却倍率 D. 温升

217. 目前不适于凝汽器铜管清洁的方法有(A)。

A. 机械清洁 B. 胶球清洗法 C. 酸洗法 D. 高压水泵

218. 凝汽器胶球清洗收球率低的不正确的原因是(B)。

A. 凝汽器进口水室存在涡流死角 B. 循环水压力过大

C. 新球硬度过大 D. 收球网脏污堵球

219. 为保证软胶球清洗的效果，软胶球的直径一般要比铜管内径(A)。

A. 大 1~2mm 或相等　　B. 小 1~2mm

C. 越小越好　　D. 相等

220. 具有结构紧凑、运行可靠、维护方便、节省蒸汽、适应单元制机组的滑参数启动等特点的抽气器是(C)抽气器。

A. 辅助　　B. 射汽　　C. 射水　　D. 离心

221. 抽气器从工作原理上可分为两大类：(C)。

A. 射汽式和射水式　　B. 液环泵与射流式

C. 射流式和容积式真空泵　　D. 主抽气器与启动抽气器

222. 当射水抽气器的水池温度过高时，应(B)。

A. 停止抽气器运行　　B. 换水箱的水

C. 切换抽气器运行　　D. 提高真空

223. 当发现射水抽气器的水箱水位过低时，应先(A)。

A. 及时补水　　B. 检查放水门　　C. 汇报有关人员　　D. 维持运行

224. 运行时射汽式抽气器的排汽口冒出大量白色蒸汽，说明(D)。

A. 机组真空低　　B. 抽汽量大　　C. 抽汽温度高　　D. 冷却水量不足

225. 真空严密性试验的时间应连续进行 3min，且每分钟压降速度小于或等于(D)Pa 认为该试验合格。

A. 250　　B. 300　　C. 350　　D. 400

226. 汽轮机运行中应定期作(B)，以便监视真空系统的严密性。

A. 水压试验　　B. 真空严密性试验

C. 凝汽器胶球冲洗　　D. 凝汽器半面清扫

227. 校验汽轮机真空系统漏泄的最有效方法是(A)试验。

A. 水压　　B. 真空严密性　　C. 蜡烛火焰　　D. 布带

228. 做真空系统严密性试验时如果凝汽器真空下降过快或凝汽器真空值低于(B)MPa，应立即开启抽汽器空气门，停止试验。

A. 0.09　　B. 0.087　　C. 0.084　　D. 0.081

229. 机组运行中，在为凝结水泵采取安全措施的过程中，一定要密切监视机组的(A)及运行的凝结水泵电流。

A. 真空压力　　B. 凝汽器水位

C. 过冷度　　D. 凝结水泵轴承温度

230. 恢复凝结水泵安全措施过程中，开门的顺序是开启(A)。

A. 密封水阀门、空气阀门、入口阀门

B. 空气阀门、入口阀门、密封水阀门

C. 入口阀门、空气阀门、密封水阀门

D. 入口阀门、密封水阀门、空气阀门

231. 为凝结水泵采取安全措施过程中，关门的顺序是关闭出口阀门、(B)。

A. 空气阀门、入口阀门、密封水阀门

B. 入口阀门、空气阀门、密封水阀门

C. 密封水阀门、空气阀门、入口阀门

D. 空气阀门、密封水阀门、入口阀门

232. 轴功率为 1MW 的水泵可配用(C)1MW 的电动机。

A. 等于　B. 小于　C. 大于　D. 大于或等于

233. 给水泵运行中，轴承振动超标，应(A)运行。

A. 倒备用泵　B. 继续　C. 加强监视　D. 无所谓

234. 一般每台汽轮机均配有两台凝结水泵，每台凝结水泵的出力都必须(A)凝汽器最大负荷时的凝结水量。

A. 等于　B. 小于　C. 等于或小于　D. 无所谓

235. 给水泵发生(D)情况时应进行紧急故障停泵。

A. 给水泵入口法兰漏水　B. 给水泵某轴承有异声

C. 给水泵某轴承振动达 0.06mm　D. 给水泵内部有清晰的摩擦声或冲击声

236. 机组运行中，当凝汽量一定时，冷却水温升增加，凝汽器真空下降的原因是(C)。

A. 端差大　B. 过冷度大　C. 冷却水量不足　D. 射水泵坏

237. 一般故障停泵，应先(A)，后(A)。

A. 启动备用泵，停止故障泵　B. 停止故障泵，启动备用泵

C. 给故障泵停电后，启动备用泵　D. 没有先后顺序

238. 采用自然通风冷却塔时，若塔内外空气密度差变小，通风能力(A)。

A. 变小　B. 变大　C. 不变　D. 不确定

239. 开放式冷却塔占地面积(B)。

A. 较小　B. 较大　C. 中等　D. 可随意而定

240. 辅助通风冷却塔通风方式是(D)。

A. 自然通风　B. 机械通风

C. 吸风机通风　D. 自然通风和机械通风

241. 风筒式自然通风冷却塔在(B)的地区不宜采用。

A. 雨季多　B. 高温、高湿　C. 干燥　D. 风力充足

242. 在高温、高湿地区通常采用(C)冷却塔。

A. 横流式自然通风　B. 逆流式自然通风

C. 机械通风　D. 风筒式自然通风

243. 冬季风筒式自然通风冷却塔底部外缘结冰严重会(B)冷却效果。

A. 提高　B. 降低　C. 不影响　D. 不确定

244. 大气压力低(B)自然通风冷却塔工作。

A. 有利于　B. 不利于　C. 不影响　D. 不确定

245. 冷却塔的分类按通风方式可分为(C)。

A. 抽风式、鼓风式　B. 逆流式、横流式

C. 自然通风、机械通风、辅助通风　D. 开放式、风筒式

246. 冷却塔的分类按淋水填料方式可分为(C)。

A. 点滴式、薄膜式、喷水式

B. 点滴式、薄膜式

C. 点滴式、薄膜式、点滴薄膜式、喷水式

D. 干式、湿式

247. 冷却塔的分类按空气流动方向可分为(B)。

A. 逆流式、横流式、混合式　　B. 逆流式、横流式

C. 抽风式、鼓风式　　D. 开放式、风筒式

248. 冷却塔配水系统的作用是(A)。

A. 均匀分配循环水　　B. 除去水中的空气

C. 均匀分配空气　　D. 将水分散成水滴或水膜

249. 机械通风冷却塔通常采用(B)风机。

A. 离心式　　B. 轴流式　　C. 容积式　　D. 喷射式

250. 除水器是将(D)中的水分除去。

A. 水蒸气　　B. 淋水填料　　C. 配水系统　　D. 塔内气流

251. 同塔内各配水槽水位差不大于(C)。

A. 1%~5%　　B. 5%~10%　　C. 10%~15%　　D. 15%~20%

252. 循环水至循环泵滤网前后水位相差(B)cm 时，应清理。

A. 5　　B. 10　　C. 15　　D. 20

253. 塔区地面标高应保持低于冷却塔池顶(B)cm。

A. 10　　B. 20　　C. 30　　D. 40

254. 冷却塔的防冻准备工作应该在(C)做好。

A. 春季　　B. 夏季　　C. 秋季　　D. 冬季

255. 冬季开启冷却塔防冻门将使循环水温(A)。

A. 提高　　B. 降低　　C. 不变　　D. 不受影响

256. 冷却塔挂挡风板是为了(B)。

A. 防止杂物被风吹入水塔　　B. 冬季防止水塔结冰

C. 改变风向　　D. 提高水塔冷却效果

257. 循环水泵主要向(D)提供冷却水。

A. 给水泵电机空冷器　　B. 冷油器

C. 发电机冷却器　　D. 凝汽器

258. 循环水系统要求供水(A)。

A. 流量大、压力低　　B. 流量小、压力低

C. 流量大、压力高　　D. 流量小、压力高

259. 大容量机组的循环水泵不仅要求流量大，而且对扬程要求也有所提高，通常采用(D)。

A. 轴流泵　　B. 离心泵　　C. 容积泵　　D. 混流泵

260. 循环水泵启动后，轴承的油环应该是(B)。

A. 静止的　　B. 转动并带油　　C. 转动不带油　　D. 摆动的

261. 离心式循环水泵启动前，出口门应该处于(B)位置。

A. 全开　　B. 全关　　C. 中间　　D. 一定

262. 轴流式循环水泵闭阀启动是指(A)。
A. 泵与出口门同时开启　　B. 泵开启后再开出口门
C. 出口门开启后再开启泵　　D. 泵开启检查运行正常后再开出口门

263. 循环水泵在运行中，入口真空异常升高，是由于(D)。
A. 水泵水流增大
B. 循环水入口温度降低
C. 仪表指示失常
D. 循环水入口过滤网被堵或入口水位过低

264. 循环水二次滤网堵塞将导致凝结器真空(B)。
A. 升高　　B. 降低　　C. 不变　　D. 先升高后降低

265. 循环水经(C)后可以作为主冷油器冷却水。
A. 降温　　B. 凝结器冷却排汽　　C. 滤网过滤　　D. 除氧

266. (A)会导致凝结器循环水出口温度升高。
A. 二次滤网堵塞　　B. 机组负荷降低
C. 增开循环水泵　　D. 循环水压升高

267. 发电厂冲灰通常采用(D)。
A. 工业水　　B. 消防水　　C. 生活水　　D. 循环水

268. 氢冷发电机用氢气来冷却(B)。
A. 定子线圈　　B. 转子线圈　　C. 发电机引出线　　D. 定子铁芯

269. 发电机采用(B)时，冷却效果最好。
A. 氢气　　B. 水　　C. 空气　　D. 氮气

270. 直接空气冷却系统的特点是(B)。
A. 设备多，系统复杂　　B. 设备少，系统简单
C. 占地大　　D. 启动时形成真空时间短

271. 空气冷却系统根据蒸汽冷凝方式的不同可分为直接空冷系统和(A)。
A. 间接空冷系统　　B. 混合式空冷系统
C. 表面式空冷系统　　D. 对流空冷系统

272. 带喷射式凝结器的间接空冷系统与带表面式凝结器的间接空冷系统相比较(D)。
A. 设备少　　B. 节约厂用电　　C. 控制系统简单　　D. 经济性好

273. 空冷系统扇形段温度从防冻角度考虑，该段温度要控制不低于(C)℃。
A. 5　　B. 10　　C. 20　　D. 30

274. 空冷机组在限时区工作，全年累计时间不超过(B)h。
A. 1　　B. 10　　C. 50　　D. 100

275. 空冷塔出水温度调整到(C)℃以上，认为是安全的。
A. 5　　B. 10　　C. 20　　D. 30

276. 为赶走调节系统内的空气，当机组启动时，开高压油泵前应启动(A)向调节系统充油。
A. 润滑油泵　　B. 空侧密封油泵
C. 氢侧密封油泵　　D. 射油器

277. 汽轮机油系统的油箱底部通常设计成(B)，以便将油中杂质很快排出。

A. 平坦的　　B. 倾斜的　　C. 倒三角形　　D. 井形

278. 主油箱的作用是(A)。

A. 用来储油外，还起着分离油中水分、沉淀物及汽泡的作用

B. 用来储油

C. 回收废油

D. 分离杂质

279. 冷油器的作用是(B)。

A. 用来储油

B. 由于转子的导热和轴瓦摩擦发热，油温会逐渐升高，为保持一定的供油温度，因此设置了冷油器

C. 回收废油

D. 分离杂质

280. 离心式主油泵由(C)直接带动。

A. 给水泵电机　　B. 交流润滑油泵电机

C. 汽轮机主轴　　D. 直流电机

281. 汽轮机冷油器正常运行中，检测冷油器铜管漏泄的方法是开启(C)检查是否有油流出。

A. 放油门　　B. 油侧放空气门　　C. 水侧放空气门　　D. 水侧出入口门

282. 高压启动油泵的额定出口压力应该比主油泵零流量时的出口压力(B)MPa 左右。

A. 高 0.049　　B. 低 0.049　　C. 高 0.1　　D. 高 0.2

283. 在汽轮机油系统中应用的射油器的效率一般为(B)。

A. 10%~20%　　B. 20%~30%　　C. 30%~50%　　D. 50%~60%

284. 当汽轮机润滑油温过高时，轴承内油膜将(B)。

A. 不影响　　B. 变薄　　C. 变厚　　D. 不确定

285. 汽轮机油系统的冷油器为(A)式换热器。

A. 表面　　B. 混合　　C. 回热　　D. 回转

286. 汽轮机主冷油器的油侧和水侧的(B)部位都装有排空门。

A. 最低　　B. 最高　　C. 中间　　D. 任意

287. 汽轮机主冷油器的油侧和水侧均设有(D)门，以便于检修。

A. 放水　　B. 放油　　C. 排污　　D. 放水门和放油

288. 冷油器油侧结垢，(B)冷油器换热效果 .

A. 不影响　　B. 降低　　C. 不清楚　　D. 提高

289. 为使汽轮机轴承正常运行，润滑油温必须保持在一定范围之内，一般要求进入轴承的油温在(B)，轴承的排油温升一般为(B)。

A. 50~60℃，10~15℃　　B. 40~45℃，10~15℃

C. 40~45℃，30~40℃　　D. 50~60℃，30~40℃

290. 一般情况下，汽轮机的主冷油器采用(D)作为冷却水。

A. 凝结水　　B. 给水　　C. 密封水　　D. 循环水

291. 运行中要求冷油器冷却水压力低于油侧压力，是防止(A)。

A. 管路破裂后，水进入油中使油质变差

B. 水侧存空气

C. 油侧存空气

D. 影响换热效果

292. 一般情况下，汽轮机的主冷油器采用(B)运行方式。

A. 串联　　B. 并联　　C. 混联　　D. 混合

293. 在汽轮机运行中，由于轴承摩擦而消耗了一部分功，这部分机械耗功约占机组额定功率的(A)左右，将转化为热量使通过轴承的润滑油温度升高．

A. 0.4%　　B. 1%　　C. 10%　　D. 8%

294. 机组运行中，备用冷油器的阀门开关位置(A)。

A. 进油门开启，出油门关闭；进水门关闭，出水门开启

B. 进油门关闭，出油门开启；进水门关闭，出水门开启

C. 进油门开启，出油门关闭；进水门开启，出水门关闭

D. 进油门关闭，出油门开启；进水门开启，出水门关闭

295. 汽轮机油系统的射油器是(D)泵的一种。

A. 轴流　　B. 容积　　C. 旋涡　　D. 喷射

296. 在机组启动过程中(A)代替主油泵工作。为防止高压启动油泵打出的油通过主油泵返回油箱，在前轴承箱主油泵出口设有(A)。

A. 高压启动油泵，逆止阀　　B. 交流润滑油泵，逆止阀

C. 高压启动油泵，出口门　　D. 交流润滑油泵，出口门

297. 射油器传递能量的效率(A)，噪声也较(A)，结构简单，本身没有运动部件，工作性能稳定可靠，设计制造也很方便，又便于检修，因而射油器在汽轮机油系统中得到广泛应用。

A. 较低，大　　B. 较高，大　　C. 较低，小　　D. 较低，大

298. 氢冷发电机的轴封必须严密，当机内充满氢气时，轴封油不准中断，油压应大于氢压，以防止(A)进入发电机外壳内或(A)充满汽轮机的油系统中而引起爆炸。

A. 空气，氢气　　B. 氢气，空气

C. 空气，空气　　D. 氢气，氢气

299. 氢冷发电机的排氢管必须接至(C)，排氢管的排氢能力应与(C)相配合。

A. 室外，汽轮机打闸时间

B. 室内，汽轮机破坏真空停机的惰走时间

C. 室外，汽轮机破坏真空停机的惰走时间

D. 室内，汽轮机打闸时间

300. 运行人员应监视和记录发电机内氢气纯度，当氢气纯度(A)，含氧量(A)时，应进行排污

A. 低于96%，大于2%　　B. 低于90%，大于8%

C. 高于96%，小于2%　　D. 高于90%，小于8%

301. 在发电机内充有氢气时进行检修工作，应使用(B)的工具，以防止(B)；必须使用

(B)工具时，应涂上黄油。

A. 钢制，发生火花，铜制　　B. 铜制，发生火花，钢制

C. 铜制，发热，钢制　　D. 钢制，发热，铜制

302. 氢冷发电机的密封油的作用是(C)。

A. 密封　　B. 润滑、冷却

C. 密封、润滑、冷却　　D. 密封、润滑

303. 氢冷发电机气体置换的中间介质可用(C)。

A. 空气　　B. 氧气　　C. 二氧化碳　　D. 乙炔气

304. 引起氢气爆炸的条件是：在密闭的容器中，氢气和空气混合而氢气的含量在(D)的范围内，且又有火花或温度在700℃以上时。

A. 10%~70%　　B. 20%~80%

C. 30%~90%　　D. 4%~76%

305. 在气体置换中，采用二氧化碳作为中间介质的好处有(A)。

A. 成本低，它与空气或氢气混合时，不会产生爆炸，还利于防火

B. 冷却效果差

C. 容易和氢气、空气混合

D. 不容易燃烧

306. 发电机运行中要求氢气湿度：(D) g/m^3。

A. 3~5　　B. <5　　C. >5　　D. <10

307. 氢冷发电机进风温度过低会使发电机(A)。

A. 容易结露，使发电机绝缘电阻降低　　B. 不经济

C. 氢气纯度降低　　D. 氢气纯度增加

308. 空侧密封油压比氢侧密封油高得过多，则空侧密封油就向氢气侧窜，引起(B)。

A. 氢气纯度提高，易使氢气侧密封油箱满油

B. 氢气纯度下降，易使氢气侧密封油箱满油

C. 氢气纯度提高，易使氢气侧密封油箱缺油

D. 氢气纯度下降，易使氢气侧密封油箱缺油

309. 在同一负荷下，出、入口风温差应该不变。如果发现风温差变大，说明是(A)，应引起注意，检查并分析原因。

A. 发电机的内部损耗增加，或者是氢气量减少

B. 发电机的内部损耗降低，或者是氢气量减少

C. 发电机的内部损耗增加，或者是氢气量增加

D. 发电机的内部损耗降低，或者是氢气量增加

310. 氢气干燥器的作用是用来(A)。

A. 干燥发电机内的氢气　　B. 干燥发电机内的空气

C. 除去发电机内的空气　　D. 提高氢气纯度

311. 目前，氢冷发电机的轴端密封多采用(A)密封装置。

A. 油　　B. 空气　　C. 水　　D. 氢气

312. 氢冷发电机的轴封必须严密，当机内充满氢气时，轴封油不准中断，油压应(C)

氢压。

A. 不大于　　B. 小于　　C. 大于　　D. 等于

313. “油密封”是以(A)注入(A)之间的间隙，在静止部分与转动部分之间隙中形成一层油膜，使(A)与氢气隔离开来。

A. 压力油，密封瓦与转轴，空气　　B. 氢气，密封瓦与转轴，空气

C. 压力油，密封瓦与转轴，二氧化碳　　D. 氢气，密封瓦与转轴，二氧化碳

314. 为了达到密封发电机内氢气的作用，(B)应比(B)高。同时油流也起着(B)与(B)密封瓦的作用。

A. 密封油压，氢气压力，加热，润滑　　B. 密封油压，氢气压力，冷却，润滑

C. 氢气压力，密封油压，加热，润滑　　D. 氢气压力，密封油压，冷却，润滑

315. 环式密封瓦具有的(A)的特点。

A. 结构简单，制造、安装、调整、检修容易，工作性能好，在出现半干摩擦状态时，瓦和轴也不容易损坏

B. 结构简单，制造、安装、调整、检修容易，工作性能差，但在出现半干摩擦状态时，瓦和轴也不容易损坏

C. 结构复杂，制造、安装、调整、检修容易，工作性能好，在出现半干摩擦状态时，瓦和轴也不容易损坏

D. 结构简单，制造、安装、调整、检修容易，工作性能好，在出现半干摩擦状态时，瓦和轴容易损坏

316. 环式密封瓦可分为(D)。

A. 单流环式密封瓦、双流环式密封瓦、盘式密封瓦

B. 单流环式密封瓦、盘式密封瓦

C. 双流环式密封瓦、盘式密封瓦

D. 单流环式密封瓦、双流环式密封瓦

317. 环式密封瓦的瓦面为(A)形，可以在转轴上浮动，在瓦面和转轴之间形成环形油膜，属于(A)向密封。

A. 环，径　　B. 盘，径　　C. 扇，径　　D. 环，横

318. 在双流环式油密封瓦中(A)油从垂直油道进入油膜间隙，从(A)出油；(A)则从斜向油道进入油膜间隙，从(A)出油，两个油流各成独立的循环系统。

A. 氢侧，氢侧，空侧，空侧　　B. 氢侧，空侧，氢侧，空侧

C. 空侧，氢侧，氢侧，空侧　　D. 空侧，氢侧，空侧，氢侧

319. 双流环式密封瓦一般用(A)铸造，其内部表面浇有(A)。

A. 青铜，巴氏合金　　B. 黄铜，巴氏合金

C. 不锈钢，巴氏合金　　D. 不锈钢，青铜

320. 当氢冷发电机密封油温过高时，将(B)发电机氢气纯度。

A. 不影响　　B. 降低　　C. 改变　　D. 提高

321. 为保证氢冷发电机密封油的油温和油质，密封系统还设有(D)。

A. 冷油器　　B. 滤网　　C. 滤油机　　D. 冷油器和滤网

322. 发电机两侧的氢侧进油管上装有(A)个平衡阀，用以调整发电机两端的(A)侧密封

油压力，使之与(A)侧密封油压力保持平衡相等，以调整氢侧密封油，阀体为双座式。

A. 二，氢，空　B. 一，氢，空　C. 二，空，氢　D. 一，空，氢

323. 密封油系统主要由(A)设备组成。

A. 密封油泵、冷油器、密封油箱、平衡阀和差压阀等

B. 抗燃油泵、冷油器、密封油箱、平衡阀和差压阀等

C. 润滑油泵、冷油器、密封油箱、平衡阀和差压阀等

D. 密封油泵、冷油器、主油箱、平衡阀和差压阀等

324. 氢油分离器的作用是将氢气和油中的(C)分离出来，用氢油分离器风机抽走，排入大气。

A. 二氧化碳　B. 水分　C. 烟气　D. 空气

325. 密封油温升高后应向密封油冷油器通冷却水，并保持冷油器出口油温在33~37℃之间。因为随着密封油温度的升高，油吸收气体的能力逐渐(A)，50℃以上的回油约可吸收(A)容积的氢气和(A)容积的空气。

A. 增加，8%，10%　B. 降低，8%，10%

C. 增加，10%，8%　D. 降低，10%，8%

326. 水内冷发电机断水(C)s，断水保护动作，发动机解列。

A. 10　B. 20　C. 30　D. 40

327. 正常运行中发电机内氢气压力(B)定子冷却水压力。

A. 小于　B. 大于　C. 等于　D. 无规定

328. 在启动发电机定子水冷泵前，应对定子水箱(D)方可启动水泵向系统通水。

A. 补水至正常水位　B. 补水至稍高于正常水位

C. 补水至稍低于正常水位　D. 进行冲洗，直至水质合格

329. 发电机内冷水系统一般由(C)组成。

A. 氢气去湿装置、内冷水箱、内冷水泵、滤网

B. 内冷水冷却器、内冷水箱、工业水泵、滤网

C. 内冷水冷却器、内冷水箱、内冷水泵、滤网

D. 内冷水冷却器、内冷水箱、密封油泵、滤网

330. 内冷水系统对水质的(A)，冷却水不仅不能含有机械杂质，而且对其(A)及硬度等都有严格的要求。

A. 要求很高，电导率　B. 无要求，电导率

C. 要求很高，阀门开度　D. 无要求，阀门开度

331. 发电机断水保护应在(C)投入。

A. 投盘车后　B. 冲转前　C. 发电机并网前　D. 投盘车前

332. 当内冷水质不合格时，可开启内冷水箱的底部放水门进行排污，当水位(B)后，关闭(B)，然后开启(B)向水箱补水，直至(B)。

A. 放空后，放水门，补水门，水质合格

B. 降低到一定水位，放水门，补水门，水质合格

C. 放空后，放水门，补水门，水质不合格

D. 降低到一定水位，放水门，补水门，水质不合格

333. 发电机内水压低于氢压，即使线圈水路发生破损，也只能是(A)，而水不会漏入(A)内。

A. 氢气漏入水中，发电机　B. 内冷水漏入发电机，氢气
C. 内冷水漏入发电机，发电机　D. 氢气漏入水中，氢气

334. 电机并网后根据回水温度的变化，可投入冷却器的冷却水，以维持发电机进水温度不超过(A)℃，回水温度不超过(A)℃。

A. 45，75　B. 50，100　C. 45，100　D. 50，100

335. 当电路中电源开关被拉开或保险丝熔断、导线断开、负载断开时，称电路处于(A)状态。

A. 开路　B. 短路　C. 通路　D. 多路

336. 电路中每一分支称为(A)。

A. 支路　B. 开路　C. 短路　D. 通路

337. 导体电阻大小与(D)无关。

A. 长度　B. 材料　C. 横截面积　D. 两端电压

338. 在220V电源上串联四个灯泡，最亮的是(D)W的灯泡。

A. 100　B. 200　C. 60　D. 40

339. 并联电路中总电阻的倒数等于各分电阻的电阻(A)。

A. 倒数之和　B. 和　C. 差　D. 积

340. 串联电路中总电流与通过各元件电流的关系是(D)。

A. 积　B. 和　C. 差　D. 相等

341. 表示正弦电路中电容元件容抗的计算式，正确的是(C)。

A. $i=U/(XC)$　B. $i=U/(\omega C)$　C. $i=U\omega C$　D. $i=U\cdot C/\omega$

342. 在波形图上，正弦交流电是(A)。

A. 正弦函数曲线　B. 余弦函数曲线
C. 直线　D. 抛物线

343. 交流电完成一次循环所需要的时间称为周期，标准单位是(D)。

A. h　B. min　C. ms　D. s

344. 在直流电路中，电压和电流的大小和方向与时间的关系是(A)。

A. 不随时间而变化　B. 大小变方向不变
C. 方向变大小不变　D. 均随时间变化

345. 电源电动势在数值上与(C)相等。

A. 电源端电压　B. 电源内电压
C. 电源的开路电压　D. 电源正负级间电压。

346. 电能与电功率的关系是电能等于电功率和(C)的乘积。

A. 通过电流　B. 电压　C. 通过时间　D. 电阻

347. 导体中电流的正方向与自由电子的流动方向(B)。

A. 相同　B. 相反　C. 垂直　D. 平行

348. 通常流过电阻的电流与电阻两端的电压成(A)关系。

A. 正比　B. 反比　C. 指数　D. 倒数

349. 某电阻的阻值为2Ω，两端的电压为6V，则通过该电阻的电流为(C)A。

A. 8　　B. 4　　C. 3　　D. 12

350. 某电阻的阻值为3Ω，该电阻的电流为2A，则该电阻产生的热量为(D)W。

A. 1　　B. 5　　C. 6　　D. 12

351. 电动机两相运行时，电流表指示(D)。

A. 变大　　B. 变小　　C. 为零　　D. 变大或为零

352. 水泵运行中，开关红灯不亮(灯泡不坏)，该泵(C)。

A. 能停下来　　B. 停不下来　　C. 可能停不下来　　D. 无法控制

353. 设备正常运行时，当发生电源电压降低，电动机的电流将(A)。

A. 增加　　B. 减少　　C. 不变　　D. 不确定

354.《电力工业技术管理法规(试行)》指出，介质温度高于(A)℃的管道、设备及其法兰、截门等附件均应保温。

A. 50　　B. 150　　C. 200　　D. 250

355. 不属于安全管理上“三违”的是(D)。

A. 违章指挥　　B. 违章操作　　C. 违反劳动纪律　　D. 违反上级指令

356. 安全管理和监督应坚持(C)原则。

A. 三同时　　B. 五同时　　C. 四全　　D. 三基

357. 凡在距离基准面(A)m以上的施工作业，即为高处作业。

A. 2　　B. 1.5　　C. 5　　D. 3

358. 电力生产要坚决贯彻(B)的方针。

A. 预防为主　　B. 安全第一　　C. 人人有责　　D. 积极运行

359. 对于可能带电的电气设备着火时，应使用(B)灭火器。

A. 泡沫　　B. 二氧化碳　　C. 水雾式　　D. 1211

360. 泡沫灭火器扑救(A)火灾效果最好。

A. 油类　　B. 化学药品　　C. 可燃气体　　D. 电气设备

361. (D)灭火器常用于大型浮顶油罐和大型变压器的灭火。

A. 泡沫　　B. 二氧化碳　　C. 干灰　　D. 1211

362. 电源接线方式中要求有地线连接的是(C)。

A. 220V交流电　　B. 220V直流电　　C. 380V交流电　　D. 110V直流电

363. 防止触电措施中，首先应认清对人体伤害最大的电流是(C)电流。

A. 高频　　B. 直流　　C. 低频　　D. 冲击

364. 电流通过人体的途径不同，通过人体心脏电流大小也不同，(B)的电流途径对人体伤害较为严重。

A. 从左手到右手　　B. 从左手到右脚　　C. 右手到右脚　　D. 从左脚到右脚

365. 人体触电后1~2min内急救，有(D)的救活可能。

A. 30%左右　　B. 35%左右　　C. 40%左右　　D. 45%左右

366. 如果触电者触及断落在地上的带电高压导线，在尚未确认线路无电且救护人员未采取安全措施(如穿绝缘靴等)前，不能接近断线点(C)m范围内，以防跨步电压伤人。

A. 4~6　　B. 6~8　　C. 8~10　　D. 10~12

367. 直流电(D)mA 为人体安全电流。

A. 10　　B. 20　　C. 30　　D. 50

368. 国家对电力供应和使用，实行(A)。

A. 安全用电、节约用电、计划用电的管理原则

B. 坚持安全第一、预防为主的方针

C. 安全、优质、经济的原则

D. 统一调度、分级管理和平等互利、协商一致的原则

369. 因电力运行事故给用户或者第三人造成损害的，电力企业应当依法承担赔偿责任。下列不在赔偿范围内的是(A)。

A. 用户自身的过错　　B. 设备老化

C. 指挥错误　　D. 规程错误

多选题

1. 气体在平衡状态下可以认为各部分具有相同的(A，B，C)。

A. 压力　　B. 温度　　C. 比体积　　D. 质量

2. 影响凝结放热的因素有(A，B，C，D)。

A. 蒸汽中含有不凝结气体　　B. 蒸汽的流动速度和方向

C. 冷却表面的情况　　D. 管子的排列方式

3. 导热系数与下列材料的(A，B，C，D)因素有关。

A. 材料的种类　　B. 物质的结构　　C. 湿度　　D. 材料所处的温度

4. 导热时间的数值与金属部件的(A，B，C，D)等因素有关。

A. 结构　　B. 厚度　　C. 材料　　D. 温度

5. 关于理想气体分子模型的两点假设是(A，B)。

A. 气体分子都是有弹性的，是不占体积的质点

B. 气体分子相互之间没有作用力

C. 气体分子是没有弹性的，是占有体积的质点

D. 气体分子相互之间存在作用力

6. 传热学中，热交换的基本方式有(A，B，D)。

A. 热传导　　B. 热对流　　C. 热蒸发　　D. 热辐射

7. 影响对流换热的因素有(A，B，C，D)。

A. 流体流动的动力　　B. 流体有无相变

C. 流体的流态　　D. 流体的物理性质

8. 在管道内流动的液体有(A，C)两种流动状态。

A. 层流　　B. 平流　　C. 紊流　　D. 对流

9. 一般泵的主要性能参数有：(A，B，C)。

A. 扬程　　B. 流量　　C. 功率　　D. 容积

10. 离心泵的损失可以概括为(A，B，C)三种。

A. 机械损失　　B. 容积损失　　C. 水力损失　　D. 摩擦损失

11. 水泵所采用的密封装置形式一般有(A，B，C)。

A. 填料密封　　B. 机械密封　　C. 浮动环密封　　D. 自密封

12. 机械密封的优点是(A，B，C)。

A. 密封性能好，几乎可以完全不泄漏

B. 使用寿命长，功率消耗少

C. 轴和轴套都不易受到磨损

D. 便于检修

13. 机械密封的缺点是(A，B，C，D)。

A. 制造复杂　　B. 价格贵

C. 安装及加工精度要求高　　D. 需要使用一些特殊材料

14. 水泵串联工作的特点是(A，B，C，D)。

A. 总流量与串联工作的每台泵的流量相等，总扬程为串联工作的每台泵产生的扬程总

B. 与泵单独在这个系统中工作时比较，串联后总扬程和流量都增加了

C. 每台泵在串联工作时的扬程比它单独工作时降低了

D. 串联泵台数越多，每台泵扬程下降得也越多

15. 汽轮机的进汽调节方式有(A，B，C)。

A. 节流调节法　　B. 质量调节法　　C. 喷嘴调节法　　D. 压力调节法

16. 汽轮机的启动过程包括(A，B，C，D)。

A. 启动前准备　　B. 冲转　　C. 并网　　D. 带负荷

17. 汽轮机按热力过程可分为(A，B，C，D)。

A. 凝汽式　　B. 背压式　　C. 调整抽汽式　　D. 中间再热式

18. 汽轮机按蒸汽流动方向可分为(A，B，C)。

A. 轴流式　　B. 辐流式　　C. 周流式　　D. 垂直式

19. 汽轮发电机组最优化启停是由(A)和(C)来决定的。

A. 升温速度　　B. 升压速度　　C. 升温幅度　　D. 升压幅度

20. 汽轮机本体由静止和转动两大部分组成。静止部分包括(A，B，C)。

A. 汽缸　　B. 隔板　　C. 喷嘴　　D. 叶轮

21. 下列属于汽轮机的转动部分是(A，B，C，D)。

A. 轴　　B. 叶轮　　C. 动叶栅　　D. 联轴器

22. 火力发电厂的热力循环有(A，B，C，D)。

A. 朗肯循环　　B. 中间再热循环　　C. 回热循环　　D. 热电循环

23. 下面需要破坏真空紧急停机的情况是(A，B，C，D)。

A. 机组发生强烈振动或机内有明显的摩擦

B. 汽轮机发生水冲击

C. 轴封处冒火花

D. 发电机或励磁机冒烟着火

24. 汽轮发电机组突然甩负荷，汽轮机维持转速，危急保安器未动作的象征有(A，B，C，D)。

A. 电负荷指示到零

B. 光字牌“油开关跳闸”信号出现

C. 机组声音突变

D. 高调门瞬间关闭 1.5~2s 后部分开启，维持机组空转

25. 汽轮机轴向位移增大的原因有(A，B，C，D)。

A. 静叶片结垢严重
B. 推力轴承损坏
C. 汽轮机蒸汽带水
D. 电网周波下降

26. 阀门常见的故障有(A，B，C，D)。

A. 介质外漏
B. 阀门关不严
C. 阀门开关不动
D. 阀芯脱落

27. 支吊架的形式有：(A，B，D)。

A. 固定支架
B. 活动支架
C. 移动支架
D. 管道吊架

28. 单元制主蒸汽系统的缺点是(A，B)。

A. 相邻单元之间不能切换运行，单元中任何一个主要设备发生故障，整个单元都要被迫停止运行，运行灵活性差

B. 该系统广泛应用于高参数大容量的凝汽式电厂及蒸汽中间再热的超高参数电厂

C. 投资少、管道的压力损失小、检修工作量小

D. 系统本身发生事故的可能性小

29. 汽轮机按工作原理可分为(A，B，C)三种。

A. 冲动式
B. 反动式
C. 冲动反动联合式
D. 轴流式

30. 缩短汽轮机启动时间的方法有(A、B)。

A. 主、再热蒸汽温度与金属温度相匹配，主汽温度必须有 50℃过热度，这就可以在零部件安全的基础上缩短启动时间

B. 合理安排升温、升负荷速度及暖机时间

C. 提高升速率

D. 减少暖机时间

31. 中间再热式汽轮机调节系统的特点有(A，B，C)。

A. 采用过调节
B. 设置中压主汽门和中压调节汽门
C. 设置旁路系统
D. 采用高压抗燃油系统

32. 汽轮机叶片损坏的原因有(A，B，C，D)。

A. 外来杂物造成叶片损坏

B. 汽缸内固定零部件脱落造成零部件损坏

C. 轴瓦损坏、胀差超限、大轴弯曲以及强烈振动造成动静摩擦，使叶片损坏

D. 水冲击造成叶片损坏

33. 汽轮机叶片损伤的原因有(A，B，C，D)。

A. 机械损伤
B. 水击损伤
C. 腐蚀和锈蚀损伤
D. 水蚀损伤

34. 汽轮机组保护装置有(A，B，C，D)。

A. 超速保护
B. 轴向位移保护
C. 真空低保护
D. 发电机断水保护

35. 汽轮机轴封的作用是防止(C，D)。

A. 缸内蒸汽向外泄漏
B. 空气漏入凝结器内
C. 高压蒸汽漏出
D. 真空区漏入空气

36. 自动调节的质量评价标准有(A，B，C)。
A. 稳定性 B. 准确性 C. 快速性 D. 灵活性
37. 汽轮机中根据汽封的位置可分为(A，B，C)。
A. 轴端汽封 B. 隔板汽封 C. 围带汽封 D. 丁型汽封
38. 组合转子兼有(A)和(B)的优点，所以广泛用于高参数中等容量的汽轮机上。
A. 整锻转子 B. 套装转子 C. 焊接转子 D. 组合转子
39. 汽轮机汽缸的膨胀数值取决于汽缸的(A，B，C)。
A. 长度 B. 材料 C. 热力过程 D. 汽缸的形状
40. 汽轮机汽封的结构类型有(A，B，C)。
A. 曲径式 B. 炭精式 C. 水封式 D. 高低式
41. 汽轮机上采用的联轴器大体结构型式有(A，B，D)。
A. 刚性联轴器 B. 挠性联轴器
C. 液力联轴器 D. 半挠性联轴器
42. 中间再热机组旁路系统的作用是(A，B，C)。
A. 加快启动速度，改善启动条件 B. 甩负荷时保护再热器
C. 回收工质，减少噪音 D. 加负荷时稳定转速
43. 中压缸启动方式的优点是(A，B，C，D)。
A. 缩短起动时间 B. 汽缸加热均匀
C. 提前越过脆性转变温度 D. 特殊工况具有良好的适应性
44. 中间再热容积对汽轮机的影响是(A，B)。
A. 机组的功率滞延 B. 增加了甩负荷时的动态超速
C. 加负荷时转速波动 D. 减负荷时周波变化
45. 水冲击的象征是(A，B，C)。
A. 主汽温度突降 B. 轴向推力增大
C. 胀差向负值发展 D. 胀差向正值发展
46. 下列设备不属于表面式加热器的有(B，D)。
A. 凝汽器 B. 除氧器 C. 空气预热器 D. 汽包
47. 下列设备属于表面式加热器的有(A，B，C)。
A. 凝汽器 B. 高压加热器 C. 低压加热器 D. 除氧器
48. 多级回热系统中加热器最有利的分配方法有(A，B，C)。
A. 等温升分配法 B. 几何级数分配法
C. 等焓降分配法 D. 等熵分配法
49. 高压加热器装注水门的意义有(A，B，C)。
A. 便于检查水侧是否泄漏 B. 便于打开进水联成阀
C. 为了预热钢管减少热冲击 D. 便于检查钢管是否泄漏
50. 端差增大的原因有(A，B，C，D)等。
A. 凝汽器铜管水侧或汽侧结垢 B. 凝汽器汽侧漏入空气
C. 冷却水管堵塞 D. 冷却水量减少

51. 加热器正常运行时需要监视的项目有(A，B，C，D)。

A. 进、出加热器的水温　　B. 加热蒸汽的压力、温度

C. 加热器汽侧疏水水位高度　　D. 加热器的端差

52. 下列设备具有除氧效果的有(A，B)。

A. 凝汽器　　B. 除氧器　　C. 低压加热器　　D. 省煤器

53. 按照进入凝汽器汽流的方向，凝汽器可分为(A、B、C、D)。

A. 汽流向下式　　B. 汽流向上式　　C. 汽流向心式　　D. 汽流向侧式

54. 循环水温升温大的原因有(A，B，C)。

A. 蒸汽流量增加　　B. 冷却水量减少

C. 铜管清洗后较干净　　D. 真空系统漏空气严重

55. 循环水温升小的原因有(A，B，C，D)。

A. 蒸汽流量减少　　B. 冷却水量增加

凝汽器铜管结垢脏污　　D. 真空系统漏空气严重

56. 影响冷油器换热效率的因素有(A，B，C，D)。

A. 流体的流速　　B. 冷却面积

C. 流体的流动方向　　D. 铜管的脏污程度

57. 凝汽器端差增大的原因有(A，B，C，D)。

A. 凝汽器铜管水侧或汽侧结垢　　B. 凝汽器汽侧漏入空气

C. 冷却水管堵　　D. 冷却水量减少

58. 汽轮机真空下降的危害有(A，B，C，D)。

A. 可用焓降减小，不经济，同时使机组出力降低

B. 排汽缸及轴承座热膨胀，可能引起中心变化，产生振动

C. 排汽温度过高可能引起凝汽器铜管松弛，破坏严密性

D. 可能使纯冲动式汽轮机轴向推力增加

59. 汽轮机的辅助设备主要有(A，B，C)。

A. 凝汽器　　B. 高压加热器　　C. 除氧器　　D. 引风机

60. 盘车过程中应注意的问题有(A，B，C，D)。

A. 监视盘车电动机电流是否正常，电流表指示是否晃动

B. 定期检查转子弯曲指示值是否有变化

C. 定期倾听汽缸内部及高低压汽封处有无摩擦声

D. 定期检查润滑油泵的工作情况

61. 凝汽器真空下降的现象有(A，B，C)。

A. 排气温度升高

B. 凝汽器端差增大

C. 在调节汽门开度不变的情况下，机组的负荷降低

D. 机组振动增大

62. 凝汽器真空急剧下降的原因有(A，C)。

A. 后轴封供汽中断　　B. 循环水量不足

C. 凝汽器满水　　D. 真空系统不严密

63. 凝汽器真空缓慢下降的原因有(B，C，D)。
A. 后轴封供汽中断　　B. 循环水量不足
C. 凝汽器水位升高　　D. 真空系统不严密

64. 冷却塔是由(A，B，C，D)、空气分配装置、除水器、塔体、集水池等设备组成。
A. 淋水填料　　B. 配水系统　　C. 通风设备　　D. 通风筒

65. 造成 EH 系统油压低的原因有(A，B，C，D)。
A. 油管路断裂造成大量油外泄　　B. 安全溢流阀失灵
C. 油泵的调压装置失灵　　D. 油泵的泄漏量过大或油泵损坏

66. EH 系统油温过高的原因有(A，B，C，D)。
A. 安全溢流阀失灵　　B. 伺服阀泄漏
C. 冷却水电磁阀故障　　D. 冷却水系统手动截止阀未开启

67. 汽轮机调节系统根据其动作过程，一般由(A，B，C，D)组成。
A. 转速感应机构　　B. 传动放大机构
C. 执行机构　　D. 反馈装置

68. 汽轮机主轴承的结构型式有(A，B，C，D)。
A. 圆筒瓦支持轴承　　B. 椭圆瓦支持轴承
C. 三油楔支持轴承　　D. 可倾瓦支持轴承

69. 保护系统和调节系统一样，由(A、B、C)组成。
A. 感应机构　　B. 传动放大机构　　C. 执行机构　　D. 液压机构

70. 推力瓦烧瓦的原因有(A，B，C，D)。
A. 汽轮机发生水冲击或蒸汽温度下降时处理不当
B. 蒸汽品质不良，叶片结垢
C. 机组突然甩负荷或中压缸汽门瞬间误关
D. 油系统进入杂质，推力瓦油量不足，使推力瓦油膜破坏

71. 造成汽轮机轴瓦损坏的主要原因有(A，B，C，D)。
A. 运行中轴承断油　　B. 机组发生强烈振动
C. 轴瓦制造缺陷　　D. 润滑油质恶化

72. 下列关于高压抗燃油的性质描述正确的是(A，B，C)。
A. 燃点高　　B. 微毒性
C. 腐蚀性　　D. 黏度随温度变化不大

73. 汽轮机支持轴承按轴瓦分有(A，B，C，D)支持轴承。
A. 圆筒型　　B. 椭圆型　　C. 多油楔　　D. 可倾瓦

74. 汽轮机轴承断油的原因有(A，B，C，D)。
A. 启动或停机过程中润滑油泵工作失常
B. 油箱油位过低，空气漏入射油器，使主油泵断油
C. 供油管道破裂
D. 轴瓦在运行中位移

75. 调节系统转速感应机构按其工作原理可分为：(A，B，C)。
A. 液压式　　B. 机构式　　C. 电子式　　D. 连杆式

76. 调速系统是由(A，B，C，D)组成。
A. 感受机构　　B. 放大机构　　C. 执行机构　　D. 反馈机构
77. 调节汽门传动装置常见的形式有：(A，B，D)。
A. 凸轮传动装置　　B. 直接传动装置
C. 间接传动装置　　D. 提板式
78. 常用的反馈机构有：(A，B，C)。
A. 杠杆反馈　　B. 油口反馈　　C. 弹簧反馈　　D. 凸轮反馈
79. 运行中发现油箱油位下降应检查(A，B，C，D)。
A. 冷油器是否泄漏　　B. 发电机是否进油
C. 油系统各管道是否漏油　　D. 油净化器油位是否上升
80. “两票三制”中的三项制度是指(A，C，D)。
A. 交接班制度　　B. 工作票制度
C. 巡回检查制度　　D. 设备定期切换制度
81. 应负工作的安全责任的是(A，B，C)。
A. 工作票签发人　　B. 工作票许可人
C. 工作负责人　　D. 值班调度长

四、技能操作鉴定要素细目表

鉴定范围						鉴定点	
一级		二级		三级		代码	名称
代码	名称	代码	名称	代码	名称		
A	技能要求	A	工艺操作	A	开机准备	001	开机工具、表格的准备
						002	凝结水泵的启动
						003	冷却水泵的启动
						004	调速油泵的启动
						005	交流润滑油泵的启动
						006	直流油泵的启动
						007	射水泵的启动
						008	排烟风机的启动
						009	抽气器的启动
						010	盘车投运
						011	凝结水泵低水压联动试验
						012	高加保护试验(静态)
						013	凝汽器低压排汽缸喷水试验
						014	凝结水泵互为联动试验
						015	抽真空操作

续表

鉴定范围						鉴定点	
一级		二级		三级		代码	名称
代码	名称	代码	名称	代码	名称		
				B	开机操作	001	发电机转子冷却水压力调整
						002	汽轮机挂闸
						003	汽轮机冲转升速的操作
						004	汽轮机轴承三个方向振动的测量
						005	门杆漏气的投运
						006	根据暖机温度进行疏水的调整
				C	正常操作	001	加减负荷操作
						002	低压加热器的投运
						003	轴加的投运
						004	发电机风温的调整
						005	发电机冷却水温度的调整
						006	运行中低加出水温度的调整
				D	停机操作	001	减负荷的操作
						002	油泵盘车试运
						003	凝汽器循环水的停运
		B	设备维护	A	定期工作	001	自动主汽门活动试验操作
						002	胶球泵的投运
						003	油箱放水操作
						004	低加隔绝操作
				B	维护设备	001	加热器各处温度、温升、及端差的异常分析
						002	油质恶化的判断
						003	巡检设备
						004	电动机故障的检查判断
		C	事故判断与处理	A	事故判断	001	紧急停机的操作
						002	水泵紧急停运操作
						003	部分厂用电中断处理
						004	主蒸汽温度升高处理
						005	主蒸汽温度下降处理
						006	压力、汽温升高处理
				B	事故处理	001	低压加热器满水的判断处理
						002	轴加满水的判断处理
						003	冷水泵故障的处理
						004	冷水器泄漏的判断处理
						005	冷油器泄漏的判断处理
						006	射水泵故障的判断处理
						007	发电机铁芯线圈温度高事故处理
						008	轴封供汽带水的事故处理

五、技能操作试题

试题 1：开机工具、表格的准备(现场模拟)

(考核时间：30min)

序号	考核项目	评分要素	配分	评分标准	检测结果	扣分	得分	备注
1	检测表计	千分表 1 块	10	少千分表扣 10 分				
		测振仪 1 块	10	少测振仪扣 10 分				
		测温笔 1 只	10	少测温笔扣 10 分				
		红外测温仪 1 块	10	少红外测温仪扣 10 分				
		秒表 1 只	5	少秒表扣 5 分				
2	通迅工具	对讲机 1 付	5	少对讲机扣 5 分				
3	操作工具	大、中、小阀门钩 2 套	12	阀门钩少 1 个扣 2 分				
		听音棒 2 根	4	听音棒少 1 根扣 2 分				
		手电筒 1 只	5	少手电筒扣 5 分				
4	记录工具	钢笔 1 只	4	少钢笔扣 4 分				
5	数据记录表	开机操作卡片 1 套	10	少开机操作卡片扣 10 分				
		汽轮机各点金属温度监测记录表 1 份	10	少各点金属温度记录表扣 10 分				
		汽轮机运行记录表纸 1 份	5	少汽轮机运行记录表纸扣 5 分				
		合　计	100					

试题 2：凝结水泵的启动(现场模拟)

(考核时间：30min)

序号	考核项目	评分要素	配分	评分标准	检测结果	扣分	得分	备注
1	准备工作	穿戴劳保用品	3	未穿戴整齐扣 3 分				
		工具、用具准备	2	工具选择不正确扣 2 分				
2	启动前检查	检查凝汽器水位正常、凝汽器汽侧放水门关闭	10	未检查凝汽器水位扣 5 分				
				未检查凝汽器放水门扣 5 分				
		检查电机上轴承油位正常	5	未检查电机轴承油位扣 5 分				
		检查凝结水泵出口门关闭	5	未检查泵出口门是否关闭扣 5 分				
		检查凝结水泵入口门开启	5	未检查泵进口门是否开启扣 5 分				
		检查凝结水泵出、入口压力表投入正常	5	未检查泵出、入口压力表扣 5 分				
		检查凝结水泵密封水门及冷却水门开启、凝结水泵机械密封不冒水	10	未开泵密封水扣 5 分				
				未开泵冷却水扣 5 分				
		检查凝结水泵空气门开启	10	未开泵空气门扣 10 分				
		检查凝结水泵电机及接地线良好	5	未检查电机及接地线扣 5 分				

续表

序号	考核项目	评分要素	配分	评分标准	检测结果	扣分	得分	备注
3	启动	断开联锁开关合操作开关，起动水泵，检查电流正常	10	未断开联锁开关扣5分				
				未检查电流指示扣5分				
4	启动后检查	缓慢开启出水门直至开足。检查凝结水泵出口压力指示正常	5	未开足出口门及检查出口压力指示扣5分				
		检查水泵、电机、轴承、格兰各部温度、声音、振动均应正常，泵及电机运行平稳	12	未检查泵、电机、轴承、格兰各部温度扣8分				
				未检查泵及电机声音、振动扣4分				
		检查密封水、冷却水水量正常	5	未检查密封水及冷却水情况扣5分				
5	投或切联锁	根据情况确定是否投入联锁	5	未根据情况投或切联锁扣5分				
6	汇报	汇报主操，启动完毕	3	未汇报扣3分				
7	安全及其他	按国家法规或企业规定		违反一次总分扣5分；严重违规停止操作			—	
		在规定时间内完成操作		每超时1min总分扣5分，超时3min停止操作			—	
	合　计		100					

试题3：启动发电机冷水泵(现场模拟)

（考核时间：30min）

序号	考核项目	评分要素	配分	评分标准	检测结果	扣分	得分	备注
1	准备工作	穿戴劳保用品	3	未穿戴整齐扣3分				
		工具、用具准备	2	工具选择不正确扣2分				
2	启动前检查	检查水冷系统设备、管道及应良好完善，各阀门位置正确系统畅通	20	未检查系统扣10分				
				未检查阀门位置扣10分				
		检查泵轴承油位应正常，转子盘动灵活	10	未检查油位扣5分 未盘动转子检查扣5分				
		检查泵就地压力表齐全、完好	10	未检查就动压力表计扣10分				
		检查冷水箱水位正常。自动补水门工作正常	10	未检查冷水箱水位扣5分				
				未检查自动补水门工作情况扣5分				
		检查电机及接地线良好	10	未检查电机及接地线扣10分				

续表

序号	考核项目	评分要素	配分	评分标准	检测结果	扣分	得分	备注
3	启动	断开联锁开关，合操作开关启动冷水泵	10	未断开联锁开关扣5分				
4	启动后检查	检查泵运行指示灯亮、电流正常，系统压力、流量正常	12	未检查电流扣6分				
				未检查压力及流量扣6分				
		检查泵、电机、轴承温度正常，振动、声音良好，运行平稳	10	未检查泵、电机、轴承温度扣5分				
				未检查泵及电机声音、振动扣5分				
5	汇报	汇报主操，启动完毕	3	未汇报扣3分				
6	安全及其他	按国家法规或企业规定		违反一次总分扣5分；严重违规停止操作			—	
		在规定时间内完成操作		每超时1min总分扣5分，超时3min停止操作			—	
		合　计	100					

试题4：调速油泵的启动(现场模拟)

（考核时间：30min）

序号	考核项目	评分要素	配分	评分标准	检测结果	扣分	得分	备注
1	准备工作	穿戴劳保用品	3	未穿戴整齐扣3分				
		工具、用具准备	2	工具选择不正确扣2分				
2	启动前检查	检查油系统设备、管道及阀门应良好完善，各阀门位置正确，系统畅通	20	未检查系统设备、管道及阀门扣10分				
				未检查阀门位置扣10分				
		检查泵就地压力表齐全、完好，并正确投入	10	未检查就地压力表扣10分				
		检查泵轴承油位正常，转子盘动灵活	10	未检查油位扣5分				
				未盘动转子检查扣5分				
		检查泵盘根冷却水畅通，水流正常	10	未检查冷却水情况扣5分				
				未调整冷却水大小扣5分				
		检查泵电机及接地线良好	10	未检查泵电机扣5分				
				未检查泵电机接地线扣5分				
3	启动和启动后检查	断开联锁开关，合操作开关启调速油泵	10	未断开联锁开关扣5分				
		检查泵运行指示灯亮，电流、油压应正常	12	未检查指示灯和电流扣6分				
				未检查油压扣6分				
		检查泵、格兰、电机、轴承温度正常，声音、振动良好，运行平稳	10	未检查泵格兰及电机温度扣5分				
				未检查泵及电机振动、声音扣5分				

续表

序号	考核项目	评分要素	配分	评分标准	检测结果	扣分	得分	备注
4	汇报	汇报主操：启动完毕	3	未汇报扣3分				
5	安全及其他	按国家法规或企业规定		违反一次总分中扣5分；严重违规停止操作				—
		在规定时间内完成操作		每超时1min总分扣5分，超时3min停止操作				—
		合　计	100					

试题5：直流润滑油泵的启动（现场模拟）

（考核时间：30min）

序号	考核项目	评分要素	配分	评分标准	检测结果	扣分	得分	备注
1	准备工作	穿戴劳保用品	3	未穿戴整齐扣3分				
		工具、用具准备	2	工具选择不正确扣2分				
2	启动前检查	检查油系统设备、管道、法兰及阀门正常，阀门位置正确，系统畅通	20	未检查系统设备、管道及阀门扣10分				
				未检查阀门位置扣10分				
		检查压力表计齐全完好，并已正确投入	10	未检查就地压力表扣10分				
		检查泵轴承油位正常，转子盘动灵活	10	未检查油位扣5分				
				未盘动转子检查扣5分				
		检查泵盘根冷却水畅通，水流正常	10	未检查冷却水情况扣5分				
				未调整冷却水大小扣5分				
		检查泵电机及接地线良好	10	未检查泵电机扣5分				
				未检查泵电机接地线扣5分				
3	启动	报值长及通知电气后，断开联锁开关，合操作开关启动调速油泵	10	未报值长及通知电气扣5分				
				未断开联锁开关扣5分				
4	启动后检查	检查泵运行指示灯亮，电流、油压应正常	12	未检查指示灯和电流扣6分				
				未检查油压扣6分				
		检查泵、格兰、电机、轴承温度正常，声音、振动良好，运行平稳	10	未检查泵格兰及电机温度扣5分				
				未检查泵及电机振动、声音扣5分				
5	汇报	汇报主操，启动完毕	3	未汇报扣3分				
6	安全及其他	按国家法规或企业规定		违反一次总分中扣5分；严重违规停止操作				—
		在规定时间内完成操作		每超时1min总分扣5分，超时3min停止操作				—
		合　计	100					

试题6：射水泵的启动(现场模拟)

(考核时间：30min)

序号	考核项目	评分要素	配分	评分标准	检测结果	扣分	得分	备注
1	准备工作	穿戴劳保用品	3	未穿戴整齐扣3分				
		工具、用具准备	2	工具选择不正确扣2分				
2	启动前检查	射水池补满清洁的水，各种表计正常投入	10	未检查射水池水位及补水扣5				
				各种表计未正常投入扣5。				
		盘动水泵靠背轮无卡涩现象，出水门和泵体空气门关闭	10	未盘动转子检查扣5分				
				出水门及泵体空气门未关闭扣5分				
		启动开关和联锁开关在断开位置	10	未确认启动开关位置扣5分				
				未确认联锁开关位置扣5分				
		检查电机及接地线良好	10	未检查电机及接地线扣10分				
		射水抽汽器空气门关闭	10	未关闭射水抽汽器空气门扣10分				
3	启动	提高射水池水位，向泵内灌水，开启泵体空气门，排完空气，关闭泵体空气门。断开联锁开关，合操作开关，启动射水泵，检查电流及出水压力	10	未向泵内灌水排空气扣3分				
				未断开联锁开关扣2分				
				未检查电流扣3分				
				未检查出水压力扣2分				
4	启动后检查及调整	如打水正常则缓慢开启出水门，检查出水压力和水泵电流应正常(不超过额定值)，调整射水池水位轻微溢流	12	未注意出水压力缓慢开出水门扣4分				
				未检查电流扣4分				
				未调整射水池水位扣4分				
5	抽气器投运	开启相对应的射水抽气器的空气门和抽气器排水管小空气门，维持轴封加热器压力表微负压即可	10	未开抽气器空气门扣5分				
				未开至轴封加器空气门及调整负压扣5分				
6	联锁	根据运行方式确定是否投入联锁	10	未及时根据情况投或切联锁扣10				
7	汇报	汇报主操，启动完毕	3	未汇报扣3分				
8	安全及其他	按国家法规或企业规定		违反一次总分中扣5分；严重违规停止操作			—	
		在规定时间内完成操作		每超时1min总分扣5分，超时3min停止操作			—	
		合　　计	100					

试题7：排烟风机的启动(现场模拟)

(考核时间：30min)

序号	考核项目	评分要素	配分	评分标准	检测结果	扣分	得分	备注
1	准备工作	穿戴劳保用品	3	未穿戴整齐扣3分				
		工具、用具准备	2	工具选择不正确扣2分				
2	启动前检查	检查系统设备、管道正常	15	未检查系统管道及设备扣15分				
		盘动电机风扇灵活无卡涩	15	未盘动风扇检查有无卡涩扣15分				
		检查电机及接地线良好	10	未检查电机及接地线扣10分				
		检查并排净出风管道内油、水	15	未检查并排净出风管道内油或水扣15分				
3	启动	合操作开关启动排烟风机，检查指示灯，应绿灯灭，红灯亮	10	启动后未检查指示灯显示是否正确扣10分				
4	启动后检查	检查出风口风压正常(如有调节风门，可调节风门至正常风压)	12	未检查出风口风压是否正常扣6分				
				有调节风门未进行调节扣6分				
		检查电机及风机声音、振动正常，运行平稳，电机温度正常	15	未检查排烟风机声音、振动扣8分				
				未检查电机温度扣7分				
5	汇报	汇报主操，启动完毕	3	未汇报扣3分				
6	安全及其他	按国家法规或企业规定		违反一次总分中扣5分；严重违规停止操作			—	
		在规定时间内完成操作		每超时1min总分扣5分，超时3min停止操作			—	
合计			100					

试题8：抽气器的启动(现场模拟)

(考核时间：30min)

序号	考核项目	评分要素	配分	评分标准	检测结果	扣分	得分	备注
1	准备工作	穿戴劳保用品	3	未穿戴整齐扣3分				
		工具、用具准备	2	工具选择不正确扣2分				
2	启动前检查	检查确认射水泵已启动，且运行正常	10	未检查射水泵是否启动扣5分				
				未确认射水运行正常扣5分				
		检查射水泵出口门开足，出水压力正常	10	未确认出口门开足扣5分				
				未确认出口压力正常扣5分				
		检查射水池水位正常	10	未检查射水池水位扣5分				
		检查空气系统阀门位置正确，阀门密封水投入	12	未检查空气系统阀门位置扣6分				
				系统阀门密封水未投扣6分				
		检查抽气器表计齐全、完好，且投入正常	10	未检查表计是否齐全、完好扣5分				
				表计未投入扣5分				

续表

序号	考核项目	评分要素	配分	评分标准	检测结果	扣分	得分	备注
3	启动	开启与运行射水泵相对应的抽气器空气门	10	开错抽气器空气门扣10分				
4	启动后检查	检查抽气器工作水压力表指示、真空压力表指示正常，抽气器工作正常	10	未检查抽气器工作情况扣5分				
				未检查工作水压力表及真空压力表指示扣5分				
		检查射水泵电流正常	10	未检查射水泵电流扣10分				
		检查机组真空正常	10	未检查机组真空扣10分				
5	汇报	汇报主操，启动完毕	3	未汇报扣3分				
6	安全及其他	按国家法规或企业规定		违反一次总分中扣5分；严重违规停止操作			—	
		在规定时间内完成操作		每超时1min总分扣5分，超时3min停止操作			—	
		合　　计	100					

试题9：盘车装置的投运（现场模拟）

（考核时间：30min）

序号	考核项目	评分要素	配分	评分标准	检测结果	扣分	得分	备注
1	准备工作	穿戴劳保用品	3	未穿戴整齐扣3分				
		工具、用具准备	2	工具选择不正确扣2分				
2	启动前检查	检查机组各系统正常，阀门位置正确，符合启动盘车要求	5	未检查系统及阀门位置扣5分				
		检查机组各仪表表计齐全、完好，投入运行正常	5	未检查仪表表计及投入情况扣5分				
		检查盘车电机接线良好。盘车装置啮合手柄在脱开位置	5	未检查电机接线及手柄位置扣5分				
		空试盘车电机方向正确，电流正常	5	未空试电机方向扣5分				
		低油压跳盘车试验正常	5	未做试验扣5分				
		开启双水内冷发电机，转子进水支座盘根冷却水	5	未开转子进水支座盘根冷却水扣5分				
3	启动排烟风机	启动排烟风机运行正常	8	未启动排烟风机扣8分				
4	启动润滑油泵	启动交流润滑油泵运行正常，检查润滑油压力及各轴承油流正常	10	未启动润滑油泵扣5分				
				未检查润滑油压及轴承油流扣5分				

续表

序号	考核项目	评分要素	配分	评分标准	检测结果	扣分	得分	备注
5	投入盘车装置	拔出啮合手柄锁销，逆时针方向转动电机手轮同时将手柄推向啮合位置，直至齿轮啮合	10	未拔锁销推手柄扣5分				
				电机手轮盘动方向错扣5分				
6	启动	断开盘车联锁开关，启动盘车	9	联锁开关未解扣9分				
7	启动后检查	检查盘车电流应正常	10	未检查盘车电机电流扣10分				
		检查汽轮机内部有无金属摩擦声	10	未检查汽轮机内部有无金属摩擦声扣10分				
8	投联锁	将低油压跳盘车联锁开关放至投入位置	5	低油压联锁开关未投扣5分				
9	汇报	汇报主操，启动完毕	3	未汇报扣3分				
10	安全及其他	按国家法规或企业规定		违反一次总分中扣5分；严重违规停止操作			—	
		在规定时间内完成操作		每超时1min总分扣5分，超时3min停止操作			—	
合计			100					

试题10：凝结水泵低水压联动试验(现场模拟)

（考核时间：30min）

序号	考核项目	评分要素	配分	评分标准	检测结果	扣分	得分	备注
1	准备工作	穿戴劳保用品	3	未穿戴整齐扣3分				
		工具、用具准备	2	工具选择不正确扣2分				
2	试验前检查准备工作	检查凝汽器水位应在正常范围	10	未检查凝汽器水位扣10分				
		启动一台凝结水泵运行，检查电流正常	15	未启动凝结水泵扣15分				
		检查凝结水母管压力应在正常范围	10	未检查凝结水母管压力扣10分				
3	试验步骤	将运行凝结水泵联锁开关放至投入位置	15	运行凝结水泵联锁未投入扣15分				
		将待联动凝结水泵联锁开关放至备用位置	15	备用凝结水泵联锁投放不正确扣15分				
		低水压联动定值按规程要求放好	10	低水压定值未按规程要求放好扣10				
		由热工人员短接低水压指针，检查备用凝结水泵自启动运行正常，复置开关	15	未检查联动泵运行情况扣10分				
				未复置联动泵开关扣5分				
		重复上述过程，可进行其他凝结水泵低水压联动试验	5	未提出重复上述过程，可进行其他泵试验扣5分				

续表

序号	考核项目	评分要素	配分	评分标准	检测结果	扣分	得分	备注
4	安全及其他	按国家法规或企业规定		违反一次总分中扣5分；严重违规停止操作			—	
		在规定时间内完成操作		每超时1min总分扣5分，超时3min停止操作			—	
合计			100					

试题11：高加保护试验(静态)(现场模拟)

（考核时间：30min）

序号	考核项目	评分要素	配分	评分标准	检测结果	扣分	得分	备注
1	准备工作	穿戴劳保用品	3	未穿戴整齐扣3分				
		工具、用具准备	2	工具选择不正确扣2分				
2	高加保护静态试验的条件	开启高加注水门注水，电动开启高加进、出水门、进汽门，关闭水侧旁路门，投入高加保护系统，进水联成阀及出水逆止阀开启，高加疏水调整门电动稍开，投入有关热工保护电源	15	高加进、出水门未开，旁路门未关扣5分				
				进水联成阀及出水逆止阀未开扣5分				
				保护开关未投扣5分				
3	投入联锁开关	将高加旁路联锁和高加进汽逆止门联锁开关投入联锁位置	10	旁路门联锁开关未投入扣5分				
				高加进汽逆止门联锁开关未投扣5分				
4	各保护开关投入检查	将高加投入开关放至自动位置。进、出水门、水侧旁路门；进汽门由就地操作位置切换至远操位置	15	高加投入开关未放至自动位置扣5分				
				进、出水门，旁路门，进汽门未由就地操作位置切至远操位置扣10分				
5	高Ⅰ报警值及其现象	由热工人员拨动高加水位计接点高Ⅰ值(实际水位450mm)，发出声光报警讯号	10	不知高Ⅰ值报警值扣10分				
6	高Ⅱ报警值及其现象	由热工人员拨动高加水位计接点高Ⅱ值(实际水位650mm)，发出声光报警讯号，疏水调整门自动全开	10	不知高Ⅱ值报警值扣5分				
				未查看疏水门开度扣5分				

续表

序号	考核项目	评分要素	配分	评分标准	检测结果	扣分	得分	备注
7	高Ⅲ报警值及其现象	由热工人员拨动高加水位计接点高Ⅲ值（实际水位950mm），发出声光报警讯号，关闭高加抽汽逆止门、进汽门，关闭进水联成阀及出水逆止门，开启电动旁路门后关闭电动进出水门	20	不知高Ⅲ值报警值扣5分				
				未查看进出水门、旁路门动作是否正确扣5分				
				未查看联成阀动作是否正常扣5分				
				未查看进汽逆止门动作是否正常扣5分				
8	保护动作后开关复位	机组高加保护动作后，必须将高加液动旁路门开关置“复位”位置，高加电动旁路门组开关置“复位”位置，就地开关置“盘上”位置，高加逆止门置“解除”位置后转入“自动投入”位置，将高加液动旁路门开关置“投入高加”位置，高加电动旁路门组开关置“自动投入”位置	15	高加保护开关未复置扣5分				
				高加电动旁路组开关未复置扣5分				
				高加进汽逆止门联锁开关未复置扣5分				
9	安全及其他	按国家法规或企业规定		违反一次总分中扣5分；严重违规停止操作			—	
		在规定时间内完成操作		每超时1min总分扣5分，超时3min停止操作			—	
合计			100					

试题12：凝汽器低压排汽缸喷水试验(现场模拟)

（考核时间：30min）

序号	考核项目	评分要素	配分	评分标准	检测结果	扣分	得分	备注
1	准备工作	穿戴劳保用品	3	未穿戴整齐扣3分				
		工具、用具准备	2	工具选择不正确扣2分				
2	试验准备工作	启动一台凝结水泵运行	10	未启动凝泵运行扣10分				
		用再循环门调整凝结水母管压力在规定范围内	10	未调整凝结水压力扣10分				
		抽汽逆止门水控及低压缸自动喷水系统投入运行	10	抽汽逆止水控装置及低压缸自动喷水系统未投运扣10分				
3	手动喷水试验	将低压缸喷水联锁开关放至手动投入位置，检查凝结水母管压力应有波动，检查喷水电磁阀动作是否正常	20	未注意凝结压力变化扣10分				
				未检查电磁阀是否动作正常扣10分				

续表

序号	考核项目	评分要素	配分	评分标准	检测结果	扣分	得分	备注
4	自动喷水试验	将低压缸喷水联锁开关放至自动位置	10	联锁开关未放至自动位置扣10分				
		短接低压缸排汽温度计指针触点，检查凝结水压力应有波动，喷水电磁阀动作是否正常	20	未注意凝结压力变化扣10分				
				未检查电磁阀是否动作正常扣10分				
		恢复低压缸排汽温度计指针触点。检查喷水电磁阀应复位	15	未复位排汽温度指针触点扣10分				
				未检查喷水电磁阀复位扣5分				
5	安全及其他	按国家法规或企业规定		违反一次总分中扣5分；严重违规停止操作			—	
		在规定时间内完成操作		每超时1min总分扣5分，超时3min停止操作			—	
		合　计	100					

试题13：凝结水泵互为联动试验(现场模拟)

(考核时间：30min)

序号	考核项目	评分要素	配分	评分标准	检测结果	扣分	得分	备注
1	准备工作	穿戴劳保用品	3	未穿戴整齐扣3分				
		工具、用具准备	2	工具选择不正确扣2分				
2	试验准备	确定一台凝结水泵运行，联锁开关放至投入位置	15	运行泵联锁开关位置不对扣15				
		将备用凝结水泵联锁开关放至备用位置	15	备用泵联锁开关位置不对扣15				
3	试验	按运行凝结水泵事故按钮，泵跳闸，事故喇叭响，红灯灭，绿灯闪光。备用凝结水泵联动，绿灯灭，红灯闪光(如未联动，应手动启动)	15	未注意声、光信号扣5分				
				备用泵未联动未手动启动扣10分				
4	复位	复置开关，断开联锁开关	20	未复置开关扣10分				
				未断开联锁开关扣10分				
5	检查跳闸泵	检查跳闸凝结水泵不应倒转	15	未检查跳闸泵情况扣15分				
6	检查联动泵	检查运行凝结水泵一切正常后，按同样方法进行另一台凝结水泵互为联动试验	15	未检查运行泵情况扣15分				

续表

序号	考核项目	评分要素	配分	评分标准	检测结果	扣分	得分	备注
7	安全及其他	按国家法规或企业规定		违反一次总分扣5分；严重违规停止操作			—	
		在规定时间内完成操作		每超时1min总分扣5分，超时3min停止操作			—	
合　计			100					

试题14：抽真空操作(现场模拟)

（考核时间：30min）

序号	考核项目	评分要素	配分	评分标准	检测结果	扣分	得分	备注
1	准备工作	穿戴劳保用品	3	未穿戴整齐扣3分				
		工具、用具准备	2	工具选择不正确扣2分				
2	抽真空前检查和准备	检查真空系统一切正常，各相关阀门位置正确	10	未检查系统扣5分				
				未确认阀门位置扣5分				
		确定一台凝结水泵在运行，凝结水至阀门密封水开启	10	凝结水泵未启动扣5分				
				阀门密封水未开扣5分				
		确定盘车在正常运行	5	盘车未投运扣5分				
		确定轴封汽暖好待用	10	轴封用汽未暖管扣10分				
		确定凝汽器水侧通水正常	10	凝汽器未通水扣10分				
		将射水池水补至正常水位	5	射水池水位低扣5分				
		启动射水泵运行正常，开启轴封加热器空气门	10	轴封加热器空气门未开扣10分				
		关闭真空破坏门	10	真空破坏门未关扣10分				
3	抽真空	送轴封汽，开启与运行射水泵相对应的抽气器空气门抽真空	10	未送轴封汽扣5分				
				开错抽气器扣5分				
4	调整轴封压力	调节轴封汽压力在规定范围内	10	未注意调整轴封压力扣10分				
5	调整凝汽器水位	维持凝汽器水在正常范围内	5	未注意调整凝汽器水位扣5分				
6	安全及其他	按国家法规或企业规定		违反一次总分扣5分；严重违规停止操作			—	
		在规定时间内完成操作		每超时1min总分扣5分，超时3min停止操作			—	
合　计			100					

试题 15：发电机转子冷却水压力调整（现场模拟）

（考核时间：30min）

序号	考核项目	评分要素	配分	评分标准	检测结果	扣分	得分	备注
1	准备工作	穿戴劳保用品	3	未穿戴整齐扣3分				
		工具、用具准备	2	工具选择不正确扣2分				
2	开机	开机时随转速的升高逐渐开大转子冷却水进水门，维持进水压力在0.2~0.3MPa之间，检查出支座水流正常	30	未及时调整扣5分				
				调整中断水扣10分				
				调整过程中超压扣10分				
				未检查出水情况扣5分				
3	正常维护	正常运行时，如切换冷水泵后，应注意调整转子进水压力，维持进水压力在0.25MPa左右，检查转子出水温度正常	30	切换冷水泵后未进行调节扣15分				
				未注意转子出水温度变化扣15分				
4	停机	停时打闸后随转下降逐渐关小转子冷却水进水门，维持进压力在0.25MPa左右，调整过程中不能断水，投盘车后应维持正常通水运行，直至符合停水要求方可停水	35	未及时调整扣10分				
				调整中断水扣10分				
				盘车投运后就停水扣15分				
5	安全及其他	按国家法规或企业规定		违反一次总分中扣5分；严重违规停止操作			—	
		在规定时间内完成操作		每超时1min总分扣5分，超时3min停止操作			—	
	合　计		100					

试题 16：汽轮机挂闸（现场模拟）

（考核时间：30min）

序号	考核项目	评分要素	配分	评分标准	检测结果	扣分	得分	备注
1	准备工作	穿戴劳保用品	3	未穿戴整齐扣3分				
		工具、用具准备	2	工具选择不正确扣2分				
2	正常启动挂闸	检查调速油压、EH油压正常，保护已复归，手拉危急遮断器脱扣手柄，检查安全油压建立，主汽门、调汽门开出，自动主汽门关闭，光字牌灭	30	未检查调速油压及EH油压正常扣10分；保护未复归，手拉危急遮断器脱扣手柄扣5分；没有检查安全油压情况扣10分；没有检查主汽门及调节汽门开出情况扣5分				

续表

序号	考核项目	评分要素	配分	评分标准	检测结果	扣分	得分	备注
3	超速试验动作后挂闸	超速试验动作后，待转速降至3000r/min以下，手拉危急遮断器复位手柄，检查安全油压恢复，主汽门、高调门重新开起	30	转速没有降至3000r/min以下手拉危急遮断器复位手柄扣20分；复位后没有检查安全油压恢复扣10分				
4	保护误动作后挂闸	保护动作后，检查确认机组一切正常，汇报上级同意后，检查调速油压、EH油压正常，复归保护，手拉危急遮断器复位手柄，检查安全油压建立，自动主汽门、高调门开起，机组运行正常	35	保护动作后未检查确认机组情况扣10分；未汇报上级征得同意就复归保护扣10分；未检查调速油压及EH油压正常扣10分；挂闸后未检查安全油压正常扣5分				
5	安全及其他	按国家法规或企业规定		违反一次总分中扣5分；严重违规停止操作			—	
		在规定时间内完成操作		每超时1min总分扣5分，超时3min停止操作			—	
合　计			100					

试题17：汽轮机冲转升速的操作(现场模拟)

(考核时间：30min)

序号	考核项目	评分要素	配分	评分标准	检测结果	扣分	得分	备注
1	准备工作	穿戴劳保用品	3	未穿戴整齐扣3分				
		工具、用具准备	2	工具选择不正确扣2分				
2	升速检查	汽轮机冲转至500r/min，检查机组动静部分摩擦，正常后即可升速暖机	5	未检查机组动静部分摩擦扣5分				
3	升至中速暖机及注意事项	按规定的升速率将汽轮机升至中速，停留暖机，中速暖机应避开临界转速	10	未按升速率升速扣5分				
				未避开临界转速扣5分				
4	中速暖机结束检查	中速暖机结束，应全面检查汽缸膨胀，胀差等(检查项目按电厂规程)	10	未按规定项目全面检查机组扣10分				

续表

序号	考核项目	评分要素	配分	评分标准	检测结果	扣分	得分	备注
5	升至高速暖机及注意事项	中速暖机结束，应迅速、平稳地通过临界转速以100~150r/min速率升到高速暖机(按规程)	10	未按要求快速通过临界转速扣10分				
		升速中，严格监视机组振动，超过规定值立即打闸停机	10	升速中未严格监视机组振动扣10分				
		升速中严格监视胀差、轴向位移、缸胀、真空、油温等重要参数	10	升速中未严格监视相关重要参数变化扣10分				
6	高速暖机结束检查	高速暖机结束，全面检查汽缸膨胀、胀差、真空、油温等重要参数	10	高速暖机结束未全面检查机组扣10分				
7	升至额定转速暖机及注意事项	高速暖机结束，全真空升至额定转速暖机	5	未全真空升至额定转速暖机扣5分				
		转速升至2800r/min时，注意调速系统动作，调节汽门应平稳关小	5	升速中未注意调速系统动作扣5分				
8	升速过程中调整项目	升速过程中，应注意经常调整凝汽器水位、真空、发电机定、转子进水压力，冷油器出油温度等	10	升速中未及时调节各相关参数每项扣2分				
9	停调速油泵	全速后停调速油泵	10	全速后未及时停调速油泵扣10分				
10	安全及其他	按国家法规或企业规定		违反一次总分中扣5分；严重违规停止操作			—	
		在规定时间内完成操作		每超时1min总分扣5分，超时3min停止操作			—	
合　计			100					

试题18：汽轮机轴承三个方向振动的测量(现场模拟)

(考核时间：30min)

序号	考核项目	评分要素	配分	评分标准	检测结果	扣分	得分	备注
1	准备工作	穿戴劳保用品	3	未穿戴整齐扣3分				
		工具、用具准备	2	工具选择不正确扣2分				

续表

序号	考核项目	评分要素	配分	评分标准	检测结果	扣分	得分	备注
2	测量部位是否准确	分别选定汽轮发电机组的1#~4#轴承为测量对象，利用测振仪逐一测量	40	少测一道扣10分				
3	能否正确的使用测振仪，测量方法是否正确	利用测振仪分别测量各道轴承水平、垂直及轴向的壳振，要求每道轴承的每个方向上至少选定三个测量点进行测量，并记录数据	30	不会正确使用测振仪扣10分，测量位置不正确扣10分，每个方向上测量次数少于3次的扣10分				
4	对测量结果的正确选定	选择每个方向上测量的振动最大值为参考值记录保存	25	在分析所有测量数据时不会正确选定参考值的扣25分				
5	安全及其他	按国家法规或企业规定		违反一次总分中扣5分；严重违规停止操作			—	
		在规定时间内完成操作		每超时1min总分扣5分，超时3min停止操作			—	
合计			100					

试题19：低压加热器的投运(现场模拟)

(考核时间：30min)

序号	考核项目	评分要素	配分	评分标准	检测结果	扣分	得分	备注
1	准备工作	穿戴劳保用品	3	未穿戴整齐扣3分				
		工具、用具准备	2	工具选择不正确扣2分				
2	投运条件	低加在凝结水回收后投运	10	凝结水水不合格投运供水扣10分				
3	投运前检查及操作	检查各低加进、出水门开启，各低加旁路门关闭	10	低加水侧阀门位置不正确扣10分				
		检查各低加空气门开启	10	空气门未开扣10分				
		开启2#、3#低加疏水调节门的前后截门，关闭其旁路门直通疏水门，疏水调节门应有电并调节灵活。1#低加至凝汽器直通疏水门应开启，疏水放水门关闭	10	疏水系统阀门位置不正确扣10分				
		各低加水位计玻璃管应完整、明亮并投运，电子水位计应正常	10	水位不能正常投入扣10分				
		检查有关抽汽逆止门应全开，抽汽管道疏水开启。各低加进汽门关闭	10	抽汽管道疏水未开扣10分				

续表

序号	考核项目	评分要素	配分	评分标准	检测结果	扣分	得分	备注
4	开进汽门投运，关管道疏水门	逐渐开启各低加进汽门(3#低加进汽门作调节)。关闭抽汽管道的有关疏水门	10	低加投运后抽汽管道疏水未关扣10分				
5	调节低加水位	根据各低加水位用疏水调节门调节低加水位在规定范围内	10	低加水位不正常扣10分				
6	调节出水温度	用3#低加进汽门调整低加供水温度在125~135℃	10	低加出水温度不符合要求扣10分				
7	随机投运	低加还可随汽轮机开机，随机投入，待凝结水合格开供水送水	5	不知低加可随机启动扣5分				
8	安全及其他	按国家法规或企业规定		违反一次总分中扣5分；严重违规停止操作			—	
		在规定时间内完成操作		每超时1min总分扣5分，超时3min停止操作			—	
合　计			100					

试题20：轴加的投运(现场模拟)

(考核时间：30min)

序号	考核项目	评分要素	配分	评分标准	检测结果	扣分	得分	备注
1	准备工作	穿戴劳保用品	3	未穿戴整齐扣3分				
		工具、用具准备	2	工具选择不正确扣2分				
2	水位检查	检查轴加玻璃管水位计明亮，并正常投入	10	水位计不能正常投入扣10分				
3	水封建立	开启轴加疏水U管注水门，注水结束后关闭	15	U管未注水扣15分				
4	投运操作	关闭轴加汽侧排空门	10	汽侧排空门未关扣10分				
		开启轴加疏水门	10	疏水门未开扣10分				
		开启轴加进、出水门，旁路门关闭(正常运行时开启)	10	进、出水门未开扣10分				
		开启轴加进汽门	10	进汽门未开扣10分				
		开启射水抽气器扩散管至轴加抽空气门或启动一台轴加风机运行	20	抽空气门未开或风机未开扣20分				
5	水位检查	检查轴加水位应正常	10	未注意监视水位扣10分				

续表

序号	考核项目	评分要素	配分	评分标准	检测结果	扣分	得分	备注
6	安全及其他	按国家法规或企业规定		违反一次总分扣5分；严重违规停止操作			—	
		在规定时间内完成操作		每超时1min总分扣5分，超时3min停止操作			—	
	合　计		100					

试题21：发电机风温的调整（现场模拟）

（考核时间：30min）

序号	考核项目	评分要素	配分	评分标准	检测结果	扣分	得分	备注
1	准备工作	穿戴劳保用品	3	未穿戴整齐扣3分				
		工具、用具准备	2	工具选择不正确扣2分				
2	检查	发电机风温高，检查空冷器冷却水进水压力是否正常，否则应设法恢复进水压力至正常范围	15	未检查进水压力是否正常扣8分				
				处理方法不正确扣7分				
3	风温高调节与检查	开大运行空冷器组的进水门调节至正常。如进水门已开足，仍不能使其降至正常，可投入备用空冷器组调节风温至正常	20	调节方法不正确扣10分				
				应投入备用空冷器组未投扣10分				
		如检查进水旋转滤网脏，应进行清洗	10	进水旋转滤网未清洗扣10分				
		如因空冷器管壁及散热片脏，不能调节风温至正常时，应联系电气减少电负荷，直至风温正常	15	未采取减负荷处理扣15分				
4	清洗	联系检修对空冷器组进行逐组清洗	10	未联系检修逐组清洗扣10分				
5	风温低调节	发电机风温低，关小运行空冷器组的进水门调节风温至正常	15	调节方法不正确扣15分				
		根据环境温度变化情况，增加或减少运行空冷组数	10	未根据环境温度变化及时调整运行空冷器组数扣10分				
6	安全及其他	按国家法规或企业规定		违反一次总分扣5分；严重违规停止操作			—	
		在规定时间内完成操作		每超时1min总分扣5分，超时3min停止操作			—	
	合　计		100					

试题 22：发电机冷却水温度的调整（现场模拟）

（考核时间：30min）

序号	考核项目	评分要素	配分	评分标准	检测结果	扣分	得分	备注
1	准备工作	穿戴劳保用品	3	未穿戴整齐扣 3 分				
		工具、用具准备	2	工具选择不正确扣 2 分				
2	温度低调节	冷却水温度低，缓慢关小运行冷水器进水门至出水温度在正常范围	15	温度低未调节扣 15 分				
3	温度高检查与调节	冷却水温度高，检查发电机定、转子进水压力及流量是否正常	15	未检查定、转子进水压力、流量扣 15 分				
		逐渐开大运行冷水器进水门，调节出水温度至正常范围内	10	未及时调节冷水器进水门开度扣 10 分				
		检查冷水器冷却水压力正常，滤网工作正常	15	未检查冷水器冷却水压力、滤网是否正常扣 15 分				
		如因冷水器冷却效果差，可切换备用冷水器运行（切换过程中应避免空气漏入系统）	15	冷水器冷却效果差未及时切换扣 5 分 切换中漏入空气扣 10 分				
		联系电气调节发电机励磁电流	10	未联系调节励磁电流扣 10 分				
		无法调节降低冷却水温度时，联系减少电负荷直至冷却水温度正常	15	未及时联系减少电负荷扣 15 分				
4	安全及其他	按国家法规或企业规定		违反一次总分扣 5 分；严重违规停止操作			—	
		在规定时间内完成操作		每超时 1min 总分扣 5 分，超时 3min 停止操作			—	
		合　计	100					

试题 23：减负荷的操作（现场模拟）

（考核时间：30min）

序号	考核项目	评分要素	配分	评分标准	检测结果	扣分	得分	备注
1	准备工作	穿戴劳保用品	3	未穿戴整齐扣 3 分				
		工具、用具准备	2	工具选择不正确扣 2 分				
2	规定及检查	按本厂规程规定的减负荷率进行减负荷操作	10	未按规定减负荷率减负荷扣 10 分				
		减负荷过程中注意轴承振动、胀差、轴向位移等重要表计变化	10	减负荷中未注意检查相关重要参数的变化扣 10 分				

续表

序号	考核项目	评分要素	配分	评分标准	检测结果	扣分	得分	备注
3	相关调节	做好高、低压加热器水位；凝汽器水位；中、低压抽汽压力及有关设备的调节	10	未及时进行相关设备的调节扣10分				
4	减负荷过程中的相关操作	负荷减至本厂规程规定值时，退出中、低压抽汽运行	10	未按规定退出中、低压抽汽扣10分				
		负荷减至本厂规程规定值时，退出高压加热器运行	10	未按规定退出高压加热器运行扣10分				
		负荷减至本厂规程规定值时，低压加热器疏水切至凝汽器，停运疏水泵	10	未按规定切换低压加热器疏水，停运疏水泵扣10分				
		抽汽压力低于除氧器供汽压力规定值时，关闭供汽门	10	未及时关闭除氧器供汽门扣10分				
		厂用汽压力低于规定值时，关闭厂用汽供汽门	10	未及时关闭厂用汽供汽门扣10分				
		负荷减至“0”时，开启电动主汽门旁路门，关闭电动主汽门	10	负荷到‘0’未开启电动主汽门旁路门，关闭电动主汽门扣10分				
5	校表	联系电气校对功率表	5	未联系校对功率表扣5分				
6	安全及其他	按国家法规或企业规定		违反一次总分扣5分；严重违规停止操作			—	
		在规定时间内完成操作		每超时1min总分扣5分，超时3min停止操作			—	
	合　计		100					

试题24：自动主汽门活动试验操作(现场模拟)

（考核时间：30min）

序号	考核项目	评分要素	配分	评分标准	检测结果	扣分	得分	备注
1	准备工作	准备工具、用具	5	少选一件扣2.5分				
2	试验准备	征得值长同意后，在班长或副班长监护下进行，并不准两台机组同时进行	25	未征得值长同意扣10分				
				没有监护扣10分				
				多台机同时进行扣5分				
3	措施与试验	放置好活动试验保护托架，点击“阀门试验”按钮，选择“自动主汽门”，再点击“关闭”，检查自动主汽门杆平稳向下移动10mm左右。然后点击“恢复”钮，检查自动主汽门门杆恢复，取出托架放回原处	30	未放保护托架试验扣10分				
				试验中未检查门杆位移扣10分				
				试验结束未取回保护托架扣10分				

续表

序号	考核项目	评分要素	配分	评分标准	检测结果	扣分	得分	备注
4	异常情况处理	试验中如发生异常情况，应立即停止试验，恢复原状	25	试验中发生异常未停止试验扣25分				
5	汇报与记录	汇报上级试验完毕，并做好时间记录	15	未做记录扣15分				
		合　计	100					

试题25：加热器温升端差异常的分析(现场模拟)

（考核时间：30min）

序号	考核项目	评分要素	配分	评分标准	检测结果	扣分	得分	备注
1	原因分析	加热器铜管(或钢管)表面结垢	15	漏答扣15分				
		加热器内积聚空气，增大传热热阻	15	漏答扣15分				
		加热器水位过高，淹没部分管束，减少换热面积	15	漏答扣15分				
		抽汽门或抽汽逆止门没有全开或卡涩	15	漏答扣15分				
		加热器汽侧隔板不严，蒸汽短路	10	漏答扣10分				
		加热器水侧隔板损坏，给水短路	10	漏答扣10分				
		旁路门不严密	10	漏答扣10分				
		超出力运行	10	漏答扣10分				
		合　计	100					

试题26：电动机故障的检查判断(现场模拟)

（考核时间：30min）

序号	考核项目	评分要素	配分	评分标准	检测结果	扣分	得分	备注
1	启动不了	工作电源未送或开关接触不良	5	工作电源未送扣5分				
		电压过低，一相保险丝熔断，电缆头接触不良	5	电缆头接触不良扣5分				
		机械部分卡涩	10	机械部分卡涩扣10分				

续表

序号	考核项目	评分要素	配分	评分标准	检测结果	扣分	得分	备注
2	通电以后保护动作跳闸	继电器整定错误或过小	5	继电器整定错误或过小扣5分				
		启动装置故障	5	启动装置故障扣5分				
		电动机回路故障短路	5	电动机回路故障短路扣5分				
		启动时负荷过重	10	启动负荷过重扣10分				
		机械部分故障	10	机械部分故障扣10分				
3	启动过程中冒火，轴承温度高或振动大	电动机中心和所带机械中心不对	5	中心不对扣5分				
		定、转子磁擦	5	动静部分摩擦扣5分				
		轴承损坏	10	轴承损坏扣10分				
4	电动机二相运行	电动机声音不正常，转速比正常时低	10	未检查电动机声音及转速扣10分				
		电流升高或到零	10	未检查电流扣10分				
		电动机过热	5	未检查电机外壳温度扣5分				
合　计			100					

试题27：紧急停机的操作(现场模拟)

（考核时间：30min）

序号	考核项目	评分要素	配分	评分标准	检测结果	扣分	得分	备注
1	发出停机讯号	向主控制室发出“机器危险”讯号	10	未发讯号扣10分				
2	紧急停机操作步骤	手打危急遮断器或按紧急停机按钮，检查汽轮机转速应下降，自动主汽门、调节汽门、抽汽逆止门关闭，联动保护正常	20	未检查转速应下降扣10分				
				未检查主汽门、调节汽门及抽汽逆止门关闭扣10分				
		启动交流润滑油泵	20	未启动交流润滑油泵扣20分				
		关闭中、低压抽汽供热门	20	未关闭中、低压抽汽供热门扣20分				
		开启真空破坏门，停用抽气器	10	未开真空破坏门停用抽气器扣10分				
		关闭电动主汽门	10	未关闭电动主汽门扣10分				
		完成规程规定的其他停机操作	10	未按规定完成其他停机操作扣10分				
合　计			100					

试题 28：水泵紧急停运的操作(现场模拟)

（考核时间：30min）

序号	考核项目	评分要素	配分	评分标准	检测结果	扣分	得分	备注
1	操作步骤与检查	按故障水泵的“事故按钮”，停止故障水泵运行	20	未按“事故按钮”停水泵扣 20 分				
		检查确认备用水泵联动运行正常	20	未确认备用水泵运行正常扣 20 分				
		检查确认故障水泵已停运且不倒转	20	未检查故障水泵扣 20 分				
		复置操作开关，并解除联动开关	20	未复置开关扣 20 分				
2	异常情况处理	如备用水泵未联动，应立即手动抢合备用水泵投入运行，如连续二次手动无效，应报告班长，根据规程规定减负荷或停机	20	未抢合备用水泵扣 10 分				
				未按规程规定减负荷或停机扣 10 分				
合　计			100					

试题 29：部分厂用电中断的处理(现场模拟)

（考核时间：30min）

序号	考核项目	评分要素	配分	评分标准	检测结果	扣分	得分	备注
1	自联动设备处理	若备用设备全部自动投入，将各有关设备联动开关、操作开关放在“断开”位置，调整运行参数至正常	25	未复置开关扣 10 分				
				未调整运行参数扣 15 分				
2	未自联动处理	若备用设备未自动投入，应手动启动，如无备用设备可强合一次跳闸设备。假如手动启动仍无效，降负荷维持，直到负荷到零停机	25	未抢合备用设备扣 10 分				
				未按规定减负荷或停机扣 15 分				
3	不能尽快恢复处理	通知电气尽快恢复厂用电，若不能尽快恢复，应注意机组情况，各参数达停机极限，按规定进行处理	25	参数达到极限未按规程规定处理扣 25 分				
		若需打闸停机，应先启动直流润滑油泵	25	未启动直流油泵停机扣 25 分				
合　计			100					

试题30：主蒸汽汽温度升高的处理(现场模拟)

（考核时间：30min）

序号	考核项目	评分要素	配分	评分标准	检测结果	扣分	得分	备注
1	原则	主蒸汽温度升高，应按规程规定进行处理	20	未按规程规定处理扣20分				
2	核对主蒸汽温度	主蒸汽温度高于540℃时，应对照锅炉汽温，联系锅炉监盘调整，汇报值长	20	未对照锅炉汽温联系调整扣20分				
3	加强检查	加强监视机组的振动、声音、轴向位移、推力瓦温度、胀差、汽缸金属温度等变化	20	未加强对机组的监视扣20分				
4	处理过程	主蒸汽温度升高至545℃，通知锅炉尽快调整到正常值，连续运行30min或全年累计超过20h仍不能降低时应故障停机	20	汽温545℃连续运行30min未故障停机扣20分				
		主蒸汽温度高于550℃，应立即故障停机	20	主蒸汽温度高于550℃未立即故障停机扣20分				
		合　计	100					

试题31：主蒸汽温度下降的处理(现场模拟)

（考核时间：30min）

序号	考核项目	评分要素	配分	评分标准	检测结果	扣分	得分	备注
1	原则	主蒸汽温度下降应按规程规定进行处理	20	未按规程规定处理扣20分				
2	核对主蒸汽温度	主蒸汽温度低于520℃时，应对照锅炉汽温，联系锅炉监盘调整，汇报值长	10	未对照锅炉汽温联系调整扣10分				
3	加强检查	加强监视机组的振动、声音、轴向位移、推力瓦温度、胀差、汽缸金属温度等变化	20	未加强对机组的监视扣20分				
4	处理过程	主蒸汽温度低至500℃，开启电动主汽门前疏水门	10	未开电动主汽门前疏水门扣10分				
		主蒸汽温度下降至490℃，开启调节汽门和汽缸疏水门，并按规程规定减负荷处理	20	未开调节汽门和汽缸疏水门扣10分				
				未按规程规定减负荷扣10分				
		主蒸汽温度降至460℃或直线下降50℃时，应紧急停机	20	未规程规定紧急停机扣20分				
		合　计	100					

试题 32：低压加热器满水的判断处理(现场模拟)

(考核时间：30min)

序号	考核项目	评分要素	配分	评分标准	检测结果	扣分	得分	备注
1	现象判断	低加水位计满水，低加出水温度下降，低加及抽汽管道振动	25	判断不正确扣 25 分				
2	处理方法	开大低加疏水门或开启疏水旁路门调节水位至正常	25	调整不当扣 25 分				
		检查抽汽逆止门开度应正常	25	未检查抽汽逆止位置扣 25 分				
		系低加铜管泄漏造成满水，应隔绝低加联系检修	25	铜管泄漏未隔绝联系检修扣 25 分				
		合　计	100					

试题 33：冷水器泄漏的判断处理(现场模拟)

(考核时间：30min)

序号	考核项目	评分要素	配分	评分标准	检测结果	扣分	得分	备注
1	现象判断	冷水器出水压力比正常低，冷水箱水位持续下降，补水量增大，检查确认系统无明显泄漏点	25	判断错误扣 25 分				
2	切换冷水器	立即投入备用冷水器运行，检查运行正常，停用故障冷水器	25	未切换冷水器扣 25 分				
3	调节温度	调节运行冷水器冷却水进水门开度至出水温度正常	25	未调节出水温度扣 25 分				
4	隔绝联系检修	隔绝故障冷水器联系检修处理	25	未隔绝联系检修处理扣 25 分				
		合　计	100					

试题 34：冷油器泄漏的判断处理(现场模拟)

(考核时间：30min)

序号	考核项目	评分要素	配分	评分标准	检测结果	扣分	得分	备注
1	现象判断	油箱油位下降，冷油器水侧排空气门放水检查，水中有大量油花	25	判断错误扣 25 分				

续表

序号	考核项目	评分要素	配分	评分标准	检测结果	扣分	得分	备注
2	处理与调节	投入备用冷油器，检查运行正常。停用故障冷油器	25	处理不当扣25分				
		调节运行冷油器进水门开度至出油温度正常	25	调整不迅速扣25分				
3	隔绝检修	隔绝故障冷油器，汇报并联系检修	25	未隔绝及汇报联系检修扣25分				
		合　计	100					

第二部分

高 级 工

一、石油石化职业资格等级标准(高级工工作要求)

<table>
<tr><th>职业功能</th><th>工作内容</th><th>技 能 要 求</th><th>相 关 知 识</th></tr>
<tr><td rowspan="4">一、工艺操作</td><td>(一)开机准备</td><td>1. 能审核操作票和危险识别评估表
2. 能投运汽、水、油系统
3. 能执行特殊运行方式
4. 能配合完成热工、电气相关试验</td><td>1. 热力发电厂知识
2. 热力发电厂经济运行指标分析
3. 汽轮机工作原理及设备构造
4. 电厂压力容器知识</td></tr>
<tr><td>(二)开机操作</td><td>1. 能进行蒸汽系统暖管
2. 能投运辅助设备及相关系统
3. 能根据规定启动方式进行冲转、暖机、升速、并列带负荷
4. 能调整启动过程中的相关参数
5. 能投运回热加热系统及供热系统
6. 能执行特殊运行方式下的安全技术措施</td><td>1. 汽轮发电机组产品说明书与产品使用说明书
2. 汽轮机运行
3. 金属材料知识
4. 传热学理论知识
5. DCS、DEH 系统功能
6. 汽轮机振动原理</td></tr>
<tr><td>(三)正常操作</td><td>1. 能分析调整工艺参数
2. 能发现、分析运行过程中的问题并汇报处理
3. 能进行定期试验工作
4. 能进行母管制系统切换操作</td><td>1. 汽轮发电机组热力特性说明书
2. 热力发电厂经济运行指标分析
3. 汽、水、油的物理、化学性能及分析
4. 计算机运用</td></tr>
<tr><td>(四)停机操作</td><td>1. 能审核操作票和危险识别评估表
2. 能进行不同方式下的停机操作
3. 能停用回热加热系统及供热系统
4. 能完成停机过程中的相关试验
5. 能发现并分析停机过程中的问题并汇报处理</td><td>1. 停机惰走曲线的绘制、分析
2. 金属腐蚀机理及控制</td></tr>
<tr><td rowspan="2">二、设备使用与维护</td><td>(一)使用设备</td><td>1. 能使用测温、测振、测速仪器、仪表并判断分析
2. 能使用换热器、调压器、抽气器、疏水器、各种类型阀门并做特性分析
3. 能掌握新设备的使用</td><td>1. 汽轮机组、机泵、换热器、抽气器、管道阀门的运行特性
2. DCS、DEH 等控制系统的功能
3. 电动机原理及特性</td></tr>
<tr><td>(二)维护设备</td><td>1. 能对运行设备进行动态监测和分析
2. 能确认辅助设备及相关系统的停用</td><td>1. 润滑油、润滑脂的物理化学性能
2. 机泵的密封原理
3. 维护工具的使用
4. 设备动态监测的技术要求
5. 机泵系统有效隔绝的实施要点</td></tr>
<tr><td>三、事故判断与处理</td><td>(一)事故判断</td><td>1. 能判断分析水冲击事故
2. 能判断分析超速事故
3. 能判断分析机组负荷突然上升和下降事故
4. 能判断分析 DEH 等调节系统的异常
5. 能判断分析 DCS 系统的异常
6. 能分析盘车不能投运故障
7. 能分析换热器故障
8. 能分析机泵故障</td><td>1. 汽轮发电机组联锁保护原理
2. 厂用电的连接方式
3. 紧急及故障停机步骤</td></tr>
</table>

续表

职业功能	工作内容	技能要求	相关知识
	（二）事故处理	1. 能处理水冲击事故 2. 能处理超速事故 3. 能处理机组负荷突然上升和下降事故 4. 能处理 DEH 等调节系统的异常 5. 能处理 DCS 系统的异常 6. 能处理盘车不能投运故障 7. 能完成紧急及故障停机操作 8. 能处理换热器故障 9. 能处理机泵故障	1. 汽轮机反事故措施 2. 应急演练预案 3. 辅机紧急停运条件 4. 机泵、换热器常见事故分析
四、识图与计算	（一）识图	1. 能绘制装置全工艺流程图 2. 能绘制设备结构图 3. 能绘制调节系统方框图	1. 机械制图 2. 调节元件在绘图中的表述方法
	（二）计算	1. 能进行本岗位经济指标分析 2. 能进行工程热力学、传热学、流体力学的一般计算	1. 影响经济指标的因素 2. 工程热力学、传热学、流体力学的理论基础及计算
五、培训与指导	培训与指导	1. 能指导初、中级操作人员进行操作 2. 能协助培训初、中级操作人员	培训基本知识

二、理论知识鉴定要素细目表

行业通用理论知识鉴定要素细目表

鉴定范围						鉴定点		
一级		二级		三级		代码	名称	重要程度
代码	名称	代码	名称	代码	名称			
A	基本要求	B	基础知识	A	记录填写基础知识	001	班组交接记录的填写要求	X
						002	班组安全活动记录填写要求	X
				B	识图基础知识	001	剖视图知识	X
						002	断面图知识	X
						003	化工设备图表示方法	X
						004	零件图的内容	X
				C	安全环保基础知识	001	清洁生产审计的程序	X
						002	HSE 管理体系文件架构	X
						003	ISO 14001 环境管理体系的组成要素	X
						004	ISO 14000 系列标准的指导思想	X
						005	ISO 14001 环境管理体系的运行模式	X
						006	防尘防毒的技术措施	X
						007	防尘防毒的管理措施	X

续表

鉴定范围						鉴定点		
一级		二级		三级		代码	名称	重要程度
代码	名称	代码	名称	代码	名称			
						008	国家劳动安全卫生管理体制职责划分的内容	X
						009	ISO 14001 环境管理体系建立的步骤	X
						010	HSE 危害辨识	X
						011	HSE 风险评价的概念	X
						012	HSE 风险评价的目的	X
				D	质量基础知识	001	不合格品的处置途径	X
						002	ISO 9001 族标准质量管理审核的特点	X
						003	ISO 9000 族标准第一、第二、第三方审核的区别	X
						004	质量统计直方图	X
						005	质量统计排列图	X
						006	质量统计因果图	X
						007	质量统计控制图	X
						008	不良产品的分级	X
				E	计算机基础知识	001	Word 绘图	X
						002	Excel 公式与函数的运用	X
						003	Excel 数据的简单分析与管理	X
						004	Excel 简单的图表处理	X
B	相关知识	E	管理知识	A	生产管理	001	班组的管理	X
						002	班组的成本核算	X
				B	编写技术文件	001	总结的格式	X
						002	报告的格式	X
						003	请示的格式	X

工种理论知识鉴定要素细目表

鉴定范围						鉴定点		
一级		二级		三级		代码	名称	重要程度
代码	名称	代码	名称	代码	名称			
A	基础要求	B	基础知识	F	工程热力学基础	001	工质状态参数概念	X
						002	水蒸气的基本参数	X
						003	汽水动态平衡	Y
						004	水蒸气的热力过程	X
						005	饱和水的概念与性质	X

续表

鉴定范围						鉴定点		
一级		二级		三级		代码	名称	重要程度
代码	名称	代码	名称	代码	名称			
						006	湿饱和蒸汽与干饱和蒸汽	X
						007	过热蒸汽与水的临界点	Y
						008	汽化和凝结	X
						009	汽化热与过热热	X
						010	高参数水蒸气的性质	Y
				G	传热学与金属材料	001	热交换及基本形式	X
						002	导热的特征	X
						003	导热系数及影响因素	Y
						004	不稳定导热的特点	Z
						005	对流换热的特点及应用实例	X
						006	对流换热的影响因素	X
						007	凝结放热的影响因素	X
						008	辐射换热	X
						009	金属材料的性能	X
						010	铁碳合金的基本组成	Z
						011	电厂常用金属材料	Y
				H	流体力学基础	001	流体静力学方程	X
						002	流量、流速、缓变流和急变流的概念	Y
						003	层流及紊流的概念	X
						004	流体的黏滞性和压缩性	Y
						005	流体过流面的特性	Y
						006	层流的运动状态	X
						007	紊流的运动状态	X
				I	热工仪表基础知识	001	热工仪表的组成	Y
						002	热工仪表的分类	Y
						003	热工仪表的误差和精确度	X
						004	各种热工常用仪表的规格、作用和使用方法	X
						005	自动调节装置的使用方法和注意事项	X
						006	主要热工测量仪表的一般构造、作用、原理及测量方法	Y
						007	自动调节装置和热工保护装置的类型、作用及原理	X

续表

鉴定范围						鉴定点		
一级		二级		三级		代码	名称	重要程度
代码	名称	代码	名称	代码	名称			
B	相关知识	A	工艺流程及相关设备	A	汽轮机本体	001	汽轮机本体的构造、组成和作用	X
						002	汽缸与滑销系统	X
						003	双层缸的特点	X
						004	汽轮机的支承与固定	Y
						005	隔板	Y
						006	自动主汽阀及高压进汽管特点	X
						007	叶轮和叶片	Z
						008	喷嘴的作用	X
						009	转子的结构及特点	X
						010	汽轮机大轴联轴器	Y
						011	汽封与汽封系统的作用	X
						012	汽封的种类	Y
				B	汽轮机的支持与润滑	001	油膜形成的原理	X
						002	油膜振荡的原因	Y
						003	油膜振荡的特点	X
						004	轴承的种类	Y
						005	轴承的特点	X
						006	盘车装置的作用	X
						007	盘车装置的种类及特点	X
						008	盘车的投入和停止	X
				C	热力发电厂	001	热力发电厂热经济性的主要经济指标概念和计算方法	X
						002	热力发电厂原则性热力系统和全面性热力系统的组成、型式和作用	X
						003	发电厂辅助生产系统如上煤、除灰、供水等系统的基本情况	Z
						004	汽轮机的效率概念	Y
						005	汽轮机内部损失	Y
						006	汽轮机冷态、热态、滑参数启动的程序、特点	X
						007	汽轮机停机的程序、特点	X
						008	汽轮机冷态、热态、滑参数启动注意事项	X
						009	汽轮机停机的注意事项	X

续表

鉴定范围						鉴定点		
一级		二级		三级		代码	名称	重要程度
代码	名称	代码	名称	代码	名称			
						010	汽轮机正常运行的监视、检查的程序及内容	X
						011	汽轮机变工况运行及对汽轮机工作的影响	X
						012	汽轮机变工况运行对辅机工作的影响	X
				D	汽轮机调节	001	汽轮机调节系统的组成及静态特性	Y
						002	汽轮机保护装置的类型	X
						003	汽轮机保护装置的原理和作用	X
						004	汽轮机供油系统的组成和构造	X
						005	汽轮机供油系统的作用和原理	X
				E	凝汽系统及其设备	001	不凝结气体对凝结器工作的影响	X
						002	汽轮机变工况运行对凝结器工作的影响	X
						003	凝结器内压力的确定	Y
						004	极限真空、经济真空的含义	Y
						005	凝结器最佳真空及确定方法	X
						006	真空系统的严密性试验	X
						007	真空系统查漏方法(灌水、氦气查漏等)	Y
						008	凝结器的清理半边清理及胶球清洗	X
						009	多背压凝结器	Z
		B	汽轮机的启停	A	汽轮机的启动	001	汽轮机启动的概念	X
						002	冷态滑参数启动	X
						003	冷态启动冲转参数的选择	X
						004	冷态启动的凝结器真空	X
						005	机组启动的大轴晃动度	X
						006	机组启动的油压与油温	X
						007	启动前的准备工作	X
						008	启动时锅炉点火前的工作	X
						009	启动时锅炉点火后的工作	X
						010	冲动转子和低速暖机、升速和暖机	X
						011	汽轮机并网和接带负荷	X
						012	机组启动中的蒸汽温度的控制	X
						013	机组启动中的蒸汽压力的控制	X
						014	机组启动中的汽缸部件温升的控制	X
						015	机组启动中的上下汽缸温差	X

续表

鉴定范围						鉴定点		
一级		二级		三级		代码	名称	重要程度
代码	名称	代码	名称	代码	名称			
						016	机组启动中汽缸法兰的有关温度	X
						017	法兰加热装置和汽缸夹层加热装置的使用	X
						018	热态滑参数启动的概念	X
						019	热态启动的原则	X
						020	热态启动的参数控制	X
						021	温热态启动的操作	Y
				B	汽轮机的停止	001	汽轮机滑参数停机的概念	X
						002	汽轮机滑参数停机的停机过程	X
						003	汽轮机滑参数停机必须注意的问题	X
						004	滑参数停机的操作	X
						005	转子的惰走时间	X
						006	停机后的有关问题	Y
						007	停机后盘车运行方式	X
						008	停机后盘车过程中的大轴晃动问题	Y
						009	额定参数停机	Y
		C	事故处理及相关试验	A	汽轮机的典型事故及其预防	001	汽轮机常见事故及处理的原则和方法	X
						002	汽轮机大轴弯曲事故	X
						003	通流部分动静磨损事故	X
						004	汽轮机进冷汽和冷水事故	X
						005	汽轮机叶片损坏事故	X
						006	汽轮发电机组严重超速事故	X
						007	轴瓦损坏事故	X
						008	汽轮机油系统着火事故	X
						009	汽轮机真空下降事故	X
						010	甩负荷事故	X
						011	厂用电全停事故	X
						012	汽轮发电机组的振动事故	X
						013	轴位移增大	Y
						014	事故的预防	Y
				B	汽轮机的热力试验	001	汽轮机热力试验的任务及要求	Y
						002	汽轮机热效率试验和有关计算的方法	Y
						003	甩负荷试验	Y
						004	主汽门严密性试验	X

续表

鉴定范围						鉴定点		
一级		二级		三级		代码	名称	重要程度
代码	名称	代码	名称	代码	名称			
						005	汽轮机超速试验的要求	X
						006	危急保安器超速试验的条件	X
						007	危急保安器喷油试验	X
		D	相关专业及安全知识	A	锅炉知识	001	锅炉设备的型式及主要经济指标	Y
						002	锅炉排污的基本知识	X
				B	电气知识	001	电动机的结构	Y
						002	电动机的保护	Y
						003	发电机的工作原理	X
						004	发电机的基本结构	Y
						005	发电机的基本特性	Y
				C	安全知识	001	《电业安全工作规程》有关条文	X
						002	《消防规程》等有关条文	X
						003	人身触电的特点	X
						004	消防工作的规定内容	X
						005	灭火器的使用	Y
						006	工作票制度	X
						007	本专业所属设备、系统的消防及安全用电知识	X
						008	设备维护安全注意事项	X
						009	《电业生产事故调查规程》与本工种专业有关条文的规定	Z
						010	《压力容器安全技术监察规程》与本工种专业有关条文的规定	Y

三、理论知识试题

行业通用理论知识试题

判断题

1. 班组交接班记录必须凭旧换新。 （✓）

2. 车间主要领导参加班组安全日活动每月不少于 2 次。 （×）

正确答案：车间主要领导参加班组安全日活动每月不少于 3 次。

3. 在剖视图中，零件后部看不见的轮廓线、虚线一律省略不画。 （×）

正确答案：在剖视图中，零件后部看不见的轮廓线、虚线一般省略不画，只有对尚未表达清楚的结构，才用虚线画出。

4. 剖面图是剖视图的一种特殊视图。 （×）

正确答案：剖面图是零件上剖切处断面的投影，而剖视图是剖切后零件的投影。

5. 化工设备图的视图布置灵活，俯(左)视图可以配置在图面任何地方，但必须注明“俯(左)视图”的字样。 (√)

6. 化工设备图中的零件图与装配图一定分别画在不同的图纸上。 (×)

正确答案：化工设备图中的零件图可与装配图画在同张图纸上。

7. 零件图不需要技术要求，在装配图表述。 (×)

正确答案：零件图一般需要技术要求。

8. 零件图用视图、剖视图、剖面图及其他各种表达方法，正确、完整、清晰地表达零件的各部分形状和结构。 (√)

9. ISO 14000 系列标准对管理标准的一个重大改进，就是建立了一套对组织环境行为的评价体系，这便是环境行为评价标准。 (√)

10. 环境管理体系的运行模式，遵守由查理斯 · 德明提供的规划策划(PLAN)、实施(DO)、验证(CHECK)和改进(ACTION)运行模式可简称 PDCA 模式。 (√)

11. 环境管理体系的运行模式与其他管理的运行模式相似，共同遵循 PDCA 运行模式，没有区别。 (×)

正确答案：环境管理体系的运行模式与其他管理的运行模式相似，除了共同遵循 PDCA 运行模式外，它还有自身的特点，那就是持续改进，也就是说它的环线是永远不能闭合的。

12. 采取隔离操作，实现微机控制，不属于防尘防毒的技术措施。 (×)

正确答案：采取隔离操作，实现微机控制是防尘防毒的技术措施之一。

13. 严格执行设备维护检修责任制，消除“跑冒滴漏”是防尘防毒的技术措施。 (×)

正确答案：严格执行设备维护检修责任制，消除“跑冒滴漏”是防尘防毒的管理措施。

14. 在 ISO 14001 环境管理体系中，初始环境评审是建立环境管理体系的基础。 (√)

15. 在 HSE 管理体系中，定量评价指不对风险进行量化处理，只用发生的可能性等级和后果的严重度等级进行相对比较。 (×)

正确答案：在 HSE 管理体系中，定性评价指不对风险进行量化处理，只用发生的可能性等级和后果的严重度等级进行相对比较。

16. HSE 管理体系规定，在生产日常运行中各种操作、开停工、检维修作业、进行基建及变更等活动前，均应进行风险评价。 (√)

17. 对某项产品返工后仍需重新进行检查。 (√)

18. ISO 9000 族标准中，质量审核是保证各部门持续改进工作的一项重要活动。 (√)

19. ISO 9000 族标准的三种审核类型中，第三方审核的客观程度最高，具有更强的可信度。 (√)

20. 平顶型直方图的形成由单向公差要求或加工习惯等引起。 (×)

正确答案：平顶型直方图的形成往往因生产过程有缓慢因素作用引起。

21. 质量统计排列图分析是质量成本分析的方法之一。 (√)

22. 质量统计因果图的作用是为了确定“关键的少数”。 (×)

正确答案：质量统计排列图的作用是为了确定“关键的少数”。

23. 质量统计控制图上出现异常点时，才表示有不良品发生。 (×)

正确答案：不一定。在质量统计控制图上，即使点子都在控制线内，但排列有缺陷，也要判做异常。

24. 国际上通用的产品不良项分级共分三级。（×）

正确答案：国际上通用的产品不良项分级共分四级。

25. 在计算机应用软件 Word 中插入的文本框不允许在文字的上方或下方。（×）

正确答案：Word 中插入的文本框通过设置文本框格式当中的版式允许在文字的上方或下方。

26. 在计算机应用软件 Word 中绘制图形要求两个图形能准确对齐可通过调整绘图网格的水平、垂直间距来实现。（✓）

27. 在计算机应用软件 Excel 中"COUNTIF(　　)"函数的作用是计算某区域满足条件的单元格数。（✓）

28. Excel 数据表中汉字排序一般是按拼音顺序排序，但也可以按笔画排序。（✓）

29. Excel 数据表中分类汇总的选项包括分类字段、汇总方式两方面的内容。（×）

正确答案：Excel 数据表中分类汇总的选项包括分类字段、汇总方式多方面的内容。

30. Excel 数据表中修改图表中的数据标志是通过图表区格式选项中的数据标志选项实现的。（×）

正确答案：Excel 数据表中修改图表中的数据标志是通过数据系列格式选项中的数据标志选项实现的。

31. 班组建设不同于班组管理，班组建设是一个大概念，班组管理从属于班组建设。（✓）

32. 一般来说，班组的成本核算是全面的统计核算、业务核算和会计核算。（×）

正确答案：一般来说，班组的成本核算是局部核算和群众核算。

33. 总结的基本特点是汇报性和陈述性。（×）

正确答案：总结的基本特点是回顾过去，评估得失，指导将来。

34. 报告的目的在于把已经实践过的事情上升到理论认识，指导以后的实践，或用来交流，加以推广。（×）

正确答案：报告的主要目的是下情上达，向上级汇报工作、反映情况、提出意见和建议。

35. 为了减少发文，可以把若干问题归纳起来向上级写综合请示，但不能多方请示。（×）

正确答案：要坚持"一文一事"的原则，切忌"一文数事"使上级机关无法审批。

单选题

1. 班组交接班记录填写时，一般要求使用的字体是(B)。

A. 宋体　　B. 仿宋　　C. 正楷　　D. 隶书

2. 下列选项中不属于班组安全活动的内容是(A)。

A. 对外来施工人员进行安全教育

B. 学习安全文件、安全通报

C. 安全讲座、分析典型事故，吸取事故教训

D. 开展安全技术座谈、消防、气防实地救护训练

3. 安全日活动常白班每周不少于(D)次，每次不少于 1h。

A. 4　　B. 3　　C. 2　　D. 1

4. 物体结构形状愈复杂，虚线就愈多，为此，对物体上不可见的内部结构形状采用(C)来表示。

A. 旋转视图　　B. 局部视图　　C. 全剖视图　　D. 端面图

5. 单独将一部分的结构形状向基本投影面投影需要用(B)来表示。

A. 旋转视图　　B. 局部视图　　C. 全剖视图　　D. 端面图

6. 用剖切平面把物体完全剖开后所得到的剖视图称为(D)。

A. 局部剖视图　　B. 局部视图　　C. 半剖视图　　D. 全剖视图

7. 画在视图外的剖面图称为(A)剖面图。

A. 移出　　B. 重合　　C. 局部放大　　D. 局部

8. 重合在视图内的剖面图称为(B)剖面图。

A. 移出　　B. 重合　　C. 局部放大　　D. 局部

9. 化工设备图中，表示点焊的焊接焊缝是(A)。

A. ○　　B. ∪　　C. △　　D. ⊿

10. 下列选项中，不属于零件图内容的是(D)。

A. 零件尺寸　　B. 技术要求　　C. 标题栏　　D. 零件序号表

11. 在 HSE 管理体系中，(C)是管理手册的支持性文件，上接管理手册，是管理手册规定的具体展开。

A. 作业文件　　B. 作业指导书　　C. 程序文件　　D. 管理规定

12. ISO 14001 环境管理体系共由(B)个要素所组成。

A. 18　　B. 17　　C. 16　　D. 15

13. ISO 14000 系列标准的指导思想是(D)。

A. 污染预防　　B. 持续改进

C. 末端治理　　D. 污染预防，持续改进

14. 不属于防尘防毒技术措施的是(C)。

A. 改革工艺　　B. 湿法除尘

C. 安全技术教育　　D. 通风净化

15. 防尘防毒治理设施要与主体工程(A)、同时施工、同时投产。

A. 同时设计　　B. 同时引进　　C. 同时检修　　D. 同时受益

16. 在 HSE 管理体系中，物的不安全状态是指使事故(B)发生的不安全条件或物质条件。

A. 不可能　　B. 可能　　C. 必然　　D. 必要

17. 在 HSE 管理体系中，风险指发生特定危害事件的(C)性以及发生事件结果严重性的结合。

A. 必要　　B. 严重　　C. 可能　　D. 必然

18. 在(B)情况下不能对不合格品采取让步或放行。

A. 有关的授权人员批准　　B. 法律不允许

C. 顾客批准　　D. 企业批准

19. 不合格品控制的目的是(C)。

A. 让顾客满意　　B. 减少质量损失

C. 防止不合格品的非预期使用　　D. 提高产品质量

20. 在 ISO 9001 族标准中，内部审核是(D)。

A. 内部质量管理体系审核

B. 内部产品质量审核

C. 内部过程质量审核

D. 内部质量管理体系、产品质量、过程质量的审核

21. 在 ISO 9001 族标准中，第三方质量管理体系审核的目的是(C)。

A. 发现尽可能多的不符合项

B. 建立互利的供方关系

C. 证实组织的质量管理体系符合已确定准则的要求

D. 评估产品质量的符合性

22. ISO 9000 族标准规定，(C)属于第三方审核。

A. 顾客进行的审核　　B. 总公司对其下属公司组织的审核

C. 认证机构进行的审核　　D. 对协作厂进行的审核

23. 在 ISO 9000 族标准中，组织对供方的审核是(D)。

A. 第一方审核　　B. 第一、第二、第三方审核

C. 第三方审核　　D. 第二方审核

24. 数据分组过多或测量读数错误而形成的质量统计直方图形状为(A)形。

A. 锯齿　　B. 平顶　　C. 孤岛　　D. 偏峰

25. 把不同材料、不同加工者、不同操作方法、不同设备生产的两批产品混在一起时，质量统计直方图形状为(D)形。

A. 偏向　　B. 孤岛　　C. 对称　　D. 双峰

26. 在质量管理过程中，以下哪个常用工具可用于明确“关键的少数”(A)。

A. 排列图　　B. 因果图　　C. 直方图　　D. 调查表

27. 质量统计图中，图形形状像“鱼刺”的图是(D)图。

A. 排列　　B. 控制　　C. 直方　　D. 因果

28. 在质量统计控制图中，若某个点超出了控制界限，就说明工序处于(D)。

A. 波动状态　　B. 异常状态

C. 正常状态　　D. 异常状态的可能性大

29. 质量统计控制图的上、下控制限可以用来(B)。

A. 判断产品是否合格　　B. 判断过程是否稳定

C. 判断过程能力是否满足技术要求　　D. 判断过程中心与技术中心是否发生偏移

30. 产品的不良项分级分为 A、B、C、D 四级，A 级不良项是指产品的(C)不良项。

A. 轻微　　B. 一般　　C. 致命　　D. 严重

31. 产品的不良项分级分为 A、B、C、D 四级，C 级不良项是指产品的(B)不良项。

A. 轻微　　B. 一般　　C. 致命　　D. 严重

32. 在计算机应用软件 Word 中插入的图片(A)。

A. 可以嵌入到文本段落中

B. 图片的位置可以改变，但大小不能改变

C. 文档中的图片只能显示，无法用打印机打印输出

D. 不能自行绘制，只能从 Office 的剪辑库中插入

33. 在 Excel97 工作表中，单元格 C4 中有公式“=A3+$C$5”，在第 3 行之前插入一行之后，单元格 C5 中的公式为(A)。

A. =A4+$C$6　　B. =A4+$C$5

C. =A3+$C$6　　D. =A3+$C$5

34. 

图中所指的按钮是(B)。

A. 降序按钮　　B. 升序按钮　　C. 插入字母表　　D. 删除字母表

35. 建立图表的方法是从(C)菜单里点击图表。

A. 编辑　　B. 视图　　C. 插入　　D. 工具

36. 班组管理是在企业整个生产活动中，由(D)进行的管理活动。

A. 职工自我　　B. 企业　　C. 车间　　D. 班组自身

37. 属于班组经济核算主要项目的是(C)。

A. 设备完好率　　B. 安全生产　　C. 能耗　　D. 环保中的三废处理

多选题

1. 属于班组交接班记录的内容是(A，B，C)。

A. 生产运行　　B. 设备运行　　C. 出勤情况　　D. 安全学习

2. 下列属于班组安全活动的内容是(B，C，D)。

A. 对外来施工人员进行安全教育

B. 学习安全文件、安全通报

C. 安全讲座、分析典型事故，吸取事故教训

D. 开展安全技术座谈，消防、气防实地救护训练

3. 化工设备装配图中，螺栓联接可简化画图，其中所用的符号可以是(C，D)。

A. 细实线+　　B. 细实线×　　C. 粗实线+　　D. 粗实线×

4. 下列选项中，属于零件图内容的是(A，C)。

A. 零件尺寸　　B. 零件的明细栏　　C. 技术要求　　D. 零件序号表

5. 清洁生产审计有一套完整的程序，是企业实行清洁生产的核心，其中包括以下(B，C，D)阶段。

A. 确定实施方案　　B. 方案产生和筛选

C. 可行性分析　　D. 方案实施

6. HSE 体系文件主要包括(A，B，C)。

A. 管理手册　　B. 程序文件　　C. 作业文件　　D. 法律法规

7. 下列叙述中，属于生产中防尘防毒技术措施的是(A，B，C，D)。

A. 改革生产工艺　　B. 采用新材料新设备

C. 车间内通风净化　　D. 湿法除尘

8. 下列叙述中，不属于生产中防尘防毒的管理措施的有(A，B)。

A. 采取隔离法操作，实现生产的微机控制

B. 湿法除尘

C. 严格执行安全生产责任制

D. 严格执行安全技术教育制度

9. 我国在劳动安全卫生管理上实行“(A，B，C，D)”的体制。

A. 企业负责　B. 行业管理　C. 国家监察　D. 群众监督

10. 在 HSE 管理体系中，危害识别的状态是(A，B，C)。

A. 正常状态　B. 异常状态　C. 紧急状态　D. 事故状态

11. 在 HSE 管理体系中，可承受风险是根据企业的(A，B)，企业可接受的风险。

A. 法律义务　B. HSE 方针　C. 承受能力　D. 心理状态

12. 在 HSE 管理体系中，风险控制措施选择的原则是(A，B)。

A. 可行性　B. 先进性、安全性

C. 经济合理　D. 技术保证和服务

13. 对于在产品交付给顾客及产品投入使用时才发现不合格产品，可采用以下方法处置(B，D)。

A. 一等品降为二等品　B. 调换

C. 向使用者或顾客道歉　D. 修理

14. 在 ISO 9000 族标准中，关于第一方审核说法正确的是(A，B，D)。

A. 第一方审核又称为内部审核

B. 第一方审核为组织提供了一种自我检查、自我完善的机制

C. 第一方审核也要由外部专业机构进行的审核

D. 第一方审核的目的是确保质量管理体系得到有效地实施

15. 质量统计排列图的作用是(A，B)。

A. 找出关键的少数　B. 识别进行质量改进的机会

C. 判断工序状态　D. 度量过程的稳定性

16. 质量统计因果图具有(C，D)特点。

A. 寻找原因时按照从小到大的顺序　B. 用于找到关键的少数

C. 是一种简单易行的科学分析方法　D. 集思广益，集中群众智慧

17. 质量统计控制图包括(B，C，D)。

A. 一个坐标系　B. 两条虚线

C. 一条中心实线　D. 两个坐标系

18. 产品不良项的内容包括(A，C，D)。

A. 对产品功能的影响　B. 对质量合格率的影响

C. 对外观的影响　D. 对包装质量的影响

19. 在计算机应用软件 Word 中页眉设置中可以实现的操作是(A，B，D)。

A. 在页眉中插入剪贴画　B. 建立奇偶页内容不同的页眉

C. 在页眉中插入分隔符　D. 在页眉中插入日期

20. 在计算机应用软件 Excel 中单元格中的格式可以进行(A，B，C)等操作。

A. 复制　　B. 粘贴　　C. 删除　　D. 链接

21. 自动筛选可以实现的条件是(A，C，D)。

A. 自定义　　B. 数值　　C. 前 10 个　　D. 全部

22. 对于已生成的图表，说法正确的是(A，B，D)。

A. 可以改变图表格式　　B. 可以更新数据

C. 不能改变图表类型　　D. 可以移动位置

23. 班组的劳动管理包括(A，B，D)。

A. 班组的劳动纪律　　B. 班组的劳动保护管理

C. 对新工人进行“三级教育”　　D. 班组的考勤、考核管理

24. 班组生产技术管理的主要内容有(A，C，D)。

A. 定时查看各岗位的原始记录，分析判断生产是否处于正常状态

B. 对计划完成情况进行统计公布并进行分析讲评

C. 指挥岗位或系统的开停车

D. 建立指标管理账

25. 在班组经济核算中，从项目的主次关系上看，属于主要项目的有(A，C，D)指标。

A. 产量　　B. 安全生产　　C. 质量　　D. 工时

26. 总结与报告的主要区别是(A，C，D)不同。

A. 人称　　B. 文体　　C. 目的　　D. 要求

27. 报告与请示的区别在于(A，B，C，D)不同。

A. 行文目的　　B. 行文时限　　C. 内容　　D. 结构

28. 请示的种类可分为(A，B，C，D)的请示。

A. 请求批准　　B. 请求指示　　C. 请求批转　　D. 请求裁决

简答题

1. 清洁生产审计有哪几个阶段？

答：①筹划与组织；②预评估；③评估；④方案产生和筛选；⑤可行性分析；⑥方案实施；⑦持续清洁生产。

2. ISO 14001 环境管理体系由哪些基本要素构成？

答：ISO 14001 环境管理体系由环境方针、规划、实施、测量和评价、评审和改进五个基本要素构成。

3. 防尘防毒的主要措施是什么？

答：我国石化工业多年来治理尘毒的实践证明，在大多数情况下，靠单一的方法防尘治毒是行不通的，必须采取综合治理措施。即首先改革工艺设备和工艺操作方法，从根本上杜绝和减少有害物质的产生，在此基础上采取合理的通风措施，建立严格的检查管理制度，这样才能有效防止石化行业尘毒的危害。

4. 什么叫消除二次尘毒源？

答：对于因“跑冒滴漏”而散落地面的粉尘、固、液体有害物质要加强管理，及时清扫、冲洗地面，实现文明生产，叫消除二次尘毒源。

5. 什么是劳动安全卫生管理体制中的“行业管理”？

答：劳动安全卫生管理体制中的“行业管理”就是行业主管部门根据本行业的实际和特

点切实提出本行业的劳动安全卫生管理的各项规章制度，并监督检查各企业的贯彻执行情况。

6. 简述 ISO 14001 环境管理体系建立的步骤。

答：一般而言，建立环境管理体系过程包括以下六大阶段：①领导决策与准备；②初始环境评审；③体系策划与设计；④环境管理体系文件编制；⑤体系运行；⑥内部审核及管理评审。

7. HSE 管理体系中危害识别的思路是什么？

答：①存在什么危害(伤害源)？②谁(什么)会受到伤害？③伤害怎样发生？

8. 什么是第一方审核，第二方审核，第三方审核？

答：第一方审核又称为内部审核，第二方审核和第三方审核统称为外部审核。①第一方审核指由组织的成员或其他人员以组织的名义进行的审核。这种审核为组织提供了一种自我检查、自我完善的机制。②第二方审核是在某种合同要求的情况下，由与组织有某种利益关系的相关方或由其他人员以相关方的名义实施的审核。这种审核旨在为组织的相关方提供信任的证据。③第三方审核是由独立于受审核方且不受其经济利益制约的第三方机构依据特定的审核准则，按规定的程序和方法对受审核方进行的审核。

9. 什么是排列图？

答：排列图又叫帕累托图，在质量管理中，排列图是用来寻找影响产品质量的主要问题，确定质量改进关键项目的图。

10. 控制图的主要用途是什么？

答：①分析用的控制图主要用于分析工艺过程的状态，看工序是否处于稳定状态；②管理用的控制图主要用于预防不合格品的产生。

11. 国际上通用的产品不良项分级分为几级？

答：国际上通用的产品不良项分级共分为：致命(A 级)、严重(B 级)、一般(C 级)、轻微(D 级)四级。

12. 班组在企业生产中的地位如何？

答：①班组是企业组织生产活动的基本单位；②班组是企业管理的基础和一切工作的立脚点；③班组是培养职工队伍，提高工人技能的课堂；④班组是社会主义精神文明建设的重要阵地。

13. 班组管理有哪些基本内容？

答：①建立和健全班组的各项管理制度；②编制和执行生产作业计划，开展班组核算；③班组的生产技术管理；④班组的质量管理；⑤班组的劳动管理；⑥班组的安全管理；⑦班组的环境卫生管理；⑧班组的思想政治工作。

14. 班组经济核算的基本原则和注意事项是什么？

答：班组经济核算应遵循“干什么、管什么、算什么”的原则，力求注意三个问题：①计算内容少而精，②分清主次，③方法简洁。

15. 总结的写作要求是什么？

答：①要新颖独特，不能报流水账；②要重点突出，找出规律，避免事无巨细面面俱到；③要实事求是，全面分析问题，从中找出经验教训；④要材料取舍得当；⑤要先叙后议或夹叙夹议。

16. 什么是报告？

答：报告是下级机关向上级机关汇报工作、反映情况、提出意见或建议，答复上级机关的询问时使用的行文。

17. 请示的特点是什么？

答：请示的最大特点是请求性。指本机关、本部门打算办理某件事情，而碍于无权自行决定，或者无力去做，或不知该不该办，必须请求上级机关批准、同意后方可办理。

工种理论知识试题

判断题

1. 干度是干蒸汽的一个状态参数，它表示干蒸汽的干燥程度。（×）

正确答案：干度是饱和蒸汽的一个状态参数，它表示饱和蒸汽的干燥程度。

2. 对于空间一点，不可能同时具有两个温度，所以不同温度的等温面(等温线)是不会相交的。（√）

3. 不同液体在相同压力下沸点不同，但同一液体在不同压力下沸点也不同。（√）

4. 热力循环从理论上讲给水回热加热温度可达到新蒸汽压力下的饱和温度。（√）

5. 饱和汽压随温度升高而降低。（×）

正确答案：饱和汽压随温度升高而升高。

6. 液体在整个沸腾阶段不吸热，温度也不上升。（×）

正确答案：液体在整个沸腾阶段吸热，温度不变。

7. 液面上的压力越高，液体蒸发速度越快。（×）

正确答案：液面上的压力越高，液体蒸发速度越慢。

8. 饱和水的干度等于零。（√）

9. 容器中的水在定压下被加热，当水和蒸汽平衡共有时，此时蒸汽为过热蒸汽。（×）

正确答案：容器中的水在定压下被加热，当水和蒸汽平衡共有时，此时蒸汽为饱和蒸汽。

10. 过热蒸汽的过热度越小，说明越接近饱和状态。（√）

11. 物质从液态变成气态的过程叫汽化，汽化发生在液体表面的现象叫沸腾。（×）

正确答案：物质从液态变成气态的过程叫汽化，汽化发生在液体表面和液体内部的现象叫沸腾。

12. 从干饱和蒸汽加热到一定温度的过热蒸汽所加入的热量叫过热热。（√）

13. 汽轮机的排气在凝结器中凝结成水，只放出汽化潜热，但温度不变化。（√）

14. 热量传递的基本方式有四种。（×）

正确答案：热量传递的基本方式有三种：导热、对流、辐射。

15. 在许多实际的热量传递中，三种传递方式经常同时出现。（√）

16. 凡是有温差的物体，就一定有热量的传递。（√）

17. 绝热材料或保温材料不传递热量，即所传递的热传导热量等于零。（×）

正确答案：绝热材料或保温材料传递热量，所传递的热传导热量较少。

18. 热能不可能自动从冷物体传递到热物体。（√）

19. 导热过程与物体内部温度的分布状况密切相关。（√）

20. 流体与壁面间温差越大，换热量越大。对流换热热阻越大，则换热量也越大。（×）

正确答案：流体与壁面间温差越大，换热量越大。对流换热热阻越大，则换热量越小。

21. 按传热方式的不同，加热器可分为混合式和表面式两种，混合式加热器通过汽水直接混合来传递热量，表面式加热器则通过金属受热面来实现热量传递。（√）

22. 表面式加热器可以直接加热到加热蒸汽压力下的饱和温度，其优点是：无端差、热经济性高等。（×）

正确答案：混合式加热器可以直接加热到加热蒸汽压力下的饱和温度，其优点是：无端差、热经济性高等。

23. 导热系数在数值上等于沿着导热方向每米长度上温差1℃时，每小时通过壁面传递的热量。（√）

24. 物体导热系数越大则它的导热能力也越强。（√）

25. 导热系数的大小表示物体传播温度变化的能力。（√）

26. 在非稳定导热过程中，沿热流方向水平截面上的热流量是处处不相等的。（×）

正确答案：在非稳定导热过程中，沿热流方向垂直截面上的热流量是处处不相等的。

27. 流体与壁面间温差越大，换热面积越大，对流换热阻越大，则换热量也应越大。（×）

正确答案：流体与壁面间温差越大，换热面积越大，对流换热阻越小，则换热量也应越大。

28. 直接接触物体各种部分的热量传递现象叫对流。（×）

正确答案：直接接触物体各种部分的热量传递现象叫导热。

29. 减少散热损失的方法有：增加绝热层厚度以减小导热热阻；设法减少设备外表面与空气间总换热系数。（√）

30. 过热蒸汽的流过换热属于管内强迫对流换热，也称纵向冲刷换热。（√）

31. 当汽轮机金属部件表面温度达到对应蒸汽压力下的饱和温度时，蒸汽对金属表面的方式总是以传导方式进行的。（×）

正确答案：当汽轮机金属部件表面温度达到对应蒸汽压力下的饱和温度时，蒸汽对金属表面的方式总是以对流传导方式进行的。

32. 表面式热交换器中，采用逆流式可以加强传热。（√）

33. 对流传热过程中，传热平均温差不仅取决于冷热流体进出口温度，而且与受热面布置方式有关。（√）

34. 蒸汽管道保温后，可以防止热传递过程发生。（×）

正确答案：蒸汽管道保温后，可以减少热量传递。

35. 物体间不接触的传热方式为热辐射。（√）

36. 只要温度高于绝对零度，物体不一定向外发射辐射能量。（×）

正确答案：只要温度高于绝对零度，物体一定向外发射辐射能量。

37. 黑体只吸收部分波长的辐射能。（×）

正确答案：黑体吸收全部波长的辐射能。

38. 两物体之间通过热辐射交换能量无需中间介质的存在。（√）

39. 金属材料的延伸和断面收缩率越大，表示金属材料的塑性越好。（√）

40. 铸铁的铸造性能没有钢好。（×）

正确答案：铸铁的铸造性能比钢好。

41. 钢材抵抗外力破坏作用的能力叫金属的强度。（√）

42. 金属材料的性质是耐拉不耐压，所以当压应力大时危险性较大。（×）

正确答案：金属材料的性质是耐压不耐拉，所以当拉应力大时危险性较大。

43. 发电厂常用的合金铸铁为耐热铸铁和耐磨铸铁。（√）

44. 静止液体中各点的比位能和比压能之和呈减少趋势。（×）

正确答案：静止液体中各点的比位能和比压能之和不变。

45. 过流断面上各点流速就是平均流速。（×）

正确答案：过流断面上各点流速的平均值就是平均流速。

46. 在流速较小、管径较大或流体黏滞性较大的情况下才发生层流。（√）

47. 讨论平衡的流体一定要考虑黏性。（×）

正确答案：讨论平衡的流体不必考虑黏性。

48. 流体动力黏度越大，表明内摩擦力的作用强，黏性对流动的影响大。（√）

49. 温度越高则润滑油的黏度越低。（√）

50. 通常把液体视为不可压缩流体。（√）

51. 在紊流运动中，由于剧烈的横向掺混，使得过流断面上各点的流速相差很大。（×）

正确答案：在紊流运动中，由于剧烈的横向掺混，使得过流断面上各点的流速相差不大。

52. 圆管中层流运动的沿程阻力系统与管壁的粗糙情况有关。（×）

正确答案：圆管中层流运动的沿程阻力系统与管壁的粗糙情况无关。

53. 液体在运动过程中，质点之间彼此混杂，互相干扰的这种流动状态称为紊流。（√）

54. 一次元件又称为传感器或发送器，其作用是：感受被测参数的变化，并将被测参数变化转换成为一个相应的信号输出。（√）

55. 铂铑-铂热电偶适用于高温测量和作标准热电偶使用。（√）

56. 调节设备按使用能源可分为：电动式、气动式、液动式、电液式等形式，其中结构简单，推动力大的是电液式。（×）

正确答案：调节设备按使用能源可分为：电动式、气动式、液动式、电液式等形式，其中结构简单，推动力大的是液动式。

57. 水位测量仪表分为玻璃管水位计和电极式水位计两种。（×）

正确答案：水位测量仪表主要有玻璃管水位计、差压型水位计和电极式水位计。

58. 自动控制系统的执行器按驱动形式不同分为气动执行器、电动执行器和液体执行器。（√）

59. 一般汽缸的高、中压段采用合金钢或碳钢铸造结构。（√）

60. 汽轮机的支承点既起支承作用，又应不妨碍机组的自由膨胀，保证机组运行时中心不变。（√）

61. 高压汽轮机各级的隔板通常不直接固定在汽缸上，而是固定在隔板套上，隔板套再固定在汽缸上。（√）

62. 为防止大量高温高压蒸汽外泄，汽轮机高压进汽管采用了滑动密封式的连接结构。（√）

63. 叶片不是汽轮机重要的零件之一。（×）

正确答案：叶片是汽轮机重要的零件之一。

64. 汽轮机的焊接转子可用于高压转子，不能用于低压转子。（×）

正确答案： 汽轮机的焊接转子可用于高压转子，也可以用于低压转子。

65. 汽轮机汽封系统的作用是阻止空气漏入汽缸、回收中压端漏泄的蒸汽和利用漏汽的热量。（×）

正确答案： 汽轮机汽封系统的作用是阻止空气漏入汽缸、回收高压端漏泄的蒸汽和利用漏汽的热量。

66. 形成油膜的条件之一是两滑动面间要有相对运动，而且使油由楔形间隙的窄口流向宽口。（×）

正确答案： 形成油膜的条件之一是两滑动面间要有相对运动，而且使油由楔形间隙的宽口流向窄口。

67. 润滑油黏度越大，轴颈就越容易失稳而产生油膜振荡。（√）

68. 油膜振荡可以用提高转速的办法消除。（×）

正确答案： 油膜振荡不能用提高转速的办法消除。

69. 对于刚性转子和工作转速大于二倍第一临界转速的挠性转子，不会发生油膜振荡。（×）

正确答案： 对于刚性转子和工作转速小于二倍第一临界转速的挠性转子，不会发生油膜振荡。

70. 汽轮机径向支持轴承的作用是承担转子的质量及由转子质量不平衡引起的离心力。（√）

71. 凝结器端差越大，冷源损失越小。（×）

正确答案： 凝结器端差越大，冷源损失越大。

72. 热力循环的热效率是评价循环热功转换效果的主要指标。（√）

73. 原则性热力系统的任务是明确反映电厂在各种工况及事故时的运行方式。（√）

74. 发电机组输出功率与蒸汽理想功率之比叫做汽轮发电机组相对电效率。（√）

75. 汽轮机损失分为外部损失和内部损失两种，对蒸汽的热力过程和状态不发生影响的损失称内部损失；对蒸汽的热力过程和状态发生影响的损失叫外部损失。（×）

正确答案： 汽轮机损失分为外部损失和内部损失两种，对蒸汽的热力过程和状态不发生影响的损失称外部损失；对蒸汽的热力过程和状态发生影响的损失叫内部损失。

76. 正常停机中按停机过程中蒸汽参数不同分为：滑参数停机和额定参数停机两种方式。（√）

77. 低速暖机时，若真空太高，暖机时间短。（×）

正确答案： 低速暖机时，若真空太高，暖机的蒸汽流量太小，机组预热不充分，暖机时间反而加长。

78. 低压加热器正常运行时，汽侧水位一般维持在水位计的1/3~1/2处。（√）

79. 调速给水泵随机组负荷的变化而变化。（√）

80. 在稳定状态下汽轮机转速与功率之间的对应关系称调节系统的静态特性，其关系曲线称为调节系统静态特性曲线。（√）

81. 液压离心式调速器利用液柱旋转时产生离心力的原理，把感受到的转速变化信号，

转变为油压的变化信号。（√）

82. 汽轮机调节系统因采用了抗燃油，而该油的闪点在500℃以上，所以当抗燃油发生泄露至高温部件时，永远不会着火。（×）

正确答案：汽轮机调节系统因采用了抗燃油，而该油的闪点在500℃以上，所以当抗燃油发生泄露至高温部件时，发生火灾的可能性大大降低。

83. 为了防止蒸汽被抽走以减轻抽气器的工作负荷，凝结器设置了空气冷却区，其面积约占凝结器总面积的8%～10%。（√）

84. 正常运行中，抽气器的作用是维持凝汽器的真空。（√）

85. 当蒸汽在末级叶片中的膨胀达到极限时，所对应的真空称为经济真空。（×）

正确答案：当蒸汽在末级叶片中的膨胀达到极限时，所对应的真空称为极限真空，也有的称之为临界真空。

86. 汽轮机运行中当凝汽器管板脏污时，真空下降，排汽温度升高，循环水出入口温差减小。（×）

正确答案：汽轮机运行中当凝汽器管板脏污时，真空下降，排汽温度升高，循环水出入口温差增大。

87. 做真空严密性试验时，如果机组真空下降较快，应立即停止试验，恢复原来的运行状态。（√）

88. 凝汽器在线清洗时，一般采用胶球清洗。（√）

89. 汽轮发电机组最优化启停是由升温速度和升温幅度来决定的。（√）

90. 汽轮机部分进汽启动可以减小蒸汽在调节级的温降幅度，并使喷嘴室附近区段全周方向温度分布均匀。（×）

正确答案：汽轮机全周进汽启动可以减小蒸汽在调节级的温降幅度，并使喷嘴室附近区段全周方向温度分布均匀。

91. 对汽轮机来说，滑参数启动的特点是安全性好。（√）

92. 汽轮机启停过程中，由于上下缸存在温差，使转子上下部分也存在温差。（√）

93. 汽轮机热态启动时凝汽器真空适当保持低一些。（×）

正确答案：汽轮机热态启动时凝汽器真空适当保持高一些。

94. 如果机组安装后原始大轴晃动值比较大时，一定要记录最大晃动值的方位，作为以后启动前测量大轴晃动的参考。（√）

95. 汽轮机启动时先供轴封汽后抽真空是热态启动与冷态启动的主要区别之一。（√）

96. 为节约厂用电消耗，循环水泵应在锅炉点火后开启。（×）

正确答案：锅炉点火后，将有大量疏水排到凝结器，所以在点火前就应开启循环水泵向凝结器通冷却水。

97. 机组启动过程中，为节约厂用电耗，转子冲动后即可停止调速油泵运行。（×）

正确答案：机组启动过程中，机组定速后方可停止调速油泵运行。

98. 机组装有启动排油滑阀可以防止调速油泵和主油泵同时运行时，主油泵内温度升高。（√）

99. 汽轮机带负荷后，当调整段下缸及法兰内壁金属温度达到相当于新蒸汽温度减去新蒸汽与调整段金属正常运行最大温差的数值时，机组带负荷速度不再受限制。（√）

100. 滑参数加负荷结束时，逐渐关小调速汽门的目的是使主蒸汽压力提高到额定值。（✓）

101. 汽缸加热速度过快很容易引起加热不均而造成汽缸变形。（✓）

102. 汽轮机启动时，如上下缸温差过大引起轴端汽封间隙消失，会发生强烈振动，但不会造成大轴永久变形。（×）

正确答案：汽轮机启动时，如上下缸温差过大引起轴端汽封间隙消失，轴表面在圆周上都要受到不均匀的摩擦，将引起大轴弯曲，发生强烈振动，如不及时处理，可能造成大轴永久变形。

103. 汽轮机启动、停机及运行中不允许法兰温度高于螺栓温度。（×）

正确答案：汽轮机启动、停机及运行中不允许螺栓温度高于法兰温度。

104. 机组冷态启动中，为使汽缸法兰迅速加热，加热蒸汽压力越高越好。（×）

正确答案：机组冷态启动中，随着主蒸汽压力的提高，要逐渐关小法兰加热联箱的进汽门，防止压力过高，造成法兰加热装置的损坏。

105. 在汽轮机热态启动过程中，转子中心孔温度一般没有明显的降低，这是因为转子的热容量很大。（✓）

106. 高压大容量汽轮机热态启动参数的选择原则是根据高压缸调节级汽室温度和中压缸进汽室温度，选择与之相匹配的主蒸汽和再热蒸汽温度。（✓）

107. 机组热态启动时，调节级出口的蒸汽温度与金属温度之间出现一定程度的负温差是允许的。（✓）

108. 采用滑参数停机，可以提前停止盘车和油循环，创造检修开工条件，缩短整个检修停机时间。（✓）

109. 汽轮机停机及减负荷时，转子表面承受拉伸热应力，转子中心孔承受压缩热应力。（✓）

110. 采用滑参数停机可以减少上、下汽缸的温差，使热应力及热变形量减少。（✓）

111. 采用额定参数停机可以充分利用锅炉余热，提高热经济性。（×）

正确答案：采用滑参数停机可以充分利用锅炉余热，提高热经济性。

112. 采用额定参数停机可以对汽轮机叶片有一定清洗作用。（×）

正确答案：采用滑参数停机可以对汽轮机叶片有一定清洗作用。

113. 滑参数停机过程中主再热蒸汽的温降率要大于冷态滑参数启动的温降率。（×）

正确答案：滑参数停机过程中主再热蒸汽的温降率要小于冷态滑参数启动的温降率。

114. 汽轮机转子惰走曲线的第二阶段，由于轴承油膜破坏，摩擦力迅速增大，转速迅速降低，故曲线较陡。（×）

正确答案：汽轮机转子惰走曲线的第三阶段，由于轴承油膜破坏，摩擦力迅速增大，转速迅速降低，故曲线较陡。

115. 汽轮机转子惰走时间的长短，可以验证汽轮机轴瓦或通流部分是否发生问题。（✓）

116. 停机后连续盘车停止后，即可停止润滑油泵运行。（×）

正确答案：停机后连续盘车至高压内上缸内壁温度150℃，停止盘车运行，维持润滑油泵运行2h后停运。

117. 汽轮机停机后，如盘车盘不动时，可以使用行吊进行强行盘车。（×）

正确答案：汽轮机停机后，如盘车盘不动时，严禁强行盘车。

118. 额定参数停机的过程因参数不变，因此对汽轮机金属来说不存在冷却的过程。（×）

正确答案：额定参数停机的过程始终是汽轮机金属冷却的过程。

119. 在试验过程中发生事故，应由运行人员按照事故处理规程进行处理。（√）

120. 每次汽轮机启动前，确认大轴晃动度在允许范围内才可进行启动。（√）

121. 汽轮机叶片冲蚀现象在开始阶段发展较快，以后发展速度较慢。（√）

122. 汽轮机运行中切换冷油器不当，易造成机组的轴瓦断油。（√）

123. 发电机突然甩掉负荷与电网解列后，但汽轮机未掉闸，检查抽汽逆止门及高压缸排汽逆止门应立即关闭。（√）

124. 厂用电全停时，必须停机，等厂用电恢复后再重新启动。（√）

125. 在运行中不得使润滑油温大幅度变化。（√）

126. 热力试验任务之一是确定进汽压力与汽轮机微增出力的关系。（×）

正确答案：热力试验任务之一是确定排汽压力与汽轮机微增出力的关系。

127. 热力试验时运行值班人员负责对机组运行方式进行必要的切换和调整。（√）

128. 在汽轮机热力试验中，主蒸汽流量可通过直接测量确定、测定主凝结水或主给水流量，再折算成主蒸汽流量。（√）

129. 在汽轮机热力试验中，试验条件下，在各热平衡方程式中，回热抽汽的热焓，应按加热器进口的温度和压力的测量值确定。（√）

130. 汽轮机甩负荷试验一般按甩额定负荷的1/3，1/2，3/4及全部负荷四个等级进行。（×）

正确答案：汽轮机甩负荷试验一般按甩额定负荷的1/2、3/4及全部负荷三个等级进行。

131. 主汽门、调速汽门严密性试验时，试验汽压不应低于额定汽压的50%。（√）

132. 一般规定，汽轮机超速试验后方可进行充油试验，以免影响超速试验的准确性。（√）

133. 汽轮机的超速试验只允许大修后进行。（×）

正确答案：汽轮机的超速试验在机组大小修后、甩负荷试验前、危急保安器解体后、机组运行2000h、停机备用一个月都必须做超速试验。

134. 锅炉连续排污时，由于排污水含盐量较大没有利用价值，一般全部排掉。（×）

正确答案：锅炉连续排污时，排污水进入扩容器后，容积扩大，压力迅速降低，使一部分水汽化为蒸汽被重新利用，而含盐量较大的水分则被排掉。

135. 三相异步电动机，转子转速愈接近磁场转速，转差率愈小。（√）

136. 采用不同绝缘材料制造的电动机，电动机各部分的最高允许温度也不相同，其中采用B级绝缘材料的电动机最高允许温度最低。（×）

正确答案：采用不同绝缘材料制造的电动机，电动机各部分的最高允许温度也不相同，其中采用A级绝缘材料的电动机最高允许温度最低。

137. 我国电网的额定频率规定为60Hz。（×）

正确答案：我国电网的额定频率规定为50Hz。

138. 在室内窄小空间使用二氧化碳灭火器时，一旦火被扑灭，操作者就应迅速离开。（√）

139. 工作如不能按计划期限完成，必须由工作票签发人办理工作延期手续。（×）

正确答案：工作如不能按计划期限完成，必须由工作负责人办理工作延期手续。

140. 各类压力容器都应装设压力表。压力表的选用和校验应符合：工作压力小于2.45MPa时，压力表精度不低于1.5级。工作压力等于或大于2.45MPa时，压力表精度不低于2.5级。 (×)

正确答案：各类压力容器都应装设压力表。压力表的选用和校验应符合：工作压力小于2.45MPa时，压力表精度不低于2.5级。工作压力等于或大于2.45MPa时，压力表精度不低于1.5级。

单选题

1. 热力学中常用的状态参数有六个：温度、压力、比体积、焓、熵、(B)。

A. 功 B. 内能 C. 热量 D. 热能

2. 工质的内能决定于它的(C)，即决定于所处的状态。

A. 温度 B. 比体积 C. 温度和比体积 D. 压力

3. 在工程热力学中的基本状态参数为压力、温度和(D)。

A. 内能 B. 焓 C. 熵 D. 比体积

4. 物质的三态随所处条件不同，(A)。

A. 可以相互转化 B. 一定不能相互转化

C. 不一定能相互转化 D. 不确定

5. 干饱和蒸汽的干度等于(C)。

A. 0 B. 0.5 C. 1 D. 0.8

6. 水蒸气在凝结放热时，其温度(C)。

A. 升高 B. 降低 C. 不变 D. 不确定

7. 沸腾时气体和液体同时存在，气体和液体的温度(A)。

A. 相等 B. 气体温度大于液体温度

C. 不相等 D. 气体温度小于液体温度

8. 蒸发可以在(D)下进行。

A. 高温 B. 低温 C. 饱和温度 D. 任何温度

9. 在一定压力下，过热蒸汽的温度(C)饱和水的温度。

A. 低于 B. 等于 C. 高于 D. 无关

10. 液体在一定压力下加热沸腾的过程中，其温度将(C)。

A. 上升 B. 下降 C. 保持不变 D. 不能确定

11. 在液体表面进行汽化的过程称为(A)。

A. 蒸发 B. 沸腾 C. 蒸发和沸腾 D. 凝结

12. 干度 $x=0$ 的水蒸气是(B)。

A. 干饱和蒸汽 B. 饱和水 C. 湿饱和蒸汽 D. 过热蒸汽

13. 已知介质的压力 p 和温度 t，在该温度下，当 p 大于 $p_{饱和}$ 时，介质所处的状态是(A)。

A. 未饱和水 B. 湿蒸汽 C. 干蒸汽 D. 过热蒸汽

14. 水的饱和温度与(A)有关。

A. 水的表面压力 B. 水的密度

C. 水的比热容　　D. 水的黏度

15. 容器中的水在定压下被加热，当水和蒸汽平衡共存时，蒸汽称为(A)。

A. 湿饱和蒸汽　B. 干饱和蒸汽　C. 过热蒸汽　D. 再热蒸汽

16. 湿蒸汽可以通过(B)的方式变成干蒸汽。

A. 压缩　B. 减压　C. 升压　D. 放热

17. 定压下饱和蒸汽的产生过程分为(C)个阶段。

A. 1　B. 2　C. 3　D. 4

18. 在一定量的湿蒸汽中所含干饱和蒸汽的质量与湿蒸汽总质量的比值称为(B)。

A. 过冷度　B. 干度　C. 湿度　D. 饱和湿度

19. 已知介质的压力 p 和温度 t，在该温度下，当 p 小于 $p_{饱和}$ 时，介质所处的状态是(D)。

A. 未饱和水　B. 湿蒸汽　C. 干蒸汽　D. 过热蒸汽

20. 过热蒸汽温度超出该压力下的饱和温度的度数为(A)。

A. 过热度　B. 再热度　C. 绝对温度　D. 干度

21. 过热蒸汽随着加入热量的增加，其温度(A)。

A. 上升　B. 下降　C. 不变　D. 先上升后下降

22. 下列哪种形式不属于汽化现象(B)。

A. 沸腾　B. 凝结　C. 蒸发　D. 闪蒸

23. 物质由液体转变为气态的过程为汽化。汽化过程可以通过液体表面的(B)，也可以通过液体内部产生气泡的沸腾来形成。

A. 加热　B. 汽化　C. 过热　D. 潜热

24. 湿蒸汽的放热系数(C)低压微过热蒸汽的放热系数。

A. 小于　B. 等于　C. 大于　D. 不确定

25. 随着压力的升高，水的汽化热(D)。

A. 与压力变化无关　B. 不变

C. 增大　D. 减小

26. 水蒸气凝结放热时，其温度保持不变，主要是通过蒸汽凝结放出(A)而传递热量的。

A. 汽化潜热　B. 过热热

C. 饱和液体的焓值　D. 蒸汽内焓

27. 把饱和水加热到变成干饱和蒸汽过程中，所加入的热量称为(B)。

A. 过热热　B. 汽化热　C. 液体热　D. 气体热

28. 1kg 液体完全汽化为同温度下的蒸汽所需的热量称为(A)。

A. 汽化潜热　B. 蒸发热　C. 过热热　D. 凝结热

29. 当水泵输送水的压力一定时，输送水的温度越高，对应的汽化压力(C)。

A. 越高，水就越不容易汽化　B. 越低，水就越不容易汽化

C. 越高，水就越容易汽化　D. 越低，水就越容易汽化

30. 在表面式换热器中进行的热交换过程是(C)。

A. 对流换热过程　B. 辐射换热过程

C. 传热过程　　　　　　　　　　D. 热扩散过程

31. 换热的三种基本形式是(A)。

A. 热传导、对流、辐射　　　　　B. 热传导、传递、对流

C. 汽化、辐射、热传导　　　　　D. 热传导、混合传热、表面换热

32. 按传热方式不同，加热器可分为混合式和(C)式两种。

A. U 形管　　B. 直管　　C. 表面　　D. 逆流

33. 单纯的导热过程只发生在(A)中。

A. 固体　　B. 液体　　C. 气体　　D. 空气

34. 物质导热时热量的传递是依靠物质的分子、原子以及自由电子等微观粒子的(B)运动而进行的。

A. 冷　　B. 热　　C. 布朗　　D. 均匀

35. 在纯导热过程中，物体各部分之间不发生相对位移，(D)能量形式的转换。

A. 稍有　　B. 有　　C. 有大量　　D. 没有

36. 导热的方向与温度梯度的方向(A)。

A. 相反　　B. 相同　　C. 垂直　　D. 交叉

37. 当热导率为常数时，单层平壁沿壁厚方向的温度按(D)分布。

A. 对数曲线　　B. 指数曲线　　C. 双曲线　　D. 直线

38. 物体各部分之间不发生相对位移时，依靠分子、原子及自由电子等微观粒子的热运动而产生的热量传递称为(C)。

A. 对流　　B. 辐射　　C. 导热　　D. 潜热

39. 在日常生活中，当我们靠近发热体时，能感觉它发热，主要是因为它借助空气发生了(B)。

A. 热传导　　B. 热对流　　C. 热辐射　　D. 全不是

40. 若热水加热器铜管管内结垢可造成(D)。

A. 传热增加、管壁温度升高　　　B. 传热减弱、管壁温度减低

C. 传热增加、管壁温度减低　　　D. 传热减弱、管壁温度升高

41. 对于运行中的换热设备，强化或削弱传热的方法只能从(C)要素入手。

A. 传热面积　　　　　　　　　　B. 热、冷流体的温差

C. 传热系数　　　　　　　　　　D. 流体流动的状态

42. 对于同一材料，导热量一定时，随着壁厚的增加，壁面温度(B)。

A. 不变　　B. 减小　　C. 增大　　D. 以上答案均不对

43. 温度场随时间而(A)的导热过程叫不稳定导热。

A. 改变　　B. 不变　　C. 稍改变　　D. 基本不变。

44. 在金属材料的不稳定导热过程中，壁面两侧的温差要比进入稳定状态后的温差(C)。

A. 一样　　B. 小得多　　C. 大得多　　D. 稍大

45. 在不稳定导热过程中，决定物体中温度分布的是(D)系数。

A. 导热　　B. 传热　　C. 对流换热　　D. 导温

46. 蒸汽对流放热系数随汽轮机负荷的增加和主蒸汽参数的(B)而增大。

A. 降低　　B. 提高　　C. 不变　　D. 不确定

47. 表面式换热器中，冷流体和热流体相反方向平行流动，称此换热器为(B)换热器。

A. 混合式　B. 逆流式　C. 顺流式　D. 板式

48. 液体的对流换热系数比气体(C)。

A. 差不多　B. 一样　C. 高　D. 低

49. 冷油器内油与冷却介质之间的传热过程中包含的主要换热方式有(A)。

A. 对流换热和导热　B. 对流换热和辐射换热

C. 导热和辐射换热　D. 对流换热

50. 对于同一种流体，强迫对流换热系数一般比自然对流换热系数(B)。

A. 小　B. 大　C. 相等　D. 稍小

51. 同一液体在其他条件相同情况下，被加热时的对流换热系数(A)被冷却时的对流换热系数。

A. 大于　B. 小于　C. 等于　D. 差不多

52. 下列放热方式，放热系数最大的是(A)。

A. 凝结放热　B. 对流放热　C. 固体传热　D. 辐射放热

53. 热管的热量传递是依靠液体的(D)来完成的。

A. 高效率流动　B. 不断凝结　C. 不断地蒸发　D. 不断蒸发和凝结

54. 辐射传热过程中，热能传递过程伴随着能量的变化，热能首先转变成(A)。

A. 辐射能　B. 动能　C. 机械能　D. 化学能

55. 当物体将投射到它表面的热射线全部吸收时，该物体叫(A)。

A. 黑体　B. 白体　C. 灰体　D. 透明体

56. 物体的吸收率与同温度下该物体的(B)在数值上是相等的。

A. 导热系数　B. 黑度　C. 比热容　D. 密度

57. 导热、对流这两种热量传递方式只在有物质存在的条件下才能实现，而热辐射可以在(A)中传播。

A. 真空　B. 固体　C. 空间　D. 流体

58. 照射到黑体表面的光将(B)吸收。

A. 不　B. 全都　C. 部分　D. 不确定

59. 实际物体的辐射力与同等温度下绝对黑体的辐射力(B)。

A. 前者大于后者　B. 前者小于后者

C. 二者相等　D. 不确定

60. 汽轮机转子与静子之间要有足够的间隙，主要是考虑金属材料受热时具有(C)性。

A. 导热　B. 焊接　C. 热膨胀　D. 抗疲劳

61. 属于金属材料物理性能的是(D)。

A. 抗疲劳性　B. 硬度　C. 切削性　D. 热膨胀性

62. 属于金属材料化学性能的是(D)性。

A. 焊接　B. 磁　C. 耐磨　D. 耐腐蚀

63. 金属的物理性能包括(D)。

A. 焊接性、可镀性

B. 强度、塑性

C. 强度、刚度、加工性

D. 相对密度、熔点、导电性、导热性、热膨胀性、磁性

64. 金属材料的蠕变断裂时间随工作温度的提高和工作应力的增加而(B)。

A. 增加　B. 减少　C. 不变　D. 没关系

65. 碳钢中的基本相有(D)。

A. 珠光体、马氏体　B. 索氏体、屈氏体

C. 屈氏体、渗碳体　D. 奥氏体、马氏体、铁素体、渗碳体

66. 对于分析高温管道及铸铁的组织性能具有重要意义的是(B)体。

A. 珠光　B. 渗碳　C. 莱氏　D. 铁素

67. 叶片用Cr11MoV型钢的最高使用温度为(B)℃。

A. 450　B. 540　C. 575　D. 590

68. 高温紧固件用20Cr1Mo1V1型钢的最高使用温度为(D)℃。

A. 430　B. 520　C. 540　D. 570

69. 如果需要塑性和韧性高的材料应选用(A)。

A. 低碳钢　B. 中碳钢　C. 高碳钢　D. 铸铁

70. 在热力发电厂中，由于汽水输送系统中各处管内工作介质(B)的不同，所需管子的材料也就不同。

A. 流速　B. 压力、温度　C. 状态　D. 流量

71. 在重力作用下，重度不变的同一种连通的静止液体中，任何两点的比势能相等，这是流体静力学基本方程式的(A)意义。

A. 物理　B. 化学　C. 几何　D. 代数

72. 在重力作用下，重度不变的同一种连通的静止液体中，无论静力能头线或测压管能头线都是和基准面平行的水平线，这是流体静力学基本方程式的(C)意义。

A. 物理　B. 化学　C. 几何　D. 代数

73. 在一般情况下，蒸汽在管道中流动时，如果压力降低，则流速(A)。

A. 增加　B. 减少　C. 不变　D. 无规则变化

74. 液体的流量是单位时间内通过过流断面的液体数量，它包括(D)。

A. 体积流量　B. 重量流量　C. 质量流量　D. 前三项之和

75. 流体运动的两个重要参数是(C)。

A. 流量和压力　B. 压力和温度　C. 压力和流速　D. 流速和流量

76. 判断流体运动状态的依据是(A)。

A. 雷诺数　B. 运动黏度　C. 莫迪图　D. 尼连拉慈图

77. 流体流态对传热强弱有影响，当流态由层流变为紊流时，流体与壁面间的换热(B)。

A. 不变　B. 增强　C. 减弱　D. 不一定

78. 在管道内液体的流动状态有(C)。

A. 层流　B. 紊流　C. 层流和紊流　D. 以上答案均不对

79. 流体运动时，在流体层间产生内摩擦的特性称为(A)。

A. 黏性　B. 动力黏性　C. 运动黏性　D. 黏度

80. 理想流体是一种假设的(A)黏性的流体。

A. 没有　B. 稍有　C. 有　D. 很大

81. 液体的黏性主要是由(C)造成的。

A. 分子间的引力　B. 分子间的斥力

C. 运动质量的动量交换　D. 地球重力

82. 气体的黏度随温度升高而(A)。

A. 增大　B. 减小　C. 不变　D. 为零

83. 对流体的平衡和运动规律具有主要影响的是(A)。

A. 黏性　B. 压缩性　C. 膨胀性　D. 惯性

84. 引起流体流动时能量损失的主要原因是(D)。

A. 流体的压缩性　B. 流体的膨胀性

C. 流体的惯性　D. 流体的黏滞性

85. 不可压缩流体是一种假设的流体，是指(A)可看作常数的流体。

A. 密度　B. 黏度　C. 导热系数　D. 浓度

86. 过流断面上的平均流速与过流断面面积的乘积等于液流的(D)。

A. 密度　B. 质量　C. 运动黏度　D. 流量

87. 过流断面上流体与周围固体壁接触线的周长叫做(A)。

A. 湿周　B. 水力半径　C. 过流断面周长　D. 水力周长

88. 过流断面的面积与断面湿周的比值叫(C)。

A. 湿周率　B. 过流断面率　C. 水力半径　D. 水力周长

89. 由紊流转变为层流的临界流速(B)由层流转变为稳流的临界流速。

A. 大于　B. 小于　C. 等于　D. 约等于

90. 在流速较小，管径截大或流体黏滞性较大的情况下(A)的流动。

A. 才发生层流状态　B. 不会发生层流状态

C. 不发生紊流状态　D. 才发生紊流状态

91. 当液体流动的雷诺数大于临界雷诺数时，说明惯性力对液体作用居主导地位，液体的流动必然是(A)。

A. 紊流　B. 层流　C. 稳定流　D. 压力流

92. 在圆管紊流运动时，除靠近管壁的液体质点外，每一质点液体，除了沿(A)的主要运动之外，还在其他各个方向作无规则的运动。

A. 轴向　B. 径向　C. 辐向　D. 周向

93. 由圆管紊流状态流速分布图可知，紊流流速只在(A)处有显著变化。

A. 靠近管壁　B. 靠近管中心　C. 管壁和管中心　D. 管弯

94. 工程中，圆管内的液流大多是(C)。

A. 稳定流　B. 层流　C. 紊流　D. 射流

95. 差压式流量计包括(B)、连接管路和差压计三部分。

A. 喷嘴　B. 节流装置　C. 显示装置　D. 弯头

96. 热电偶测温系统一般是由热电偶、补偿导线、冷端补偿器、连接导线及(D)等组成的。

A. 传感元件　B. 放大元件　C. 一次元件　D. 二次仪表

97. 弹簧管压力仪表的工作原理是：当被测压力由取样管进入弧形的弹簧管内时，其(A)产生弹性位移，然后通过传动机构放大，经过扇形齿轮、小齿轮，带动指针偏转，指示出压力的大小。一般现场弹簧管压力仪表包括弹簧管压力表、真空表、压力真空表及电接点压力表的统称。

A. 密封自由端　B. 开口自由端　C. 密封固定端　D. 开口固定端

98. 按(A)分类，热工仪表有温度、压力、流量、液位等测量仪表。

A. 被测参数　B. 显示特点　C. 用途　D. 工作原理

99. 按(B)分类，热工仪表有指示式、记录式、积算式、数字式及屏幕显示式仪表。

A. 使用方法　B. 显示特点　C. 用途　D. 工作原理

100. 按(A)热工仪表分类，有固定式和携带式仪表。

A. 使用方法　B. 显示特点　C. 用途　D. 工作原理

101. 热工仪表的质量好坏通常用(B)等三项主要指标评定。

A. 灵敏度、稳定性、时滞　B. 准确度、灵敏度、时滞

C. 稳定性、准确性、快速性　D. 精确度、稳定性、时滞

102. 0.5 级精度的温度表，其量程为 50~800℃，误差允许(A)℃。

A. ±3.75　B. ±4　C. ±4.25　D. 5

103. 下列仪表精确度等级最高的是(C)。

A. A　B. D　C. 0.1　D. 1.0

104. 接触式温度表主要分为(A)、热电阻温度计和热电偶温度计。

A. 膨胀式温度计　B. 光学高温计

C. 全辐射式高温计　D. 光电高温计

105. 当被测压力波动较大时，应使压力变化范围处在压力表标尺上限的(A)处。

A. 2/3~1/2　B. 3/4~1/4　C. 3/4~1/3　D. 2/3~1/3

106. 热工自动装置中“扰动”一词指的是导致被调量(C)的各种因素。

A. 变大　B. 变小　C. 变化　D. 不变

107. 调节设备按使用能源可分为：电动式、气动式、液动式、电液式等形式，其中动作快、可远距离传送的是(A)。

A. 电动式　B. 气动式　C. 液动式　D. 电液式

108. 调节设备按使用能源可分为：电动式、气动式、液动式、电液式等形式，其中多用于防火防爆场所的是(B)。

A. 电动式　B. 气动式　C. 液动式　D. 电液式

109. 火力发电厂中，测量主蒸汽流量的节流装置多选用(B)。

A. 标准孔板　B. 标准喷嘴　C. 长径喷嘴　D. 文丘里管

110. 温度计由两种不同金属导体焊成的闭合回路，若两焊接端的温度不同时，就会产生热电动势，采用这种由两种金属导体组成的回路的温度计称为(A)。

A. 热电偶温度计　B. 膨胀式温度计

C. 热电阻温度计　D. 光电温度计

111. 自动调节系统由调节对象、测量元件、(A)、调节器和执行器组成。

A. 变送器　B. 调节开关　C. 保护装置　D. 控制元件

112. 自动调节的品质指标有(C)等。

A. 准确性和快速性　　B. 稳定性、准确性和时滞性

C. 稳定性、准确性和快速性　　D. 稳定性和快速性

113. 热工自动装置中“扰动”指的是引起(B)变化的各种因素。

A. 变送器　B. 被调量　C. 保护装置　D. 控制元件

114. 数字式电液控制系统用作协调控制系统中的(A)部分。

A. 汽轮机执行器　　B. 锅炉执行器

C. 发电机执行器　　D. 协调指示执行器

115. 汽轮机本体转动部分由动叶栅、叶轮、主轴和(C)及紧固件组成。

A. 轴承　B. 静叶片　C. 联轴器　D. 调节系统

116. 汽轮机的高中压缸采用(A)布置，可平衡轴向推力。

A. 对称　B. 同向　C. 上下　D. 左右

117. 汽轮机滑销系统的合理布置和应用能保证(D)的自由膨胀和收缩。

A. 横向和纵向　　B. 横向和立向

C. 横向、立向和纵向　　D. 各个方向

118. 只允许汽轮机缸体在横向自由膨胀的滑销是(D)。

A. 角销　B. 立销　C. 纵销　D. 横销

119. 汽轮机汽缸根据(D)的不同，可分为高压缸、中压缸、低压缸。

A. 用途　B. 材料　C. 体积　D. 进汽参数

120. 采用双层缸时，内缸上下缸温差超过(B)℃时，严禁启动汽轮机。

A. 15　B. 35　C. 50　D. 80

121. 高压缸采用双层缸，为了提高启机速度，减小温差，高压缸还设有(D)装置。

A. 法兰加热　B. 电加热　C. 螺栓加热　D. 汽缸、法兰螺栓加热

122. 汽轮机高压外缸采用下猫爪结构支承，(C)。

A. 支承面与汽缸中分面不在同一平面上

B. 外缸中心在高度方向上受热膨胀、冷收缩的影响

C. 不会因猫爪受热膨胀而改变汽缸与转子的同心度

D. 汽缸密封性差

123. 所谓汽轮机的支承负荷分配，主要是指如何把(B)的质量，按设计要求分配在支座上。

A. 转子　B. 汽缸　C. 轴承　D. 叶片

124. (D)是将汽轮机上下汽缸合并成一体的重要部位和零件。

A. 隔板与隔板套　　B. 滑销系统

C. 猫爪　　D. 汽缸法兰和螺栓

125. 隔板是用来固定(B)并将汽缸内间隔成若干个汽室。

A. 动叶片　B. 静叶片　C. 汽封　D. 转子

126. 汽轮机的隔板的作用相当于(A)。

A. 喷嘴　B. 动叶片　C. 围带　D. 汽封

127. 铸造隔板仅用于大功率汽轮机的(C)部分。

A. 高压　B. 中压　C. 低压　D. 通流

128. 焊接隔板一般应用于大功率汽轮机的(A)部分。

A. 高压　B. 中压　C. 低压　D. 通流

129. 主蒸汽管的管壁温度监测点设在(A)。

A. 汽轮机的电动主汽门前　B. 汽轮机的自动主汽门前

C. 汽轮机调节汽门前的主汽管上　D. 汽轮机的主汽门与调节汽门之间

130. 在主蒸汽管道系统中，为防止发生蒸汽温度偏差过大现象，可采用(C)。

A. 喷水减温的方法　B. 回热加热的方法

C. 中间联络管的方法　D. 减温器的方法。

131. 汽轮机(B)的作用是在保护装置动作后迅速切断汽轮机的进汽，防止超速。

A. 电动主闸门　B. 自动主汽阀

C. 抽汽逆止阀　D. 高排逆止阀

132. 做自动主汽阀严密性试验时，应同时关闭(C)。

A. 同步器　B. 高中压调速汽阀

C. 高中压主汽阀　D. 电动主闸门

133. 叶轮工作时，受到的主要的作用力是(C)。

A. 蒸汽通过叶片传递的轴向力和切向力

B. 叶轮前后的压力差所引起的轴向力

C. 叶片及叶轮自身的离心力

D. 叶轮上因温度不均引起的热应力

134. 广泛应用于整锻转子上高压部分的叶轮为(A)叶轮。

A. 等厚度　B. 锥形　C. 双曲线　D. 等强度

135. 因为加工困难，应用较少的是(A)叶轮。

A. 双曲线　B. 等厚度　C. 锥形　D. 等强度

136. 汽轮机转子叶轮中用来固定叶片的是(B)。

A. 轮面　B. 轮缘　C. 轮毂　D. 轮轴

137. 电网频率超出允许范围长时间运行，将使叶片产生(D)，可造成叶片折断。

A. 裂纹　B. 松动　C. 蠕变　D. 振动

138. 汽轮机的(A)是将蒸汽的热能转变成动能的具有特定形状的流道。

A. 喷嘴　B. 动叶片　C. 转子　D. 汽缸

139. 蒸汽流过汽轮机喷嘴时产生膨胀，其压力、温度和焓(B)，速度和比体积增加，将蒸汽的热能转变为动能。

A. 增加　B. 降低　C. 不变　D. 为零

140. 调节级在变工况时的重要特性是焓降随(C)的变化而变化。

A. 蒸汽温度　B. 蒸汽压力　C. 蒸汽流量　D. 真空

141. 具有加工方便，生产周期短的汽机转子是(B)。

A. 整锻转子　B. 套装转子　C. 焊接转子　D. 组合转子

142. 组合转子的结构是在同一转子上，高压部分采用(B)转子，中低压部分采用套装结构。

A. 套装　　B. 整锻　　C. 焊接　　D. 组合

143. 连接汽轮机转子和发电机转子一般采用(B)联轴器。

A. 刚性　　B. 半挠性　　C. 挠性　　D. 半刚性

144. 汽轮机(B)的作用是连接汽轮机各转子及发电机转子，并传递扭矩。

A. 轴承　　B. 联轴器　　C. 螺栓　　D. 齿轮

145. 采用(A)联轴器可减少汽轮机转子的轴承。

A. 刚性　　B. 半挠性　　C. 挠性　　D. 齿轮式

146. 在工作中能吸收一部分振动，允许两轴中心有少量偏差，能够传递不大的轴向力的是(B)联轴器。

A. 刚性　　B. 半挠性　　C. 挠性　　D. 液力

147. 在汽轮机动静部分有关部位设有的密封装置统称为(A)。

A. 汽封　　B. 轴封　　C. 隔板汽封　　D. 围带汽封

148. 高压轴封的作用是为了防止高压蒸汽漏出(A)。

A. 汽缸　　B. 隔板　　C. 隔板套　　D. 喷嘴

149. 汽轮机隔板汽封一般采用(A)。

A. 梳齿形汽封　　B. J形汽封　　C. 枞树形汽封　　D. 迷宫式汽封

150. 现代汽轮机中广泛采用的汽封结构为(C)。

A. 围带汽封　　B. 碳精汽封　　C. 曲径汽封　　D. 蜂窝汽封

151. 在轴流式汽轮机中，根据(D)的不同，汽封又分为端部汽封、隔板汽封和围带汽封。

A. 工作原理　　B. 工作特性　　C. 结构　　D. 装置部位

152. 润滑油的黏度越大，油膜的承载力就(C)。

A. 越小　　B. 不变　　C. 越大　　D. 不确定

153. 以下(B)不是两平面间建立油膜的条件。

A. 两平面间形成楔形间隙

B. 两平面间保持相对静止

C. 两平面间要有一定速度的相对运动

D. 两平面间充满具有一定黏性的润滑油

154. 在轴颈旋转过程中，当轴颈与轴瓦之间的间隙减小时，在间隙中产生的油压(B)。

A. 减小　　B. 增大　　C. 不变　　D. 为零

155. 汽轮机轴承的油膜振荡属于(D)振动。

A. 强迫　　B. 随机　　C. 热机　　D. 自激

156. 轴承油膜振荡属于强烈的(A)现象。

A. 自激振动　　B. 强迫振动　　C. 共振　　D. 随机振动

157. 当转子的临界转速低于工作转速的(D)时，才可能发生油膜振荡现象。

A. 4/5　　B. 3/4　　C. 2/3　　D. 1/2

158. 从理论上讲发生油膜振荡的汽轮机转速等于(A)。

A. 二倍一阶临界转速　　B. 一阶临界转速

C. 涡动转速　　D. 额定转速

159. 油膜振荡的(B)很大会使轴承油膜破裂，轴颈与轴瓦碰撞以至于损坏轴承。

A. 频率　　B. 振幅　　C. 周期　　D. 波长

160. 大型汽轮机低压转子支持轴承型式一般采用(B)支持轴承。

A. 圆筒型　　B. 椭圆型　　C. 多油楔　　D. 可倾瓦

161. 中小功率汽轮机组一般采用(A)。

A. 圆轴承　　B. 椭圆形轴承　　C. 多油楔轴承　　D. 可倾瓦轴承

162. 汽轮机的滑动轴承是依靠润滑油在轴颈与轴瓦之间形成的(C)来工作的。

A. 油珠　　B. 间隙　　C. 楔形油膜　　D. 相对移位

163. 盘车装置可以在汽轮机冲转前和停机后，保证转子的均匀受热和冷却，避免转子(D)。

A. 热变形　　B. 热膨胀　　C. 热应力　　D. 热弯曲

164. 使汽轮机在冲转前和停机后，保证转子的均匀受热和冷却，避免转子发生热弯曲的是(D)。

A. 高压油泵　　B. 顶轴油泵　　C. 快冷装置　　D. 盘车装置

165. 汽轮机在启动时，投入盘车装置可以(B)启动力矩。

A. 增大　　B. 减小　　C. 消除　　D. 传递

166. 汽轮机停止后，电动盘车不动时，禁止强行盘车的目的是防止(A)。

A. 动静摩擦　　B. 烧坏盘车电机　　C. 汽轮机磨瓦　　D. 烧坏盘车轴承

167. 汽轮机停机后，盘车未能及时投入或在盘车连续运行中停止时，应查明原因，修复后(C)再投入连续盘车。

A. 先盘90°　　B. 先盘180°

C. 先盘180°直轴后　　D. 先盘90°直轴后

168. 汽轮机停运后，当高压内缸内上壁温度低于(B)℃，方可停止盘车运行。

A. 100　　B. 150　　C. 180　　D. 200

169. 火力发电厂的蒸汽参数一般是指蒸汽的(D)。

A. 压力、比体积　　B. 温度、比体积

C. 焓、熵　　D. 压力、温度

170. 衡量凝汽式机组的综合性经济指标是(D)。

A. 热耗率　　B. 汽耗率　　C. 相对电效率　　D. 煤耗率

171. 每生产1kW·h的电能所消耗的热量称为(B)。

A. 汽耗率　　B. 热耗率　　C. 热耗量　　D. 汽耗量

172. 经济真空是指汽轮机因真空升高所增加的功率与(A)多耗功率的差值为最大时的真空。

A. 循环水泵　　B. 凝结水泵　　C. 射水泵　　D. 给水泵

173. 原则性热力系统的特点之一是(B)。

A. 表示出系统中所有设备　　B. 备用的设备不予表示出

C. 附件也要表示　　D. 备用设备也要表示

174. 原则性热力系统其实质是用以表明(A)。

A. 工质能量转换及其热量利用过程　　B. 全厂各热力设备配置情况

C. 全厂各种工况运行方式　　D. 抽汽供热情况

175. 为计算和比较煤耗量，规定标准煤的发热量为(D)。

A. 29490kJ　B. 24903kJ　C. 25307kJ　D. 29307.6kJ

176. 火电厂用的煤是(D)。

A. 优质煤　B. 标准煤　C. 无烟煤　D. 劣质煤

177. 电气除尘器是利用(C)产生的静电力使尘粒从烟气中分离出来。

A. 直流电　B. 交流电　C. 高压电场　D. 低压电场

178. 随着灰渣的(A)，有些电厂开始采用气力除灰和水力排渣的联合方式。

A. 综合利用　B. 填埋　C. 再燃烧　D. 污染

179. 汽轮机的相对内效率是指(A)，它可以反映汽轮机热力过程完善程度。

A. 汽轮机有效焓降与理想焓降之比

B. 轴端功率与理想功率之比

C. 汽轮机轴端功率与内功率之比

D. 汽轮发电机组的电功率与汽轮机轴端功率之比

180. 汽轮机相对有效效率是指(B)。

A. 汽轮机有效焓降与理想焓降之比

B. 轴端功率与理想功率之比

C. 汽轮机轴端功率与内功率之比

D. 汽轮发电机组的电功率与汽轮机轴端功率之比

181. 汽轮机的机械效率是指(C)。

A. 汽轮机有效焓降与理想焓降之比

B. 轴端功率与理想功率之比

C. 汽轮机轴端功率与内功率之比

D. 汽轮发电机组的电功率与汽轮机轴端功率之比

182. 发电机效率是指(D)。

A. 汽轮机有效焓降与理想焓降之比

B. 轴端功率与理想功率之比

C. 汽轮机轴端功率与内功率之比

D. 汽轮发电机组的电功率与汽轮机轴端功率之比

183. 考虑汽轮机(A)后，汽轮机所发功率称为内功率。

A. 内部损失　B. 外部损失　C. 节流损失　D. 冷源损失

184. 汽轮机内部损失包括进汽机构的(B)、排汽管压力损失和级内损失三种。

A. 漏汽损失　B. 节流损失　C. 叶轮摩擦损失　D. 冷源损失

185. 下列各项中属于汽轮机内部损失的是(C)。

A. 端部轴封漏汽损失　　B. 汽缸散热损失

C. 叶轮摩擦损失　　D. 机械损失

186. 汽轮机打闸停机时，对低压胀差影响最大的是(C)。

A. 端部轴封漏汽损失　　B. 汽缸散热损失

C. 鼓风摩擦损失　　　　　　　　D. 湿汽损失

187. 凡冲转时蒸汽温度(A)汽轮机最热部位金属温度的启动称为负温差启动。

A. 低于　　B. 高于　　C. 等于　　D. 稍高于

188. 汽轮机的启动过程就是将转子由静止或盘车状态加速至额定转速，并带负荷至正常运行的过程，根据不同的机组和不同的情况，汽轮机的启动有不同的方式。按启动过程的新蒸汽参数分为(D)。

A. 冷态启动和热态启动

B. 调速汽门启动、自动主汽门和电动主闸门启动及电动主汽阀旁路门启动

C. 高、中压缸联合进汽启动、高压缸启动和中压缸进汽启动

D. 额定参数启动和滑参数启动

189. 汽轮机的启动过程就是将转子由静止或盘车状态加速至额定转速，并带负荷至正常运行的过程，根据不同的机组和不同的情况，汽轮机的启动有不同的方式。按进汽方式分为(C)。

A. 冷态启动和热态启动

B. 调速汽门启动、自动主汽门和电动主闸门启动及电动主汽阀旁路门启动

C. 高、中压缸联合进汽启动、高压缸启动和中压缸进汽启动

D. 额定参数启动和滑参数启动。

190. 真空法滑参数启动时，在锅炉点火前(A)。

A. 从锅炉汽包到汽轮机喷嘴前包括调速汽门等所有截门全部开启

B. 从锅炉汽包到汽轮机，电动主闸门关闭，其他阀门全部开启

C. 从锅炉汽包到汽轮机，主汽门关闭，其他阀门全部关闭

D. 从锅炉汽包到汽轮机，调速汽门关闭，其他阀门全部开启

191. 复合降压减负荷方式是汽轮机额定参数停机的一种方式。是为了配合电网调峰的需要。在开始减负荷时，主蒸汽(A)，保持调速汽门开度不变。待降到某一负荷后，保持主蒸汽压力不变，通过关小调速汽门使负荷减到零停机

A. 只降压，不降温　　　　　　　B. 汽温汽压同时降低

C. 只降温，不降压　　　　　　　D. 汽温汽压不变

192. 滑参数停机时，应(B)，使汽轮机负荷逐渐降低。

A. 关小高、中压调节汽门，逐渐降低蒸汽参数

B. 开足高、中压调节汽门，由锅炉改变燃烧，逐渐降低蒸汽参数

C. 保持高、中压调节汽门有一定开度，由锅炉改变燃烧，逐渐降低蒸汽参数

D. 关小电动主闸门，由锅炉改变燃烧，逐渐降低蒸汽参数

193. 故障停机是指汽轮发电机组发生异常情况下，(C)以达到保护机组不致于损坏或减少损失的目的。

A. 保护装置动作　　　　　　　　B. 手动停机

C. 保护装置动作或手动停机　　　D. 保护装置未动作进行手动停机

194. 滑参数启动中，金属加热比较剧烈的时间一般在(C)时的加热过程中，此时要严格控制新蒸汽升压和升温速度。

A. 低转速　　B. 高转速　　C. 低负荷　　D. 高负荷

195. 转子在静止时严禁(A)，以免转子产生热弯曲。

A. 向轴封供汽　　B. 抽真空

C. 对发电机进行投、倒氢工作　　D. 投用油系统

196. 热态启动前应保证盘车连续运行，大轴弯曲值不得大于原始值0.02mm，否则不得启动，应连续盘车直轴，直至合格。连续盘车应在(B)h以上，不得中断。

A. 2　　B. 4　　C. 8　　D. 12

197. 滑参数停机过程与额定参数停机过程相比(B)。

A. 容量出现正胀差　　B. 容易出现负胀差

C. 胀差不会变化　　D. 胀差变化不大

198. 滑参数停机时，(C)做汽轮机超速试验。

A. 可以　　B. 采取安全措施后

C. 严禁　　D. 领导批准后

199. 汽轮机停机后，转子的最大弯曲一般在(D)处。

A. 高压缸末级　　B. 低压转子　　C. 中压缸第一级　　D. 调节级附近

200. 汽轮机正常运行中，发电机内氢气纯度应(A)。

A. 大于96%　　B. 小于96%　　C. 等于96%　　D. 大于95%

201. 高压加热器正常运行中，主要监控指标是高压加热器的(A)。

A. 水位　　B. 水侧流量　　C. 入口温度　　D. 疏水温度

202. 凝汽器的胶球冲洗中采用硬胶球的清洗效果(A)软胶球的清洗效果。

A. 不如　　B. 好于　　C. 等于　　D. 接近

203. 国产200MW中间再热机组以低负荷运行方式担负调峰任务时，当负荷低于80%额定负荷时，应采用(A)运行最为经济。

A. 二阀全开变压　　B. 三阀全开变压

C. 喷嘴调节定压　　D. 四阀全开变压

204. 对于大容量汽轮机，在不同运行方式下，高压缸效率的变化主要是由(A)效率变化所引起的。

A. 调节级　　B. 中压缸　　C. 低压缸　　D. 高压缸第三级

205. 汽轮机变工况运行时，带液压联轴器的给水泵应注意尽量避开在(B)的额定转速范围内运行，因为此时泵的传动功率损失最大，勺管回油温度也达最高。

A. 1/3　　B. 2/3　　C. 1/2　　D. 5/6

206. 汽轮机负荷突增，凝结器端差(A)。

A. 增大　　B. 减小　　C. 不变　　D. 稍有降低

207. 汽轮机调速系统的执行机构为(C)。

A. 同步器　　B. 主油泵　　C. 油动机　　D. 调节汽门

208. 调节系统的错油门属于(D)。

A. 混合式滑阀　　B. 顺流式滑阀　　C. 继流式滑阀　　D. 断流式滑阀

209. 汽轮机超速保护装置一般由危急(B)器和危急遮断器滑阀共同组成。

A. 继电　　B. 保安　　C. 限制　　D. 调节

210. 抽汽逆止门保护由感受装置、传递装置和执行装置组成，当主汽门关闭时，保护装置动作，(C)关闭。

A. 高压调速汽门　　B. 低压调速汽门

C. 抽汽逆止门　　D. 抽汽电动门

211. 调节系统转速感应机构按其工作原理可分为：液压式、机构式和(A)三类。

A. 电子式　　B. 液环式　　C. 飞锤式　　D. 径向钻孔泵

212. 波纹管杠杆蝶阀中压调压器，当调整热负荷时，发现错油门卡死，这时中压一号脉冲油压会(C)。

A. 增加　　B. 减少　　C. 不变　　D. 略有变化

213. 为了保证电液控制系统的性能完好，在任何时候都应保持抗燃油油质良好，使其物理和化学性能都符合规定。因此，除了在启动系统前要对整个系统进行严格的清洗外，系统投入使用后还必须按需要运行抗燃油(A)装置，以保证油质。

A. 再生　　B. 过滤　　C. 集装油箱　　D. 加热

214. EH 油箱上部装有空气滤清器和空气干燥器，内部还装有加热器及(A)，用以吸附油箱中可能游离的铁磁性微粒，以确保油系统的清洁度。

A. 磁棒　　B. 温度探头　　C. 过滤器　　D. 油位计

215. 汽轮机供油系统的功能是提供高压抗燃油，并由它来驱动伺服执行机构，执行机构响应从(A)送来的电指令信号，以调节汽轮机各蒸汽阀开度。

A. DEH　　B. 锅炉　　C. ATC　　D. 操作员

216. 200MW 汽轮机 EH 供油系统中溢流阀在高压油母管压力达到(C)MPa 时动作，起到过压保护作用。

A. 14±0.2　　B. 16±0.2　　C. 17±0.2　　D. 15±0.2

217. 为了防止蒸汽被抽走以减轻抽气器的工作负荷，凝结器设置了(C)，其面积约占凝结器总面积的(C)。

A. 蒸汽冷却区，10%~20%　　B. 蒸汽冷却区，8%~10%

C. 空气冷却区，10%~20%　　D. 空气冷却区，8%~10%

218. 凝汽器按(A)分，可分为回热式和非回热式。

A. 铜管排列情况　　B. 换热方式

C. 汽流流动方向　　D. 流程

219. 凝汽器按(B)的不同，可分为混合式和表面式两大类。

A. 工作原理　　B. 换热方式　　C. 流程　　D. 汽流方式

220. 冬季循环水温度较低时，应通过调整(D)来保持机组最有利真空。

A. 机组负荷　　B. 水塔水位

C. 凝汽器胶球清洗　　D. 凝汽器冷却水量

221. 凝结器的作用是获得高度真空，获得高度真空的目的是为了使蒸汽可用焓降(C)，(C)汽轮机组的出力。

A. 增加，降低　　B. 降低，增加　　C. 增加，提高　　D. 降低，提高

222. 当蒸汽在(A)中的膨胀达到极限时，所对应的(A)称为极限真空，也有的称之为临界真空

A. 末级叶片，真空　　B. 调节级，真空

C. 末级叶片，温度　　D. 调节级，温度

223. 汽轮机凝汽器真空变化将引起凝汽器端差变化，一般情况下，当凝汽器真空升高时，端差(C)。

A. 增大　B. 不变　C. 减小　D. 先增大后减小

224. 汽轮机运行中应定期作(B)，以便监视真空系统的严密性。

A. 水压试验　　B. 真空严密性试验

C. 凝汽器胶球冲洗　　D. 凝汽器半面清扫

225. 校验汽轮机真空系统漏泄的最有效方法是(A)试验。

A. 水压　B. 真空严密性　C. 蜡烛火焰　D. 布带

226. 汽轮机大修后进行真空系统灌水严密性试验后，灌水高度一般应在汽封洼窝以下(C)mm 处。

A. 300　B. 200　C. 100　D. 50

227. 凝结器应在(B)真空下运行。

A. 极限　B. 经济　C. 最高　D. 平均

228. 凝结器胶球清洗时，胶球被循环水带进铜管后，被(A)变形与铜管内壁进行(A)摩擦，这样胶球在循环水压力下流经铜管时，就把铜管(A)擦洗一遍。

A. 压缩，全周，内壁　　B. 膨胀，全周，内壁

C. 压缩，全周，外壁　　D. 膨胀，全周，内壁

229. 凝结器胶球清洗时，一般采用(A)橡胶球，橡胶球的孔隙(A)，孔与孔之间(A)，长时间泡在水中不变形，不变质，其吸水时的密度(A)循环水的密度。

A. 圆形，大小均匀，相通，大于　　B. 圆形，大小不均匀，相通，大于

C. 棱形，大小均匀，不相通，小于　　D. 棱形，大小均匀，相通，大于

230. 多背压凝汽器可用于(B)汽轮机。

A. 单排口　B. 多排汽口　C. 任何　D. 背压式

231. 在大型机组上采用多背压式凝汽器，由于各排汽口压力不同，对机组的安全运行是(A)影响的，但其经济效益是(A)的。

A. 有，较好　B. 没有，较差　C. 有，较差　D. 没有，较好

232. 汽轮机的启动过程是将转子由(C)状态加速至额定转速，并带负荷正常运行的过程。

A. 静止　B. 盘车　C. 静止或盘车　D. 500r/min

233. 汽轮机的启动过程，是(A)传递热量的复杂的热交换过程。

A. 蒸汽向金属　B. 金属向蒸汽　C. 转子向汽缸　D. 汽缸向转子

234. 滑参数启动使汽轮机启动与(B)启动同步进行，可以大大缩短启动时间。

A. 发电机　B. 锅炉　C. 给水泵　D. 吸风机

235. 机组启动时，上缸调节级处金属温度(B)时，称为温态启动。

A. 100~150℃　　B. 150~300℃

C. 300~450℃　　D. 450℃以上

236. 汽轮机冷态启动时，为避免在金属部件内产生过大的温差，一般都采用(A)蒸汽冲动转子。

A. 低压微过热　B. 低压高过热　C. 高压微过热　D. 中压微过热

237. 汽轮机冷态启动冲转前必须有一定的真空，一般在(B)kPa 以上。

A. 60　B. 70　C. 80　D. 90

238. 汽轮机启动冲转时，凝汽器真空一般要(B)。

A. 上升　B. 下降　C. 不变　D. 不一定

239. 冷态滑参数启动未投轴封时，使用抽汽设备一般可将凝汽器真空抽至(B)kPa 左右。

A. 30　B. 40　C. 50　D. 60

240. 机组大修后，大轴晃动的绝对值一般不超过(D)mm。

A. 0.02　B. 0.03　C. 0.04　D. 0.05

241. 为保证轴承的润滑，润滑油压一般为(A)MPa。

A. 0.08~0.12　B. 0.12~0.16　C. 0.16~0.2　D. 0.2~0.24

242. 润滑油温高时，油膜的厚度会(B)。

A. 变厚　B. 减薄　C. 不变　D. 不确定

243. 汽轮机冷态启动，冲转前要连续盘车不少于(C)h。

A. 6　B. 4　C. 2　D. 1

244. 汽轮机启动前先启动润滑油泵运行一段时间后，再启动高压油泵，其作用是(B)。

A. 提升油温　B. 系统排空　C. 各瓦供油　D. 盘车需要

245. 工业水系统应在(A)投入运行。

A. 锅炉点火前　B. 锅炉点火后　C. 机组冲转前　D. 机组并列后

246. 大型汽轮机在启动冲转前多采用盘车预热的目的是(D)。

A. 提高汽缸与转子的温度，便于冲转

B. 提高冲动参数

C. 使机组启动时间缩短

D. 避免蒸汽以凝结放热的方式传递热量

247. 汽轮机主机保护试验应在(B)进行。

A. 机组并列后　B. 锅炉点火前　C. 锅炉点火后　D. 机组冲转前

248. 汽轮机转子静止时，(C)送轴封。

A. 可以　B. 采取安全措施后　C. 严禁　D. 领导批准后

249. 机组大修后启动转速至500r/min，手动打闸，进行听音检查，打闸的目的是为了(A)。

A. 排除汽流声　B. 确认汽门能够关闭

C. 确认盘车停止　D. 保证无摩擦

250. 低速暖机时，若真空太高，暖机时间会(C)。

A. 缩短　B. 不变　C. 加长　D. 不一定

251. 对于大型汽轮机组，低压加热器进汽门一般在(A)开启。

A. 冲转后　B. 中速暖机时　C. 并列后　D. 接带一定负荷后

252. 在汽轮机启动过程中，当汽轮机法兰的温度高于法兰螺栓的温度时，在螺栓上引起的附加热应力为(A)热应力。

A. 拉伸　B. 压缩　C. 蠕变　D. 冲击

253. 高、中压缸同时启动，会(D)热应力，(D)启动时间。

A. 减少，增加　B. 增加，减少

C. 增加，增加　D. 减少，缩短

254. 冷态滑参数启动，主蒸汽温度一般选择在(C)℃之间。

A. 200~230　B. 230~250　C. 250~280　D. 280~300

255. 冷态滑参数启动，一般再热蒸汽温升率为(C)℃/min。

A. 1~1.5　B. 1.5~2.0

C. 2.0~2.5　D. 2.5~3.0

256. 机组启动中转子的平均加热速度与蒸汽温度的上升速度成(A)关系。

A. 正比　B. 反比　C. 对数　D. 倒数

257. 冷态滑参数启动，在低负荷阶段要求主蒸汽压力变化率控制在(B)MPa/min 范围之内。

A. 0.02~0.04　B. 0.02~0.05

C. 0.02~0.06　D. 0.02~0.07

258. 水蒸气饱和温度的变化随压力的升高(B)。

A. 减小　B. 增加　C. 不变　D. 不确定

259. 机组启停过程中，自动主汽阀、调节汽阀阀壁温度变化率应控制在(C)℃/min以内。

A. 3　B. 4　C. 5　D. 6

260. 高压汽缸内缸内壁上、下温差应控制在(A)℃以内。

A. 35　B. 40　C. 45　D. 50

261. 高压汽缸外缸内壁上、下温差应控制在(D)℃以内。

A. 35　B. 40　C. 45　D. 50

262. 汽轮机启动、停机及运行中，高、中压汽缸法兰与螺栓温差应控制在(A)℃以内。

A. 35　B. 40　C. 45　D. 50

263. 汽轮机启动、停机及运行中，高、中压汽缸左、右法兰应控制在(A)℃以内。

A. 10　B. 15　C. 20　D. 25

264. 机组启动中，汽缸加热蒸汽温度应比高压汽缸外下壁温度高(B)℃。

A. 50~100　B. 100~150　C. 150~200　D. 200~250

265. 机组启动时，上缸调节级处金属温度(D)时，称为热态启动。

A. 100~150℃　B. 150~200℃

C. 200~250℃　D. 300℃以上

266. 汽轮机热启时在中速时(B)进行暖机。

A. 必须　B. 不必　C. 视缸温水平　D. 视转子温度水平

267. 汽轮机热态启动，冲转前要连续盘车不少于(B)h。

A. 6　B. 4　C. 2　D. 1

268. 热态启动前先送轴封，后抽真空，是为了防止(C)进入汽缸造成大轴弯曲。

A. 蒸汽　B. 冷水　C. 空气　D. 油

269. 热态启动进入汽轮机的主蒸汽温度和再热蒸汽温度，应分别比高中压汽缸的上缸金属温度高(D)℃以上。

A. 20　　B. 30　　C. 40　　D. 50

270. 汽轮机热态启动，蒸汽温度一般要求高于调节级上汽缸金属温度是为了(A)。

A. 避免汽缸受冷却而收缩　　B. 避免转子弯曲

C. 不使汽轮机发生水冲击　　D. 锅炉燃烧调整方便

271. 汽轮机热态启动时若出现负胀差主要原因是(B)。

A. 冲转时蒸汽温度过高　　B. 冲转时主汽温度过低

C. 暖机时间过长　　D. 暖机时间过短

272. 在大容量汽轮机热启时，为了减小(C)时间应尽快将调节级汽温提到转子温度水平。

A. 汽缸收缩　　B. 转子膨胀　　C. 转子收缩　　D. 汽缸膨胀

273. 热态启动冲转时的升速率一般为(B)r/min。

A. 100　　B. 200　　C. 300　　D. 400

274. 汽轮机热启时，如果主汽温低于转子温度，冲转时不会出现(A)现象。

A. 凝结放热　　B. 冷冲击　　C. 温度变化　　D. 热应力

275. 汽轮机从带负荷运行状态转为(D)的过程，称为汽轮机的停机。

A. 卸去全部负荷　　B. 解列发电机

C. 切断汽轮机进汽　　D. 转子静止(盘车)

276. 调速汽门逐渐全开的情况下，负荷随着锅炉蒸汽参数的降低而下降，滑停到一定负荷后，再迅速将负荷减至零，最后从电网上解列的停机方式称为(C)。

A. 正常停机　　B. 故障停机　　C. 滑参数停机　　D. 定参数停机

277. 采用滑参数停机的目的是为了使停机后的(C)温度降到较低的温度水平。

A. 主汽管道　　B. 主汽阀壳　　C. 汽缸金属　　D. 凝结器

278. 滑参数停机过程中，主蒸汽和再热汽(A)下降情况，是汽轮机各金属部件能否均匀冷却的前提。

A. 蒸汽温度　　B. 蒸汽压力　　C. 蒸汽焓值　　D. 蒸汽湿度

279. 汽轮机正常停机时，应(A)，以防止超速。

A. 先打闸后解列　　B. 先解列后打闸

C. 随意　　D. 2800r/min 打闸

280. 滑参数停机时，主蒸汽温度的下降速度应控制在(A)℃/min。

A. 0.5~1　　B. 1~1.5

C. 1.5~2　　D. 2~2.5

281. 滑参数停机时，主蒸汽压力的下降速度应控制在(A)MPa/min 以内。

A. 0.05　　B. 0.06　　C. 0.07　　D. 0.08

282. 滑参数停机过程中，主蒸汽温度应不低于高压内缸最高温度(B)℃，以防止汽轮机冷却过快。

A. 25　　B. 30　　C. 35　　D. 40

283. 汽轮机滑参数停机时，主、再蒸汽温度必须保证(D)℃以上过热度。

A. 20　　B. 30　　C. 40　　D. 50

284. 滑参数停机投入法兰加热装置时，要控制蒸汽温度不低于法兰壁温(C)℃。

A. 40　B. 80　C. 120　D. 160

285. 机组打闸后转速降至1000r/min，应启动(A)，以防止汽轮机油膜破坏造成轴瓦的损坏。

A. 顶轴油泵　B. 润滑油泵　C. 调速油泵　D. 抗燃油泵

286. 汽轮机转子的惰走曲线是指转子惰走时间与(C)下降数值的关系曲线。

A. 真空　B. 主汽压力　C. 转速　D. 负荷

287. 在汽轮机停机过程中，(C)停止轴封供汽。

A. 打闸前　B. 打闸后　C. 真空到零　D. 停止循环泵后

288. 机组盘车时发生盘车电流摆动现象，采取(C)方法可能消除这种现象。

A. 降低润滑油压　B. 停止顶轴油泵

C. 降低润滑油温　D. 启动调速油泵

289. 汽轮机停止当转子静止后，应立即投入(B)运行。

A. 顶轴油泵　B. 连续盘车　C. 润滑油泵　D. 抗燃油泵

290. 机组停机后，应投入连续盘车，直至高压内上缸内壁温度(C)℃停止。

A. 50　B. 100　C. 150　D. 200

291. 蒸汽的压力和温度基本保持定值的条件下，以较快的速度减负荷至零，最后从电网上解列的停机方式称为(D)。

A. 正常停机　B. 故障停机　C. 滑参数停机　D. 定参数停机

292. 采用额定参数停机时，负荷是通过(C)的控制来实现的。

A. 锅炉　B. 发电机　C. 汽轮机　D. 电网

293. 易造成汽轮机大轴弯曲的是机组(B)。

A. 超速　B. 动静摩擦　C. 加负荷过快　D. 调速系统失调

294. 汽轮机大轴弯曲的实质是大轴由弹性弯曲变成(D)。

A. 塑性　B. 暂时性　C. 韧性　D. 永久

295. 汽轮机停止后，电动盘车不动时，禁止强行盘车的目的是防止(A)。

A. 动静摩擦　B. 烧坏盘车电机　C. 汽轮机磨瓦　D. 烧坏盘车轴承

296. 汽轮发电机打闸前(A)应控制在规定范围内，防止停机后产生泊桑相应造成超标。

A. 低压胀差　B. 高压胀差　C. 中压胀差　D. 高压缸膨胀

297. 下列情况中，可造成汽轮机进水或进冷汽的是(C)。

A. 加热器抽汽量小　B. 盘车时间达4h以上

C. 轴封供汽带水　D. 汽轮机油系统进水

298. 下列情况中，可造成汽轮机进水或进冷汽的是(C)。

A. 加热器抽汽量小　B. 加热器无水位运行

C. 凝结器满水　D. 汽轮机油系统进水

299. 防机组超速的措施之一是机组停止(D)h，危急保安器应做试验。

A. 360　B. 480　C. 600　D. 720

300. 汽轮机发生水击时，易造成(B)损坏。

A. 支持轴承　B. 推力轴承　C. 调节系统　D. 汽轮机主联轴器

301. 油系统阀门为(A)布置是防止汽轮机烧瓦的措施之一。

A. 明杆水平 B. 暗杆水平 C. 明杆垂直 D. 暗杆垂直

302. 汽轮机高压油大量漏油，引起火灾事故，应立即(D)。

A. 启动高压油泵，停机

B. 启动润滑油泵，停机

C. 启动直流油泵，停机

D. 启动润滑油泵，停机并切断高压油源等

303. 为预防汽轮机油系统着火，油管道或阀门附近的法兰的密封垫切勿采用(D)。

A. 青壳纸 B. 耐油石棉垫 C. 聚氟乙烯垫 D. 橡胶垫

304. 机组运行中，当凝汽量一定时，冷却水温升增加，凝汽器真空下降的原因是(C)

A. 端差大 B. 过冷度大 C. 冷却水量不足 D. 射水泵坏。

305. 为防止因调速系统卡涩造成发电机甩负荷，不应采取(D)。

A. 加强滤油，油净化装置应正常投入

B. 请求调度将负荷大幅度增减若干次，以活动调节部套

C. 必要时可将调速汽门全开，改为变压运行方式，应定期活动调速汽门

D. 立即打闸停机处理

306. 如果因主蒸汽温度下降，或在滑参数停机过程发生了窜轴保护动作事故，一般系保护(A)动作，应(A)恢复。

A. 正确，不要 B. 误，不要

C. 正确，立即 D. 误，立即

307. 汽轮机启动过临界转速时，振动超过(A)mm 应打闸停机。

A. 0.1 B. 0.05 C. 0.03 D. 0.12

308. 机组运行中振动超过规定值，应请示值长(B)，直到振动正常。

A. 保持原负荷 B. 减负荷 C. 加负荷 D. 停机

309. 汽轮机启动过程中，中速以下振动不超过(C)mm。

A. 0.1 B. 0.05 C. 0.03 D. 0.12

310. 当轴位移增大时，应先(B)，使之回到正常值。

A. 加负荷 B. 减负荷 C. 提高参数 D. 降低参数

311. 汽轮机在冲转提升转速前要投入(A)，防止由于排汽缸温度(A)引起轴承中心抬高。

A. 排汽缸冷却喷水，过高 B. 保护水，过高

C. 排汽缸冷却喷水，过低 D. 保护水，过低

312. 热力试验的任务之一是确定各调节汽门、各监视段的(B)与蒸汽流量的关系。

A. 温度 B. 汽压 C. 流量 D. 负荷

313. 热力试验的任务之一是确定各种工况下各加热器的(B)与蒸汽流量的关系。

A. 进水温度 B. 出水温度 C. 端差 D. 压力

314. 在汽轮机热力试验中的试验条件下，计算加热器抽汽量时，按凝结水(A)方向，顺序对逐个加热器进行计算。

A. 逆流　B. 顺流　C. 先逆后顺　D. 可逆可顺

315. 汽轮机甩负荷试验一般按甩额定负荷的1/2，3/4及(D)三个等级进行。

A. 4/5　B. 5/6　C. 6/7　D. 全负荷

316. 汽轮机大修后，甩负荷试验前必须进行(C)。

A. 主汽门严密性试验并符合技术要求

B. 调速汽门严密性试验并符合技术要求

C. 主汽门和调速汽门严密性试验并符合技术要求

D. 主汽门和调速汽门严密性试验任选一项并符合技术要求

317. 做自动主汽门严密性试验时，应同时关闭(C)。

A. 高、中压自动主汽门及调速汽门　B. 高、中调速汽门

C. 高、中压自动主汽门　D. 电动主闸门

318. 汽轮机超速试验应连续做两次，两次动作转速差不应超过(B)额定转速。

A. 0.5%　B. 0.6%　C. 0.7%　D. 1.0%

319. 当汽轮机转速达到额定转速的(B)时，超速保护装置动作。

A. 114%~115%　B. 110%~112%

C. 116%　D. 103%~109%

320. 汽轮机做(A)试验前不应做危急保安器充油试验。

A. 超速　B. 低油压保护　C. 轴向位移　D. 低真空保护

321. 滑参数停机时，(C)做汽轮机超速试验。

A. 可以　B. 采取安全措施后　C. 严禁　D. 领导批准后

322. 锅炉本体是由汽锅和(C)两部组成。

A. 省煤器　B. 空气预热器　C. 炉子　D. 过热器

323. 按锅炉燃用燃料的品种可分为(D)、燃油锅炉、燃气锅炉三种。

A. 燃无烟煤锅炉　B. 燃贫煤锅炉

C. 燃烟煤锅炉　D. 燃煤锅炉

324. 火力发电厂主要采用自然循环、强迫循环、(A)、复合循环锅炉。

A. 直流锅炉　B. 固态排渣锅炉　C. 液态排渣锅炉　D. 层燃锅炉

325. 当锅水含盐量达到临界含盐量时，蒸汽的湿度将(B)。

A. 逐渐增大　B. 急骤增大　C. 减少　D. 不变

326. 锅炉定期排污时应尽量选择在(A)时进行。

A. 低负荷　B. 额定负荷　C. 任意负荷　D. 较高负荷

327. 三相异步电动机的转子，根据构造上的不同可分为(B)式和鼠笼式两种。

A. 永磁　B. 绕线　C. 电磁　D. 线圈

328. 三相异步电动机的转速决定于(D)。

A. 电压　B. 电流　C. 电动机大小　D. 旋转磁场转速

329. 三相电动机一般采用(A)制供电。

A. 三相三线　B. 三相两线　C. 三相一线　D. 三相四线

330. 同步发电机的转速永远(C)同步转速。

A. 低于　B. 高于　C. 等于　D. 不等于

331. 发电机由原动机带动旋转，并将直流电通入转子绕组的过程属于(B)现象。

A. 电生热　B. 电生磁　C. 磁生电　D. 热变电

332. 发电机组是将机械能转化为(C)的机械。

A. 热能　B. 化学能　C. 电能　D. 动能

333. 大容量汽轮发电机通常采用(C)励磁方式。

A. 直流同轴　B. 直流不同轴　C. 半导体　D. 超导体

334. 200MW 汽轮发电机静子的额定电流为(D)A。

A. 3500　B. 7650　C. 8500　D. 8625

335. 做接触高温物体的工作时，应(A)。

A. 戴隔热手套和穿专用防护工作服　B. 戴隔热手套

C. 戴隔热手套和防护鞋　D. 穿专用防护服

336. 任何人进入(D)必须戴安全帽。

A. 控制室　B. 值班室　C. 办公室　D. 生产现场

337. 火灾发生的三个因素：可燃物、氧气、(A)。

A. 火源　B. 温度　C. 氢气　D. 油

338. 发现有人触电，首先应立即(A)。

A. 切断电源　B. 将触电人员拖离触电区

C. 组织人抢救　D. 人工呼吸

339. 灭火的基本方法有(C)、窒息法、冷却法和抑制法。

A. 消防水　B. 泡沫　C. 隔离法　D. 降温法

340. 使用中应防止将手冻伤的是(D)灭火器。

A. 泡沫　B. 1211　C. 干粉　D. 二氧化碳

341. 泡沫灭火器只能(B)放置。

A. 横向　B. 竖直　C. 随意　D. 保温

342. 运行班长在(C)将工作票注销退回之前，不准将检修设备加入运行。

A. 工作票许可人　B. 工作票签发人

C. 工作负责人　D. 安全员

343. 氢气的爆炸极限值在空气中为(A)，爆炸范围极广，点火能量小，容易引起火烧爆炸事故。

A. 4%~75%　B. 4%~96%　C. 75%~96%　D. 40%~75%

344. 机器运行中，禁止擦拭(A)。

A. 机器的旋转部分　B. 安全罩

C. 电机外壳　D. 轴承箱

345. 电业生产事故调查规程中规定：人员未认真监视、控制、调整等造成 3kV 及以上发供电主设备异常运行或被迫停运认定(A)。

A. 一般设备事故　B. 异常

C. 一类障碍　D. 二类障碍

346. 几个安全阀如共同装设在一个与汽包或联箱直通的总管上时，则此短管流通面积应大于与其相连的所有安全阀最小流通截面总和的(C)倍。首先起座的应为沿汽流方向的最后一只。

A. 1.10　　B. 1.20　　C. 1.25　　D. 1.50

多选题

1. 关于理想气体分子模型的两点假设是(A，B)。
   A. 气体分子都是有弹性的，是不占体积的质点
   B. 气体分子相互之间没有作用力
   C. 气体分子是没有弹性的，是占有体积的质点
   D. 气体分子相互之间存在作用力
2. 传热学中，热交换的基本方式有(A，B，D)。
   A. 热传导　　B. 热对流　　C. 热蒸发　　D. 热辐射
3. 影响冷油器换热效率的因素有(A，B，C，D)。
   A. 流体的流速　　B. 冷却面积
   C. 流体的流动方向　　D. 铜管的脏污程度
4. 影响热导率的因素有(A，B，C，D)。
   A. 状态、成分和结构　　B. 密度
   C. 温度　　D. 含水率
5. 影响对流换热的因素有(A，B，C，D)。
   A. 流体流动的动力　　B. 流体有无相变
   C. 流体的流态　　D. 流体的物理性质
6. 影响凝结放热的因素有(A，B，C，D)。
   A. 蒸汽中含有不凝结气体　　B. 蒸汽的流动速度和方向
   C. 冷却表面的情况　　D. 管子的排列方式
7. 热处理在生产上的意义有(A，B，C)。
   A. 充分发挥金属材料的潜力　　B. 延长零件和工具的使用寿命
   C. 节约金属材料的消耗　　D. 提高生产力
8. 防止腐蚀的方法有(A，B)。
   A. 化学吸附　　B. 通风干燥　　C. 热烘　　D. 冷吹
9. 流体有(A，B)两种流动状态。
   A. 层流　　B. 紊流　　C. 稳定流　　D. 混流
10. 汽轮机按工作原理可分为(A，B，C)三种。
    A. 冲动式　　B. 反动式　　C. 冲动反动联合式D. 轴流式
11. 多级回热系统中加热器最有利的分配方法有(A，B，C)。
    A. 等温升分配法　　B. 几何级数分配法
    C. 等焓降分配法　　D. 等熵分配法
12. 隔板的结构形式有(A，B，C)。
    A. 焊接隔板　　B. 窄喷嘴焊接隔板　　C. 铸造隔板　　D. 旋转隔板
13. 组合转子兼有(A)和(B)的优点，所以广泛用于高参数中等容量的汽轮机上。
    A. 整锻转子　　B. 套装转子　　C. 焊接转子　　D. 组合转子
14. 汽轮机上采用的联轴器大体结构型式有(A，B，D)。
    A. 刚性联轴器　　B. 挠性联轴器　　C. 液力联轴器　　D. 半挠性联轴器

15. 汽轮机常用的联轴器有(A，B，C)。

A. 刚性联轴器　B. 半挠性联轴器　C. 挠性联轴器　D. 软性联轴器

16. 汽轮机轴封的作用是(C，D)。

A. 防止缸内蒸汽向外泄漏　B. 防止空气漏入凝结器内

C. 防止高压蒸汽漏出　D. 防止真空区漏入空气

17. 汽轮机中根据汽封的位置可分为(A，B，C)。

A. 轴端汽封　B. 隔板汽封　C. 围带汽封　D. 丁型汽封

18. 机械密封的优点是(A，B，C)。

A. 密封性能好，几乎可以完全不泄漏　B. 使用寿命长，功率消耗少

C. 轴和轴套都不易受到磨损　D. 便于检修

19. 机械密封的缺点是(A，B，C，D)。

A. 制造复杂　B. 价格贵

C. 安装及加工精度要求高　D. 需要使用一些特殊材料

20. 汽轮机支持轴承按轴瓦分有(A，B，C，D)。

A. 圆筒型支持轴承　B. 椭圆型支持轴承

C. 多油锲支持轴承　D. 可倾瓦支持轴承

21. 提高机组运行经济性要注意(A，B，C，D)。

A. 维持额定蒸汽初参数　B. 维持额定再热蒸汽参数

C. 保持最有利真空　D. 保持最小的凝结水过冷度

22. 汽轮机按热力过程可分为(A，B，C，D)。

A. 凝汽式　B. 背压式　C. 调整抽汽式　D. 中间再热式

23. 汽轮机按蒸汽流动方向可分为(A，B，C)。

A. 轴流式　B. 辐流式　C. 周流式　D. 垂直式

24. 单元制主蒸汽系统的缺点是(A，B)。

A. 相邻单元之间不能切换运行，单元中任何一个主要设备发生故障，整个单元都要被迫停止运行，运行灵活性差

B. 该系统广泛应用于高参数大容量的凝汽式电厂及蒸汽中间再热的超高参数电厂

C. 投资少、管道的压力损失小、检修工作量小

D. 系统本身发生事故的可能性小

25. 中间再热容积对汽轮机的影响是(A，B)。

A. 机组的功率滞延　B. 增加了甩负荷时的动态超速

C. 加负荷时转速波动　D. 减负荷时周波变化。

26. 火力发电厂的热力循环有(A，B，C，D)。

A. 朗肯循环　B. 中间再热循环　C. 回热循环　D. 热电循环

27. 朗肯循环的主要设备是(A，B，C，D)。

A. 蒸汽锅炉　B. 汽轮机　C. 凝汽器　D. 给水泵

28. 汽机机运行中变压运行与定压运行相比的优点有(A，B，C)。

A. 机组负荷变化时可以减小温度变化，从而减少转子和汽缸的热应力，热变形，

提高机组的使用寿命

B. 在低负荷时能保证机组较高的热效率，因为降压不降温，进入汽轮机的容积流量基本不变，汽流在叶片通道内流动偏离设计工况小，另外因调节汽门全开，节流损失小

C. 因变压运行时可采用变速给水泵，所以给水泵耗功率减小

D. 循环水泵效率高

29. 汽轮机启停和变工况时，最大热应力发生的部位通常是(A，B，C，D)。

A. 高压缸调节级处　　B. 再热机组中压缸的进汽区

C. 高压转子在调节级前后的汽封处　　D. 中压转子的前汽封处

30. 调节系统静态特性试验的目的是测定调节系统的(A，B，C)，全面了解调节系统的工作性能是否正确、可靠、灵活；分析调节系统产生缺陷的原因，以正确地消除缺陷。

A. 静态特性曲线　　B. 速度变动率

C. 迟缓率　　D. 负荷

31. 自动调节的质量评价标准有(A，B，C)。

A. 稳定性　　B. 准确性　　C. 快速性　　D. 灵活性

32. 进行调节系统和自动保护装置的调试试验前应具备(A，B，C，D)条件。

A. 进行调节系统和自动保护装置的调整试验前，要求油系统油循环完毕，油质化验合格，油温保持在(50℃±5℃)

B. 调节系统各油压表安装齐全，并经校验合格

C. 主要压力表应更换为标准表，有关部件的行程指示标尺或百分表，以及试验时必须加装的临时设施，应按试验要求正确安装

D. 电动高压油泵试运合格；各调节部套初步试验动作应平稳、灵活、无卡涩、或突然摆动

33. 常用的反馈机构有：(A，B，C)。

A. 杠杆反馈　　B. 油口反馈　　C. 弹簧反馈　　D. 凸轮反馈

34. 保护系统和调节系统一样，由(A，B，C)组成。

A. 感应机构　　B. 传动放大机构　　C. 执行机构　　D. 液压机构

35. 调节系统转速感应机构按其工作原理可分为：(A，B，C)。

A. 液压式　　B. 机构式　　C. 电子式　　D. 连杆式

36. 调速系统是由(A，B，C，D)组成。

A. 感受机构　　B. 放大机构　　C. 执行机构　　D. 反馈机构

37. 调节汽门传动装置常见的形式有：(A，B，D)。

A. 凸轮传动装置　　B. 直接传动装置

C. 间接传动装置　　D. 提板式

38. 下列关于高压抗燃油的性质描述正确的是(A，B，C)。

A. 燃点高　　B. 微毒性　　C. 腐蚀性　　D. 黏度随温度变化不大

39. 朗肯循环的主要设备是(A，B，C，D)。

A. 蒸汽锅炉　　B. 汽轮机　　C. 凝汽器　　D. 给水泵

40. 端差增大的原因有(A，B，C，D)。
A. 凝汽器铜管水侧或汽侧结垢　B. 凝汽器汽侧漏入空气
C. 冷却水管堵塞　D. 冷却水量减少等

41. 影响凝汽器最有利真空的主要因素有(A，B，C，D)。
A. 进入凝汽器的蒸汽流量　B. 汽轮机排汽压力
C. 冷却水的进口温度　D. 循环水量(或是循环水泵的运行台数)

42. 汽轮机真空下降的危害有(A，B，C，D)。
A. 可用焓降减小，不经济，同时使机组出力降低
B. 排汽缸及轴承座热膨胀，可能引起中心变化，产生振动
C. 排汽温度过高可能引起凝汽器铜管松弛，破坏严密性
D. 可能使纯冲动式汽轮机轴向推力增加

43. 循环水温升温大的原因有(A，B，C)。
A. 蒸汽流量增加　B. 冷却水量减少
C. 铜管清洗后较干净　D. 真空系统漏空气严重

44. 循环水温升小的原因有(A，B，C，D)。
A. 蒸汽流量减少　B. 冷却水量增加
C. 凝汽器铜管结垢脏污　D. 真空系统漏空气严重

45. 按进入凝汽器汽流的方向，凝汽器可分为(A，B，C，D)。
A. 汽流向下式　B. 汽流向上式　C. 汽流向心式　D. 汽流向侧式

46. 下列设备不属于表面式加热器的有(B，D)。
A. 凝汽器　B. 除氧器　C. 空气预热器　D. 汽包

47. 下列设备属于表面式加热器的有(A，B，C)。
A. 凝汽器　B. 高压加热器　C. 低压加热器　D. 除氧器

48. 中压缸启动方式的优点是(A，B，C，D)。
A. 缩短启动时间
B. 汽缸加热均匀
C. 提前越过脆性转变温度
D. 特殊工况具有良好的适应性

49. 新机组分步试运的主要内容有(A，B，C，D)。
A. 真空系统严密性检查　B. 附属机械分步试运行
C. 汽水管道的吹扫和冲洗　D. 汽轮机辅助设备试运行

50. 汽轮机的启动过程包括(A，B，C，D)。
A. 启动前准备　B. 冲转　C. 并网　D. 带负荷

51. 防止动静摩擦的技术措施有(A，B，C，D)。
A. 熟练的掌握调整和控制胀差的方法
B. 严格控制上下汽缸温差和法兰内外壁温差不得超限
C. 严格监视转子挠度指示不得超限
D. 控制监视段压力，不得超过规定值

52. 汽机首次启动及空负荷运行时，应记录(A，B，C，D)。
A. 汽轮机大轴原始偏心度(晃度)及其高点值在转子的圆周方向的位置，以及轴向

位移、胀差等其他仪表的原始读数

B. 在每次重大操作后均要记录操作前后的参数变化

C. 汽轮机及其附属机械、附属设备的启停时间

D. 冲转时间、汽温、汽压、真空和油温，暖机各阶段的转速和维持时间

53. 缩短汽轮机启动时间的方法有(A，B)。

A. 主、再热蒸汽温度与金属温度相匹配，主汽温度必须有50℃过热度，这就可以在零部件安全的基础上缩短启动时间

B. 合理安排升温、升负荷速度及暖机时间

C. 提高升速率

D. 减少暖机时间

54. 汽轮机的进汽调节方式有(A，B，C)。

A. 节流调节法　B. 质量调节法　C. 喷嘴调节法　D. 压力调节法

55. 汽轮机带负荷试运行的条件有(A，B，C，D)。

A. 带负荷试运行必须在空负荷试运正常、调节系统空负荷试验合格后进行

B. 主、辅机保护系统各项目静态调试合格，全部具备投入条件，影响机组安全运行的保护装置已投入

C. 程序控制系统各程序经模拟试验能够根据运行参数和条件投入

D. 各项自动调节装置经分别调试，具备投入条件，并在启动试运过程中已逐步投入，发电机空载电气试验完毕，氢冷发电机完成投氢工作等一系列条件都满足的条件下进行

56. 机组带负荷试验过程中需做以下(A，B，C，D)试验。

A. 超速试验　B. 真空系统严密性试验

C. 调节系统带负荷试验　D. 甩负荷试验

57. 汽轮机主蒸汽温度不变时主蒸汽压力升高的危害有(A，B，C)。

A. 机组的末几级的蒸汽湿度增大，使末几级动叶片的工作条件恶化，水冲刷加重。对于高温高压机组来说，主蒸汽压力升高0.5MPa，其湿度增加约2%

B. 使调节级焓降增加，将造成调节级动叶片过负荷

C. 会引起主蒸汽承压部件的应力增高，将会缩短部件的使用寿命，并有可能造成这些部件的变形，以至于损坏部件

D. 转速波动

58. 自动调节的质量评价标准有(A，B，C)。

A. 稳定性　B. 准确性　C. 快速性　D. 灵活性

59. 汽轮发电机组最优化启停是由(A)和(C)来决定的。

A. 升温速度　B. 升压速度　C. 升温幅度　D. 升压幅度

60. 影响汽轮机惰走曲线的斜率，形状的因素有(A，B，C，D)。

A. 真空破坏门开度的大小　B. 真空破坏门开启时间的早晚

C. 机组内转动部分是否摩擦　D. 主汽门、调速汽门、抽汽逆止门是否严密

61. 汽轮机强制冷却的方式有(A，B，C，D)。

A. 蒸汽顺流冷却　B. 蒸汽逆流冷却

C. 空气顺流冷却　　　　　　　　D. 空气逆流冷却

62. 汽轮机厂房冬季防寒防冻的措施有(A，B，C，D)。

A. 每班在三个临时温度测点处记录厂房温度两次

B. 根据循环水温度及时摘挂挡风板

C. 机组停运时凝汽器保持通水循环

D. 转动机械盘根冷却水，轴承冷却水通水运行

63. 盘车过程中应注意的问题有(A，B，C，D)。

A. 监视盘车电动机电流是否正常，电流表指示是否晃动

B. 定期检查转子弯曲指示值是否有变化

C. 定期倾听汽缸内部及高低压汽封处有无摩擦声

D. 定期检查润滑油泵的工作情况

64. 机组振动故障分析时，一般需要进行的振动测试有(A，B，C，D)。

A. 测定基频振动或振动频谱　　　　B. 轴承座的刚度监测

C. 振动与机组运行参数试验　　　　D. 故障诊断的验证试验

65. 防止汽轮机大轴弯曲的安全技术措施有(A，B，C，D)。

A. 汽轮机每次冲转前及停机后均应测量转子偏心度及盘车电流应正常。冲转前发生转子弹性热弯曲应适当加长盘车时间，升速中发现弹性热弯曲应加强暖机时间，热弯曲严重时或暖机无效应停机处理

B. 汽轮机盘车状态应采取有效的隔离措施，防止汽缸进水和冷汽

C. 汽轮机上下缸温差或转子偏心度超限时禁止汽轮机冲转

D. 汽轮机启动时应充分疏水并监视振动、胀差、膨胀、轴向位移、汽缸滑销系统等正常，避免动静碰磨，引起大轴弯曲

66. 汽轮机进水、进冷气的特征有(A，B，C，D)。

A. 上下缸温差增大　　　　　　B. 过热度减小

C. 机组振动增大　　　　　　　D. 抽汽管道振动

67. 汽轮机组停机后造成汽轮机进水、进冷汽(气)的原因可能来自(A，B，C，D)。

A. 锅炉和主蒸汽系统　　　　　B. 再热蒸汽系统

C. 抽汽系统　　　　　　　　　D. 轴封系统

68. 是水冲击的象征的有(A，B，C)。

A. 主汽温度突降　　　　　　　B. 轴向推力增大

C. 胀差向负值发展　　　　　　D. 胀差向正值发展

69. 汽轮机叶片损坏的原因有(A，B，C，D)。

A. 外来杂物造成叶片损坏

B. 汽缸内固定零部件脱落造成零部件损坏

C. 轴瓦损坏、胀差超限、大轴弯曲以及强烈振动造成动静摩擦，使叶片损坏

D. 水冲击造成叶片损坏

70. 汽轮机叶片损伤的原因有(A，B，C，D)。

A. 机械损伤　　　　　　　　　B. 水击损伤

C. 腐蚀和锈蚀损伤 D. 水蚀损伤

71. 下列造成汽轮机超速的原因有(A，B，C，D)。

A. 调速系统有缺陷 B. 汽轮机超速保护系统有故障

C. 超速试验升速过快 D. 抽汽或供热系统逆止门不严或拒动

72. 推力瓦烧瓦的原因有(A，B，C，D)。

A. 汽轮机发生水冲击或蒸汽温度下降时处理不当

B. 蒸汽品质不良，叶片结垢

C. 机组突然甩负荷或中压缸汽门瞬间误关

D. 油系统进入杂质，推力瓦油量不足，使推力瓦油膜破坏

73. 造成汽轮机轴瓦损坏的主要原因有(A，B，C，D)。

A. 运行中轴承断油 B. 机组发生强烈振动

C. 轴瓦制造缺陷 D. 润滑油质恶化

74. 凝汽器真空下降的现象有(A，B，C)。

A. 排气温度升高

B. 凝汽器端差增大

C. 在调节汽门开度不变的情况下，机组的负荷降低

D. 机组振动增大

75. 凝汽器真空急剧下降的原因有(A，C)。

A. 后轴封供汽中断 B. 循环水量不足

C. 凝汽器满水 D. 真空系统不严密

76. 凝汽器真空缓慢下降的原因有(B，C，D)。

A. 后轴封供汽中断 B. 循环水量不足

C. 凝汽器水位升高 D. 真空系统不严密

77. 汽轮发电机组突然甩负荷，汽轮机维持转速，危急保安器未动作的象征有(A，B，C，D)。

A. 电负荷指示到零

B. 光字牌“油开关跳闸”信号出现

C. 机组声音突变

D. 高调门瞬间关闭 1.5~2s 后部分开启，维持机组空转

78. 出现(A，B，C，D)情况需要破坏真空紧急停机。

A. 机组发生强烈振动或机内有明显的摩擦

B. 汽轮机发生水冲击

C. 轴封处冒火花

D. 发电机或励磁机冒烟着火

79. 汽轮发电机组转子的振动情况可用以下(A，B，C)参数来描述。

A. 振幅 B. 位移速度 C. 位移加速度 D. 相变速度

80. 汽轮发电机组的振动的危害有(A，B，C)。

A. 汽轮发电机组的大部分事故，甚至比较严重的设备损坏事故，都是由振动引起

的，机组异常振动是造成通流部分和其他设备元件损坏的主要原因之一

B. 机组的振动，会使设备在振动力作用下损坏

C. 长期振动会造成基础及周围建筑物产生共振损坏

D. 飞车

81. 汽轮机轴向位移增大的原因有(A，B，C，D)。

A. 静叶片结垢严重　　B. 推力轴承损坏

C. 汽轮机蒸汽带水　　D. 电网周波下降

82. 汽轮机寿命由(A，B)组成。

A. 受到高温和工作应力作用而产生的蠕变损耗

B. 受到交变应力作用引起的低周期疲劳寿命损耗

C. 转子寿命

D. 汽缸寿命

83. 造成 EH 系统油压低的原因有(A，B，C，D)。

A. 油管路断裂造成大量油外泄　　B. 安全溢流阀失灵

C. 油泵的调压装置失灵　　D. 油泵的泄漏量过大或油泵损坏

84. EH 系统油温过高的原因有(A，B，C，D)。

A. 安全溢流阀失灵　　B. 伺服阀泄漏

C. 冷却水电磁阀故障　　D. 冷却水系统手动截止阀未开启

85. 汽轮机热力试验前的准备工作主要有(A，B，C，D)。

A. 全面了解并熟悉主、辅设备和热力系统

B. 对机组和热力系统进行全面检查，消除各种泄漏和设备缺陷，使试验能安全可靠和较准确的进行

C. 安装试验所需的测点和仪表，并进行全面校验，不符合试验要求的仪表应更换

D. 拟定试验大纲

86. 汽轮机热力试验大致包括(A，B，C，D)。

A. 试验项目和试验目的

B. 试验时的热力系统和运行方式

C. 测点布置、测量方法和所用的测试设备

D. 试验负荷点的选择和保持负荷稳定的措施

87. 在(A，B，C)情况下应进行汽轮机热力特性试验。

A. 新机组安装投运后

B. 机组长期运行及大修前后

C. 机组的结构、热力系统等进行较大改造前后

D. 调度停机前后

88. 热力试验前对设备的要求有(A，B，C)。

A. 对系统进行全面认真的检查　　B. 消除缺陷，力求设备完好

C. 根据试验要求做好各种措施　　D. 电负荷为机组额定负荷的一半

89. 试验期间的安全措施有(A，B)。

A. 如在试验过程中发生事故，应由运行人员按事故处理规程进行处理，这时试验

人员要听从统一指挥，并不得妨碍运行人员处理事故

B. 在制定试验计划时，应预先考虑设备可能发生的问题及处理措施，并提醒有关人员注意

C. 在试验过程中运行人员不得参与

D. 试验过程中不得调整相关参数

90. 下列影响热力试验准确性的原因有(A，B，C，D)。

A. 初压改变的影响　　B. 初温改变的影响

C. 外界系统的影响　　D. 稳定方法对计算误差的影响

简答题

1. 什么叫内动能？什么叫内位能？它们由何决定？

答：气体内部分子热运动的动能叫内动能，它包括分子的移动动能，分子的转动动能和分子内部的振动动能等。从热运动的本质来看，气体温度越高，分子的热运动越激烈，所以内动能决定于气体的温度。气体内部分子克服相互间存在的吸引力具有备用的位能，称为内位能，它与气体的比体积有关。

2. 何谓金属的机械性能？

答：金属的机械性能是金属材料在外力作用下表现出来的特性和抵抗破坏的能力，如弹性、强度、韧性和塑性等。

3. 什么是调整抽汽式汽轮机？

答：从汽轮机某一级中经调压器控制抽出大量已经做了部分功的一定压力范围的蒸汽，供给其他工厂及热用户使用，机组仍设有凝汽器，这种型式的机组称为调整抽汽式汽轮机。它一方面能使蒸汽中的含热量得到充分利用，同时因设有凝汽器，当用户用汽量减少时，仍能根据低压缸的容量保证汽轮机带一定电负荷。

4. 汽缸的支承定位包括什么？

答：汽缸的支承定位包括外汽缸在轴承座和基础台板上的支持定位；内缸在外缸中的支持定位；以及滑销系统的布置。

5. 什么是汽轮机的轴封系统？

答：在汽轮机的高压端和低压端虽然都装有轴端汽封，能减少蒸汽漏出和空气漏入，但漏汽现象仍不能完全消除。为了防止和减少这种漏汽现象，以保证机组的正常启停和运行，以及回收漏汽的热量，减少系统的工质损失和热量损失，汽轮机均设有由轴端汽封加上与之相连接的管道、阀门及附属设备组成的轴封系统。

6. 影响汽轮发电机组经济运行的主要技术参数和经济指标有哪些？

答：影响汽轮发电机组经济运行的主要技术参数和经济指标有汽压、汽温、真空度、给水温度、汽耗率、循环水泵耗电率、高压加热投入率、凝汽器端差、凝结水过冷度、汽轮机热效率等。

7. 产生热冲击的原因有哪些？

答：产生热冲击的原因有：

① 启动时，冲转参数与汽缸金属温度不匹配；② 极热态启动时，为缩短启动时间，采用负温差启动；③ 汽轮机甩负荷时，通流部分金属温度发生急剧变化。

8. 汽轮机汽缸内外壁温差大的危害是什么？

答：因为金属导热存在一定热阻。金属导热有一定的时间，换热过程的剧烈程度决定于换热系数的大小，而导热过程的快慢则取决于金属材料的热导率。因此，在汽缸壁及转子表面和中心孔之间便形成了温差。汽缸内外壁温差过大将使汽缸产生热变形，径向间隙变小，造成动静部分发生摩擦损坏设备。同时还会引起法兰在垂直方向上的变形造成结合面漏汽。因此，应避免发生汽缸内外壁温差大的情况。

9. 停机减负荷主要注意什么？

答：① 主蒸汽、再热蒸汽温度变化及温降速度。② 严格控制金属温降速度。③ 新蒸汽保持一定过热度。

10. 简介 DEH 系统组成及功能。

答：该系统包括电子控制柜，操作显示盘，CRT 数据显示屏幕，打字机和高压抗燃油系统（简称 EH）。其主要功能是按操作员或自动启动装置给出的指令来控制主汽阀、再热汽阀、调节阀的开关及开度，使机组按一定要求升、降速或升降负荷实现机组运行中的各种要求，DEH 装置按转速、功率及第一级压力的实际信号，对机组的转速、功率、蒸汽流量，实行闭环调节，此外 DEH 还有阀门管理、转子应力计算、参数监视显示、超速保护，自启停控制等多种功能。EH 系统是向各阀门单独配置的油动机提供所需的高压抗燃液的系统。

11. DEH 控制方式（单阀–顺序阀）选择的依据是什么？为什么？

答：选择的依据是汽轮机第一级后的蒸汽温度。因为这个温度是随着控制方式而变化的。在机组运行期间，运行人员在任何时候都可以改变阀门方式。但是，在控制方式切换的瞬间，会产生一个瞬时的温度变化。在单阀方式时的第一级温度比用顺序阀方式时大约高 42°~56℃。这个温差逐渐减小，直到“阀全开”工况时温差消失。合理选择和使用控制方式，能够在各运行阶段尽量减小第一级温度变化，这样，使高压转子和其他零件的热应力减小。

12. 怎样做真空严密性试验？应注意哪些问题？

答：真空严密性试验步骤及注意事项如下：

① 汽轮机带额定负荷的 80%，运行工况稳定，保持抽气器或真空泵的正常工作。记录试验前的负荷、真空、排汽温度；② 关闭抽气器或真空泵的空气门；③ 空气门关闭后，每分钟记录一次凝汽器真空及排汽温度，8min 后开启空气门，取后 5min 的平均值作为测试结果；④ 真空下降率小于 0.4kPa/min 为合格。如超过应查找原因，设法消除。在试验中，当真空低于 87kPa，排汽温度高于 60℃时，应立即停止试验，恢复原运行工况。

13. 进行凝汽器灌水试验的目的是什么？

答：凝汽器灌水试验的目的是：检查凝汽器的汽侧、低压缸的排汽部分；空负荷运行处于真空状态的辅助设备及管道的严密性。

14. 汽轮机膨胀不均为什么会引起机组的振动？如何判断这类振动是由于膨胀不均而引起的？

答：汽轮机的膨胀不均通常是由于汽缸膨胀受阻或加热不均造成的，这时将会引起轴承的位置和标高发生变化，从而导致转子中心发生改变，有时还会减弱轴承的刚度改变轴承的载荷，有时还会引起动静部分的摩擦。所以在汽轮机膨胀不均时会引起机组的振动。这类振动的特征为：振动随着负荷或主蒸汽的升高而增大，但随着运行时间的延长（工况保持不变）振动逐渐减少，振动的频率和转速一致，波形为正弦波，根据这些特征即可判断振动是否因为膨胀不均造成的。

15. 额定参数启动汽轮机怎样控制减少热应力？

答：额定参数启动汽轮机时，冲动转子一瞬间接近额定温度的新蒸汽进入金属温度较低的汽缸内，和新蒸汽管道暖管的初始阶段相同，蒸汽将对金属进行剧烈的凝结放热，使汽缸内壁和转子外表面温度急剧增加，温升过快，容易产生很大的热应力，所以额定参数下冷态启动时只能采用限制新蒸汽流量，延长暖机和加负荷的时间等办法来控制金属的加热速度，减少受热不均产生过大的热应力和热变形。

16. 法兰加热过度有什么危害？

答：法兰加热过度，即法兰外壁温度高于内壁温度或法兰温度高于汽缸温度。此时，汽缸和法兰将产生热变形，使汽缸前后两端截面成为立椭圆，中间段截面成为横椭圆。这种变形将使汽缸前、后及隔板轴封的左右或上下径向间隙减小，同时汽缸上下温差增大而产生猫拱背现象，汽缸下部发生动静之间摩擦的危险性增大。此外法兰加热过度，还将使靠法兰加热装置后部各段动叶片进汽侧的轴向间隙缩小，甚至消失而发生摩擦。另外还使螺栓紧力松弛，汽缸接合面松开漏汽，甚至可能造成法兰外张口的塑性变形。综上所述，法兰加热过度的危险性比加热不足还要大。

17. 在处理汽、水管道故障时应遵循什么原则？

答：① 尽可能不使人员和设备遭受损害，尤其是高温高压管道故障对人身安全应特别注意。在查明泄漏部位时，应特别小心谨慎，使用合适的工具，如长柄鸡毛帚等，运行人员最好不要敲开保温，检查人员应根据声音大小和温度高低与泄漏点保持足够的距离并做好防止他人误入危险区的安全措施。设备安全则主要是防止电气设备受潮，必要时切除有受潮危险的保护回路；② 尽可能不停用其他运行设备；③ 先关来汽、来水阀门，后关出汽，出水阀门；④ 先关闭离故障点近的阀门，如无法接近隔绝点，再扩大隔绝范围，关闭离故障点远的阀门。待可以接近隔绝点时迅速缩小隔绝范围。

18. 通流部分动静摩擦的原因有哪些？

答：造成汽轮机动静摩擦事故的原因是多方面的，归纳起来主要有以下几种。① 动静部件加热或冷却膨胀不均匀。由于高压汽轮机相对于转子来说汽缸质量比较大，而受热面比较小，即转子和汽缸的质量比相差较大。在启动过程中转子加热和膨胀的速度要比汽缸快，这样就产生了膨胀差值，通常称之为胀差，如果胀差超过了轴向的动静间隙，就会在轴向产生动静摩擦。另外由于上下汽缸散热和保温条件等不同因素，上下汽缸也将会产生温差，汽缸法兰内外受热条件不同也会产生温差，这些温差都会使汽缸变形，从而改变了动静部分的间隙分配。当间隙变化值大于动静间隙时，就会产生动静摩擦。此外，如果在运行中滑销系统工作失常或汽缸变形，都会导致汽缸和转子偏心从而造成动静摩擦。② 动静间隙调整不当。在汽轮机启动和运行过程中，汽缸热应力和热变形以及各受力部件的机械变形，必然会引起动静间隙的变化。所以就要求全面地考虑各种因素的影响，制订出合理的动静间隙，在安装和检修过程中进行认真地检查与调整，若动静间隙调整不当，就会引起动静摩擦。③ 汽缸法兰加热装置使用不当。合理的使用汽缸和法兰加热装置可以减小胀差，避免动静部分摩擦，如果加热过度就会使法兰外壁温度高于内壁，使汽缸产生危险的变形。或左右法兰加热不均等，均会产生严重的动静摩擦。④ 受力部件机械变形超过允许值。通流部分的受力部件如隔板叶轮等由于设计刚度不足或在异常工况(如提高出力)运行，由于工作应力增加会使这些部件产生过大的变形，从而造成严重的动静摩擦事故。⑤ 推力瓦或支承轴瓦损坏。由于推力瓦或支承轴瓦损坏，转子随之产生大量轴向或幅向位移从而产生动静摩擦。⑥ 转子套装部件的松动位移。当转子套装部件的松动位移超过规定轴向间隙时，显然要造成动静摩擦。⑦ 机组的强烈振动。由于转轴的强烈振动，轴振动的振幅超出幅向动静间隙时将产生动静摩擦。⑧ 在转子挠曲或汽缸严重变形的情况下强行盘车。⑨ 通流部分部件破损或硬质杂物进入通流部分。

19. 汽轮机发生水冲击的象征有哪些?

答：汽轮机发生水冲击的象征为：① 新蒸汽温度急剧下降；② 从主汽门、调汽门门杆及蒸汽管道法兰、阀门密封圈、轴封、汽缸结合面处冒出白色的湿汽；③ 清楚地听到蒸汽管道或汽轮机有水击声；④ 轴向位移增大，推力瓦温度升高，胀差往负方向变化；⑤ 调汽门开度不变负荷降低。

以上现象不一定同时出现。

20. 叶片断落或围带脱落的象征有哪些?

答：叶片断落或围带脱落的象征有：① 汽轮机内部或凝汽器内部可能产生突然的声响，并伴随着机组振动突然增大有时会很快消失；② 机组振动包括振幅和相位均发生明显的变化，有时还会产生瞬间强烈的抖动；③ 当叶片损坏较大时，将使通流面积改变，在同一个负荷下蒸汽流量、调门开度、监视段压力等都会发生变化；④ 若有叶片掉入凝汽器，通常会打坏凝汽器的铜管，使循环水漏入凝结水中，表现为凝结水硬度和电导率突然增大，凝汽器水位升高等；⑤ 若抽汽口部位的叶片断落，则叶片有可能进入抽汽管道，造成逆止门卡涩，或进入加热器使管束损坏，加热器水升高；⑥ 在停机惰走过程中或盘车状态下听到金属摩擦声，惰走时间减少；⑦ 转子掉落叶片后，其转子平衡情况及轴向推力将会发生变化，有时会引起推力瓦温度和轴承回油温度的升高及引起振动明显增大。

21. 运行中机组甩去部分负荷，发电机未解列应如何处理?

答：运行中机组甩去部分负荷时，负荷突然大幅度下降，主蒸汽压力突然升高，旁路自动投入开启，各调汽门关小，各监视段压力降低，此时应进行如下处理。

① 调整旁路，维持锅炉正常燃烧，维持蒸汽温度、压力正常。检查正常后，联系加负荷到正常。② 及时调整汽封压力，维持真空正常，严密监视和调整各加热器、凝汽器及除氧器的水位。③ 甩负荷后，注意给水泵的流量，流量低再循环门是否自动开，维持给水泵正常运行。④ 负荷加起来后，关闭旁路，调整各参数恢复正常。

22. 厂用电全部中断的象征有哪些?

答；厂用电全部中断的象征有：交流照明熄灭，事故照明灯亮。机房内声音突变，事故喇叭报警。所有运行设备突然停止转动，电流到零，出口压力、流量迅速下降。各电动门、调整门失去电源，维持原来开度不变。备用设备不能投入。汽温、汽压、凝汽器真空下降，油温升高。

23. 汽轮机做超速试验时低负荷暖机时间是多长？为什么?

答：机组并网带15%负荷运行4h以上。因为汽轮机在空负荷运行时，汽轮机内的蒸汽压力低，转子中心孔处的温度尚未被加热到脆性转变温度以上，另外超速试验时转子的应力比额定转速时增加25%的附加应力。由于以上两个原因，所以大型汽轮机要带低负荷运行一段时间，进行充分暖机，使金属部件达到脆性转变温度以上，然后再做超速试验。

24. 如何做危急保安器超速试验？

答：① 在下列情况应进行危急保安器超速试验：汽轮机新安装后及机组大小修后；危急保安器检修后；机组停用一个月后再启动时；每运行两个月后不能进行充油活动校验时。② 校验时应用两种不同的转速表(可参考一次油压和主油泵出口油压)。③ 超速试验一般应在机组时并手动脱扣良好，高压内缸温度200℃以上时进行。在其他特殊情况下进行超速试验应制定特殊措施，并经总工程师批准后才可进行。④ 撤下试验油门销钉，将试验油门手轮转至动作低的危急保安器。⑤ 用辅同步器手轮向增荷方向转动，使转速均匀上升，当“遮断”字样出现时，该转速即是试验油门所指的低转速危急保安器动作转速。这时可继续升速另一只危急保安器动作使主汽门关闭时止(如果超过3360r/min不动作，应立即手动脱扣，停止校验)。⑥超速脱扣后拍脱扣器，启动调速油泵，将辅同步器及试验油门恢复到启动正常位置，当转速下降到3000r/min，停用调速油泵。⑦记录脱扣转速是否在3300~3360r/min范围内。

25. 如何做危急保安器充油试验？

答：①每运行两个月危急保安器应进行充油活动试验；② 校验时必须汇报值长后进行(一般在中班系统负荷低谷时进行)；③ 撤下切换油门销钉，将切换油门手轮转至被校验危急保安器位置(No. 1 或 No. 2)；④ 将被校验危急保安器喷油阀向外拉足，向油囊充油，当被校验危急保安器动作显示牌出现时放手；⑤ 然后将喷油阀向里推足，当被校验危急保安器动作显示牌复位时松手；⑥ 确定被校验的危急保安器动作显示牌复位时，撤下切换油门销钉，将切换油门手轮转至“正常”位置；⑦ 用同样方法校验另一只危急保安器。

计算题

1. 某电厂一昼夜发电 1.2×10^6kW · h，此功应由多少热量转换而来？(不考虑其他能量损失)

解：① $1\text{kW}\cdot\text{h}=3.6\times10^3(\text{kJ})$

② $Q=3.6\times10^3\times1.2\times10^6=4.32\times10^9(\text{kJ})$

答：此功应由 4.32×10^9kJ 的热量转换而来。

2. 某物体的摄氏温度为15℃，该物体的热力学温度为多少？

解：① $T=273.16+15=288.16(\text{K})$

答：该物体的绝对温度为288.16K。

3. 水在某容器内沸腾，如压力保持1MPa，对应的饱和温度 $t_1=180$℃，加热面温度 t_2 保持205℃，沸腾放热系数 α 为85700W/(m² · ℃)，求单位加热面上换热量。

解：$q=\alpha(t_2-t_1)=85700\times(205-180)=2142500(\text{W/m}^2)$

答：单位加热面上换热量是2142500W/m²。

4. 某容器内气体压力由压力表读得 $p_g=0.25$MPa，气压表测得大气压力 $p_a=0.99\times10^5$Pa，若气体绝对压力不变，而大气压力升高 $p'_a=1.1\times10^5$Pa，问容器内压力表的读数 p'_g 为多少？

解：$p'_g=p_g+p_a-p'_a=0.25\times10^6+0.99\times10^5-1.1\times10^5=0.239(MPa)$

答：大气压力变化后，压力表读数为 0.239MPa。

5. 一台十级离心泵，入口压力 $p_1=0.21MPa$，出口压力 $p_2=6.5MPa$，入口水温 $t=109.32℃$，求该泵的总扬程和单级扬程。

解：①根据水泵入口水温和压力查找饱和水温表 $\rho=951.2kg/m^3$，$g=9.81m/s^2$

② 根据水泵扬程公式得泵的总扬程为

$$H_t=(p_2-p_1)/(\rho g)$$

$$=(6.5\times10^6-0.21\times10^6)/(951.2\times9.81)=471.5(m)$$

③ 每级扬程为 $H=H_t/10=471.5/10=47.5(m)$

答：该离心泵的总扬程为 471.5m，单级扬程为 47.5m。

6. 汽轮机的主蒸汽温度每低于额定温度 10℃，汽耗量要增加 1.4%。一台 $p=25000kW$ 的机组带额定负荷运行，汽耗率 $d=4.3kg/(kW\cdot h)$，主蒸汽温度比额定温度低 15℃，计算该机组每小时多消耗多少蒸汽量。

解：① 主蒸汽温度低 15℃时，汽耗增加率为 $\Delta\delta=0.014\times15/10=0.021$

② 机组在额定参数下的汽耗量为 $D=Pd=25000\times4.3=107500kg/h=107.5(t/h)$

③ 由于主蒸汽温度比额定温度低 15℃致使汽耗量的增加量为

$$\Delta D=D\times\Delta\delta=107.5\times0.021=2.26(t/h)$$

答：由于主蒸汽温度比额定温度低 15℃，使该机组每小时多消耗蒸汽量 2.26t。

7. 某厂一台 $P=12000kW$ 机组带额定负荷运行，由一台循环水泵增加至两台循环水泵运行，凝汽器真空率由 $H_1=90\%$ 上升到 $H_2=95\%$。增加一台循环水泵运行，多消耗电功率 $P'=150kW$。计算这种运行方式的实际效益。（在各方面运行条件不变的情况下，凝汽器真空率每变化 1%，机组效益变化 1%）

解：① 凝汽器真空上升率为　$\Delta H=H_2-H_1=0.95-0.90=0.05$

② 机组提高的效益为　$\Delta P=P\times\Delta H=12000\times0.05=600(kW)$

③ 增加一台循环水泵运行后的效益为　$\Delta P-P'=600-150=450(kW)$

答：增加运行一台循环水泵每小时可增加 450kW 的效益。

8. 某机组发电标准煤耗率为 320g/(kW·h)，若年发电量 103.1559 亿 kW·h，将消耗多少标准煤？若燃用发热量为 4800kcal/kg 的煤，又将消耗多少吨？

解：① 该机组年消耗标准煤为 $B^b=b^b\times N_{年}=320\times10^{-3}\times103.1559\times10^8$

$$=3300988800kg$$

$$=3300988.8(t\text{ 标准煤})$$

②若燃用发热量为 4800kcal/kg 的煤，则消耗

$$B=3300988.8\times7000/4800=4813942(t)$$

答：该机组每年将消耗 3300988.8t 标准煤。若燃用发热量为 4800kcal/kg 的煤，则将消耗 4813942t。

9. 汽轮机某压力级喷嘴中理想焓降 $h_n=40.7kJ/kg$，前一级可利用的余速能量 $h^*_{C2}=1.34kJ/kg$，动叶片中产生的理想焓降 $h_b=6.7kJ/kg$，喷嘴损失为 $\Delta h_n=2.5kJ/kg$，动叶片损失 $\Delta h_b=1.8kJ/kg$，余速损失 $\Delta h_{C2}=1.4kJ/kg$。求该级的轮周效率 η_u。

解：轮周效率

$$\eta_u = (h_{C2}^* + h_n + h_b - \Delta h_n - \Delta h_b - \Delta h_{C2})/(h_{C2}^* + h_n + h_b) \times 100\%$$

$$= (1.34 + 40.7 + 6.7 - 2.5 - 1.8 - 1.4)/(1.34 + 40.7 + 6.7) \times 100\%$$

$$= 88.3\%$$

答：轮周效率为 88.3%。

10. 某台纯凝汽式汽轮机，新蒸汽压力为 $p_1 = 13.24\text{MPa}$，温度 $t_1 = 550℃$，汽轮机排汽压力为 0.005MPa，试问该台汽轮机循环热效率为多少？

解：① 查图得知：$i_1 = 3470\text{kJ/kg}$，$i_2 = 2288\text{kJ/kg}$，$i'_2 = 138.2\text{kJ/kg}$

② 循环热效率 $\eta_t = (i_1 - i_2)/(i_1 - i'_2) \times 100\%$

$= (3470-2288)/(3470-138.2) \times 100\%$

$= 1182/3331.8 \times 100\%$

$= 0.3547 \times 100\%$

$= 35.47\%$

答：该台汽轮机循环热效率为 35.47%。

11. 一台 125MW 汽轮机，新蒸汽压力为 $p_1 = 13.24\text{MPa}$，温度 $t_1 = 550℃$，高压缸排汽压力为 2.55MPa，再热汽温为 550℃，汽轮机排汽压力为 0.005MPa，试问该台 125MW 汽轮机循环热效率为多少？

解：① 查图得知：$i_1 = 3470\text{kJ/kg}$，$i_a = 2990\text{kJ/kg}$，$i_b = 3576\text{kJ/kg}$，$i_2 = 2288\text{kJ/kg}$，$i'_2 = 138.2\text{kJ/kg}$

② 再热循环热效率

$$\eta_t = [(i_1 - i_a) + (i_b - i_2)]/[(i_1 - i'_2) + (i_b - i_a)] \times 100\%$$

$$= [(3470 - 2990) + (3576 - 2288)]/[(3470 - 138.2) + (3576 - 2990)] \times 100\%$$

$$= 45.1\%$$

答：该台 125MW 汽轮机循环热效率为 45.1%。

12. N100-90/535 型汽轮机，在经济工况下运行，调节级汽室压力 $p_0 = 4.40\text{MPa}$，流量 $G_0 = 100\text{kg/s}$。运行一段时间后，调节级汽室压力 $p'_0 = 4.0\text{MPa}$。求变工况后的蒸汽流量 G'_0。

解：① 已知 $p_0 = 4.40\text{MPa}$，$G_0 = 100\text{kg/s}$，$p'_0 = 4.0\text{MPa}$

② $G_0/G'_0 = p_0/p'_0 = 4.40/4.0 = 1.1$

③ 得 $G'_0 = 100/1.1 = 90.9(\text{kg/s})$

答：变工况后蒸汽流量 G'_0 为 90.9kg/s。

13. 某 $P = 200\text{MW}$ 机组调节系统的迟缓率 $\varepsilon = 0.3\%$，速度变动率 $\delta = 5\%$，试计算由迟缓引起负荷摆动量是多少？

解：① 负荷摆动量 $\Delta P = (\varepsilon/\delta) \times P = 0.3 \div 5 \times 200 = 12(\text{MW})$

答：由迟缓引起的负荷摆动量是 12MW。

14. 某电厂在低周波运行期间曾将速度变动率 $\delta = 5\%$ 的同步器工作范围由 $-5\% \sim +7\%$ 改为 $-6\% \sim +4\%$，试问这样改动后，当电网频率恢复为 50Hz 后，机组最多能带多少额定负荷（用百分数表示）？

解：① 同步器工作范围改为-6%～+4%后，为使机组带满负荷，同步器应处于高限位置，② 设在 50Hz 时机组带负荷 P'，则$(1.04\times3000-3000)/P'=\delta/P$

$$P'/P\times100\%=[(1.04\times3000-3000)/\delta]\times100\%$$
$$=[(1.04\times3000-3000)/(0.05\times3000)]\times100\%$$
$$=(0.04/0.05)\times100\%$$
$$=80\%$$

答：此时机组只能带 80%额定负荷。

15. 某汽轮机调节系统静态特性曲线在同一负荷点增负荷时的转速为 2980r/min，减负荷时的转速为 2990r/min，额定转速为 3000r/min，求该调节系统的迟缓率。

解：①调节系统的迟缓率 $\varepsilon=\Delta n/n_e\times100\%$

$$=(2990-2980)/3000\times100\%=0.33\%$$

答：该调节系统的迟缓率为 0.33%。

16. 已知进入凝汽器的蒸汽量 $D_{co}=198.8\text{t/h}$，凝汽器设计压力 $p_{co}=0.054\text{MPa}$。凝汽器排汽焓 $i_{co}=2290\text{kJ/kg}$，凝结水焓 $i'_{co}=139.3\text{kJ/kg}$，冷却水的进水温度 $t_{w1}=20℃$，冷却水比热容 $c_p=4.1868\text{kJ/(kg·℃)}$，冷却水量 12390t/h，求冷却倍率、冷却水温升、传热端差。

解：① 查表得 p_{co}压力下蒸汽的饱和温度 $t_{cos}=34.25℃$

② 冷却倍率 $m=D_w/D_{co}=13900\div198.8=62.3$

③ 冷却水温升 $\Delta t=(i_{co}-i'_{co})/(c_p\times m)$

$$=(2290-139.3)/(4.1868\times62.3)$$
$$=8.25℃$$

④ 冷却水出口温度 $t_{w2}=t_{w1}+\Delta t=20+8.25=28.25℃$

⑤ 则传热端差 $\delta t=t_{cos}-t_{w2}=34.25-28.25=6.0℃$

答：冷却倍率为 62.3，冷却水温升 8.25℃，传热端差 6.0℃。

17. 凝汽器真空表的读数 $p_1=97.09\text{kPa}$，大气压计读数 $p_2=101.7\text{kPa}$，求工质的绝对压力？

解：① 绝对压力 $p=p_2-p_1=101.7-97.09=4.61(\text{kPa})$

答：工质的绝对压力是 4.61kPa。

18. 某凝汽器的铜管直径 $D=25\text{mm}$，铜管长 $L=8470\text{mm}$，铜管数 $n=17001$ 根，试求凝汽器的冷却面积为多少平方米？

解：冷却面积 $S=\pi\times D\times L\times n$

$$=3.14\times0.025\times8.47\times17001$$
$$=11303.88(\text{m}^2)$$

答：凝汽器的冷却面积为 11303.88m^2。

19. 某台凝汽器冷却水进口温度为 $t_{w1}=16℃$，出口温度 $t_{w2}=22℃$，冷却水流量 $d_w=8.2\times10^4\text{t/h}$，水的比热容 $c_p=4.187\text{kJ(kg·K)}$，问该凝汽器 8h 内被冷却水带走了多少热量？

解：① 1h 内被冷却水带走的热量 $q=d_w\times c_p\times(t_{w2}-t_{w1})$

$$=8.2\times10^4\times10^3\times4.187\times(22-16)$$

$=2.06\times10^9$(kJ/h)

② 8h 内被冷却水带走热量：$Q=2.06\times10^9\times8=1.648\times10^{10}$(kJ)

答：该凝汽器 8h 内被冷却水带走了 1.648×10^{10}kJ 的热量。

20. 某汽轮机每小时排汽量为 400t，排汽压力为 0.004MPa，排汽干度 $x=0.88$，冷却水比热容 $c_p=4.1868$kJ/(kg·℃)，凝汽器每小时用循环冷却水 24800t。求循环冷却水温升为多少度？

解：① 查饱和水与饱和水蒸气热力性质表知，排汽压力为 0.004MPa 时，饱和蒸汽焓为 $i''_{co}=2554.5$kJ/kg，饱和水焓 $i'_{co}=121.41$kJ/kg

排汽焓为 $i_{co}=x\times i''_{co}+(1-x)\times i'_{co}$

$=0.88\times2554.5+(1-0.88)\times121.41$

$=2247.96+14.57$

$=2262.53$kJ/kg

② 凝汽器循环倍率为 $m=D_w/D_{co}=24800/400=62$

③ 循环冷却水温升 $\Delta t=(i_{co}-i'_{co})/(m\times c_P)$

$=(2262.53-121.41)/(62\times4.1868)$

$=8.25$(℃)

答：循环冷却水温升为 8.25℃。

21. 某机组在某一工况下运行时，测得凝汽器真空为 95kPa，大气压力为 0.1012MPa，问凝汽器真空度为多少？(保留两位小数)

解：① 大气压力为 0.1012MPa=101.2kPa

② 真空度=凝汽器真空/大气压力×100%

=95/101.2×100%

≈93.87%

答：凝汽器真空度为 93.87%。

22. 某台循环水泵的电动机轴功率 $P_1=1000$kW·h，循环水泵有效功率 $P_2=800$kW·h，问该循环水泵的效率 η 为多少？

解：$\eta=P_2/P_1\times100\%=800/1000\times100\%=80\%$

答：该循环水泵的效率为 80%。

23. 某台汽轮机额定参数为：主蒸汽压力 $p_1=13.1$MPa，主蒸汽温度 535℃，做主汽门、调门严密性试验时的蒸汽参数为：主蒸汽压力 $p_2=8.8$MPa，主蒸汽温度 456℃。问该台汽轮机转速 n 下降到多少时，主汽门、调门的严密性才算合格？

解：$n=(p_2/p_1)\times1000=(8.8/13.1)\times1000=671.75$(r/min)

答：该汽轮机转速下降到 671.75r/min 以下时，主汽门、调门的严密性才算合格。

24. 某锅炉连续排污率 $P=1\%$，当其出力 D 为 610t/h 时，排污量 D_{pw} 为多少？

解：$D_{pw}=P\times D=1\%\times610=6.1$(t/h)

答：排污量为 6.1t/h。

25. 某汽轮机额定功率 $P=300$MW，求一个月(30 天即 $t=720$h)该机组发电量为多少？

解：$W=Pt=300000\times720=2.16\times10^{8}$（kW·h）

答：月发电量为2.16×10^{8}kW·h。

26. 每小时（即$t=3600$s）均匀通过导线截面积的电量$Q=900$C，求导线中的电流I。

解：$I=Q/t=900/3600=0.25$（A）

答：导线中电流为0.25A。

27. 设人体的最小电阻$R=720\Omega$，当通过人体的电流I超过50mA时，就会危及人身安全，试求安全工作电压U。

解：$U=IR=0.05\times720=36$（V）

答：安全工作电压为36V。

28. 国际电工委员会规定接触电压的限定值（安全电压）$U=50$V，一般人体电阻$R=1700\Omega$，计算人体允许电流I（直流电）。

解：电流$I=U/R=50\times1000/1700=29.14$（mA）

答：人体允许电流约为30mA（直流电）。

四、技能操作鉴定要素细目表

鉴定范围						鉴定点	
一级		二级		三级		代码	名称
代码	名称	代码	名称	代码	名称		
A	技能要求	A	工艺操作	A	开车准备	001	机电联系信号的试验
						002	开机参数符合规定的确认
						003	润滑油系统的投运
						004	射水抽气器系统的投运
						005	凝汽器的投运
						006	轴封供汽系统的投运
						007	凝结水系统的投运
						008	发电机冷却系统的投运
						009	DEH主油泵的投运
						010	全逆止门联锁试验
						011	机组静态试验
				B	开机操作	001	冲转的操作
						002	汽轮机组具备并网条件的确认
						003	自动主汽门严密性试验的操作
						004	调速汽门严密性试验的操作
						005	超速试验的操作
						006	热态开机的操作
						007	上下缸温差的调整

续表

鉴定范围						鉴定点	
一级		二级		三级		代码	名称
代码	名称	代码	名称	代码	名称		
				C	正常操作	001	调整抽汽投运操作
						002	功率回路投入操作
						003	高加投运操作
						004	凝结水的回收操作
		B	设备使用与维护	A	使用设备	001	凝结水泵的切换
						002	水冷泵的切换
						003	高压加热器的停运
						004	高压加热器的隔绝
						005	凝汽器半边隔绝的操作
						006	冷水器的切换
						007	冷油器的切换
				B	维护设备	001	注油试验的操作
						002	抽气器的切换
						003	自动主汽门活动试验
						004	真空严密性试验
		C	事故判断与处理	A	事故判断	001	发电机断水的判断处理
						002	发电机励磁机失火事故处理
						003	水冲击事故处理
						004	超速事故处理
						005	脱网运行的处理
						006	厂用电中断事故的处理
						007	润滑油压低事故处理
						008	轴向位移大事故处理
						009	EH 油压低事故处理
						010	油系统失火事故处理
						011	DPU 故障处理
						012	DCS 故障处理
				B	事故处理	001	凝汽器掉真空的处理
						002	电动机着火的处理
						003	开机时调速油泵故障处理
		D	识图与计算	A	识图	001	装置全面性工艺流程图的绘制
						002	惰走曲线的绘制
				B	计算	001	汽耗率的计算
						002	热耗率的计算
						003	标准煤耗率的计算

五、技能操作试题

试题1：机电联系信号的试验(现场模拟或口试)

（考核时间：30min）

序号	考核项目	评分要素	配分	评分标准	检测结果	扣分	得分	备注
1	机电联系信号使用注意事项	司机与电气主值之间联系讯号设有光字牌，开始联系，先发“注意”讯号，同时有音响	10	不发“注意”信号扣10分				
		发现讯号错发或需要更改，必须另发“更改”讯号	5	讯号发错后不发“更改”信号扣5分				
		接到电气主值的命令讯号后，须待3s，如果没有“更改”讯号，应清除讯号后立即执行。发现负荷到零、“主油开关跳闸”，并有二人同时见到主控来的“停机”讯号，司机应立即进行紧急停机工作	15	事故状态下紧急停机讯号的确认和处理方法错误扣15分				
2	机组机电联系信号内容	①“注意”表示请注意，有操作要求或有异常情况 ②“增加”表示发一次讯号增加负荷2000~3000kW ③“减少”表示发一次讯号减少负荷2000~3000kW ④“已合闸”表示发电机已与电网并列 ⑤“已拉闸”表示发电机已与电网解列 ⑥“停机”表示发电机要停机处理 ⑦“更改”表示前发讯号无效 ⑧“电话”表示有要事，司机接电话	40	每错一个扣5分				
3	电气机电联系信号内容	①“注意”表示请注意有操作要求或有异常情况 ②“可并列”表示汽轮发电机组正常，具备并列条件 ③“减负荷”表示汽机有故障，发一次讯号由主控盘减负荷2000~3000kW	30	每错一个扣5分				

续表

序号	考核项目	评分要素	配分	评分标准	检测结果	扣分	得分	备注
		④“调整”表示汽轮发电机组有紧急故障，司机根据具体情况调整负荷 ⑤“机器危险”表示汽轮发电机组发生危险，司机进行打闸停机，负荷到“0”后，向主控发机器危险讯号，主控有二人同时见到讯号并核准有功负荷为“0”，立即拉开发电机主油开关，与系统解列 ⑥“更改”表示前发讯号无效						
		合　　计	100					

试题 2：开机参数符合规定的确认（现场模拟或口试）

（考核时间：30min）

序号	考核项目	评分要素	配分	评分标准	检测结果	扣分	得分	备注
1	油质、油温	透平油、抗燃油的油质合格，油温符合规定值	10	未检查确认扣 10 分				
2	弯轴指示值	汽轮机的弯轴指示值符合规程规定的要求	10	未检查确认扣 10 分				
3	上、下缸温差	上、下缸温差在规程规定的范围内	10	未检查确认扣 10 分				
4	轴承振动	启动过程中各道轴承的振动值符合规程规定的要求	10	未检查确认扣 10 分				
5	油箱油位	油泵启动后油箱的油位符合规程的规定	10	未检查确认扣 10 分				
6	主蒸汽参数	主蒸汽的参数符合运行规程的规定	10	未检查确认扣 10 分				
7	汽缸膨胀	启动过程中注意对汽缸膨胀值的监视	10	未检查确认扣 10 分				
8	汽轮机胀差	启动过程中注意汽轮机胀差的监视	10	未检查确认扣 10 分				
9	汽轮机真空	启动过程中加强对汽轮机的真空的监视	10	未检查确认扣 10 分				
10	轴向位移	启动过程中加强对汽轮机轴向位移的监视	10	未检查确认扣 10 分				
		合　　计	100					

试题3：润滑油系统的投运(现场模拟或口试)

(考核时间：30min)

序号	考核项目	评分要素	配分	评分标准	检测结果	扣分	得分	备注
1	润滑油系统投用前检查	检查主油箱油位、油质及油温合格	15	每漏检查一项扣5分				
		联系电气人员测各油泵电机绝缘合格后送电	10	未测电机绝缘扣10分				
		检查油泵冷却水畅通	10	未检查扣10分				
		手动盘动油泵无卡涩	10	未手动盘动扣10分				
2	系统排空气	启动交流润滑油泵，向系统充压排空气	15	未操作扣15分				
3	油循环	待系统空气排尽及油压稳定后，停运交流润滑油泵，启动高压调速油泵打油循环，提高润滑油温	15	未切换高压调速油泵扣15分				
4	冷油器的投运	根据油温情况决定是否投用冷油器。注意要保证油路畅通	15	未按规程规定执行扣15分				
5	联锁装置	投入油泵联锁装置	10	未投入联锁装置扣10分				
		合　计	100					

试题4：射水抽气器系统的投运(现场模拟或口试)

(考核时间：30min)

序号	考核项目	评分要素	配分	评分标准	检测结果	扣分	得分	备注
1	准备工作	准备工具、用具	5	少选一件扣2.5分				
2	射水抽气器系统投用前的检查准备工作	检查射水池补满清洁的水，确认各种表计正常投入	5	少检查一项扣2分，超过3项没检查不得分				
		盘动水泵靠背轮无卡涩现象，出水门和泵体空气门关闭	10	没有盘动水泵靠背轮扣5分，出水门或泵体空气门没有关闭扣5分				
		射水泵启动开关和联锁开关在断开位置	10	没有检查射水泵的启动开关和联锁开关在断开位置各扣5分				
		通知电气人员测电动机绝缘，合格后送电	10	没有联系电气人员测绝缘扣10分				
		检查射水抽汽器空气门关闭	5	未进行此项工作扣5分				

续表

序号	考核项目	评分要素	配分	评分标准	检测结果	扣分	得分	备注
3	射水泵的投用	高射水池水位，向泵内灌水，开启泵体空气门，排完空气，关闭泵体空气门。合上操作开关，启动射水泵，注意空载电流及出水压力。(检修后启动应先试转方向正确)	20	不灌水排空气直接启泵扣10分，射水泵启动后没有检查泵的空载电流及出水压力各扣5分				
		如打水正常则缓慢开启出水门，检查出水压力和水泵电流应正常(不超过额定值)，调整射水池水位轻微溢流	10	没有检查出水压力和水泵电流扣5分，没有调整射水池水位轻微溢流扣5分				
4	射水抽气器的投用	开启相对应的射水抽气器的空气门和抽气器排水管小空气门，维持轴封加热器微负压	20	开错射水抽气器空气门扣10分，开错或没开抽气器排水管小空气门扣5分，没能维持轴封加热器微负压扣5分				
5	联锁开关的投切	据运行方式确定是否投入联锁	5	应投联锁而未投的扣5分				
6	安全及其他	遵守安全操作规程		每违反一项规定从总分中扣5分，严重违规停止操作			—	
		在规定时间内完成		超时停止操作			—	
		合　计	100					

试题5：凝汽器的投运(现场模拟或口试)

(考核时间：30min)

序号	考核项目	评分要素	配分	评分标准	检测结果	扣分	得分	备注
1	准备工作	准备工具、用具	5	少选一件扣2.5分				
2	投运前的准备工作	检查凝汽器符合投运条件，凝汽器进出水门及出口旁路门应关闭，全开凝汽器两侧空气总门，关闭凝汽器进出水管放水门	15	少检查一项扣2分，没开两侧空气门扣5分，放水门没有关闭扣5分				
3	凝汽器的投用	全开凝汽器两侧出水管上的排空气门	10	未开排空气门扣10分				
		开启凝汽器进出水联络门	10	没开联络门扣10分				
		通知其他机组和循环水泵值班员，凝汽器准备投入	5	没有通知相关机组扣5分				

续表

序号	考核项目	评分要素	配分	评分标准	检测结果	扣分	得分	备注
		将凝汽器循环水出水门开小部分充压，待空气排尽后，关闭两侧出水管的排空气门	10	无此操作扣10分				
		开启循环水出水门	10	没开启循环水出水门扣10分				
		缓慢开启进水门或进水旁路门排空气，待顶部空气门有水流出后关闭(开式循环调节虹吸装置保持真空正常)，全开进水门。全面检查并监视温升情况(对开式循环系统无凝汽器出口门时，视循环水母管压力，开启凝汽器进水门，投凝汽器出口虹吸装置，保持真空正常，检查温升正常)	35	不排空气扣15分，没有检查和监视凝汽器的温升情况扣20分				
4	安全及其他	遵守安全操作规程		每违反一项规定从总分中扣5分，严重违规停止操作			—	
		在规定时间内完成		超时停止操作			—	
	合　计		100					

试题6：轴封供汽系统的投运(现场模拟或口试)

（考核时间：30min）

序号	考核项目	评分要素	配分	评分标准	检测结果	扣分	得分	备注
1	投运前检查	检查机组凝结水系统投运正常	10	未检查扣10分				
		检查机组射水抽气器系统投运正常	10	未检查扣10分				
		检查轴封加热器进汽门在开启状态	10	未检查扣10分				
2	暖管	选择合适的轴封汽源，进行暖管	20	未选择合适的汽源扣10分，未进行暖管扣10分				
3	阀门位置检查	检查轴封进汽调整门在关闭位置，前、后截门开启，旁路门在关闭位置	10	未检查扣10分				
4	轴封加热器投运	启动轴封加热器风机(正常后投入联锁)或开启轴封加热器至射水抽气器小空气门，维持轴封加热器在微负压状态	20	漏操作或操作顺序颠倒扣15分，未维持负压扣5分				

续表

序号	考核项目	评分要素	配分	评分标准	检测结果	扣分	得分	备注
5	轴封供汽	开启轴封汽进汽门，注意利用调整门调整轴封汽压力在规程规定的范围内	10	未调整轴封汽压力在规定范围内扣10分				
6	投运后检查	检查轴封汽回汽畅通，调整轴封加热器水位正常	10	未检查调整扣10分				
		合　计	100					

试题7：凝结水系统的投运(现场模拟或口试)

（考核时间：30min）

序号	考核项目	评分要素	配分	评分标准	检测结果	扣分	得分	备注
1	凝结水系统投运前的检查	检查凝汽器循环冷却水系统投运正常	10	未检查扣10分				
		联系电气人员测凝结水泵电机绝缘，合格后联系送电	10	未联系检查扣10分				
		检查凝结水泵进口门开启，出口门关闭	10	未检查扣10分				
		检查凝结水泵空气门、盘根冷却水门以及密封水门开启	10	未检查扣10分				
		检查所有低压加热器进、出水门开启，旁路门关闭，注意3#低压加热器出口门关闭，事故放水门稍开	10	未检查扣10分				
2	凝结水泵的启动	开启除盐水至凝汽器补水门向凝汽器补水，水位正常后，启动一台凝结水泵，开启凝结水泵出口门，向系统充压	20	漏操作或操作顺序颠倒扣20分				
3	凝结水水质	联系化验凝结水水质	10	未联系化验水质扣10分				
4	凝结水的回收	水质合格后，开启3#低压加热器出水门，关闭事故放水门，回收凝结水	10	漏操作或操作顺序颠倒扣10分				
5	运行方式的调整	根据运行情况决定凝结水泵运行台数，投入凝结水泵联锁装置	10	未按要求投入联锁装置扣10分				
		合　计	100					

试题8：发电机冷却系统的投运（现场模拟或口试）

（考核时间：30min）

序号	考核项目	评分要素	配分	评分标准	检测结果	扣分	得分	备注
1	操作工具的准备	操作工具	5	缺少一项扣2分				
2	水冷泵的启动	全面检查系统，确认水质合格，启动水冷泵，维持水冷箱水位在2/3以上。会同电气全面检查内部水冷系统	25	没有确认水质合格扣10分，水冷箱水位不合格扣5分，没有会同电气检查内部水冷系统扣10分				
3	进水压力的调整	调整发电机各部进水门，维持进水压力在正常范围内	20	开错或少开一个阀门扣10分，进水压力超出正常范围扣10分				
4	进水支座冷却水	调整转子轴封冷却水门	15	漏操作扣15分				
5	冷却水流量及压力	检查静子、端部流量正常，转子回水正常	20	未检查或未及时调整，造成不良后果的扣20分				
6	联锁装置	投入冷水泵联锁	15	没有根据需要投入联锁扣15分				
7	安全	操作安全		操作过程中违反安全规程及运行规程的取消考试成绩			—	
		合　计	100					

试题9：DEH主油泵的投运（现场模拟或口试）

（考核时间：30min）

序号	考核项目	评分要素	配分	评分标准	检测结果	扣分	得分	备注
1	EH主油泵启动前的检查准备工作	EH系统部分检修作业结束，工作票终结，现场整洁干净，电机转向正确	10	工作票未终结就进行操作取消考试资格				
		EH系统热工仪表，保护信号一次门开启	10	未检查扣10分				
		EH油箱油位正常，滤油泵启动运行8h以上，抗燃油的油质合格，确认油温在正常范围内，否则投入电加热	10	未全面检查油系统符合投运要求扣10分				
		有关试验正常	5	未进行相关试验扣5分				
		确认EH主油泵进、出口门开启	10	未检查开启进、出口门扣10分				
		检查各蓄能器常开阀、常闭阀位置正常	10	未检查蓄能器各阀门位置正确扣10分				
		主汽门、调节汽门油动机控制块上的截止阀开启，手动泄荷阀关闭	10	未检查各油动机阀门位置正确扣10分				

续表

序号	考核项目	评分要素	配分	评分标准	检测结果	扣分	得分	备注
2	EH主油泵的启动检查	联系电气人员，给EH主油泵送电	5	漏操作扣5分				
		启动一台EH油泵，检查轴承振动、泵内声音、出口压力、滤网前后压差及EH油箱油位等反应正常	20	泵启动后未全面检查系统扣20分				
3	联锁开关	投入EH主油泵联锁开关	10	未投入联锁开关扣10分				
4	安全	运行操作符合运行规程及安全操作规程		违反规程取消考试资格			—	
		合　计	100					

试题10：全逆止门联锁试验(现场模拟或口试)

（考核时间：30min）

序号	考核项目	评分要素	配分	评分标准	检测结果	扣分	得分	备注
1	试验前的准备	启动高压调速油泵，开启自动主汽门至30%	15	未启动高压调速油泵扣15分				
		启动凝结水泵，投入压力传送装置	15	漏操作扣15分				
		联系热工人员，送上联锁保护装置电源	5	漏操作扣5分				
2	自动主汽门联锁全逆止门关闭试验	断开“发电机开关跳闸”讯号电源	10	未断开“发电机开关跳闸”讯号扣10分				
		投入全逆止门联锁开关	5	漏操作扣5分				
		检查自动主汽门关闭后，各抽汽逆止门均关闭，并发出声光讯号	10	未检查或漏检查扣10分				
		解除联锁开关，各光字牌讯号消失	10	漏操作扣10分				
3	发电机跳闸联锁全逆止门关闭试验	联系电气人员合上发电机油开关，使发电机开关跳闸讯号有电，断开自动主汽门关闭信号	10	未断开自动主汽门关闭信号扣10分				
		投入全逆止门联锁开关	5	漏操作扣5分				
		检查各抽汽逆止门均关闭，并发出声光讯号	10	未检查或漏检查扣10分				
4	联锁开关	试验结束后解除联锁开关	5	漏操作扣5分				
		合　计	100					

试题 11：机组静态试验（现场模拟或口试）

（考核时间：30min）

序号	考核项目	评分要素	配分	评分标准	检测结果	扣分	得分	备注
1	试验前准备	启动调速油泵，开启自动主汽门 30%	10	未操作扣 10 分				
		启动凝结水泵，投入压力传送装置	10	未操作扣 10 分				
2	联锁装置电源	联系热工人员，送上联锁保护装置电源	10	未操作扣 10 分				
3	“发电机开关跳闸”讯号电源	断开“发电机开关跳闸”讯号电源	10	未操作扣 10 分				
4	全逆止门联锁	投入全逆止门联锁开关	10	未操作扣 10 分				
5	试验过程及注意事项	关闭自动主汽门后，各抽汽逆止门均关闭，并发出声光讯号	10	未检查扣 10 分				
		解除联锁开关，各“光字”讯号消失	5	未检查扣 5 分				
		联系电气合上发电机油开关，使“发电机开关跳闸”讯号有电，断开自动主汽门关闭信号	10	未操作扣 10 分				
		投入全逆止门联锁开关	10	未操作扣 10 分				
		各抽汽逆止门均应关闭，并发出声光讯号	5	未检查扣 5 分				
		试验结束后解除联锁开关	10	未操作扣 10 分				
		合　计	100					

试题 12：汽轮机组具备并网条件的确认（现场模拟或口试）

（考核时间：30min）

序号	考核项目	评分要素	配分	评分标准	检测结果	扣分	得分	备注
1	油系统检查	检查汽轮发电机组的安全油压、润滑油压及 EH 油压在规定范围内，调节系统稳定运行	20	未检查扣 20 分，每漏一项扣 10 分				
2	发电机冷却水系统检查	发电机定、转子进水压力及流量在规定范围内	10	未检查扣 10 分				

续表

序号	考核项目	评分要素	配分	评分标准	检测结果	扣分	得分	备注
3	机组全面检查	全面检查汽轮发电机组的声音、振动、油温、风温、循环水温度正常	20	未检查扣 20 分，每漏一项扣 5 分				
4	辅机及仪表检查	全面检查各辅机设备运行正常，仪表指示准确	20	未全面检查扣 20 分				
5	动态试验	3000r/min 各项试验合格	20	未检查扣 20 分				
6	并网参数检查	检查汽轮机汽缸内壁温度等参数符合并网要求	10	未全面检查并网前参数扣 10 分				
	合　计		100					

试题 13：自动主汽门严密性试验的操作（现场模拟或口试）

（考核时间：30min）

序号	考核项目	评分要素	配分	评分标准	检测结果	扣分	得分	备注
1	试验运行方式	发电机解列，转速 3000r/min，主蒸汽参数为额定值	20	未满足试验要求扣 20 分				
2	试验前准备工作	启动调速油泵运行，转速表正确可靠，旁路门开启，电动主汽门关闭	20	未启动调速油泵扣 10 分，未开启旁路门关闭电动主汽门扣 10 分				
3	试验操作	将 DEH 手操盘上的钥匙开关拨向“试验”位置，调出“超速试验”操作盘	20	未将手操盘钥匙拨向“试验”位置扣 10 分，不会调出试验菜单扣 10 分				
		当系统提示“是否进入主汽门严密性试验”时，按确认，进入试验	10	不会调出试验画面扣 10 分				
4	试验结果的确认	试验过程中应注意自动主汽门关闭，转速开始下降，当转速降至 1000r/min 以下时，说明试验合格	20	试验过程中漏操作或误操作扣 20 分				
5	试验结束后操作	试验结束后，退出主汽门严密性试验	10	未正确退出试验扣 10 分				
6	安全	操作符合运行规程及电业安全操作规程		操作违反运行规程或电业安全操作规程取消考试资格			—	
	合　计		100					

试题 14：调速汽门严密性试验的操作（现场模拟或口试）

（考核时间：30min）

序号	考核项目	评分要素	配分	评分标准	检测结果	扣分	得分	备注
1	试验运行方式	发电机解列，转速 3000r/min，主蒸汽参数为额定值	20	未满足试验要求扣 20 分				
2	试验前准备工作	启动调速油泵运行，转速表正确可靠，旁路门开启，电动主汽门关闭	20	未启动调速油泵扣 10 分，未开启旁路门，关闭电动主汽门扣 10 分				
3	试验操作	将 DEH 手操盘上的钥匙开关拨向“试验”位置，调出“超速试验”操作盘	20	未将手操盘钥匙拨向“试验”位置扣 10 分，不会调出试验菜单扣 10 分				
		当系统提示“是否进入调节汽门严密性试验”时，按确认，进入试验	10	不会调出试验画面扣 10 分				
4	试验结果的确认	试验过程中应注意调节汽门关闭，自动主汽门全开，转速开始下降。当转速降至 1000r/min 以下时，说明试验合格	20	试验过程中漏操作或误操作扣 20 分				
5	试验结束后操作	试验结束后，退出调节汽门严密性试验	10	未正确退出试验扣 10 分				
6	安全	操作符合运行规程及电业安全操作规程		操作违反运行规程或电业安全操作规程取消考试资格				—
		合　　计	100					

试题 15：危急保安器超速试验（现场模拟或口试）

（考核时间：30min）

序号	考核项目	评分要素	配分	评分标准	检测结果	扣分	得分	备注
1	试验要求	危急保安器超速试验时，汽缸金属温度要求按各电厂规程规定	5	不符合规程规定扣 5 分				
2	试验条件	发电机解列，维持机组 3000r/min，全面检查机组正常	10	发电机未解列或汽轮机转速不能维持 3000r/min 扣 10 分				
		启动高压调速油泵	5	未启动调速油泵扣 5 分				
		手动脱扣，检查自动主汽门、调节汽门均应迅速关闭并发出声光讯号，注意检查转速下降情况，判断主汽门及调节汽门的严密程度	10	未进行手动脱扣试验判断主汽门及调节汽门的严密程度本题不得分				

续表

序号	考核项目	评分要素	配分	评分标准	检测结果	扣分	得分	备注
3	试验过程及注意事项	将DEH手操盘上的钥匙开关指向“试验”位置，调出“超速试验”操作盘	10	漏操作或误操作扣10分				
		按下操作盘上的“机械超速”试验按钮，灯亮	5	未检查扣5分				
		调出转速控制盘，设置目标值为3365r/min，按“确认”按钮，输入升速率为50r/min，按“确认”按钮，按“进行”按钮	10	目标转速或升速率设置不合理扣10分				
		当转速升到3270r/min后，注意记录危急遮断保护动作值，注意自动主汽门及高、中、低压调门应关闭，转速下降	5	未检查扣5分				
		当转速升到3360r/min后危急保安器不动作，应立即打闸	10	转速超过3360r/min，危急保安器不动作，未迅速打闸扣10分				
		试验结束后，退出“机械超速”试验，将DEH手操盘上的钥匙开关指向“投入”位置	10	未切换手操盘扣10分				
		手动复置危急保安器复位手柄，检查安全油压正常，根据需要汽轮机挂闸，维持机组转速3000r/min	10	未复置复位手柄或复位后未检查安全油压正常扣10分				
4	注意事项	注意超速试验应在同一条件下进行两次，两次动作转速差不应超过0.6%	10	未在同一条件下进行两次超速试验或在不同条件下进行两次试验扣10分				
		合　　计	100					

试题16：热态开机的操作（现场模拟或口试）

（考核时间：30min）

序号	考核项目	评分要素	配分	评分标准	检测结果	扣分	得分	备注
1	启动前检查	按各厂规程规定完成汽轮机热态启动前的检查	10	启动前未做全面检查扣10分				
2	热态启动要求	启动时间按各电厂运行规程要求	10	启动时间超过规程规定扣10分				

续表

序号	考核项目	评分要素	配分	评分标准	检测结果	扣分	得分	备注
3	热态启动的注意事项	锅炉有压力时，电动主汽门及一、二级旁路调整门需在锅炉点火后，联系锅炉同意才能开启	15	启动前未联系锅炉并汇报班、值长扣15分				
		先送轴封汽后抽真空，按电厂规定控制轴封汽温度与轴封段内壁温差	15	操作顺序颠倒扣15分				
		要求主蒸汽、再热蒸汽温度分别比高、中压缸温度高50°～100℃	10	启动时主蒸汽温度、再热蒸汽温度不合格扣10分				
		冲转后，全面检查无异常，按规程规定迅速升至3000r/min	10	3000r/min未全面检查机组扣10分				
		机组并列后，联系锅炉尽快升负荷至冷态启动缸温对应的负荷，随后按冷态升负荷曲线加负荷	15	升速、升负荷过程中未按规程规定执行扣15分				
		升速、升负荷过程中要求严格监视机组振动、胀差、轴向位移、缸胀等参数正常	15	升速、升负荷过程中未检查或漏检查机组重要参数扣15分				
4	安全	操作符合运行规程及电业安全操作规程的规定		违反运行规程及电业安全操作规程本题不得分			—	
		合　计	100					

试题17：上下缸温差的调整(现场模拟或口试)

（考核时间：30min）

序号	考核项目	评分要素	配分	评分标准	检测结果	扣分	得分	备注
1	上下缸温差大的原因	上下汽缸具有不同的质量和散热面积，在同样的加热或冷却条件下，下缸加热慢而散热快，所以上缸的温度要高于下缸温度	5	漏答扣5分				
		在汽缸内，蒸汽上升而凝结水流至下缸，使下缸受热条件恶化，使上缸温度高于下缸温度	5	漏答扣5分				
		当调节汽门开启的顺序不当，造成部分进汽时，也会使上下缸温度不均匀	10	漏答扣10分				

续表

序号	考核项目	评分要素	配分	评分标准	检测结果	扣分	得分	备注
		汽轮机启动过程中，汽缸疏水不畅造成下缸温度突降	10	漏答扣10分				
		下缸保温不良，或保温层与下缸脱离，使保温层与汽缸之间有空隙，使空气冷却下缸，造成下缸温度低	10	漏答扣10分				
2	上下缸温差的调整	在汽轮机启动过程中根据汽缸内壁金属温度，严格控制新蒸汽的进汽量，保持合理的升温升压速度	20	不会正确调整扣20分				
		启动过程中合理的调整汽缸本体疏水门的开度，保证下缸的疏水畅通	20	不会正确调整扣20分				
		检查汽缸的保温情况，对于保温不合格的地方，应尽快将保温修补完整	20	不会正确调整扣20分				
		合　计	100					

试题18：调整抽汽投运操作（现场模拟或口试）

（考核时间：30min）

序号	考核项目	评分要素	配分	评分标准	检测结果	扣分	得分	备注
1	调整抽汽投运的条件	调节系统及油动机静态调试符合要求，抽汽调门符合静态试验要求	5	未检查扣5分				
		调整抽汽安全门校验合格，其抽汽逆止门关闭试验合格	5	未检查扣5分				
		电负荷在60%额定负荷以上，调节系统运行稳定	5	未检查扣5分				
2	投运前的准备工作	联系电气人员送上供汽门及至供热母管隔离门的电源，并通知热网岗位检查热网符合送汽要求	5	未检查扣5分				
		开启隔离门前后疏水门、抽汽逆止门前后疏水门、安全门疏水门及供热门前疏水门	5	未操作或误操作扣5分				
		开启供热门旁路门，对门后暖管充压至定压	5	未操作或误操作扣5分				

续表

序号	考核项目	评分要素	配分	评分标准	检测结果	扣分	得分	备注
		对母管隔离门前后暖管充压，待疏水放尽后开启至母管隔离门	5	未操作或误操作扣5分				
		根据疏水扩容器信号管冒汽情况调整供热门前后疏水门	5	未操作或误操作扣5分				
3	调整抽汽的投运	征得调度长同意，联系主控注意电负荷变化，联系锅炉注意汽温、汽压变化	10	未执行扣10分				
		在DEH监控画面中调出调整抽汽控制盘，点击“抽汽投入”按钮，待该按钮变红后点击“手动”按钮，待该按钮变红同时“自动”按钮红色消失，手动调整抽汽室压力高于热网供汽母管压力，开启供热电动门，投入调整抽汽，关闭相关疏水	15	操作顺序颠倒扣15分				
		待调整抽汽实际压力与给定值相差0.05MPa以内时，点击“自动”按钮，待该按钮变红同时“手动”按钮红色消失，点击“抽汽压力回路”，待该按钮变红后，投入调整抽汽压力回路。并确认给定值与投入回路前实际值跟踪良好	15	操作顺序颠倒扣15分				
		根据要求缓慢提升抽汽压力，当调整抽汽带上流量后关闭有关疏水	10	未操作扣10分				
3	调整抽汽投运的注意事项	在投入调整抽汽的过程中，注意电负荷的变动，随时调整	5	未检查调整扣5分				
		注意在暖管正常后试开启供汽门1~2牙，若发现电负荷增加，应立即汇报并关闭供汽门	5	未注意检查扣5分				
		合　计	100					

试题19：功率回路投入操作(现场模拟或口试)

(考核时间：30min)

序号	考核项目	评分要素	配分	评分标准	检测结果	扣分	得分	备注
1	投入要求	检查汽轮发电机组电负荷符合规程规定值时，汇报值长，联系电气准备投入功率回路	30	不符合规程规定要求本题不得分，未汇报值长联系电气扣20分				
2	投运过程	在DEH操作画面中调出功率回路操作界面，点击“功率回路投入”按钮，检查“功率回路投入”灯亮	50	不会准确调用操作画面扣20分，操作顺序颠倒扣30分				
3	投运后检查	检查汽轮发电机组电负荷稳定，汇报值长，联系电气功率回路投入	20	投用后未检查汇报扣20分				
		合　计	100					

试题20：高加投运操作(现场模拟或口试)

(考核时间：30min)

序号	考核项目	评分要素	配分	评分标准	检测结果	扣分	得分	备注
1	高压加热器水侧排空气、暖管	高压加热器进水旁路门微开，并开启水侧空气门，待水侧空气放尽后关闭空气门，高压加热器水侧压力达到全压后，关闭进水旁路门，检查内部压力不下降	20	缺少排空气操作扣15分，缺少检查内部压力是否下降扣5分				
2	高压加热器水侧投运	开足高压加热器进、出水门	10	未开足进出水门扣10分				
		关闭高压加热器水侧旁路门	10	未关闭水侧旁路门扣10分				
3	高压加热器汽侧暖管	微开高压加热器汽侧隔绝门进行暖管(或开启进汽旁路门进行暖管)	10	未进行暖管操作扣10分				
4	高压加热器汽侧投运	高压加热器至除氧器连续排汽门待高压加热器汽侧起压后开足	10	漏操作或未操作扣10分				
		高压加热器汽侧隔离门逐渐开大直至全开	10	未注意控制升温升压速度扣10分				
		高压加热器有关疏水门关闭	10	漏操作扣10分				

续表

序号	考核项目	评分要素	配分	评分标准	检测结果	扣分	得分	备注
5	高压加热器投运后调整	检查调整高压加热器汽侧水位正常	20	未调整高压加热器水位正常扣20分				
6	安全	操作符合运行规程及电业安全操作规程的规定		违反运行规程或电业安全操作规程本题不得分			—	
	合计		100					

试题21：凝结水的回收操作(现场模拟或口试)

(考核时间：30min)

序号	考核项目	评分要素	配分	评分标准	检测结果	扣分	得分	备注
1	回收条件	联系化学化验凝结水水质合格后方可回收凝结水	20	未检查水质合格本题不得分				
2	暖管	低压加热器出水至除氧器供水门门后管道暖管	20	未暖管扣20分				
3	凝结水回收	缓慢开启低压加热器至除氧器供水门。注意管道振动情况以及凝结水母管的压力、流量等情况	40	未缓慢操作扣10分，操作过程中未检查凝结水母管的振动、压力及流量情况各扣10分				
		关闭凝结水事故放水门	20	漏操作扣20分				
	合计		100					

试题22：凝结水泵的切换

(考核时间：30min)

序号	考核项目	评分要素	配分	评分标准	检测结果	扣分	得分	备注
1	启动准备	全面检查备用泵符合启动要求，出口门稍开	20	未检查备用泵扣20分				
2	联锁开关	断开联锁开关	10	未解除联锁开关扣10分				
3	凝结水泵的启动	启动备用凝结水泵，逐渐开大直至全开凝结水泵出口门，确认电流及出口压力正常，泵及电机运行平稳，轴承、轴封电动机不发热	20	启动后未检查凝结水泵电流及出口压力扣10分，未检查轴承、轴封振动扣10分				
4	凝结水泵停运	停运原运行泵，检查泵不倒转，关闭出口门后稍开	20	未检查水泵倒转扣10分				
5	联锁开关	将停运水泵投入联动备用	10	未投入联锁扣10分				
6	切换注意事项	注意在切换过程中应维持凝结水母管压力的稳定	20	操作过程中造成凝结水母管压力大幅波动扣20分				

续表

序号	考核项目	评分要素	配分	评分标准	检测结果	扣分	得分	备注
7	安全	操作符合运行规程及电业安全操作规程		违反运行规程及电业安全操作规程本题不得分				—
	合　计		100					

试题23：水冷泵的切换(现场模拟或口试)

（考核时间：30min）

序号	考核项目	评分要素	配分	评分标准	检测结果	扣分	得分	备注
1	启动前检查	就地检查备用泵轴承油位正常	20	未检查扣20分				
2	启动前准备	开足备用泵进口门	10	漏操作扣10分				
3	切换操作	断开联锁开关，启动备用泵，确认电流及出口压力正常，泵及电机运行平稳，轴承、轴封电动机不发热	30	未断开联锁开关扣10分，启动后未全面检查备用泵扣20分				
		停运原运行泵，检查水泵不倒转，定子水压力和流量符合规程规定，否则应做调整	30	未检查停运泵扣10分，未及时调整定子水压及流量扣20分				
		将停运水泵投入联动备用	10	未投入联锁扣10分				
4	安全	操作符合运行规程及电业安全操作规程		违反运行规程及电业安全操作规程本题不得分				—
	合　计		100					

试题24：高压加热器的停运(现场模拟或口试)

（考核时间：30min）

序号	考核项目	评分要素	配分	评分标准	检测结果	扣分	得分	备注
1	高压加热器保护装置	汇报值长，解除高压加热器保护，准备停运高压加热器	20	未解除高压加热器保护扣20分				
2	停运进汽	关闭高压加热器进汽门，注意汽侧压力应下降，高压加热器水位不上升	20	关闭高压加热器进汽门时，未注意汽侧压力及汽侧水位扣20分				
3	切换疏水	关闭高压加热器疏水至除氧器门	20	漏操作或操作顺序颠倒扣20分				
4	汽侧放水	开启高压加热器汽侧排大气疏水，注意高压加热器汽侧水位应下降	20	漏操作扣20分				

续表

序号	考核项目	评分要素	配分	评分标准	检测结果	扣分	得分	备注
5	停运水侧	全开高压加热器水侧旁路门，关闭高压加热器进、出水门	20	操作颠倒扣20分				
6	安全	操作符合运行规程及电业安全操作规程		违反运行规程及电业安全操作规程本题不得分			—	
		合　计	100					

试题25：高压加热器的隔绝(现场模拟或口试)

（考核时间：30min）

序号	考核项目	评分要素	配分	评分标准	检测结果	扣分	得分	备注
1	高压加热器保护装置	汇报值长，解除高压加热器保护，准备停运高压加热器	20	未解除高压加热器保护扣20分				
2	停运进汽	关闭高压加热器进汽门，注意汽侧压力应下降，高压加热器水位不上升	20	关闭高压加热器进汽门时，未注意汽侧压力及汽侧水位的扣20分				
3	切换疏水	关闭高压加热器疏水至除氧器门	20	漏操作或操作顺序颠倒扣20分				
4	汽侧放水	开启高压加热器汽侧排大气疏水，注意高压加热器汽侧水位应下降	20	漏操作扣20分				
5	停运水侧	全开高压加热器水侧旁路门，关闭高压加热器进、出水门。开启水侧放水门放水泄压	20	操作颠倒扣20分				
6	安全	操作符合运行规程及电业安全操作规程		违反运行规程及电业安全操作规程本题不得分			—	
		合　计	100					

试题26：凝汽器半边隔绝的操作(现场模拟或口试)

（考核时间：30min）

序号	考核项目	评分要素	配分	评分标准	检测结果	扣分	得分	备注
1	隔绝条件	汇报调度长征得同意后，联系电气将电负荷减至额定负荷的50%~60%，并通知相关岗位	10	未满足操作条件扣10分				

续表

序号	考核项目	评分要素	配分	评分标准	检测结果	扣分	得分	备注
2	隔绝操作	关闭停用侧空气总门	10	漏操作或操作顺序颠倒每项扣10分				
		关闭循环水进、出水联络门	10					
		开启停用侧进、出水旁路门	10					
		电动关闭停用侧进水门并手紧关闭其旁路门，注意进水压力的变化	10					
		电动关闭停用侧出水门，严密注意循环水压力的变化，关闭并手紧其旁路门	10					
		缓慢开启停用侧循环水出水管排空气门，注意循环水压力的变化，判断一旦产生系统不严的原因	10					
		缓慢开启停用侧进、出水管的放水门放水	10					
3	安全措施	有关阀门拉电挂牌	10	未操作扣10分				
4	注意事项	操作过程中注意凝汽器真空不低于86.7kPa，排汽温度不超过65℃，否则应汇报值长适当调整热电负荷	10	操作过程中未注意观察凝汽器的真空及排汽温度情况扣10分				
5	操作安全	符合运行规程及电业安全操作规程的规定		操作过程中有违反运行规程或电业安全操作规程本题不得分			—	
		合　计	100					

试题27：冷水器的切换(现场模拟或口试)

(考核时间：30min)

序号	考核项目	评分要素	配分	评分标准	检测结果	扣分	得分	备注
1	切换要求	冷水器的切换必须在班长的监护下进行，投运前检查各阀门位置正确，管道及设备外观完好	10	未全面检查扣10分				
2	循环冷却水侧排空气	开启投运冷水器循环冷却水侧排空气考克，微开进水门，有水流出后关闭考克	10	未排空气扣10分				

续表

序号	考核项目	评分要素	配分	评分标准	检测结果	扣分	得分	备注
3	循环冷却水侧投运	全开循环冷却水出水门，进水门开 1~2 牙	15	漏操作或误操作扣 15 分				
4	双冷水侧排空气	开启发电机双冷水侧排空气门，微开下部进水门，排完空气后关闭空气门和进水门	10	未排空气扣 10 分				
5	双冷水侧投运	开启发电机双冷水进水门 1~2牙，等待 3~5min 后正常，缓慢全开进、出水门	15	未按规程要求缓慢操作扣 15 分				
6	冷水器停运	冷水器停运前必须先投入备用冷水器正常后方可进行	10	误操作造成发电机冷却水断水本题不得分				
7	冷水器停运备用	冷水器停下备用时，关闭循环冷却水出水门、发电机双冷水下部进水门，使冷水器始终处于充水状态	15	未满足备用条件扣 15 分				
8	冷水器停运检修	冷水器停下检修时，先关闭循环水侧进、出水门，打开下部排污门放水	15	未满足检修条件扣 15 分				
		合　计	100					

试题 28：冷油器的切换(现场模拟或口试)

（考核时间：30min）

序号	考核项目	评分要素	配分	评分标准	检测结果	扣分	得分	备注
1	切换前的检查准备工作	运行中冷油器的切换操作必须在班长的监护下进行，并取得调度同意	10	未征得调度长同意或未在班长监护下进行扣 10 分				
		检查备用冷油器出水门全开，进水门全关	10	未检查扣 10 分				
		检查备用冷油器进油门开，出油门关(油侧内部充满油)	10	未检查扣 10 分				
		注意检查油、水侧各放油、放水及放空气考克均在关闭位置	10	未检查扣 10 分				
2	切换步骤及其注意事项	缓慢全开备用冷油器进油门，稍开冷油器油侧上部排空气考克，放尽空气后关闭，然后缓慢全开出油门，投入油侧运行，注意润滑油温和润滑油压的变化	20	未缓慢操作，造成系统油温、油压较大波动扣 20 分				

续表

序号	考核项目	评分要素	配分	评分标准	检测结果	扣分	得分	备注
		配合调节投运和停运冷油器进水门，注意保持冷油器总出油温度在38~42℃之间，调节润滑油温变化不大于2℃/min，最后关闭停运冷油器进水门	20	切换过程中油温超出允许范围扣10分，油温波动大扣10分				
3	切换后检查工作	如属于定期切换操作，则停下的冷油器做备用，缓慢关闭其出油门和进水门，注意检查润滑油压不下降，出水门在开启位置	20	停运后停运冷油器不符合备用条件扣20分				
4	操作安全	符合运行规程及电业安全操作规程的规定		操作过程中有违反运行规程或电业安全操作规程本题不得分			—	
		合　计	100					

试题29：注油试验的操作(现场模拟或口试)

(考核时间：30min)

序号	考核项目	评分要素	配分	评分标准	检测结果	扣分	得分	备注
1	试验运行方式	检查发电机解列，汽轮机维持3000r/min运行	15	未满足试验条件扣15分				
2	试验步骤及注意事项	启动高压调速油泵	10	未启动调速油泵扣10分				
		将汽轮机转速降至2850r/min	10	误操作扣10分				
		将喷油阀旋至“试验”位置，向危急遮断器飞环注油	15	未将喷油阀旋至“试验”位置扣15分				
		设置汽轮机目标转速为3000r/min，提升转速至2950±30r/min时，危急遮断器应动作，检查主汽门及调节汽门关闭，转速下降	20	误操作或未检查主汽门及调节汽门关闭扣20分				
		将喷油阀旋至“正常”位置	15	未将喷油阀旋至“正常”位置扣15分				
		复置危急保安器复位手柄，检查安全油压正常，根据需要挂闸，维持汽轮机转速3000r/min	15	未复置危急保安器手柄扣10分，未检查安全油压正常扣5分				
		合　计	100					

试题30：抽气器的切换（现场模拟或口试）

（考核时间：30min）

序号	考核项目	评分要素	配分	评分标准	检测结果	扣分	得分	备注
1	启动射水泵	检查准备投运抽气器对应的射水泵已正常投运	20	未操作扣20分				
2	切换抽气器空气门	开启抽气器空气门。检查压力正常	15	未操作或操作顺序颠倒扣30分				
		关闭原运行抽气器空气门	15					
3	切换轴封加热器至抽气器小空气门	切换对应的轴封加热器至抽气器小空气门	20	未操作扣20分				
4	停运原运行射水泵	停运原运行射水泵	20	未操作扣20分				
5	注意事项	切换过程中时刻注意监视凝汽器的真空情况	10	未检查监视扣10分				
		合　计	100					

试题31：真空严密性试验（现场模拟或口试）

（考核时间：30min）

序号	考核项目	评分要素	配分	评分标准	检测结果	扣分	得分	备注
1	试验前准备工作	联系调度长，维持汽轮机电负荷在80%额定负荷左右运行	10	未联系调度长或未将负荷降至额定值扣10分				
		停止除盐水补水，稳定10min后进行试验	10	未操作扣10分				
		记录试验前的排汽温度、凝汽器真空以及电负荷读数各一次	10	未记录或缺少记录扣10分				
2	试验步骤	关闭运行抽气器空气门，注意真空变化	10	未操作扣10分				
		从关闭空气门开始，每分钟记录排汽温度、凝汽器真空及电负荷一次	10	记录数据不正确扣10分				
		试验5min后，开启抽气器空气门	10	未操作扣10分				
3	试验结果分析	计算出从关严抽气器空气门之后5min真空下降的平均值，并做好记录。每分钟下降400kPa以内为合格	20	不会根据试验数据正确分析试验结果扣20分				

续表

序号	考核项目	评分要素	配分	评分标准	检测结果	扣分	得分	备注
4	试验中注意事项	试验过程中，如果真空下降至86.7kPa，排汽温度高于65℃或遇机组发生其他故障时，应立即停止试验，开启运行抽气器空气门，恢复机组试验前状态	20	试验过程中遇到真空下降到规定值以下或排汽温度高于规定值时不会及时处理扣20分				
		合　计	100					

试题32：发电机断水的判断处理(现场模拟或口试)

（考核时间：30min）

序号	考核项目	评分要素	配分	评分标准	检测结果	扣分	得分	备注
1	发电机断水的原因	水冷泵运行中跳闸，备用泵未能自动联动	15	发电机断水的原因漏一项扣15分				
		水冷箱水位控制系统自动失灵，冷水箱被打空	15					
		发电机水冷系统操作时空气没有排尽	15					
2	发电机断水的判断及处理	发电机允许断水时间不得超过制造厂的规定值，发现断水时值班员必须力争恢复供水。无法恢复时，如断水保护动作，按事故停机处理	30	不能按规程规定及时准确的处理扣30分				
		投断水保护跳闸后的发电机，在断水跳闸后，应迅速查明原因，恢复供水，无其他异常情况时应尽快恢复，等待并列运行	25	未能及时查明原因恢复供水扣25分				
		合　计	100					

试题33：发电机励磁机失火事故处理(现场模拟或口试)

（考核时间：30min）

序号	考核项目	评分要素	配分	评分标准	检测结果	扣分	得分	备注
1	事故判断与紧急处理	运行中发现发电机或励磁机冒烟着火，立即手打危急遮断器脱扣手柄，检查负荷到零，关闭电动主汽门，故障停机	20	不能及时准确的判断和处理本题不得分				

续表

序号	考核项目	评分要素	配分	评分标准	检测结果	扣分	得分	备注
		向电气主控发出"注意"、"机器危险"信号，按发电机跳闸按钮，检查转速应下降	10	未向主控发信号扣10分				
		启动交流润滑油泵	10	未启动油泵本题不得分				
2	灭火器的使用	配合电气人员，使用二氧化碳或1211灭火器灭火。禁止使用泡沫灭火器和砂子灭火，并维持内冷水系统正常运行	20	不会正确选择灭火器扣20分				
3	定、转子的冷却	当机组转速降至500r/min时，如火仍未熄灭，应重新挂闸，开启主汽门，调节汽门，维持汽轮机转速300r/min，直至火全部扑灭，确认发电机定子和转子冷却后，方可停机	30	不懂得低转速冷却定、转子扣30分				
4	投盘车	停机后确保盘车正常运行	10	不会投盘车扣10分				
	合计		100					

试题34：水冲击事故处理(现场模拟或口试)

(考核时间：30min)

序号	考核项目	评分要素	配分	评分标准	检测结果	扣分	得分	备注
1	水冲击的原因	主蒸汽或再热蒸汽温度急剧下降	5	水冲击的象征每缺一项扣5分				
		从蒸汽管道法兰，阀门密封圈，汽轮机轴封，汽缸结合面处冒出白色的湿汽或泄出水点	5					
		清楚的听到蒸汽管道或汽轮机内部有水冲击声	5					
		轴向推力增加，轴向位移迅速增大，推力轴承回油温度、推力瓦块温度上升	5					
		下汽缸温度急剧下降	5					
		胀差指示减小或负值	5					
		汽轮机声音失常，如果加热器满水，则加热器出水温度下降，抽汽管发出水击声，抽汽室压力表摆动	5					

续表

序号	考核项目	评分要素	配分	评分标准	检测结果	扣分	得分	备注
		机组振动逐渐加剧，可能产生水冲击和金属噪声	5					
		进汽量骤增，造成进汽量超负荷	5					
2	水冲击的处理	迅速果断的进行破坏真空紧急停机	10	不能迅速果断处理扣 10 分				
		打开管道和汽轮机本体疏水	10	未及时打开管道及本体疏水扣 10 分				
		如由于加热器或除氧器满水引起，应立即隔离放水	10	未及时隔离满水加热器扣 10 分				
		汽轮机惰走时仔细倾听机组内部声音，并记录惰走时间	10	未记录机组惰走时间扣 10 分				
		全面检查机组若无异常可重新启动，但要进行汽轮机及管道充分疏水，并仔细倾听其内部声音，如发现汽轮机内部有异音或摩擦声应立即破坏真空停机，并揭缸检查	10	机组惰走过程中未全面检查机组声音、振动扣 10 分				
		水冲击时，若轴向位移增大到极限值或推力瓦和推力轴承温度升高或惰走时间缩短，应停机检查推力轴承，并根据推力轴承的情况决定是否揭缸检查	5	未检查推力轴承情况扣 5 分				
		合　计	100					

试题 35：超速事故处理（现场模拟或口试）

（考核时间：30min）

序号	考核项目	评分要素	配分	评分标准	检测结果	扣分	得分	备注
1	超速的一般象征	汽轮机转速超过 3360 r/min，机组发出异常刺耳的声音和振动增大	10	未能及时准确的判断超速扣 10 分				
		调速油压、润滑油压迅速升高，调整段压力升高	10	未监视调速油压及润滑油压的情况扣 10 分				
		汽轮机超速一般是由于危急遮断器不动作或自动主汽门、抽汽逆止门不严密造成的	15	不了解超速的原因扣 15 分				

续表

序号	考核项目	评分要素	配分	评分标准	检测结果	扣分	得分	备注
2	处理过程及注意事项	立即手动打闸，开启真空破坏门	15	不果断处理扣15分				
		检查自动主汽门、调节汽门、抽汽逆止门、低压旋转隔板、电动主汽门、供热电动门以及至除氧器供汽门迅速关闭	20	未全面检查各汽门情况扣20分				
		按规程规定进行其他破坏真空紧急停机操作	20	漏操作扣20分				
		如需要重新启动，应得到调度长及车间主任批准，校验转速表，做超速试验，主汽门、调节汽门、抽汽逆止门严密性试验合格后方可进行	10	不了解重新启动的程序扣10分				
		合　计	100					

试题36：脱网运行的处理(现场模拟或口试)

（考核时间：30min）

序号	考核项目	评分要素	配分	评分标准	检测结果	扣分	得分	备注
1	脱网的现象	汽轮机的转速升高或降低，频率表指示也随之升高或降低	10	每漏答一个扣10分				
		调速系统摆动	10					
		部分辅机失电	10					
2	脱网事故的处理	立即联系值长，并根据转速调整负荷，直至转速稳定在3000r/min左右，同时注意调整抽汽压力的稳定	10	漏答扣10分				
		注意辅机的运行状况，备用泵未联动的，及时手动抢合备用泵	10	漏答扣10分				
		若调速系统摆动后在第一次OPC动作完成后机组转速仍然没有稳定，值班员应在OPC动作后，恢复转速上升的过程中将DEH的手操盘切为手动，并确认手操盘的工	15	漏答或回答不准确扣15分				

续表

序号	考核项目	评分要素	配分	评分标准	检测结果	扣分	得分	备注
		作指示灯亮，如调速系统稳定，则立即快速利用手操盘调整机组转速至3000r/min左右（注意机组所带负荷的情况）并对机组进行全面检查，同时汇报值长。在此期间注意机组本体保护参数未达到动作值						
		如切换DEH手操盘后调速系统依然无法稳定运行，机组转速无法在一个固定的范围内摆动，最高转速峰值持续上升，立即手打危急遮断器，按不破坏真空停机处理。待转速下降至2900r/min以下后，确认其他部分工作正常的情况下，将手操盘切回自动位置，机组挂闸冲转至3000r/min，并维持运行，汇报值长	15	漏答或回答不准确扣15分				
3	脱网事故处理中的注意事项	在脱网事故中，应首先保证调整抽汽压力的稳定，并充分发挥减温减压器的作用	10	漏答扣10分				
		在脱网事故中，禁止启动高压电机	10	漏答扣10分				
		合　计	100					

试题37：厂用电中断事故的处理（现场模拟或口试）

（考核时间：30min）

序号	考核项目	评分要素	配分	评分标准	检测结果	扣分	得分	备注
1	事故的判断与紧急处理	如果厂用电短时间中断而得不到及时恢复时，这时任一参数达到停机数值而保护未动作时，立即打闸停机，机组转速下降（注意不应由外部导汽至汽轮机转速上升）	20	未能准确判断处理本题不得分				
2	启动油泵	联系电气主控，及时恢复故障电源，交流油泵无电源应联系电气启动直流油泵	10	漏答扣10分				

续表

序号	考核项目	评分要素	配分	评分标准	检测结果	扣分	得分	备注
3	盘车装置	如盘车电源中断时，可采用手动盘车或机械盘车，并进行其他停机操作，做好机组的启动准备	10	漏答扣10分				
4	凝汽器恢复通水的要求	在厂用电全部中断时，应拉脱各动力设备操作开关及联锁开关，待厂用电恢复后，根据调度长或电气值班人员安排，逐步恢复设备运行。检查凝汽器外壳温度下降到50℃时，才允许启动循环水泵向凝汽器供水	20	处理不正确扣20分				
5	再次启动的批准	在停机以后没有及时进行连续盘车的机组，以及在停机过程中及停机后发生断油的机组，再次启动前必须得到厂部和装置有关领导的许可，方可采取直轴等措施，确认设备正常后重新启动	20	处理不正确扣20分				
6	减温减压器事故状态下的使用	厂用电全部中断，热网人员立即将减温减压器投入运行，并向除氧器用汽母管送汽，保证各机组的轴封用汽，各机组的轴封用汽转为除氧器用汽母管供给，并切换或停运有关热力系统	20	处理不正确扣20分				
		合　计	100					

试题38：润滑油压低事故处理（现场模拟或口试）

（考核时间：30min）

序号	考核项目	评分要素	配分	评分标准	检测结果	扣分	得分	备注
1	主油泵	主油泵工作失常，出口压力明显下降，应立即启动调速油泵	15	漏答或处理不正确扣15分				
2	注油器	注油器工作失常，应立即启动辅助油泵，维持调速油压、润滑油压正常，调速系统运行稳定。如果汽轮机不能正常运行或主油泵有金属摩擦声及1#轴承振动明显增大，应紧急停机	20	漏答或处理不正确扣20分				

续表

序号	考核项目	评分要素	配分	评分标准	检测结果	扣分	得分	备注
3	滤油器	滤油器滤网堵塞，应及时切换滤网运行	15	漏答或处理不正确扣15分				
4	前箱油管道	检查前箱内部压力油管是否漏油(可通过1#轴承油量是否增加来判断)	15	漏答或处理不正确扣15分				
5	压力油管道	压力油管路是否漏油，若漏油应设法消除	15	漏答或处理不正确扣15分				
6	冷油器	冷油器铜管是否破裂，若发现冷油器铜管泄漏应切换备用冷油器，同时根据主油箱油位情况联系加油	20	漏答或处理不正确扣20分				
		合　计	100					

试题39：轴向位移大事故处理(现场模拟或口试)

(考核时间：30min)

序号	考核项目	评分要素	配分	评分标准	检测结果	扣分	得分	备注
1	轴向位移增大的原因	负荷或蒸汽流量增大	8	每漏答一项扣8分				
		抽汽运行方式发生改变，使抽汽压差上升	8					
		通流部分损坏	8					
		汽轮机水冲击	8					
		蒸汽温度或压力下降	8					
		电网频率下降	8					
		叶片严重结垢	8					
		凝汽器真空下降	8					
		推力瓦块磨损	8					
		发电机转子窜动	8					
2	运行中轴向位移增大的处理	运行中发现轴向位移逐渐增大，应特别注意对推力瓦块温度和推力轴承回油温度的监视，并经常检查汽轮机的运行状况和倾听机组内部有无异音以及机组的振动情况。当轴向位移增大至报警值时，应立即汇报班长、装置主任及调度长，适当减负荷调整抽汽运行方式，使轴	20	轴向位移增大时不注意检查推力瓦块温度及回油温度扣10分，超过规定值未迅速按破坏真空处理扣10分				

续表

序号	考核项目	评分要素	配分	评分标准	检测结果	扣分	得分	备注
		向位移降至正常值，若轴向位移增大导致推力瓦块回油温度达到65℃以上并伴有不正常的声响和振动，或者轴向位移在空负荷运行情况下超过极限值，应迅速破坏真空停机						
		合　计	100					

试题40：EH油压低事故处理（现场模拟或口试）

（考核时间：30min）

序号	考核项目	评分要素	配分	评分标准	检测结果	扣分	得分	备注
1	EH油压下降的原因	主油泵或油泵上的调压装置故障	10	每漏答一点扣10分				
		安全溢流阀失灵	10					
		高压油至回油管上的截止阀未关	10					
		油管路断裂造成大量油外泄	10					
2	EH油压下降的判断处理	确认压力表指示正常，否则应联系热工处理	10	每漏答一点扣10分				
		切换备用油泵运行，重新调整该油泵调压装置的整定值或更换油泵	10					
		重新调整安全溢流阀整定值或更换此阀	10					
		检查至回油管道上的截止阀开关位置正常	10					
		当EH油压低于11.2MPa，备用泵应自投入，否则应立即手动启动。当EH油压低于9.5MPa启动备用泵无效时，应汇报申请停机	20	漏答扣20分				
		合　计	100					

试题41：油系统失火事故处理(现场模拟或口试)

(考核时间：30min)

序号	考核项目	评分要素	配分	评分标准	检测结果	扣分	得分	备注
1	发现着火后的紧急措施	油系统着火应立即查明原因，采取措施，迅速用消防设备进行灭火，并根据火势及时通知消防队	20	不懂得紧急处理措施扣20分				
2	威胁机组安全时的紧急措施	如火势无法控制，威胁机组的运行，应立即操主汽门跳闸开关，负荷到零，按发电机跳闸按钮，并向主控发“注意”、“机器危险”讯号，断开调速油泵联动开关(严禁启动调速油泵)，并降低润滑油压	30	不懂得紧急处理措施扣30分				
3	威胁主油箱时的紧急措施	如火势继续蔓延危及主油箱，则应在汽轮机脱扣及发电机解列时用消防水将油箱与火势隔开，并打开事故油门进行放油。转子停止后应立即停用润滑油泵，进行必要的手动盘车，以防止大轴弯曲	30	不懂得紧急处理措施扣30分				
4	威胁到电气设备时的紧急措施	威胁到电气设备安全运行时，必须切断电源	20	不懂得紧急处理措施扣20分				
		合　计	100					

试题42：DPU故障处理(现场模拟或口试)

(考核时间：30min)

序号	考核项目	评分要素	配分	评分标准	检测结果	扣分	得分	备注
1	DPU的故障处理	DPU是DEH的核心设备，如机组在运行中发生DPU故障，应先尽量保持机组在稳定的状态下运行，分析原因，并联系有关人员处理	20	漏答扣20分				
		如发生故障时，机组正处于升速阶段，应要求打闸停机后再处理	20	漏答扣20分				

续表

序号	考核项目	评分要素	配分	评分标准	检测结果	扣分	得分	备注
		如机组已并网正常运行时发生 DPU 故障，应通知运行人员尽量保持目前状态，减少操作，必要时停止一切软操作，切至手动	20	漏答扣 20 分				
		如发生单 DPU 故障，且不影响另一个 DPU 的正常控制，可仍保持在自动状态运行，在更换硬件前再切手动	20	漏答扣 20 分				
		如双 DPU 同时发生故障，应将 DEH 切手动，让运行人员监视参数。此时不能急于复位或更换 DPU，应在查清故障原因后再进行处理	20	漏答扣 20 分				
		合　计	100					

试题 43：DCS 故障处理(现场模拟或口试)

（考核时间：30min）

序号	考核项目	评分要素	配分	评分标准	检测结果	扣分	得分	备注
1	部分操作员站故障的处理	当部分操作员站出现故障时，应由可用操作员站继续承担监视任务(此时应停止重大操作)，同时联系检修迅速排除故障，若故障无法排除，则应根据当时运行状况酌情处理	10	不会正确处理扣 10 分				
2	全部操作员站故障的处理	当全部操作员站出现故障时(所有上位机“黑屏”或“死机”)，若主要后备硬手操盘及监视仪表可用且能够维持机组正常运行时，联系锅炉和电气运行人员稳定机组负荷，必要时就地监视和调整运行参数，同时应迅速联系检修排除故障，并恢复操作员站运行方式，否则立即停机，若无可靠的后备操作监视手段，也应停机	20	不会正确处理扣 20 分				

续表

序号	考核项目	评分要素	配分	评分标准	检测结果	扣分	得分	备注
3	DCS操作失效的处理	在DCS中无法操作设备或操作中出现异常变化，应立即停止操作，联系检修处理，必要时就地调整运行参数	10	不会正确处理扣10分				
4	计算机数据采集或画面异常的处理	计算机数据采集或画面显示异常，立即联系检修处理	10	不会正确处理扣10分				
		若计算机出现异常，在恢复前发生系统或设备损坏事故，严重威胁机组安全运行并失去控制手段时，应立即停机	20	不会正确处理扣20分				
5	系统控制器或相应电源故障的处理	当系统中的控制器或相应电源故障时应采用以下处理办法：①辅机控制器或相应电源故障时，可切至后备手动方式运行，并迅速处理系统故障，若条件不允许则应将该辅机退出运行；②调节回路控制器或相应电源故障时，应将自动切至手动维持运行，同时迅速处理系统故障，并根据处理情况采取相应措施	30	不会正确处理，每条扣15分				
		合　计	100					

试题44：凝汽器掉真空的处理(现场模拟或口试)

（考核时间：30min）

序号	考核项目	评分要素	配分	评分标准	检测结果	扣分	得分	备注
1	循环水中断或不足的原因及处理	循环水进水压力到零，真空急剧下降，表示循环水中断，应立即减负荷到零停机，并关闭循环水进水门，待排汽温度下降到50℃以下时，才允许向凝汽器通入循环水	5	每漏答一项扣5分				
		如真空逐渐下降，同时在该负荷下，循环水出入水温度增大，表示循环水量不足，应汇报班、值长，增加循环水量	5					

续表

序号	考核项目	评分要素	配分	评分标准	检测结果	扣分	得分	备注
		如凝汽器端差增大，其原因一般是真空系统严密性下降或铜管内脏污所致	5					
		开启凝汽器两侧水室空气门，排尽空气后关闭	5					
2	循环水水位升高的原因及处理	运行中凝结水泵跳闸，备用凝结水泵未联动，应立即抢合备用泵操作开关，投入备用泵运行，断开跳闸泵操作开关，汇报班长，联系电气及检修检查处理	5	每漏答一项扣5分				
		补水量增大，未及时调整，应立即减少补水量	5					
		误开再循环水调整门，应立即关闭再循环水调整门	5					
		检查确认备用泵的出口逆止门是否严密，如不严密立即关闭出口门，联系检修人员处理	5					
		凝结水导电度增大，可能是凝汽器铜管泄漏，导致水位升高，应联系化学化验核实凝结水水质，同时调整水位维持正常。如水质不合格，应汇报值长，申请停用半面凝汽器进行查漏工作	5					
3	轴封汽失压或轴封加热器失常的原因及处理	轴封汽压力调整器自动调节失常，应立即切为手动调节，如调节仍无效时，应改用轴封进汽旁路门供汽，同时联系检修处理压力调整器	5	每漏答一项扣5分				
		轴封压力调整器已开足，但轴封汽压力仍低，应立即切换为备用轴封汽源	5					
		轴封加热器失水，确认水位计指示正确，关小轴封加热器疏水门，调整小空气门开度，保证轴封加热器微真空	5					

续表

序号	考核项目	评分要素	配分	评分标准	检测结果	扣分	得分	备注
4	运行射水泵或射水抽气器失常的原因及处理	运行射水泵出力不足，工作失常，应切换备用射水泵	5	每漏答一项扣5分				
		运行射水抽气器喷管堵塞，射水抽气器上真空表指示失常，应立即切换备用射水泵及备用射水抽气器	5					
		射水池水温偏高，应加强换水降低温度	5					
5	真空系统泄漏的原因及处理	检查处于真空状态下的各阀门盘根密封水通水情况正常	5	每漏答一项扣5分				
		检查处于真空状态下的水位计是否破裂或泄漏，否则应立即关闭水位计上、下考克，联系检修处理	5					
		检查真空破坏门、热水井和低压加热器疏水管放水门等是否误开或未关严	5					
		检查真空系统管道、法兰及结合面是否泄漏，否则应采取临时措施堵住泄漏点	5					
6	除盐水母管压力下降的处理	确认凝汽器除盐水补水母管压力下降导致凝汽器补水段失压影响真空，造成凝汽器吸气，应立即关闭凝汽器补水总门，同时联系提高除盐水母管压力，待压力正常后再恢复原运行方式	5	漏答扣5分				
		合　计	100					

试题45：电动机着火的处理(现场模拟或口试)

(考核时间：30min)

序号	考核项目	评分要素	配分	评分标准	检测结果	扣分	得分	备注
1	电动机着火的紧急处理	发现电动机着火应立即切断电动机的电源开关	30	未及时断开电源开关切断电源本题不得分				
2	灭火方法的正确选择	用二氧化碳、四氯化碳或1211灭火器进行灭火，禁止用泡沫灭火器灭火	30	未正确选择使用灭火器扣30分				

续表

序号	考核项目	评分要素	配分	评分标准	检测结果	扣分	得分	备注
		当无灭火器时，允许在断开电源后，为防止火势扩大的紧急情况下，用少量的水灭火	20	未正确使用扣20分				
		禁止用砂子灭火	20	用砂子灭火本题不得分				
		合　计	100					

试题46：开机时调速油泵故障处理(现场模拟或口试)

(考核时间：30min)

序号	考核项目	评分要素	配分	评分标准	检测结果	扣分	得分	备注
1	未过临界转速时的处理	在汽轮机的启动过程中，未通过临界转速时，调速油泵发生故障，应立即启动润滑油泵或事故油泵停机	30	未按规程要求处理扣30分				
2	过临界转速后的处理	汽轮机在启动过程中，已过临界转速而在2500r/min以下时，若调速油泵发生故障，主、调汽门未关，油压随之降低时，立即启动润滑油泵或事故油泵，并提升转速，若机组振动增大或两台辅助油泵均发生故障，应立即停机，否则立即启动润滑油泵或事故油泵，并迅速增加汽轮机的转速至主油泵能保持正常油压，空转暖机完毕后，即可并网，但必须抓紧调速油泵的消缺工作	50	未按要求处理扣50分				
3	停机时对辅助油泵的要求	停机前必须有两台辅助油泵能够正常运行，否则应修复后再停机	20	未按要求处理扣20分				
		合　计	100					

第三部分

技师/高级技师

一、石油石化职业资格等级标准(技师工作要求)

职业功能	工作内容	技能要求	相关知识
一、工艺操作	(一)开机准备	1. 能完成开机流程的确认工作 2. 能组织并协调开机前的准备工作 3. 能组织完成装置检修后的验收 4. 能组织开机所涉及的汽、水、油等系统的准备工作 5. 能进行开机条件的确认 6. 能组织完成管线吹扫工作	1. 工艺流程确认标准 2. 汽轮机专业知识 3. 检修项目验收标准 4. 检修项目施工标准
	(二)开机操作	1. 能根据开机网络计划安排组织完成开机工作 2. 能组织完成热工电气的试验工作	开机工作要点
	(三)正常操作	1. 能优化工艺操作，降低能耗，提高经济技术指标 2. 能指导装置的日常操作 3. 能独立处理和解决技术难题 4. 能根据锅炉和电气的特殊运行工况，提出装置的处理方案 5. 新技术的应用	1. 装置历年主要技术改造情况 2. 工艺指标、产品质量指标的制订依据
	(四)停机操作	1. 能组织完成停机操作 2. 能优化停机方案	国内外先进停机方法
二、设备使用与维护	(一)使用设备	1. 能处理复杂的设备故障并制定技术措施 2. 能提出设备检修和改进意见 3. 能落实设备的防冻、防凝、防腐蚀等技术措施 4. 能分析设备的运行状况 5. 能完成新安装设备的试运和验收工作	1. 设备验收标准 2. 设备检修技术标准 3. 设备腐蚀机理与防腐技术 4. 国内外同行业设备管理技术
	(二)设备维护	1. 汽轮机以及辅机设备防腐技术 2. 提出检修项目及改进措施 3. 能制定设备维护保养制度	1. 设备大、中修规范 2. 设备防腐技术 3. 汽轮机寿命管理
三、事故判断与处理	(一)判断事故	1. 能判断复杂事故 2. 能组织复杂事故应急预案的演练	反事故演练方案
	(二)处理事故	1. 能针对装置发生的各类事故分析原因，提出预防措施 2. 能在紧急情况下采取果断措施，防止事故扩大 3. 能指挥处理油系统着火等复杂事故	1. 典型事故处理原则 2. 汽轮机组特殊运行方案
四、识图与计算	(一)识图	1. 能绘制技术改进简图 2. 能识读一般零件图 3. 能绘制调节系统原理图	1. 装置设计资料 2. 零件图知识
	(二)计算	能完成较为复杂的热力学、传热学、流体力学的计算	热力学、传热学理论知识

续表

职业功能	工作内容	技能要求	相关知识
五、管理	（一）质量管理	1. 能组织QC小组开展质量攻关活动 2. 能按质量管理体系要求指导生产	1. 全面质量管理规定 2. 量管理体系运行要求
	（二）生产管理	1. 能组织、指导班组进行经济核算和经济活动分析 2. 能应用统计技术对生产工况进行分析 3. 能参与装置的标定工作	1. 工艺技术管理规定 2. 统计基础知识
	（三）编写技术文件	1. 能撰写生产技术总结 2. 能参与编写装置开、停机方案	1. 技术总结撰写方法 2. 装置开、停机方案编写方法
	（四）技术改进	能参与技措、技改项目的实施	国内外同类装置开、停机方案
六、培训与指导	培训与指导	1. 能培训初、中、高级操作人员 2. 能传授操作经验和技能	教案编写方法

二、石油石化职业资格等级标准（高级技师工作要求）

职业功能	工作内容	技能要求	相关知识
一、工艺操作	（一）开机准备	1. 能编写、审核开机方案及网络计划 2. 能组织确认装置开机条件	1. 开、停机和网络计划及方案的编写、审核要求 2. 热力试验有关知识
	（二）开机操作	1. 能指挥新装置开车 2. 能指导同类装置的试车、投产工作	
	（三）正常操作	1. 能解决同类装置的工艺技术难题 2. 能对生产工况进行指导优化	
	（四）停机操作	能指导同类装置的停机检修工作	
二、设备使用与维护	（一）使用设备	1. 能分析各类设备的使用情况并提出操作改进意见 2. 能对设备的安装、调试提出建议	1. 设备安装、调试的有关知识 2. 各类设备腐蚀机理及防腐措施
	（二）维护设备	1. 能根据工艺条件的变化提出装置防腐措施 2. 能完成重要设备、管线等工况安全的确认工作 3. 制定机组特护标准 4. 能参与编制设备大修计划	
三、事故判断与处理	事故判断与处理	1. 判断并处理疑难故障 2. 能对国内外同类装置的事故原因进行分析	同类装置典型案例

续表

职业功能	工作内容	技能要求	相关知识
四、识图与计算	(一)识图	能参与审定技术改造图	工艺设计规范
	(二)计算	能完成复杂的工程热力学、流体力学、传热学相关计算	
五、管理	(一)质量管理	能提出汽、水质量的改进方案并进行实施	质量管理知识
	(二)生产管理	1. 能组织实施节能降耗措施 2. 能进行装置经济活动分析	1. 经济活动方法 2. 公文写作
	(三)技术文件	1. 能撰写技术论文 2. 能制定各类生产方案 3. 能制定岗位操作法和工艺技术规程 4. 能编制装置标定方案 5. 能制定重大复杂的事故处理预案	1. 技术论文撰写方法 2. 标定报告、技术规程等编写
	(四)技术改进	能提出重大技术改造方案并审定	国内外同类装置工艺、设备自动化控制等方面的技术
六、培训与指导	培训与指导	1. 能系统讲授职业相应模块的基本知识并能指导学员操作 2. 能制定职业相应模块的培训教学计划大纲 3. 能合理安排教学内容，选择适当的教学方式	培训计划、大纲的编写方法

三、理论知识鉴定要素细目表

行业通用理论知识鉴定要素细目表

鉴定范围						鉴定点		
一级		二级		三级		代码	名称	重要程度
代码	名称	代码	名称	代码	名称			
A	基本要求	B	基础知识	B	识图基础知识	001	设备布置图基础知识	X
						002	管道布置图基础知识	X
						003	化工设备图尺寸标注方法	X
						004	装配图内容	X
				D	质量基础知识	001	ISO 9000 族标准质量管理审核的依据	X
						002	ISO 9001 标准质量管理体系的总体思路	X

续表

鉴定范围						鉴定点		
一级		二级		三级		代码	名称	重要程度
代码	名称	代码	名称	代码	名称			
				E	计算机基础知识	001	数据库的概念	X
						002	数据表的建立	X
						003	PowerPoint 课件的制作	X
B	相关知识	E	管理知识	A	生产管理	001	生产的管理	X
						002	设备的管理	X
						003	现场的管理	X
				B	编写技术文件	001	生产总结报告的常用格式	X
						002	技术论文的结构内容	X
						003	技术论文标题拟订的基本原则	X
						004	技术论文摘要拟订的基本原则	X
						005	技术论文编写的基本要素	X
						006	装置标定报告主要内容	X
						007	装置验收报告主要内容	X
						008	工艺技术规程主要内容	X
						009	岗位操作法的主要内容	X
						010	检修方案的主要内容	X
						011	开工方案的主要内容	X
						012	停工方案的主要内容	X
				C	技术改进	001	技术改造的目的	X
						002	技术改造的程序	X
						003	技术改造方案的主要内容	X
						004	技术改造的有关步骤	X
						005	技术改造申请书的编写格式	X
						006	技术革新成果的鉴定知识	X
						007	技术改造的注意事项	X
						008	技术革新成果报告的主要内容	X

续表

鉴定范围						鉴定点		
一级		二级		三级		代码	名称	重要程度
代码	名称	代码	名称	代码	名称			
		F	培训与指导	A	培训与指导	001	专项培训方案制定的要求	X
						002	培训教学常用方法	X
						003	培训教案编写的要求	X
						004	培训教学的组织实施	X
						005	评估培训效果的意义	X

工种理论知识鉴定要素细目表

鉴定范围						鉴定点		
一级		二级		三级		代码	名称	重要程度
代码	名称	代码	名称	代码	名称			
A	基本要求	B	基础知识	E	工程热力学基础	001	焓和熵的概念及应用	Y
						002	热力学第二定律	X
						003	热力过程的概念	X
						004	卡诺循环	Y
						005	电厂实际应用的蒸汽动力循环	X
						006	各种热力循环的性能指标	X
						007	稳定流动能量方程及应用	Y
						008	绝热流动的概念	X
						009	功及功率的概念	X
						010	能量的形式	X
						011	热量及热机的概念	X
						012	轴功和膨胀功的概念	Y
						013	喷嘴的概念及应用	X
						014	节流的概念及应用	X
						015	气体的基本性质	Z
						016	理想气体和实际气体的概念	Z

续表

鉴定范围						鉴定点		
一级		二级		三级		代码	名称	重要程度
代码	名称	代码	名称	代码	名称			
				F	流体力学基础	001	水力阻力和水头损失的分类	X
						002	流体动力学的基本概念	X
						003	水力阻力的计算	Y
						004	气体动力学基础知识	Y
						005	伯努利方程	Z
						006	伯努利方程的应用	Z
						007	减少汽水流动损失的方法	X
						008	能量转换的形式	X
						009	水击的概念	X
						010	虹吸的原理	Y
						011	虹吸管的特性	Y
				G	机械制图与识图知识	001	零件结构的三视图	Y
						002	各类平面尺寸的组成及标注方法	Z
						003	投影的基本原理	Y
						004	组合体三视图	Z
						005	看图的方法及步骤	X
				H	计算机的应用	001	计算机基础知识	X
						002	分散控制系统的基本概念和特点	X
						003	电厂对分散控制系统的技术要求	Z
						004	DCS 的基本操作方法	X
						005	DCS 的操作注意事项	X
						006	DCS 的故障处理	Y
B	相关知识	A	工艺操作及设备维护	A	汽轮机的调节	001	汽轮机调节原理	X
						002	再热汽轮机调节的特点	Y
						003	单元制机组机炉协调控制系统	X
						004	数字电液调节系统的应用	X
						005	电液调节系统的构成	X
						006	汽轮机数字式电液控制 DEH-IIIA 计算机系统	Y
						007	EH 抗燃油系统的主要设备	X
						008	DEH 调节的液压伺服系统	X
						009	汽轮机的保护和危急遮断系统	X
						010	DEH 控制系统主要功能	X

续表

鉴定范围						鉴定点		
一级		二级		三级		代码	名称	重要程度
代码	名称	代码	名称	代码	名称			
				B	汽轮机的效率与经济运行	001	电厂中朗肯循环的热效率	X
						002	发电厂主要技术经济指标	X
						003	回热加热的效率	X
						004	回热抽汽的分配	Z
						005	回热加热器的特点	X
						006	初参数对汽轮机内效率的影响	X
						007	排汽压力对汽轮机内效率的影响	X
						008	设备利用率的概念	X
						009	热电联产的特点	Y
						010	热耗对经济性的影响	X
						011	影响汽轮机经济性的因素	X
						012	新机组投运注意事项	X
						013	影响机组经济性的因素	X
				C	汽轮机运行中的维护	001	汽轮机启动前主机保护试验	X
						002	汽轮机启动前辅助设备保护联锁试验	X
						003	汽轮机运行中的试验	X
						004	汽轮机辅助设备切换	X
						005	负荷的变化对机组的影响	X
						006	监视段压力的变化对机组的影响	X
						007	轴向位移的监视	X
						008	轴瓦温度的监视	X
						009	主蒸汽压力变化对机组运行的影响	X
						010	主蒸汽温度变化对机组运行的影响	X
						011	真空变化对机组运行的影响	X
						012	运行维护中的注意事项	X
				D	汽轮机的变负荷运行	001	汽轮机的变压运行	Y
						002	汽轮机的定压运行	Y
						003	汽轮机变压运行的优点	Y
						004	变压运行的分类	Y
						005	纯变压与定-滑-定运行方式比较	Y
						006	汽轮机运行操作的危险点辨识	X
						007	汽轮机变工况运行的特点	X
						008	调峰机组的特点	Y

续表

鉴定范围						鉴定点		
一级		二级		三级		代码	名称	重要程度
代码	名称	代码	名称	代码	名称			
		B	汽轮机的启停	A	汽轮机启、停机热应力	001	机组启停和变工况时的传热现象	X
						002	金属部件的温度分布	X
						003	汽轮机启动时的蒸汽参数	X
						004	汽轮机汽缸热膨胀的特点	X
						005	汽轮机启动时的热应力	X
						006	汽轮机热态启动的热应力	X
						007	汽轮机停机时的热应力	X
						008	汽轮机工况变化时的热应力	X
						009	热冲击的概念	Y
						010	汽轮机热冲击的主要原因	Y
						011	应力集中及转子汽缸最大热应力部位	Y
				B	汽轮机的热膨胀和热变形	001	金属的绝对热膨胀	X
						002	汽缸和转子的相对膨胀的概念	X
						003	汽轮机甩负荷、停机、热态启动时相对膨胀的变化规律	X
						004	热变形	X
						005	温差引起的汽缸及法兰的热变形	X
						006	汽轮机转子的热弯曲	X
						007	高温金属材料的特性	Y
						008	蠕变	Z
						009	应力松弛	Z
						010	热疲劳	Y
						011	与循环有关的材料特性	Y
						012	金属的脆化	Z
				C	胀差的变化与控制	001	胀差的基本概念	X
						002	胀差产生的原因	X
						003	机组高中低压胀差及其相互关系	X
						004	胀差的变化与控制	X
						005	冷态启动胀差的变化与控制	X
						006	在带负荷阶段减少高压胀差的主要方法	X
						007	热态启动胀差的变化与控制	X
						008	滑参数停机胀差的变化与控制	X
						009	打闸停机胀差的变化与控制	X

续表

鉴定范围						鉴定点		
一级		二级		三级		代码	名称	重要程度
代码	名称	代码	名称	代码	名称			
		C	设备维护	A	汽轮机停机后的强迫冷却和防腐	001	汽轮机停机后的强迫冷却的意义及特点	X
						002	汽轮机的防腐	X
						003	汽轮机快冷的流程	Y
						004	快冷注意事项及控制参数	X
						005	汽轮机凝结水的纯度	Y
						006	固体微粒对汽轮机的危害特点	X
						007	汽轮机结垢的特点	Y
				B	汽轮机的异常振动	001	大型汽轮发电机组的振动特征	X
						002	振动产生的原因	X
						003	汽轮机振动的参数	X
						004	汽轮机轴振的分类	X
						005	汽轮发电机组的振动测量	X
						006	汽轮发电机组的振动标准	X
						007	汽轮发电机组异常振动的处理原则	X
						008	为防止汽轮发电机组振动运行防范措施	X
						009	临界转速及其振动	X
						010	现场常见的振动现象及其原因分析	X
						011	强迫振动	Y
						012	自激振动	Y
						013	轴系平衡方法	Z
				C	汽轮机的寿命管理	001	汽轮机寿命的概念	Y
						002	变工况运行时对汽轮机寿命的影响	X
						003	延长汽轮机寿命的方法	X
						004	汽轮机寿命的分配	Y
		D	相关专业及管理知识	A	锅炉知识	001	锅炉的启动	Y
						002	锅炉的停止	Y
						003	锅炉的调整	Z
				B	电气知识	001	变压器的性能	X
						002	电源相线的颜色	X
						003	典型电气主接线及特点	Y
						004	厂用电系统的接线方式及特点	Y
						005	发电厂继电保护	Y
				C	全面管理知识	001	班组成员的管理素质	X
						002	对设备运行分析的种类	X

续表

鉴定范围						鉴定点		
一级		二级		三级		代码	名称	重要程度
代码	名称	代码	名称	代码	名称			
						003	设备评级管理的种类	Y
						004	必须遵守的劳动纪律	Y
						005	全面质量管理知识	X
						006	QC 小组基本知识	Z
						007	交接班管理	X
						008	班组管理知识	Y
						009	人体伤害的急救方法	Y

四、理论知识试题

行业通用理论知识试题

判断题

1. 设备布置图是构思建筑图的前提，建筑图又是设备布置图的依据。（√）

2. 化工设备图中，如图管道立面图，其平面图为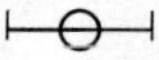。（×）

正确答案：化工设备图中，如图管道立面图，其平面图为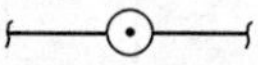。

3. 在化工设备图中，由于零件的制造精度不高，故允许在图上将同方向（轴向）的尺寸注成封闭形式。（√）

4. 装配图中，当序号的指引线通过剖面线时，指引线的方向必须与剖面线平行。（×）

正确答案：装配图中当序号的指引线通过剖面线时，指引线的方向必须与剖面线不平行。

5. 只有 ISO 9000 质量保证模式的标准才能作为质量审核的依据。（×）

正确答案：除 ISO 9000 族质量标准以外，还有其他一些国际标准可以作为质量审核的依据。

6. ISO 9000：2000 版标准减少了过多强制性文件化要求，使组织更能结合自己的实际，控制体系过程，发挥组织的自我能力。（√）

7. 数据库就是存储和管理数据的仓库。（×）

正确答案：数据库就是按一定结构存储和管理数据的仓库。

8. 在计算机应用软件中 VFP 数据表中日期字段的宽度一般为 10 个字符。（×）

正确答案：在计算机应用软件中 VFP 数据表中日期字段的宽度一般为 8 个字符。

9. 在应用软件 PowerPoint 中可以插入 WAV 文件、AVI 影片，但不能插入 CD 音乐。（×）

正确答案：在 PowerPoint 中可以插入 WAV 文件、AVI 影片，也能够插入 CD 音乐。

10. 在应用软件 PowerPoint 中播放演示文稿的同时，单击鼠标右键，选择“指针选项”中的“画笔”选项，此时指针会自动的变成一支画笔的形状，按住鼠标左键，就可以随意书写文字了。（√）

11. 基本生产过程在企业的全部生产活动中居主导地位。（√）

12. 企业的生产性质、生产结构、生产规模、设备工装条件、专业化协作和生产类型等

因素都会影响企业的生产过程组织，其中影响最大的是生产规模。（×）

正确答案：企业的生产性质、生产结构、生产规模、设备工装条件、专业化协作和生产类型等因素都会影响企业的生产过程组织，其中影响最大的是生产类型。

13. 日常设备检查是指专职维修人员每天对设备进行的检查。（×）

正确答案：日常设备检查是指操作者每天对设备进行的检查。

14. 现场管理是综合性、全面性、全员性的管理。（√）

15. 通过对工艺指标分析和对比可以找出设备运行中存在的不足和问题，指导有目的地加以优化和改进。（√）

16. 关键词是为了文献标引工作，从论文中选取出来，用以表示全文主要内容信息款目的单词或术语，一般选用3~8个词作为关键词。（√）

17. 技术论文的摘要是对各部分内容的高度浓缩，可以用图表和化学结构式说明复杂的问题，并要求对论文进行自我评价。（×）

正确答案：技术论文的摘要是对各部分内的高度浓缩，在摘要中不可以用图表和化学结构式，不要对论文进行自我评价。

18. 理论性是技术论文的生命，是检验论文价值的基本尺度。（×）

正确答案：创见性是技术论文的生命，是检验论文价值的基本尺度。

19. 生产准备应包括：组织机构（附组织机构图）、人员准备及培训、技术准备及编制《投料试车总体方案》（附投料试车统筹网络图）、物资准备、资金准备、外部条件准备和营销准备。（√）

20. 工艺技术规程侧重于主要规定设备如何操作。（×）

正确答案：工艺技术规程侧重于主要规定设备为何如此操作。

21. 岗位操作法应由车间技术人员根据现场实际情况编写，经车间主管审定，并组织有关专家进行审查后，由企业主管批准后执行。（√）

22. 技术改造的过程中竣工验收时应以基础设计为依据。（×）

正确答案：技术改造的过程中竣工验收的依据是批准的项目建议书、可行性研究报告、基础设计（初步设计）、有关修改文件及专业验收确认的文件。

23. 技术改造项目正式验收后要按照对技术经济指标进行考核标定，编写运行标定报告。（×）

正确答案：技术改造项目正式验收前要按照对技术经济指标进行考核标定，编写运行标定报告。

24. 培训需求分析是培训方案设计和制定的基础和指南。（√）

25. 案例教学因受到案例数量的限制，并不能满足每个问题都有相应案例的需求。（√）

26. 主题是培训教案的灵魂，提纲是教案的血脉，素材是培训教案的血肉。（√）

27. 在培训活动中，学员不仅是学习资料的摄取者，同时也是一种可以开发利用的宝贵的学习资源。（√）

28. 对内容、讲师、方法、材料、设施、场地、报名的程序等方面的评价属于结果层面的评价。（×）

正确答案：对内容、讲师、方法、材料、设施、场地、报名的程序等方面的评价属于反应层面的评价。

单选题

1. 设备布置图中，用(B)线来表示设备安装基础。

A. 细实　　B. 粗实　　C. 虚　　D. 点划

2. 如图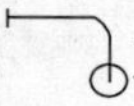为一根管道空间走向的平面图，它的左视图是(B)。

A. 　　B. 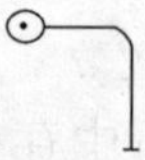　　C. 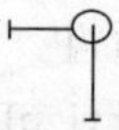　　D. 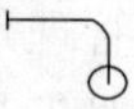

3. 在储罐的化工设备图中，储罐的筒体内径尺寸 $\phi 2000$ 表示的是(A)尺寸。

A. 特性　　B. 装配　　C. 安装　　D. 总体

4. 关于零件图和装配图，下列说法不正确的是(C)。

A. 零件图表达零件的大小、形状及技术要求

B. 装配图是表示装配及其组成部分的联接、装配关系的图样

C. 零件图和装配图都用于指导零件的加工制造和检验

D. 零件图和装配图都是生产上的重要技术资料

5. 在 ISO9000 族标准中，可以作为质量管理体系审核的依据是(A)。

A. GB/T19001　　B. GB/T19000　　C. GB/T19021　　D. GB/T19011

6. 按 ISO9001：2000 标准建立质量管理体系，鼓励组织采用(A)方法。

A. 过程　　B. 管理的系统

C. 基于事实的决策　　D. 全员参与

7. 目前，比较流行的数据模型有三种，下列不属于这三种的是(D)结构模型。

A. 层次　　B. 网状　　C. 关系　　D. 星形

8. 在计算机应用软件中 VFP 数据库中浏览数据表的命令是(A)。

A. BROWS　　B. SET　　C. USE　　D. APPEND

9. 在应用软件 PowerPoint 中演示文稿的后缀名是(C)。

A. doc　　B. xls　　C. ppt　　D. ppl

10. 在生产过程中，由于操作不当造成原材料、半成品或产品损失的，属于(A)事故。

A. 生产　　B. 质量　　C. 破坏　　D. 操作

11. 对设备进行清洗、润滑、紧固易松动的螺丝、检查零部件的状况，这属于设备的(C)保养。

A. 一级　　B. 二级　　C. 例行　　D. 三级

12. 分层管理是现场 5S 管理中(C)常用的方法。

A. 常清洁　　B. 常整顿　　C. 常组织　　D. 常规范

13. 目视管理是现场 5S 管理中(D)常用的方法。

A. 常组织　　B. 常整顿　　C. 常自律　　D. 常规范

14. 按规定中、小型建设项目应在投料试车正常后(D)内完成竣工验收。

A. 两个月　　B. 一年　　C. 三个月　　D. 半年

15. 下列叙述中，(A)不是岗位操作法中必须包含的部分。

A. 生产原理　　B. 事故处理　　C. 投、停运方法　　D. 运行参数

16. 下列选项中，不属于标准改造项目的是(A)。

A. 重要的技术改造项目　　B. 全面检查、清扫、修理

C. 消除设备缺陷，更换易损件　　D. 进行定期试验和鉴定

17. 在停车操作阶段不是技师所必须具备的是(D)。

A. 组织完成装置停车吹扫工作

B. 按进度组织完成停车盲板的拆装工作

C. 控制并降低停车过程中物耗、能耗

D. 指导同类型的装置停车检修

18. 下列选项中，属于技术改造的是(C)。

A. 原设计系统的恢复的项目　　B. 旧设备更新的项目

C. 工艺系统流程变化的项目　　D. 新设备的更新项目

19. 为使培训计划富有成效，一个重要的方法是(A)。

A. 建立集体目标

B. 编成训练班次讲授所需的技术和知识

C. 把关于雇员的作茧自缚情况的主要评价反馈给本人

D. 在实施培训计划后公布成绩

20. 在培训教学中，案例法有利于参加者(D)。

A. 提高创新意识　　B. 系统接受新知识

C. 获得感性知识　　D. 培养分析解决实际问题能力

21. 课程设计过程的实质性阶段是(C)。

A. 课程规划　　B. 课程安排　　C. 课程实施　　D. 课程评价

22. 正确评估培训效果要坚持一个原则，即培训效果应在(B)中得到检验。

A. 培训过程　　B. 实际工作　　C. 培训教学　　D. 培训评价

多选题

1. 设备布置图必须具有的内容是(A, B, D)。

A. 一组视图　　B. 尺寸及标注　　C. 技术要求　　D. 标题栏

2. 在化工设备图中，当控制元件位置与任一直角坐标轴平行时，可用(A, C, D)表示。

A. 

B. 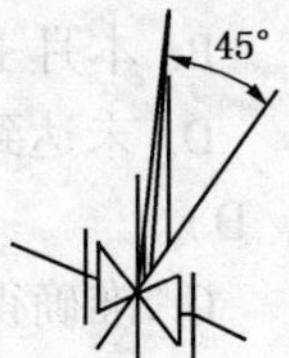

C. 

D. 

3. 在化工设备图中，可以作为尺寸基准的有(A, B, C, D)。

A. 设备筒体和封头的中心线　　B. 设备筒体和封头时的环焊缝

C. 设备法兰的密封面　　D. 设备支座的底面

4. 在化工设备图中，可以作为尺寸基准的有(A, B, D)。

A. 设备筒体和封头的中心线　　B. 设备筒体和封头时的环焊缝

C. 设备人孔的中心线　　D. 管口的轴线和壳体表面的交线

5. 下列叙述中，不正确的是(A，B，D)。
A. 根据零件加工、测量的要求而选定的基准为工艺基准。从工艺基准出发标注尺寸，能把尺寸标注与零件的加工制造联系起来，使零件便于制造、加工和测量
B. 装配图中，相邻零件的剖面线方向必须相反
C. 零件的每一个方向的定向尺寸一律从该方向主要基准出发标注
D. 零件图和装配图都用于指导零件的加工制造和检验

6. 在 ISO 9000 族标准中，内部质量体系审核的依据是(A，B，C，D)。
A. 合同要素　B. 质量文件
C. ISO 9000 族标准　D. 法律、法规要求

7. ISO 9001 标准具有广泛的适用性，适用于(B，D)。
A. 大中型企业
B. 各种类型规模及所有产品的生产组织
C. 制造业
D. 各种类型规模及所有产品的服务的组织

8. 在计算机应用软件中 VFP 能用来建立索引的字段是(C，D)字段。
A. 通用型(图文型)　B. 备注(文本型)　C. 日期　D. 逻辑

9. 关于幻灯片的背景，说法不正确的是(A，C，D)。
A. 只有一种背景　B. 可以是图片　C. 不能更改　D. 以上都错

10. 企业在安排产品生产进度计划时，对市场需求量大，而且比较稳定的产品，其全年任务可采取(A，B)。
A. 平均分配的方式　B. 分期递增方法
C. 抛物线形递增方式　D. 集中轮番方式

11. 设备的一级维护保养的主要内容是(A，B，C)。
A. 彻底清洗、擦拭外表　B. 检查设备的内脏
C. 检查油箱油质、油量　D. 局部解体检查

12. 现场目视管理的基本要求是(A，B，C，D)。
A. 统一　B. 简约　C. 鲜明　D. 实用

13. 在月度生产总结报告中对工艺指标完成情况的分析应包括(A，B，C，D)。
A. 去年同期工艺指标完成情况　B. 本月工艺指标完成情况
C. 计划本月工艺指标情况　D. 未达到工艺指标要求的原因

14. 技术论文标题拟订的基本要求是(B，C，D)。
A. 标新立异　B. 简短精练　C. 准确得体　D. 醒目

15. 技术论文摘要的内容有(A，C，D)。
A. 研究的主要内容　B. 研究的目的和自我评价
C. 获得的基本结论和研究成果　D. 结论或结果的意义

16. 技术论文的写作要求是(A，B，D)。
A. 选题恰当　B. 主旨突出　C. 叙述全面　D. 语言准确

17. 装置标定报告的目的是(A，B，D)。
A. 进行重大工艺改造前为改造设计提供技术依据

B. 技术改造后考核改造结果，总结经验

C. 完成定期工作

D. 了解装置运行状况，获得一手资料，及时发现问题，有针对性地加以解决

18. 下列选项中，属于竣工验收报告的内容有(A，B，C，D)。

A. 工程设计　　B. 竣工决算与审计

C. 环境保护　　D. 建设项目综合评价

19. “三级验收”是指(B，C，D)验收。

A. 个人　　B. 班组　　C. 车间　　D. 厂部

20. 在技术改造过程中(A，B，C)的项目应该优先申报。

A. 解决重大安全隐患　　B. 生产急需项目

C. 效益明显项目　　D. 技术成熟项目

21. 在技术改造方案中(A，C，D)设施应按设计要求与主体工程同时建成使用。

A. 环境保护　　B. 交通

C. 消防　　D. 劳动安全卫生

22. 技术改造申请书应包括(A，B，C，D)。

A. 项目名称和立项依据　　B. 项目内容和改造方案

C. 项目投资预算及进度安排　　D. 预计经济效益分析

23. 进行技术革新成果鉴定必要的条件是(A，B，C，D)。

A. 技术革新确实取得了良好的效果

B. 申报单位编制好技术革新成果汇报

C. 确定鉴定小组人员、资格

D. 确定鉴定的时间、地点和参加人员，提供鉴定时所需各种要求

24. 培训方案应包括(A，B，C，D)等内容。

A. 培训目标　　B. 培训内容　　C. 培训指导者　　D. 培训方法

25. 在职工培训活动中，培训的指导者可以是(A，B，C，D)。

A. 组织的领导　　B. 具备特殊知识和技能的员工

C. 专业培训人员　　D. 学术讲座

26. 在职工培训中，案例教学具有(A，B，C)等优点。

A. 提供了一个系统的思考模式

B. 有利于使受培训者参与企业实际问题的解决

C. 可得到有关管理方面的知识与原则

D. 有利于获得感性知识，加深对所学内容的印象

27. 在职工培训中，讲授法的缺点是(A，B，D)。

A. 讲授内容具有强制性　　B. 学习效果易受教师讲授水平的影响

C. 适用的范围有限　　D. 没有反馈

28. 培训教案一般包括(A，B，C，D)等内容。

A. 培训目标　　B. 教学设计　　C. 培训目的　　D. 重点、难点

29. 编写培训教案的基本技巧是(A，B，C，D)。

A. 确立培训的主题　　B. 构思培训提纲

C. 搜集素材　　D. 整理素材

30. 培训项目即将实施之前需做好的准备工作包括(A，B，C，D)。

A. 通知学员　　B. 后勤准备　　C. 确认时间　　D. 准备教材

31. 生产管理或计划部门对培训组织实施的(A，B)是否得当具有发言权。

A. 培训时机的选择　　B. 培训目标的确定

C. 培训计划设计　　D. 培训过程控制

32. 在评估培训效果时，行为层面的评估，主要包括(B，C，D)等内容。

A. 投资回报率　　B. 客户的评价　　C. 同事的评价　　D. 主管的评价

33. 培训评估的作用主要有(B，D)等几个方面。

A. 提高员工的绩效和有利于实现组织的目标

B. 保证培训活动按照计划进行

C. 有利于提高员工的专业技能

D. 培训执行情况的反馈和培训计划的调整

简答题

1. 在ISO9000族标准中质量体系审核的依据包括哪些内容？

答：①相关的质量保证模式标准(一般是ISO9001、9002、9003)；②质量手册或质量管理手册或质量保证手册；③程序文件；④质量计划；⑤合同或协议；⑥有关的法律、法规。

2. 简述生产过程的基本内容。

答：①生产准备过程；②基本生产过程；③辅助生产过程；④生产服务过程。

3. 什么是设备检查？设备检查的目的是什么？

答：①设备检查是指对设备的运行状况、工作性能、磨损腐蚀程度等方面进行检查和校验；②设备检查能够及时查明和清除设备隐患，针对发现的问题提出解决的措施，有目的地做好维修前的准备工作，以缩短维修时间，提高维修质量。

4. 现场管理有哪些具体要求？

答：①组织均衡生产；②实现物流有序化；③设备状况良好；④纪律严明；⑤管理信息准确；⑥环境整洁，文明生产；⑦组织好安全生产，减少各种事故。

5. 经济指标分析时应注意什么？

答：①指标的准确性。指标的采集汇总必须准确，错误的数据缺乏参照和分析性，甚至产生错误的结论。②指标的可比性。在进行指标分析时通常要在相同运行的状况下进行比较，通常要参照上个月和去年同期的指标。如果运行的状况发生变化要对指标进行相应的修正，否则就失去了指标的可比性。③突出指标分析指导的作用。通过指标分析和对比要找出设备运行中存在的不足和问题，指导有目的地加以优化和改进。

6. 国家标准技术论文应该包括哪些内容？

答：技术论文应包括题目、作者、摘要、关键词、引言、正文、结论、致谢、参考文献、附录十个部分。

7. 通常情况下技术论文的结构是怎样的？

答：在通常情况下技术论文的正文结构应该是按提出问题——分析问题——提供对策来布置的。①要概括情况、阐述背景、说明意义、提出问题。②在分析问题时必须观点明确，既要抓住矛盾的主要方面，又不能忽视次要方面，析因探源，寻求出路。③要概括前文，肯定中心论点，提出工作对策。提供的对策要有针对性和必要的论证。

8. 技术论文摘要的要求是什么？

答：摘要文字必须十分简练，篇幅大小一般限制字数不超过论文字数的5%。论文摘要不要列举例证，不讲研究过程，不用图表，不给化学结构式，也不要作自我评价。

9. 简述技术论文的写作步骤。

答：①选题，确定论文的主攻方向和阐述或解决的问题。选题时一般要选择自己感兴趣的和人们关心的“焦点”问题；②搜集材料，要坚持少而精的原则，做到必要、可靠、新颖，同时必须充分；③研究资料，确定论点，选出可供论文作依据的材料，支持论点；④列出详细的提纲，使想法和观点文字化、明晰化、系统化，从而可以确定论文的主调和重点。提纲拟订好后，可以遵循论文写作的规范和通常格式动笔拟初稿。

10. 在竣工验收报告中关于工程建设应包括哪些内容？

答：①工程建设概况；②工程建设组织及总体统筹计划；③工程进度控制；④工程质量控制；⑤工程安全控制；⑥工程投资控制；⑦未完工程安排；⑧工程建设体会。

11. 工艺技术规程应包括哪些内容？

答：①总则；②原料、中间产品、产品的物、化性质以及产品单耗；③工艺流程；④生产原理；⑤设备状况及设备规范；⑥操作方法；⑦分析标准；⑧安全计划要求。

12. 岗位操作法应包括哪些内容？

答：①名称；②岗位职责和权限；③本岗位与上、下游的联系；④设备规范和技术特性，原料产品的物、化性质；⑤开工准备；⑥开工操作步骤；⑦典型状况下投、停运方法和步骤；⑧事故预防、判断及处理；⑨系统流程图；⑩运行参数正常范围和各种试验。

13. 检修方案应包括哪些内容？

答：①设备运行情况；②检修组织机构；③检修工期；④检修内容；⑤检修进度图；⑥检修的技术要求；⑦检修任务落实情况；⑧安全防范措施；⑨检修备品、备件；⑩检修验收内容和标准。

14. 在开车准备阶段技师应具备哪些技能要求？

答：①能完成开车流程的确认工作；②能完成开车化工原材料的准备工作；③能按进度组织完成开车盲板的拆装操作；④能组织做好装置开车介质的引入工作；⑤能组织完成装置自修项目的验收；⑥能按开车网络图计划要求，组织完成装置吹扫、试漏工作；⑦能参与装置开车条件的确认工作。

15. 开工方案应包括哪些内容？

答：①开工组织机构；②开工的条件确认；③开工前的准备条件；④开工的步骤及应注意的问题；⑤开工过程中事故预防和处理；⑥开工过程中安全分析及防范措施；⑦附录，重要的参数和控制点、网络图。

16. 停工方案应包括哪些内容？

答：①设备运行情况；②停工组织机构；③停工的条件确认；④停工前的准备条件；⑤停工的步骤及应注意的问题；⑥停工后的隔绝措施；⑦停工过程中事故预防和处理；⑧停工过程中安全分析及防范措施；⑨附录，重要的参数和控制点。

17. 技术改造的目的是什么？

答：通过采用新技术、新工艺，解决制约系统安、稳、优生产运行的问题，推动技术进步和技术创新，更好地提高企业经济效益。

18. 技术改造的前期准备是什么？

答：通过选题和论证确定技术改造的项目和内容，提出立项申请和改造方案。经领导和专家批准后，进行改造设计和设计审查。改造项目确定后，需及时落实资金，完成设备、材料的采购，落实施工单位，组织设计交底。

19. 技术改造方案的主要内容是什么？

答：①项目名称；②项目负责单位；③项目负责人；④建设立项理由和依据，包括原始状况、存在问题和改造依据；⑤改造主要内容，需要写明改造涉及装置设备及详细改造内容；⑥改造技术方案，需写明技术分析、技术要求、方案选择、设备选型及详细的技术方案，并注明动力消耗指标及公用工程配套情况；⑦预计改造效果及经济效益，包括改造后主要经济、技术指标及取得效果；经济效益（附计算式）及技术经济分析；⑧投资计划，包括主要设备材料清单和费用安排（设备询价、材料费用、安装施工费用等）；⑨计划进度安排；⑩安全环保措施。

20. 技术改造的步骤是什么？

答：①前期准备，确定技术改造的项目和内容，经领导和专家批准后，进行改造设计和设计审查。改造项目确定后，需及时落实资金，完成设备、材料的采购，落实施工单位，组织设计交底；②实施阶段，根据改造设计的要求，施工单位应在规定工期内保质保量地完成改造的各项内容。在此过程中应对工程进度、工程质量、工程安全、工程投资进行重点控制；③验收阶段，改造项目完成后，应及时组织投用试车，进行性能考核，检验是否达到设计要求，在运行正常后组织进行竣工验收，并填写竣工验收报告；④后评估阶段，在设备稳定运行一段时间后，应组织对技术改造进行后评估，总结技术改造的效果和经验，根据生产运行实际情况提出建议。

21. 技术革新成果鉴定小组主要程序和主要内容是什么？

答：①听取申报单位技术革新成果汇报情况；②实地查验技术革新成果完成情况，审阅技术革新成果申报资料；③讨论对技术革新成果验收意见，签署技术革新成果验收证书；④颁发技术革新成果验收证书。

22. 在技术改造过程中施工管理时应注意什么？

答：①对改造工程施工全过程应进行组织和管理，及时发现并解决施工存在的问题，严格按照技术检修规程及施工图纸进行施工，确保工程质量和施工进度；②在施工过程中，应加强质量监督并进行实施阶段的设计协调工作，对检查发现的工程质量问题有权责令其停止施工并限期整改；③在施工过程中，应加强对施工现场安全、人身安全的监督，禁止“三违”现象的出现，对不符合要求的有权责令其停止施工并限期整改；④在施工过程中，应加强对施工周围环境的影响的监管，对施工过程中产生的废物要及时妥善处理。

23. 技术革新成果的主要内容是什么？

答：技术革新成果的主要内容是：①项目编号、成果名称、完成单位、申报日期、项目负责人、主要完成人、工作起止时间；②系统原始状况和技术难点；③实施报告，包括方案、措施、完成时间、取得成果（附图纸、资料、技术说明）；④社会、经济效益；⑤申报车间审核意见、技术主管部门审核意见、专业评审小组意见和企业主管领导意见。

24. 培训方案由哪些要素组成？

答：培训方案主要由培训目标、培训内容、培训指导者、受训者、培训日期和时间、培训场所与设备以及培训方法等要素组成。

25. 培训需求分析包括哪些内容？

答：培训需求分析需从多维度来进行，包括组织、工作、个人三个方面：①组织分析指确定组织范围内的培训需求，以保证培训计划符合组织的整体目标与战略要求；②工作分析指员工达到理想的工作绩效所必须掌握的技能和知识；③个人分析是将员工现有的水平与预期未来对员工技能的要求进行比照，发现两者之间是否存在差距。

26. 什么是培训方案？

答：培训方案是培训目标、培训内容、培训指导者、受训者、培训日期和时间、培训场所与设备以及培训方法的有机结合。

27. 什么是演示教学法？在教学中演示教学法具有哪些优点？

答：演示法是运用一定的实物和教具，通过实地示范，使受训者明白某种事务是如何完成的。演示法优点为：①有助于激发受训者的学习兴趣；②可利用多种感官，做到看、听、想、问相结合；③有利于获得感性知识，加深对所学内容的印象。

28. 如何准备教案？

答：准备教案要从以下几个方面着手：

①做好培训需求分析。②教案的编写：确定教案的核心内容与结构；选择合适的教案模式。③培训方式的选择与应用。

29. 在培训教学的组织实施与管理的前期准备阶段，主要的工作有哪些？

答：①确认和通知参加培训的学员；②培训后勤准备；③确认培训时间；④教材的准备；⑤确认理想的讲师。

30. 培训评估具有什么意义？

答：①能为决策提供有关培训项目的系统信息，从而做出正确的判断。②可以促进培训管理水平的提升。③可使培训管理资源得到更广泛的推广和共享。

31. 应从哪些方面评价培训效果？

答：主要应从以下四个层面评估培训效果：①反应，即课程刚结束时，了解学员对培训项目的主观感觉；②学习，即学员在知识、技能或态度等方面学到了什么；③行为，即学员的工作行为方式有多大程度的改变；④结果，即通过诸如质量、数量、安全、销售额、成本、利润、投资回报率等可以量度的指标来考查，看最终产生了什么结果。

工种理论知识试题

判断题

1. 焓是工质的状态参数，它代表工质沿流动方向向前方传递的总能量。（√）
2. 焓熵图中湿蒸汽区等压线略高于等温线。（×）

正确答案：焓熵图中湿蒸汽区等压线就是等温线。

3. 在热机的热力循环中，不可能将热源所提供的能量全部变为机械能。（√）
4. 工质经过一个热力循环后，其对外做了功，则其能量将会减少。（×）

正确答案：工质经过一个热力循环后，其对外做了功，但其能量不变。

5. 在相同的温度范围内，卡诺循环的热效率最高。（√）
6. 采用回热循环可以减少不可避免的冷源损失，以提高循环效率。（√）
7. 流动过程中工质各状态点参数不随时间而变动的流动称为稳定流动。（√）
8. 绝热流动时，液体在流动过程中与外界发生能量交换。（√）
9. 功率是指力与位移的乘积。（×）

正确答案：功是指力与位移的乘积。

10. 物体变热并不能表示它的内能增加。（×）

正确答案：物体变热表示它的内能增加。

11. 过热蒸汽流经喷嘴后，其压力降低、温度降低、比体积增大、流速增大。（√）
12. 因为节流前后的蒸汽焓值相等，所以节流过程是等焓过程。（√）
13. 气体温度越高，气体的流动阻力越大。（√）
14. 理想气体的几个热力过程是：等压过程、等温过程、等容过程、绝热过程。（√）
15. 单位重量流体所具有的能量，用流体柱高度表示时，称为能头。（√）
16. 观察流体运动的两个重要参数是压力和流量。（×）

正确答案：观察流体运动的两个重要参数是压力和速度。

17. 牛顿内摩擦定律对于固体及大多数液体都是正确的。（×）

正确答案：牛顿内摩擦定律对于气体及大多数液体都是正确的。

18. 在同一气体中，音速随着介质温度的升高而降低。（×）

正确答案：在同一气体中，音速随着介质温度的升高而增加。

19. 静止液体中各点的比位能和比压能可以相互转换，转换后能量的总和会减少。（×）

正确答案：静止液体中各点的比位能和比压能可以相互转换，但两者的总和不变。

20. 对于虹吸管，其吸水高度可不作限制。（×）

正确答案：为保险计，通常吸水的虹吸管的吸水高度一般不超过7m。

21. 图样上的尺寸是零件的最后完工尺寸，尺寸以mm为单位时，也需标注单位的代号或名称。（×）

正确答案：图样上的尺寸是零件的最后完工尺寸，尺寸以mm为单位时，不需标注单位的代号或名称。

22. 在装配图中两个零件的接触表面或基本尺寸相同的配合面，只画一条线。（√）
23. 半剖视图就是将机件切去1/4后画出的剖视图。（×）

正确答案：半剖视图就是将机件切去1/2后画出的剖视图。

24. 三视图的投影规律是：主视图与俯视图长对正，主视图与左视图高平齐，俯视图与左视图宽相等。（√）
25. 图样的比例1∶2是指图形的大小是实物大小的2倍。（×）

正确答案：图样的比例1∶2是指图形的大小是实物大小的1/2。

26. 用户利用计算机以及它所提供的各种系统软件，编制解决用户各种实际问题的程序，称为支撑软件。（×）

正确答案：用户利用计算机以及它所提供的各种系统软件，编制解决用户各种实际问题的程序，称为应用软件。

27. 协调控制方式能保证有良好的负荷跟踪性能，但不能保证汽轮机运行的稳定性。（×）

正确答案：协调控制方式既能保证有良好的负荷跟踪性能，又能保证汽轮机运行的稳定性。

28. DCS 应具有很高的可靠性，维持整个系统按照被控对象的实际结构和功能要求进行分级集中控制。（×）

正确答案：DCS 应具有很高的可靠性，维持整个系统按照被控对象的实际结构和功能要求进行分级分散控制。

29. 计算机对操作员的指令有一定的响应时间，在计算机一时没有反映的情况下不要一直按住键盘和鼠标的操作键。（√）

30. 操作员站若发生死机时，应由操作人员强行启动计算机。（×）

正确答案：操作员站若发生死机时，汇报值长，监视其他操作员站，通知热工，不得擅自强行启动计算机。

31. DCS 调节回路控制器或相应电源故障时，应将手动切至自动维持运行，同时迅速处理系统故障，并根据处理情况采取相应措施。（×）

正确答案：DCS 调节回路控制器或相应电源故障时，应将自动切至手动维持运行，同时迅速处理系统故障，并根据处理情况采取相应措施。

32. 再热机组的调节，由于有再热器及其连接管道构成的庞大蒸汽容积，所以会迅速调整负荷。（×）

正确答案：再热机组的调节，由于有再热器及其连接管道构成的庞大蒸汽容积，所以负荷调整会存在滞后现象。

33. 在数字电液调节系统中，模数转换器的作用是将模拟量转换成数字量。（√）

34. 功频电液调节系统主要由电液调节和液控两部分部分组成。（√）

35. DEH-IIIA 是采用专用的硬件，与电厂其他热工控制系统相互独立。（×）

正确答案：DEH-IIIA 是一套通用性强，系统开放性好的系统。可以与 DCS 连接，作为 DCS 系统一个站，与 DCS 数据共享。

36. 对于 EH 油压为定压运行的机组，EH 油系统中的高压蓄能器是不起作用的。（×）

正确答案：EH 油系统中的高压蓄能器能够吸收抗燃油泵出口压力的高频脉动分量，维持油压平稳。

37. 高、中压主汽门的执行机构的组成和工作原理基本相同，该执行机构属于连续型。（×）

正确答案：高、中压主汽门的执行机构的组成和工作原理基本相同，该执行机构属于开关型。

38. 危急遮断器小轴与高压转子之间为弹性联轴器。（×）

正确答案：危急遮断器小轴与高压转子为刚性连接。

39. 朗肯循环的效率取决于蒸汽的初参数。（×）

正确答案：朗肯循环的效率取决于蒸汽的初参数和终参数。

40. 汽轮机工质在实际膨胀过程中的焓降大于理想热膨胀过程中的焓降。（×）

正确答案：汽轮机工质在实际膨胀过程中的焓降小于理想过程中的焓降。

41. 当汽轮机的回热抽汽压力为新蒸汽时，回热收益比较大。（×）

正确答案：当汽轮机的回热抽汽压力为新蒸汽压力时，无回热收益。

42. 汽轮机回热抽汽提高了给水温度，减少了冷源损失，从而提高了电厂效率。（✓）

43. 回热系统设计时，压力较低的抽汽段流量不应太大。（×）

正确答案：回热系统设计时，压力较低的抽汽段流量应加大。

44. 采用蒸汽冷却段的回热加热器其出口端差可以降低，但不能变为负值。（×）

正确答案：采用蒸汽冷却段的回热加热器，其出口端差甚至可降为负值。

45. 采用蒸汽冷却段的回热加热器的加热效果较好。（✓）

46. 在其他条件不变的情况下，提高汽轮机蒸汽初温将受动力设备材料强度的限制。（✓）

47. 在其他条件不变的情况下，提高汽轮机蒸汽初压将受到动力设备材料强度的限制。（×）

正确答案：在其他条件不变的情况下，提高汽轮机蒸汽初压将受汽轮机末级叶片允许最大湿度的限制。

48. 所谓汽轮机的配合参数就是保证汽轮机排汽湿度不超过允许值所对应的蒸汽的初温和初压。（×）

正确答案：所谓汽轮机的配合参数就是保证汽轮机排汽温度不超过最大允许值所对应的蒸汽的初温和初压。

49. 所谓凝汽器的最佳真空，就是以发电厂净燃料消耗量最大为原则。（×）

正确答案：所谓凝汽器的最佳真空，就是以发电厂净燃料消耗量最小为原则。

50. 设备利用率越高越好。（×）

正确答案：设备利用率并不是越高越好，必须与安全性相联系。

51. 采用热电分产时，对一次能源的使用较为合理。（×）

正确答案：采用热电分产时，对一次能源的使用极不合理。

52. 热电联产是指供热式机组的供热汽流边发电边供热的生产方式。（×）

正确答案：热电联产是指供热机组的供热蒸汽先发电后供热的生产方式。

53. 在供热机组中，背压式汽轮机的热能利用率最低。（×）

正确答案：在供热机组中，背压式汽轮机的热能利用率最高。

54. 汽轮机相对有效效率等于相对内效率与机械效率的乘积。（✓）

55. 做真空严密性试验过程中，严密性不合格情况下也必须完成规定的时间。（×）

正确答案：做真空严密性试验过程中，严密性不合格情况下中止试验。

56. 进行动力设备动态联动试验时，可以不捅运行设备事故按钮，按运行设备停止按钮来进行。（×）

正确答案：进行动力设备动态联动试验时，必须捅运行设备事故按钮来进行。

57. 机组运行中进行盘车电机试验时，不必开启顶轴油泵，建立顶轴油压。（✓）

58. 润滑油冷油器切换前应先开启油侧放空气门，见油后关闭。（✓）

59. 机组负荷下降时，汽轮机高压缸胀差增大。（×）

正确答案：机组负荷下降时，汽轮机高压缸胀差减小。

60. 监视段压力上升表明汽轮机叶片已经结垢。（×）

正确答案：影响监视段压力上升的因素有很多，如抽汽逆止门关闭、负荷变化等。

61. 主汽压力降低不但会影响机组安全性，还会使机组出力降低。（×）

正确答案：主汽压力降低不会影响机组安全性，但会使机组出力降低。

62. 主蒸汽温度降低会使除末级以外各级焓降减少，反动度减少，轴向推力增加，对机组安全运行不利。（×）

正确答案：主蒸汽温度降低会使除末级以外各级焓降减少，反动度增加，轴向推力增加，对机组安全运行不利。

63. 机组采用纯变压运行方式时，负荷调整速度快。（×）

正确答案：机组采用纯变压运行方式时，负荷调整速度慢。

64. 主蒸汽压力、温度随负荷变化而变化的运行方式称滑压运行。（×）

正确答案：主蒸汽压力随负荷变化而变化的运行方式称滑压运行。

65. 低负荷运行时，定压运行的单元机组比变压运行的经济性好。（×）

正确答案：低负荷运行时，变压运行的单元机组比定压运行的经济性好。

66. 汽轮机热态启动时，为防止上、下缸温差大，应先抽真空，后送轴封。（×）

正确答案：汽轮机热态启动时，为防止上、下缸温差大，应先送轴封，后抽真空。

67. 在低负荷运行时，采用喷嘴调节比节流调节的效率低。（×）

正确答案：在低负荷运行时，采用喷嘴调节比节流调节的效率高。

68. 汽轮机冷态启动冲转的开始阶段，蒸汽在金属表面凝结，但形不成水膜，这种形式的凝结称为泡状凝结。（×）

正确答案：汽轮机冷态启动冲转的开始阶段，蒸汽在金属表面凝结，但形不成水膜，这种形式的凝结称为珠状凝结。

69. 汽轮机运行进入准稳态区后，金属部件内部温差达到最小。（×）

正确答案：汽轮机运行进入准稳态区后，金属部件内部温差达到最大。

70. 在热态启动过程中，汽轮机部件的热应力要经历一个压-拉循环。（×）

正确答案：在热态启动过程中，汽轮机部件的热应力要经历一个拉-压循环。

71. 一般来说，汽轮机停机过程金属部件产生的热应力比启动过程要大。（×）

正确答案：一般来说，汽轮机停机过程金属部件产生的热应力比启动过程要小。

72. 汽轮机甩掉全部负荷所产生的热应力比甩掉部分负荷要大。（×）

正确答案：汽轮机甩掉全部负荷所产生的热应力比甩掉部分负荷要小。

73. 在汽轮机的低温部位发生应力集中比在高温部位发生应力集中更危险。（×）

正确答案：在汽轮机的高温部位发生应力集中比在低温部位发生应力集中更危险。

74. 汽缸的死点既不能作纵向移动，也不能作横向移动。（√）

75. 汽轮机的汽缸和转子之所以会出现相对膨胀的差异是因为汽缸和转子的质量不同所致。（×）

正确答案：汽轮机的汽缸和转子之所以会出现相对膨胀的差异是因为汽缸和转子的质面比不同所致。

76. 汽缸上下温差过大，常是造成大轴弯曲的初始原因。（√）

77. 汽缸的变形量与汽缸法兰内外壁温差成正比。（√）

78. 当转子在第一临界转速以下发生动静摩擦时，对机组的安全威胁最大，往往会造成大轴永久弯曲。（√）

79. 钢材在热疲劳情况下承受的热应力远比热冲击小。（√）

80. 应力松弛的本质与蠕变相同。（√）

81. 在循环载荷的作用下，材料的力学性能不会发生变化。（×）

正确答案：在循环载荷的作用下，材料的力学性能会发生很大的变化。

82. 金属材料不但具有低温脆化特性，还具有高温脆化特性。（√）

83. 汽轮机转子膨胀值小于汽缸膨胀值时，相对膨胀差为负值。（√）

84. 汽轮机汽缸与转子以同一死点膨胀或收缩时，其出现的差值称相对膨胀差。（×）

正确答案：汽轮机汽缸与转子以各自的死点膨胀或收缩时，其出现的差值称相对膨胀差。

85. 对于三缸三排汽 200MW 汽轮机低压胀差对于低压缸内各级轴向间隙变化产生的影响是一样的。（×）

正确答案：对于三缸三排汽 200MW 汽轮机低压胀差对于低压缸内各级轴向间隙变化产生的影响是不同的。

86. 汽轮机相对膨胀差为零时说明汽缸和转子的膨胀为零。（×）

正确答案：汽轮机相对膨胀差为零时说明汽缸和转子的膨胀差为零。

87. 汽轮机冷态启动和加负荷过程一般相对膨胀出现向负值增大。（×）

正确答案：汽轮机冷态启动和加负荷过程一般相对膨胀出现向正值增大。

88. 汽轮机冷态启动带负荷时，为减少高压胀差，并网后应缓慢开大调速汽门。（√）

89. 汽轮机热态启动时容易出现正胀差。（×）

正确答案：汽轮机热态启动时容易出现负胀差。

90. 滑参数停机与冷态启动相比，高压胀差的变化规律相同。（×）

正确答案：滑参数停机与冷态启动相比，高压胀差的变化规律相反。

91. 汽轮机打闸后，转子在离心力的作用下变细变长，胀差减小。（×）

正确答案：汽轮机打闸后，转子在离心力的作用下变细变长，胀差增大。

92. 从传热观点来说，快冷装置采用空气冷却速度大于蒸汽冷却，而且不需要增加设备，系统改动也不大。（×）

正确答案：从传热观点来说，快冷装置采用蒸汽冷却速度大于空气冷却，而且不需要增加设备，系统改动也不大。

93. 机组大修后启动过程中，应开启启动放水门排出不合格水质，以保证水质合格。（√）

94. 固体微粒引起的汽轮机损伤程度与机组的启动次数、负荷变化大小、负荷变化速度等有很大关系。（√）

95. 随着汽轮发电机组容量的增大，转子的临界转速也随之升高，轴系临界转速分布更加简单。（×）

正确答案：随着汽轮发电机组容量的增大，转子的临界转速也随之升高，轴系临界转速分布更加复杂。

96. 弯曲的转子，轴颈与轴瓦内的油膜承力中心沿轴向随转速发生周期性变化，从而引起轴承座的轴向振动。（√）

97. 汽轮机轴承水平方向测振时，测振子应放在轴承盖结合面上边正中位置的任意方向。（×）

正确答案：汽轮机轴承水平方向测振时，测振子应放在轴承盖结合面上边正中位置的水平方向。

98. 在进行汽轮机振动测量时，每一次测量的位置随意。（×）

正确答案：在进行汽轮机振动测量时，每一次测量的位置都应力求相同，否则就要产生误差。

99. 当转子在第一临界转速以下发生动静摩擦时，对机组的安全威胁最大，往往会造成大轴永久弯曲。（√）

100. 机组的振动是表征汽轮发电机组稳定运行的最重要指标之一。（√）

101. 汽轮机轴承座的振动在任何情况下都能充分可靠地代表转子的振动情况。（×）

正确答案：汽轮机轴承座的振动并非在任何情况下都能充分可靠地代表转子的振动情况。

102. 现代汽轮发电机组的转子，在通过临界转速时出现过大振动，达到工作转速以后振动未超过规定标准，这时认为转子的振动是合格的。（×）

正确答案：现代汽轮发电机组的转子，如果在通过临界转速时出现过大的振动，即使在工作转速时轴承振动未超过规定标准，也是不合格的。

103. 在汽轮机的叶片上安装拉金是为了改善叶片的振动特性。（√）

104. 在外界干扰力的作用下，产生的振动叫强迫振动。（√）

105. 消除汽轮发电机组的摩擦自激振动最有效的办法就是避免在运行中发生动静摩擦。（√）

106. 降低轴承比压和润滑油黏度是防止和消除轴承油膜振荡的措施之一。（×）

正确答案：增加轴承比压，降低润滑油黏度是防止和消除轴承油膜振荡的措施之一。

107. 常用的寿命评估为常规肉眼检查、无损探伤和破坏性检验三级管理法。（√）

108. 汽轮机寿命即汽轮机受到交变应力作用引起的低周疲劳寿命。（×）

正确答案：汽轮机寿命由受到高温和工作应力的作用而产生的蠕变损耗和受到交变应力作用引起的低周疲劳寿命损耗两部分组成。

109. 汽轮机组参与调峰运行，由于负荷变动和启停频繁，机组要经常承受剧烈的温度和压力变化，缩短了机组的使用寿命。（√）

110. 为了节约能源，汽轮机的使用应尽可能追求长寿。（×）

正确答案：因为机组的使用年限要根据国家的能源政策、机械加工水平等综合分析，不能单纯追求长寿。

111. 锅炉初点火时，采用对称投入油枪，定期倒换，或多油枪、少油量等方法，是使炉膛热负荷比较均匀的有效措施。（√）

112. 采用喷水来调节再热蒸汽温度是最经济的。（×）

正确答案：采用喷水来调节再热蒸汽温度是不经济的。

113. 锅炉严重满水时，汽温迅速下降，蒸汽管道会发生水冲击。（√）

114. 班组长是全班组的直接组织者、领导者、指挥者、管理者和教育者。（√）

115. 岗位分析工作开展的深度是运行人员出勤质量和技术水平的重要标志。（×）

正确答案：岗位分析工作开展的深度是运行人员值班质量和技术水平的重要标志。

116. 加强劳动纪律，不仅是提高劳动效率的前提，而且是保证生产正常进行的重要措施。（×）

正确答案：加强劳动纪律，不仅是保证生产正常进行的前提，而且是提高劳动效率的重要措施。

117. 交接班时，交接班记录不清楚可以接班。 （×）

正确答案：交接班时，交接班记录不清楚不接班。

118. 作为班组长，不必具备高度的事业心、责任感及组织能力，只要有全心全意为人民服务的思想，有战胜困难的决心就足够了。 （×）

正确答案：作为班组长，必须具备高度的事业心、责任感，要有全心全意为人民服务的思想，还要有战胜困难的决心

单选题

1. 在新蒸汽压力不变的情况下，采用喷嘴调节的汽轮机在额定工况下运行，蒸汽流量再增加时调节级焓降将(B)

A. 增加　B. 减少　C. 不变　D. 先增后减

2. 焓是状态参数 u、p、v(分别表示内能、压力及比体积)的函数，其表达式是：(A)。

A. $h=u+pv$　B. $h=p+uv$　C. $h=u+pv$　D. $h=upv$

3. 工质在状态变化中，既不吸热也不放热，(C)也会增大。

A. 体积　B. 压力　C. 熵值　D. 焓值

4. 工质的内能与流动势能之和称为(C)。

A. 熵　B. 热能　C. 焓　D. 动能

5. 第二类永动机违反热力学第(B)定律。

A. 一　B. 二　C. 三　D. 四

6. 在自然界中，(A)过程不能自动进行。

A. 热变功　B. 功变热　C. 自由膨胀　D. 汽液混合

7. 热力循环至少由(C)过程组成。

A. 一个膨胀　B. 一个压缩

C. 一个膨胀和压缩　D. 一个可逆

8. 发电厂最简单的热力循环是(A)循环。

A. 朗肯　B. 卡诺　C. 回热　D. 中间再热

9. 湿蒸汽在定压下吸热时，温度(C)。

A. 升高　B. 降低　C. 不变　D. 先高后低

10. 凝汽器内蒸汽的凝结过程可以看作是(D)

A. 等容过程　B. 等焓过程　C. 绝热过程　D. 等压过程

11. 高压加热器内水的加热过程可以看作是(C)。

A. 等容过程　B. 等焓过程　C. 等压过程　D. 绝热过程

12. 水在水泵中压缩升压可以看作是(B)。

A. 等温过程　B. 绝热过程　C. 等压过程　D. 等焓过程

13. 压容图(p-V图)上某一线段表示为(B)。

A. 某一确定的热力状态　B. 一个特定的热力过程

C. 一个热力循环　D. 某一非确定的热力状态

14. 从理论上分析，循环热效率最高的是(B)。

A. 朗肯循环　B. 卡诺循环　C. 回热循环　D. 再热循环

15. 热力循环在参数坐标图中是一条(D)。

A. 直线　B. 抛物线　C. 单曲线　D. 封闭的曲线

16. 逆向循环又称(B)循环。

A. 朗肯　B. 制冷机　C. 卡诺　D. 热机

17. 在朗肯循环的热效率计算中，当蒸汽压力低于(C)MPa以下时，给水在给水泵中的焓升可以忽略不计。

A. 5　B. 7.5　C. 10　D. 12.25

18. 在蒸汽初参数相同的情况下，采用给水回热循环的热效率比朗肯循环的热效率(B)。

A. 稍有提高　B. 有显著提高　C. 稍有下降　D. 相差不多

19. 在其他条件相同的情况下，采用回热凝汽式汽轮机的汽耗率(B)无回热凝汽式汽轮机的汽耗率。

A. 小于　B. 大于　C. 等于　D. 接近

20. 朗肯循环是由(B)组成的。

A. 两个等温过程，两个绝热过程　B. 两个等压过程，两个绝热过程

C. 两个等压过程，两个等温过程　D. 两个等容过程，两个等温过程

21. 采用中间再热循环，与同参数朗肯循环相比，汽耗率 d 与排汽干度 x_2 的变化规律是(C)。

A. d 增大，x_2 增大　B. d 增大，x_2 减小　C. d 减小，x_2 增大　D. d 减小，x_2 减小

22. 采用回热循环后与之相同初参数及功率的纯凝汽式循环相比，它的(B)。

A. 汽耗量减少　B. 热耗量减少

C. 做功的总焓降增加　D. 做功不足系数增加

23. 采用中间再热的机组能使汽轮机(C)。

A. 热效率提高，排汽湿度增加　B. 热效率提高，冲动汽机容易

C. 热效率提高，排汽湿度降低　D. 热效率降低，排汽湿度降低

24. 每生产1kW · h的电能所需要的蒸汽量称为汽轮发电机组的(B)。

A. 汽耗量　B. 汽耗率　C. 热耗量　D. 热耗率

25. 每生产1kW · h的电能所需要的热量，称为汽轮发电机组的(D)。

A. 汽耗量　B. 汽耗率　C. 热耗量　D. 热耗率

26. 表征火电厂生产技术完善程度和经济效果的一项最有效的技术经济指标是标准(B)。

A. 热耗率　B. 煤耗率　C. 汽耗率　D. 能耗

27. 任意一个热力循环的循环热效率都(A)。

A. 小于1　B. 大于1　C. 等于1　D. 等于0

28. 凝汽式汽轮机组的综合经济指标是(A)。

A. 热耗率　B. 汽耗率　C. 热效率　D. 厂用电率

29. 目前凝汽式机组发电厂热效率一般为(B)。

A. 25%~30%　　B. 35%~45%　　C. 55%~65%　　D. 80%以上

30. 凝汽式电厂总效率是由六种效率的乘积而得出的，其中影响总效率最大的效率是(C)。

A. 锅炉效率　　B. 汽轮机效率　　C. 循环效率　　D. 发电机效率

31. (B)可以提高机组的循环热效率。

A. 降低新蒸汽温度　　B. 提高新蒸汽温度和压力

C. 提高排汽压力　　D. 增大新蒸汽流量

32. 汽轮机中常用的和重要的热力计算公式是(C)。

A. 理想气体的过程方程式　　B. 连续方程式

C. 能量方程式　　D. 动量方程式

33. 工质稳定流动方程式表明，对稳定流动的工质加入热量，可能产生的结果是改变工质本身的能量，此外还供给(A)克服阻力而做的流动净功及对外输出功。

A. 工质　　B. 热机　　C. 管道　　D. 转动机械

34. 由工质稳定流动能量方程式可知，工质在锅炉及换热器中流动时吸收的热量(A)焓的增加。

A. 等于　　B. 小于　　C. 大于　　D. 约等于

35. 蒸汽在有摩擦的绝热流动过程中，其熵是(A)。

A. 增加的　　B. 减少的　　C. 不变的　　D. 均可能

36. 稳定运动的流体、因其具有(A)，使流体具有位能、压力能、动能。

A. 质量、压力、运动速度、位置相对高度

B. 质量、运动速度

C. 运动速度、相对高度

D. 质量、相对高度

37. 工质流经热力设备所做的技术功应(A)膨胀功和推动功的代数和。

A. 等于　　B. 小于　　C. 大于　　D. 约等于

38. 功的单位是(A)。

A. J　　B. MPa　　C. W　　D. N

39. 物体由于运动而具有的能为(B)。

A. 热能　　B. 动能　　C. 内能　　D. 机械能

40. 下列损失不属于级内损失的是(C)。

A. 喷嘴损失　　B. 余速损失　　C. 轴端漏汽损失　　D. 摩擦损失

41. 物体内部大量分子无规则运动动能称为(A)。

A. 热能　　B. 机械能　　C. 化学能　　D. 位能

42. 系统从外界吸热，对应的热量 q 取值为(A)。

A. 正值　　B. 负值　　C. 0　　D. 以上答案均不对

43. 工质的温度愈高，其热量(C)。

A. 愈大　　B. 愈小　　C. 不一定大　　D. 不变

44. 按(A)分，汽轮机可分为凝汽式汽轮机、背压式汽轮机、调整抽汽式汽轮机、中间再热式汽轮机。

A. 热力过程特性　B. 工作原理　C. 用途　D. 汽流流动方向

45. 公式 $q=W+\Delta U$ 中的 q、W 及 ΔU 均为代数值，可为正、负或零，下面正确的描述是(A)。

A. 系统吸热，则 $q>0$；系统内能增加，则 $\Delta U>0$；系统对外界做功，则 $W>0$

B. 系统吸热，则 $q>0$；系统内能减少，则 $\Delta U>0$；系统对外界做功，则 $W<0$

C. 系统放热，则 $q<0$；系统内能增加，则 $\Delta U<0$；系统对外界做功，则 $W<0$

D. 系统放热，则 $q<0$；系统内能减少，则 $\Delta U<0$；外界对系统做功，则 $W>0$

46. 热量的单位是(A)。

A. J　B. MPa　C. W　D. N

47. 当蒸汽在汽轮机内逐级膨胀作功，蒸汽的压力会逐级(B)。

A. 增高　B. 降低　C. 不变　D. 不确定

48. 流动的蒸汽经过节流后，其做功能力将(A)。

A. 变小　B. 不变　C. 变大　D. 先大后小

49. 蒸汽在喷嘴中膨胀，叙述错误的是(A)。

A. 压力逐渐升高　B. 速度增加　C. 比体积增加　D. 焓值降低

50. 喷嘴调节的凝汽式汽轮机的调节级，其最危险的工况是(D)的时候。

A. 额定流量　B. 最大流量

C. 所有调节汽阀全开　D. 只有一个调节汽阀全开，其余均关闭

51. 电厂热力系统的管道效率反映了管道(D)的完善程度。

A. 流动损失　B. 连接及走向　C. 选择合理性　D. 绝热保温

52. 绝热节流前后(C)不变，压力下降。

A. 熵值　B. 温度　C. 焓值　D. 容积

53. 电厂用水蒸气在流动过程中经过绝热节流其温度将(B)。

A. 升高　B. 降低　C. 不变　D. 不确定

54. 下列属于节流降压应用实例的是(C)。

A. 风机　B. 油泵　C. 汽封　D. 管道保温

55. 声音在蒸汽介质中的传播速度，随着蒸汽温度和压力的下降而(C)。

A. 增加　B. 不变　C. 降低　D. 不影响

56. 下列物质状态中，分子间隙最大的是(B)。

A. 液体　B. 气体　C. 固体　D. 胶体

57. 在(B)过程中，所有加入气体的热量全部用来增加气体的内能。

A. 等压　B. 等容　C. 等温　D. 绝热

58. 当气体比热容 $c>0$ 时，表示该气体(B)。

A. 吸收热量　B. 放出热量　C. 不吸热不放热　D. 先吸热后放热

59. 理想流体一般为(B)的流体。

A. 不可压缩　B. 黏度为零　C. 黏度保持不变　D. 可压缩

60. 液体与气体的共同点是(B)。

A. 易燃　B. 流动性好　C. 易压缩　D. 黏度低

61. 在同一温度下，理想气体的比定压热容(A)比定容热容。

A. 大于　B. 小于　C. 等于　D. 约等于

62. 理想气体的等温过程中，当对气体加热等温膨胀时，所加的热量全部用于对外膨胀做功，内能(C)。

A. 增加　B. 减少　C. 不变　D. 稍有变化

63. 火力发电厂中的蒸汽属于(B)。

A. 理想气体

B. 实际气体

C. 饱和蒸汽是实际气体，过热蒸汽是理想气体

D. 既可以是理想气体，又可以是实际气体

64. 流体在管道内的流动阻力有沿程阻力和(A)阻力。

A. 局部　B. 表面　C. 水力　D. 摩擦

65. 流体在流动过程中用于克服沿程压力损失的能量称为(D)压力损失。

A. 局部　B. 表面　C. 水力　D. 沿程

66. 流体流动的动力有两种：一种是自由流动，一种是(C)。

A. 体积流动　B. 相对流动　C. 强迫流动　D. 绝对流动

67. 在定常流动条件下，沿微元流管任意截面上所通过的(B)是相等的。

A. 体积流量　B. 质量流量　C. 绝对速度　D. 相对速度

68. 流动参量不随时间变化的流动叫(A)。

A. 定常流动　B. 非定常流动

C. 一元流动　D. 不可压缩流体流动

69. 定常流动流场内的速度、压力、密度等参量是(D)的函数。

A. 截面积　B. 管径　C. 时间　D. 坐标

70. 液体在水力光滑管中流动时，流动阻力与管壁的粗糙情况(C)。

A. 基本无关　B. 可能无关　C. 无关　D. 稍有关系

71. 流体流经并联管道中的总损失等于(B)。

A. 各管段损失之和　B. 各分管道的损失

C. 不能确定　D. 各管段损失之和的一半

72. 流动阻力和管道粗糙程度无关的管道叫(A)。

A. 水力光滑管　B. 直管　C. 粗糙管　D. 绝对光滑管

73. (C)是判断气体压缩性对流动影响及划分气体流动类型的自然标准。

A. 温度　B. 压力　C. 音速　D. 密度

74. 流体的可压缩性大，则扰动波传播(A)，音速(A)。

A. 慢；小　B. 慢；大　C. 快；大　D. 快；小

75. 气体微弱扰动的传播是一个(C)过程。

A. 可逆　B. 绝热　C. 等熵　D. 不可逆

76. 实际流体的伯努利方程是(C)。

A. $V_1{}^2/2g+P_1/r+Z=$常数

B. $P/r+Z=$常数

C. $V_1{}^2/2g+P_1/r+Z_1=V_2{}^2/2g+P_2/r+Z_2+h'w$

D. $V_1{}^2/2g+P_1/\mathrm{r}=$常数

77. 不可压缩流体作用在圆柱体上的压力合力为(D)。

A. 无限大　B. 重力　C. 摩擦阻力　D. 0

78. 黏性流体在管束中流动时机械能是逐渐(A)的。

A. 减少　B. 增加　C. 不变　D. 抛物线变化

79. 沿程阻力损失的大小与(D)有关。

A. 流体流动状态　B. 管道长度　C. 管道内径、粗糙度　D. 以上都对

80. 局部阻力损失的大小主要与(A)有关。

A. 局部阻力系数　B. 管道长度　C. 管道压力　D. 介质重度

81. 恒定流在流动过程中总能量是沿程(C)的。

A. 增加　B. 减少　C. 不变　D. 不一定

82. 液体流动速度突然改变，引起管道中(A)产生反复的、急剧的变化，这种现象称为水击。

A. 压力　B. 流量　C. 流速　D. 声音

83. 水击产生的内在原因是液体的(B)与压缩性。

A. 膨胀性　B. 惯性　C. 周期性　D. 流动性

84. 阀门突然启闭时，阀门及管道产生振动，这叫做(A)。

A. 水击现象　B. 超压现象　C. 阀门老化　D. 节流现象

85. 液体在管道内从较高液位一端经过高出液面的管段自动流向较低液位一端的特性叫(C)。

A. 压缩性　B. 膨胀性　C. 虹吸　D. 流动性

86. 虹吸管最高截面处的压力应(C)管内液体相应温度下的饱和压力，避免汽化。

A. 等于　B. 低于　C. 不高于　D. 高于

87. 在虹吸管的工作过程中，若由于某种原因使管内的(B)受到破坏，虹吸管的工作就会立即中断。

A. 密度　B. 真空　C. 流速　D. 直径

88. 为了提高虹吸高度应降低虹吸管中的(D)，以减少流动阻力损失。

A. 密度　B. 真空　C. 直径　D. 流速

89. 标题栏的位置一般在图样的(D)。

A. 左上角　B. 右上角　C. 左下角　D. 右下角

90. 正立投影面上的投影图标为(C)。

A. 俯视图　B. 侧视图　C. 主视图　D. 左视图

91. 圆锥的一面投影是圆，则其他两面投影是(D)。

A. 三角形　B. 矩形　C. 平行四边形　D. 等腰三角形

92. 图样上零件的(B)用带箭头的细实线标注。

A. 规定　　B. 说明　　C. 尺寸　　D. 剖面

93. 某图样的标题栏中的比例为 1∶5，该图样中有一个图形是单独画出的局部剖视图，其上方标有 1∶2，则该图形(B)。

A. 不属于局部放大图，是采用缩小比例画出的局部剖视图

B. 是采用剖视画出的局部放大图

C. 是局部放大图，不属于剖视图

D. 是采用缩小比例画出的局部剖视图

94. 制图采用旋转剖时，用箭头表示(A)。

A. 投影方向　　B. 旋转方向　　C. 图形配显方向　　D. 以上答案均不对

95. 凡平面平行于某一投影面，则在投影面上的投影(A)。

A. 反映实形　　B. 小于实形　　C. 大于实形　　D. 为一条线

96. 直线或平面垂直于投影面时，在该投影面上的投影分别积聚成点或直线，这种投影性质称为(B)。

A. 真实性　　B. 积聚性　　C. 类似性　　D. 从属性

97. 剖视图用来表达物体的(B)形状。

A. 断面结构　　B. 内部结构　　C. 侧面结构　　D. 正面结构

98. 主视图反映的是物体的(B)。

A. 长度和高度　　B. 长度和宽度

C. 高度和宽度　　D. 长度、宽度和高度

99. 反映物体前后和左右位置关系的是(A)。

A. 主视图　　B. 俯视图　　C. 左视图　　D. 侧视图

100. 在比例尺为 1∶10 的图纸上，10mm 的长度表示实际机件的长度为(C)mm。

A. 1　　B. 10　　C. 100　　D. 1000

101. 根据主视图要正确的画出组合体的俯视图，就要运用(C)分析法。

A. 点线　　B. 画面　　C. 形体　　D. 线面

102. 计算机的核心部件是(A)，用以完成各种运算，并控制计算机各部件的协调工作。

A. 中央处理单元　　B. 硬件　　C. 软件　　D. 存储器

103. 用来存放计算机所需要的原始数据、中间数据、输出之前的最终结果以及指示计算机对数据如何进行操作的指令的器件，称为(B)。

A. 运算控制单元　　B. 存储器　　C. 输入设备　　D. 输出设备

104. 以下各项中属于计算机输入设备的是(C)。

A. 显示器　　B. 打印机　　C. 鼠标　　D. 硬盘

105. (C)是计算机和用户或其他电子设备通讯的桥梁。

A. 运算控制单元　　B. 存储器　　C. 输入输出设备　　D. CPU

106. 计算机运算结果是由输出设备输出的，其中使用最多的输出设备是(A)。

A. 显示器　　B. 打印机　　C. 鼠标　　D. 图像扫描仪

107. 计算机各种程序和有关信息的总集合，称为计算机的(D)。

A. 中央处理器 B. 主机 C. 硬件系统 D. 软件系统

108. 数字式电液控制系统用作协调控制系统中的(A)部分。

A. 汽轮机执行器 B. 锅炉执行器 C. 发电机执行器 D. 协调指示执行器

109. 火力发电厂的分散控制系统通常由(A)、过程控制站、操作员站及工程师站构成。

A. 数据通信系统 B. 电液控制系统 C. 旁路控制系统 D. 顺序控制系统

110. 在DCS中承担系统的数据采集、模拟量闭环控制、开关量顺序控制、机组辅机连锁及保护功能的是(B)。

A. 数据通信系统 B. 过程控制站 C. 操作员站 D. 工程师站

111. 在DCS网络上承担与系统中通过CRT、键盘等设备，为运行人员对机组的运行工况进行监视和操作提供手段的是(A)。

A. 操作员站 B. 过程控制站 C. 数据通信系统 D. 工程师站

112. 在DCS中，所有控制和保护回路的数字量输入信号的扫描和更新周期应小于(B)ms。

A. 50 B. 100 C. 150 D. 200

113. 开关量输入模件即DI的数量一般为字节位数(D)的倍数。

A. 2 B. 4 C. 6 D. 8

114. 在DCS中受控设备的状态显示红色，表示该设备处于(A)状态。

A. 运行 B. 停止 C. 停电 D. 禁操

115. 在DCS中受控设备的状态显示白圈，表示该设备处于(D)状态。

A. 运行 B. 停止 C. 停电 D. 禁操

116. 运行人员应遵守计算机的使用规定，(A)是运行人员进行调整的工具。

A. 鼠标 B. 显示器 C. 控制按钮 D. 光标

117. DCS的操作员站有操作自动记录功能，操作记录在(B)中显示。

A. 操作画面 B. 报警窗口 C. 模拟图 D. 趋势图

118. 运行人员在设备控制器上进行操作，如操作按钮显示灰色，表示该设备(D)。

A. 只可以开启 B. 只可以关闭 C. 可以开启和关闭 D. 不能操作

119. 当锅炉因某种原因使主汽压力下降，投入协调控制系统的(B)功能，可以维持机前压力稳定运行。

A. 真空低限制 B. 主汽压力限制 C. 负荷限制 D. 负荷控制

120. DCS系统的备用电源的切换时间应小于(C)ms，以保证控制器不初始化。

A. 1 B. 3 C. 5 D. 7

121. 当全部操作员站出现故障，无可靠的后备操作监视手段，应(D)。

A. 就地操作 B. 通知热工人员操作

C. 通知热工人员修复 D. 立即停机停炉

122. 为使电网中各台机组所承担的一次调频量基本平衡，且控制系统稳定，要求各机组的静态特性曲线(C)。

A. 要高低分配 B. 相同 C. 基本相同 D. 不作要求

123. 描述汽轮发电机组在稳定工况下，(D)与转速的关系曲线，称为调节系统的静态特性曲线。

A. 振动　B. 调门开度　C. 伺服信号　D. 功率

124. 为了保证机组调节系统稳定，汽轮机转速变动率一般应取(B)为合适。

A. 1%~2%　B. 3%~6%　C. 6%~9%　D. 9%~12%

125. 再热机组将阀门的动作规律应设计成：高压缸调节汽门全程可调；中压缸调节汽阀(A)的额定负荷以下可调，(A)以上全开。

A. 1/3；1/3　B. 1/3；1/2　C. 1/2；1/3　D. 1/3；2/3

126. 同步器改变汽轮机转速的范围一般为额定转速的(D)。

A. −2%~+5%　B. −3%~+5%　C. −4%~+6%　D. −5%~+7%

127. 从机组的启停和甩负荷情况看，再热汽轮机的空载汽耗量一般为(D)的额定汽耗量。

A. 30%　B. 15%~30%　C. 30%~50%　D. 3%~8%

128. 协调控制系统共有五种运行方式，其中最为完善、功能最强的方式是(B)。

A. 机炉独自控制方式　B. 协调控制方式

C. 汽轮机跟随锅炉方式　D. 锅炉跟随汽轮机方式

129. 协调控制系统由两大部分组成，其一是机、炉独立控制系统，另一部分是(C)。

A. 中调来的负荷指令　B. 电液调节系统

C. 主控制系统　D. 机组主控制器

130. 当需要接受中央调度指令参加电网调频时，机组应采用(D)控制方式。

A. 机跟炉　B. 炉跟机　C. 机炉手动　D. 机炉协调

131. 炉跟机的控制方式特点是(C)。

A. 主蒸汽压力变化平稳　B. 负荷变化平稳

C. 负荷变化快，适应性好　D. 锅炉运行稳定

132. 数字电液调节系统的中央处理单元是(B)。

A. 调节器　B. 数字计算机　C. 电液转换器　D. 模拟计算机

133. 在数字电液调节系统中，数字计算机输出信号必须经过(B)转换器才能控制电液伺服阀。

A. 模数　B. 数模　C. 数字　D. 模拟

134. 电液调节系统主要由传感部分、控制部分和(D)部分组成。

A. 反馈　B. 调节　C. 感受　D. 执行

135. 电液调节系统由电液数字控制器和(C)组成。

A. 调速系统　B. 配汽系统　C. EH 油系统　D. 保安系统

136. 不能进行在线参数调整的是(C)电液调节控制器。

A. 机械式　B. 数字式　C. 模拟式　D. 液压式

137. 在 DEH 设计中，最优先考虑的是系统的(A)。

A. 可靠性　B. 冗余　C. 硬件　D. 抗干扰

138. DEH-IIIA 的(A)及超速保护与基本控制分开，由独立的硬件完成，不依赖于 DPU。

A. OPC 超速限制　B. ETS 保护　C. 润滑油压　D. 给水泵全停

139. DEH-IIIA 系统是采用高压抗燃油的汽轮机(D)系统。

A. 集中控制　B. 电液控制　C. 液压　D. 分散控制

140. EH 系统包括供油系统、执行机构和(B)系统。

A. ETS 保护　B. 危急遮断　C. OPC 超速限制　D. 过压保护

141. EH 系统供油装置的抗燃油泵一般采用(A)泵。

A. 变量恒压　B. 恒量变压　C. 离心　D. 齿轮

142. EH 系统中蓄能器压力低于(C)MPa 应及时充氮，过低的充氮压力将会导致蓄能器皮囊的损坏。

A. 5　B. 11.2　C. 8　D. 14

143. 机组在(B)时，高压保安油建立后，高压保安油作用在卸荷阀顶部，克服卸荷阀弹簧紧力关闭卸荷阀。

A. 开主汽门　B. 挂闸　C. 开抗燃油泵　D. 开调速油泵

144. EH 系统中每个油动机均有(B)个逆止阀装在液压块中。

A. 1　B. 2　C. 3　D. 4

145. (A)的作用是把调速汽门油动机活塞的位移(同时也代表调速汽门的开度)转换成电压信号，反馈到伺服放大器前。

A. LVDT　B. 伺服阀　C. 卸荷阀　D. 集成块

146. 汽轮机高、低压保护系统中接口阀的作用是将低压保护系统的挂闸及遮断信号传递给(B)。

A. 遮断电磁阀　B. 高压保护系统　C. 卸荷阀　D. 集成块

147. 低压保安系统中压力为 1.96MPa 的透平油分成(C)路进入低压保安系统。

A. 二　B. 三　C. 四　D. 五

148. 200MW 汽轮机的机械超速保护一般由双通道的危急遮断器、危急遮断器杠杆及(D)组成。

A. 集成块　B. 卸荷阀　C. 接口阀　D. 危急遮断器滑阀

149. 200MW 汽轮机在机组启动初期，一般宜采用单阀控制方式，保证汽轮机喷嘴全周进汽，汽轮机(A)，以减少机组内部金属温度的不一致，减小热应力。

A. 受热均匀　B. 节流损失小　C. 加热迅速　D. 效率较高

150. 200MW 汽轮机在机组带负荷后的稳定运行阶段，为减少全周进汽带来的节流损失，提高热效率，可以采用(B)控制方式，汽轮机喷嘴部分进汽。

A. 单阀　B. 多阀　C. 自动　D. 协调

151. (A)情况下，转速 $n>103\%n_0$，关闭高、中压调速汽门，转速 $n<103\%n_0$时恢复。

A. 任何　B. 额定负荷

C. 调节级压力>3.0MPa　D. 3000r/min

152. 热力发电厂中，朗肯循环的主要设备是锅炉、汽轮机、(A)和给水泵。

A. 凝结器　B. 高压加热器　C. 除氧器　D. 省煤器

153. 由发电厂的热平衡图可知，提高发电厂燃料热能利用程度的途径是(C)。

A. 增加装机容量　　B. 降低燃料成本
C. 减少冷源损失　　D. 提高汽机机械效率

154. 对燃料热能的有效利用程度最低的电厂是(A)式电厂。

A. 凝汽　　B. 再热　　C. 供热　　D. 回热

155. 在以汽轮机为原动机的热力发电厂中，燃料的化学能转变为电能的过程是在(B)循环的基础上完成的。

A. 卡诺　　B. 朗肯　　C. 回热　　D. 再热

156. 衡量热力发电厂综合性经济性能的指标是(C)。

A. 汽耗率　　B. 热耗率　　C. 煤耗率　　D. 汽耗量

157. 发电厂的发电煤耗率是指(D)。

A. 所耗用的煤耗量与发电量之比
B. 所耗用的标准煤耗量与发电量之比
C. 单位时间所耗用的煤耗量与发电量之比
D. 单位时间所耗用的标准煤耗量与发电量之比

158. 供电煤耗是考虑了(B)之后的发电煤耗。

A. 排烟损失　　B. 厂用电消耗　　C. 热耗量　　D. 汽耗量

159. 发电厂采用回热循环使汽耗率(D)，热耗率(D)。

A. 减少，减少　　B. 减少，增大　　C. 增大，增大　　D. 增大，减少

160. 其他条件相同时，采用回热循环可以提高循环热效率(C)左右。

A. 5%~10%　　B. 5%~15%　　C. 10%~20%　　D. 20%~30%

161. 大容量机组的高压加热器不能投用，会使机组煤耗(D)，机组出力(D)。

A. 减少，减少　　B. 减少，增大　　C. 增大，增大　　D. 增大，减少

162. 影响回热过程热经济性的主要因素是(A)。

A. 锅炉给水的最后加热温度　　B. 汽轮机的运行方式
C. 汽轮机的排汽压力　　D. 汽轮机的稳定性

163. 在其他条件相同的情况下，采用回热凝汽式汽轮机的汽耗率(B)无回热凝汽式汽轮机的汽耗率。

A. 小于　　B. 大于　　C. 等于　　D. 接近

164. 在实际应用中回热加热系统各级间热量分配通常采用(C)三种。

A. 等温升分配法、等焓降分配法、等压降分配法
B. 等温升分配法、几何级数分配法、、等压降分配法
C. 等温升分配法、几何级数分配法、等焓降分配法
D. 几何级数分配法、等焓降分配法、等压降分配法

165. 在实际应用中，把给水总温升平均分配于各加热器的等温分配法，适合(D)式汽轮机来确定多级回热最有利加热分配。

A. 蒸汽中间再热　B. 调节抽汽　　C. 供热　　D. 多级回热凝汽

166. 对于一定的给水加热温度，所需的总抽汽量同抽汽段数之间(C)关系。

A. 有一定的　　B. 有很大的　　C. 几乎没有　　D. 根本没有

167. 在不采用疏水泵时，(B)能减少给水回热系统中疏水自动流入相邻加热器所产生

的“排挤”现象。

A. 凝结水泵　　B. 疏冷器　　C. 蒸冷器　　D. 疏水器

168. 在回热加热系统中，在其他条件相同时，内置式蒸冷器的经济性(A)外置式蒸冷器。

A. 低于　　B. 等于　　C. 高于　　D. 接近于

169. 在其他条件不变的情况下，提高蒸汽初温可以使汽轮机的相对内效率(A)。

A. 提高　　B. 不变　　C. 降低　　D. 得到改变

170. 在其他条件不变的情况下，提高蒸汽初压力可使汽轮机的相对内效率(B)。

A. 提高　　B. 降低　　C. 不变　　D. 得到改变

171. 经过技术经济比较表明，只有当汽轮机的蒸汽消耗量至少在(B)t/h 以上时，采用高参数才合算。

A. 75　　B. 100　　C. 125　　D. 150

172. 我国大中型容量的凝汽式汽轮机的排汽压力为(C)MPa。

A. 0. 0045　　B. 0. 0045 ~ 0. 005　　C. 0. 005 ~ 0. 0055　　D. 0. 006 ~ 0. 0065

173. 在决定发电厂经济性的三个主要蒸汽参数中，(D)对汽耗量和热经济性影响最大。

A. 蒸汽初温　　B. 蒸汽初压　　C. 蒸汽终温　　D. 排汽压力

174. 极限真空是指当真空继续提高时，若汽轮机末级喷嘴的膨胀能力达到极限，则汽轮发电机的负荷(A)时的真空。

A. 不再增加　　B. 升高　　C. 降低　　D. 先升后降

175. 既表示发电设备的利用程度，又是电力系统或发电厂运行经济性的重要指标是(D)。

A. 平均负荷系数　　B. 平均负荷

C. 装机容量　　D. 年设备利用小时数

176. 目前我国火力发电厂的设备利用小时数为(A)h 左右。

A. 6000 ~ 7000　　B. 5000 ~ 6000　　C. 4500 ~ 5000　　D. 4000 ~ 4500

177. 设备利用率是电厂的一项(B)。

A. 安全性指标　　B. 经济性指标　　C. 发电指标　　D. 供电指标

178. 为提高热电联产的热经济性，力求使作功能力损失为最小，应尽量提高汽轮机的(A)。

A. 相对内效率　　B. 机械效率　　C. 绝对内效率　　D. 轮周效率

179. 相对于热电分产，以经济效益和社会效益来评述热电联产的特点时，其中最为突出的优点是(D)。

A. 降低噪声　　B. 提高能量品质

C. 降低汽耗　　D. 节约能源、改善环境条件

180. 电站汽轮机发展的中心是提高机组的(C)。

A. 负荷适应性　　B. 安全可靠性　　C. 经济性　　D. 自动化水平

181. 汽轮机的内效率直接影响整个机组的热效率，当每提高 1% 的内效率，机组热耗可下降约(A)。

A. 0. 9%　　B. 1. 2%　　C. 1. 5%　　D. 1. 8%

182. 目前绝对压力为 24. 2MPa 的超临界压力汽轮机组的热耗率可达到(D)kJ/(kW · h)。

A. 7230　　B. 7300　　C. 7450　　D. 7630

183. 背压式汽轮机整机的热经济性(B)同容量抽汽凝汽式汽轮机的热经济性。

A. 低于　　B. 高于　　C. 等于　　D. 稍低于

184. 汽轮机的相对内效率是指汽轮机(B)，它可以反映汽轮机热力过程完善程度。

A. 轴端功率与理想功率之比

B. 有效焓降与理想焓降之比

C. 轴端功率与内功率之比

D. 电功率与汽轮机轴端功率之比

185. 汽轮机的相对内效率与(D)无关。

A. 蒸汽初压力　　B. 鼓风摩擦损失　　C. 节流损失　　D. 煤质

186. 新机组168h试运行完成后，试运行中多项缺陷处理后机组再次启动带负荷连续运行(C)h，机组移交生产。

A. 72　　B. 48　　C. 24　　D. 12

187. 新机组投运时润滑油系统冲洗油温宜交变进行，高温一般为75℃左右，但不得超过80℃，低温为(B)℃以下，高、低温各保持1~2h，交替变温时间约1h。

A. 40　　B. 30　　C. 20　　D. 10

188. 汽轮机第一次冷态启动，冲转前应连续盘车(B)h以上，冲转后暖机时间应比正常运行规程中所规定的时间适当延长，以使各部件大部分加热均匀，并有足够时间进行检查，测试调整。

A. 2　　B. 4　　C. 8　　D. 12

189. 汽轮机润滑油压低保护试验时，润滑油压逐渐降低，最后联启的油泵是(C)。

A. 高压油泵　　B. 交流润滑油泵　　C. 直流润滑油泵　　D. 顶轴油泵

190. 某台汽轮机额定蒸汽参数为：主蒸汽压力为13.1MPA、主汽温度为535℃。做主汽门、调门严密性时的主汽参数为主汽压力为7.5MPA，主汽温度为456℃。该台汽轮机转速下降到(B)r/min以下时，主汽门、调门严密性合格。

A. 753.25　　B. 572.52　　C. 725.52　　D. 1000

191. 汽轮机轴向位移保护试验时，必须(D)。

A. 关闭高、中压主汽门　　B. 在锅炉点火后进行

C. 与锅炉水压试验同时进行　　D. 保证高、中压主汽门前无汽和水

192. 直流润滑油泵全容量试验时要求(A)。

A. 试验前全开直流润滑油泵出口门

B. 交流润滑油泵运行

C. 调速油泵运行

D. 试验前直流润滑油泵出口门关闭

193. 给水泵在(D)状态下无法启动。

A. 再循环电动门开启　　B. 锅炉再热汽减温水门开启

C. 除氧器水位高报警　　D. 辅助油泵停止

194. 危急保安器充油试验复位转速应(D)额定转速。

A. 大于　　B. 小于　　C. 等于　　D. 略大于

195. 机组运行中做抽汽逆止门试验时会导致(B)。

A. 负荷下降　　B. 负荷上升　　C. 转速上升　　D. 转速下降

196. 机组运行中做抽汽逆止门试验时要(C)。

A. 所有抽汽逆止门同时进行以减少试验时间

B. 高、低加抽汽逆止门分两次进行

C. 抽汽逆止门逐个进行

D. 没有特殊规定，可以随意

197. 调速油泵定期试验后，开启出口门时要缓慢并要注意监视(A)的变化。

A. 调速油压　　B. 密封油压　　C. 顶轴油压　　D. 抗燃油压

198. 循环水泵切换时(D)

A. 先停运行泵再开备用泵

B. 开备用泵、停运行泵同时进行

C. 停运行泵时可以联关出口蝶阀

D. 开启备用泵检查正常后停运行泵

199. 在泵切换时，(B)备用泵应先暖泵。

A. 循环泵　　B. 给水泵　　C. 凝结泵　　D. 疏水泵

200. 凝结泵切换时不会导致(C)。

A. 凝结水压上升　　B. 低加水位上升

C. 凝结器水位上升　　D. 除氧器水位上升

201. 主蒸汽超压，机组负荷超过额定值时，(B)。

A. 汽轮机转速提高　　B. 运行安全性降低

C. 凝结器真空提高　　D. 给水温度降低

202. 汽轮机负荷过低时会引起排汽温度升高的原因是(C)。

A. 真空过高

B. 进汽温度过高

C. 进入汽轮机的蒸汽流量过低，不足以带走鼓风摩擦损失产生的热量

D. 进汽压力过高

203. 监视段压力是指(A)。

A. 除最末一、二级外的各抽汽段和调节级室的压力

B. 各抽汽段压力

C. 调节级室的压力

D. 排汽压力

204. 汽轮机运行中各监视段压力均与主蒸汽流量(B)变化。

A. 成反比例　　B. 成正比例　　C. 不成比例　　D. 无关

205. 高加解列会使相应监视段压力(C)。

A. 降低　　B. 不变　　C. 升高　　D. 不确定

206. 轴向位移表显示轴向位移高至停机值，推力瓦温度正常，保护未动作，应(A)。

A. 先确认轴向位移表显示正确　　B. 立即停机
C. 汇报值长停机　　D. 联系处理保护未动作

207. 汽轮机(D)增加，将使轴向位移增大。
A. 进汽压力　　B. 排汽压力　　C. 进汽温度　　D. 负荷

208. 下列情况中(C)不会使轴向位移发生变化。
A. 叶片结垢　　B. 凝结器真空变化
C. 胀差变化　　D. 水冲击

209. 汽轮发电机组某一轴承温度急剧升高的原因是(B)。
A. 润滑油质恶化　　B. 该轴承进油管堵塞
C. 主油泵故障　　D. 润滑油温过高

210. 汽轮机组在正常运行中，一般要求轴承进油温度在 35~45℃，温升一般不超过(C)。
A. 5~10℃　　B. 5~15℃　　C. 10~15℃　　D. 10~20℃

211. 主蒸汽压力升高，若保持负荷不变，则蒸汽流量减少，对机组经济运行有利，但(D)蒸汽湿度增大，不利于安全运行。
A. 调节级　　B. 高压缸末级　　C. 中压缸末级　　D. 低压缸末级

212. 当主蒸汽压力降低过多，若保持机组负荷不变，会使叶片应力(C)，轴向推力(C)。
A. 减小，减小　　B. 减小，增大　　C. 增大，增大　　D. 增大，减小

213. 在调门开度一定的情况下，当初温和背压不变而初压升高时，汽轮机各级都要过负荷，其中(D)过载最严重。
A. 调节级　　B. 高压缸末级　　C. 中压缸末级　　D. 低压缸末级

214. 当初始压力及排汽压力不变时，主汽温度升高，机内理想焓降(C)。
A. 减小　　B. 不变　　C. 增大　　D. 不确定

215. 在调门全开的情况下，随主汽温度的升高，通过汽轮机的蒸汽量(A)，调节级叶片可能过负荷。
A. 减少　　B. 不变　　C. 增大　　D. 不确定

216. 凝结器真空降低，机组总的焓降(A)。
A. 减少　　B. 不变　　C. 增大　　D. 不确定

217. 凝结器真空每降低 1kPa，会使汽轮机负荷大约增加额定负荷的(B)。
A. 1%　　B. 2%　　C. 3%　　D. 4%

218. 凝结器真空越高，汽轮机末级湿度(C)，轴向推力(C)。
A. 越小，降低　　B. 越小，增大　　C. 越大，增大　　D. 越大，降低

219. 汽轮机正常运行中，发电机内氢气纯度应(A)。
A. 大于 96%　　B. 小于 96%　　C. 等于 96%　　D. 小于 95%

220. 高压汽轮机监视段最大压力的相对增长值不得超过额定值的(C)。
A. 10%　　B. 7%　　C. 5%　　D. 3%

221. 汽轮发电机组湿蒸汽冲洗结束后，提升温度的速度每分钟不应大于(A)。
A. 1℃　　B. 1.5℃　　C. 2℃　　D. 2.5℃

222. 125MW 汽轮机高压缸监视段压力相对增长率不得超过(A)。

A. 10%　　B. 7%　　C. 5%　　D. 3%

223. 国产 200MW 中间再热机组以低负荷运行方式担负调峰任务时，当负荷低于 80%额定负荷时，应采用(A)运行最为经济。

A. 二阀全开变压　B. 三阀全开变压　C. 喷嘴调节定压　D. 四阀全开变压

224. 汽轮机变压运行方式中，负荷的调整通过(B)来完成。

A. 汽机调整主蒸汽压力　B. 锅炉调整主蒸汽压力

C. 汽机调整主蒸汽温度　D. 锅炉调整主蒸汽温度

225. 纯变压运行方式调整负荷是通过(C)实现。

A. 改变调速汽门开度　B. 改变主汽门开度

C. 改变主汽压力　D. 改变抽汽压力

226. 节流变压运行与纯变压运行相比，经济性要(B)。

A. 好　B. 差　C. 一样　D. 不确定

227. 以下(C)运行方式不属于复合变压运行方式。

A. 低负荷时变压，高负荷时定压

B. 高负荷时变压，低负荷时定压

C. 高、低负荷时变压，中间负荷时定压

D. 高、低负荷时定压，中间负荷时变压

228. 采用定压运行方式调整负荷时，汽轮机内部的温度变化(B)。

A. 较小　B. 较大　C. 不变　D. 不确定

229. 定压运行方式低负荷时的热效率(B)。

A. 提高　B. 下降　C. 不变　D. 不确定

230. 与定压运行相比，汽轮机采用变压运行时高温部件的温度变化(B)。

A. 增加　B. 减少　C. 不确定　D. 剧烈

231. 与定压运行相比，变压运行(B)汽缸和转子的热应力、热变形。

A. 增加　B. 减少　C. 不会变化　D. 不确定

232. 与定压运行相比，变压运行时给水泵消耗的功率(B)。

A. 增加　B. 减少　C. 不会变化　D. 不确定

233. 纯变压与定-滑-定运行方式比较，其优点是(C)。

A. 负荷适应性好　B. 便于锅炉燃烧调整

C. 没有节流损失　D. 负荷调整速度快

234. 定-滑-定运行方式在高负荷时采用定压运行的好处是(D)。

A. 机组经济性好　B. 便于锅炉燃烧调整

C. 没有节流损失　D. 有利于机组参与调频

235. 定-滑-定运行方式在低负荷时采用定压运行的好处是(B)。

A. 机组经济性好　B. 便于锅炉燃烧调整

C. 没有节流损失　D. 有利于机组参与调频

236. 汽轮机循环水系统放水时，为防止管道漂浮，应先开启(B)。

A. 联络门　B. 防冻门

C. 来水管道放水门　D. 回水管道放水门

237. 汽轮机循环泵恢复时，为防止断油烧瓦，上、下导瓦油位应保证在(C)。

A. 1/4~1/3　B. 1/3~1/2　C. 1/2~2/3　D. 2/3~3/4

238. 汽轮机进行真空严密性试验时，为防止真空下降过快造成机组掉闸，规定真空下降值超过(B)kPa时，应立即开启射水抽气器空气门恢复正常。

A. 1　B. 2　C. 3　D. 4

239. 汽轮机变工况时，采用(C)负荷调节方式，高压缸通流部分温度变化最大。

A. 定压运行节流调节　B. 变压运行

C. 定压运行喷嘴调节　D. 部分阀全开变压运行

240. 汽轮机的变工况运行是指偏离(C)的运行工况。

A. 最小工况　B. 最大工况　C. 设计工况　D. 额定工况

241. 在机组允许的负荷变化范围内，采用(A)调峰方式调峰对汽轮机寿命的损耗最小。

A. 变负荷　B. 两班制启停　C. 少汽无负荷　D. 少汽低负荷

242. 两班制调峰运行方式为保持汽轮机较高的金属温度，应采用(C)方式。

A. 滑参数停机　B. 额定参数停机

C. 定温滑压停机　D. 任意

243. 从运行操作量来看，(A)调峰方式的操作量最小。

A. 变负荷　B. 两班制启停　C. 少汽无负荷　D. 少汽低负荷

244. 汽轮机正常运行时，热量从汽缸内壁以(C)方式传到外壁。

A. 对流　B. 辐射　C. 导热　D. 传热

245. 汽轮机正常运行时，蒸汽以(A)形式将热量传给汽缸和转子。

A. 对流换热　B. 辐射　C. 导热　D. 传热

246. 当汽轮机金属温度低于蒸汽的饱和温度时，热量以(A)方式传递给金属表面。

A. 凝结放热　B. 沸腾　C. 对流　D. 辐射

247. 汽轮机冷态启动时，蒸汽与汽缸内壁的换热形式主要是(C)。

A. 传导换热　B. 对流换热　C. 凝结换热　D. 辐射换热

248. 对于一种确定的汽轮机，其转子或汽缸热应力的大小主要取决于(D)。

A. 蒸汽温度　B. 蒸汽压力

C. 机组负荷　D. 转子或汽缸内温度分布

249. 以下(C)不是影响转子或汽缸内外壁温差大小的因素。

A. 转子或汽缸的几何尺寸　B. 蒸汽温度变化率

C. 蒸汽压力变化率　D. 金属材料的热导率

250. 汽轮机在冷态启动时，为避免在金属部件内产生过大的温差，一般都采用(A)蒸汽冲动转子。

A. 低压微过热　B. 低压高过热　C. 高压微过热　D. 中压微过热

251. 汽轮机冷态启动时，选择冲动参数与金属温度相匹配的目的是防止(B)发生。

A. 蠕变　B. 热冲击　C. 应力松弛　D. 冲击韧性

252. 汽轮机启动参数的选择，主要是考虑金属部件的(B)。

A. 加热速度　B. 热应力　C. 热膨胀　D. 热疲劳

253. 汽轮机冷态启动冲转时主蒸汽温度一般在(C)℃比较合适。

A. 150~180　B. 200~230　C. 250~280　D. 300~330

254. 汽轮机缸体的膨胀死点在任何工况下都是固定不动的，是汽缸(C)膨胀的分界点。

A. 横向与垂直　B. 纵向与垂直　C. 横向与纵向　D. 横向

255. 对于高压汽轮机来说，汽缸的膨胀往往取决于(C)，但膨胀方向受到滑销系统控制。

A. 蒸汽压力　B. 蒸汽温度

C. 汽缸的法兰温度　D. 螺栓温度

256. 当汽轮机膨胀受阻时，(D)。

A. 振幅随转速增大而增大　B. 振幅与负荷无关

C. 振幅随负荷的增加而减小　D. 振幅随负荷的增加而增大

257. 汽轮机转子和汽缸的热应力主要是由于(C)引起的。

A. 主汽温度高　B. 主汽压力高

C. 金属部件内温度不均　D. 金属部件温度低

258. 汽轮机在稳定工况下运行时，汽缸和转子的热应力(A)。

A. 趋近于零　B. 趋近于某一定值

C. 汽缸大于转子　D. 转子大于汽缸

259. 当金属的热变形受到约束时，在金属内部就会产生应力，这种应力叫(C)。

A. 热冲击　B. 蠕变　C. 热应力　D. 热松弛

260. 只要金属部件内部有温差，就会产生(D)。

A. 热膨胀　B. 热变形　C. 热冲击　D. 热应力

261. 汽轮机热态启动时，由于新蒸汽进入调节级后(B)将有一定幅度的降落，因此转子表面将受到冷冲击。

A. 压力　B. 温度　C. 比体积　D. 密度

262. 汽轮机热态启动时，通常主汽温度低于转子温度，冲转时不会出现(A)现象。

A. 凝结放热　B. 冷冲击　C. 温度变化　D. 热应力

263. 在大容量汽轮机热启时，为了减小(D)时间应尽快将调节级汽温提到转子温度水平。

A. 汽缸收缩　B. 转子膨胀　C. 汽缸膨胀　D. 转子收缩

264. 汽轮机转子萌生裂纹后的扩展速度主要决定于(B)的大小，因此深入研究停机工况热应力的变化有特殊意义。

A. 交变应力　B. 拉应力　C. 压应力　D. 疲劳周波

265. 机组甩负荷时，转子表面产生的热应力为(A)。

A. 拉应力　B. 压应力　C. 交变应力　D. 不产生应力

266. 机组加负荷暖机时，转子中心孔的热应力为(A)。

A. 拉应力　B. 压应力　C. 先压后拉　D. 先拉后压

267. 汽轮机变工况运行时，容易产生较大热应力的部位有(B)。

A. 汽轮机转子中间级处

B. 高压转子第一级出口和中压转子进汽区

C. 转子端部汽封处

D. 中压缸出口处

268. 汽轮机快速加负荷至额定负荷时，在转子的外表面产生的热应力为(B)。

A. 拉应力　　B. 压应力　　C. 先压后拉　　D. 先拉后压

269. 为减少热冲击，汽轮机启动时调节级处蒸汽温度比金属温度(B)℃比较合适。

A. 高10~25　　B. 高28~55　　C. 高60~100　　D. 低25~50

270. 在汽轮机启动过程中，发生(B)现象，汽轮机部件可能受到的热冲击最大。

A. 对流换热　　B. 珠状凝结换热　　C. 膜状凝结换热　　D. 辐射换热

271. 汽轮机启动时(D)，会产生热冲击。

A. 蒸汽温度高于金属温度　　B. 蒸汽温度低于金属温度

C. 主汽温度与再热汽温度偏差大　　D. 蒸汽温度与金属温度相差太大

272. 汽轮机甩负荷至(C)额定负荷时，在转子上产生的热应力最大。

A. 70%~80%　　B. 50%~60%　　C. 30%~40%　　D. 0

273. 极热态启动时，为减轻热冲击，并网后应(C)。

A. 充分暖机、暖管　　B. 缓慢增加负荷

C. 尽快提高负荷　　D. 投入汽缸、法兰加热

274. 汽轮机转子产生应力集中的原因是(A)。

A. 局部形状突变　　B. 蒸汽温度变化大

C. 蒸汽压力变化大　　D. 热应力和离心力叠加

275. 汽轮机启动和加负荷过程中，转子表面承受(B)，中心孔面产生的是(B)。

A. 拉应力，压应力　　B. 压应力，拉应力

C. 拉应力，拉应力　　D. 压应力，压应力

276. 汽轮机的纵销只允许轴承座和汽缸作(B)。

A. 自由膨胀　　B. 纵向膨胀　　C. 横向膨胀　　D. 垂直膨胀

277. 汽轮机在启停及正常运行中，如果汽缸的膨胀值出现跳跃式增加或减小时，说明(C)。

A. 调速系统故障　　B. 主油泵故障

C. 滑销系统卡涩　　D. 汽缸中心不正

278. 汽轮机冷态启动时，在升速过程中，高压缸进汽侧的轴向动静间隙(A)。

A. 增大　　B. 减小　　C. 不变　　D. 不确定

279. 在汽轮机转子转动时，蒸汽对转子的放热系数比对汽缸的要(A)。

A. 大　　B. 小　　C. 一样　　D. 不确定

280. 在汽轮机启停和变工况时，转子的膨胀或收缩比汽缸要(B)。

A. 慢　　B. 快　　C. 一样　　D. 不确定

281. 如果汽轮机部件的热应力超过金属材料的屈服极限，金属会产生(A)。

A. 塑性变形　　B. 热冲击　　C. 热疲劳　　D. 断裂

282. 在(D)情况下会发生汽缸的变形。

A. 汽缸温度超过设计值　　B. 汽缸与转子温差大

C. 动静部分发生摩擦　　D. 上下缸温差超过允许值

283. (B)是监视和控制汽缸翘曲变形的指标。

A. 大轴挠度　　　　　　　　　B. 上下缸温差
C. 左右法兰温差　　　　　　　D. 汽缸内外壁温差

284. 在相同的加热条件下，汽缸上缸温度通常要(A)下缸温度。
A. 高于　　B. 低于　　C. 等于　　D. 不确定

285. 当汽轮机法兰内壁温度高于外壁时，法兰的变形将使汽缸中间段截面变成(A)。
A. 立椭圆　　B. 矩形　　C. 扁椭圆　　D. 横椭圆

286. 当汽轮机法兰内壁温度高于外壁时，法兰的变形将使汽缸前后两端横截面变成(D)。
A. 立椭圆　　B. 矩形　　C. 扁椭圆　　D. 横椭圆

287. 对于有法兰、螺栓加热装置的汽轮机，在启动过程中，控制高中压缸法兰，内外壁温差应小于(A)℃。
A. 80　　B. 95　　C. 100　　D. 30

288. 当汽轮机上缸温度大于下缸温度一定数值时，上缸就会向上拱起，这个变形叫(C)。
A. 弹性变形　　B. 永久变形　　C. 拱背变形　　D. 塑性变形

289. 为防止或减小大轴热弯曲，汽轮机启动前和停机后，必须正确使用(C)。
A. 顶轴装置　　B. 润滑系统　　C. 盘车装置　　D. 快冷装置

290. 高强度材料在高应变区具有(B)寿命，在低应变区具有(B)寿命。
A. 较高，较低　　B. 较低，较高　　C. 较高，较高　　D. 较低，较低

291. 金属材料的强度极限是指(B)。
A. 金属材料在外力作用下产生弹性变形的最大应力
B. 金属材料在外力作用下断裂时的应力
C. 金属材料在外力作用下出现塑性变形时的应力
D. 金属材料在外力作用下出现弹性变形时的应力

292. 对于汽轮机转子，在同一应力下，转子工作温度越高，蠕变断裂时间(B)。
A. 越长　　B. 越短　　C. 不受影响　　D. 不确定

293. 在金属蠕变过程中，(B)不断增大，最终断裂。
A. 弹性变形　　B. 塑性变形　　C. 疲劳损坏　　D. 冲击韧性

294. 在金属蠕变过程中，当减小应力或降低温度时，蠕变的第(B)阶段将持续很久，甚至蠕变的第三阶段不可能发生。
A. 一　　B. 二　　C. 三　　D. 四

295. 蠕变曲线只能表达金属材料在一定温度一定应力下的(A)。
A. 蠕变速度　　B. 蠕变强度　　C. 蠕变程度　　D. 蠕变极限

296. 金属应力松弛的本质与(B)相同。
A. 热疲劳　　B. 蠕变　　C. 冲击韧性　　D. 热冲击

297. 零部件在高温和某一初始应力作用下，若维持总变形不变，随时间增加，零部件内的应力会逐渐降低的现象称为(C)。
A. 热疲劳　　B. 蠕变　　C. 应力松弛　　D. 热冲击

298. 汽轮机转子的疲劳寿命通常由(B)表示。

A. 循环应力—应变曲线　　B. 应力循环次数或应变循环次数
C. 蠕变极限曲线　　D. 疲劳极限

299. 金属零件在交变热应力反复作用下遭到破坏的现象称(D)。
A. 热冲击　B. 热脆性　C. 热变形　D. 热疲劳

300. 机组启动过程对机组寿命影响最大的启动方式是(C)。
A. 冷态启动　B. 热态启动　C. 极热态启动　D. 温态启动

301. 汽轮机的寿命是指从投运至转子出现第一条等效直径为(B)mm 的宏观裂纹期间总的工作时间。
A. 0.1~0.2　B. 0.2~0.5　C. 0.5~0.8　D. 0.8~1.0

302. 当汽轮机负荷变化一个循环，即减负荷后又加负荷时，转子表面或中心孔的热应力也完成一个(D)循环。
A. 交变温度　B. 交变热冲击　C. 交变热松弛　D. 交变热应力

303. 对于金属材料，一般来说，高强度的硬材料容易发生(D)。
A. 蠕变　B. 应力松弛　C. 循环硬化　D. 循环软化

304. 金属材料冲击试验的断口可分为韧性裂口和(C)断口。
A. 弹性　B. 塑性　C. 脆性　D. 冲击

305. 金属材料的工作温度低于 FATT 时，在同样的条件下发生(D)的可能性增大。
A. 蠕变　B. 循环硬化　C. 循环软化　D. 脆性破坏

306. 下面(B)不是影响金属材料脆性转变温度的因素。
A. 合金元素成分　B. 加载温度　C. 加载速度　D. 热处理方法

307. 汽轮机的胀差是指汽轮机转子和(B)的膨胀差值。
A. 隔板　B. 汽缸　C. 汽封　D. 主轴

308. 因汽轮机各级动叶片的出汽侧轴向间隙(A)进汽侧轴向间隙，因此允许正胀差大于负胀差。
A. 大于　B. 小于　C. 等于　D. 接近于

309. 高压胀差表的指示值，实际是(B)的胀差。
A. 高压转子与高压内缸　　B. 高压转子与高压外缸
C. 高压内缸与高压外缸　　D. 高压缸与中压缸

310. 受泊桑效应最明显的是(C)。
A. 高压转子　B. 中压转子　C. 低压转子　D. 发电机转子

311. 汽轮机转子在高速旋转时，大轴在离心力作用下(A)。
A. 变粗、变短　B. 变粗、变长　C. 变细、变短　D. 变细、变长

312. 汽轮机的高压胀差增大，说明高压转子的膨胀值(C)高压缸的膨胀值。
A. 小于　B. 等于　C. 大于　D. 2 倍于

313. 一般来说，汽轮机高压转子与高压内缸的胀差(C)高压转子与高压外缸的胀差。
A. 大于　B. 等于　C. 小于　D. 2 倍于

314. 对于三缸三排汽 200MW 汽轮机中压胀差标表的指示值实际是中压缸中压部分胀差

和中压缸低压部分胀差的(D)。

A. 差值　B. 最大值　C. 最小值　D. 代数和。

315. 对于三缸三排汽200MW汽轮机当低压胀差为正值时，对于顺流布置的低压缸后汽缸而言，是(A)轴向间隙减小

A. 动叶出口与下一级喷嘴入口　B. 动叶出口与本级喷嘴入口

C. 喷嘴出口与本级动叶入口　D. 喷嘴出口与下一级动叶入口

316. 对于三缸三排汽200MW汽轮机低压胀差正值过大，对(A)比较危险。

A. 低压前汽缸　B. 低压后汽缸

C. 中压缸低压部分　D. 凝结器

317. 如果在升负荷过程中，汽轮机正胀差增长过快，此时应(A)。

A. 保持负荷及蒸汽参数　B. 保持负荷提高蒸汽参数

C. 汽封改投高温汽源　D. 继续提升负荷

318. 汽轮机甩负荷后，将造成高压胀差(B)，使高压缸动静间隙减小。

A. 增大　B. 减小　C. 不变　D. 变为零

319. 汽轮机启动带负荷过程中，高压胀差增加得快慢主要取决于(C)。

A. 主汽压力的变化率　B. 升负荷速度

C. 主汽温升率　D. 汽缸、法兰加热装置

320. 汽轮机冷态启动从轴封供汽到冲转前，胀差(A)。

A. 增大　B. 减小　C. 不变　D. 为零

321. 汽轮机冷态启动时为避免正胀差过大，一般控制轴封供汽时间在冲转前(B)min。

A. 5~10　B. 20~30　C. 40~60　D. 60~80

322. 汽轮机冷态启动冲转过程中，中速暖机后再升速时，由于泊桑效应，低压胀差(D)。

A. 不变　B. 为零　C. 增加　D. 下降

323. 汽轮机冷态启动在带负荷阶段，通常采用(D)方法可以减小高压胀差。

A. 尽快升负荷　B. 降低轴封供汽压力

C. 开一、二级旁路　D. 投入汽缸、法兰加热

324. 汽轮机冷态启动带负荷时，为减小高压胀差，通常应(B)。

A. 控制凝结器真空　B. 控制温升速度

C. 控制调门开度　D. 控制蒸汽压力变化率

325. 汽轮机启动带负荷过程中，如果低压胀差正值过大时，一般通过(C)来调整。

A. 控制带负荷速度　B. 提高真空

C. 降低真空　D. 开排汽缸喷水

326. 汽轮机热态启动时若出现负胀差主要原因是(B)。

A. 冲转时蒸汽温度过高　B. 冲转时主汽温度过低

C. 暖机时间过长　D. 暖机时间过短

327. 汽轮机热态启动时，当胀差向负值变化时，应尽快(A)。

A. 升温升压　B. 降温降压　C. 降温升压　D. 减负荷

328. 滑参数停机过程与额定参数停机过程相比(B)。

A. 容量出现正胀差　　B. 容易出现负胀差
C. 胀差不会变化　　D. 胀差变化不大

329. 滑参数停机过程中，真空保持(C)，对改善中低压胀差负值过大有好处。
A. 尽量低　B. 低一点　C. 高一点　D. 不变

330. 在滑参数停机过程中，投入排汽缸喷水，是为了降低(D)。
A. 再热汽温度　B. 主汽温度　C. 中低压胀差　D. 排汽缸温度

331. 滑参数停机过程中，为避免负胀差过大，一般采取(B)措施。
A. 控制主汽温度下降速度不要过慢
B. 控制主汽温度下降速度不要过快
C. 快速降负荷
D. 缓慢降负荷

332. 大容量汽轮机停机从 3000r/min 打闸时，(C)突增的幅度较大。
A. 高压胀差　B. 中压胀差　C. 低压胀差　D. 高、中压胀差

333. 汽轮机打闸时考虑到泊桑效应的影响，在打闸前应设法(B)。
A. 提高低压胀差　　B. 降低低压胀差
C. 提高真空　　D. 降低排汽缸温度

334. 汽轮机停机后的强迫冷却主要是为了(A)。
A. 减少盘车时间　　B. 维持金属温差
C. 减小胀差　　D. 延长汽轮机寿命

335. 压缩空气作为冷却介质与蒸汽相比较，(C)、无相变换热。
A. 放热系数大、比热容小　　B. 放热系数小、比热容大
C. 放热系数小、比热容小　　D. 放热系数大、比热容大

336. 空气逆流快冷的特点是(D)；空气阻力大，高排逆止门漏气大
A. 系统连接复杂，热冲击风险小　　B. 系统连接复杂，热冲击风险大
C. 系统连接方便，热冲击风险大　　D. 系统连接方便，热冲击风险小。

337. 汽轮机发生氧腐蚀与湿度的关系是：当相对湿度小于 35%时，不发生腐蚀，当相对湿度超过(B)时，腐蚀急剧增加。
A. 50%　B. 60%　C. 70%　D. 80%

338. 一般汽轮机在停机后排汽缸的相对湿度在(D)以上，属于严重腐蚀范围。
A. 55%　B. 65%　C. 75%　D. 85%

339. 蒸汽逆流冷却方式是在汽轮机(A)进行的。
A. 低转速状态下(约 500r/min 以下)　　B. 中转速状态下(约 500r/min 以上)
C. 盘车状态下　　D. 静止状态下

340. 逆流冷却方式是指采用(B)的冷却方式。
A. 高、中压缸顺流　　B. 高压缸逆流、中压缸顺流
C. 高、中压缸逆流　　D. 高压缸顺流、中压缸逆流

341. 空气逆流冷却的高压缸流程为(D)。

A. 经高压调节汽门→高压通流部分→高压疏水导管排出

B. 经高压调节汽门→高压通流部分→高排管道

C. 经高排逆止门前→高压通流部分→高压调节汽门→高压主闸门→高压主闸门前向空排出

D. 经高排逆止门前→高压通流部分→高压调节汽门→高压疏水导管排出

342. 为了保证机组的长期安全运行，快冷应该和停机保护一起考虑，特别是用蒸汽作为冷却介质，冷却后机内(A)，加剧停机腐蚀。

A. 湿度大　B. 湿度小　C. 温度高　D. 温度低

343. 蒸汽顺流快速冷却操作过程中需保持真空系统运行，维持凝汽器真空在(C)kPa左右。

A. 30　B. 50　C. 75　D. 90

344. 蒸汽顺流快速冷却操作过程中要严格控制主汽温度和汽缸的温降率每小时不大于(D)℃。

A. 10　B. 15　C. 20　D. 30。

345. 汽轮机的凝结水及给水中含的金属腐蚀产物为(D)。

A. 铝　B. 合金　C. 钠　D. 铁和铜

346. 汽轮机正常运行时，凝结水含铁量为(C)μg/L。

A. 5　B. 8　C. 10~50　D. 50~90

347. 为保证凝结水纯度，对严密性很好的凝汽器，要求渗入凝汽器汽侧的冷却水量为额定负荷时凝结水量的(D)。

A. 0.04%　B. 0.03%

C. 0.02%　D. 0.0035%~0.01%

348. 蒸汽中的固体微粒对汽轮机通流部分的磨蚀可(B)。

A. 提高叶片光洁度　B. 降低汽轮机效率

C. 提高汽轮机效率　D. 增加汽轮机出力

349. 由蒸汽带入汽轮机内的固体微粒主要成分是(A)。

A. 氧化铁　B. 氧化铜　C. 氧化钙　D. 氧化镁

350. 超临界压力的汽轮机在(D)能出现固体微粒的磨蚀现象。

A. 低压缸　B. 中压缸　C. 中压后缸　D. 高压缸和中压缸

351. 汽轮机通流部分结垢后，将使通流面积(B)。

A. 增大　B. 减小　C. 不变　D. 为零

352. 汽轮机通流部分结垢后，将使抽汽压力(A)。

A. 升高　B. 降低　C. 不变　D. 先降后升

353. 油膜振荡的(B)很大会使轴承油膜破裂，轴颈与轴瓦碰撞以至于损坏轴承。

A. 波长　B. 振幅　C. 频率　D. 相位

354. 导致油膜振荡的发生可能是由于轴颈在受到某一扰动而产生了(D)。

A. 离心力　B. 压力　C. 电磁力　D. 失控力

355. 三油楔支持轴承的轴瓦上有三个长度不等的油楔，上瓦两个，下瓦一个，它们所对应的角度分别为(A)。

A. $150° \leqslant \theta_1 \leqslant 110°$，$55° \leqslant \theta_2 = \theta_3 \leqslant 58°$

B. $105° \leqslant \theta_1 \leqslant 110°$，$60° \leqslant \theta_2 = \theta_3 \leqslant 90°$

C. $85° \leqslant \theta_1 \leqslant 110°$，$60° \leqslant \theta_2 = \theta_3 \leqslant 90°$

D. $75° \leqslant \theta_1 \leqslant 90°$，$55° \leqslant \theta_2 = \theta_3 \leqslant 58°$

356. 当汽轮机转子的转速等于临界转速时，偏心质量的滞后角(B)。

A. $\phi<90°$　B. $\phi=90°$　C. $\phi>90°$　D. ϕ 趋于 180°

357. 汽轮发电机组转子的振动情况可由(C)来描述。

A. 振幅、波形、相位

B. 位移、位移速度、位移加速度

C. 激振力性质、激振力频率、激振力强度

D. 轴承稳定性、轴承刚度、轴瓦振动幅值

358. 转子的不平衡离心力的大小与(B)成正比，波幅与不平衡质量的大小成(B)。

A. 转速，正比　B. 转速平方，正比

C. 转速立方，正比　D. 转速，反比

359. 在汽轮机同一测点上，轴振值(B)轴承振动值。

A. 小于　B. 大于　C. 等于　D. 不一定

360. 汽轮发电机的振动水平是用(D)来表示的。

A. 基础的振动值　B. 汽缸的振动值

C. 地对轴承座的振动值　D. 轴承和轴颈的振动值

361. 在机组任何运行方式下测取各个轴承座三个方向的振动值时，应选取(C)作为衡量振动程度的依据。

A. 平均值　B. 最小值　C. 最大值　D. 任意值

362. 汽轮机在运行中要求相对轴振动不超过(C)mm，超过时应设法消除。

A. 0.03　B. 0.05　C. 0.08　D. 0.10

363.《电力工业技术管理法规(试行)》中规定，当汽轮机工作转速为 3000r/min 时，其轴承振动双振幅为(B)mm 及以下时属良好。

A. 0.02　B. 0.025　C. 0.03　D. 0.035

364.《电力技术管理法规(试行)》规定，新安装机组的轴承振动不宜大于(C)mm。

A. 0.02　B. 0.025　C. 0.03　D. 0.035

365. 电机转速为 1500r/min 时，振动值应小于(B)mm。

A. 0.06　B. 0.10　C. 0.12　D. 0.16

366. 电机转速为 1000r/min 时，振动值应小于(C)mm。

A. 0.06　B. 0.10　C. 0.12　D. 0.16

367. 电机转速为<700r/min 时，振动值应小于(D)mm。

A. 0.06　B. 0.10　C. 0.12　D. 0.16

368. 工作转速高于第一临界转速的转轴称为(B)轴。

A. 刚性　B. 挠性　C. 过渡　D. 临界

369. 汽轮机转子的临界转速的高低取决于(D)。

A. 转子转速的高低　　B. 转子受力情况

C. 机组负荷大小　　D. 转子自身材料、尺寸等

370. 一般在临界转速时，轴的振动值不应超过(C)mm。

A. 0. 05　　B. 0. 10　　C. 0. 30　　D. 0. 25

371. 汽轮机组运行中在(D)振动会明显增大。

A. 加负荷时　　B. 减小负荷时

C. 增加进汽量时　　D. 通过临界转速区时

372. 当汽轮发电机组转轴发生动静摩擦时，(B)。

A. 振动的相位角是不变的　　B. 振动的相位角是变化的

C. 振动的相位角有时变、有时不变　　D. 振动的相位角始终是负值

373. 发生油膜振荡以后，涡动角速度将(C)。

A. 随轴颈转速升高而升高　　B. 随轴颈转速升高而降低

C. 始终保持等于第一临界转速　　D. 随转速下降而下降

374. 汽轮机膨胀受阻引起的振动属于(B)振动。

A. 自激　　B. 强迫　　C. 随机　　D. 间隙

375. 汽轮发电机组的强迫振动的主要特征是：振动的主频率与转子的(A)一致，波形多呈正弦波形。

A. 工作转速　　B. 临界转速　　C. 工作频率　　D. 振幅

376. 当转轴发生自激振荡时，(B)。

A. 转轴的转动中心是不变的

B. 转轴的转动中心围绕几何中心发生涡动

C. 转轴的转动中心围绕汽缸轴心线发生涡动

D. 转轴的转动中心围绕转子质心发生涡动

377. 摩擦自激振动的相位移动方向(D)。

A. 与摩擦接触力方向平行　　B. 与摩擦接触力方向垂直

C. 与转动方向相同　　D. 与转动方向相反

378. 汽轮机轴承的油膜振荡属于(D)振动。

A. 强迫　　B. 随机　　C. 热机　　D. 自激

379. 汽轮发电机组的自激振动的主要特征是：振动的主频率与转子的(B)基本一致，波形较紊乱且含低频谐波。

A. 工作转速　　B. 临界转速　　C. 振幅　　D. 频率

380. 间隙激振引起的自激振荡主要特点是(D)。

A. 与电网频率有关　　B. 与电网频率无关

C. 与机组负荷无关　　D. 与机组负荷有关

381. 引起转子振动的主要原因是(B)。

A. 叶轮、叶片、拉金的离心力　　B. 转子质量不平衡引起的离心力

C. 蒸汽作用在转子上的轴向推力　　D. 以上说法都不对

382. 由于转动机械两个转子之间联轴器中心偏差超过标准引起的振动，其波形呈正弦

波形，振动频率(C)转子的转动频率，与工况无关。

A. 大于　　B. 小于　　C. 等于　　D. 无关

383. 汽轮机转子动平衡的方法有(D)种。

A. 1　　B. 2　　C. 3　　D. 4

384. 汽轮机的寿命是指从投运至转子出现第一条等效直径为(B)mm的宏观裂纹期间总的工作时间。

A. 0.1~0.2　　B. 0.2~0.5　　C. 0.5~0.8　　D. 0.8~1.0

385. 高强度材料在高应变区具有(B)寿命，在低应变区具有(B)寿命。

A. 较高，较低　　B. 较低，较高　　C. 较高，较高　　D. 较低，较低

386. 在对汽轮机转子热应力进行在线监测时，通常采用测量(C)代替实际的应力。

A. 转子的温度　　B. 机组转速或负荷

C. 转子有效温差　　D. 蒸汽温度

387. 对汽轮机转子寿命损耗最大的方式是(C)。

A. 冷态启动时间240min

B. 热态启动时间110min

C. 甩负荷后单独带厂用电

D. 大修前以0.5℃/min的降温率冷却停机

388. 从汽轮机寿命角度考虑，对汽轮机事故下被迫带厂用电的运行次数应(D)。

A. 不用限制　　B. 可稍加限制　　C. 可限可不限　　D. 严格限制

389. 如果将调峰机组的转子使用年限降低，则可以使机组的启动速度(A)，以适应负荷曲线的需要。

A. 加快　　B. 不变　　C. 减慢　　D. 均不对

390. 从汽轮机寿命的角度考虑，在进行负荷调节方式切换时应特别注意(C)。

A. 负荷的变化　　B. 蒸汽参数变化

C. 高中压缸第一级温度变化　　D. 真空的变化

391. 在机组允许的负荷变化范围内，采用(A)对寿命的损耗最小。

A. 变负荷调峰　　B. 两班制启停调峰

C. 少汽无负荷调峰　　D. 少汽低负荷调峰

392. 在汽轮机设计寿命年限内，根据制造厂提供的寿命管理曲线一般分配蠕变寿命损耗为(A)，疲劳寿命损耗为(A)。

A. 20%，80%　　B. 80%，20%　　C. 50%，50%　　D. 40%，60%

393. 汽轮机寿命分配要留有余地，一般情况下留出(B)以备突发性事件。

A. 10%　　B. 20%　　C. 30%　　D. 40%

394. 带基本负荷的汽轮机，每次冷态启动的寿命损耗率可以分配得大一些，一般控制在(C)/次；调峰机组的寿命损耗率主要消耗在热态启停中，每次启停的寿命损耗率可以分配得小一些，一般控制在(C)/次。

A. 0.02%，0.05%　　B. 0.05%，0.05%

C. 0.05%，0.01%　　D. 0.01%，0.05%

395. 大型自然循环锅炉在汽轮机冲转过程中，主要依靠调整(C)来控制启动时的主汽

压力。

A. 汽机旁路开度　　B. 锅炉燃烧强度

C. 汽机转速大小　　D. 调节发电机负荷

396. 在锅炉蒸发量不变的情况下，给水温度降低时，过热蒸汽温度升高，其原因是(B)。

A. 过热热增加　B. 燃料量增加　C. 加热热增加　D. 加热热减少

397. 中间再热锅炉在锅炉启动过程中，保护再热器的手段有(A)。

A. 控制烟气温度或正确使用一、二级旁路

B. 加强疏水

C. 轮流切换四角油枪，使再热器受热均匀

D. 调节摆动燃烧器和烟风机挡板

398. 燃煤炉炉膛吹扫和烟道吹扫时间应不少于(B)min。

A. 2　B. 5　C. 20　D. 30

399. 下列哪项参数超限时，需人为干预停机的是(D)。

A. 汽机超速　　B. 润滑油压低

C. 真空低　　D. 蒸汽参数异常达到极限值

400. 锅炉“MFT”后，下列(D)跳闸。

A. 送风机　B. 引风机　C. 空气预热器　D. 一次风机

401. 在锅炉三冲量给水自动调节系统中，(C)是主信号。

A. 蒸汽流量　B. 给水流量　C. 汽包水位　D. 除氧器水位

402. 给水流量不正常的大于蒸汽流量，蒸汽导电度增大，过热蒸汽温度下降，说明(A)。

A. 汽包满水　　B. 省煤器管损坏

C. 水冷壁管损坏　　D. 过热器损坏

403. 在外界负荷不变的情况下，汽压的稳定取决于(B)。

A. 炉膛热强度的大小　　B. 炉内燃烧工况的稳定

C. 锅炉的蓄热能力　　D. 蒸汽温度的稳定

404. 输送交流电时，经变压器升高电压是为了(B)。

A. 缩短输送时间　　B. 减少输电线路功率损耗

C. 降低电流以保证安全　　D. 防止短路

405. 变压器在电力系统中的作用是(B)电能。

A. 产生　B. 传输　C. 消耗　D. 转化

406. 具有无载调压的变压器，在进行调压操作前，此变压器必须(A)。

A. 停电　　B. 把负载降到零

C. 将高压侧开路　　D. 把负载升到最大

407. 当变压器的电源电压高于额定值时，铁芯中的损耗会(C)。

A. 减小　B. 不变　C. 增大　D. 为零

408. 交流装置的A相母线涂(C)的标志。

A. 红色　　B. 绿色　　C. 黄色　　D. 蓝色

409. 直流母线负极涂(D)的标志。

A. 红色　　B. 绿色　　C. 黄色　　D. 蓝色

410. 不接地中性线涂(A)的标志。

A. 白色　　B. 绿色　　C. 红色　　D. 黑色

411. 大型电厂一般指总容量为(C)MW及以上，单机容量为(C)及以上的发电厂。

A. 2000，500　　B. 1500，300　　C. 1000，200　　D. 500，100

412. 当220kV出线达(A)回及以上，110kV出线达(A)回及以上时，采用带专用旁路断路器的旁路母线。

A. 4，6　　B. 6，8　　C. 2，4　　D. 1，2

413. 电压互感器在运行中，二次侧不允许(A)，电流互感器在运行中，二次侧不允许(A)。

A. 短路，开路　　B. 开路，短路　　C. 开路，开路　　D. 短路，短路

414. 大容量发电机组，为确保事故状态下汽机盘车电机、顶轴油泵等重要辅机负荷的用电，必须设置(A)。

A. 事故保安电源　　B. 厂用工作电源　　C. 厂用备用电源　　D. 厂用直流电源

415. 为提高厂用电系统的可靠性，对同一类的主要辅机设备，其电源应接在(B)的厂用电母线上。

A. 相同　　B. 不同　　C. 运行　　D. 备用

416. 发电厂中低压厂用供电系统，一般多采用(C)，即380/220V。

A. 二相三线　　B. 三相三线制　　C. 三相四线制　　D. 四相三线制

417. 继电保护装置是由(C)组成的。

A. 一次回路各元件　　B. 二次回路各元件

C. 各种继电器　　D. 包括各种继电器和仪表回路

418. 用热继电器对电动机作过载保护时，将它的热元件串联在(A)中，其常用触点串联在(A)中。

A. 主电路，控制电路　　B. 主电路，主电路

C. 控制电路，主电路　　D. 控制电路，控制电路

419. 热继电器误动作的原因可能是(D)。

A. 整定值偏大　　B. 热元件烧断

C. 导板脱出　　D. 电动机启动时间过长

420. 中间继电器是将一个输入信号变成(C)的继电器。

A. 另一个输出信号　　B. 多个输出信号

C. 一个或多个输出信号　　D. 两个输出信号

421. 发动组员讨论生产计划，组织劳动竞赛，组织班组政治、文化和文体活动的民主管理员为(B)。

A. 安全员　　B. 工会组长　　C. 技术员　　D. 考评员

422. 协调班长落实生产、施工的安全措施，严格执行安全作业规程，制止违章作业，

属于班组(A)的职责。

A. 安全员　B. 技术员　C. 材料员　D. 工会组长

423. 对影响机组安全、经济、满发的各种因素的分析属于设备运行分析的(A)分析。

A. 定期　B. 岗位　C. 专题　D. 经济

424. 分析机组大修前后设备、系统的薄弱环节和运行工况，属于设备运行分析的(D)分析。

A. 抽查　B. 定期　C. 岗位　D. 专题

425. 运行分析工作不包括(A)。

A. 安全分析　B. 定期分析　C. 岗位分析　D. 专题分析

426. 在电力设备评级标准中，经运行考验，技术状况良好能保证安全、经济、满发的设备属于(A)类设备。

A. 一　B. 二　C. 三　D. 一、二

427. 在电力设备缺陷管理中，不需要停止主要设备运行可随时消除的设备缺陷为(A)类设备缺陷。

A. 一　B. 二　C. 三　D. 四

428. 在工作中职工要坚决服从命令、听从指挥、服从单位行政工作的分配和调动，属于社会主义工业企业劳动纪律中的(C)纪律。

A. 操作　B. 出勤　C. 组织　D. 革命

429. 每个职工在生产劳动中，严格遵守企业生产管理方面的规章制度和各项操作规程，属于社会主义工业企业劳动纪律中的(B)纪律。

A. 组织　B. 操作　C. 出勤　D. 革命

430. 加强班组的劳动纪律，一靠行政手段，二靠(B)。

A. 组织　B. 经济手段　C. 班长威信　D. 班组成员

431. 全面质量管理简称(D)阶段循环。

A. PDA 三　B. PCA 三　C. PDC 三　D. PDCA 四

432. 在全面质量管理中 P 阶段是指(B)阶段。

A. 检查　B. 计划　C. 处理　D. 实施

433. QC 小组的最主要的特性是(C)。

A. 民主性　B. 目的性　C. 自主性　D. 群众性

434. QC 小组制定对策中，通常要回答 5W1H，其中 H 表示(D)。

A. 为什么　B. 在哪里　C. 何时　D. 怎样

435. QC 小组团队建设一般经过组建期、激荡期、(A)、执行期、修整期五个阶段。

A. 规范期　B. 目标期　C. 讨论期　D. 论证期

436. QC 小组活动每次的目标值最好定为(C)。

A. 1 个　B. 1~2 个　C. 2 个　D. 2~3 个

437. 下列不是“三不接”内容的是(B)。

A. 主要设备及重大操作未告一段落不接班

B. 地坑水泵未停不接班

C. 事故或异常处理未结束不接班

D. 交接班记录不清楚不接班

438. 下列不是交接班“五不交”内容的是(A)。

A. 接班人未吃饭

B. 卫生不清洁

C. 设备保养及定期切换工作未按要求做好

D. 接班人喝酒或精神不正常

439. 下列不属于巡回检查“五定”内容的是(D)。

A. 定路线　B. 定设备　C. 定标准　D. 定时间

440. 朱兰质量管理三步曲是质量策划、质量控制和(D)。

A. 质量管理　B. 质量保证　C. 质量要求　D. 质量改进

441. 实施全面质量管理的五步法：决策、准备、(C)、扩展和综合。

A. 发动　B. 组织　C. 开始　D. 结束

多选题

1. 物体导热系数越(A)则它的导热能力也越(D)。

A. 大，强　B. 大，弱　C. 小，强　D. 小，弱

2. 传热学中，热交换的基本方式有(A，B，D)。

A. 热传导　B. 热对流　C. 热蒸发　D. 热辐射

3. 汽体在平衡状态下可以认为各部分具有相同的(A，B，C)。

A. 压力　B. 温度　C. 比体积　D. 质量

4. 火力发电厂的热力循环有(A，B，C，D)。

A. 朗肯循环　B. 中间再热循环　C. 回热循环　D. 热电循环

5. 关于理想气体分子模型的两点假设是(A，B)。

A. 气体分子都是有弹性的，是不占体积的质点

B. 气体分子相互之间没有作用力

C. 气体分子是没有弹性的，是占有体积的质点

D. 气体分子相互之间存在作用力

6. 下列视图中，属于用假想平面剖开的视图有(A，C，D)。

A. 断面图　B. 局部视图　C. 半剖视图　D. 全剖视图

7. 调节系统转速感应机构按其工作原理可分为：(A，B，C)。

A. 液压式　B. 机构式　C. 电子式　D. 连杆式

8. 调速系统是由(A，B，C，D)组成。

A. 感受机构　B. 放大机构　C. 执行机构　D. 反馈机构

9. 常用的反馈机构有：(A，B，C)。

A. 杠杆反馈　B. 油口反馈　C. 弹簧反馈　D. 凸轮反馈

10. 中间再热机组旁路系统的作用是(A，B，C)。

A. 加快启动速度，改善启动条件　B. 甩负荷时保护再热器

C. 回收工质，减少噪声　D. 加负荷时稳定转速

11. 中间再热容积对汽轮机的影响有(A，B)。

A. 机组的功率滞延　B. 增加了甩负荷时的动态超速

C. 加负荷时转速波动　　　　D. 减负荷时周波变化

12. 自动控制系统的执行器按驱动形式不同分为(A，B，C)。

A. 气动执行器　B. 电动执行器　C. 液体执行器　D. 机械执行器

13. 汽轮机调节系统根据其动作过程，一般由(A，B，C，D)组成。

A. 转速感应机构　　　　B. 传动放大机构

C. 执行机构　　　　D. 反馈装置

14. 造成EH系统油压低的原因有(A，B，C，D)。

A. 油管路断裂造成大量油外泄

B. 安全溢流阀失灵

C. 油泵的调压装置失灵

D. 油泵的泄漏量过大或油泵损坏

15. 保护系统和调节系统一样，由(A，B，C)组成。

A. 感应机构　B. 传动放大机构　C. 执行机构　D. 液压机构

16. 汽轮机组的保护装置有(A，B，C，D)。

A. 超速保护　　　　B. 轴向位移保护

C. 真空低保护　　　　D. 发电机断水保护

17. 汽轮机的进汽调节方式有(A，B，C)。

A. 节流调节法　B. 质量调节法　C. 喷嘴调节法　D. 压力调节法

18. 朗肯循环的主要设备是(A，B，C，D)。

A. 蒸汽锅炉　B. 汽轮机　C. 凝汽器　D. 给水泵

19. 多级回热系统中加热器最有利的分配方法有(A，B，C)。

A. 等温升分配法　　　　B. 几何级数分配法

C. 等焓降分配法　　　　D. 等熵分配法

20. 下列设备具有除氧效果的有(A，B)。

A. 凝汽器　B. 除氧器　C. 低压加热器　D. 省煤器

21. 下列设备不属于表面式加热器的有(B、D)。

A. 凝汽器　B. 除氧器　C. 空气预热器　D. 汽包

22. 热电联产能够提高电厂的经济性的因素有(A，B)。

A. 利用了热功转换过程不可避免的冷源损失来对外供热，从而使联产发电没有冷源损失

B. 联产供热采用了高效率的大锅炉，提高了效率

C. 给水泵效率高

D. 循泵效率高

23. 提高机组运行经济性要注意(A，B，C，D)。

A. 维持额定蒸汽初参数　　　　B. 维持额定再热蒸汽参数

C. 保持最有利真空　　　　D. 保持最小的凝结水过冷度

24. 进行调节系统和自动保护装置的调试试验前应具备(A，B，C，D)条件。

A. 油系统油循环完毕，油质化验合格，油温保持在(50℃±5℃)

B. 调节系统各油压表安装齐全，并经校验合格

C. 主要压力表应更换为标准表，有关部件的行程指示标尺或百分表，以及试验时必须加装的临时设施，应按试验要求正确安装

D. 电动高压油泵试运合格；各调节部套初步试验动作应平稳、灵活、无卡涩、或突然摆动

25. 机组带负荷试验过程中需做以下(A，B，C，D)试验。

A. 超速试验　　B. 真空系统严密性试验

C. 调节系统带负荷试验　　D. 甩负荷试验

26. 下列属于汽轮机的转动部分的是(A，B，C，D)。

A. 轴　　B. 叶轮　　C. 动叶栅　　D. 联轴器

27. 汽轮机真空下降的危害有(A，B，C，D)。

A. 可用焓降减小，不经济，同时使机组出力降低

B. 排汽缸及轴承座热膨胀，可能引起中心变化，产生振动

C. 排汽温度过高可能引起凝汽器铜管松驰，破坏严密性

D. 可能使纯冲动式汽轮机轴向推力增加

28. 凝汽器真空下降的现象有(A，B，C)。

A. 排气温度升高

B. 凝汽器端差增大

C. 在调节汽门开度不变的情况下，机组的负荷降低

D. 机组振动增大

29. 凝汽器真空缓慢下降的原因有(B、C、D)。

A. 后轴封供汽中断　　B. 循环水量不足

C. 凝汽器水位升高　　D. 真空系统不严密

30. 水冲击的象征有(A，B，C)。

A. 主汽温度突降　　B. 轴向推力增大

C. 胀差向负值发展　　D. 胀差向正值发展

31. 汽机机运行中变压运行与定压运行相比，优点是(A，B，C)。

A. 机组负荷变化时可以减小温度变化，从而减少转子和汽缸的热应力，热变形，提高机组的使用寿命

B. 在低负荷时能保证机组较高的热效率，因为降压不降温，进入汽轮机的容积流量基本不变，汽流在叶片通道内流动偏离设计工况小，另外因调节汽门全开，节流损失小

C. 因变压运行时可采用变速给水泵，所以给水泵耗功率减小

D. 循环水泵效率高

32. 汽轮发电机组突然甩负荷，汽轮机维持转速，危急保安器未动作的象征有(A，B，C，D)。

A. 电负荷指示到零

B. 光字牌“油开关跳闸”信号出现

C. 机组声音突变

D. 高调门瞬间关闭，1.5~2s 后部分开启，维持机组空转

33. 汽轮发电机组最优化启停是由(A)和(C)来决定的。

A. 升温速度　B. 升压速度　C. 升温幅度　D. 升压幅度

34. 汽轮机的启动过程包括(A，B，C，D)。

A. 启动前准备　B. 冲转　C. 并网　D. 带负荷

35. 汽轮机汽缸的膨胀数值取决于汽缸的(A，B，C)。

A. 长度　B. 材料　C. 热力过程　D. 汽缸的形状

36. 影响汽轮机惰走曲线的斜率，形状的因素有(A，B，C，D)。

A. 真空破坏门开度的大小

B. 真空破坏门开启时间的早晚

C. 机组内转动部分是否摩擦

D. 主汽门、调速汽门、抽汽逆止门是否严密

37. 汽轮机启停和变工况时，最大热应力发生的部位通常是(A，B，C，D)。

A. 高压缸调节级处　B. 再热机组中压缸的进汽区

C. 高压转子在调节级前后的汽封处　D. 中压转子的前汽封处

38. 汽轮机中根据汽封的位置可分为(A，B，C)。

A. 轴端汽封　B. 隔板汽封　C. 围带汽封　D. 丁型汽封

39. 防止动静摩擦的技术措施有(A，B，C，D)。

A. 熟练的掌握调整和控制胀差的方法

B. 严格控制上下汽缸温差和法兰内外壁温差不得超限

C. 严格监视转子挠度指示不得超限

D. 控制监视段压力，不得超过规定值

40. 汽轮机本体由静止和转动两大部分组成。静止部分包括(A，B，C)。

A. 汽缸　B. 隔板　C. 喷嘴　D. 叶轮

41. 下列属于汽轮机的转动部分的是(A，B，C，D)。

A. 轴　B. 叶轮　C. 动叶栅　D. 联轴器

42. 汽轮机强制冷却的方式有(A，B，C，D)。

A. 蒸汽顺流冷却　B. 蒸汽逆流冷却

C. 空气顺流冷却　D. 空气逆流冷却

43. 防止腐蚀的方法有(A，B)。

A. 化学吸附　B. 通风干燥　C. 热烘　D. 冷吹

44. 汽轮发电机组转子的振动情况可用以下(A，B，C)参数来描述。

A. 振幅　B. 位移速度　C. 位移加速度　D. 相变速度

45. 造成汽轮机轴瓦损坏的主要原因有(A，B，C，D)。

A. 运行中轴承断油　B. 机组发生强烈振动

C. 轴瓦制造缺陷　D. 润滑油质恶化

46. 机组振动故障分析时，一般需要进行哪几项振动测试(A，B，C，D)？

A. 测定基频振动或振动频谱　B. 轴承座的刚度监测

C. 振动与机组运行参数试验　　D. 故障诊断的验证试验

47. 在月度生产总结报告中对工艺指标完成情况的分析应包括(A，B，C，D)。

A. 去年同期工艺指标完成情况　　B. 本月工艺指标完成情况

C. 计划本月工艺指标情况　　D. 未达到工艺指标要求的原因

48. 在 ISO 9000 族标准中，内部质量体系审核的依据是(A，B，C，D)。

A. 合同要素　　B. 质量文件

C. ISO 9000 族标准　　D. 法律、法规要求

49. 采用"ISO 9001：2000 质量管理体系要求取代(A，B，C)质量保证模式，提高了使用标准的灵活性。

A. 94 版的 ISO 9001　　B. 94 版的 ISO 9002

C. 94 版的 ISO 9003　　D. 94 版的 ISO 8402

50. ISO 9001 标准具有广泛的适用性，适用于(B、D)。

A. 大中型企业

B. 各种类型规模及所有产品的生产组织

C. 制造业

D. 各种类型规模及所有产品的服务的组织

51. 班组管理的标准主要内容有(A，B，C，D)。

A. 精神文明建设和文明生产管理　　B. 安全管理

C. 生产与专业管理　　D. 培训管理

简答题

1. 影响朗肯循环效率的因素有哪些?

答：从朗肯循环效率公式 $\eta=(h_1-h_2)/(h_1-h_2{}^1)$ 可以看出 η 取决于过热蒸汽焓 h_1，排汽焓 h_2 以及凝结水焓 $h_2{}^1$，而 h_1 由过热蒸汽的初参数 p_1、t_1 决定，h_1 和 $h_2{}^1$ 都由参数 p_2 决定，所以朗肯循环效率取决于过热蒸汽的初参数 p_1、t_1 和终参数 p_2，因此，初参数(过热蒸汽压力，温度)提高，其他条件不变，热效率将提高，反之，则下降，终参数(排汽压力)下降，初参数不变，则热效率提高，反之，则下降。

2. 减少汽水流动损失的方法有哪些?

答：方法大致有：①尽量保持汽水管道系统阀门全开，减少不必要的阀门和节流；②合理选择管道直径和进行管道布置；③采取适当的技术措施，减少局部阻力；④减少涡流损失。

3. 什么叫分散控制系统?

答：是以微处理机为核心，采用数据通讯和 CRT 显示技术，对生产过程进行集中操作管理和分散控制的系统；是计算机技术，控制技术，数据通讯技术和图形显示技术相结合的产物。

4. 再热式汽轮机调节系统有何特点?

答：再热式汽轮机调节系统的特点：①采用过调节；②设置中压主汽门和中压调节汽门；③设置旁路系统。

5. 协调控制系统的工作原理是什么?

答：协调控制系统的工作原理是：根据外部负荷指令回路算出机组允许出力后，直接把

该负荷指令信号送入锅炉燃烧率运算回路进行风量、煤量和水量控制。同时，负荷指令信号送入加法器中与实发负荷信号进行比较后得出负荷偏差信号，负荷偏差信号同时送入阀位运算回路和燃料量运算回路，汽轮机调汽阀位运算回路根据负荷偏差信号的大小确定调汽阀开度，并在负荷产生波动时，通过燃料量运算回路使锅炉风、煤、水实现提前控制，以提高机组的负荷适应能力。

6. 简述 DEH 系统的组成及功能。

答：该系统包括电子控制柜，操作显示盘，CRT 数据显示屏幕，打字机和高压抗燃油系统(简称 EH)。其主要功能是按操作员或自动启动装置给出的指令来控制主汽阀、再热汽阀、调节阀的开关及开度，使机组按一定要求升、降速或升降负荷实现机组运行中的各种要求，DEH 装置按受转速，功率及第一级压力的实际信号，对机组的转速、功率、蒸汽流量，实行闭环调节，此外 DEH 还有阀门管理、转子应力计算、参数监视显示、超速保护，自启停控制等多种功能。EH 系统是向各阀门单独配置的油动机提供所需的高压抗燃液的系统。

7. 影响汽轮发电机组经济运行的主要技术参数和经济指标有哪些？

答：影响汽轮发电机组经济运行的主要技术参数和经济指标有汽压、汽温、真空度、给水温度、汽耗率、循环水泵耗电率、高压加热投入率、凝汽器端差、凝结水过冷度、汽轮机热效率等。

8. 为什么说回热式汽轮机汽耗率大而热耗率小？

答：汽轮机组采用回热后，由于回热抽汽从抽汽口抽出后就不再做功了，若保持机组功率一定，势必要增加一部分新蒸汽量来弥补作功，因此在同样条件下回热式汽轮机的机耗量比纯凝结汽式的大。机组采用回热抽汽后，可以使给水温度提高和凝汽器的冷源损失减少，提高了机组的热效率，从而使热耗率降低。

9. 什么是排挤现象？

答：由于高一级压力加热器的疏水流入低一级压力加热器的蒸汽空间时放出热量，而减少了一部分较低压力的回热抽汽量，这种现象叫做排挤。

10. 供热式汽轮机有何特点？

答：供热式汽轮机实现了热电联供，可同时满足用户对热和电的需要，与纯凝汽式汽轮机相比有如下特点：①热效率高；②主蒸汽流量大；③调节保安系统复杂；④轴向推力变化复杂；⑤低压缸流量小；⑥对辅助设备性能要求高。

11. 新机组启动前，应进行哪些检查试验工作？

答：新机组启动前，需进行下列检查试验工作：①检查辅机分部试运情况应良好，各辅助设备工作特性符合厂家设计要求，并能满足机组整套启动的需要；②检查汽、水系统，冲洗、吹扫质量应满足机组安全、经济运行的需要；③油系统(润滑油系统、密封油系统、高压抗燃油系统)油循环合格；④对汽轮机真空系统严密性进行检查，确认真空系统严密性良好；⑤对辅助设备进行分部试运及调整，使其具备投运条件；⑥进行调节、保安、旁路系统的试验调整，使其静态特性符合设计要求；⑦进行热控系统的检查试验，保证机组运行时能正常投入；⑧各辅助系统的检查，调整及投运试验；⑨全面检查各监视仪表的正确性，注意取样位置正确。

12. 蒸汽流量对轴向位移是如何影响的？

答：汽轮机的轴向推力主要取决于叶轮前后的压力差。当蒸汽流量改变时，虽然占大多数的中间级压力比基本不变，但中间各级前后压力却随之变化，因而级前后的压力差将发生变化，使得轴向推力发生变化。如果蒸汽流量增加，则级前后压力随之增高，级前后压差增大，轴向推力增加，反之，流量减少，则级前后压力降低，级前后压力差减少，中间各级轴向推力减少。调节级和末几级的压力差变化正好相反，且伴随着焓降和反动度的变化，因而轴向推力变化情况较复杂，但由于中间级占大多数，因此说，多级汽轮机的轴向推力是随蒸汽流量的增加而增加的，反之，相反。

13. 汽轮机主蒸汽温度不变时主蒸汽压力升高有哪些危害？

答：主要有下述危害：①机组的末几级的蒸汽湿度增大，使末几级动叶片的工作条件恶化，水冲刷加重。对于高温高压机组来说，主蒸汽压力升高 0.5MPa，其湿度增加约 2%；②使调节级焓降增加，将造成调节级动叶片过负荷；③会引起主蒸汽承压部件的应力增高，将会缩短部件的使用寿命，并有可能造成这些部件的变形，以至于损坏部件。

14. 初参数不变，凝汽器真空下降，对汽轮机运行有何影响？

答：凝汽器真空降低时，蒸汽的总焓降减少，排汽温度升高，被循环水带走的热损失增加。当真空降低 1%时，机组发电热耗将增加 1%。因此真空降低时将使机组效率明显下降，经济性差，当真空降低时仍维持负荷不变时，则需要增大汽流量，不仅未级叶片可能过负荷，而且机组的轴向推力将增加，严重时会烧坏推力瓦块。当真空降低过多使徘汽温度升高过多时，会导致排汽缸发生不均匀变形，使轴瓦中心偏移，引起机组较大振动。

15. 提高机组运行经济性要注意哪些方面？

答：①维持额定蒸汽初参数；②维持额定再热蒸汽参数；③保持最有利真空；④保持最小的凝结水过冷度；⑤充分利用加热设备，提高给水温度；⑥注意降低厂用电率；⑦降低新蒸汽的压力损失；⑧保持汽轮机最佳效率；⑨确定合理的运行方式；⑩注意汽轮机负荷的经济分配。

16. 变工况时汽轮机各级的焓降是如何变化的？

答：变工况时汽轮机各级的焓降变化为：调节级级前压力为新蒸汽压力，其压力近似不变，级后压力为调节级汽室压力，流量增加时调节级汽室压力升高，因而调节级的焓降减少；末几级级后压力为排气压力，近似不变，级前压力即为中间级后压力，它随流量的增加而升高，因而末几级焓降增加。反之，流量减少时，调节级焓降增加，末几级焓降减小，中间各级因流量变化与其压力变化成正比，因而其焓降基本不变。

17. 简述热态启动时转子及汽缸承受热应力的特点。

答：汽轮机热态启动时，如果进汽参数高于汽缸金属温度，转子表面及汽缸内壁将产生压应力。如果由于旁路系统容量的限制，主蒸汽温度升不高，或者冲转前暖管暖阀不充分，那么冲转时进入调节级处的蒸汽温度可能比该处的金属温度低，使其先受到冷却，在转子表面和汽缸的内壁产生拉应力。随着蒸汽温度的不断提高，并高出金属温度，转子表面及汽缸内壁将产生压应力，这样在整个热态启动过程中，汽轮机部件的热应力要经历一个拉-压循环。

18. 汽轮机启动防止金属部件产生过大热应力，热变形要控制好哪几个主要指标？

答：应按制造厂规定控制好以下指标：①蒸汽温升速度；②金属温升速度；③上、下缸温差；④汽缸内外壁、法兰内外壁的温差；⑤法兰与螺栓的温差；⑥汽缸与转子的相对胀差。

19. 汽轮机汽缸的上、下缸温差大有何危害?

答:上、下缸存在温差将引起汽缸变形,通常是上缸温度高于下缸温度,因而上缸变形大于下缸变形,使汽缸向上拱起,俗称猫拱背。汽缸的这种变形使下缸底部径向间隙减小甚至消失,造成动静摩擦,损坏设备。另外,还会出现隔板和叶轮偏离正常时所在的垂直平面的现象,使轴向间隙变化,甚至引起轴向动静摩擦。

20. 什么叫胀差?胀差正负值说明什么问题?

答:汽轮机启动或停机时,汽缸与转子均会受热膨胀,受冷收缩,由于汽缸与转子质量上的差异,受热条件不相同,转子的膨胀及收缩较汽缸快,转子与汽缸沿轴向膨胀的差值,称为胀差;胀差为正值时,说明转子的轴向膨胀量大于汽缸的膨胀量;胀差为负值时,说明转子的轴向膨胀量小于汽缸膨胀量。当汽轮机启动时,转子受热较快,一般都为正值,汽轮机停机或甩负荷时,胀差较容易出现负值。

21. 机组启动过程中,胀差大如何处理?

答:机组启动过程中,胀差大,司机应做好如下工作:①检查主蒸汽温度是否过高,必要时联系锅炉运行人员,适当降低主蒸汽温度;②使机组在稳定转速和稳定负荷下暖机;③适当提高凝汽器真空,减少蒸汽流量;④增加汽缸和法兰加热进汽量,使汽缸迅速胀出。

22. 汽轮机停运后,投入强制冷却系统有什么意义?

答:随着机组容量增大、蒸汽参数的不断提高,保温条件改善,使得停机后自然冷却时间也越来越长,额定参数下停机到允许停止盘车一般需要 7 天时间,滑参数停机也需要 4 天左右时间,在这段时间内汽轮机处于连续盘车状态,无法对汽轮机的本体及轴承等设备进行检修工作,自然冷却大量占用了消缺检修的时间,降低了机组的可用率,在事故抢修情况下尤为突出。一般快速冷却可以使机组由停机到停盘车的时间缩短 2~5 天,有明显的经济效益,与滑参数停机相比,还有节约厂用电和节油的效益。

23. 如何搞好汽轮机停机后的防腐工作?

答:汽轮机停机后,其内部的空气和水蒸气混合物对叶片、叶轮造成氧化腐蚀。所以,停机后必须关严各汽水系统的阀门,开启防腐门和导汽管、蒸汽管上排大气的疏水门,放尽汽缸低洼处的积水,必要时对汽缸通入热空气进行干燥防腐。

24. 何谓汽轮机积盐?

答:带有各种杂质的过热蒸汽进入汽轮机后,由于做了功,压力和温度便有所降低,而钠化合物和硅酸在蒸汽中的溶解度便随着压力的降低而减小。当其中某种物质的携带量大于它在蒸汽中的溶解度时,该物质就会以固态排出,沉积在蒸汽的通流部分,沉积的物质主要是盐类,这种现象常称汽轮机积盐。

25. 汽轮机组发生振动应如何处理?

答:汽轮机组发生振动的处理为:①汽轮机组突然发生强烈振动或清晰听到汽轮机内部有金属摩擦声时,应立即打闸停机;②汽轮机轴承振动超过正常值 0.03mm 以上时,应设法消除,当机组内部发生故障或轴承振动突增 0.05mm,或振动增大到 0.1mm 时,应立即打闸停机;③机组振动异常时,应注意检查蒸汽参数、真空、胀差、轴向位移、汽缸缸壁温度等是否发生了变化,润滑油压、油温、轴承温度是否正常;④停机过程中应注意惰走时间,并倾听内部声音;⑤启动升速过程中,在转子一阶临界转速以下,汽轮机轴承振动超过

0.03mm应打闸停机，过临界转速时，机组轴承振动值达0.1mm，应打闸停机，并查明原因；⑥当机组的振动值增加或发生不正常声音时，根据需要减负荷直到振动减小至正常为止，同时分析原因并设法消除；⑦总之，引起机组振动的原因很多，因此要求值班人员发现振动增大时，要及时汇报有关领导，同时要对当时的各种运行参数进行仔细检查，以便查明原因进行处理。

26. 临界转速时的振动有哪些特征？

答：临界转速时的振动的特点是：振动与转速关系密切，当转子的转速接近临界转速时，振动迅速增大，转速达到临界转速时，振动达到一个最高的峰值；当转速越过临界转速时，振动又迅速减少。

27. 什么是自激振动？

答：自激振动又称为负阻尼振动，也就是说由振动本身运动所产生的阻尼力非但不阻止运动，反而将进一步加剧这种振动。因此一旦有一个初始振动，不需要外界向振动系统输送能量，振动即能保持下去，所以这种振动与外界激励无关，完全是自己激励自己，故称为自激振动。

计算题

1. 某循环热源温度 $t_1=538℃$，冷源温度 $t_2=38℃$，在此范围内循环可能达到的最大热效率是多少？

解：已知 $T_1=273+538=811(K)$

$T_2=273+38=311(K)$

$\eta_{最大}=(1-T_2/T_1)\times100\%=(1-311/811)\times100\%=61.7\%$

答：最大热效率是61.7%。

2. 一台热机按卡诺循环工作，分别在温度 $t_1=20℃$、$t'_1=300℃$、$t''_1=600℃$ 的高温热源与温度 $t_2=20℃$ 的低温冷源工作，求热效率？

解：① 已知 $T_2=273+20=293K$，同理，$T_1=293K$、$T'_1=573K$、$T''_2=873K$

② $\eta_{cu}=(1-T_2/T_1)\times100\%$

则 $\eta_{cu}=(1-293/293)\times100\%=0$

$\eta'_{cu}=(1-293/573)\times100\%=48.87\%$

$\eta''_{cu}=(1-293/873)\times100\%=66.44\%$

答：热效率分别为0、48.87%、66.44%。

3. 汽轮机某压力级喷嘴中理想焓降 $h_n=40.7kJ/kg$，前一级可利用余速能量 $h_{c2}{}^*=1.34kJ/kg$，动叶片中产生的理想焓降 $h_b=6.7kJ/kg$，喷嘴损失为 $\Delta h_n=2.5kJ/kg$，动叶片损失 $\Delta h_b=1.8kJ/kg$，余速损失 $\Delta h_{c2}=1.4kJ/kg$。求该级的轮周效率 η_u。

解：轮周效率：$\eta_u=(h_{c2}{}^*+h_n+h_b-\Delta h_n-\Delta h_b-\Delta h_{c2})/(h_{c2}{}^*+h_n+h_b)\times100\%$

$=(1.34+40.7+6.7-2.5-1.8-1.4)/(1.34+40.7+6.7)\times100\%$

$=88.3\%$

答：轮周效率为88.3%。

4. 某喷嘴的蒸汽进口处压力 p_0 为1.0MPa，温度为300℃，若喷嘴出口处压力 p_1 为0.6MPa，问该选用哪一种喷嘴？(查水蒸气表或 $h-s$ 图可知，喷嘴前蒸汽为过热蒸汽)

解：①喷嘴前蒸汽为过热蒸汽，其临界压力比 $\varepsilon_k=0.546$

② 这组喷嘴的压力比为 $p_1/p_0=0.6/1.0=0.6>0.546$

答：其压力比大于临界压力比，应选渐缩喷嘴。

5. 汽轮机某级级前压力 $p_0=3.92\text{MPa}$，蒸汽流速 $v_0=0$，喷嘴后压力 $p_1=1.96\text{MPa}$，问该级应选用何种喷嘴？

解：①压力比 $\varepsilon_n=p_1/p_0=1.96/3.92=0.5$

② 当 $\varepsilon_n\geqslant0.3$ 时，应采用渐缩斜切喷嘴。

答：本级应选用渐缩斜切喷嘴。

6. 已知某级的理想焓降 $h_t=61.2\text{kJ/kg}$，喷嘴的速度系数 $\psi=0.95$，求喷嘴出口理想速度 c_{1t} 及出口的实际速度 c_1。

解：①喷嘴出口理想速度为

$$c_{1t}=1.414\times\sqrt{1000\Delta h_t}=1.414\times\sqrt{1000\times61.2}$$

$$=1.414\times\sqrt{61200}=349.8(\text{m/s})$$

②喷嘴出口实际速度为

$$c_1=\psi c_{1t}=0.95\times349.8=332.31(\text{m/s})$$

答：喷嘴出口理想速度及实际速度分别为 349.8m/s 及 332.3m/s。

7. 某级喷嘴出口绝对进汽角 $\alpha_1=13.5°$，实际速度 $c_1=332.31\text{m/s}$，动叶出口绝对排汽角 $\alpha_2=89°$，动叶出口绝对速度 $c_2=65\text{m/s}$，通过该级的蒸汽流量 $q_m=60\text{kg/s}$，求圆周方向的作用力 F。

解：圆周作用力为

$$F=q_m(c_1\cos\alpha_1+c_2\cos\alpha_2)$$

$$=60\times(332.31\cos13.5°+65\cos89°)$$

$$=60\times324.3$$

$$=19458(\text{N})$$

答：该级圆周作用力为 19458N。

8. 混凝土衬砌的压力隧道，直径 $d=5\text{m}$，通过流量 $q=200\text{m}^3/\text{s}$，长度 $L=500\text{m}$，取 $n=0.012$，$C=85.85\text{m}^{1/2}/\text{s}$，求沿程水头损失。

解：① 水力半径 $R=d/4=5/4=1.25(\text{m})$

② $v=4\times q(\pi\times d^2)=4\times200/(3.14\times5^2)=10.2(\text{m/s})$

③ $h=L\times v^2/(C^2\times R)=500\times(10.2)^2/[(85.85)^2\times1.25]=5.65(\text{m})$

答：沿程损失为 5.65m。

9. 某机组额定转速为 3000r/min，空负荷转速为 3120r/min，满负荷转速为 3000r/min，问调速系统的速度变动率为多少？

解：调速系统速度变动率　$\delta=[(\text{空负荷转速}-\text{满负荷转速})/\text{额定转速}]\times100\%$

$=(3120-3000)/3000\times100\%=4\%$

答：该机组调速系统的速度变动率为 4%。

10. 某汽轮机调节系统静态特性曲线在同一负荷点增负荷时的转速为 2980r/min，减负荷时的转速为 2990r/min，额定转速为 3000r/min，求该调节系统的迟缓率。

解：调节系统的迟缓率

$$\varepsilon = \Delta n/n_e \times 100\%$$

$$= (2990 - 2980)/3000 \times 100\% = 0.33\%$$

答：该调节系统的迟缓率为0.33%。

11. N100-90/535型汽轮机在设计工况下新蒸汽焓 $i_0=3479$kJ/kg，给水的焓 $i'_{gs}=975$kJ/kg，每千克蒸汽在汽轮机中的有效焓降为1004kJ/kg，若机械效率和发电机效率均为99%，试求该汽轮发电机组在设计工况下的汽耗率和热耗率。

解：① 汽耗率 $d=3600/(H_i\times\eta_j\times\eta_d)$

$=3600/(1004\times0.99\times0.99)$

$=3.66[\text{kg}/(\text{kW}\cdot\text{h})]$

② 热耗率 $q=d(i_0-i'_{gs})$

$=3.66\times(3479-975)$

$=9164.6[\text{kJ}/(\text{kW}\cdot\text{h})]$

答：汽耗率为3.66kg/(kW·h)，热耗率为9164.6kJ/(kW·h)。

12. 某纯凝式汽轮机主蒸汽焓 i_0 为3370kJ/kg，凝结水焓 i' 为138.2kJ/kg，汽耗率为3.04kg/(kW·h)。求该机组的热耗率。

解：热耗率 $q=(i_0-i')=3.04\times(3370-138.2)=9852.03$kJ/(kW·h)

答：该机组热耗率为9852.03kJ/(kW·h)。

13. 某凝汽式汽轮机按朗肯循环工作，新蒸汽压力 $p_1=8.826$MPa，温度 $t_1=500$℃，排汽压力为0.0039MPa，$i_o=3387$kJ/kg，$i_{co}=2003$kJ/kg，$i'_{co}=120$kJ/kg，机械效率和发电机效率均为99%，汽轮机功率为100MW。求汽耗量和热耗量及满负荷运行时每小时消耗标准煤量。

解：① 汽耗率 $d=3600/[(i_0-i_{co})\times\eta_j\times\eta_d]$

$=3600/[(3387-2003)\times0.99\times0.99]$

$=2.654[\text{kg}/(\text{kW}\cdot\text{h})]$

② 热耗率 $q=d(i_0-i'_{co})$

$=2.654\times(3387-120)$

$=8670.62[\text{kJ}/(\text{kW}\cdot\text{h})]$

③ 汽耗量 $D=P\times d=100000\times2.654=265400(\text{kg/h})=265.4(\text{t/h})$

④ 热耗量 $Q=P\times q=100000\times8670.62=867062000(\text{kJ/h})$

⑤ 标准煤耗量 $B=Q/29307.6=867062000/29307.6=29584.886(\text{kg/h})=29.6(\text{t/h})$

答：汽耗量为265.4t/h，热耗量为867062000kJ/h，标准煤耗量为29.6t/h。

14. 通过对循环水系统的调节，使循泵下降的电流 $I=20$A，试求每小时节约的电量。(循泵电动机电压 $U=6$kV，功率因数 $\cos\varphi=0.85$)

解：

$$W=\sqrt{3}\,UI\cos\varphi\times t$$

$$=\sqrt{3}\times6\times20\times0.85\times1$$

$= 176(\mathrm{kW \cdot h})$

答：每小时可节约 176kW · h 电量。

15. 某 300MW 汽轮机排汽饱和温度为 36℃，凝结水温度为 35℃，凝汽器循环冷却水进水温度为 19℃，排汽量 $D_{co}=550\mathrm{t/h}$，冷却水量 $D_w=30800\mathrm{t/h}$，求凝汽器循环冷却水温升 Δt 及端差 δ_t。

解：已知 $D_{co}=550\mathrm{t/h}$，$D_w=30800\mathrm{t/h}$，$t_{co}=36℃$，$t_{w2}=19℃$

① 冷却倍率 $m=30800\div550=56$

② 冷却水温升 $\Delta t=520\div \mathrm{m}=520\div56=9.3(℃)$

③ 端差 $\delta_t=t_{co}-(t_{w2}+\Delta t)=36-(19+9.3)=7.7(℃)$

答：冷却水温升为 9.3℃，端差为 7.7℃。

16. 某机组每小时发电量为 125000kW · h，给水泵每小时耗电 3000kW · h，问给水泵用电率为多少？

解：给水泵用电率 = (给水泵耗电量/发电量) ×100% = 3000÷125000×100% = 2.4%。

答：该机组的给水泵用电率为 2.4%。

17. 某机组额定负荷为 200000kW · h，配用的循环水泵每小时耗电 1500kW · h，问该机组循环水泵用电率为多少？

解：循环水泵耗电率 = 循环水泵耗电量/机组发电量×100%

= 1500÷200000×100% = 0.75%

答：该机组循环水泵用电率为 0.75%。

18. 如果系统内有两台汽轮机并列运行，其中一号机带额定负荷 $P_{01}=50\mathrm{MW}$，其调节系统速度变动率为 $\delta_1=3\%$，二号机带额定负荷 $P_{02}=25\mathrm{MW}$，其调节系统速度变动率 $\delta_2=5\%$，如果此时系统频率增高至 50.5Hz，试问每台机组负荷降低多少？

解：① 系统频率变动时汽轮机速度变动率 $\delta_n=(50.5-50)\div50\times100\%=1\%$

② 一号机负荷减少 $\Delta P_1=P_{01}\times\delta_n/\delta_1$

$=50\times0.01/0.03$

$=16.7(\mathrm{MW})$

③ 二号机负荷减少 $\Delta P_2=P_{02}\times\delta_n/\delta_2$

$=25\times0.01/0.05$

$=5(\mathrm{MW})$

答：一、二号机负荷分别下降了 16.7MW 及 5MW。

19. 如果在一个全周进汽的隔板上装有 $Z_1=80$ 个喷嘴，汽轮机的转速 $n_e=3000\mathrm{r/min}$，问叶片所承受的高频激振力频率 f 为多少？

解：

$$f=Z_1n_s$$

$$n_s=n_e/60=3000\div60=50(\mathrm{r/s})$$

$$f=Z_1n_s=80\times50=4000(\mathrm{Hz})$$

答：高频激振力频率为 4000Hz。

20. 三相汽轮发电机输出电流为 1380A，线电压是 6300V，若负载的功率因数从 0.8 下降到 0.6，该发电机输出的有功功率有何变化？

解：① 当 $\cos\phi=0.8$ 时，发电机的有功功率为

$$P_1 = 3^{1/2} U_2 I_1 \cos\phi = 3^{1/2} \times 6300 \times 1380 \times 0.8 = 12000(\text{kW})$$

② 当 $\cos\phi = 0.6$ 时，发电机的有功功率为

$$P_2 = 3^{1/2} U_2 I_1 \cos\phi = 3^{1/2} \times 6300 \times 1380 \times 0.6 = 9000(\text{kW})$$

③ $P_1 - P_2 = 12000 - 9000 = 3000(\text{kW})$

答：当负载的功率因数从 0.8 下降到 0.6 时，该发电机输出的有功功率减小了 3000kW。

五、技能操作鉴定要素细目表(技师)

鉴定范围						鉴定点	
一级		二级		三级		代码	名称
代码	名称	代码	名称	代码	名称		
A	技能要求	A	工艺操作	A	开机准备	001	润滑油系统检修后的验收
						002	射水抽气器系统检修后的验收
						003	凝汽器系统检修后的验收
						004	汽水管线吹扫后的验收
						005	凝结水系统检修后的验收
						006	发电机冷却水系统检修后的验收
						007	开机方案编制
				B	开机操作	001	机组动态试验
						002	解决启动过程中的异常振动
						003	解决启动过程中的胀差越限
				C	正常操作	001	工艺操作的优化
						002	复杂的高温高压母管制系统的切换操作
						003	全厂性系统隔绝切换及安全防范工作
				D	停机操作	001	各种停机方式的指挥
						002	汽轮机快速冷却操作
		B	设备使用与维护	A	使用设备	001	技术措施的制定
						002	机组运行状况分析
		C	事故判断与处理	A	事故判断	001	DPU 引起的调速系统故障处理
						002	汽水管道爆破事故处理
						003	油箱油位下降事故处理
						004	汽轮机动静摩擦事故处理
						005	汽轮机振动大事故处理
						006	压力容器爆破事故处理
						007	汽轮机叶片断落的事故处理
						008	推力瓦块温度高的处理

六、技能操作试题(技师)

试题1：润滑油系统检修后的验收(现场模拟)

(考核时间：30min)

序号	考核项目	评分要素	配分	评分标准	检测结果	扣分	得分	备注
1	准备工作	穿戴劳保用品	3	未穿戴整齐扣3分				
		工具、用具准备	2	工具选择不正确扣2分				
2	检查确认系统	检查油系统设备、管道、法兰、阀门等正常，各仪表齐全完好，处于备用状态	15	未检查确认系统扣15分				
3	设备试运与承压检查	各油泵及排烟风机试运转正常。油系统设备、管道、法兰、阀门等承压检查无渗漏	20	相关设备未试转扣10分				
				未承压检查扣10分				
4	拆除临时滤网	油循环完毕，各轴承进油管的临时滤网拆除，各节流孔板恢复	20	未拆除临时滤网扣10分				
				未恢复节流孔板扣10分				
5	清理油箱	放掉冲洗油，清理油箱、滤网及各轴承内部，加入合格的汽轮机油	20	未放掉冲洗油清理油箱扣10分				
				未清理滤网及各轴承内部扣10分				
6	恢复系统	将油系统恢复至正常运行状态	20	未恢复系统至正常运行状态扣20分				
7	安全及其他	按国家法规或企业规定		违反一次总分中扣5分；严重违规停止操作			—	
		在规定时间内完成操作		每超时1min总分扣5分，超时3min停止操作			—	
		合　　计	100					

试题2：射水抽气器系统检修后的验收(现场模拟)

(考核时间：30min)

序号	考核项目	评分要素	配分	评分标准	检测结果	扣分	得分	备注
1	准备工作	穿戴劳保用品	3	未穿戴整齐扣3分				
		工具、用具准备	2	工具选择不正确扣2分				
2	检查确认	检查确认系统设备、管道、阀门等正常，各仪表齐全完好	15	未检查确认系统扣15分				

续表

序号	考核项目	评分要素	配分	评分标准	检测结果	扣分	得分	备注
3	试运设备	射水泵试运转正常	20	未试转射水泵扣20分				
		阀门密封水系统试压正常	20	密封水系统未试压扣20分				
		抽气器试运转工作正常	20	抽气器未试运扣20分				
4	恢复系统	恢复系统至正常运行状态	20	未恢复系统扣20分				
5	安全及其他	按国家法规或企业规定		违反一次总分中扣5分；严重违规停止操作			—	
		在规定时间内完成操作		每超时1min总分扣5分，超时3min停止操作			—	
	合计		100					

试题3：凝汽器系统检修后的验收(现场模拟)

(考核时间：30min)

序号	考核项目	评分要素	配分	评分标准	检测结果	扣分	得分	备注
1	铜管灌水查漏	凝汽器内部清理干净无工具遗漏，铜管灌水查漏合格，端盖及人孔门关闭	25	凝汽器内部未清理扣10分				
				铜管未查漏扣15分				
2	检查确认系统	检查凝汽器系统设备、管道、阀门等正常，各仪表齐全完好	25	未检查系统设备、管道等扣15分				
				未检查各仪表扣10分				
3	水侧充压查漏	凝汽器水侧充压验漏合格	25	水侧未试压查漏扣25分				
4	恢复系统	恢复系统至正常运行状态	25	未恢复系统扣25分				
	合计		100					

试题4：汽水管线吹扫后的验收(现场模拟)

(考核时间：30min)

序号	考核项目	评分要素	配分	评分标准	检测结果	扣分	得分	备注
1	支吊架情况检查	检查支吊架齐全、完好、工作正常	25	未检查扣25分				
2	管道保温情况检查	检查管道保温完整无缺损，符合规范要求	25	未检查扣25分				
3	疏水阀检查	检查附属疏水阀、管线工作正常	25	未检查扣25分				

续表

序号	考核项目	评分要素	配分	评分标准	检测结果	扣分	得分	备注
4	打靶结果检查	检查靶板符合规范要求	25	未检查扣25分				
		合　计	100					

试题5：凝结水系统检修后的验收(现场模拟)

(考核时间：30min)

序号	考核项目	评分要素	配分	评分标准	检测结果	扣分	得分	备注
1	凝结水系统检查	检查凝结水系统设备、管道、法兰、阀门等正常，各调整门活动灵活调节正常，各仪表、水位计齐全完好	20	未检查凝结水系统设备等扣10分 未检查各仪表水位计扣10分				
2	凝泵滤网密封水冷却水检查	凝结水泵进口滤网清理干净，进口门开出，密封水盘根冷却通畅	20	凝结水泵进口滤网未清理扣10分				
				密封水冷却水不正常扣10分				
3	凝结水泵试转	各凝结水泵试运转正常	20	各凝结水泵未度转扣20分				
4	低压加热铜管验漏	低压加热器铜管通水验漏合格，凝结水系统试运行正常	20	低加铜管未试压验漏扣20分				
5	恢复系统	恢复系统至正常运行状态	20	未恢复系统到正常状态扣20分				
		合　计	100					

试题6：发电机冷却水系统检修后的验收(现场模拟)

(考核时间：30min)

序号	考核项目	评分要素	配分	评分标准	检测结果	扣分	得分	备注
1	检查确认系统	检查发电机冷却系统设备、管道、法兰、阀门等正常，各仪表水位计齐全完好，投入正常	20	未检查确认系统扣10分				
				未检查确认各仪表扣10分				
2	水冷箱检查与补水	检查水冷箱清洗干净，开补水门补水至正常运行水位	20	未检查水冷箱清洗情况扣10分				
				未开补水门水冷箱进水扣10分				

续表

序号	考核项目	评分要素	配分	评分标准	检测结果	扣分	得分	备注
3	恢复系统	恢复系统阀门至正常运行位置	20	未恢复系统阀门至正常运行位置扣20分				
4	冷水泵试转与系统查漏	启动冷水泵试运转正常，检查冷却水系统设备、管道、法兰、阀门等无泄漏	20	未试转冷水泵及检查系统有无泄漏扣20分				
5	冷水器铜管验漏	冷水器保压试验合格	20	冷水器铜管未验漏扣20分				
		合　计	100					

试题7：开机方案编制（现场模拟）

（考核时间：30min）

序号	考核项目	评分要素	配分	评分标准	检测结果	扣分	得分	备注
1	开机前检查	开机前检查检修工作票全部收回，现场工完、料尽、场地清	10	未检查扣10分				
2	开机试验	辅机单试及联锁试验正常	20	未检查扣20分				
		管线吹扫合格	10	未检查扣10分				
		机组联锁保护试验合格	20	未检查扣20分				
3	开机人员	开机人员组织到位	10	未检查扣10分				
4	开机注意事项	填写开机操作卡、开机操作票以及危险识别评估表	30	未检查每少一项扣10分				
		合　计	100					

试题8：解决启动过程中的异常振动（现场模拟）

（考核时间：30min）

序号	考核项目	评分要素	配分	评分标准	检测结果	扣分	得分	备注
1	振动原因	冷油器出油温度过高或过低	10	未检查冷油器出油温度扣10分				
		轴承回油温度过高	10	未检查轴承回油温度扣10分				
		汽轮机汽缸膨胀不均匀	10	未检查汽缸膨胀扣10分				
		主蒸汽温度骤变	10	未注意主汽变化扣10分				
		动静部分摩擦	10	未倾听汽缸内部声音扣10分				

续表

序号	考核项目	评分要素	配分	评分标准	检测结果	扣分	得分	备注
2	调整与处理	调整冷油器出油温度至正常	10	未调整冷油器出油温度扣 10 分				
		设法降低轴承回油温度，无效时打闸停机检查轴承	10	未设法降低轴承回油温度扣 10 分				
		调整汽缸疏水及冷却水，完善保温	10	未调整汽缸疏水及冷却水扣 10 分				
		联系锅炉调整主蒸汽温度至正常	10	未联系锅炉调整汽温扣 10 分				
		在临界转速以下，轴承振动超过 0.03mm 应打闸停机；过临界转速轴承振动值达 0.1mm 应打闸停机，并查明原因	10	未按规定打闸停机扣 10 分				
合计			100					

试题 9：解决启动过程中的胀差越限(现场模拟)

(考核时间：30min)

序号	考核项目	评分要素	配分	评分标准	检测结果	扣分	得分	备注
1	胀差越限原因	主蒸汽温度与汽缸温度不匹配	10	未检查主汽温度、汽缸温度扣 10 分				
		轴封汽温度偏低	5	轴封汽源选择不当扣 5 分				
		汽缸疏水调节不当	5	未检查汽缸疏水扣 5 分				
		真空调整不当	10	未注意检查真空扣 10 分				
		暖机不充分，升速过快	10	暖机时间不足扣 10 分				
		汽缸法兰加热装置投用不当	10	未检查汽缸法兰加热装置扣 10 分				
2	处理方法	保证主蒸汽温度与汽缸温度相匹配	10	未联系锅炉及时调整主汽温度扣 10 分				
		提高轴封汽温度	5	未及时切换轴封汽源扣 5 分				
		及时调整汽缸疏水	5	未及时调整汽缸疏水扣 5 分				
		维持真空在最佳状态	10	未及时调整真空扣 10 分				
		充分暖机，按温升率升速暖机	10	暖机不充分，未按温升率升速暖机扣 10 分				
		调节法兰加热装置温度至最佳	10	未及时调整汽缸法兰加热装置扣 10 分				
合计			100					

试题10：复杂的高温高压母管制系统的切换操作(现场模拟)

（考核时间：30min）

序号	考核项目	评分要素	配分	评分标准	检测结果	扣分	得分	备注
1	制定方案	严格按规程规定进行操作	20	违反规程操作扣20分				
		根据实际对照系统运行方式，制定详细的切换操作方案	20	未制定操作方案扣20分				
		制定技术防范措施，做好事故应急预案	20	未有防范措施及事故预案扣20分				
2	操作注意事项	操作中应加强联系，及时汇报	20	操作中未注意联系及汇报扣20分				
		切换操作中如发生异常情况，应立即停止操作，恢复原样	20	发生异常时未停止操作扣20分				
		合　计	100					

试题11：汽轮机快速冷却操作(现场模拟)

（考核时间：30min）

序号	考核项目	评分要素	配分	评分标准	检测结果	扣分	得分	备注
1	滑参数停机过程	计划停机时可采用滑参数停机，降到锅炉最小负荷	15	未采用滑参数停机扣15分				
		汽轮机打闸停机并启动盘车装置	10	未及时投入盘车扣10分				
		破坏真空	10	未破坏真空扣10分				
		停止轴封汽供汽	10	未停止轴封供汽扣10分				
2	快冷操作	引压缩空气经加热器预热后投入使用	15	压缩空气预热温度不够扣15分				
		控制降温率12~16℃/h，调整压缩空气的进入汽温和流量	15	降温率控制不当扣15分				
		金属温度降到可以停盘车值时，停止向汽缸供汽	15	金属温度未达停盘车值停压缩空气扣15分				
		保持盘车状态2h左右，确定金属温度不再升高后停运盘车，停止快冷	10	停压缩空气后盘车运行时间不够扣10分				
		合　计	100					

试题12：DPU引起的调速系统故障处理(现场模拟)

（考核时间：30min）

序号	考核项目	评分要素	配分	评分标准	检测结果	扣分	得分	备注
1	升速中的故障处理	如DPU发生故障时机组正处于升速阶段，应打闸停机后再处理	25	未停机后处理扣25分				
2	正常运行中的故障处理	如机组已并网正常运行时发生DPU故障，应尽量保持目前状态，减少操作，必要时停止一切操作，切至手动	25	未保持状态切手动扣25分				
3	单DPU故障处理	如发生单DPU故障，且不影响另一路DPU正常控制，可仍保持在自动状态运行，在更换硬件前再切手动	25	未在更换硬件前再切手动扣25分				
4	双DPU故障处理	如双DPU同时发生故障，应将DPU切手动，加强监视参数，不得急于复位或更换DPU，应查清故障原因后再进行处理	25	未查清故障原因进行复位或更换硬件扣25分				
		合　计	100					

试题13：汽水管道爆破事故处理(现场模拟)

（考核时间：30min）

序号	考核项目	评分要素	配分	评分标准	检测结果	扣分	得分	备注
1	上报应急中心	立即上报事故应急指挥处理中心	10	未立即上报应急指挥中心扣10分				
2	处理方法	迅速查明故障管道，关闭离故障点近的阀门，如无法接近隔绝阀门，再扩大隔绝范围，待可以接近隔绝点时，应迅速缩小隔绝范围无法隔绝时请示上级要求停机	20	未立即采取措施进行隔绝扣20分				
		尽可能不使工作人员和设备遭受损害，如有人员受伤应立即联系送医院救治	20	未注意保护人身和设备安全扣20分				
		尽可能不停运运行设备	20	未尽能保证运行设备正常运行扣20分				
		先关闭来汽门、来水门，后关闭送汽、送水门	20	操作顺序颠倒扣20分				

续表

序号	考核项目	评分要素	配分	评分标准	检测结果	扣分	得分	备注
3	安全措施	做好安全措施防止他人误入危险区域	10	未做好安全措施扣10分				
		合　计	100					

试题14：油箱油位下降事故处理(现场模拟)

(考核时间：30min)

序号	考核项目	评分要素	配分	评分标准	检测结果	扣分	得分	备注
1	查找原因	检查确认油位计是否正常	10	未检查油位计扣10分				
		检查油系统设备、管道、法兰、阀门等是否漏油	20	未检查系统及设备扣20分				
		检查事故放油门是否漏油或误开	20	未检查事故放油门扣20分				
2	处理方法	迅速查找出漏油点并设法消除	20	未迅速消除漏点扣20分				
		必要时应加油，如仍不能维持正常时应申请停机	20	油位降至极限未停机扣20分				
3	汇报	及时汇报上级	10	未及时汇报扣10分				
		合　计	100					

试题15：汽轮机动静摩擦事故处理(现场模拟)

(考核时间：30min)

序号	考核项目	评分要素	配分	评分标准	检测结果	扣分	得分	备注
1	紧急停机处理	汽轮机组发生强烈振动，汽缸内部有明显的金属摩擦声音，应立即破坏真空紧急停机	35	未破坏真空紧急停机扣35分				
2	不停机处理	汇报值长，减低负荷，汽轮机组振动值降至正常，倾听汽缸内部声音正常	35	未减负荷检查扣35分				
		汇报上级联系专业人员进行分析和处理	30	未汇报上级联系专业人员进行分析和处理扣30分				
		合　计	100					

试题 16：汽轮机振动大事故处理(现场模拟)

（考核时间：30min）

序号	考核项目	评分要素	配分	评分标准	检测结果	扣分	得分	备注
1	查找原因	检查油压是否下降，油温是否过高或过低	10	未检查油温扣 10 分				
		检查主蒸汽温度是否骤变	10	未检查主蒸汽温度扣 10 分				
		检查汽轮机汽缸膨胀是否均匀	10	未检查汽轮机缸胀扣 10 分				
		检查发电机、励磁机是否正常	10	未检查发电机励磁机扣 10 分				
2	处理方法	汽轮机组突然发生强烈振动或内部有明显的金属撞击声音、摩擦声音，应立即破坏真空紧急停机，并注意惰走时间，倾听汽轮机内部声音	25	未破坏真空紧急停机扣 25 分				
		当汽轮机组发生振动值增加或发出不正常的声音，应减低负荷直到振动值减小至正常，同时应分析原因并设法消除	25	未减低负荷扣 25 分				
		汇报上级，联系专业人员共同分析处理	10	未及时汇报联系扣 10 分				
		合　计	100					

试题 17：压力容器爆破事故处理(现场模拟)

（考核时间：30min）

序号	考核项目	评分要素	配分	评分标准	检测结果	扣分	得分	备注
1	上报应急中心	立即上报事故应急指挥处理中心	20	未及时上报应急中心扣 20 分				
2	处理方法	迅速查明故障压力容器，并进行隔绝操作。如无法接近隔绝操作，再扩大隔绝范围，待可以接近隔绝时，应迅速缩小隔绝范围。无法隔绝须停机时，请示上级要求停机	20	未迅速查明故障压力容器并隔绝扣 20 分				

续表

序号	考核项目	评分要素	配分	评分标准	检测结果	扣分	得分	备注
		尽可能不使工作人员和设备遭受损害，如有人员受伤应立即联系送医院救治	20	未注意保护人身和设备安全扣20分				
		尽可能不停运运行设备	20	未尽能保证运行设备正常运行扣20分				
3	安全措施	做好安全措施防止他人误入危险区域	20	未做好安全措施扣20分				
		合　计	100					

试题18：汽轮机叶片断落的事故处理(现场模拟)

（考核时间：30min）

序号	考核项目	评分要素	配分	评分标准	检测结果	扣分	得分	备注
1	检查分析	汽轮机叶片发生损坏时，要仔细观察并汇报同专业人员共同分析与处理	30	判断错误扣15分				
				未汇报上级与专业人员分析处理扣15分				
2	处理方法	发生下列情况之一要立即破坏真空，做紧急停机处理。 ①汽轮机内部发出明显的金属撞击声及摩擦声 ②机组发生强烈振动	35	未破坏真空紧急停机扣35分				
		汽轮机调节压力，某级抽汽压力或抽汽压、轴向位移、推力轴承瓦块温度发生明显变化或相应轴承振动明显增大、凝结水导电率及硬度上升，应尽快申请减负荷停机	35	未及时申请减负荷停机扣35分				
		合　计	100					

试题19：推力瓦块温度高的处理(现场模拟)

（考核时间：30min）

序号	考核项目	评分要素	配分	评分标准	检测结果	扣分	得分	备注
1	检查与调整	推力瓦块温度普遍升高2~3℃，分析原因，调整冷油器出油温度维持在38~42℃	25	未检查分析扣25分				

续表

序号	考核项目	评分要素	配分	评分标准	检测结果	扣分	得分	备注
2	处理方法	任何一块推力瓦块温度上升，应检查相近的瓦块温度是否正常，并联系热工人员检查，确认表计正常	25	未检查确认表计扣25分				
		汇报值长，减少负荷到不超过规定值为止	25	未减少负荷扣25分				
		任何一块推力瓦块温度上升，经采取措施仍不能使温度下降，且温度上升到极限值时，应破坏真空紧急停机	25	未破坏真空紧急停机扣25分				
		合　计	100					

七、技能操作鉴定要素细目表（高级技师）

鉴定范围						鉴定点	
一级		二级		三级		代码	名　称
代码	名　称	代码	名　称	代码	名　称		
A	技能要求	A	工艺操作	A	开机准备	001	开机方案的审核
						002	网络计划的审核
						003	重大操作的工作票、操作票的审核、签发
				B	开机操作	001	新装置开车的指挥
						002	同类装置的试车指挥
				C	正常操作	001	解决同类装置技术难题
						002	蒸汽初终参数变化对发电厂经济性影响的分析
				D	停机操作	001	同类装置的停机检修工作的指导
		B	设备使用与维护	A	使用设备	001	各类设备操作方式的改进
						002	对设备安装调试提出建议
				B	维护设备	001	装置防腐措施的制定
						002	大机组特护标准的制定
						003	重要设备管线工况安全的确认
		C	事故判断与处理	A	事故判断	001	复杂疑难故障的处理
						002	应急预案的编制及指挥
						003	电网系统事故时各机组的指挥处理

续表

鉴定范围						鉴定点	
一级		二级		三级		代码	名称
代码	名称	代码	名称	代码	名称		
		D	绘图及典型事故的处理	A	绘图	001	开停机网络图的绘制
				B	典型事故的处理及经济运行方法分析	001	分析保证机组经济运行的方法
						002	运行中进行定期试验
						003	现场规程应包括的内容
						004	编制机组运行6kV-A段跳闸事故预案
						005	主油箱油位下降处理
						006	汽轮机轴向位移增大的处理
						007	汽轮机进水处理
						008	汽轮机轴承温度高处理
						009	油系统着火处理
						010	厂用电全停处理

八、技能操作试题(高级技师)

试题1：开机方案的审核(现场模拟)

(考核时间：30min)

序号	考核项目	评分要素	配分	评分标准	检测结果	扣分	得分	备注
1	准备工作	穿戴劳保用品	5	未穿戴整齐扣5分				
		工具、用具的准备	5	每少选一件扣5分				
2	网络	审核开机网络	10	此项缺扣10分				
3	操作票及危险识别评估表	操作票及危险识别评估表的填写	10	此项缺扣10分				
4	开机卡片	填写开机卡片	10	此项缺扣10分				
5	联锁保护试验	机组联锁保护试验合格	10	此项缺扣10分				
6	资料	安全门校验合格，报告归档	10	此项缺扣10分				
7	开机人员	人员组织到位	20	此项缺扣20分				
8	3000r/min试验	3000r/min试验方案齐全	20	此项缺扣20分				
9	安全及其他	按国家法规或企业规定		违规一次总分扣5分；严重违规停止操作				—
		在规定时间内完成		每超时1min从总分中扣5分，超时3min停止操作				—

续表

序号	考核项目	评分要素	配分	评分标准	检测结果	扣分	得分	备注
		合 计	100					

试题 2：网络计划的审核(现场模拟)

(考核时间：30min)

序号	考核项目	评分要素	配分	评分标准	检测结果	扣分	得分	备注
1	准备工作	穿戴劳保用品	5	未穿戴整齐扣 5 分				
		工具、用具的准备	5	每少选一件扣 5 分				
2	电机试转	电机单试方向正确，电流在额定范围内，振动在合格范围内	10	此项缺扣 10 分				
3	仪表齐全	所有仪表齐全，显示正常	20	此项缺扣 20 分				
4	工作票	现场工完、料尽、场地清，工作票注销	20	此项缺扣 20 分				
5	联锁保护试验	相关联锁保护试验全部合格	20	此项缺扣 20 分				
6	操作卡及危险识别评估	填写启动操作卡及危险识别评估表	20	此项缺扣 20 分				
7	安全及其他	按国家法规或企业规定		违规一次总分扣 5 分；严重违规停止操作			—	
		在规定时间内完成		每超时 1min 从总分中扣 5 分，超时 3min 停止操作			—	
		合 计	100					

试题 3：给泵隔绝操作的工作票、操作票的审核、签发(现场模拟)

(考核时间：30min)

序号	考核项目	评分要素	配分	评分标准	检测结果	扣分	得分	备注
1	准备工作	穿戴劳保用品	5	未穿戴整齐扣 5 分				
		工具、用具的准备	5	每少选一件扣 5 分				
2	审核	高压电机设备的停运需征得值长同意方可操作	15	此项缺扣 15 分				
		隔绝前重要压力表显示正常	25	此项缺扣 25 分				
		给水泵出口门及出口逆止门严密，再循环门严密	25	此项缺扣 25 分				

续表

序号	考核项目	评分要素	配分	评分标准	检测结果	扣分	得分	备注
3	签发	工作票签发人与工作票负责人共同确认给水泵内部压力到零，存水放完，方可签发操作票	25	此项缺扣25分				
4	安全及其他	按国家法规或企业规定		违规一次总分扣5分；严重违规停止操作			—	
		在规定时间内完成		每超时1min从总分中扣5分，超时3min停止操作			—	
	合　计		100					

试题4：新装置开车的指挥(现场模拟)

（考核时间：30min）

序号	考核项目	评分要素	配分	评分标准	检测结果	扣分	得分	备注
1	准备工作	穿戴劳保用品	5	未穿戴整齐扣5分				
		工具、用具的准备	5	每少选一件扣5分				
2	开机前准备	所有的竣工资料齐全，相关手续齐全	15	所有的竣工资料不齐扣8分，相关手续不齐扣7分				
		人员组织到位	15	人员组织不到位扣15分				
3	试验	所有辅机单试、联锁试验合格	15	未进行所有辅机单试、联锁试验扣15分				
		DCS运行显示正常	15	此项缺扣15分				
		机电联锁保护试验全部合格	10	此项缺扣10分				
4	管线吹扫	所有管道吹扫合格	10	此项缺扣10分				
5	开机方案	审核开机方案	10	此项缺扣10分				
6	安全及其他	按国家法规或企业规定		违规一次总分扣5分；严重违规停止操作			—	
		在规定时间内完成		每超时1min从总分中扣5分，超时3min停止操作			—	
	合　计		100					

试题5：同类机组的试车指挥(现场模拟)

(考核时间：30min)

序号	考核项目	评分要素	配分	评分标准	检测结果	扣分	得分	备注
1	准备工作	穿戴劳保用品	5	未穿戴整齐扣5分				
		工具、用具的准备	5	每少选一件扣5分				
2	操作程序	全面熟悉机组相关的系统、流程，了解本厂的热力流程	20	不熟悉机组相关的系统、流程扣10分，不了解本厂的热力流程扣10分				
		熟悉机组的规程、热力特性说明书	20	不熟悉机组的规程扣10分，不熟悉热力特性说明书扣10分				
		编制开机方案	10	不熟悉开机方案扣10分				
		了解本厂的调度纪律、工艺纪律等工作程序	20	不了解本厂的调度纪律扣10分				
				不了解工艺纪律等工作程序扣10分				
		熟悉开机网络图	10	不熟悉开机网络图扣10分				
		制定开机升速、加负荷曲线	10	未制定开机升速、加负荷曲线扣10分				
3	安全及其他	按国家法规或企业规定		违规一次总分扣5分；严重违规停止操作			—	
		在规定时间内完成		每超时1min从总分中扣5分，超时3min停止操作			—	
		合　　计	100					

试题6：解决开机过程中上下缸温差的技术难题(现场模拟)

(考核时间：30min)

序号	考核项目	评分要素	配分	评分标准	检测结果	扣分	得分	备注
1	准备工作	穿戴劳保用品	5	未穿戴整齐扣5分				
		工具、用具的准备	5	每少选一件扣5分				
2	表计	校验汽缸相关温度计显示	15	未校验汽缸相关温度计显示扣15分				
3	运行方式	检查各抽汽加热器水位	15	未检查各抽汽加热器水位扣15分				
		采用圆周进汽方式	15	未采用圆周进汽方式扣15分				
4	调整阶段	合理控制不同转速下的真空	25	未控制不同转速下的真空扣25分				

续表

序号	考核项目	评分要素	配分	评分标准	检测结果	扣分	得分	备注
		调整各抽汽管段、汽缸、调门、导管的疏水大小	20	未调整各抽汽管段、汽缸、调门、导管的疏水大小扣20分				
5	安全及其他	按国家法规或企业规定		违规一次总分扣5分；严重违规停止操作			—	
		在规定时间内完成		每超时1min从总分中扣5分，超时3min停止操作			—	
	合　计		100					

试题7：蒸汽初终参数变化对发电厂经济性影响的分析(现场模拟)

（考核时间：30min）

序号	考核项目	评分要素	配分	评分标准	检测结果	扣分	得分	备注
1	准备工作	穿戴劳保用品	5	未穿戴整齐扣5分				
		工具、用具的准备	5	每少选一件扣5分				
2	定义	蒸汽初参数含主蒸汽压力、温度、过热度	15	缺少主蒸汽压力扣5分，缺少温度扣5分，缺少过热度扣5分				
3	标准	蒸汽压力、温度在规程规定范围内	15	缺少主蒸汽压力扣7分，缺少温度扣8分				
4	定义	最有利真空的概念	15	最有利真空的概念不准确扣15分				
5	分析	蒸汽压力、温度超过上限影响汽轮机组的寿命	15	未分析蒸汽压力、温度超过上限影响汽轮机组的寿命扣15分				
		蒸汽压力、温度低于下限影响汽轮机的效率及容易产生水冲击	20	未分析蒸汽压力、温度低于下限影响汽轮机的效率扣10分，未分析容易产生水冲击扣10分				
		真空高、低对于汽轮机效率的影响	10	此项缺扣10分				
6	安全及其他	按国家法规或企业规定		违规一次总分扣5分；严重违规停止操作			—	
		在规定时间内完成		每超时1min从总分中扣5分，超时3min停止操作			—	
	合　计		100					

试题 8：同类装置的停机检修工作的指导(现场模拟)

（考核时间：30min）

序号	考核项目	评分要素	配分	评分标准	检测结果	扣分	得分	备注
1	准备工作	穿戴劳保用品	5	未穿戴整齐扣 5 分				
		工具、用具的准备	5	每少选一件扣 5 分				
2	机组概况	熟悉机组缺陷、隐患、经济指标等运行情况	15	不熟悉机组缺陷、隐患、经济指标等运行情况扣 15 分				
3	检修主体	确定机组的检修主攻反向	15	不能确定机组的检修主攻反向扣 15 分				
4	制定网络	编制检修网络图	15	不能编制检修网络图扣 15 分				
5	技术	指导技术改造、隐患治理等	15	不能指导技术改造、隐患治理等扣 15 分				
6	技术攻关	组织攻关检修过程中的技术难题	20	不能组织攻关检修过程中的技术难题扣 20 分				
7	三级验收	组织检修质量的三级验收	10	不能组织检修质量的三级验收扣 10 分				
8	安全及其他	按国家法规或企业规定		违规一次总分扣 5 分；严重违规停止操作			—	
		在规定时间内完成		每超时 1min 从总分中扣 5 分，超时 3min 停止操作			—	
	合　计		100					

试题 9：各类设备操作方式的改进(现场模拟)

（考核时间：30min）

序号	考核项目	评分要素	配分	评分标准	检测结果	扣分	得分	备注
1	准备工作	穿戴劳保用品	5	未穿戴整齐扣 5 分				
		工具、用具的准备	5	每少选一件扣 5 分				
2	装置概况	熟悉设备特点、工艺流程、运行状况	10	不熟悉设备特点、工艺流程、运行状况扣 20 分				
3	设备技术	了解设备的新技术的发展	20	不了解设备的新技术的发展扣 20 分				
4	工艺技术	了解新工艺的发展	20	不了解新工艺的发展扣 20 分				
5	安全技术评估	评估设备工艺安全、经济等运行状况	20	未能评估设备工艺安全、经济等运行状况扣 20 分				

续表

序号	考核项目	评分要素	配分	评分标准	检测结果	扣分	得分	备注
6	操作方式	优化操作方式	20	未能优化操作方式扣20分				
7	安全及其他	按国家法规或企业规定		违规一次总分扣5分；严重违规停止操作			—	
		在规定时间内完成		每超时1min从总分中扣5分，超时3min停止操作			—	
	合　计		100					

试题10：对设备安装调试提出建议(现场模拟)

（考核时间：30min）

序号	考核项目	评分要素	配分	评分标准	检测结果	扣分	得分	备注
1	准备工作	穿戴劳保用品	5	未穿戴整齐扣5分				
		工具、用具的准备	5	每少选一件扣5分				
2	操作程序	熟悉安装图纸	10	不熟悉安装图纸扣10分				
		熟悉现场状况	10	不熟悉现场状况扣10分				
		熟悉HSE相关内容，了解清洁生产相关法规	10	不熟悉HSE相关内容，了解清洁生产相关法规扣10分				
		设备、管线布置正确、美观	10	不能满足设备、管线布置正确、美观扣10分				
		现场空间便于检修及操作	10	现场空间不便于检修及操作扣10分				
		汽、水排放口符合安全规程、不影响现场工作人员安全	10	汽、水排放口不符合安全规程、影响现场工作人员安全扣10分				
		合理安排调试项目	10	不能合理安排调试项目扣10分				
		编制吹扫、单试、联试、联锁相关方案	20	不能编制吹扫、单试、联试、联锁相关方案扣20分				
3	安全及其他	按国家法规或企业规定		违规一次总分扣5分；严重违规停止操作			—	
		在规定时间内完成		每超时1min从总分中扣5分，超时3min停止操作			—	
	合　计		100					

试题11：装置防腐措施的制定（现场模拟）

（考核时间：30min）

序号	考核项目	评分要素	配分	评分标准	检测结果	扣分	得分	备注
1	准备工作	穿戴劳保用品	5	未穿戴整齐扣5分				
		工具、用具的准备	5	每少选一件扣5分				
2	操作程序	了解相应的防腐标准、规范	10	不了解相应的防腐标准、规范扣10分				
		了解设备寿命管理的相关知识	10	不了解设备寿命管理的相关知识扣10分				
		了解清洁生产的相关法规及相关知识	10	不了解清洁生产的相关法规及相关知识扣10分				
		了解各种防腐方法	20	不了解各种防腐方法扣20分				
		运用相应的防腐方法	20	不能运用相应的防腐方法扣20分				
		制定防腐方案	10	未能制定防腐方案扣10分				
		制定防腐操作规程	10	未能制定防腐操作规程扣10分				
3	安全及其他	按国家法规或企业规定		违规一次总分扣5分；严重违规停止操作			—	
		在规定时间内完成		每超时1min从总分中扣5分，超时3min停止操作			—	
合计			100					

试题12：大机组特护标准的制定（现场模拟）

（考核时间：30min）

序号	考核项目	评分要素	配分	评分标准	检测结果	扣分	得分	备注
1	准备工作	穿戴劳保用品	5	未穿戴整齐扣5分				
		工具、用具的准备	5	每少选一件扣5分				
2	操作程序	了解调度纪律、缺陷管理制度等相关管理规定	10	不了解调度纪律、缺陷管理制度等相关管理规定扣10分				
		熟悉常用振动、温度测量仪器的使用方法	10	不熟悉常用振动、温度测量仪器的使用方法扣10分				
		了解相关电机使用规范及参数范围	10	不了解相关电机使用规范及参数范围扣10分				
		了解机组构造、原理、特性	10	未能了解机组构造、原理、特性扣10分				

续表

序号	考核项目	评分要素	配分	评分标准	检测结果	扣分	得分	备注
		列出机组的薄弱环节及关键点	10	未能列出机组的薄弱环节及关键点扣10分				
		制定特护程序	10	未能制定特护程序扣10分				
		定期整理数据、分析总结	10	未能定期整理数据、分析总结扣10分				
		做好监测数据的记录	10	未能做好监测数据的记录扣10分				
		持续完善特护程序	10	未能持续完善特护程序扣10分				
3	安全及其他	按国家法规或企业规定		违规一次总分扣5分；严重违规停止操作			—	
		在规定时间内完成		每超时1min从总分中扣5分，超时3min停止操作			—	
		合　计	100					

试题13：重要设备管线工况安全的确认(现场模拟)

（考核时间：30min）

序号	考核项目	评分要素	配分	评分标准	检测结果	扣分	得分	备注
1	准备工作	穿戴劳保用品	5	未穿戴整齐扣5分				
		工具、用具的准备	5	每少选一件扣5分				
2	操作程序	支吊架齐全、完好、工作正常	10	此项缺扣10分				
		保温完整、无缺损，符合规范要求	10	此项缺扣10分				
		附属疏水阀、管线、自动疏水器工作正常	10	此项缺扣10分				
		沿途阀门及管线无跑、冒、滴、漏	10	此项缺扣10分				
		系统压力、温度、流量显示在规定范围内	10	此项缺扣10分				
		定期检验合格，检验报告归档	20	此项缺扣20分				
		管线、设备工作环境安全、符合规范	10	此项缺扣10分				
		管线、设备巡检、管理措施到位	10	此项缺扣10分				

续表

序号	考核项目	评分要素	配分	评分标准	检测结果	扣分	得分	备注
3	安全及其他	按国家法规或企业规定		违规一次总分扣5分；严重违规停止操作			—	
		在规定时间内完成		每超时1min从总分中扣5分，超时3min停止操作			—	
		合　计	100					

试题14：复杂疑难故障的处理(现场模拟)

（考核时间：30min）

序号	考核项目	评分要素	配分	评分标准	检测结果	扣分	得分	备注
1	准备工作	穿戴劳保用品	5	未穿戴整齐扣5分				
		工具、用具的准备	5	每少选一件扣5分				
2	操作程序	熟知相关产品说明书及设备、系统特性	10	不熟知相关产品说明书及设备、系统特性扣10分				
		收集故障前、后相关参数及现象	10	未收集故障前、后相关参数及现象扣10分				
		分析相关参数特性，研究相关现象	20	不分析相关参数特性，研究相关现象扣20分				
		了解同类故障的处理方法及经验	20	不了解同类故障的处理方法及经验扣20分				
		制定故障处理措施	20	未制定故障处理措施扣20分				
		做好记录、总结	10	未做好记录、总结扣20分				
3	安全及其他	按国家法规或企业规定		违规一次总分扣5分；严重违规停止操作			—	
		在规定时间内完成		每超时1min从总分中扣5分，超时3min停止操作			—	
		合　计	100					

试题15：应急预案的编制及指挥(现场模拟)

（考核时间：30min）

序号	考核项目	评分要素	配分	评分标准	检测结果	扣分	得分	备注
1	准备工作	穿戴劳保用品	5	未穿戴整齐扣5分				
		工具、用具的准备	5	每少选一件扣5分				
2	操作程序	了解现场的工艺流程、生产状况、周边环境	10	不了解现场的工艺流程、生产状况、周边环境扣10分				

续表

序号	考核项目	评分要素	配分	评分标准	检测结果	扣分	得分	备注
		写出编制事故预案的目的	5	不写出编制目的扣5分				
		成立应急指挥中心	5	未成立应急指挥中心扣5分				
		制定应急指挥流程	10	未制定应急指挥流程扣10分				
		组织宣传、培训	10	不组织宣传、培训扣10分				
		选出参加演习人员	10	无演习人员扣10分				
		列出保证措施，演习不得影响机组正常运行	10	不列出保证措施扣5分，演习影响机组正常运行扣5分				
		列出演习时间、地点	5	不列出演习时间扣5分、无地点扣5分				
		严格执行应急预案	10	未能严格执行应急预案扣10分				
		列出评分标准	5	不列出评分标准扣5分				
		总结演习情况	5	不总结扣5分				
		编制完毕，汇报领导	5	不汇报扣5分				
3	安全及其他	按国家法规或企业规定		违规一次总分扣5分；严重违规停止操作			—	
		在规定时间内完成		每超时1min从总分中扣5分，超时3min停止操作			—	
		合　　计	100					

试题16：电网系统事故时各机组的指挥处理(现场模拟)

(考核时间：30min)

序号	考核项目	评分要素	配分	评分标准	检测结果	扣分	得分	备注
1	准备工作	穿戴劳保用品	5	未穿戴整齐扣5分				
		工具、用具的准备	5	每少选一件扣5分				
2	操作程序	严格执行“反事故二十五条”	20	此项缺扣20分				
		严格按照事故处理原则执行	10	未能严格按照事故处理原则执行扣10分				
		了解厂用电负荷分布图及电气一次系统图	10	不了解厂用电负荷分布图及电气一次系统图扣10分				
		熟悉电网各种故障时的现象	10	不熟悉电网各种故障时的现象扣10分				
		熟悉故障停机的处理方法	10	不熟悉故障停机的处理方法扣10分				

续表

序号	考核项目	评分要素	配分	评分标准	检测结果	扣分	得分	备注
		熟悉机组一次调频及二次调频等调节系统的动作原理	10	不熟悉机组一次调频及二次调频等调节系统的动作原理扣10分				
		平衡热电负荷	10	未能平衡热电负荷扣10分				
		维持机组稳定安全运行	10	不能维持机组稳定安全运行扣10分				
3	安全及其他	按国家法规或企业规定		违规一次总分扣5分；严重违规停止操作			—	
		在规定时间内完成		每超时1min从总分中扣5分，超时3min停止操作			—	
	合　计		100					

试题17：开停机网络图的绘制(现场模拟)

（考核时间：30min）

序号	考核项目	评分要素	配分	评分标准	检测结果	扣分	得分	备注
1	准备工作	穿戴劳保用品	5	未穿戴整齐扣5分				
		工具、用具的准备	5	每少选一件扣5分				
2	操作程序	绘制开机过程中升速曲线	20	漏掉此项扣20分				
		绘制开机过程中加负荷曲线	20	漏掉此项扣20分				
		绘制停机过程中减负荷曲线	20	漏掉此项扣20分				
		绘制停机过程中的惰走曲线	10	漏掉此项扣20分				
		制定开机试验项目及方案	10	漏掉此项扣10分				
		制定停机试验项目及方案	10	漏掉此项扣10分				
3	安全及其他	按国家法规或企业规定		违规一次总分扣5分；严重违规停止操作			—	
		在规定时间内完成		每超时1min从总分中扣5分，超时3min停止操作			—	
	合　计		100					

试题 18：编制机组运行 6kV-A 段跳闸事故预案（现场模拟）

（考核时间：30min）

序号	考核项目	评分要素	配分	评分标准	检测结果	扣分	得分	备注
1	准备工作	穿戴劳保用品	3	未穿戴整齐扣 3 分				
		工具、用具的准备	2	工具选择不正确扣 2 分				
2	操作程序	写出编制运行中 6kV-A 段跳闸事故预案的目的	10	不写出编制目的扣 10 分				
		选出参加演习人员	10	无演习人员扣 10 分				
		列出保证措施，演习不得影响机组正常运行	10	不列出保证措施扣 5 分，演习影响机组正常运行扣 5 分				
		列出演习时间、地点	10	不列出演习时间扣 5 分、无地点扣 5 分				
		列出运行方式、运行设备、联动设备、备用设备、参数等	10	不列所述项目扣 10 分				
		列出运行中 6kV-A 段跳闸事故现象	10	不列事故现象扣 10 分				
		列出运行中 6kV-A 段跳闸处理的过程	10	不列处理过程扣 10 分				
		列出评分标准	10	不列出评分标准扣 10 分				
		总结演习情况	10	不总结扣 10 分				
		编制完毕，汇报领导	5	不汇报扣 5 分				
3	安全及其他	按国家法规或企业规定		违规一次总分扣 5 分；严重违规停止操作			—	
		在规定时间内完成		每超时 1min 从总分中扣 5 分，超时 3min 停止操作			—	
		合　计	100					

试题 19：主油箱油位下降处理（现场模拟）

（考核时间：30min）

序号	考核项目	评分要素	配分	评分标准	检测结果	扣分	得分	备注
1	准备工作	检查工具、用具是否完好	10	不检查不得分，检查不全面扣 5 分				
		检查油位计指示，确认主油箱油位下降	5	不确认油位下降扣 5 分				

续表

序号	考核项目	评分要素	配分	评分标准	检测结果	扣分	得分	备注
2	操作程序	立即向主油箱补油	5	不补油扣5分				
		检查主油箱和密封油箱事故放油门是否误开或不严密，主油箱采样门是否误开	10	不检查事故放油门扣5分，不检查采样门扣5分				
		检查密封油箱油位是否满油，油水继电器是否有油	10	不检查密封油箱油位扣5分，不检查油水继电器扣5分				
		检查轴承油挡是否漏油	5	不检查轴承油档扣5分				
		检查冷油器放油门、放空门是否误开，至化学滤油门开关位置是否正确	10	不检查一处扣5分				
		检查运行冷油器是否泄漏，如泄漏，立即投入备用冷油器，停止泄漏冷油器	10	不检查冷油器扣5分，不投备用冷油器扣2分，不停止泄漏冷油器扣3分				
		检查外部油管道系统是否泄漏，如有泄漏，通知检修人员进行处理	10	不检查扣5分，不通知检修处理扣5分				
		当主油箱油位下降到-250mm以下，采取措施无效时，启动润滑油泵打闸停机	10	不检查油位扣5分，不打闸扣5分				
		处理完毕，汇报班值长，做好记录	5	不汇报扣3分，不做记录扣2分				
3	安全及其他	劳保穿戴齐全，遵守操作规程	10	劳保穿戴不齐，不得分；违反操作规程，不得分				
合　计			100					

试题20：汽轮机轴向位移增大的处理(现场模拟)

(考核时间：30min)

序号	考核项目	评分要素	配分	评分标准	检测结果	扣分	得分	备注
1	准备工作	检查工具、用具是否完好	10	不检查不得分，检查不全面扣5分				
2	操作程序	发现轴向位移增大时，应立即汇报值长，联系热工校对表计	5	不汇报值长扣3分，不联系热工扣2分				
		检查负荷或蒸汽流量是否增加	5	检查不到扣5分				
		检查主、再热蒸汽参数是否下降	5	检查不到扣5分				

续表

序号	考核项目	评分要素	配分	评分标准	检测结果	扣分	得分	备注
		检查凝结器真空是否下降	5	检查不到扣5分				
		检查汽轮机是否单缸进汽	5	检查不到扣5分				
		分析通流部分是否损坏	5	分析不到扣5分				
		分析叶片是否结垢严重	5	分析不到扣5分				
		分析推力轴承是否磨损	5	分析不到扣5分				
		分析汽轮机是否发生水冲击	5	分析不到扣5分				
		当轴向位移增大到+0.8mm、-1.25mm时，推力瓦块乌金温度升高到95℃，应通知锅炉减去部分负荷	10	操作不当扣10分				
		若轴向位移增大，并有清晰的金属磨擦声、振动或推力轴承回油温度异常升高，应破坏真空紧急故障停机	10	操作不当扣10分				
		当轴向位移增大到+1.2mm、-1.65mm时，保护未动作，或相邻推力瓦块乌金温度超过100℃时，应破坏真空紧急故障停机	10	操作不当扣10分				
		处理完毕，汇报班值长，做好记录	5	不汇报扣3分，不做记录扣2分				
3	安全及其他	劳保穿戴齐全，遵守操作规程	10	劳保穿戴不齐，不得分；违反操作规程，不得分				
		合　计	100					

试题21：汽轮机进水处理(现场模拟)

(考核时间：30min)

序号	考核项目	评分要素	配分	评分标准	检测结果	扣分	得分	备注
1	准备工作	检查工具、用具是否完好	10	不检查不得分，检查不全面扣5分				
2	操作程序	现象：蒸汽温度急剧下降；电动主闸门、自动主汽门、调速汽门密封圈和轴封大量冒白汽或溅有水滴，相关管道产生水击现象；机组振动增加并伴有异常声音；上、下缸温差急剧增大；推力轴承瓦块乌金温度升高，汽缸金属温度下降，胀差、轴向位移发生变化；凝结器水位急剧升高，确认汽轮机进水	10	不根据现象进行事故确认扣10分				

续表

序号	考核项目	评分要素	配分	评分标准	检测结果	扣分	得分	备注
		启动润滑油泵，迅速破坏真空紧急故障停机	10	不操作扣10分				
		开启汽缸、蒸汽管道疏水	10	不操作扣10分				
		记录惰走时间，仔细倾听汽轮机内部声音	10	不记录惰走时间扣5分，不进行听音检查扣5分				
		分析是否发生锅炉汽包满水	5	分析不到扣5分				
		分析是否发生锅炉蒸汽减温水或旁路系统减温水调整不当	5	分析不到扣5分				
		分析是否发生蒸汽管道疏水未排尽	5	分析不到扣5分				
		分析是否发生进入疏水扩容器的疏水管返水	5	分析不到扣5分				
		分析是否发生轴封供汽带水	5	分析不到扣5分				
		检查各加热器、除氧器是否满水，若满水，应设法降低水位或隔绝放水	10	分析不到扣5分，不降水位扣5分				
		处理完毕，汇报班值长，做好记录	5	不汇报扣3分，不做记录扣2分				
3	安全及其他	劳保穿戴齐全，遵守操作规程	10	劳保穿戴不齐，不得分；违反操作规程，不得分				
		合　计	100					

试题22：汽轮机轴承温度高处理(现场模拟)

(考核时间：30min)

序号	考核项目	评分要素	配分	评分标准	检测结果	扣分	得分	备注
1	准备工作	检查工具、用具是否完好	10	不检查不得分，检查不全面扣5分				
2	操作程序	发现轴承乌金温度升高，对照表计进行确认	10	不进行确认扣10分				
		检查冷油器出口温度是否过高	5	检查不到扣5分				

续表

序号	考核项目	评分要素	配分	评分标准	检测结果	扣分	得分	备注
		检查轴承是否存在进油量减少或回油不畅	5	检查不到扣5分				
		检查油系统内是否积存空气	5	检查不到扣5分				
		检查主油箱油位是否降低到规定值以下	5	检查不到扣5分				
		检查机组轴承振动是否过大，引起油膜破坏，润滑不良	5	检查不到扣5分				
		检查是否存在油质恶化	5	检查不到扣5分				
		检查是否汽轮机负荷升高，轴向传热增加	5	检查不到扣5分				
		检查是否轴封漏汽过大，油中进水	5	检查不到扣5分				
		分析是否存在轴承乌金脱壳或熔化磨损	5	检查不到扣5分				
		当任一轴承乌金温度超过100℃时，或轴承回油温度超过75℃或突然升高到70℃时，或润滑油压下降到0.06MPa，启动交、直流润滑油泵无效时，均应立即破坏真空紧急故障停机	20	检查不到扣10分，操作不当扣10分				
		处理完毕，汇报班值长，做好记录	5	不汇报扣3分，不做记录扣2分				
3	安全及其他	劳保穿戴齐全，遵守操作规程	10	劳保穿戴不齐，不得分；违反操作规程，不得分				
		合　计	100					

试题23：油系统着火处理（现场模拟）

（考核时间：30min）

序号	考核项目	评分要素	配分	评分标准	检测结果	扣分	得分	备注
1	准备工作	检查工具、用具是否完好	10	不检查不得分，检查不全面扣5分				

续表

序号	考核项目	评分要素	配分	评分标准	检测结果	扣分	得分	备注
2	操作程序	发现油系统着火，应迅速发出事故信号，通知值长及有关专责，报告消防队	5	发现油系统着火，不报告扣5分				
		在消防队未到达之前，采取措施全力扑救，如果失火点有电源，必须切断电源	5	处理不当扣5分				
		汽轮机油系统刚开始发生小火时，应设法切断油源立即进行扑救	10	处理不当扣10分				
		若由于喷油而引起大火，一时无法扑灭，而且严重威胁机组安全运行时，应破坏真空紧急故障停机	10	处理不当扣10分				
		当机头被大火封住，人员确实不能靠近时，在主控室按动“停机按钮”停机，迅速关闭电动主闸门，并且检查转速下降情况	10	处理不当扣10分				
		停机时，严禁起动调速油泵，为减少喷油，尽可能维持较低润滑油压，待汽轮机转子静止后，立即停止油泵运行	10	处理不当扣10分				
		当发生喷油起火，要迅速堵住喷油处，改变油方向，使油流不向高温热体喷射，并立即用“1211”、“干粉灭火器”灭火	10	处理不当扣10分				
		确认发电机已经解列，转速在下降情况下或火势很大并严重危及主油箱时，应立即打开油箱事故放油门排油，注意控制油箱油位，能保证汽轮机转子静止前用油，并注意发电机排氢	10	处理不当扣10分				
		为防止火灾蔓延到邻近机组，要组织消防人员用水或泡沫等把大火和浓烟封住，以降低浓烟温度，控制火势，防止邻机被烧	5	处理不当扣5分				

续表

序号	考核项目	评分要素	配分	评分标准	检测结果	扣分	得分	备注
		处理完毕，汇报班值长，做好记录	5	不汇报扣3分，不做记录扣2分				
3	安全及其他	劳保穿戴齐全，遵守操作规程	10	劳保穿戴不齐，不得分；违反操作规程，不得分				
	合　计		100					

试题24：厂用电全停处理(现场模拟)

(考核时间：30min)

序号	考核项目	评分要素	配分	评分标准	检测结果	扣分	得分	备注
1	准备工作	检查工具、用具是否完好	10	不检查不得分，检查不全面扣5分				
2	操作程序	现象：事故喇叭响，机组声音异常；工作照明熄灭，事故照明亮；运行设备电流指示到零，各泵出口压力急剧下降，电机停转，备用设备不联动；蒸汽参数下降；凝结器真空下降。根据现象确认厂用电全停	10	不进行事故确认扣10分				
		立即启动交流润滑油泵(若发现故障，再启动直流润滑油泵)、空侧交流密封油泵(若发现故障，启动直流密封油泵)	10	少操作一处扣5分				
		打闸停机，通知电气解列	10	不打闸扣5分，不通知电气解列扣5分				
		联系电气尽快恢复厂用电	5	不联系电气尽快恢复厂用电扣5分				
		将各运行设备启动按钮复归，联锁开关断开，待厂用电源恢复后重新启动	10	不操作扣10分				
		注意检查严禁将本体及管道疏水倒入凝结器	5	不检查扣5分				

续表

序号	考核项目	评分要素	配分	评分标准	检测结果	扣分	得分	备注
		注意汽轮机转速，若转子静止，应立即投入连续盘车，如果保安电源不正常，应手动进行定期盘车，当厂用电源恢复时，应在大轴挠度较小时，投入连续盘车	10	不注意转速扣5分，转子静止后不盘车扣5分				
		厂用电恢复后，按照有关规定重新启动汽轮机	10	不注意厂用电是否恢复扣10分				
		处理完毕，汇报班值长，做好记录	10	不汇报扣5分，不做记录扣5分				
3	安全及其他	劳保穿戴齐全，遵守操作规程	10	劳保穿戴不齐，不得分；违反操作规程，不得分				
合计			100					